2021 全国勘察设计注册工程师
执业资格考试用书

Zhuce Yantu Gongchengshi Zhiye Zige Kaoshi
Zhuanye Kaoshi Linian Zhenti Xiangjie

注册岩土工程师执业资格考试
专业考试历年真题详解

（专业知识）

主　编　耿楠楠　吴连杰
副主编　李　坤　杨　奎　董　倩
　　　　刘　孟　李　跃　李自伟

人民交通出版社股份有限公司
北　京

内 容 提 要

本书根据人力资源和社会保障部、住房和城乡建设部颁布的注册土木工程师(岩土)专业考试大纲,由多位通过注册土木工程师(岩土)专业考试、熟悉命题规则、具有丰富备考辅导经验的一线资深工程师共同编写而成。本书收录了2004~2020年(2015年停考)专业知识试题(对部分陈旧试题进行了改编),试题均采用现行规范进行解答,全书按照试题、解析答案分开排版,便于考生自测。

本书适合参加注册土木工程师(岩土)专业考试的考生复习使用,同时也可作为岩土工程技术人员、高等院校师生的参考书。

图书在版编目(CIP)数据

2021注册岩土工程师执业资格考试专业考试历年真题详解. 专业知识 / 耿楠楠,吴连杰主编. — 北京 :人民交通出版社股份有限公司,2021.6

ISBN 978-7-114-17213-7

Ⅰ.①2… Ⅱ.①耿… ②吴… Ⅲ.①岩土工程—资格考试—题解 Ⅳ.①TU4-44

中国版本图书馆CIP数据核字(2021)第061442号

书　　名:**2021注册岩土工程师执业资格考试专业考试历年真题详解:专业知识**
著 作 者:耿楠楠　吴连杰
责任编辑:谢海龙
责任校对:赵媛媛
责任印制:张　凯
出版发行:人民交通出版社股份有限公司
地　　址:(100011)北京市朝阳区安定门外外馆斜街3号
网　　址:http://www.ccpcl.com.cn
销售电话:(010)59757973
总 经 销:人民交通出版社股份有限公司发行部
经　　销:各地新华书店
印　　刷:北京市密东印刷有限公司
开　　本:787×1092　1/16
印　　张:44
字　　数:920千
版　　次:2021年6月　第1版
印　　次:2021年6月　第1次印刷
书　　号:ISBN 978-7-114-17213-7
定　　价:118.00元
(有印刷、装订质量问题的图书由本公司负责调换)

前　言

2002年4月，人事部、建设部下发了《注册土木工程师(岩土)执业资格制度暂行规定》、《注册土木工程师(岩土)执业资格考试实施办法》和《注册土木工程师(岩土)执业资格考核认定办法》(人发〔2002〕35号)，决定在我国施行注册土木工程师(岩土)执业资格制度，并于同年9月举行了首次全国注册土木工程师(岩土)执业资格考试。

该考试分为基础考试和专业考试两部分。参加基础考试合格并按规定完成职业实践年限者，方能报名参加专业考试。

专业考试分为“专业知识考试”和“专业案例考试”两部分。

“专业知识考试”上、下午试卷均由40道单选题和30道多选题构成，单选题每题1分，多选题每题2分，试卷满分为200分，均为客观题，在答题卡上作答。专业知识试卷由11个专业(科目)的试题构成，它们分别是：岩土工程勘察；岩土工程设计基本原则；浅基础；深基础；地基处理；土工结构与边坡防护；基坑工程与地下工程；特殊条件下的岩土工程；地震工程；岩土工程检测与监测；工程经济与管理。

“专业案例考试”上、下午试卷均由25道单选题构成(2018年之前由30道单选题构成，考生从上、下午试卷的30道试题中任选其中25道题作答)，每题2分，试卷满分为100分，采取主、客观相结合的考试方法，即要求考生在填涂答题卡的同时，在答题纸上写出计算过程。专业案例试卷由9个专业(科目)的试题构成，它们分别是：岩土工程勘察；浅基础；深基础；地基处理；土工结构与边坡防护；基坑工程与地下工程；特殊条件下的岩土工程；地震工程；岩土工程检测与监测。

专业考试分两天进行，第1天为专业知识考试，第2天为专业案例考试，专业知识和专业案例的考试时间均为6小时，上、下午各3小时。具体时间安排是：

第一天	08:00～11:00	专业知识考试(上)
	14:00～17:00	专业知识考试(下)
第二天	08:00～11:00	专业案例考试(上)
	14:00～17:00	专业案例考试(下)

注册土木工程师(岩土)专业考试为非滚动管理考试，且为开卷考试，考试时允许考生携带正规出版社出版的各种专业规范和参考书进入考场。

截至2020年，注册土木工程师(岩土)执业资格考试共举行了18次(2015年停考一次)，考生人数逐年增加。纵观这十多年，大体而言，该考试经历了四个阶段，即：2002～2003年，初期探索，题型及难度与目前的考试没有可比性；2004～2011年，题型和风格基本固定，以方鸿琪、张苏民两位大师以及高大钊、李广信两位教授为代表的老一辈命题专家，比较注重理论基础，偏“学院派”；2012～2017年，武威总工担任命题组组长，出题风格明显转变，更加注重基本理论与工程实践的结合，更具“综合性”，是典型的“实践派”；2018 年起由北京市勘察设计研究院有限公司副总工程师杨素春担任命题组组长，命题风格改为“三从一大”——从难从严从实际出发，计算量加大；案例考题也由此前的 30 题选做 25 题变为了 25 道必答题。相较于注册土木工程师的其他专业考试，岩土工程师考试更为复杂多变，其考查广度与深度也极具张力，复习时需投入更多的时间和精力。

为了帮助考生抓住考试重点，提高复习效率，顺利通过考试，人民交通出版社股份有限公司特邀请行业专家、对历年真题有潜心研究的注册岩土工程师们，在搜集、甄别、整理历年真题的基础上编写了本套图书（含专业知识和案例分析）。书中对每一道题都进行了十分详细的解析，并力争做到准确清晰。**另外，由于规范的更新，为了提高本套图书的使用价值，在保证每套试题完整性的基础上，本书所有真题均采用现行规范进行解答。**在此，特别感谢陈轮老师提供部分参考资料。

为了更好地模拟演练，本书真题均按照年份顺序编排，答案附于每套真题之后。建议使用时严格按照考试时间解答，超过时间，应停止作答。给自己模拟一个考场环境，对于应考十分重要。真题永远是最好的复习资料，其中的经典题目，建议读者反复练习，举一反三。此外，也有必要提醒考生，一本好的辅导教材固然有助于备考，但自己扎实的理论基础更为重要。任何时候，都不应本末倒置。建议考生在使用本书前，应经过充分而系统的土力学和基础工程课程的学习。

本书自 2015 年 4 月首次出版以来，受到众多考生的青睐，在考生中产生了较大的影响。考生在使用本书过程中，积极与编者交流探讨，对本书的修订再版提供了很多有益的建议。编者根据多年考试辅导经验，并结合读者建议，对图书进行了修订。

2021 版图书具有以下特点：

(1)增加了 2020 年考试真题，并给出详细的解答。

(2)对 2020 版图书进行了全面校勘，改正了书中的解答错误、文字错误和印刷错误。

(3)采用近两年实施的新规范对相关考题重新进行解答，指导性更强。

(4)配备丰富的视频。考生扫描封面和书中的二维码，可观看资深专家的精彩讲解。

本书由耿楠楠、吴连杰主编，李坤、杨奎、董倩、刘孟、李跃、李自伟共同参与编写。全书由耿楠楠、李坤统稿并校核。

因时间有限，书中疏漏之处在所难免，欢迎各位考生提出宝贵建议，以便再版时进一步完善。

最后，祝各位考生顺利通过考试！

编　者

2021 年 4 月

岩土微课程

目　录

2004年专业知识试题(上午卷)

一、单项选择题(共40题,每题1分。每题的备选项中只有一个最符合题意)

1.按《岩土工程勘察规范》(GB 50021—2001)(2009年版),砂土(粉砂)和粉土的分类界限是下列哪一项? ( )

(A)粒径大于0.075mm的颗粒质量超过总质量50%的为粉砂,不足50%且塑性指数$I_p \leq 10$的为粉土

(B)粒径大于0.075mm的颗粒质量超过总质量50%的为粉砂,不足50%且塑性指数$I_p > 3$的为粉土

(C)粒径大于0.1mm的颗粒质量少于总质量75%的为粉砂,不足75%且塑性指数$I_p > 3$的为粉土

(D)粒径大于0.1mm的颗粒质量少于总质量75%的为粉砂,不足75%且塑性指数$I_p > 7$的为粉土

2.在平面地质图中,下列哪种情况表示岩层可能向河床下游倾斜,且岩层倾角小于河床坡度? ( )

(A)岩层界限与地形等高线一致,V字形尖端指向河的上游

(B)岩层界限不与地形等高线一致,V字形尖端指向河的上游

(C)岩层界限不与地形等高线一致,V字形尖端指向河的下游

(D)岩层界限不受地形影响,接近直线

3.按《岩土工程勘察规范》(GB 50021—2001)(2009年版),用ϕ75mm的薄壁取土器在黏性土中取样,应连续一次压入,这就要求钻机最少具有多长的给进行程? ( )

(A)40cm (B)60cm (C)75cm (D)100cm

4.在饱和的软黏性土中,使用贯入式取土器采取Ⅰ级原状土试样时,下列哪种操作方法是不正确的? ( )

(A)快速、连续的静压方式贯入

(B)贯入速度等于或大于0.1m/s

(C)施压的钻机给进系统具有连续贯入的足够行程

(D)取土器到位后立即起拔钻杆,提升取土器

5.绘制土的三轴剪切试验成果莫尔—库仑强度包线时,莫尔圆的画法是下列哪一项? ( )

(A)在σ轴上以σ_3为圆心,以$(\sigma_1 - \sigma_3)/2$为半径

(B)在 σ 轴上以 σ_1 为圆心，以 $(\sigma_1-\sigma_3)/2$ 为半径

(C)在 σ 轴上以 $(\sigma_1+\sigma_3)/2$ 为圆心，以 $(\sigma_1-\sigma_3)/2$ 为半径

(D)在 σ 轴上以 $(\sigma_1-\sigma_3)/2$ 为圆心，以 $(\sigma_1+\sigma_3)/2$ 为半径

6. 高压固结试验得到的压缩指数(C_c)的计量单位是下列哪一项？ (   )

(A)kPa (B)MPa (C)MPa^{-1} (D)无量纲

7. 下图表示饱和土等向固结完成后，在 σ_3 不变的条件下，继续增加 σ_1 直至破坏的应力路径，试问图中的 α 是多少？(注：φ 为土的内摩擦角) (   )

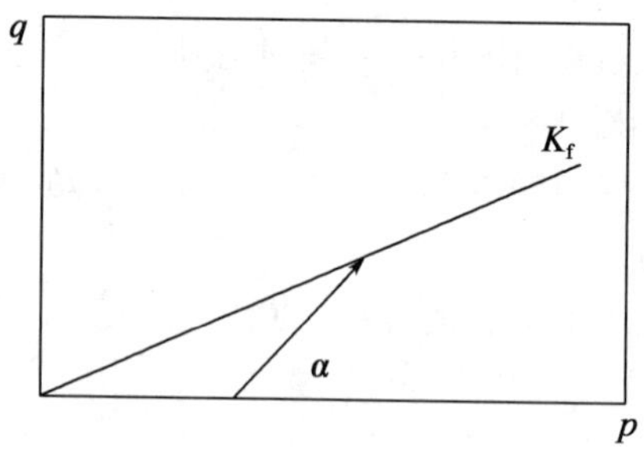

题 7 图

(A)$\alpha=45°+\varphi/2$ (B)$\alpha=45°-\varphi/2$

(C)$\alpha=45°$ (D)$\alpha=\varphi$

8. 图为砂土的颗粒级配曲线，试判断属于下列哪一类？ (   )

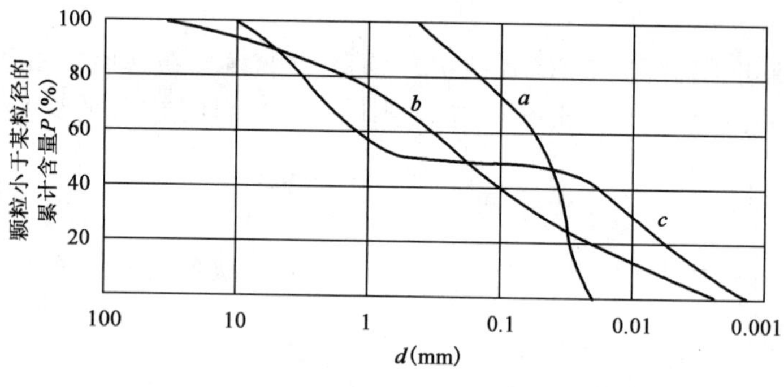

题 8 图

(A)a 线级配良好，b 线级配不良，c 线级配不连续

(B)a 线级配不连续，b 线级配良好，c 线级配不良

(C)a 线级配不连续，b 线级配不良，c 线级配良好

(D)a 线级配不良，b 线级配良好，c 线级配不连续

9. 深层平板载荷试验的承压板直径为 0.8m，由试验测得的地基承载力特征值为 f_{ak}，在考虑基础深度修正时应采用下列哪种方法？ (   )

(A)按《建筑地基基础设计规范》的深宽修正系数表中所列的不同土类取深度修正系数

(B)不进行深度修正,即深度修正系数取 0

(C)不分土类深度修正系数一律取 1

(D)在修正公式中深度一项改为(d-0.8)

10.下图是哪一种原位测试成果的典型曲线? (　　)

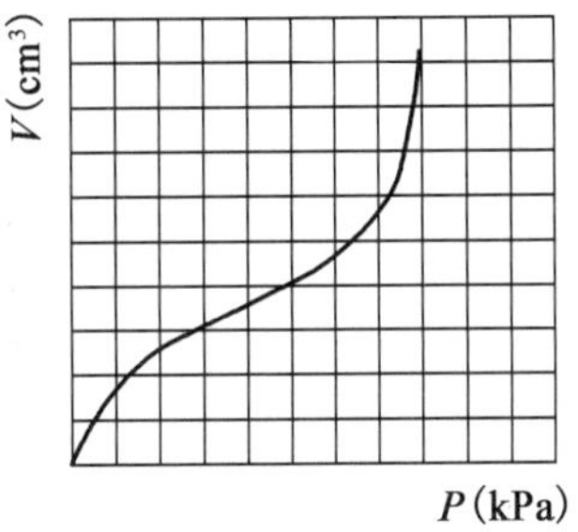

题 10 图

(A)螺旋板载荷试验曲线　　(B)预钻式旁压试验曲线

(C)十字板剪切试验曲线　　(D)扁铲侧胀试验曲线

11.以下对十字板剪切试验成果应用的提法中哪一条是错误的? (　　)

(A)可较好地反映饱和软黏性土不排水抗剪强度随深度的变化

(B)可分析确定软黏性土不排水抗剪强度峰值和残余值

(C)所测得的不排水抗剪强度峰值一般较长期强度偏低 30%~40%

(D)可根据试验结果计算灵敏度

12.按《水利水电工程地质勘察规范》(GB 50487—2008),下列哪一种不属于土的渗透变形类型? (　　)

(A)流土　　(B)鼓胀溃决

(C)管涌　　(D)接触冲刷与接触流失

13.在平面稳定流渗流问题的流网图中,以下哪种说法是正确的? (　　)

(A)在渗流条件变化处,等势线可以以不同的角度与流线相交

(B)不论何种情况下,等势线总与流线正交

(C)流线间的间距越小,表示该处的流速越小

(D)等势线的间距越小,表示该处的水力坡度越小

14.地下水绕过隔水帷幕渗流,试分析帷幕附近的流速,哪一个答案是正确的? (　　)

(A)沿流线流速不变　　(B)低水头侧沿流线流速逐渐增大

(C)高水头侧沿流线流速逐渐减小　　(D)帷幕底下流速最大

15. 在岩土参数标准值计算中，常采用公式：$\gamma_s = 1 \pm \left[\frac{1.704}{\sqrt{n}} + \frac{4.678}{n^2}\right]\delta$，此式在统计学中采用的单侧置信概率为下列何值？（　）

(A)0.99　　(B)0.975　　(C)0.95　　(D)0.90

16. 设天然条件下岩土体的应力，σ_1 为竖向主应力，σ_3 为水平向主应力，试问，下列哪一项是正确的？（　）

(A)σ_1 恒大于 σ_3

(B)σ_1 恒等于 σ_3

(C)σ_1 恒小于 σ_3

(D)$\sigma_1 > \sigma_3$，$\sigma_1 = \sigma_3$，$\sigma_1 < \sigma_3$，三种情况都可能

17. 矩形基础底面尺寸为 $l=3$m，$b=2$m，受偏心荷载作用，当偏心距 $e=0.3$m 时，其基底压力分布图形为下列哪一项？（　）

(A)一个三角形　　(B)矩形

(C)梯形　　(D)两个三角形

18. 根据港口工程特点，对不计波浪力的建筑物在验算地基竖向承载力时，其水位的采用作了下列何种规定？（　）

(A)极端低水位　　(B)极端高水位

(C)平均低水位　　(D)平均高水位

19. 已知地基极限承载力的计算公式为：$f_u = \frac{1}{2}N_\gamma \gamma_1 b + N_q \gamma_2 d + N_c c$，对于内摩擦角 $\varphi=0$ 的土，其地基承载力系数必然满足下列哪种组合？（　）

(A)$N_\gamma=0$；$N_q=1$；$N_c=3.14$　　(B)$N_\gamma=1$；$N_q=1$；$N_c=5.14$

(C)$N_\gamma=0$；$N_q=1$；$N_c=5.14$　　(D)$N_\gamma=0$；$N_q=0$；$N_c=5.14$

20. 若软弱下卧层承载力不能满足要求，下列哪一项措施是无效的？（　）

(A)增大基础面积　　(B)减小基础埋深

(C)提高混凝土强度等级　　(D)采用补偿式基础

21. 拟建场地的外缘设置 6.2m 高的挡土墙，场地土的内摩擦角为 30°。若不允许把建筑物的基础置于破坏棱体范围内，则对于平行于挡土墙的外墙基础，当基础宽度为 2m、埋置深度为 1m 时，外墙轴线距挡土墙内侧的水平距离不应小于何值？（　）

(A)3m　　(B)4m　　(C)2m　　(D)3.5m

22. 当偏心距 $e>b/6$ 时，基础底面最大边缘应力的计算公式是按下列哪个条件导出的？（　　）

(A)满足竖向力系的平衡

(B)满足绕基础底面中心的力矩平衡

(C)满足绕基础底面边缘的力矩平衡

(D)同时满足竖向力系的平衡和绕基础底面中心的力矩平衡

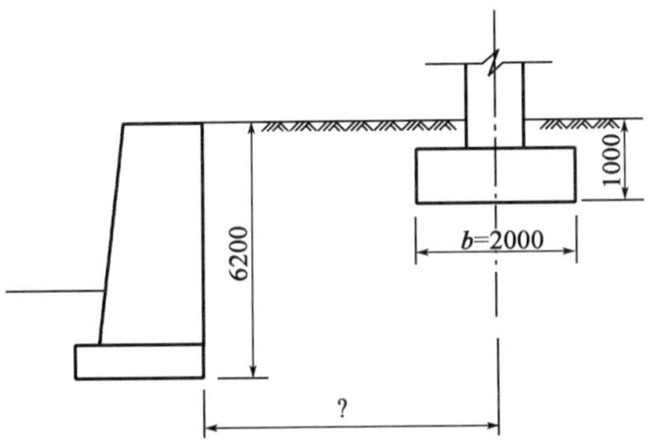

题 21 图(尺寸单位:mm)

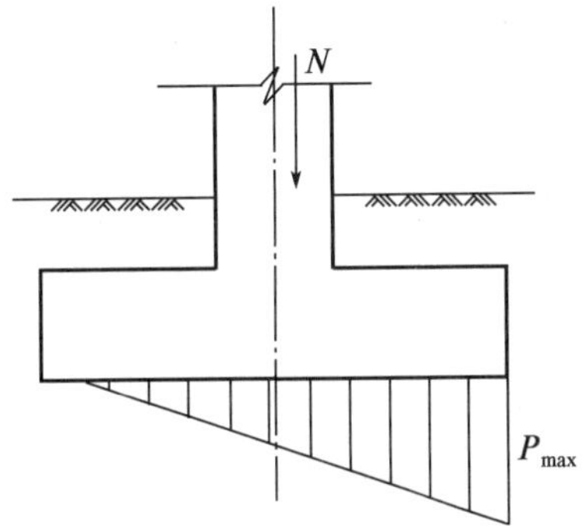

题 22 图

23. 某 6 层建筑物建造在饱和软土地基上，估算地基的最终平均沉降量为 180mm，竣工时地基平均沉降量为 54mm，请问竣工时地基土的平均固结度与下列哪一个数值最为接近？（　　）

(A)10%　　(B)20%　　(C)30%　　(D)50%

24. 在抗震设防区，天然地基上建造高度为 60m 的 18 层高层建筑，基础为箱形基础，按现行规范，设计基础埋深不宜小于下列哪一数值？（　　）

(A)3m　　(B)4m　　(C)5m　　(D)6m

25. 按《建筑地基基础设计规范》(GB 50007—2011)，作用于基础上的各类荷载取值，下列哪一个取值结果是不正确的？（　　）

(A)计算基础最终沉降量时，采用荷载效应的准永久组合

(B)计算基础截面和配筋时，采用荷载效应的标准组合

(C)计算挡土墙土压力时，采用荷载效应的基本组合

(D)计算边坡稳定时，采用荷载效应的基本组合

26. 一埋置于黏性土中的摩擦型桩基础，承台下有 9 根直径为 d、长度为 l 的钻孔灌注桩，承台平面尺寸及桩分布如图所示，承台刚度很大，可视为绝对刚性，在竖向中心荷载作用下，沉降均匀，下列对承台下不同位置处桩顶反力估计，哪项是正确的？（　　）

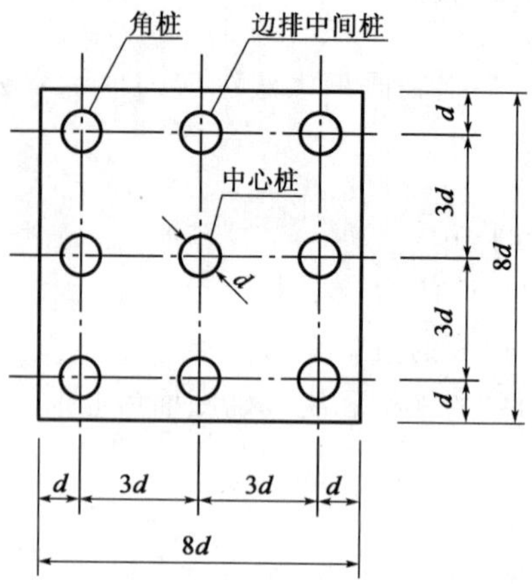

题 26 图

(A)中心桩反力最小,边排中间桩最大,角桩次之
(B)中心桩反力最大,边排中间桩次之,角桩反力最小
(C)中心桩反力最大,围绕中心四周的 8 根桩,反力应相同,数值比中心桩小
(D)角桩反力最大,边排中间桩次之,中心桩反力最小

27. 关于桩侧负摩阻力中性点的描述,下列哪一项是不正确的? ( )

(A)中性点处,既无正摩阻力,也无负摩阻力
(B)中性点深度,端承桩小于摩擦端承桩
(C)中性点深度随桩的沉降增大而减小
(D)中性点深度随桩端持力层的强度和刚度增大而增加

28. 承台下为 4 根直径为 600mm 后注浆钻孔灌注桩,桩长 15m,承台平面尺寸及基桩分布如图所示,按《建筑桩基技术规范》(JGJ 94—2008)分析承台效应系数 η_c 值,并从下列答案中选择你认为正确的。 ( )

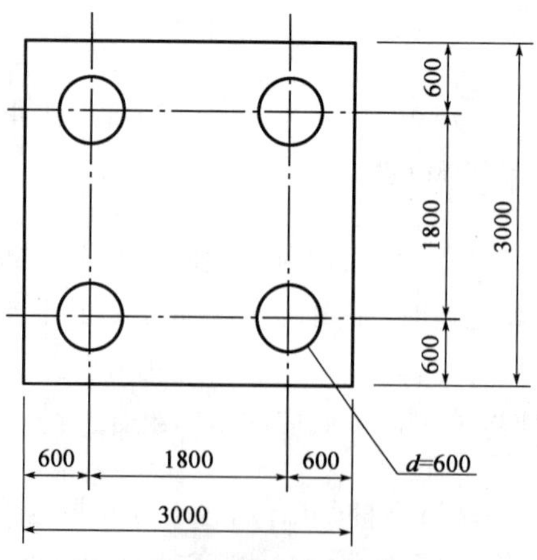

题 28 图(尺寸单位:mm)

(A)0.06　　(B)0.08　　(C)0.15　　(D)0.18

29. 桩身露出地面或桩侧为液化土等情况的桩基，设计时要考虑其压屈稳定问题，当桩径、桩长、桩侧土层条件相同时，以下四种情况中哪一项的抗压屈失稳能力最强？（　　）

(A)桩顶自由，桩端埋于土层中　　(B)桩顶铰接，桩端埋于土层中
(C)桩顶固接，桩端嵌岩　　(D)桩顶自由，桩端嵌岩

30. 由于地面堆载引起基桩负摩阻力对桩产生下拉荷载，以下关于下拉荷载随有关因素变化的描述，哪一项是错误的？（　　）

(A)桩端持力层越硬，下拉荷载越小
(B)桩侧土压缩性越低，下拉荷载越小
(C)桩底下卧土层越软，下拉荷载越小
(D)地面荷载越小，下拉荷载越小

31. 低应变动测法主要适用于检测下列哪一项内容？（　　）

(A)桩的承载力　　(B)桩身结构完整性
(C)沉桩能力分析　　(D)沉降特性参数

32. 下列哪一项不是影响钻孔灌注桩群桩基础的承载力的因素？（　　）

(A)成桩顺序　　(B)土性
(C)桩间距　　(D)桩的排列

33. 某 30 层带裙房高层建筑，场地地质条件自上而下为淤泥质软土厚 20m，中等压缩性粉质黏土、粉土厚 10m，以下为基岩；地下水位为地面下 2m，基坑深 15m，主楼与裙房连成一体，同一埋深，主楼采用桩基，对裙房下的地下车库需采取抗浮措施。以下抗浮措施中哪一项最为合理？（　　）

(A)适当增加地下车库埋深，添加铁砂压重
(B)加大车库埋深，车库顶覆土
(C)设置抗浮桩
(D)加大地下车库基础底板和楼板厚度

34. 下列哪一项不是影响单桩水平承载力的因素？（　　）

(A)桩侧土性　　(B)桩端土性
(C)桩的材料强度　　(D)桩端入土深度

35. 下列哪一种组合所提的内容能较全面准确地说明可行性研究的作用？（　　）
Ⅰ. 可作为工程建设项目进行投资决策和编审工程项目设计任务书的依据

Ⅱ.可作为招聘工程项目法人和组织工程项目管理班子的重要依据
Ⅲ.可作为向银行或贷款单位贷款和向有关主管部门申请建设执照的依据
Ⅳ.可作为与有关单位签订合同、协议的依据和工程勘察设计的基础
Ⅴ.可作为环保部门审查拟建项目环境影响和项目后评估的依据

(A)Ⅰ、Ⅱ、Ⅲ、Ⅳ　　(B)Ⅰ、Ⅱ、Ⅳ、Ⅴ
(C)Ⅰ、Ⅲ、Ⅳ、Ⅴ　　(D)Ⅰ、Ⅱ、Ⅲ、Ⅴ

36.勘察设计费应属于工程建设费用中的下列哪一项？（　　）

(A)预备费用　　(B)其他费用
(C)建筑安装工程费　　(D)直接工程费

37.岩土工程施工监理不包括下列哪一项？（　　）

(A)工程进度与投资控制　　(B)质量和安全控制
(C)审查确认施工单位的资质　　(D)审核设计方案和设计图纸

38.从事建设工程勘察、设计活动，首先应当坚持下列哪一条原则？（　　）

(A)服从建设单位工程需要的原则
(B)服从工程进度需要的原则
(C)服从施工单位要求的原则
(D)先勘察后设计再施工的原则

39.按照住建部2013年颁发的《工程勘察资质分级标准》的规定，对工程勘察综合类分级的提法，哪一项是正确的？（　　）

(A)设甲、乙两个级别
(B)只设甲级一个级别
(C)确有必要的地区经主管部门批准可设甲、乙、丙三个级别
(D)在经济欠发达地区，可设甲、乙、丙、丁四个级别

40.2000版ISO 9000族标准的八项质量管理原则中的持续改进整体业绩的目标，下列哪一项是正确的？（　　）

(A)是组织的一个阶段目标　　(B)是组织的一个永恒目标
(C)是组织的一个宏伟目标　　(D)是组织的一个设定目标

二、多项选择题(共30题，每题2分。每题的备选项中有两个或三个符合题意，错选、少选、多选均不得分)

41.在以化学风化为主的环境中，下列哪些矿物不易风化？（　　）

(A)石英　　(B)斜长石　　(C)白云母　　(D)黑云母

42. 下列哪几种现象不属于接触蚀变的标志？（ ）

(A)方解石化 (B)绢云母化
(C)伊利石化 (D)高岭石化

43. 下列哪些钻探工艺属于无岩芯钻探？（ ）

(A)钢粒钻头回转钻进
(B)牙轮钻头回转钻进
(C)管钻(抽筒)冲击钻进
(D)角锥钻头冲击钻进

44. 能够提供土的静止侧压力系数的是下列哪些原位测试方法？（ ）

(A)静力触探试验
(B)十字板剪切试验
(C)自钻式旁压试验
(D)扁铲侧胀试验

45. 关于勘察报告提供的标准贯入试验锤击数数据，下列哪些说法是正确的？（ ）

(A)无论什么情况都应提供不作修正的实测数据
(B)按《建筑抗震设计规范》判别液化时，应作杆长修正
(C)按《岩土工程勘察规范》确定砂土密实度时，应作杆长修正
(D)用以确定地基承载力时，如何修正，应按相应的设计规范

46. 对潜水抽水试验用裘布依公式计算渗透系数，下列哪几条假定是正确的？（ ）

(A)稳定流
(B)以井为中心所有同心圆柱截面上流速相等
(C)以井为中心所有同心圆柱截面上流量相等
(D)水力梯度是近似的

47. 下列哪些破坏形式可能发生在坚硬岩体坝基中？（ ）

(A)基岩的表层滑动(接触面的剪切破坏)
(B)基岩的圆弧滑动
(C)基岩的浅层滑动
(D)基岩的深层滑动

48. 为减少在软弱地基上的建筑物沉降和不均匀沉降，下列哪几项措施是有效的？（ ）

(A)调整各部分的荷载分布、基础宽度和埋置深度

(B)选用较小的基底压力

(C)增强基础强度

(D)选用轻型结构及覆土少、自重轻的基础形式

49. 对于饱和软土，用不固结不排水抗剪强度($\varphi_u=0$)计算地基承载力时，指出下列各因素中对计算结果有影响的项目。 ( )

(A)基础宽度　　(B)土的重度

(C)土的抗剪强度　　(D)基础埋置深度

50. 软土地基上的车间，露天跨的地坪上有大面积堆载，排架的柱基础采用天然地基，试指出下列事故现象的描述中，哪些不是由大面积堆载引起的？ ( )

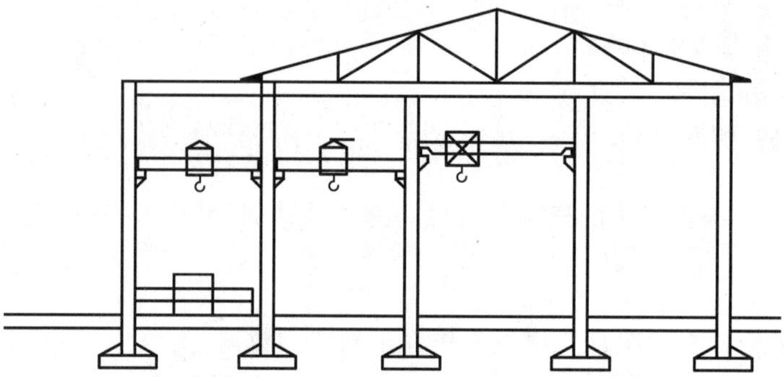

题 50 图

(A)边跨外排柱产生裂缝

(B)中跨行车发生卡轨现象

(C)边跨行车的小车向内侧发生滑轨

(D)露天跨柱产生对倾

51. 埋设于地下水位以下的下埋式水池基础设计时，对于计算条件的设定中，下列哪些是不正确的意见？ ( )

(A)对不需要设置抗浮桩的下埋式水池，计算底板内力时不需要考虑浮力的作用

(B)如果设置了抗浮桩，浮力已由抗浮桩承担了，因此计算水池底板内力时也不需要重复考虑浮力的作用

(C)水池底板内力验算的最不利工况是放水检修的时候

(D)对水池基础进行地基承载力验算时，最不利的荷载条件是水池蓄满水

52. 从某住宅设计计算的结果知道，该建筑物荷载的重心与基础的形心不重合，重心向南偏，试指出下列哪些措施可以使荷载偏心减小。 ( )

(A)扩大南纵墙基础的外挑部分
(B)将南面底层的回填土改为架空板
(C)将北面的填充墙用空心砖砌筑
(D)向南北两侧扩大基础的底面积

53. 某体形简单的 12 层建筑物(高度 36m)建造在深厚中等压缩性地基土上,下列叙述中哪些是不正确的? ( )

(A)施工期可完成 10%的沉降量
(B)地基基础设计等级不是甲级
(C)其倾斜值应控制在 0.004 以内
(D)基础平均沉降量应控制在 20cm 以内

54. 已知矩形基础底面的压力分布为三角形,最大边缘压力为 p_{kmax},最小边缘压力为零,基础的宽度为 B,长度为 L,基础底面积为 A,抵抗矩为 W,传至基础底面的竖向力为 N_k。指出下列表述中符合上述基础底面压力分布特征的正确说法。 ( )

(A)偏心距 $e=\frac{B}{6}$
(B)抗倾覆稳定系数 $K=3$
(C)偏心距 $e=\frac{W}{A}$
(D)最大边缘反力 $p_{kmax}=\frac{2N_k}{3A}$

55. 对于混凝土预制桩,考虑到它的施工及运输条件等因素,下列的一些要求和规定中哪些是正确合理的? ( )

(A)正方形截面混凝土预制桩,其边长不应小于 300mm
(B)考虑到吊运、打入等施工过程,预制桩桩身最小配筋率不应小于 0.8%
(C)桩身主筋的直径不宜小于 $\phi14$,打入式桩桩顶 4~5 倍桩径范围内的钢箍应加密,并设置钢筋网片
(D)预制桩混凝土强度等级不宜低于 C20,采用静压法沉桩时,其混凝土强度等级还可适当降低

56. 从下述通过试验确定单桩水平极限荷载的方法中选出正确的答案。 ( )

(A)取试验结果水平力 H_0—时间 t—水平位移 x_0 关系线明显陡降前一级荷载
(B)取试验结果 H_0—位移梯度 $\Delta x_0/\Delta H_0$ 关系线第二直线段终点对应的荷载
(C)当有钢筋应力 σ_g 测试数据时,取 H_0—σ_g 关系线第一突变点对应的荷载
(D)取桩身折断或钢筋应力 σ_g 达到流限的前一级荷载

57. 为提高低承台桩基的水平承载力,下列哪些措施是有效的? ( )

(A)适当增大桩径
(B)对承台侧面土体进行加固

(C)适当提高桩身的配筋率
(D)大幅度增大桩长

58.沉管灌注桩的质量缺陷和事故主要表现为下列哪几种情况？（ ）

(A)桩底沉渣 (B)桩侧泥皮
(C)缩径 (D)断桩

59.对于深厚软土地区，超高层建筑桩基础不宜采用以下哪几种桩型？（ ）

(A)钻孔灌注桩
(B)钢管桩
(C)人工挖孔桩
(D)沉管灌注桩

60.为预防泥浆护壁成孔灌注桩的断桩事故，应采取以下哪些措施？（ ）

(A)在配制混凝土时，按规范要求控制坍落度及粗骨料
(B)控制泥浆相对密度，保持孔壁稳定
(C)控制好导管埋深
(D)控制好泥浆中的含砂量

61.某高层建筑物建造在饱和软土地基上，拟采用钢筋混凝土预制桩，为减少挤土对周边已建建筑物和道路下管线的影响，宜采取下列哪些有效措施？（ ）

(A)增加桩长，提高单桩承载力，增加桩间距
(B)沉桩方式由打入式改为静力压入
(C)合理安排沉桩顺序，并控制沉桩速率
(D)设置塑料排水板

62.在关于石灰岩溶蚀机理的分析中，哪些提法是错误的？（ ）

(A)石灰岩溶蚀速度与CO_2扩散进入水中的速度有关
(B)石灰岩溶蚀速度随着温度增高加快
(C)降水通过富含有机质的土壤下渗后溶蚀作用减弱
(D)石灰岩的成因是因为岩溶泉水在出口处吸收外界CO_2所致

63.按《铁路工程不良地质勘察规程》(TB 10027—2012)，黏性泥石流堆积物的块石、碎石在泥浆中分布的结构特征符合下列哪些类型？（ ）

(A)块石、碎石在细颗粒物质中呈不接触的悬浮状结构
(B)块石、碎石在细颗粒物质中呈支撑接触的支撑状结构
(C)块石、碎石间有较多点和较大面积相互接触的叠置状结构
(D)块石、碎石互相镶嵌接触的镶嵌状结构

64. 季节性冻土地区形成路基翻浆病害的主要原因有哪几种？（ ）

(A)地下水位过高及毛细上升
(B)路基排水条件差，地表积水，路基土含水量过高
(C)路面结构层厚度达不到按允许冻胀值确定的防冻层厚度要求
(D)采用了粗粒土填筑路基

65. 岩溶地区地基处理应遵循的原则是下列哪几项？（ ）

(A)重要建筑物宜避开岩溶强烈发育区
(B)对不稳定的岩溶洞穴，可根据洞穴的大小、埋深，采用清爆换填、梁板跨越等地基处理
(C)防止地下水排水通道堵塞造成水压力对地基的不良影响
(D)对基础下岩溶水及时填塞封堵

66. 在下列各项中，哪些属于不稳定滑坡的地貌特征？（ ）

(A)滑坡后壁较高，植被良好
(B)滑坡体上台坎明显，土体比较松散
(C)滑坡两侧的自然沟谷切割较深，谷底基岩出露
(D)地面泉水和湿地较多，滑坡舌部泉水流量不稳定

67. 为防止自重湿陷性黄土所产生的路基病害，需要进行工程处理，一般可以采用下列处理措施的哪几种？（ ）

(A)路基两侧的排水沟应进行严格防渗处理
(B)采用地下排水沟排除地下水
(C)采用预浸水法消除地基土的湿陷性
(D)采用重锤夯实、强夯或挤密法消除地基土的湿陷性

68. 对正规的大型煤矿采空区稳定性评价时，应具备以下哪些基本资料？（ ）

(A)井上、下对照图，包括地面地形地物、井下开采范围、采深、采厚等
(B)开采进度图表，包括开采时间、开采方法、顶底板管理方法等
(C)地面变形的观测成果，包括各时段、各测点的下沉和水平位移等
(D)煤层的物理力学特性，包括密度、硬度、抗压强度、抗剪强度等

69. 膨胀土地基上建筑物变形特征有哪几种？（ ）

(A)建筑物建成若干年后才出现裂缝
(B)楼房比平房开裂严重
(C)裂缝多呈正八字，下宽上窄
(D)大旱年或长期多雨建筑物变形加剧

70. 黄土的沉陷起始压力 p_{sh} 在地基评价中起的作用有哪几种？ (   )

(A)计算总湿陷量 Δ_S

(B)计算自重湿陷量 Δ_{ZS}

(C)根据基底压力及埋深评价是否应进行地基处理

(D)根据土层埋藏深度评价是否是自重湿陷性黄土

2004年专业知识试题答案(上午卷)

1.[答案] A

[依据]《岩土工程勘察规范》(GB 50021—2001)(2009年版)第3.3.3条、第3.3.4条。

2.[答案] B

[依据] 根据V字形法则,A选项为水平岩层,C选项为倾向河流下游倾角大于河床坡度的岩层,D选项为垂直岩层,只有B选项正确。

3.[答案] C

[依据]《岩土工程勘察规范》(GB 50021—2001)(2009年版)附录F。取土器刃口内径 D_e=75mm,取土器长度 L=(10~15)D_e=75~125cm,最小给进行程为75cm。

4.[答案] D

[依据] 由《建筑工程地质勘探与取样技术规程》(JGJ/T 87—2012)第6.3.2条可知A、B、C选项正确,由第6.3.4条可知D选项不正确。

5.[答案] C

[依据]《土力学》(李广信等,第2版,清华大学出版社)第173页。

6.[答案] D

[依据]《土力学》(李广信等,第2版,清华大学出版社)第136页。

7.[答案] C

[依据]《土力学》(李广信等,第2版,清华大学出版社)第5.4.3节。要清楚 p 和 q 的含义。

8.[答案] D

[依据]《土力学》(李广信等,第2版,清华大学出版社)第9页。

9.[答案] B

[依据]《建筑地基基础设计规范》(GB 50007—2011)第5.2.4条表5.2.4注。

10.[答案] B

[依据] 由《工程地质手册》(第五版)第288页可知A选项不正确,由第256页可知B选项正确,由第247页可知C选项不正确。

11.[答案] C

[依据]《岩土工程勘察规范》(GB 50021—2001)(2009年版)第10.6.4条条文说明。

12.[答案] B

[依据]《水利水电工程地质勘察规范》(GB 50487—2008)附录 G 第 G.0.1 条。

13.[答案] B

[依据]《土力学》(李广信等,第 2 版,清华大学出版社)第 65～67 页。

14.[答案] D

[依据]《土力学》(李广信等,第 2 版,清华大学出版社)第 67 页。

15.[答案] C

[依据]《岩土工程勘察规范》(GB 50021—2001)(2009 年版)第 14.2.4 条条文说明。

16.[答案] D

[依据] 如果是土体,半无限空间,σ_1 竖向主应力通常大于 σ_3 水平向主应力。如果是岩石,可能原来压着厚厚的岩石,σ_1 特别大,岩石被搬运走后,σ_1 减小,可能出现其他情况。

17.[答案] C

[依据] e 大于等于 $b/6$ 时,基底反应力分布为三角形,其他情况下为梯形。本题 $e=0.3<b/6$。

18.[答案] A

[依据]《水运工程地基设计规范》(JTS 147—2017)第 5.1.5 条。

19.[答案] C

[依据]《工程地质手册》(第五版)第 457 页表 4-5-2 或《土力学与基础工程》(高大钊,中国建筑工业出版社)第 168 页,题目公式为泰勒考虑了滑动土体重力对普朗特尔极限承载力公式的修正。

20.[答案] C

[依据]《建筑地基基础设计规范》(GB 50007—2011)第 5.2.7 条。增大基础面积、减小基础埋深、采用补偿式基础,均可以减小自重压力与附加压力之和。

21.[答案] B

[依据] 墙后土体发生主动破坏,破坏面与水平面夹角为 $45°+\varphi/2$,则

$$d=\frac{h}{\tan\left(45°+\dfrac{\varphi}{2}\right)}+\frac{b}{2}=\frac{6.2-1.0}{\tan\left(45°+\dfrac{30°}{2}\right)}+1\approx 4.0\ \mathrm{m}$$

22.[答案] D

[依据]《建筑地基基础设计规范》(GB 50007—2011)第 5.2.2 条。偏心距 $e>b/6$ 时,基础底面最大边缘应力的计算公式是同时满足竖向力系的平衡和绕基础底面中心的力矩平衡的条件下导出的。

23.［答案］C

［依据］$U=\frac{S_t}{S_\infty}=\frac{54}{180}=0.3=30\%$

24.［答案］B

［依据］《建筑地基基础设计规范》(GB 50007—2011)第5.1.4条。

25.［答案］B

［依据］《建筑地基基础设计规范》(GB 50007—2011)第3.0.5条。

26.［答案］D

［依据］《建筑桩基技术规范》(JGJ 94—2008)第3.1.8条及条文说明。

27.［答案］B

［依据］负摩阻力的产生是由于桩周土的沉降大于桩的沉降，产生相对位移，中性点是桩沉降与桩周土的沉降相等的点，是负摩阻力与正摩阻力的分界点，也是桩身轴力最大点，中性点以下逐渐减小，当桩沉降增大时，桩土相对位移减小，中性点深度向上移动。中性点位置与桩端持力层的软硬程度有关，持力层越硬，中性点深度越大。

28.［答案］A

［依据］《建筑桩基技术规范》(JGJ 94—2008)第5.2.5条。$s_a/d=1.8/0.6=3$，$B_c/l=3.0/15=0.2<0.4$，查表5.2.5，可得$\eta_c=0.06$。

29.［答案］C

［依据］《建筑桩基技术规范》(JGJ 94—2008)第5.8.4条。两端约束越强，抗压屈失稳能力最强。

30.［答案］A

［依据］《建筑桩基技术规范》(JGJ 94—2008)第5.4.4条。桩端持力层越硬，中性点深度越大，下拉荷载也越大。桩侧土压缩性越低，桩周土的沉降越小，中性点深度越小，下拉荷载也越小。桩底下卧土层越软，中性点深度越小，下拉荷载也越小。地面荷载越小，中性点深度越小，下拉荷载也越小。

31.［答案］B

［依据］《建筑基桩检测技术规范》(JGJ 106—2014)第8.1.1条。

32.［答案］A

［依据］《建筑桩基技术规范》(JGJ 94—2008)第5.7.3条。钻孔灌注桩群桩承载力与成桩顺序无关，与土性、桩间距、桩的排列有关。

33.［答案］C

［依据］地下车库埋深增大，浮力增大，对抗浮不利，通过添加铁砂压重和车库顶覆土均得不偿失。通过加大地下车库基础底板和楼板厚度来解决抗浮问题，相当困难，也

不经济。只有设置抗浮桩比较合理。

34.［答案］B

［依据］《建筑桩基技术规范》(JGJ 94—2008)第5.7.2条条文说明。除了规范列举的几种情况外,也可以通过增大桩径、加固上部桩间土体来提高单桩水平承载力。

35.［答案］C

［依据］可参考辅导教材中工程建设项目的可行性研究相关内容。

36.［答案］B

［依据］勘察设计费属于与项目建设有关的其他费用。

37.［答案］D

［依据］《中华人民共和国建筑法》第三十二条,另外设计方案和设计图纸应有专门的机构进行审核。

38.［答案］D

［依据］《建设工程勘察设计管理条例》第四条。

39.［答案］B

［依据］《工程勘察资质分级标准》总则第(四)部分。

40.［答案］B

［依据］持续改进总体业绩是组织的一个永恒发展目标。

41.［答案］AC

［依据］石英性质稳定,一般不易产生化学风化。斜长石风化作用时常变为高岭石类矿物和绢云母。白云母一般以物理分化为主。黑云母在风化条件下首先失去K^+离子,Fe^{2+}离子变为Fe^{3+}离子,形成水黑云母,再进一步风化形成蛭石及高岭石。

42.［答案］ACD

［依据］变质岩是由各种岩石通过变质作用形成。变质作用常分为接触变质作用、动力变质作用、区域变质作用和混合岩化作用。接触蚀变作用是热液的高温使岩石发生热力作用,在围岩化学成分基本不变的情况下,出现重结晶作用和化学交代作用。岩石在通过变质作用后化学成分、矿物成分以及结构等均发生不同程度的改变,通常按变质程度分为低级变质岩、中级变质岩、高级变质岩。绢云母为低级接触蚀变作用的产物,方解石为石灰岩和大理岩的主要成分,其晶体特征不同,一般不具有变质作用指示特征。伊利石、高岭石为其他矿物经过风化作用形成的,其不属于变质作用。

43.［答案］BD

［依据］无岩芯钻探又称全面钻进,即在地质勘探的岩芯钻探中,不取岩芯的钻进。无岩芯钻进效率高,回次长度大,多用于地表覆盖层和地球物理勘探中的炮井及测试井

的钻进。矿层和含矿带地层，岩性变化复杂的地层、构造带地层均不能采用无岩芯钻进。从钻进技术角度出发，地层岩石硬度高时也不采用无岩芯钻进。钻进时使用鱼尾钻头、牙轮钻头、刮刀钻头或矛式钻头。

44.［答案］CD

［依据］由《岩土工程勘察规范》(GB 50021—2001)(2009 年版)第 10.3.1 条可知 A 选项不正确，由第 10.6.1 条可知 B 选项不正确，由第 10.7.5 条可知 C 选项正确，由第 10.8.4 条可知 D 选项正确。

45.［答案］AD

［依据］由《岩土工程勘察规范》(GB 50021—2001)(2009 年版)第 3.3.9 条可知 C 选项不正确。由《建筑抗震设计规范》(GB 50011—2010)可知 B 选项不正确。

46.［答案］ACD

［依据］推导过程中假设在均质各向同性的含水层中有一个完整井，水流沿径向轴对称，其计算模型为一个圆柱，故为稳定流，且流量相等。降水漏斗，故水力梯度是近似的。

47.［答案］ACD

［依据］圆弧滑动一般发生在饱和软黏土中。其他破坏形式在岩体坝基中均可能发生。

48.［答案］ABD

［依据］《建筑地基基础设计规范》(GB 50007—2011)第 7.4.1 条。

49.［答案］BCD

［依据］《建筑地基基础设计规范》(GB 50007—2011)第 5.2.5 条。当 $\varphi=0$ 时，地基承载力与基础宽度无关。

50.［答案］BC

［依据］A 选项边跨外排柱产生裂缝，柱子受拉或者受剪，是由大面积堆载引起的。B 选项中跨行车发生卡轨现象，中跨两侧柱向内倾斜，不是由大面积堆载引起的。大面积堆载小车向外侧发生滑轨，故 C 选项不是由大面积堆载引起的。D 选项露天跨柱产生对倾，是由大面积堆载引起的。

51.［答案］AB

［依据］对不需要设置抗浮桩的下埋式水池，也就是通过压重可满足抗浮要求，计算底板内力时需要考虑浮力的作用，A 选项不正确。如果设置了抗浮桩，浮力已由抗浮桩承担了，计算水池底板内力时也需要重复考虑浮力的作用，B 选项不正确。在没有放水的时候可以平衡一部分水压力，放水检修时，最不利，C 选项正确。水池蓄满水，上部荷载最大，最不利，D 选项正确。

52.［答案］AB

[依据] A选项扩大南纵墙基础的外挑部分,基础形心向南偏移,形心向重心移动,荷载偏心减小。B选项将南面底层的回填土改为架空板,重心向北偏移,重心向形心移动,荷载偏心减小。C选项将北面的填充墙用空心砖砌筑,重心向南偏移,重心远离形心,荷载偏心增大。D选项向南北两侧扩大基础的底面积,偏心可能不会改变。

53.**[答案]** AC

[依据]《建筑地基基础设计规范》(GB 50007—2011)第5.3.3条条文说明,施工期间完成的沉降量对于中等压缩性地基土可认为已完成了20%~50%,A选项不正确;由第3.0.1条可知B选项正确;由第5.3.4条可知,倾斜值应控制在0.003以内,C选项不正确,基础平均沉降量应控制在20cm以内,D选项正确。

54.**[答案]** ABC

[依据] $p_{\min}=\frac{N}{A}\left(1-\frac{6e}{B}\right)=0$,解得$e=B/6$,A选项正确;

$e=\frac{M}{N}$, $K=\frac{N\times B/2}{N\times B/6}=3$,B选项正确;

$e=\frac{W}{A}=\frac{LB^2/6}{LB}=\frac{B}{6}$,C选项正确;

$p_{\min}=\frac{N}{A}\left(1+\frac{6e}{B}\right)=\frac{2N}{A}$,D选项不正确。

55.**[答案]** BC

[依据]《建筑桩基技术规范》(JGJ 94—2008)第4.1.4条~第4.1.6条。

56.**[答案]** ABD

[依据]《建筑基桩检测技术规范》(JGJ 106—2014)第6.4.5条。

57.**[答案]** ABC

[依据]《建筑桩基技术规范》(JGJ 94—2008)第5.7.2条条文说明。除了规范列举的几种情况外,也可以通过增大桩径、加固上部桩间土体来提高单桩水平承载力。

58.**[答案]** CD

[依据] 由《建筑桩基技术规范》(JGJ 94—2008)第6.5.4条可知C、D选项正确。沉管灌注桩不需要泥浆护壁,也就不会产生桩底沉渣和桩侧泥皮。

59.**[答案]** CD

[依据] 由《建筑桩基技术规范》(JGJ 94—2008)第6.2.1条可知A、B选项桩型可以采用。人工挖孔桩通常适用于干作业条件下;沉管灌注桩易产生缩径和断桩,对于超高层建筑不宜采用。

60.**[答案]** ABC

[依据]《建筑桩基技术规范》(JGJ 94—2008)第6.3.2条及条文说明,相对密度、含砂量和黏度是影响混凝土灌注质量的主要指标。其中含砂量的多少直接影响孔内沉渣

的厚度，与断桩关系不大。控制相对密度，可保持孔壁稳定，可有效防止断桩。第6.3.27条第1款，要控制混凝土的坍落度及粗骨料，坍落度过小，流动不了，形成拱效应，产生断桩。第6.3.30条条文说明，可知C选项正确。

61.【答案】ACD

【依据】由《建筑桩基技术规范》(JGJ 94—2008)第7.4.4条可知C选项正确，由第7.4.9条第2款可知D选项正确。预制桩的施工顺序一般是自中间向两个方向或四周对称施打。一般深部土体相对上部饱和软土会好一些，总体上的排土量会减少，另外桩间距增大，挤土效应减小。

62.【答案】CD

【依据】石灰岩的溶蚀速度主要取决于水中的CO_2，其含量越高溶蚀速度越快，随着温度增高，溶蚀速度加快。降水通过富含有机质的土壤下渗后水中溶解的CO_2含量增加，溶蚀作用增强。石灰岩主要是在浅海、湖盆等沉积环境下形成的，主要成分方解石，经风化浸染后常呈淡红色。岩溶泉水在洞口处水中的CO_2释放，析出晶体重新结晶。

63.【答案】AB

【依据】《铁路工程不良地质勘察规程》(TB 10027—2012)附录C。

64.【答案】ABC

【依据】路基翻浆多发生在我国北方地区，路基在冰冻春融期，因地下水位高，排水不畅，土质不良，含水过多，造成路基湿软，强度下降，在行车的反复作用下，路基出现弹软、裂缝、冒泥浆等翻浆现象。可知A、B、C选项正确。

65.【答案】ABC

【依据】《建筑地基基础设计规范》(GB 50007—2011)第6.6.3条，A选项正确；《工程地质手册》(第五版)第645、646页，B、C选项正确，D选项错误。

66.【答案】BD

【依据】《工程地质手册》(第五版)第664页，稳定滑坡的地面干燥，无湿地，在坡脚有清澈的泉水出流，D选项不稳定；不稳定滑坡两侧多为新生冲沟，沟底多为松散堆积物，C选项稳定。

67.【答案】ACD

【依据】自重湿陷性黄土由于浸水会产生湿陷，造成路基沉陷，因此要消除湿陷性的影响，需采取防水保湿的方法，采用防渗、预浸水、强夯等处理措施。湿陷性黄土地区的地下水一般埋藏较深，采用地下排水排除地下水无效，应排除地表水。

68.【答案】ABC

【依据】由《岩土工程勘察规范》(GB 50021—2001)(2009年版)第5.5.2条可知A、B、C选项正确。

69.［答案］AD

［依据］《工程地质手册》(第五版)第557、558页。

70.［答案］CD

［依据］湿陷性黄土在某一压力作用下发生湿陷，这个压力值称为湿陷起始压力，如果湿陷性黄土地基上的压力小于湿陷起始压力，地基即使浸水也只发生压缩变形，而不会出现湿陷现象。因此，可根据基底压力以及基础埋深评价是否需要进行地基处理，C选项正确。自重湿陷性黄土是在上覆土的自重压力下浸水，发生显著下沉的湿陷性土，可根据土层的埋藏深度确定上覆土的饱和自重压力，然后和湿陷起始压力比较确定是否为自重湿陷性黄土，D选项正确。总湿陷量、自重湿陷性的计算与湿陷起始压力无关，A、B选项错误。

2004 年专业知识试题(下午卷)

一、单项选择题(共 40 题,每题 1 分。每题的备选项中只有一个最符合题意)

1. 采用高压喷射注浆法加固地基时,下面哪一种叙述是正确的? ( )

(A)产生冒浆是不正常的,应减小喷射压力直至地面不产生冒浆为止
(B)产生冒浆是正常的,但应控制冒浆量
(C)产生冒浆是正常的,为了确保质量,冒浆量愈大越好
(D)偶尔产生冒浆是正常的,但不应持久

2. 由灰土挤密桩构成的复合地基,当载荷试验压力—沉降呈平缓的光滑曲线时,根据《建筑地基处理技术规范》(JGJ 79—2012)的规定,其复合地基承载力特征值的确定应为下列哪一项? ( )

(A)取 s/d 或 s/b 等于 0.015 时所对应的压力
(B)取 s/d 或 s/b 等于 0.010 时所对应的压力
(C)取 s/d 或 s/b 等于 0.008 时所对应的压力
(D)取 s/d 或 s/b 等于 0.006 时所对应的压力

3. 采用深层搅拌法处理地基时,下列说法中哪一项是错误的? ( )

(A)水泥土的强度随着水泥掺入量的增大而增加
(B)水泥土的强度随着地基含水量的增大而降低
(C)水泥土的强度增长随着搅拌时间的增加而加快
(D)水泥土的强度随龄期增长的规律不同于一般的混凝土

4. 在采用水泥土搅拌法加固地基时,下列哪一项符合《建筑地基处理技术规范》(JGJ 79—2012)的规定? ( )

(A)对竖向承载的水泥土强度宜取 90d 龄期试块的立方体抗压强度平均值;对承受水平荷载的水泥土强度宜取 28d 龄期试块的立方体抗压强度平均值
(B)对竖向承载的水泥土强度宜取 90d 龄期试块的立方体抗压强度平均值;对承受水平荷载的水泥土强度宜取 45d 龄期试块的立方体抗压强度平均值
(C)对竖向和水平向承载的水泥土强度宜取 90d 龄期试块的立方体抗压强度平均值
(D)对竖向承载的水泥土强度宜取 90d 龄期试块的立方体抗压强度平均值;对承受水平荷载的水泥土强度宜取 60d 龄期试块的立方体抗压强度平均值

5. 某建筑物的地基为松散砂土，采用砂石桩法进行挤密处理。通过试验得到砂土处理前的孔隙比为0.78，要求在挤密处理后达到的孔隙比为0.68，如采用桩直径0.5m的砂石桩，不考虑振动下沉密实作用，初步设计时按等边三角形布桩，则砂石桩的间距估算为下列何值？（　　）

(A)1.0m　　(B)1.5m　　(C)2.0m　　(D)2.5m

6. 下列地基中，哪一种不属于复合地基？（　　）

(A)由桩端置于不可压缩层的刚性桩体与桩间土共同构成的地基
(B)由桩端置于可压缩层的刚性桩体与桩间土共同构成的地基
(C)由桩端置于不可压缩层的柔性桩体与桩间土共同构成的地基
(D)由桩端置于可压缩层的柔性桩体与桩间土共同构成的地基

7. 在下列关于采用预压法处理软土地基的说法中，哪一种是错误的？（　　）

(A)控制加载速度的主要目的是防止地基失稳
(B)采用超载预压的主要目的是减少地基在使用期间的沉降
(C)当软土地基夹有较充足水源补给的透水层时，宜采用真空预压法
(D)在某些条件下，也可用利用构筑物的自重进行堆载预压

8. 在下列关于公路路堤反压护道设计与施工的说法中，哪一项是错误的？（　　）

(A)反压护道一般采用单级形式
(B)反压护道的高度一般为路堤高度的1/2～1/3
(C)反压护道的宽高一般采用圆弧稳定分析法确定
(D)反压护道应待路堤基本稳定以后再行填筑

9. 在有关强夯法设计与施工的下列说法中，哪一种是错误的？（　　）

(A)强夯法的处理范围应大于建筑物或构筑物的基础范围
(B)夯击遍数既与地基条件和工程使用要求有关，也与每一遍的夯击击数有关
(C)两遍夯击之间的时间间隔主要取决于夯击点的间距
(D)强夯法的有效加固深度不仅与锤重、落距、夯击次数有关，还与地基土质、地下水位、夯锤底面积有关

10. 岩石锚杆抗拔试验时，出现下列哪一种情况时虽可终止锚杆的上拔试验，但不能把前一级拔升荷载作为锚杆的极限抗拔力？（　　）

(A)锚杆拔升量持续增长，且在1小时内未出现稳定迹象
(B)新增加的上拔力无法施加或施加后无法保持稳定
(C)上拔力已达到试验设备的最大加载量
(D)锚杆的钢筋已被拉断或者锚杆锚筋被拔出

11. 重力式挡土墙上应设置泄水孔和反滤层，下列哪一项并不是设置的目的？（　　）

(A)使泄水孔不被堵塞

(B)墙后土的细颗粒不会被带走

(C)防止墙后产生静水压力

(D)防止墙后产生动水压力

12. 在岩体边坡工程中应用较广的岩体等效内摩擦角 φ_e 是考虑岩体黏聚力在内的假想内摩擦角。下列哪一个论点是不正确的？（　　）

(A) φ_e 与岩体的坚硬程度及完整性有关

(B) φ_e 与岩体破裂角无关

(C)用 φ_e 设计边坡时，边坡高度应有一定的限制

(D) φ_e 取值应考虑时间效应因素

13. 挡土墙的稳定性验算不应包括下列哪一项要求？（　　）

(A)抗倾覆　　(B)地基承载力

(C)地基变形　　(D)整体滑动

14. 基坑深 7m。深度 30m 以内地基土层由粉、细砂组成，地下水位埋深 4m，现拟采用井点法进行基坑降水，降水井深度 20m，渗流计算应按下列哪一种类型进行？（　　）

(A)潜水非完整井　　(B)潜水完整井

(C)承压水非完整井　　(D)承压水完整井

15. 在下列关于路堤、堤防填土压实的说法中，哪一种是错误的？（　　）

(A)在最佳含水量时压实可以取得最经济的压实效果和达到最大密实度

(B)最佳含水量主要取决于土的种类，与进行击实试验的仪器类型、方法无关

(C)填土的压实度是指填土实际达到的干密度与标准击实试验所得出的最大干密度之比

(D)填土压实度的要求随填土深度的不同而可以有所不同

16. 在关于路基排水系统的下列说法中，哪一种是不全面的？（　　）

(A)路基排水系统的主要任务是防止路基的含水量过高

(B)路基排水系统的设计原则是有效拦截路基上方的地面水

(C)设置截水沟、边沟、排水沟等的主要目的是拦截、排除地面水

(D)路基排水系统除了设置在路基周边的排水设施外，还应包括设置在路基体内的各种地下排水设施

17. 在下列对挖方边坡失稳的防治措施中，哪一项是不适用的？（　　）

(A)排水　　(B)削坡　　(C)反压　　(D)支挡

18.新奥法已成为在软弱破碎围岩地段隧道施工的一种基本方法,下列说法中哪一项不符合新奥法的基本特点?　（　）

(A)尽量采用小断面开挖,以减少对围岩的扰动

(B)及时施作密贴于围岩的柔性喷射混凝土及锚杆初期支护,以控制围岩的变形和松弛

(C)尽量使隧道断面的周边轮廓圆顺,避免棱角突变处应力集中

(D)加强施工过程中对围岩及支护的动态观察

19.对坝体与岩石坝基或岸坡的连接进行处理时,下列哪一条基础处理原则是错误的?　（　）

(A)水坝断面范围内的岩石坝基与坝坡,应清除表面松动石块、凹处积土及突出的岩体

(B)土质防渗体和反滤层应与较软岩、可冲蚀和不可灌浆的岩体连接

(C)对失水很快风化的软岩(如页岩、泥岩等),开挖时应预留保护层,待开挖回填时,随挖除,随回填,或开挖后喷水泥砂浆或混凝土保护

(D)土质防渗体与岩体接触处,在临近接触面0.5~1.0m范围内,防渗体应用黏土,黏土应控制在略高于最优含水量情况下填筑,在填筑前应用黏土浆抹面

20.坝基防渗帷幕深度应根据建筑物的重要性、水头大小、地质条件、渗透特性以及对帷幕所提出的要求等因素决定。请指出下列对决定防渗帷幕深度所需考虑的诸因素中,哪项因素是不对的?　（　）

(A)坝基下存在相对不透水层,当埋藏深度不大时,帷幕应深入该层内至少5m

(B)坝基下的岩体为近于直立的透水层与不透水层的互层,当岩层走向平行坝轴线时,应用帷幕尽可能深地把透水层封闭起来

(C)当坝基下相对不透水层埋藏较深或分布无规律时,应根据渗透分析和防渗要求,并结合类似工程经验研究确定帷幕深度

(D)喀斯特地区的帷幕深度,应根据岩溶渗漏通道的分布情况及防渗要求确定

21.水工隧洞内同时有帷幕灌浆、固结灌浆和回填灌浆时,下列哪一种灌浆顺序最好?　（　）

(A)先帷幕灌浆,再回填灌浆,后固结灌浆

(B)先帷幕灌浆,再固结灌浆,后回填灌浆

(C)先固结灌浆,再回填灌浆,后帷幕灌浆

(D)先回填灌浆,再固结灌浆,后帷幕灌浆

22.在关于崩塌形成条件的下列说法中哪一种是错误的?　（　）

(A)陡峻的山坡是形成崩塌的基本条件
(B)软质岩覆盖在硬质岩之上的陡坡最容易发生崩塌
(C)硬质岩、软质岩均可形成崩塌
(D)水流的冲刷往往也是形成崩塌的原因

23. 当高水位快速降低后，河岸出现临水面局部堤体的失稳。其主要原因是下列哪一项？（　　）

(A)堤体土的抗剪强度降低
(B)水位的下降，使堤体坡脚失去了水压力的反压
(C)因水位的骤降，堤体内渗透力骤增
(D)因水位的骤降，对堤内土体产生潜蚀作用

24. 影响采空区上部岩层变形的诸多因素中，下面哪一种说法是错误的？（　　）

(A)矿层埋深越大，表层变形范围越大
(B)矿层采厚越大，地表变形值越大
(C)在采空区上部，第四系堆积物越厚，地表变形值越大
(D)地表移动盆地并不总是位于采空区正上方

25. 在多年冻土地区建造建筑物时，下列地基设计方案中哪一项是错误的？（　　）

(A)使用期间始终保持冻结状态，以冻土为地基
(B)以冻土为地基，但按冻土融化后的力学性质及地基承载力设计
(C)先挖除冻土，换填不融沉土，以填土为地基
(D)采用桩基，将桩尖置于始终保持冻结状态的冻土上

26. 按《膨胀土地区建筑技术规范》(GB 50112—2013)，收缩系数是下列哪一项？（　　）

(A)原状土样在直线收缩阶段的收缩量与样高之比
(B)原状土样在直线收缩阶段的收缩量与相应的含水量差之比
(C)原状土样在 50kPa 压力下在直线收缩阶段含水量减少 1%时的竖向线收缩率
(D)原状土样在直线收缩阶段含水量减少 1%时的竖向线收缩率

27. 下列关于膨胀土地基变形的取值要求，哪一项是错误的？（　　）

(A)膨胀变形量，应取基础某点的最大膨胀上升量
(B)胀缩变形量，应取基础某点的最大膨胀上升量与最大收缩下沉量之和之半
(C)变形差，应取相邻两基础的变形量之差
(D)局部倾斜，应取砖混承重结构沿纵墙 6～10m 内基础两点的变形量之差与其距离的比值

28. 某拟建的甲类建筑物基础埋深为 4.0m，基底处荷载标准组合的平均压力为

250kPa;地面下为厚达14m的自重湿陷性黄土,以下为非湿陷性黄土。拟考虑采取的下列地基处理方案中,哪一个是比较适宜的? ( )

(A)有效桩长为12m的静压预制桩
(B)桩长为12m的CFG桩复合地基
(C)长度为10m的灰土挤密桩复合地基
(D)长度为8m的扩底挖孔灌注桩

29.在下列可溶岩地下水的4个垂直分带中,岩溶发育最强烈、形态最复杂的为哪一个带? ( )

(A)垂直渗流带 (B)季节交替带
(C)水平径流带 (D)深部缓流带

30.分布于滑坡体后部或两级滑坡体之间呈弧形断续展布的裂缝属于下列哪一种性质的裂缝? ( )

(A)主裂缝 (B)拉张裂缝
(C)剪切裂缝 (D)鼓胀裂缝

31.对于主滑段滑床和地表坡面较平缓、前缘有较多地下水渗出的浅层土质滑坡,最宜采取下列哪种治理措施? ( )

(A)在滑坡前缘填土反压 (B)在滑坡中后部减重
(C)支撑渗沟 (D)锚索

32.对于自重湿陷性黄土上的甲、乙类建筑及铁路大桥、特大桥的总湿陷量计算深度,下列哪一条是符合要求的? ( )

(A)自各类工程基础底面算起累计至5m深为止
(B)当基础底面以下湿陷性土层厚度大于10m时,应计算至10m
(C)应累积计算至非湿陷性土层顶面止
(D)计算至Q_2黄土顶面

33.在多年冻土地区修建路堤,下列哪种做法不符合保护多年冻土的设计原则? ( )

(A)路堤底部采用较大的石块填筑
(B)加强地面排水
(C)设置保温护道
(D)保护两侧植被

34.我国《建筑抗震设计规范》(GB 50011—2010)(2016年版)中,设计地震分组是为了更好地体现下列哪一个主要因素? ( )

(A)设防烈度与基本烈度之间关系
(B)发震断层的性质
(C)震级和震中距的影响
(D)场地类别不同

35. 为防止主体结构弹性变形过大而引起非结构构件出现过重破坏，其抗震验算主要进行下列哪一项工作？ ( )

(A)截面抗震验算
(B)弹性变形验算
(C)弹塑性变形验算
(D)底部剪力验算

36. 经液化指数 I_{LE} 计算，建筑场地液化等级为严重，从下列选项中选择正确的措施。 ( )

(A)无论建筑抗震设防类别为乙、丙、丁类，均应采取全部消除地基液化的措施
(B)对乙类设防建筑，除全部消除地基液化沉陷外，尚需对基础和上部结构处理
(C)对乙类设防建筑只需全部消除地基液化沉陷，不需要进行基础及上部结构处理
(D)对丙类设防建筑只需部分消除地基液化沉陷

37. 在验算地震作用下多层建筑单柱基础底面与地基土间接触压力时，允许出现零应力区，但规定零应力区面积不应超过基础底面积 15%。若单柱基础底面长为 L，宽为 B，问当基础底面出现 15%零应力区时，柱垂直荷重对基础中心在长度方向允许的最大偏心距 e 是多少？ ( )

(A)$e=L/6$　　(B)$e=L/3$
(C)$e=0.217L$　　(D)$e=0.25L$

38. 按《建筑抗震设计规范》(GB 50011—2010)(2016 年版)规定的抗震设防水准，对于众值烈度来说，下面哪种叙述是正确的？ ( )

(A)众值烈度与基本烈度在数值上实际是相等的
(B)众值烈度比基本烈度约低 0.15g
(C)众值烈度对应于“小震不坏”水准的烈度
(D)众值烈度是一个地区 50 年内地震烈度的平均值

39. 在《建筑抗震设计规范》(GB 50011—2010)(2016 年版)中，关于抗震设防烈度的概念，下列哪一种说法是正确的？ ( )

(A)抗震设防烈度是按国家规定的权限批准，作为一个工程建设项目抗震设防依据的地震烈度

(B)抗震设防烈度是按国家规定的权限批准，作为一个地区抗震设防依据的地震烈度

(C)抗震设防烈度是按国家规定的权限批准，按一个建筑重要性确定的抗震设防依据的地震烈度

(D)抗震设防烈度是按国家规定的权限批准，按一个建筑安全等级确定的抗震设防依据的地震烈度

40. 某坝址区的地面最大水平地震加速度系数 K_H(地震设防烈度8度)为0.2，需要判别深度 $Z=7\text{m}$ 处砂层的液化可能性。问按《水利水电工程地质勘察规范》(GB 50487—2008)附录P，土的液化判别计算的上限剪切波速 v_{st} 与下列哪个数据最接近？(深度折减系数 $\gamma_d=0.93$) (　　)

(A)150m/s　　(B)200m/s　　(C)250m/s　　(D)332m/s

二、多项选择题(共30题，每题2分。每题的备选项中有两个或三个符合题意，错选、少选、多选均不得分)

41. 采用预压法处理软弱地基，除应预先查明场地地层在水平和垂直方向的分布、层理变化、透水层的位置、地下水类型及水源补给情况外，尚应通过室内试验确定的设计参数有下列哪几项？ (　　)

(A)土层的给水度及持水性

(B)土层的前期固结压力、孔隙比与固结压力关系

(C)土层的固结系数

(D)三轴试验抗剪强度指标

42. 在建筑物地基和路基地基处理中常采用桩体复合地基以提高承载力和减小沉降。采用桩体复合地基时常设置垫层以改善复合地基性状。下述对于垫层作用的叙述中哪些是不正确的？ (　　)

(A)在筏板或路堤下设置垫层的作用都是减小桩土荷载分担比，以充分利用桩间土承载力

(B)设置垫层的目的，对筏板基础是减小桩土荷载分担比，对路堤地基是为了增加桩土荷载分担比

(C)设置垫层主要是为了便于排水，有效减少工后沉降

(D)在筏板和路堤下设置垫层的作用都是为了增大桩土荷载分担比，以充分利用桩的承载力

43. 对于长短桩复合地基，下述叙述中哪几项是正确的？ (　　)

(A)长桩宜采用刚度较小的桩，而短桩应采用刚度较大的桩

(B)长桩应采用刚度较大的桩，而短桩可采用刚度较小的桩

(C)长桩与短桩应采用同一桩型

(D)长桩与短桩可采用不同的桩型

44. 地基处理时，其处理范围应根据建筑物性质、土质条件和不同的处理方法来确定。根据《建筑地基处理技术规范》(JGJ 79—2012)的要求，以下哪些说法是不合理的？ ( )

(A)用于多层和高层建筑时的振冲桩处理地基，其处理范围宜在基础外缘扩大1～2排桩
(B)夯实水泥土桩的处理范围应大于基底面积，宜在基础外缘扩大1～3排桩
(C)灰土挤密桩法在地基整片处理时，超出建筑物外墙基础底面外缘的宽度，每边不宜小于处理土层厚度的1/2，并不应小于2.0m
(D)柱锤冲扩桩法处理范围可只在基础范围内布桩

45. 水泥土搅拌法是用水泥作为固化剂来加固软土地基。根据室内试验，一般认为水泥作加固料时，以下哪些说法是正确的？ ( )

(A)对含有多水高岭石的黏土矿物的软土加固效果较差
(B)对含有高岭石、蒙脱石等黏土矿物的软土加固效果较好
(C)对含有氯化物和水铝石英等矿物的黏性土加固效果较差
(D)对有机质含量高、pH值较低的黏性土加固效果较好

46. 在碎石桩复合地基设计中，下述思路哪些是合理的？ ( )

(A)可采用增加桩长来达到提高复合地基承载力的目的
(B)可采用增大复合地基置换率来达到提高复合地基承载力的目的
(C)可采用增加桩长来达到减小复合地基沉降的目的
(D)增大复合地基置换率比增加桩长可更有效减小复合地基沉降

47. 在路堤的软土地基处理中需利用土工合成材料的哪些功能？ ( )

(A)隔离、排水 (B)防渗
(C)改善路堤整体性 (D)加筋补强

48. 下列关于土压力影响因素的分析意见中，哪些观点中包含有不正确的内容？ ( )

(A)当土与挡土墙墙背间摩擦角增大时，主动土压力减小，被动土压力减小
(B)墙顶填土的重度增大时，主动土压力增大，被动土压力增大
(C)土的内摩擦角增大时，主动土压力增大，被动土压力减小
(D)土的黏聚力增大时，主动土压力减小，被动土压力增大

49. 下列与地下洞室发生岩爆的相关因素中，哪些是发生岩爆必须具备的决定性条件？ ( )

(A)岩性完整

(B)高地应力

(C)洞室埋深

(D)开挖断面形状不规则

50. 当基坑底为软土时,应验算坑底土抗隆起稳定性,下列哪些措施对防止支护桩(墙)以下土体向上涌起是有利的? ( )

(A)降低基坑内外地下水位

(B)减小坑顶地面荷载

(C)坑底加固

(D)减小支护结构入土深度

51. 在岩体内开挖洞室,在所有情况下,下列哪些结果总是会普遍发生的? ( )

(A)改变了岩体原来的平衡状态

(B)引起了应力的重分布

(C)使围岩产生了塑性变形

(D)支护结构上承受了围岩压力

52. 基坑降水设计时,下列哪些规定是不正确的? ( )

(A)降水井宜沿基坑外缘采用封闭式布置

(B)回灌井与降水井之间的距离不宜大于6m

(C)降水引起的地面沉降可按分层总和法计算

(D)沉降观测基准点应设在降水影响范围之内

53. 下列各选项中哪些是影响路堤稳定性的主要因素? ( )

(A)路堤高度

(B)路堤宽度

(C)路堤两侧坡度

(D)填土压实度

54. 从下列关于土坡稳定性的论述中指出哪些观点是正确的? ( )

(A)砂土土坡($c=0$时)的稳定性与坡高无关

(B)黏性土土坡的稳定性同坡高有关

(C)所有土坡都可适用按圆弧面滑动的整体稳定性分析方法

(D)简单条分法假定不考虑土条间的作用力

55. 输水隧洞位于地下水位以下,它符合下列哪些条件时,应认为存在外水压力问题? ( )

(A)洞室位于距河流较近的地段

(B)洞室穿越富水层或储水构造

(C)洞室穿越与地表水有联系的节理密集带、断层带

(D)洞室穿越岩溶发育地区

56. 地下洞室具有下列哪些条件时应判为不良洞段？（　　）

(A)与较大地质构造断裂带交叉的洞段
(B)或具岩爆、或具有害气体、或具岩溶、或有地表水强补给区等洞段
(C)由中等强度岩体组成的微透水洞段
(D)通过土层、塑性流变岩及高膨胀性岩层的洞段

57. 某建筑场地经判定为严重液化，下列哪几种说法是正确的？（　　）

(A)液化指数等于18
(B)液化指数大于18
(C)出现严重的喷水冒砂及地面变形
(D)建筑物的不均匀沉陷可能大于20cm

58. 土层剪切波速在抗震设计中可用于下列哪一项？（　　）

(A)确定水平地震影响系数最大值
(B)计算液化指数
(C)确定剪切模量
(D)划分场地类别

59. 在室内常用单向振动三轴仪，对经过等向固结后的试件，施加垂直方向周期性荷载，使试件水平截面上产生周期性变化的动应力$\pm\sigma_d$，以研究砂土或粉土液化特性，从下列叙述中选择出正确的结论。（　　）

(A)试件中出现的最大周期性剪应力$\tau=\sigma_d$
(B)试件中出现的最大周期性剪应力$\tau=\sigma_d/2$
(C)出现最大周期性剪应力的一对相互垂直平面，它们与水平面间夹角均为$\pi/4$
(D)出现最大周期性剪应力的一对相互垂直平面，它们与水平面间夹角均为$\frac{\pi}{4}+\frac{\varphi}{2}$（$\varphi$为土的内摩擦角）

60. 层高为3m的六层普通民用框架建筑，采用独立基础，建在天然地基上，地基主要受力层为粉质黏土，其地基承载力特征值$f_a=120\text{kPa}$，建筑场地抗震设防烈度为8度，在考虑该建筑地基与基础抗震承载力验算时，从下列叙述中选择正确的答案。（　　）

(A)应进行地基抗震承载力验算
(B)验算时地基抗震承载力调整系数ξ_a取1.1
(C)可不进行地基抗震承载力验算
(D)可不进行基础抗震承载力验算

61. 考虑地震影响时,建筑场地特征周期取值应与下列哪些因素有关? ( )

(A)建筑结构尺寸大小与规则性
(B)所在建筑场地类别
(C)建筑物承重结构类型
(D)建筑场地所在地的设计地震分组

62. 按照《建筑抗震设计规范》(GB 50011—2010)(2016 年版)的规定,指出在下列四种关于特征周期的叙述中哪些是正确的? ( )

(A)是"设计特征周期"的简称
(B)是结构的基本自振周期
(C)是地震浮动性的重复周期
(D)可与《中国地震动参数区划图》(GB 18306—2015)相匹配

63. 根据《中国地震动参数区划图》(GB 18306—2015),下面哪些说法是正确的? ( )

(A)《中国地震动参数区划图》继续采用地震基本烈度概念,现行技术标准中涉及地震动参数的,可根据基本烈度换算
(B)《中国地震动参数区划图》不再采用地震基本烈度概念,现行技术标准中涉及地震基本烈度的,可根据地震动参数确定
(C)《中国地震动参数区划图》同时采用地震基本烈度和地震动参数,与现行的有关技术标准保持一致
(D)《中国地震动参数区划图》不再采用地震基本烈度概念,现行技术标准中涉及地震基本烈度的,应逐步修正

64. 下列哪些属于建筑安装工程费中的税费? ( )

(A)增值税
(B)城市维护建设税
(C)教育费附加
(D)营业税

65. 施工项目经理的授权应包括下列哪几项? ( )

(A)制定施工项目全面的工作目标及规章制度
(B)技术决策及设备、材料的租购与控制权
(C)用人用工选择权,施工指挥权及职工奖惩权
(D)工资奖金分配权及一定数量的资金支配权

66. 岩土工程施工图预算与施工预算的差异体现在下列哪几个方面? ( )

(A)编制目的和发挥的作用不同

(B)编制采用的定额与内容不同
(C)两者编制的步骤完全不同
(D)两者编制采用的计算规则不同

67. 下列哪些是岩土工程招标的主要方式? ( )

(A)公开招标　　(B)邀请招标
(C)协商招标　　(D)合理低价招标

68. 编制建设工程勘察文件应以下列哪些规定为依据? ( )

(A)项目的批准文件、城市规划及强制性标准
(B)其他工程勘察单位的内部技术标准和规定
(C)建设单位根据项目需要提出的特殊标准
(D)国家规定的建设工程勘察设计深度要求

69. 根据《中华人民共和国民法典》的规定,施工合同的内容除了包括工程范围、建设工期、中间交工工程的开工和竣工时间外,还应包括下列哪几项内容? ( )

(A)材料和设备供应责任、双方相互协作条款
(B)拨款和结算、质量保修范围和质量保修保证期
(C)项目经理授权范围
(D)工程造价、工程质量、竣工验收、技术资料交付时间

70. 实施 ISO 9000 族标准的意义,应包括下列哪几项? ( )

(A)作为单位经营宣传的主要手段
(B)有利于组织的持续改进与持续满足客户的需求和期望
(C)有利于提高产品(工程)质量,保护消费者的利益
(D)为提高单位的运行能力提供了有效方法

2004年专业知识试题答案(下午卷)

1.[答案] B

[依据] 由《建筑地基处理技术规范》(JGJ 79—2012)第7.4.8条及条文说明第9款可知,冒浆是正常的,但应控制冒浆量。

2.[答案] C

[依据]《建筑地基处理技术规范》(JGJ 79—2012)附录B第B.0.10条第2款。

3.[答案] C

[依据] 由《建筑地基处理技术规范》(JGJ 79—2012)第7.3.1条条文说明可知A选项、B选项正确;由第7.3.5条条文说明可知,搅拌次数越多,则搅和越均匀,水泥土强度也越高,故C选项错误;由第7.3.3条条文说明可知D选项正确。

4.[答案] A

[依据]《建筑地基处理技术规范》(JGJ 79—2012)第7.3.1条第4款,第7.3.3条条文说明第3款。

5.[答案] C

[依据]《建筑地基处理技术规范》(JGJ 79—2012)第7.2.2条。

$$s = 0.95\xi d\sqrt{\frac{1+e_0}{e_0-e_1}} = 0.95\times1.0\times0.5\times\sqrt{\frac{1+0.78}{0.78-0.68}} = 2.0\text{m}$$

6.[答案] A

[依据]《建筑地基处理技术规范》(JGJ 79—2012)第2.1.2条。

复合地基为部分土体被增强或者被置换,形成由地基土与竖向增强体共同承担荷载的人工地基。桩与桩间土均产生变形。

7.[答案] C

[依据] 由《建筑地基处理技术规范》(JGJ 79—2012)第5.1.2条可知,透水层有可能漏气,影响真空度达不到要求,不宜采用真空预压法,故C选项不正确;由第5.1.5条可知A选项正确;由第5.1.9条及条文说明可知B选项正确;建筑物自重本身可以当作堆载。

8.[答案] D

[依据] 反压护道指的是为防止软弱地基产生剪切、滑移,保证路基稳定,对积水路段和填土高度超过临界高度路段在路堤一侧或两侧填筑起反压作用的具有一定宽度和厚度的土体,以提高路堤在施工中的滑动破坏安全系数,达到路堤稳定的目的。软土地基路堤反压护道施工应遵守的规定:①填料材质应符合设计要求。②反压护道施工宜与路堤同时填筑;分开填筑时,必须在路堤达临界高度前将反压护道筑好。③反压护道压

实度应达到《公路土工试验规程》(JTG E40—2007)重型击实试验法测定的最大干密度的90%,或满足设计提出的要求。由《公路路基设计规范》(JTG D30—2015)第7.7.5条第4款可知A、B、C选项均正确。

9.[答案] C

[依据]《建筑地基处理技术规范》(JGJ 79—2012)第6.3.3条及条文说明。两遍夯击之间的时间间隔主要取决于土中超静孔隙水压力的消散时间。

10.[答案] C

[依据]《建筑地基基础设计规范》(GB 50007—2011)附录M第M.0.4条和第M.0.5条。

11.[答案] D

[依据]《铁路路基支挡结构设计规范》(TB 10025—2019)第3.1.7、3.1.8条条文说明,墙身设置泄水孔是为了疏导墙后积水,增加墙身稳定性,为了发挥泄水孔的排水效能,要求泄水孔进口处设置反滤层,以保证泄水孔不被堵塞,墙后土颗粒不会被带走,A、B、C正确;由于挡土墙后填料中含水量一般较小,动水压力可不计,D错误。

12.[答案] B

[依据]《建筑边坡工程技术规范》(GB 50330—2013)第4.3.4条。B选项为2002版边坡规范第4.5.5条条文说明的说法。

13.[答案] C

[依据]《建筑地基基础设计规范》(GB 50007—2011)第6.7.5条。

14.[答案] A

[依据] 基坑开挖深度范围无相对不透水层,故为潜水;又因为降水井未穿透透水层进入相对不透水层,所以为非完整井,综上为潜水非完整井。

15.[答案] D

[依据] 在一定的击实功能情况下,只有当土的含水量为最优含水量时,土样才能达到最大干密度,A选项正确;击实功越大,最优含水量越小,B选项错误;压实系数是控制干密度与最大干密度的比值,C选项正确;对于路堤来说,根据《公路路基设计规范》(JTG D30—2015)表3.2.3可知,上路床和下路床的压实系数可以不同,D正确。

16.[答案] B

[依据]《公路路基设计规范》(JTG D30—2015)第4节,路基排水应包括地表排水和地下排水,采用防、排、疏相结合的方式,以保持路基处于干燥状态,A选项正确;第4.2.2条,地表排水包括边沟、排水沟、跌水和急流槽等,第4.3.2条,地下排水包括暗沟、渗沟、渗水隧洞、排水孔等,C、D选项正确。

17.[答案] C

[依据] 反压一般用于填方边坡,在坡脚处进行堆载反压,对于挖方边坡来说,由于场地条件限制,无进行反压的场地。

18.[答案] A

[依据] 新奥法的基本内容是:①开挖作业多采用"光面爆破"和"预裂爆破",并尽量采用大断面、少分部的开挖方法,降低围岩内部应力重分布的次数,充分保护围岩,减少对围岩的扰动。②充分发挥围岩的自承能力。③尽快使支护结构闭合,在软弱破碎地段,使断面及早闭合,从而有效地发挥支护体系的作用。④根据围岩特征采用不同的支护类型和参数,及时施作密贴于围岩的柔性喷射混凝土和锚杆初期支护,以控制围岩的变形和松弛。⑤应尽量使隧道断面周边轮廓圆顺,避免棱角突变处应力集中。⑥二次衬砌原则上是在围岩与初期支护变形基本稳定的条件下修筑的,围岩和支护结构形成一个整体,因而提高了支护体系的安全度,并不增加衬砌厚度。⑦加强监测,根据监测数据指导施工。故A选项错误。

19.[答案] B

[依据]《碾压式土石坝设计规范》(DL/T 5395—2007)第8.2.3条。

20.[答案] B

[依据]《碾压式土石坝设计规范》(DL/T 5395—2007)第8.4.7条。而透水层与不透水层互层时也就没有了相对不透水层,封闭式帷幕不可行。

21.[答案] D

[依据]《水工建筑物水泥灌浆施工技术规范》(DL/T 5148—2012)第2.0.2条~第2.0.4条。①回填灌浆:用浆液填充混凝土与围岩或混凝土与钢结构之间的空隙或孔洞,以增强围岩或结构密实性的灌浆工程。这种空隙和孔洞是由于混凝土浇筑施工的缺陷或技术能力的限制所造成的。②固结灌浆:将浆液灌入岩体裂隙或破碎带,以提高岩体的整体性和抗变形能力为主要目的的灌浆工程。③帷幕灌浆:将浆液灌入岩体或土层的裂隙、孔隙,形成连续的阻水幕,以减小渗流量和降低渗透压力的灌浆工程。第7.1.2条,当隧洞中布置有帷幕灌浆时,应按照回填灌浆、固结灌浆和帷幕灌浆的顺序施工。

22.[答案] B

[依据]《铁路工程不良地质勘察规程》(TB 10027—2012)第5.3.2条条文说明。硬质岩覆盖在软质岩上的陡峻边坡易产生崩塌。

23.[答案] C

[依据] 坝前高水位快速下降时,产生偏向上游的动水压力,对坝体稳定不利。

24.[答案] C

[依据] 由《工程地质手册》(第五版)第698页,可知A、B、D选项正确。

25.[答案] B

[依据]《工程地质手册》(第五版)第590页和《岩土工程勘察规范》(GB 50021—2001)第6.6.3条及条文说明。以冻土为地基,不应按冻土融化后的力学性质及地基承载力设计。

26.[答案] D

[**依据**]《膨胀土地区建筑技术规范》(GB 50112—2013)第 2.1.8 条。

27.[**答案**] B

[**依据**]《膨胀土地区建筑技术规范》(GB 50112—2013)第 5.2.15 条。

28.[**答案**] C

[**依据**]《湿陷性黄土地区建筑标准》(GB 50025—2018)第 6.1.1 条规定,对甲类建筑应消除地基的全部湿陷量,或采用桩基础穿透全部湿陷性黄土层,或将基础设置在非湿陷性黄土上。D 选项未穿透自重湿陷性黄土层,不适合。《建筑地基处理技术规范》(JGJ 79—2012)第 7.5.1 条第 1 款,灰土挤密桩可处理湿陷性黄土,C 选项合适。第 7.7.1条,CFG 桩不适用于黄土,B 选项不合适。预制桩用于湿陷性黄土地基时,当地基浸水,会产生负摩阻力,降低承载力和增大沉降量,并且预制桩的造价比灰土挤密桩高,相对于灰土挤密桩来说,A 选项不合适。

29.[**答案**] B

[**依据**]《铁路工程不良地质勘察规程》(TB 10027—2012)第 9.2.7 条条文说明。

30.[**答案**] B

[**依据**]《工程地质手册》(第五版)第 655 页。

31.[**答案**] C

[**依据**]《工程地质手册》(第五版)第 674 页。滑坡的整治方法有清除滑坡体、治理地面水、治理地下水、减重和反压及抗滑工程,本题主要是治理地下水。

32.[**答案**] C

[**依据**]《铁路桥涵地基和基础设计规范》(TB 10093—2017)第 9.1.1 条第 2 款或《湿陷性黄土地区建筑标准》(GB 50025—2018)第 4.4.3 条。

33.[**答案**] B

[**依据**]《公路路基设计规范》(JTG D30—2015)第 7.12.1 条第 7 款,路基填料宜采用卵石土或碎石土、片石土,A 选项错误;保温护道材料应就地取材,C 选项正确;第 7.12.7条,多年冻土地区路基应采取排除地表水的措施,B 正确。

34.[**答案**] C

[**依据**]《建筑抗震设计规范》(GB 50011—2010)(2016 年版)第 3.2 节条文说明、第 5.1.5 条条文说明。

35.[**答案**] B

[**依据**] 由《建筑抗震设计规范》(GB 50011—2010)(2016 年版)第 5.2.1 条可知底部剪力验算是对水平地震作用计算;由第 5.4 节可知截面抗震验算是对结构构件验算;由第 5.5.1 条及条文说明可知非结构构件验算为弹性变形验算。

36.[**答案**] C

［依据］《建筑抗震设计规范》(GB 50011—2010)(2016 年版)第 4.3.6 条表 4.3.6。

37.［答案］C

［依据］《建筑抗震设计规范》(GB 50011—2010)(2016 年版)第 4.2.4 条。

$$a=\frac{1}{3}(L-0.15L)=0.283L, e=\frac{L}{2}-a=\frac{L}{2}-0.283L=0.217L$$

38.［答案］C

［依据］《建筑抗震设计规范》(GB 50011—2010)(2016 年版)第 1.0.1 条条文说明。

39.［答案］B

［依据］《建筑抗震设计规范》(GB 50011—2010)(2016 年版)第 2.1.1 条。

40.［答案］D

［依据］《水利水电工程地质勘察规范》(GB 50487—2008)附录 P。

$$v_{st}=291\sqrt{K_H \cdot Z \cdot r_d}=291\times\sqrt{0.2\times7\times0.93}=332$$

41.［答案］BCD

［依据］《建筑地基处理技术规范》(JGJ 79—2012)第 5.1.3 条。

42.［答案］ACD

［依据］《建筑地基处理技术规范》(JGJ 79—2012)第 7.7.2 条条文说明第 4 款。筏板基础刚度大，垫层的设置可使桩间土承载力充分发挥，桩土荷载分担比减小；对于路堤地基刚度小，垫层的设置可使桩身承载力充分发挥，桩土荷载分担比增加。

43.［答案］BD

［依据］长短桩复合地基中长桩的主要作用是提高承载力，减小变形，多采用刚性桩，短桩的主要作用是加固桩间土，提高承载力，多采用柔性桩。

44.［答案］BD

［依据］由《建筑地基处理技术规范》(JGJ 79—2012)第 7.2.2 条可知 A 选项正确；由第 7.6.2 条可知 B 选项错误；由第 7.5.2 条可知 C 选项正确；由第 7.8.4 条可知 D 选项错误。

45.［答案］BC

［依据］《建筑地基处理技术规范》(JGJ 79—2012)第 7.3.1 条条文说明。

46.［答案］BC

［依据］《建筑地基处理技术规范》(JGJ 79—2012)第 7.1.5 条、第 7.1.7 条、第 7.1.8 条、第 7.2.2 条及条文说明。碎石桩作为散体材料增强体复合地基，碎石桩向深层传递荷载的能力有限，桩土应力比最大取 4.0，通过增加桩长不能增加桩土应力比，也达不到提高复合地基承载力的目的。但可以通过增大复合地基置换率来达到提高复合地基承载力的目的。对于地基沉降量，可以提高复合土层的压缩模量来减小。

47.[答案] ACD

[依据]《建筑地基处理技术规范》(JGJ 79—2012)第4.2.1条条文说明。

48.[答案] AC

[依据] 当土与挡土墙墙背间摩擦角增大时,主动土压力减小,被动土压力增大,A选项错误。土的内摩擦角增大时,主动土压力减小,被动土压力增大,C选项错误。

49.[答案] AB

[依据]《水利水电工程地质勘察规范》(GB 50487—2008)附录Q第Q.0.1条。

50.[答案] BC

[依据]《建筑基坑支护技术规程》(JGJ 120—2012)第4.2.4条及条文说明。抗隆起验算是采用普朗德尔地基承载力的极限平衡理论公式。基坑内外均采用土的天然重度,因此,降低基坑内外地下水位对坑底土抗隆起稳定性没影响,A选项不正确。减小顶面地面荷载,分母变小,抗隆起安全系数增大,B选项正确。坑底加固,土体抗剪强度提高,分子变大,抗隆起安全系数增大,C选项正确。减小入土深度对抗隆起稳定性不利,D选项不正确。

51.[答案] AB

[依据] 开挖洞室,改变了岩体原来的初始应力状态(平衡状态),引起了围岩的应力重分布。围岩的塑性变形以及对支护结构上作用的围岩压力是否发生取决于洞室所处位置的围岩等级和洞室跨度的大小,通常对于Ⅰ、Ⅱ级围岩一般认为其只发生弹性变形,对支护结构不产生作用力。

52.[答案] BD

[依据] 由《建筑基坑支护技术规程》(JGJ 120—2012)第7.3.3条可知A选项正确;由第7.3.25条可知B选项不正确;由第7.5.1条及条文说明可知C选项正确;由第8.2.16条可知D选项不正确。

53.[答案] AC

[依据]《岩土工程疑难问题答疑笔记整理之二》(高大钊,人民交通出版社)第314页,填方路堤的稳定性由两个方面决定,一是地基的稳定性,二是填土边坡的稳定性。路堤填筑高度超过了地基极限承载力,引起地基滑动失稳,A选项正确;当边坡坡度较陡时,边坡发生滑动造成边坡失稳,C选项正确。

54.[答案] ABD

[依据]《土力学》(李广信等,第2版,清华大学出版社)第七章。砂土最危险的滑动面是沿边坡表面,采用平面滑动面的计算方法,稳定性与坡高无关,A选项正确,C选项不正确。黏性土采用圆弧滑动的方法,稳定性与坡高有关,B选项正确。简单条分法也叫瑞典条分法,假定条块两侧的作用力大小相等、方向相反且作用于同一直线上,所以不予考虑,D选项正确。

55.[答案] BCD

［依据］《水利水电工程地质勘察规范》(GB 50487—2008)第6.9.1条第4款。

56.［答案］ABD

［依据］《铁路工程不良地质勘察规程》(TB 10027—2012)第2.1.1条。

57.［答案］BCD

［依据］《建筑抗震设计规范》(GB 50011—2010)(2016年版)第4.3.5条及条文说明。

58.［答案］CD

［依据］由《建筑抗震设计规范》(GB 50011—2010)(2016年版)第5.1.4条可知A选项不正确；由第4.3.5条可知B选项不正确；由第4.1.6条可知D选项正确。由《岩土工程勘察规范》(GB 50021—2001)(2009年版)第10.10.5条可知C选项正确。

59.［答案］BC

［依据］《土力学》(李广信等，第2版，清华大学出版社)第324页。根据土的动强度曲线，土的动强度可理解为：某种静应力状态下(大、小主应力一定)，周期荷载使土试样在某一预定的振次下发生破坏，这时试样45°面上动剪应力峰值$\sigma_d/2$即为土的动强度。

60.［答案］CD

［依据］《建筑抗震设计规范》(GB 50011—2010)(2016年版)第4.2.1条。地基承载力特征值120kPa，不属于软弱黏性土。层高为3m的六层普通民用框架建筑满足不超过8层且高度在24m以下，故可不进行天然地基及基础抗震承载力验算。

61.［答案］BD

［依据］《建筑抗震设计规范》(GB 50011—2010)(2016年版)第5.1.4条。

62.［答案］AD

［依据］由《建筑抗震设计规范》(GB 50011—2010)(2016年版)第2.1.7条可知A选项正确；由第3.2条条文说明可知D选项正确。

63.［答案］BD

［依据］《中国地震动参数区划图》(GB 18306—2015)附G，区划图采用地震动参数，以地震动峰值加速度代替基本烈度，A、C选项错误；B、D选项正确。

64.［答案］BCD

［依据］税费包括：营业税、城市维护建设税、教育附加费。

65.［答案］BCD

［依据］对项目经理要充分授权，不能出现管理者做不了现场的主。应授予项目经理6种权限：①施工指挥权；②用人、用工选择权；③技术决策权；④工资奖金分配权和职工奖惩权；⑤一定数量的资金支配权；⑥设备、物资、材料的租赁、采购与控制权。只有A选项不在授权范围内。

66.［答案］ABD

［依据］岩土工程施工预算和施工图预算的差异是：①编制目的不同；②编制作用的不同；③采用定额不同；④编制内容不同；⑤计算方法规则不同。

67.［答案］AB

［依据］《中华人民共和国招标投标法》第十条。

68.［答案］ACD

［依据］《建设工程勘察设计管理条例》第二十五条。

69.［答案］ABD

［依据］《中华人民共和国民法典》第七百九十五条。

70.［答案］BCD

［依据］可参阅相关辅导教材或《国家注册土木工程师（岩土）专业考试宝典》（第2版）。

2005年专业知识试题(上午卷)

一、单项选择题(共40题,每题1分。每题的备选项中只有一个最符合题意)

1. 某软黏土的试验测试指标如下,请判断其中哪个指标是肯定有问题的? ( )

(A)无侧限抗压强度10kPa　　(B)静力触探比贯入阻力30kPa

(C)标准贯入锤击数8击/30cm　　(D)剪切波速度100m/s

2. 下列哪个选项的岩体结构类型不属于《水利水电工程地质勘察规范》(GB 50487—2008)的岩体结构分类之列? ( )

(A)整体状、块状、次块状结构

(B)巨厚层状、厚层状、中厚层状、互层和薄层状结构

(C)风化卸荷状结构和风化碎块状结构

(D)镶嵌碎裂结构和碎裂结构

3. 混合岩属于下列哪一岩类? ( )

(A)岩浆岩　　(B)浅变质岩

(C)深变质岩　　(D)岩性杂乱的任何岩类

4. 某滞洪区本年滞洪时淤积了3m厚的泥砂,现进行勘察。下列哪个选项的考虑是错误的? ( )

(A)原地面下原来的正常固结土变成了超固结土

(B)新沉积的泥砂是欠固结土

(C)新沉积的饱和砂土强烈地震时有可能液化

(D)与一般第四系土比,在同样的物理性指标的状况下,新沉积土的力学性质较差

5. 下列关于节理裂隙的统计分析方法中,哪种说法是错误的? ( )

(A)裂隙率是一定露头面积内裂隙所占的面积

(B)裂隙发育的方向和各组裂隙条数可用玫瑰图表示

(C)裂隙的产状、数量和分布情况可用裂隙极点图表示

(D)裂隙等密度图是在裂隙走向玫瑰图基础上编制的

6. 某工程地基为高压缩性软土层,为了预测建筑物的沉降历时关系,该工程勘察报告中常规岩土参数外,还必须提供下列哪项岩土参数? ( )

(A)体积压缩参数 m_v　　(B)压缩指数 C_c

(C)固结系数 C_v　　　　　　　　　(D)回弹指数 C_s

7. 图中带箭头所示曲线为饱和正常固结土的应力路径，请问它符合下列哪一种试验的应力路径？　　　(　　)

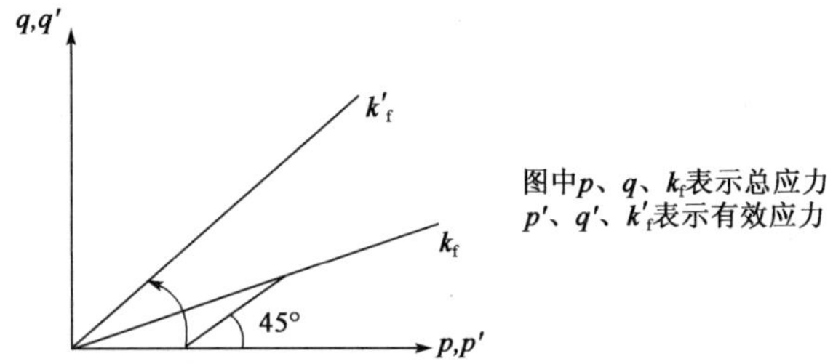

题 7 图

(A)侧限固结试验的有效应力路径

(B)三轴等压试验的总应力路径

(C)常规三轴压缩试验的总应力路径

(D)常规三轴固结不排水试验的有效应力路径

8. 坑内抽水，地下水绕坑壁钢板桩底稳定渗流，土质均匀。请问下列关于流速变化的论述中哪一项是正确的？　　　(　　)

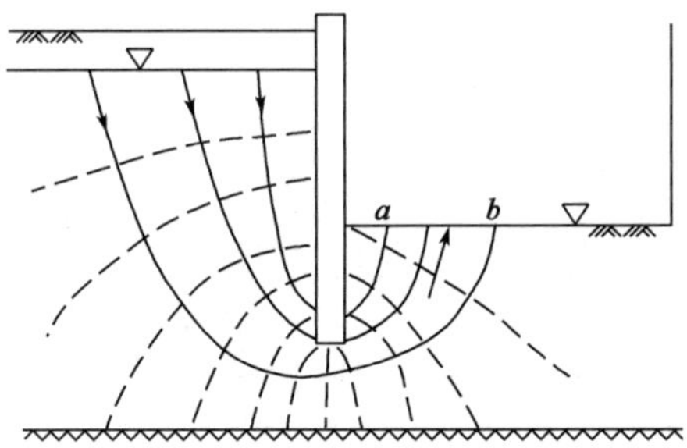

题 8 图

(A)沿钢板桩面流速最大，距桩面越远，流速越小

(B)流速随深度增大，在钢板桩底部标高处最大

(C)钢板桩内侧流速大于外侧

(D)各点流速均相等

9. 某场地地基土为一强透水层，含水量 $w=22\%$。地下水分析成果 pH=5.4，侵蚀性 CO_2 含量 53.9mg/L。请判定该地下水对混凝土结构的腐蚀性属于下面哪一等级？

(　　)

(A)无腐蚀性　　(B)弱腐蚀性　　(C)中等腐蚀性　　(D)强腐蚀性

10. 多层含水层中，同一地点不同深度设置的测压管量测的水头，下列哪一选项是正确的？　　　(　　)

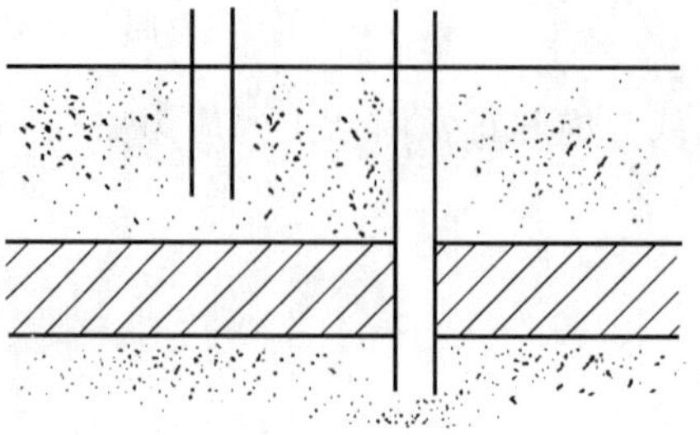

题 10 图

(A)不同深度量测的水头总是相等

(B)浅含水层中量测的水头恒高于深含水层中量测的水头

(C)浅含水层中量测的水头恒低于深含水层中量测的水头

(D)视水文地质条件而定

11. 某盐渍土地段地下水位深 1.8m，大于该地毛细水强烈上升高度与蒸发强烈影响深度之和。在开挖试坑的当时和曝晒 2d 后，分别沿坑壁分层取样，测定其含水量随深度变化如下表。该地段毛细水强烈上升高度应是下列哪个数值？（　　）

题 11 表

取样深度(m)	天然含水量(%)	曝晒 2d 后含水量(%)
0.00	7	1
0.20	10	3
0.40	18	8
0.60	21	21
0.80	25	27
1.00	27	28
1.20	29	27
1.40	30	25
1.60	30	25
1.80	30	25

(A)1.6m　(B)1.2m　(C)0.8m　(D)0.4m

12. 下列选项中哪种矿物亲水性最强？（　　）

(A)高岭石　(B)蒙脱石　(C)伊利石　(D)方解石

13. 对于天然含水量小于塑限含水量的湿陷性黄土，确定其承载力特征值时可按下列哪一选项的含水量考虑？（　　）

(A)天然含水量　(B)塑限含水量

(C)饱和度为 85%的含水量　(D)天然含水量加 5%

14. 关于地基中土工合成材料加筋垫层的作用机理，下列哪一种说法是错误的？（　　）

(A)扩散应力　(B)调整地基不均匀变形

(C)增加地基稳定性　　(D)提高土的排水渗透能力

15. 在卵石层上的新填砂土上灌水稳定下渗，地下水位较深，下列哪一选项是有可能产生的后果？（　）

(A)降低砂土的有效应力　　(B)增加砂土的自重压力
(C)增加土的基质吸力　　(D)产生管涌

16. 下列哪一选项不宜采用立管式孔隙水压力计？（　）

(A)观测弱透水层的稳定水位
(B)观测排水固结处理地基时的孔隙水压力
(C)观测强夯法处理地基时的孔隙水压力
(D)作为观测孔，观测抽水试验的水位下降

17. 在其他条件相同时，悬臂式钢板桩和悬臂式混凝土地下连续墙所受基坑外侧土压力的实测结果应该是下列哪一种情况？（　）

(A)由于混凝土模量比钢材小，所以混凝土墙上的土压力更大
(B)由于混凝土墙的变形(位移)小，所以混凝土墙上土压力更大
(C)由于钢板桩的变形(位移)大，所以钢板桩上的土压力更大
(D)由于钢材强度高于混凝土强度，所以钢板桩上的土压力更大

18. 对于单支点的基坑支护结构，在采用等值梁法计算时还需要假定等值梁上有一个铰接点。一般可近似取该铰接点处在等值梁上的下列哪一个位置？（　）

(A)基坑底面下 1/4 嵌入深度处
(B)等值梁上剪力为零的位置
(C)主动土压力合力等于被动土压力合力的位置
(D)主动土压力强度等于被动土压力强度的位置

19. 下列有关隧道新奥法设计施工的衬砌作法中，哪一个选项是正确的？（　）

(A)隧道开挖后，立即衬砌支护
(B)隧道开挖后，经监测，经验类比和计算分析，适时衬砌支护
(C)隧道开挖后，让围岩充分回弹松弛后再衬砌支护
(D)隧道衬砌后，要使隧道围岩中的应力接近于原地应力

20. 按照《公路路基设计规范》(JIG D30—2015)，路面以下路床填方高度小于0.8m，对于高速公路及一级公路，路床的压实度应满足下列哪一项要求？（　）

(A)≥93%　　(B)≥94%　　(C)≥95%　　(D)≥96%

21. 采用塑限含水量 $w_p=18\%$ 的粉质黏土作填土土料修建公路路基，分层铺土碾

压时，下列哪一种含水量相对比较合适？（　　）

(A)12%　　(B)17%　　(C)22%　　(D)25%

22. 有一砂土坡，其砂土的内摩擦角 $\varphi=35°$，坡度为 1∶1.5，当采用直线滑裂面进行稳定分析时，下面哪一个滑裂面所对应的安全系数最小？（α 为滑裂面与水平地面间夹角）（　　）

(A)$\alpha=25°$　　(B)$\alpha=29°$

(C)$\alpha=31°$　　(D)$\alpha=33°$

23. 对于碾压土坝中的黏性土，在施工期采用总应力法进行稳定分析时，应采用下列哪种试验确定土的强度指标？（　　）

(A)三轴固结排水试验(CD)　　(B)直剪试验中的慢剪试验(S)

(C)三轴固结不排水试验(CU)　　(D)三轴不固结不排水试验(UU)

24. 下列哪种土工合成材料不适用于土体的加筋？（　　）

(A)塑料土工格栅　　(B)塑料排水带(板)

(C)土工带　　(D)土工格室

25. 有一墙背垂直的重力式挡土墙，墙后填土由上下两层土组成，如图所示，γ、c、φ 分别表示土的重度、黏聚力和内摩擦角，如果 $c_1\approx0$，$c_2>0$，问只有在下列哪一种情况下，用朗肯土压力理论计算得到的墙后主动土压力分布才有可能从上而下为一条连续的直线？（　　）

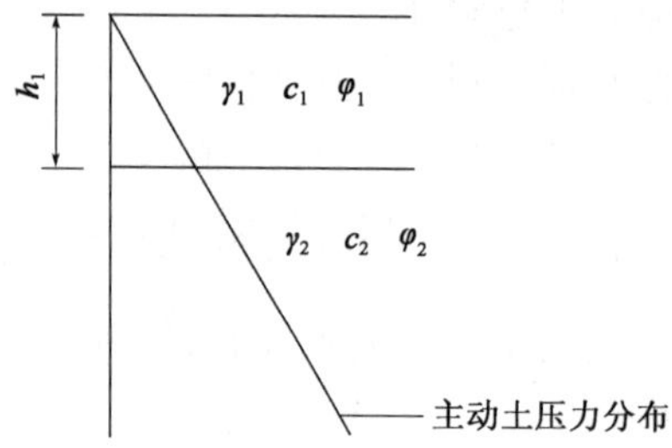

题 25 图

(A)$\gamma_1>\gamma_2$，$\varphi_1>\varphi_2$　　(B)$\gamma_1>\gamma_2$，$\varphi_1<\varphi_2$

(C)$\gamma_1<\gamma_2$，$\varphi_1>\varphi_2$　　(D)$\gamma_1<\gamma_2$，$\varphi_1<\varphi_2$

26. 常用的土石坝坝基加固处理，不宜采用下列哪一项措施？（　　）

(A)固结灌浆与锚固　　(B)建立防渗帷幕或防渗墙

(C)建立排水帷幕　　(D)坝身采用黏土心墙防渗

27. 采用预应力锚索时，下列选项中哪一项是不正确的？（　　）

(A)预应力锚索由锚固段、自由段和锚头三部分组成
(B)锚索与水平面的夹角,以下倾 15°～30°为宜
(C)预应力锚索只能适用于岩质地层的边坡及地基加固
(D)锚索必须作好防锈、防腐处理

28. 下列关于地震灾害和抗震设防的哪一项说法是不正确的? (　　)

(A)地震是一个概率事件
(B)抗震设防与一定的风险水准相适应
(C)抗震设防的目标是使得建筑物在地震是不致损坏
(D)抗震设防是以现有的科学水平和经济条件为前提

29. 按我国抗震设防水准,下列关于众值烈度的叙述哪一项是正确的? (　　)

(A)众值烈度与基本烈度在数值上实际是相等的
(B)众值烈度的地震加速度比基本烈度的地震加速度约低 0.15g
(C)遭遇众值烈度地震时,设防目标为建筑处于正常使用状态
(D)众值烈度是该地区 50 年内地震烈度的平均值

30. 下列哪一项说法不符合《中国地震动参数区划图》(GB 18306—2015)的规定? (　　)

(A)直接采用地震动参数,不再采用地震基本烈度
(B)现行有关技术标准中涉及地震基本烈度的概念应逐步修正
(C)设防水准为 50 年超越概率 10%
(D)各类场地的地震动反应谱特征周期都可以从“中国地震动反应谱特征周期区划图”上直接查得

31. 根据《建筑抗震设计规范》(GB 50011—2010)(2016 年版),当抗震设防烈度为 8 度时,下列哪一种情况可忽略发震断裂错动对地面建筑的影响? (　　)

(A)全新世活动断裂
(B)前第四纪基岩隐伏断裂的土层覆盖厚度为 80m
(C)设计地震分组为第二组或第三组
(D)乙、丙类建筑

32. 对于每个钻孔的液化指数,下列哪一项说法是不正确的? (　　)

(A)液化土层实测标准贯入锤击数与标准贯入锤击数临界值之比越大,液化指数就越大
(B)液化土层的埋深越大,对液化指数的影响就越小
(C)液化指数是无量纲参数
(D)液化指数的大小与判别深度有关

33. 某土石坝坝址区地震设防烈度为8度，在10号孔深度3m、6m和13m处测得的剪切波速值分别为：104m/s、217m/s和313m/s。该孔15m深度范围的土层为：2m以内为回填黏性土层，2m至15m内为第四纪沉积的粉砂、细砂层。在工程正常运用时，该孔地面淹没于水面以下。在进行地震液化初判时，下列哪一选项是正确的？（　　）

(A)3m处的砂土层可能液化，6m和13m处的砂土层不液化
(B)3m和6m处的砂土层可能液化，13m处的砂土层不液化
(C)3m、6m和13m处的砂土层都可能液化
(D)3m、6m和13m处的砂土层均不液化

34. 由于Ⅱ类场地误判为Ⅲ类，在其他条件都不改变的情况下（设计地震分组为第一组，建筑结构自振周期$T>0.8$s，阻尼比取0.05），造成对水平地震影响系数（用$\alpha_{\text{Ⅱ}}$和$\alpha_{\text{Ⅲ}}$分别表示Ⅱ类场地和Ⅲ类场地）的影响将是下列哪一种结果？（　　）

(A)$\alpha_{\text{Ⅱ}}\approx 0.80\alpha_{\text{Ⅲ}}$　　(B)$\alpha_{\text{Ⅱ}}\approx\alpha_{\text{Ⅲ}}$
(C)$\alpha_{\text{Ⅱ}}\approx 1.25\alpha_{\text{Ⅲ}}$　　(D)条件不足，无法计算

35. 下列哪个选项的说法是指工程项目投资的流动资金投资？（　　）

(A)项目筹建期间，为保证工程正常筹建所需要的周转资金
(B)项目在建期间，为保证工程正常实施所需的周转资金
(C)项目投产后，为进行正常生产所需的周转资金
(D)项目筹建和在建期间，为保证工程正常实施所需的周转资金

36. 下列各选项中，哪一项关于岩土工程设计概算作用的说法是不正确的？（　　）

(A)是衡量设计方案经济合理性和优选设计方案的依据
(B)是签订工程合同的依据
(C)是岩土工程治理（施工）企业进行内部管理的依据
(D)是考核建设项目投资效果的依据

37. 下列哪一选项的组合所提的内容能较全面而准确地表达合同文本中规定可以采用的工程勘察计取的收费方式？（　　）

Ⅰ. 按国家规定的现行《工程勘察收费标准》（2002年修订本）
Ⅱ. 按发包人规定的最低价
Ⅲ. 按预算包干
Ⅳ. 按中标价加签证
Ⅴ. 按勘察人自订的收费标准
Ⅵ. 按实际完成工作量结算

(A)Ⅰ、Ⅱ、Ⅳ、Ⅴ　　(B)Ⅰ、Ⅱ、Ⅳ、Ⅵ
(C)Ⅰ、Ⅲ、Ⅳ、Ⅵ　　(D)Ⅲ、Ⅳ、Ⅴ、Ⅵ

38. 按照《中华人民共和国建筑法》的规定，建设主管部门对越级承揽工程的处理，下列哪一选项是不合法的？（　　）

(A)责令停止违法行为，处以罚款
(B)责令停业整顿，降低资质等级
(C)情节严重的，吊销资质证书
(D)依法追究刑事责任

39. 信息管理所包括的内容除了信息搜索、信息加工、信息传输及信息存贮外，还包括下列哪一项内容？（　　）

(A)信息汇总　　(B)信息检索
(C)信息接收　　(D)信息审编

40. 对工程建设勘察设计阶段执行强制性标准的情况实施监督的应当是下列哪一种机构？（　　）

(A)建设项目规划审查机构　　(B)施工图设计文件审查机构
(C)建设安全监督管理机构　　(D)工程质量监督机构

二、多项选择题(共30题，每题2分。每题的备选项中有两个或三个符合题意，错选、少选、多选均不得分)

41. 调查河流冲积土的渗透性各向异性时，在一般情况下，应进行下列哪些方向的室内渗透试验？（　　）

(A)垂直层面方向　　(B)斜交层面方向
(C)平行层面方向　　(D)任意方向

42. 按照《岩土工程勘察规范》(GB 50021—2001)(2009年版)，岩体波速测试中，从实测的围岩纵波速度和横波速度可以求得围岩的下列哪些指标？（　　）

(A)动弹性模量　　(B)动剪切模量
(C)动压缩模量　　(D)动泊松比

43. 下列哪些选项是直接剪切试验的特点？（　　）

(A)剪切面上的应力分布简单　　(B)固定剪切面
(C)剪切过程中剪切面积有变化　　(D)易于控制排水

44. 室内渗透试验分为常水头试验和变水头试验，下列哪些说法是正确的？（　　）

(A)常水头试验适用于砂土和碎石类土
(B)变水头试验适用于粉土和黏性土
(C)常水头试验最适用于粉土

(D)变水头试验最适合于渗透性很低的软黏土

45. 通常围压下对砂土进行三轴试验，请判断下列哪几个选项是正确的？（　　）

(A)在排水试验中，密砂常会发生剪胀；松砂发生剪缩
(B)在排水试验中，密砂的应力应变曲线达到峰值后常会有所下降
(C)固结不排水试验中，密砂中常会产生正孔压，松砂中常会产生负孔压
(D)对密砂和松砂，在相同围压时排水试验的应力应变关系曲线相似

46. 根据土的层流渗透定律，其他条件相同时，下列哪些说法是正确的？（　　）

(A)渗透系数越大，流速越大
(B)不均匀系数越大，渗透性越好
(C)水力梯度越大，流速越大
(D)黏性土中的水力梯度小于临界梯度时，流速为零

47. 红黏土作为一种特殊土，地基勘察时要注意以下哪些特点？（　　）

(A)垂直方向状态变化大，上硬下软，地基计算时要进行软弱下卧层验算
(B)水平方向的厚度一般变化不大，分布均匀，勘探点可按常规间距布置
(C)勘察时应判明是否具有胀缩性
(D)常有地裂现象，对建筑物有可能造成破坏

48. 基坑支护的水泥土墙基底为中密细砂，根据倾覆稳定条件确定其嵌固深度和墙体厚度时，下列哪些选项是需要考虑的因素？（　　）

(A)墙体重度　　(B)墙体水泥土强度
(C)地下水位　　(D)墙内外土的重度

49. 在图中 M 点位于两层预应力锚杆之间，下列选项中哪些说法是错误的？（　　）

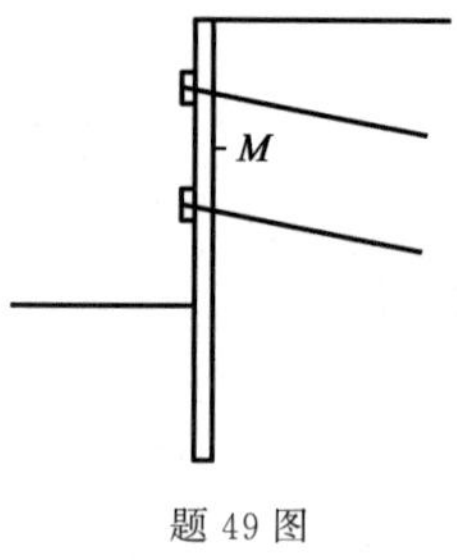

题 49 图

(A) M 点土压力随着施工进行总是增加的
(B) M 点土压力随着施工进行总是减少的
(C) M 点土压力不随施工过程而变化
(D) M 点土压力随施工进行而动态变化

50. 大中型水利水电工程勘察，先后可分为规划、可行性研究、初步设计和技施设计四个阶段，下列哪些说法是正确的？（ ）

(A)从规划、可行性研究、初步设计到技施设计阶段，勘察范围应逐渐加大
(B)从规划、可行性研究、初步设计到技施设计阶段，工作深度应依次加深
(C)从规划、可行性研究、初步设计到技施设计阶段，勘察工作量应越来越大
(D)初步设计阶段的工程地质勘察，应查明水库建筑物区的工程地质条件，进行选定坝型、枢纽布置的地质论证和提供建筑物设计所需要的工程地质资料

51. 对黏性土填料进行压实试验时，下列哪些说法是错误的？（ ）

(A)在一定的击实功能作用下，能使填筑土料达到最大干密度所对应的含水量为最优含水量
(B)与轻型击实仪比较，采用重型击实仪进行试验得到的土料最大干密度较大
(C)填土的塑限含水量增大，其最优含水量减小
(D)随着击实功能的增大，填土最优含水量增大

52. 在岩溶地区修筑土石坝，下列哪些处理规定是正确的？（ ）

(A)大面积溶蚀但未形成溶洞的可做铺盖防渗
(B)对深层有溶洞的坝基可不必进行处理
(C)浅层的溶洞宜挖除或只挖除洞内的破碎岩石和充填物，用浆砌石或混凝土堵塞
(D)对深层的溶洞，可采用灌浆方法处理，或用混凝土防渗墙处理

53. 对于均匀黏性土填方土坡，下列哪些情况会降低其抗滑稳定的安全系数？（ ）

(A)在坡的上部堆载
(B)在坡脚施加反压
(C)由于降雨使土坡的上部含水量增加(未达到渗流的程度)
(D)由于积水，使坡下部被浸泡

54. 根据《水利水电工程地质勘察规范》(GB 50487—2008)，下面哪些情况属于土的渗透变形(渗透破坏)？（ ）

(A)流土　　(B)管涌
(C)流砂　　(D)振动液化

55. 对于均匀的砂土边坡，如果假设滑裂面为直线，且砂土的抗剪强度指标不随含水量而变化，下面哪几种情况的稳定安全系数是一样的？（ ）

(A)坡度变陡或变缓　　(B)坡高增加或减少
(C)砂土坡被静水所淹没　　(D)砂土的含水量变化

56. 在地下水位以下的细砂层中进行地铁开挖施工，如果未采用特殊的加固措施及人工降水，问下面哪几种盾构施工方法不适用？（　　）

(A)人工(手掘)式盾构　　(B)挤压式盾构
(C)半机械式盾构　　(D)泥水加压式盾构

57. 预应力锚索应用于边坡加固工程，下列哪些选项是不宜的？（　　）

(A)设计锚固力小于容许锚固力
(B)锚索锚固段采用紧箍环和扩张环，注浆后形成枣核状
(C)采用孔口注浆法，注浆压力不小于 0.6～0.8MPa
(D)当孔内砂浆达到设计强度的 70%后，一次张拉达到设计应力

58. 建筑场地设计地震分组主要反映了以下哪些因素的影响？（　　）

(A)震源机制和震级大小　　(B)地震设防烈度
(C)震中距远近　　(D)建筑场地类别

59. 按照《建筑抗震设计规范》(GB 50011—2010)(2016 年版)的规定，下列关于“特征周期”的叙述哪些是正确的？（　　）

(A)“特征周期”是“设计特征周期”的简称
(B)“特征周期”应根据其所在地的设计地震分组和场地类别确定
(C)“特征周期”是地震活动性的重复周期
(D)“特征周期”是地震影响系数曲线上平段的终点所对应的周期值

60.《建筑抗震设计规范》(GB 50011—2010)(2016 年版)规定的地震影响系数曲线的峰值与下列哪些因素有关？（　　）

(A)设计地震分组　　(B)地震烈度
(C)结构自振周期　　(D)结构阻尼比

61. 按照《公路工程抗震规范》(JTG B02—2013)的规定，在基本烈度为 8 度条件下，对砂土层进行液化初步判断时，下列中哪些选项所列条件尚不足以判定为不液化而需要进一步判定？（　　）

题 61 表

场地条件	地质年代	基础埋深(m)	黏粒含量(%)	上覆非液化土层厚度(m)	地下水位深度(m)
Ⅰ	Q_4	2.0	12	6.5	4.0
Ⅱ	Q_3	2.5	10	6.5	4.0
Ⅲ	Q_4	2.0	14	2.5	4.0
Ⅳ	Q_4	2.5	10	8.0	8.0

(A) Ⅰ　　(B) Ⅱ

(C) Ⅲ　　(D) Ⅳ

62. 在其他条件都相同的情况下，进行液化判别时下列哪些说法是不正确的？（　　）

(A)同样的实测标准贯入锤击数，饱和粉细砂的液化可能性比饱和粉土大

(B)同样深度处，上覆非液化土层的厚度越大，饱和粉细砂或粉土的液化可能性就越小

(C)饱和粉土的黏粒含量越大，实测标准贯入锤击数就越小

(D)地下水位深度越大，液化判别标准贯入锤击数临界值就越大

63. 按《建筑抗震设计规范》(GB 50011—2010)(2016 年版)，下列哪些建筑应进行天然地基及基础的抗震承载力验算？（　　）

(A)超过 8 层的一般民用框架房屋

(B)建于软弱黏性土层上的砌体房屋

(C)主要受力层范围内存在地基承载力特征值小于 80kPa 土层地基上的一般单层厂房

(D)传至基础的荷载超过 250kPa 的多层框架厂房

64. 按《水电工程水工建筑物抗震设计规范》(NB 35047—2015)，在土石坝上游坝坡抗震设计时，采用下列哪些组合是正确的？（　　）

(A)与水库最高蓄水位组合

(B)需要时，与常遇的水位降落幅值组合

(C)与对坝坡抗震稳定最不利的常遇水位组合

(D)与水库的正常蓄水位组合

65. 在工程项目总投资中，其他投资的内容应包括下列哪几项费用？（　　）

(A)进入购买家具投资的费用　　(B)进入固定资产投资的费用

(C)进入核销投资的费用　　(D)进入核销费用的费用

66. 根据岩土工程监理委托合同，被监理方可以是下列的哪些单位？（　　）

(A)岩土工程勘察单位　　(B)建设单位

(C)岩土工程治理单位　　(D)岩土工程设计单位

67. 工程勘察收费计算中，附加调整系数为两个或两个以上时，试问由下列哪几项组合规定取值才是正确的？（　　）

(A)附加调整系数连乘　　(B)附加调整系数相加

(C)减去附加调整系数个数　　(D)在决定取值前加上定值

68. 根据《建设工程勘察设计管理条例》对发包与承包的规定，下列哪几项说法是正确的？（　　）

(A)发包方不可以将整个建设工程的勘察、设计发包给一个勘察、设计单位

(B)除建设主体工程部分的勘察、设计外，经承包方书面同意，承包方可以将建设工程其他部分的勘察、设计再分包给其他具有相应资质等级的建设工程勘察、设计单位

(C)建设工程勘察、设计单位不得将所承揽的建设工程勘察、设计转包

(D)建设工程勘察、设计发包只能进行招标发包，而不允许直接发包

69. 勘察人提供的勘察成果资料质量不合格导致重大经济损失或工程事故时，勘察人除应负法律责任外，还应承担下列哪些经济责任？（　　）

(A)应及时向发包人提交检查报告

(B)免收直接损失部分的勘察费

(C)向发包人支付与直接受损失部分勘察费相等的赔偿金

(D)向发包人支付经双方商定的赔偿金

70. 下列关于发包人和承包人的说法哪几项是正确的？（　　）

(A)发包人可以与总承包人订立建设工程合同

(B)发包人可以分别与勘察人、设计人、施工人订立勘察、设计、施工承包合同

(C)承包人可以将其承包的全部建设工程转包给第三人完成

(D)承包人可以将其承包的全部建设工程分解成若干部分，以分包名义分别转包给其他人

2005年专业知识试题答案(上午卷)

1.[答案] C

[依据]《碾压式土石坝设计规范》(DL/T 5395—2007)第3.1.18条,软黏土 $q_u \leq$ 50kPa,标准贯入锤击数 $N_{63.5} \leq 4$,故选项A正确。选项C的标贯锤击数为8,明显有问题。故应选C。此外,《水工建筑物抗震设计规范》(DL 5073—2000)第3.2.5条也有类似规定。

由《工程地质手册》(第五版)第236页表3-4-9可知,选项B符合要求。

由《建筑抗震设计规范》(GB 50011—2010)(2016年版)表4.1.3,选项D符合要求。

2.[答案] C

[依据] 由《水利水电工程地质勘察规范》(GB 50487—2008)附录U岩体结构分类可知,选项C错误。

3.[答案] C

[依据] 混合岩这个名词由芬兰地质学家J.J.塞德霍姆于1907年提出。由于区域变质作用的发展,随着温度和负荷压力的增高,导致岩石发生部分熔融。成分上与花岗岩相近的低熔组分首先熔融,富含铁镁质的难熔组分则被残留下来。这种由浅色花岗质物质和暗色铁镁质变质岩共同组成的宏观上不均匀的复合岩石,称为混合岩。混合岩多属于深变质岩类。

4.[答案] A

[依据] 假定原地面下的土层为正常固结土层,则自重应力与前期固结压力相等。滞洪后上部淤积了3m泥砂,则自重应力增加,前期固结应力不变,土层变为欠固结土。故应为欠固结土。关于正常固结土、超固结土和欠固结土的定义可参相关土力学教材。

5.[答案] D

[依据] 裂隙等密度图是在裂隙极点图的基础上编制的,而非基于裂隙走向玫瑰图。

6.[答案] C

[依据] 对于高压缩性软土层,为了预测建筑物的沉降历时关系,固结系数是必须提供的岩土参数。根据《土工试验方法标准》(GB/T 50123—2019)第17.2.6条,固结系数是表征土层变形与历时关系的参数。

7.[答案] D

[依据] k_f 为总应力路径,AB表征常规三轴压缩试验,k'_f 为有效应力路径,两者之间存在差别,即表明有孔压存在,为不排水试验。参见《土力学》(李广信等,第2版,清华大学出版社)第194页。

8.［答案］A

［依据］钢板桩面处流线最短，流速最大。

9.［答案］C

［依据］《岩土工程勘察规范》（GB 50021—2001）（2009 年版）第12.2.3 条的表12.2.2。

10.［答案］D

［依据］浅含水层中水头为潜水的高程，而深含水层中水头为承压水的水头高程，其高低程度因承压水的条件各异而不同。故两者水头高低应视水文地质条件而定。

11.［答案］B

［依据］据《铁路工程特殊岩土勘察规程》（TB 10038—2012）第 2.1.12 条，毛细水强烈上升高度是指受地下水直接补给的毛细水上身高度。从表中可以看出，暴晒 2d 后含水量在 0.6m 以上呈现出较为剧烈的变化，因此可认为在 0.6m 以下受地下水直接补给。地下水位深 1.8m，故该地段毛细水强烈上升高度为 1.8－0.6＝1.2m。

另可按规范 7.5.3 条条文说明，毛细水强烈上升高度的直接观测法：在试坑开发晾晒 1～2d 后，直接观测坑壁表面的干湿变化情况，量测变化明显处至地下水位的距离，即为毛细水强烈上升高度。亦可得出选项 B 为正确答案的结论。两种方法的本质是完全相同的。

12.［答案］B

［依据］黏土矿物亲水性更强，亲水性强度：蒙脱石＞伊利石＞高岭石。一般土力学教材第一章都有相关内容。

13.［答案］B

［依据］《湿陷性黄土地区建筑标准》（GB 50025—2018）第 5.6.3 条第 4 款。

14.［答案］D

［依据］《建筑地基处理技术规范》（JGJ 79—2012）第 4.2.1 条条文说明。土工合成材料加筋垫层的作用机理：①扩散应力；②调整不均匀沉降；③增大地基稳定性。

15.［答案］B

［依据］砂土中稳定下渗，渗流方向与土体自重方向一致，渗透力对土骨架产生压密作用，增加了有效应力。若砂土由非饱和变为饱和状态，其基质吸力是降低的。

16.［答案］C

［依据］《岩土工程勘察规范》（GB 50021—2001）（2009 年版）附录 E 第 E.0.3 条表 E.0.2。立管式测压计适用于均匀孔隙含水层，而强夯时地层中孔隙水含水层不均匀不稳定，故不宜采用。

17.［答案］B

［依据］混凝土墙体的厚度大，变形较小，因此混凝土墙上的土压力更大。

18.［答案］D

［依据］弹性等值梁法的零点(铰接点)取的是主、被动土压力强度相等的位置。参见《建筑边坡工程技术规范》(GB 50330—2013)附录F.0.4条。

19.［答案］B

［依据］新奥法的基本原则就是衬砌适时支护,让围岩和衬砌共同承受压力。立即支护和充分回弹后支护都是不恰当的。

20.［答案］D

［依据］《公路路基设计规范》(JTG D30—2015)表3.2.3。

21.［答案］B

［依据］控制含水量取塑限加减2%,或者最优含水量加减2%。

22.［答案］D

［依据］无黏性土边坡安全系数 $F_s=\tan\varphi/\tan\alpha$,坡角 α 越大,稳定性越差。1∶1.5的边坡坡角为33.69°。

23.［答案］D

［依据］《碾压式土石坝设计规范》(DL/T 5395—2007)附录E,表E.1。

24.［答案］B

［依据］《土工合成材料应用技术规范》(GB/T 50290—2014)第7.1.2条,用作拉筋的材料应是抗拉强度高、表面摩擦阻力大的筋材,可选用土工格栅、织造型土工织物和土工带和土工格室等。

25.［答案］A

［依据］根据朗肯土压力理论:$\sigma_a=K_a\gamma h+2c\sqrt{K_a}$。

因为 $c_1=0$,$c_2>0$,要使得上层分界面处应力相同,则 $K_{a2}>K_{a1}$,所以 $\varphi_1>\varphi_2$;又因为应力分布是一条直线,着斜率相等即 $K_{a1}\gamma_1=K_{a2}\gamma_2$,因为 $K_{a2}>K_{a1}$,所以 $\gamma_1>\gamma_2$。

26.［答案］D

［依据］坝身采用黏土心墙防渗为坝身(坝体)加固措施,而非针对坝基。

27.［答案］C

［依据］《铁路路基支挡结构设计规范》(TB 10025—2019)第12.1.2条。

28.［答案］C

［依据］《建筑抗震设计规范》(GB 50011—2010)(2016年版)第1.0.1条及条文说明。

29.［答案］C

［依据］《建筑抗震设计规范》(GB 50011—2010)(2016年版)第1.0.1条条文说明。

30.［答案］D

[依据]《中国地震动参数区划图》(GB 18306—2015)第8.1条、8.2条，区划图给出的是Ⅱ类场地的地震动峰值加速度和地震动反应谱特征周期，其他场地需要按Ⅱ类场地进行调整。

31.[答案] B

[依据]《建筑抗震设计规范》(GB 50011—2010)(2016年版)第4.1.7条。

32.[答案] A

[依据]《建筑抗震设计规范》(GB 50011—2010)(2016年版)第4.3.5条，实测标贯数越大，液化指数越小。

33.[答案] C

[依据]《水利水电工程地质勘察规范》(GB 50487—2008)附录P第P.0.3条。

34.[答案] A

[依据]《建筑抗震设计规范》(GB 50011—2010)(2016年版)第5.1.4条、第5.1.5条。

$$\frac{\alpha_{Ⅱ}}{\alpha_{Ⅲ}}=\frac{\left(\frac{0.35}{0.8}\right)^{0.9}}{\left(\frac{0.45}{0.8}\right)^{0.9}}=\left(\frac{0.35}{0.45}\right)^{0.9}=0.798$$

35.[答案] C

[依据]工程项目投资的流动资金投资是指项目投产后，为进行正常生产所需的周转资金。

36.[答案] C

[依据]岩土工程设计概算的作用：①是制定工程计划和确定工程造价的依据；②是考虑设计方案的经济合理性和优选设计方案的依据；③是签订工程合同和实行工程项目投资大包干的依据；④是确定标底和投标报价的依据。

37.[答案] C

[依据]按发包人规定的最低价和按勘察人自订的收费标准的都不合理。岩土工程勘察收费的计算方法有以下几种方式：①根据《工程勘察设计收费标准》，分为通用工程勘察收费标准和专业工程勘察收费标准；②可按工程勘察收费基准价；③可按工程勘察实物工作收费基价；④可按实物工作量收费。

38.[答案] D

[依据]《中华人民共和国的建筑法》第六十五条。

39.[答案] B

[依据]略。

40.[答案] B

[依据]《实施工程建设强制性标准监督规定》第六条。

41.［答案］AC

［依据］一般测试土体渗透性各向异性主要沿水平和垂直两个方向。

42.［答案］ABD

［依据］《岩土工程勘察规范》(GB 50021—2001)(2009 年版)第 10.10.5 条条文说明。

43.［答案］BC

［依据］直剪试验存在两个主要缺点:①试件内的应力状态复杂,应变分布不均匀;②不能控制试件排水。

44.［答案］AB

［依据］《土工试验方法标准》(GB/T 50123—2019)第 16.1.1 条及其条文说明。

45.［答案］AB

［依据］排水试验中,密砂剪胀,松砂剪缩;密砂应力应变曲线在达到峰值后会有所下降。不排水时,密砂产生负孔压,松砂产生正孔压。排水试验时,密砂应力应变曲线有峰值,松砂没有峰值。可参相关土力学教材。

46.［答案］AC

［依据］根据达西定律 $v=ki$,A、C 选项正确。不均匀系数越大,说明土粒越不均匀,其级配较好,渗透性较差。《土力学》(李广信等,第 2 版,清华大学出版社)第 52 页,对密实黏土来说,由于吸着水具有较大的黏滞阻力,只有在水力梯度达到某一数值时,克服了吸着水的黏滞阻力以后才能发生渗流,开始发生渗流时的水力梯度称为黏性土的起始水力梯度(非临界水力梯度),当水力梯度小于起始水力梯度时,不发生渗流,D 选项错误。

47.［答案］ACD

［依据］《岩土工程勘察规范》(GB 50021—2001)(2009 版)第 6.2.2 条、第 6.2.1 条、第 6.2.8 条条文说明。

48.［答案］ACD

［依据］《建筑基坑支护技术规程》(JGJ 120—2012)第 6.1.2 条。倾覆稳定条件与强度无关。

49.［答案］ABC

［依据］M 点的土压力随施工进行而动态变化,这个过程中可能会增加、减小,也可能不变。

50.［答案］BD

［依据］根据《水利水电工程地质勘察规范》(GB 50487—2008),从规划、可行性研究、初步设计到技施阶段要求勘察范围逐步缩减,但工作深度应越来越深。D 选项见第 6.1.1条。

51.［答案］CD

［依据］最优含水量是指在一定的击实功能作用下，能使填筑土料达到最大干密度所对应的含水量。采用重型击实仪进行试验得到的土料最大干密度与轻型击实仪大。最优含水量并不是恒定值，随着压密功能而变化，并非伴随击实功能的增大而恒增大。可参考相关土力学教材中的“击实曲线”。

52.［答案］ACD

［依据］由《碾压式土石坝设计规范》(DL/T 5395—2007)第8.4.2条可知B选项错误。

53.［答案］ACD

［依据］在坡脚施加反压增大了抗滑力，使边坡抗滑稳定安全系数增大。

54.［答案］AB

［依据］《水利水电工程地质勘察规范》(GB 50487—2008)附录G。

55.［答案］BCD

［依据］砂土为无黏性土，其稳定安全系数 $F_s=\tan\varphi/\tan\alpha$，$\varphi$ 为内摩擦角，α 为坡角，因此只与内摩擦角和坡角有关。

56.［答案］ABC

［依据］地下水位以下的细砂层中进行开挖，适用泥水加压式盾构。泥水加压式盾构指在盾构开挖面的密封隔仓内注入泥水，通过泥水加压和外部压力平衡，以保证开挖面土体的稳定。

57.［答案］CD

［依据］《铁路路基支挡结构设计规范》(TB 10025—2019)，B选项见第12.3.4条；C选项见第12.3.8条，应为“孔底注浆法”；D选项见第12.3.9条，应分两级逐级张拉。

58.［答案］AC

［依据］《建筑抗震设计规范》(GB 50011—2010)(2016年版)第3.2条条文说明。

59.［答案］ABD

［依据］《建筑抗震设计规范》(GB 50011—2010)(2016年版)第2.1.7条、第5.1.4条、图5.1.5。

60.［答案］BD

［依据］《建筑抗震设计规范》(GB 50011—2010)(2016年版)第5.1.4条和第5.1.5条。

61.［答案］AD

［依据］《公路工程抗震规范》(JTG B02—2013)第4.3.2条。

62.［答案］CD

［依据］《建筑抗震设计规范》(GB 50011—2010)(2016年版)第4.3.3条、第4.3.4条。

63.［答案］ABCD

［依据］《建筑抗震设计规范》(GB 50011—2010)(2016 年版)第 4.2.1 条。2001 版抗震规范第4.2.1条规定，对砌体房屋可不进行抗震验算，2010 版抗震规范规定，不存在软弱黏土层的砌体房屋不需要进行抗震验算，故 B 选项需要验算，D 选项 250kPa 的基底压力大致相当于 12 层楼的民用框架建筑，需要验算。

64.［答案］BC

［依据］《水电工程水工建筑物抗震设计规范》(NB 35047－2015)第 5.4.1 条、第 5.4.2 条。

65.［答案］BCD

［依据］略。

66.［答案］ACD

［依据］属于工程建设监理范围的或对岩土工程监理有特殊需要的都应该是岩土工程监理的业务范围。按照工作内容可分为：岩土工程勘察监理、岩土工程设计监理、岩土工程监测监理、岩土工程施工监理；对应地，被监理单位分别为勘察单位、设计单位、监测单位、施工单位。一般监理由建设单位聘请，故被监理对象不可能是建设单位。

67.［答案］BCD

［依据］《工程勘察设计收费标准》第 1.0.8 条。

68.［答案］BC

［依据］《建设工程勘察设计管理条例》第十八条、第十九条、第二十条、第十二条。

69.［答案］BD

［依据］《中华人民共和国民法典》第八百条。

70.［答案］AB

［依据］《中华人民共和国民法典》第七百九十一条。

2005年专业知识试题(下午卷)

一、单项选择题(共40题,每题1分。每题的备选项中只有一个最符合题意)

1. 无筋扩展基础所用的材料抗拉、抗弯等性能较差,为了保证基础有足够的刚度,以下哪项措施最为有效? (　　)

(A)调整基础底面的平均压力　　(B)控制基础台阶宽高比的允许值
(C)提高地基土的承载力　　(D)增加材料的抗压强度

2. 柱基底面尺寸为1.2m×1.0m,作用在基础底面的偏心荷载 $F_k+G_k=135kN$,当偏心距 $e=0.3m$ 时,基础底面边缘的最大压力 p_{kmax} 最接近下列哪个数值? (　　)

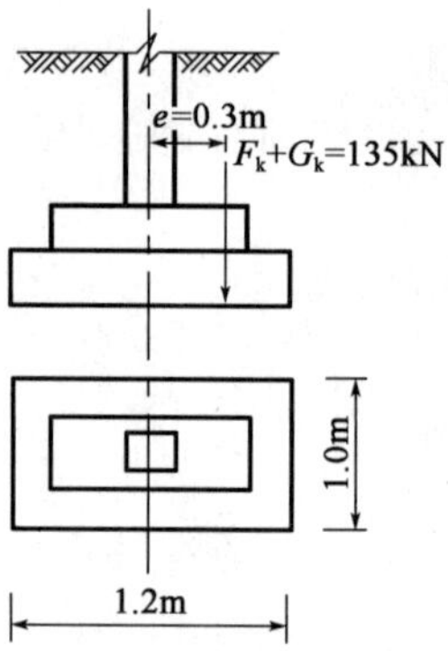

题2图

(A)250kPa　　(B)275kPa　　(C)300kPa　　(D)325kPa

3. 海港码头的地基最终沉降量按正常使用极限状态的长期荷载组合情况计算,在作用组合中应包括永久作用和可变作用,而在可变作用中仅需考虑下列哪个荷载? (　　)

(A)水流和波浪荷载　　(B)堆货荷载
(C)地震荷载　　(D)冰荷载和风荷载

4. 验算软弱下卧层强度时,软弱下卧层顶面的压力与承载力的关系应符合下列哪种表达? (　　)

(A)软弱下卧层顶面的自重压力和附加压力之和小于不经过深度修正的软弱下卧层的承载力
(B)软弱下卧层顶面的附加压力小于经过深度修正的软弱下卧层的承载力

(C)软弱下卧层顶面的自重压力和附加压力之和小于经过深度修正的软弱下卧层的承载力

(D)软弱下卧层顶面的附加压力小于不经过深度修正的软弱下卧层承载力

5.计算框架结构的某一内柱基础的沉降量，在计算这个内柱的基础底面附加压力时，判断下列的几种不同的计算方案中，哪一个是正确的？（柱基础底面均处于同一标高） （　　）

(A)需要考虑最接近这个内柱的其他四个柱的荷载

(B)只需要考虑这个内柱所在的横向一行的所有柱荷载

(C)只需要考虑这个内柱所在的纵向一列的所有柱荷载

(D)除了这个内柱本身的荷载外，不需要考虑其他任何柱的荷载

6.在均质厚层的地基土中，两个方形基础的面积和基底压力都相同，但甲基础的埋置深度比乙基础深，则比较两个基础的沉降时（不考虑相邻基础影响），下列哪个判断是正确的？ （　　）

(A)甲、乙两基础的沉降相等　　(B)甲基础的沉降大于乙基础

(C)甲基础的沉降小于乙基础　　(D)尚缺乏判断的充分条件

7.按照《建筑地基基础设计规范》(GB 50007—2011)对季节性冻土地基设计冻深的规定，计算设计冻深 z_d 值，在已经确定标准冻深 z_0 的情况下，比较表中所列的四种情况中，哪一种的设计冻深最深？ （　　）

题 7 表

情　况	土的类别	土的冻胀性	环　境
Ⅰ	粉砂	特强冻胀	城市近郊
Ⅱ	中砂	冻胀	城市近郊
Ⅲ	细砂	强冻胀	城市近郊
Ⅳ	黏性土	不冻胀	旷野

(A)情况Ⅰ　　(B)情况Ⅱ　　(C)情况Ⅲ　　(D)情况Ⅳ

8.按照《建筑地基基础设计规范》(GB 50007—2011)，在计算地基或斜坡稳定时，应采用下列选项中哪一种荷载效应最不利组合？ （　　）

(A)正常使用极限状态下荷载效应的标准组合

(B)正常使用极限状态下荷载效应的准永久组合

(C)承载能力极限状态下荷载效应的基本组合

(D)承载能力极限状态下荷载效应的准永久组合

9.独立高耸水塔的基础采用方形基础，基础底面平均压力值为 p，偏心距 e 的控制值为 $e=b/12$（b 为基础底面宽度）。验算偏心荷载作用下的基底压力时，下列选项中哪

一项结果是正确的？ （ ）

(A) $p_{max}=1.4p, p_{min}=0.6p$ (B) $p_{max}=1.5p, p_{min}=0.5p$
(C) $p_{max}=1.6p, p_{min}=0.4p$ (D) $p_{max}=2.0p, p_{min}=0$

10. 在混凝土灌注桩的下列检测方法中，哪一种方法对检测桩身混凝土强度、有效桩长和孔底沉渣厚度最有效？ （ ）

(A)钻芯法 (B)低应变
(C)高应变 (D)声波透射法

11. 按照《建筑桩基技术规范》(JGJ 94—2008)中对桩基等效沉降系数 ψ_e 的叙述，下列哪一选项是正确的？ （ ）

(A)按 Mindlin 解计算沉降量与实测沉降量之比
(B)按 Boussinesq 解计算沉降量与实测沉降量之比
(C)按 Mindlin 解计算沉降量与按 Boussinesq 解计算沉降量之比
(D)非软土地区桩基等效沉降系数取 1

12. 下列关于泥浆护壁灌注桩施工方法的叙述中，哪一项是错误的？ （ ）

(A)灌注混凝土前，应测量孔底沉渣厚度
(B)在地下水位以下的地层中，均可自行造浆护壁
(C)水下灌注混凝土时，开始灌注混凝土前导管应设隔水栓
(D)在混凝土灌注过程中，严禁导管提出混凝土面，并应连续施工

13. 由于桩周土沉降引起桩侧负摩阻力时，下列选项中哪一种说法是正确的？
（ ）

(A)引起基桩的下拉荷载
(B)减小了基桩的竖向承载力
(C)中性点以下桩身轴力沿深度递增
(D)对摩擦型基桩的影响比对端承型基桩的影响大

14. 刚性矩形承台群桩在竖向均布荷载作用下，下列哪一选项符合摩擦桩桩顶竖向力分布的一般规律？（注：$N_{角}$、$N_{边}$、$N_{中}$ 分别代表角桩、边桩和中心桩的竖向力）（ ）

(A) $N_{角}>N_{边}>N_{中}$ (B) $N_{中}>N_{边}>N_{角}$
(C) $N_{边}>N_{角}>N_{中}$ (D) $N_{角}>N_{中}>N_{边}$

15. 下列哪一选项是桩基承台发生冲切破坏的主要原因？ （ ）

(A)底板主钢筋配筋不足 (B)承台平面尺寸过大
(C)承台的有效高度不足 (D)钢筋保护层不足

16. 在群桩设计中，桩的布置宜使桩群形心与下列哪一种荷载组合的重心尽可能重合？（　　）

(A)作用效应的基本组合　　(B)长期效应组合

(C)长期效应组合且计入地震作用　　(D)短期效应组合

17. 在饱和软黏性土地基中，由于邻近工程大面积降水的影响而产生负摩阻力，下列何种情况下，桩的中性点深度及下拉荷载为最大？（　　）

(A)降水后数月成桩

(B)桩基加载过程中降水

(C)桩基已满载但沉降尚未稳定情况下降水

(D)桩基沉降稳定后降水

18. 混凝土桩进行桩身承载力验算时，下列哪一选项的叙述是不正确的？（　　）

(A)计算轴心受压荷载下的桩身承载力时，混凝土轴心抗压强度设计值应考虑基桩施工工艺的影响

(B)计算偏心受压荷载下的桩身承载力时，应直接采用混凝土弯曲抗压强度设计值

(C)计算桩身轴心抗压强度时，一般不考虑压屈的影响

(D)计算桩身穿越液化土，且受偏心受压荷载的桩身承载力时，应考虑挠曲对轴向力偏心距的影响

19. 按照《建筑地基处理技术规范》(JGJ 79—2012)，下列关于单桩或多桩复合地基载荷试验承压板面积的说法中哪一种是正确的？（　　）

(A)承压板面积必须大于单桩或实际桩数所承担的处理面积

(B)承压板面积必须等于单桩或实际桩数所承担的处理面积

(C)承压板面积必须小于单桩或实际桩数所承担的处理面积

(D)以上均不正确

20. 采用单液硅化法加固湿陷性黄土地基时，其压力灌注的施工工艺不适宜于下面哪种场地地基？（　　）

(A)非自重湿陷性黄土场地拟建的设备基础和构筑物地基

(B)非自重湿陷性黄土场地既有建筑物和设备基础的地基

(C)自重湿陷性黄土场地既有建筑物地基和设备基础的地基

(D)自重湿陷性黄土场地拟建的设备基础和构筑物地基

21. 某场地为黏性土地基，采用砂石桩进行处理，砂石桩直径 $d=0.5\text{m}$，面积置换率 $m=0.25$，则1根砂石桩承担的处理面积为下列何值？（　　）

(A)0.785m²　　(B)0.795m²

(C)0.805m²　　(D)0.815m²

22. 甲、乙两软黏土地基土层分布如图所示。甲地基软黏土厚度 $h=8.0$m，乙地基 $h=6.0$m，两地基各土层物理力学指标相同。现采用一次加载进行预压处理，设计加载值相同。当甲地基预压至 240d 时，地基固结度达到 0.8，问乙地基需要预压多少天地基固结度也可达到 0.8？（　　）

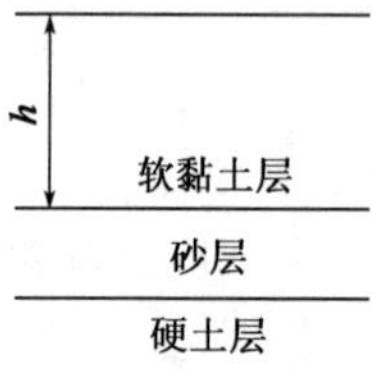

题 22 图

(A)175d　　(B)155d

(C)135d　　(D)115d

23. 采用堆载预压法加固软土地基时，排水竖井宜穿透受压软土层。对软土层深厚、竖井很深的情况应考虑井阻影响。问井阻影响程度与下列哪个因素无关？（　　）

(A)竖井的纵向通水量　　(B)竖井深度

(C)竖井顶面排水砂垫层厚度　　(D)受压软土层水平向渗透系数

24. 某中砂换填垫层的土性渗数为：天然孔隙比 $e=0.70$，$\rho_{dmax}=1.80\text{g/cm}^3$，现场检测的控制干密度 $\rho_d=1.70\text{g/cm}^3$，试问该换填垫层的压实系数 λ_c 最接近下列哪个数值？（　　）

(A)0.94　　(B)0.89

(C)0.85　　(D)0.80

25. 某场地软弱土层厚 20m，采用水泥土桩进行地基加固。初步方案为：置换率 m 取 0.2，桩径采用 0.5m，桩长 10m，水泥掺合量取 18%。经计算工后沉降约 20cm，为了将工后沉降控制在 15cm 以内，需对初步方案进行修改。问下列哪项措施最为有效？（　　）

(A)提高复合地基置换率　　(B)提高水泥掺合量

(C)增加桩径　　(D)增加桩长

26. 采用强夯加固湿陷性黄土地基，要求有效加固深度为 8.3m。当夯锤直径为 2m 时，根据《建筑地基处理技术规范》(JGJ 79—2012)，应选择下面哪组设计参数最为合适？[h——落距(m)；M——锤的质量(t)]（　　）

(A)$h=20.0, M=20$　　(B)$h=20.0, M=25$

(C)$h=32.0, M=20$　　(D)$h=32.0, M=25$

27. 采用水泥粉煤灰碎石桩(CFG 桩)加固路堤地基时,设置土工格栅碎石垫层的主要作用是下列哪一项? ( )

(A)调整桩土荷载分担比,使桩承担更多的荷载

(B)调整桩土荷载分担比,使土承担更多的荷载

(C)提高 CFG 桩承载力

(D)提高垫层以下地基土承载力

28. 下列是膨胀土地区建筑中可用来防止建筑物地基事故的几项措施,试问其中哪一项更具原理上的概括性? ( )

(A)科学绿化　　(B)防水保温

(C)地基处理　　(D)基础深埋

29. 下列哪一项是多年冻土融化下沉系数 δ_0 的正确表达式?(各式中,e_1 为冻土试样融化前的孔隙比,e_2 为其融化后的孔隙比) ( )

(A)$\frac{e_2}{e_1}$　　(B)$\frac{e_1-e_2}{e_1}$

(C)$\frac{e_1-e_2}{1+e_2}$　　(D)$\frac{e_1-e_2}{1+e_1}$

30. 下列能不同程度反映膨胀土性质的指标组合中,哪一项被《膨胀土地区建筑技术规范》(GB 50112—2013)列为膨胀土的特性指标? ( )

(A)自由膨胀率,塑性指数,膨胀率,收缩率

(B)自由膨胀率,膨胀率,膨胀力,收缩率

(C)自由膨胀率,膨胀率,膨胀力,收缩系数

(D)自由膨胀率,塑性指数,膨胀力,收缩系数

31. 某建筑物基底压力为 350kPa,建于湿陷性黄土地基上,为测定基底下 12m 处黄土的湿陷系数,其浸水压力宜采用下列哪个选项? ( )

(A)200kPa

(B)300kPa

(C)上覆土的饱和自重压力

(D)上覆土的饱和自重压力+附加压力

32. 某多年冻土区的一层粉质黏土,塑限 $w_p=18.2\%$,总含水量 $w_0=26.8\%$,请初判其融沉类别是下列选项中的哪一类? ( )

(A)不融沉　　(B)弱融沉　　(C)融沉　　(D)强融沉

33. 进行滑坡推力计算时,滑坡推力作用点位置宜取下列哪一个选项?　(　)

(A)滑动面上　　(B)滑体地表面
(C)滑体厚度的中点　　(D)滑动面以上 1m 处

34. 关于覆盖型岩溶地面塌陷形成主要因素的下列几种说法中,哪一选项的说法是不妥的?　(　)

(A)水位能在土、岩界面上下波动比不能波动对形成岩溶塌陷影响大
(B)砂类土比黏性土对形成岩溶塌陷的可能性更大
(C)多元结构的土层比单层结构的土层更容易形成岩溶塌陷
(D)厚度大的土层比厚度薄的土层更容易形成岩溶塌陷

35. 按《铁路路基支挡结构设计规范》(TB 10025—2019),采用抗滑桩整治滑坡,下列有关抗滑桩设计的说法,哪一项是错误的?　(　)

(A)滑动面以上的桩身内力,应根据滑坡推力和桩前滑坡体抗力计算
(B)作用于桩上的滑坡推力,可由设置抗滑桩处的滑坡推力曲线确定
(C)滑动面以下的桩身变位和内力,应根据滑动面处抗滑桩所受弯矩和剪力按地基的弹性抗力进行计算
(D)抗滑桩的锚固深度,应根据桩侧摩阻力及桩底地基容许承载力计算

36. 某泥石流流体密度较大($\rho_c > 1.6 \times 10^3 kg/m^3$),堆积物中可见漂石夹杂,按《铁路工程不良地质勘察规程》(TB 10027—2012)的分类标准,该泥石流的可判别为下列哪个选项?　(　)

(A)稀性水石流　　(B)稀性泥石流　　(C)稀性泥流　　(D)黏性泥石流

37. 下列有关多年冻土地基季节性融化层的说法中,哪个选项是不正确的?(　)

(A)根据融化下沉系数 δ_0 的大小可把多年冻土划分为五个融沉性等级
(B)多年冻土地基的工程分类在一定程度上反映了冻土的构造和力学特征
(C)多年冻土总含水量是指土层中的未冻水
(D)黏性土融沉等级的划分与土的塑限含水量有关

38.《公路桥涵地基与基础设计规范》(JTG 3363—2019)中为确定老黄土的承载力特征值 f_{a0},可用哪一项中的指标查表?　(　)

(A)天然孔隙比 e 和含水量与液限之比 w/w_L
(B)含水量与液限之比 w/w_L 和压缩模量 E_s
(C)压缩模量 E_s 和液性指数 I_L
(D)液性指数 I_L 和天然孔隙比 e

39. 拟用挤密桩法消除湿陷性黄土地基的湿陷性。当桩的直径为 0.40m，按三角形布桩时，桩孔中心距采用 1.00m。若桩径改用 0.45m，要求达到同样的置换率，此时桩孔中心距应最接近于下列哪个选项？（　　）

(A)1.08m　　(B)1.13m

(C)1.20m　　(D)1.27m

40. 按《铁路隧道设计规范》(TB 10003—2016)，下列对岩质隧道进行围岩分级的确定方法中，哪个选项是不正确的？（　　）

(A)岩石坚硬程度及岩体完整程度是隧道围岩分级的基本因素

(B)当隧道涌水量较大时，基本分级Ⅰ～Ⅴ级者应对应修正为Ⅱ～Ⅵ级

(C)洞身埋藏较浅，当围岩为风化层时应按风化层的基本分级考虑

(D)存在高地应力时，所有围岩分级都要修正为更差的级别

二、多项选择题(共 30 题，每题 2 分。每题的备选项中有两个或三个符合题意，错选、少选、多选均不得分)

41. 采用文克勒地基模型计算弹性地基梁板时，下列哪些选项的叙述是正确的？（　　）

(A)基床系数是地基土引起单位变形时的压力强度

(B)基床系数是从半无限体理论中导出的土性指标

(C)按文克勒地基模型计算，地基变形只发生在基底范围内，基底范围以外没有地基变形

(D)文克勒地基模型忽略了地基中存在的剪应力

42.《建筑地基基础设计规范》(GB 50007—2011)的地基承载力特征值计算公式不符合下列哪几个假定？（　　）

(A)平面应变假定　　(B)刚塑体假定

(C)侧压力系数为 1.0　　(D)塑性区开展深度为零

43. 从下列关于各种基础形式的适用条件中，指出哪些选项是不正确的？（　　）

(A)无筋扩展基础可以适用于柱下条形基础

(B)条形基础可以适用于框架结构或砌体承重结构

(C)筏形基础可以用作地下车库

(D)独立柱基不适用于地下室

44. 计算地基变形时如需要考虑土的固结状态，在下列选用计算指标的各选项中，哪些是正确的？（　　）

(A)计算主固结完成后的次固结变形时用次固结系数

(B)对超固结土，当土中应力小于前期固结压力时用回弹再压缩指数计算沉

降量

(C)对正常固结土,用压缩指数和回弹再压缩指数计算沉降量

(D)对欠固结土,用压缩指数计算沉降量

45. 对于框架结构,下列选项中可能选择的浅基础类型有哪些? ( )

(A)柱下条形基础 (B)柱下独立基础

(C)墙下条形基础 (D)筏形基础

46. 在验算软弱下卧层的地基承载力时,有关地基压力扩散角 θ 的变化,下列哪些选项的说法是不正确的? ( )

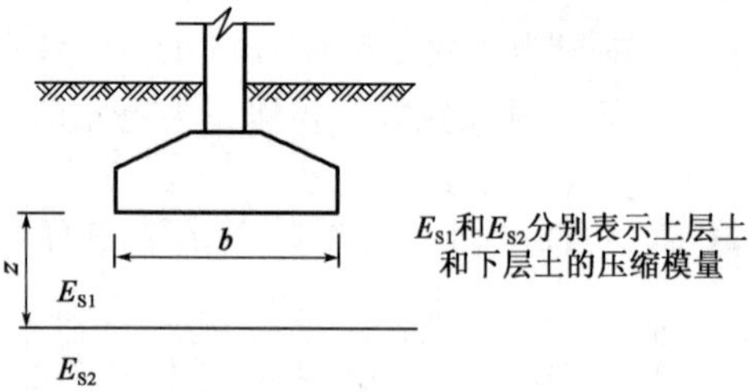

题 46 图

(A)E_{s1}/E_{s2}变大时,θ 角随之增大

(B)$z/b<0.25$,θ 角按 $z/b=0.25$ 时数值采用

(C)$E_{s1}/E_{s2}=1.0$ 时,说明不存有软弱下卧层,此时取 $\theta=0°$

(D)$z/b>0.5$ 时,θ 角不变,按 $z/b=0.5$ 时数值采用

47. 筏形基础地下室外墙的截面设计时,应考虑满足以下哪几项要求? ( )

(A)变形和承载力 (B)防渗

(C)抗浮 (D)抗裂

48. 单幢高层住宅楼采用筏形基础时,引起整体倾斜的主要因素为下列哪几项? ( )

(A)荷载效应准永久组合下产生的偏心距

(B)基础平面形心处的沉降量

(C)基础的整体刚度

(D)地基土的均匀性和压缩性

49. 下列关于桩顶作用效应计算公式 $N_i=\frac{F+G}{n}\pm\frac{M_x y_i}{\sum y_j^2}\pm\frac{M_y x_i}{\sum x_j^2}$ 的假定条件的叙述中,哪些选项是正确的? ( )

(A)承台为柔性 (B)承台为绝对刚性

(C)桩与承台为铰接相连 (D)各桩身的刚度相等

50. 按《建筑桩基技术规范》(JGJ 94—2008)计算钢管桩单桩竖向极限承载力标准值 Q_{uk} 时，请判别下列哪些分析结构是正确的？ (　　)

(A)在计算钢管桩桩周总极限侧阻力 Q_{sk} 时，不可采用与混凝土预制桩相同的 q_{sik} 值

(B)敞口钢管桩侧阻挤土效应系数 λ_s 总是与闭口钢管桩侧阻挤土效应系数 λ 相等

(C)在计算钢管桩桩端总极限端阻力 Q_{pk} 时，可采用与混凝土预制桩相同的 q_{pk} 值

(D)敞口桩桩端闭塞效应系数 λ 与隔板条件、钢管桩外径尺寸及桩端进入持力层深度等因素有关

51. 下列关于高、低应变法动力测桩的叙述中哪些是正确的？ (　　)

(A)低应变法可判断桩身结构的完整性

(B)低应变试验中动荷载能使土体产生塑性位移

(C)高应变法只能测定单桩承载力

(D)高应变试验要求桩、土间产生相对位移

52. 按《建筑桩基技术规范》(JGJ 94—2008)对于桩身周围有液化土层的低承台桩，下列关于液化土层对单桩极限承载力影响的分析中，哪些是正确的？ (　　)

(A)计算单桩极限承载力标准值时，不考虑液化对桩周土层侧阻力的影响

(B)当承台下有 1m 以上厚度的非液化土层，计算单桩极限承载力标准值时，可将液化层侧阻力标准值乘以土层液化折减系数 ψ_L

(C)当承台下非液化土层厚度小于 1m 时，折减系数应取零

(D) ψ_L 系数取值与饱和土标贯击数实测值 $N_{63.5}$ 与液化判别贯击数临界值 N_c 的比值 λ_N 有关，λ_N 值的 ψ_L 取值高，反之取值低

53. 在下列何种情况下，桩基设计应考虑桩侧负摩阻力？ (　　)

(A)桩穿越较厚欠固结土层，进入相对较硬土层

(B)桩周存在软弱土层，邻近地面将有大面积长期堆载

(C)基坑施工临时降水，桩周为饱和软黏土

(D)桩穿越自重湿陷性黄土进入较硬土层

54. 下列关于软土地区桩基设计原则的叙述中，哪些是正确的？ (　　)

(A)软土中的桩基宜选择中、低压缩性的黏性土、粉土、中密的砂类土以及碎石类土作为桩端持力层

(B)对于一级建筑桩基，不宜采用桩端置于软弱土层上的摩擦桩

(C)为防止坑边土体侧移对桩产生影响，可采用先沉桩后开挖基坑的方法

(D)在高灵敏度厚层淤泥中不宜采用大片密集沉管灌注桩

55. 柱下独立矩形桩基承台的计算包括以下哪些内容？ (　　)

(A)受弯计算　　(B)桩身承载力计算
(C)受冲切计算　　(D)受剪计算

56. 在确定水泥搅拌法加固地基的处理方案前，除应掌握加固土层的厚度、分布范围外，还必须掌握下面哪些资料？ (　　)

(A)加固土层的含水量　　(B)加固土层的渗透系数
(C)加固土层的有机质含量　　(D)地下水的 pH 值

57. 根据《建筑地基处理技术规范》(JGJ 79—2012)，在无单桩载荷试验资料时，水泥土搅拌桩复合地基可按下式估算：$f_{\mathrm{spk}} = \lambda m \dfrac{R_{\mathrm{a}}}{A_{\mathrm{p}}} + \beta(1-m) f_{\mathrm{sk}}$，其中下列哪些选项的因素有利于提高桩间土承载力折减系数 β？ (　　)

(A)设置桩顶的褥垫层
(B)桩端土的未加修正的承载力特征值很高
(C)提高水泥土的抗压强度和提高单桩承载力
(D)桩间土的承载力较高

58. 下面哪些选项的浆液主要用于治理湿陷性黄土？ (　　)

(A)氢氧化钠浆液　　(B)水泥浆
(C)单液硅化浆液　　(D)双液硅化浆液

59. 下列选项中，哪些不一定是复合地基中的桩？ (　　)

(A)不配筋的混凝土桩
(B)桩身抗压强度小于桩身总的侧阻力的桩
(C)桩顶与承台间设置褥垫层的桩
(D)设计中考虑了桩间土承载力的桩

60. 地基处理时，以下哪几点对于处理范围的叙述是不正确的？ (　　)

(A)砂石桩处理范围应大于基底范围
(B)真空预压法的预压范围应等于建筑物基础外缘所包围的范围
(C)强夯处理范围应大于建筑物基础范围
(D)竖向承载水泥搅拌桩的布桩范围应大于建筑物基础范围

61. 采用桩体复合地基加固建筑物地基时，常设置砂石垫层。下列关于砂石垫层效用的陈述中，哪些是不正确的？ (　　)

(A)使桩承担更多荷载　　(B)使桩间土承担多荷载

(C)有效减小工后沉降　　　　　　　　(D)改善桩顶工作条件

62. 某均质深厚软黏土地基，经方案比较决定采用长短桩复合地基加固。下述哪些长桩和短桩的组合是合理的？　　(　　)

(A)长桩和短桩都采用低强度混凝土桩
(B)长桩和短桩都采用水泥土桩
(C)长桩采用水泥土桩，短桩采用低强度混凝土桩
(D)长桩采用低强度混凝土桩，短桩采用水泥土桩

63. 某重要建筑物的基础埋深为 2m，相应于荷载标准组合的基底压力为 220kPa。场地类型为自重湿陷性黄土场地。基底下湿陷性土的厚度为 7m，地基湿陷等级为Ⅲ级，其下为性质较好的不具湿陷性的粉质黏土。试问下列地基处理方案中哪些选项是不当的？　　(　　)

(A)用灰土桩挤密复合地基，基底以下处理深度 7m
(B)用搅拌桩复合地基，基底以下处理深度 8m
(C)用 CFG 桩复合地基，桩长 9m
(D)用挤密碎石桩，桩长 7m

64. 在湿陷性黄土地区进行建筑时，按《湿陷性黄土地区建筑标准》(GB 50025—2018)，若满足下列哪些选项所列条件，各类建筑物均可按一般地区的规定进行设计？　　(　　)

(A)在非自重湿陷性黄土场地，地基内各土层的湿陷起始压力均大于其附加压力与上覆土的饱和自重压力之和
(B)地基湿陷量的计算值等于 100mm
(C)地基湿陷量的计算值等于 70mm
(D)地基湿陷量的计算值小于或等于 50mm

65. 在膨胀土地区建挡土墙，按《膨胀土地区建筑技术规范》(GB 50112—2013)，下列措施中哪些选项是正确的？　　(　　)

(A)基坑坑底用混凝土封闭，墙顶面做成平台并铺设混凝土防水层
(B)挡土墙设变形缝和泄水孔，变形缝间距 7m
(C)用非膨胀性土与透水性强的填料作为墙背回填土料
(D)挡土墙高 6m

66. 为滑坡治理设计抗滑桩，需要以下哪些选项的岩土参数？　　(　　)

(A)滑面的 c、φ
(B)抗滑桩桩端的极限端阻力和锚固段极限侧阻力
(C)锚固段地基的横向容许承载力

(D)锚固段的地基系数

67.在采空区,下列哪些情况易产生不连续地表变形? (　　)

(A)小煤窑巷开采
(B)急倾斜煤层开采
(C)开采深度和开采厚度比值较大(一般大于30)
(D)开采深度和开采厚度比值较小(一般小于30)

68.在膨胀土地区的公路挖方边坡设计应遵循以下哪些原则? (　　)

(A)尽量避免高边坡,一般应在10m以内
(B)边坡坡率应缓于1∶1.5
(C)高边坡不设平台,一般采用一坡到顶
(D)坡脚要加固,可采用换填压实法等

69.采空区形成的地表移动盆地,其位置和形状与矿层的倾角大小有关,当矿层为急倾斜时,下列哪些叙述是正确的? (　　)

(A)盆地水平移动值较小
(B)盆地中心向倾斜方向偏移
(C)盆地发育对称于矿层走向
(D)盆地的位置与采空区位置相对应

70.隧道位于岩溶垂直渗流带地段,隧道顶部地面发育岩溶洼地时,适宜于采用以下哪些方法估算地下涌水量? (　　)

(A)地下水动力学法
(B)水均衡法
(C)洼地入渗法
(D)水文地质比拟法

2005年专业知识试题答案(下午卷)

1.[答案] B

[依据]《建筑地基基础设计规范》(GB 50007—2011)第8.1.1条。无筋基础刚度主要由宽高比控制。

2.[答案] C

[依据]《建筑地基基础设计规范》(GB 50007—2011)公式5.2.2-4。

偏心方向边长为1.2m,$e=0.3>\frac{b}{6}=\frac{1.2}{6}=0.2\text{m}$,$a=\frac{1.2}{2}-0.3=0.3\text{m}$

$$p_{\text{kmax}}=\frac{2(F+G)}{3la}=\frac{2\times135}{3\times1.0\times0.3}=300\text{kPa}$$

3.[答案] B

[依据]《水运工程地基设计规范》(JTS 147—2017)第7.1.4条条文说明。

4.[答案] C

[依据]《建筑地基基础设计规范》(GB 50007—2011)第5.2.7条。

5.[答案] D

[依据] 基底附加压力为:$p_0=p-\gamma_m d$,从公式可以看出基底附加压力只与该基础及其上部结构传到基础底面的总压力和基础底面以上土的自重应力有关,与其他荷载无关。

6.[答案] C

[依据] 甲埋置深,在其余条件相同的情况下,则甲的附加应力P_0较小,所引起的沉降相对较小。

7.[答案] B

[依据]《建筑地基基础设计规范》(GB 50007—2011)第5.1.7条。

情况Ⅰ:1.2×0.8×0.95=0.912;情况Ⅱ:1.3×0.9×0.95=1.1115;情况Ⅲ:1.2×0.85×0.85=0.969;情况Ⅳ:1.0×1.0×1.0=1.0。

8.[答案] C

[依据]《建筑地基基础设计规范》(GB 50007—2011)第3.0.5条第3款。

9.[答案] B

[依据] $e=\frac{b}{12}<\frac{b}{6}$,小偏心,则:

$$p_{k_{\min}^{\max}}=p\left(1\pm\frac{6e}{b}\right)=p\left(1\pm\frac{6\cdot\frac{b}{12}}{b}\right)=\begin{cases}1.5p\\0.5p\end{cases}$$,故选B。

10.[答案] A

[依据]《建筑桩基检测技术规范》(JGJ 106—2014)第 3.1.1 条表 3.1.1,钻芯法是检测灌注桩桩长、桩身混凝土强度、桩底沉渣厚度,判定或鉴定桩端岩土性状,判定桩身完整性类别。

11.[答案] C

[依据]《建筑桩基技术规范》(JGJ 94—2008)第 2.1.16 条。

12.[答案] B

[依据]《建筑桩基技术规范》(JGJ 94—2008)第 6.3.9 条、第 6.3.1 条、第 6.3.26 条、第 6.3.30 条。

13.[答案] B

[依据]《建筑桩基技术规范》(JGJ 94—2008)第 5.4.3 条、第 5.4.4 条及对应的条文说明。负摩阻力引起的下拉荷载是针对端承桩而言的,对摩擦桩来说,负摩阻力带动摩擦桩下沉,当桩土沉降趋于稳定时,负摩阻力为 0。

14.[答案] A

[依据]《建筑桩基技术规范》(JGJ 94—2008)第 3.1.8 条条文说明。一般而言,对于桩基沉降:中间＞边排中间桩＞角桩;对于桩基反力:角桩＞边排中间桩＞中间。

15.[答案] C

[依据]《建筑桩基技术规范》(JGJ 94—2008)第 5.9.6 条,冲切破坏多与承台有效高度 h_0 有关。

16.[答案] B

[依据]《建筑桩基技术规范》(JGJ 94—2008)第 3.3.3 条第 2 款。

17.[答案] D

[依据] 中性点深度和下拉荷载最大,即看何者与土的相对位移最大。明显 C 项桩土相对位移最大。

18.[答案] B

[依据]《建筑桩基技术规范》(JGJ 94—2008)第 5.8.3 条条文说明、第 5.8.5 条。

19.[答案] B

[依据]《建筑地基处理技术规范》(JGJ 79—2012)附录 B 第 B.0.2 条。

20.[答案] C

[依据]《建筑地基处理技术规范》(JGJ 79—2012)第 8.2.3 条条文说明。不能加固自重湿陷性黄土场地既有建筑物地基和设备基础的地基,以防对既有建筑产生沉降。

21.[答案] A

[**依据**] 处理面积 $=\frac{\pi d^2}{m}=\frac{3.14\times0.25^2}{0.25}=0.785$，故选 A。

22. [**答案**] C

[**依据**] 固结度相同，则 $T_{V1}=T_{V2}$，即 $\frac{C_{V1}t_1}{H_1^2}=\frac{C_{V2}t_2}{H_2^2}$；又 $C_{V1}=C_{V2}$，故 $\frac{t_1}{H_1^2}=\frac{t_2}{H_2^2}$，代入数值，计算得：$t_2=\frac{H_2^2}{H_1^2}t_1=\frac{6^2}{8^2}\times240=135$。

23. [**答案**] C

[**依据**]《建筑地基处理技术规范》(JGJ 79—2012)第 5.2.8 条及条文说明。竖井顶面排水砂垫层厚度对井阻无影响。

24. [**答案**] A

[**依据**]《建筑地基处理技术规范》(JGJ 79—2012)第 4.2.4 条。

25. [**答案**] D

[**依据**] 复合地基沉降主要由复合土层沉降及其下软土层沉降组成，并以后者为主，多数情况下，减小工后沉降的最有效办法是增加桩长。

26. [**答案**] D

[**依据**] 针对湿陷性黄土地基，加固 8.3m，则单位夯击能 E=8000kN·m。

27. [**答案**] A

[**依据**] 柔性地基上设置刚性垫层，增加了桩土应力比，可让桩分担更多的荷载。

28. [**答案**] B

[**依据**] 膨胀土的主要问题就是遇水膨胀导致建筑物地基破坏，因此主要防治措施就是防水保温。

29. [**答案**] D

[**依据**]《岩土工程勘察规范》(GB 50021—2001)(2009 年版)第 6.6.2 条。

30. [**答案**] C

[**依据**]《膨胀土地区建筑技术规范》(GB 50112—2013)第 4.2 节。

31. [**答案**] D

[**依据**]《湿陷性黄土地区建筑标准》(GB 50025—2018)第 4.3.2 条第 4 款及条文说明，当基底压力不小于 300kPa 时，宜用实际压力，即上覆土的饱和自重压力与附加压力之和。

32. [**答案**] C

[**依据**]《岩土工程勘察规范》(GB 50021—2001)(2009 年版)第 6.2.2 条。

33. [**答案**] C

【依据】《建筑地基基础设计规范》(GB 50007—2011)第 6.4.3 条第 4 款。

34.【答案】D

【依据】《工程地质手册》(第五版)第 647、648 页。

35.【答案】D

【依据】《铁路路基支挡结构设计规范》(TB 10025—2019)第 13.2.1 条及第 13.2.7 条第 2 款,选项 A 正确;第 13.2.6 条,选项 B 正确;第 13.2.8 条第 1 款,选项 C 正确;第 13.2.9 条,选项 D 错误。

36.【答案】D

【依据】《铁路工程不良地质勘察规程》(TB 10027—2012)附录 C 表 C.0.1-5。

37.【答案】C

【依据】《岩土工程勘察规范》(GB 50021—2001)(2009 年版)中表 6.6.2。多年冻土总含水量包含冰和未冻水。

38.【答案】A

【依据】《公路桥涵地基与基础设计规范》(JTG 3363—2019)取消了老黄土的内容,在《铁路桥涵地基和基础设计规范》(TB 10093—2017)表 4.1.2-9 中还保留有老黄土的内容。

39.【答案】B

【依据】$m=\frac{d}{d_e^2}=\frac{0.4^2}{1.05^2\times1^2}$,桩径变为 0.45m 以后,置换率 $m'=\frac{d'^2}{d_e^2}=\frac{0.45^2}{1.05^2\times s^2}$,置换率相等,得到:$s=1.125$m。

40.【答案】D

【依据】《铁路隧道设计规范》(TB 10003—2016)附录 B.1.1 第 1 款,选项 A 正确;B.2.2 第 2 款及表 B.2.2-2,选项 B 正确;表 B.2.2-4,选项 D 错误。选项 C 为 2005 版规范附录 A.2.1 第 6 款,2016 版规范已删除。

41.【答案】ACD

【依据】文克勒地基模型:地基上任意一点所受的压力强度 p 与该点的地基沉降量 s 成正比,即 $p=ks$,式中比例系数 k 称为基床反力系数。

地基基床系数:①按基础的预估沉降量确定:$k=p_0/S_m$(p_0 为基地平均附加压力,s_m 为基础的平均沉降量)。②对于为 h 的薄压缩层地基,$k=E_s/h$(E_s 土层的平均压缩模量)。

弹性半空间地基模型:是将地基视为均质的线性变性半空间,并用弹性力学公式求解地基中的附加应力或位移的一种模型。

42.【答案】BD

【依据】地基承载力公式为平面应变假定,塑性区开展深度为 1/4,参相关土力学教材。

43.【答案】AD

【依据】《建筑地基基础设计规范》(GB 50007—2011)第 2.1.12 条。

44.【答案】ABD

【依据】计算主固结完成后的次固结变形时用次固结系数;对超固结土,当土中应力小于前期固结压力时用回弹再压缩指数计算沉降量;对欠固结土,用压缩指数计算沉降量。可参考相关土力学教材地基变形章节 e-log$P$ 曲线法计算沉降内容。

45.【答案】ABD

【依据】框架的墙是非承力的,所以无须做条形基础。

46.【答案】ABC

【依据】《建筑地基基础设计规范》(GB 50007—2011)第 5.2.7 条及条文说明。压力扩散角的角度是有一定限值的,不会无限增大。

47.【答案】ABD

【依据】《建筑地基基础设计规范》(GB 50007—2011)第 8.4.5 条。

48.【答案】AD

【依据】基础平面形心处的沉降量、基础的整体刚度都跟整体倾斜无关。

49.【答案】BCD

【依据】《建筑桩基技术规范(JGJ 94—2008)应用手册》第 76 页。

50.【答案】CD

【依据】《建筑桩基技术规范》(JGJ 94—2008)第 5.3.7 条。

51.【答案】AD

【依据】《建筑基桩检测技术规范》(JGJ 106－2014)第 8.1.1 条,A 正确;第 9.1.1 条,C 错误;根据《工程地质手册》(第五版)第 1007、1011 页,低应变为桩顶作用一低能量的脉冲力,应力波沿桩身传播,遇到波阻抗变化处发生反射和投射,根据反射波特征判断桩身介质波阻抗变化情况,从而判定桩身完整性,低应变不会产生桩土位移,B 错误;高应变为桩顶作用高能量荷载,使桩土产生相对位移,从而激发桩侧土的阻力,通过安装的传感器获得桩的动力响应曲线,D 正确。

52.【答案】CD

【依据】《建筑桩基技术规范》(JGJ 94—2008)第 5.3.12 条。A 选项,根据需要应考虑液化对桩轴土层侧阻力的影响;B 选项应同时满足,若不同时满足,则折减系数取 0,B 错误,C 正确;根据表 5.3.12 可以看出,D 正确。

53.【答案】ABD

【依据】《建筑桩基技术规范》(JGJ 94—2008)第 5.4.2 条。

54.【答案】ABD

【依据】此题是《建筑桩基技术规范》(JGJ 94—94)第3.4.1条的原文,但JGJ 94—2008中只有A选项是原文。C选项见第3.4.1条第4款条文说明。

55.【答案】ACD

【依据】《建筑桩基技术规范》(JGJ 94—2008)第5.9节。

56.【答案】ACD

【依据】《建筑地基处理技术规范》(JGJ 79—2012)第7.3.1条第1款、第3款。

57.【答案】AD

【依据】《建筑地基处理技术规范》(JGJ 79—2012)第7.3.3条第2款及其条文说明,加固土层强度高或设置褥垫层时β可取高值。

58.【答案】AC

【依据】《建筑地基处理技术规范》(JGJ 79—2012)第8.2.2条、第8.2.3条及条文说明。

59.【答案】ABD

【依据】复合地基是天然地基的部分土体被增强或被置换形成增强体,由增强体和周围地基土共同承担荷载的地基。依据定义可知选项C属于复合地基,选项A、B、D表述不完整,不能确定其是否属于复合地基。

60.【答案】BD

【依据】《建筑地基处理技术规范》(JGJ 79—2012)第7.2.2条、第5.2.21条、第6.3.3条第6款、第7.3.3条第5款。

61.【答案】AC

【依据】《建筑地基处理技术规范》(JGJ 79—2012)第7.7.2条第4款条文说明。

62.【答案】ABD

【依据】《建筑地基处理技术规范》(JGJ 79—2012)第7.9.2条。长短桩复合地基长桩采用刚性桩,提高承载力,减小沉降;短桩采用柔性桩或散体材料桩,加固上部土体提高浅层承载力。对于深厚软土地区来说,经处理后,承载力不是主要问题,主要是沉降不能满足设计要求,因此可采用刚性混凝土桩或半刚性水泥土搅拌桩共同形成长短桩复合地基进行处理,长桩采用混凝土桩,短桩采用水泥土桩,也可以长短桩都采用混凝土桩或水泥土搅拌桩。C选项长桩应采用刚性大混凝土桩,短桩采用半刚性水泥土桩。

63.【答案】BCD

【依据】《湿陷性黄土地区建筑标准》(GB 50025—2018)第6.1.10条。

64.【答案】AD

【依据】《湿陷性黄土地区建筑标准》(GB 50025—2018)第5.1.2条第1.3款。

65.【答案】ABC

【依据】《膨胀土地区建筑技术规范》(GB 50112—2013)第 5.4.3～5.4.5 条及条文说明。

66.【答案】ACD

【依据】《铁路路基支挡结构设计规范》(TB 10025—2019)第 13.2.2 条,A 需要;第 13.2.1 条,桩侧摩阻力、黏聚力、桩身重力和桩底反力可不计算,B 不需要;第 13.2.9 条,C 需要;第 13.2.8 条,D 需要。

67.【答案】ABD

【依据】《工程地质手册》(第五版)第 698、712 页。

小煤窑巷的上覆岩层多属软岩,一般是手工开挖,采空范围较窄,开采深度较浅,地表不会产生移动盆地,但由于开采深度小,又任其垮落,因此地表变形剧烈;急倾斜煤层亦如此。在采深采厚比小于 25～30,或虽大于 25～30,但地表覆盖层很薄,且采用高落式等非正规开采方法或上覆岩层有地质构造破坏时,易出现非连续变形,地表将出现大的裂缝或陷坑。

68.【答案】ABD

【依据】《公路路基设计规范》(JTG D30—2015)第 7.9.7 条第 2 款,边坡设计应遵循"缓坡率、宽平台、固坡脚"的原则,由表 7.9.7-1 可以看出,膨胀土边坡坡高一般小于 10m,坡率均缓于 1∶1.5,对于 6～10m 的高边坡,应设置边坡平台,A、B 正确,C 错误;第 3 款,对零填和挖方路段范围内的膨胀土应进行超挖、换填处理,D 正确。

69.【答案】BC

【依据】《工程地质手册》(第五版)第 695 页。

当矿层为急倾斜时,盆地水平移动值较小,其中心向倾斜方向偏移。一般而言,盆地的位置都对应于采空区的位置,且地表移动盆地范围大于采空区的范围。

70.【答案】CD

【依据】《铁路不良地质勘察规程》(TB 10038—2012)第 9.5.3 条条文说明第 2 款。

2006年专业知识试题(上午卷)

一、单项选择题(共40题,每题1分。每题的备选项中只有一个最符合题意)

1.对正常固结的均质饱和软黏土层,以十字板剪切试验结果绘制的不排水抗剪强度与深度的关系曲线,应符合下列哪一种变化规律? (　　)

(A)随深度增加而减小　　(B)随深度增加而增加
(C)不同深度上下一致　　(D)随深度无变化

2.由固结试验得到的固结系数的计量单位应为下列哪个选项? (　　)

(A)cm^2/s　　(B)MPa
(C)MPa^{-1}　　(D)无量纲

3.港口工程勘察中,在深度15m处有一层厚约4m并处于地下水位以下的粉砂层,实测标准贯入击数为15、16、15、19、16、19。问用于该粉砂层密实度评价的标准贯入击数应为下列哪一选项? (　　)

(A)15击　　(B)16击
(C)17击　　(D)18击

4.在进行饱和黏性土的三轴压缩试验时,需对剪切应变速度进行控制,对于不同三轴试验方法(UU、$\overline{CU}$、CD)剪切应变速率的大小,下列哪种说法是正确的? (　　)

(A)UU<$\overline{CU}$<CD　　(B)UU=$\overline{CU}$<CD
(C)UU=$\overline{CU}$=CD　　(D)UU>$\overline{CU}$>CD

5.某场地地层主要由粉土构成,在进行现场钻探时需量测地下水的初见水位和稳定水位,量测稳定水位的间隔时间最少不得少于下列哪个选项? (　　)

(A)3h　　(B)6h
(C)8h　　(D)12h

6.地基变形特征可分为沉降量、沉降差、倾斜、局部倾斜。对于不同建筑结构的地基变形控制。下列哪个选项的表述是正确的? (　　)

(A)高耸结构由沉降差控制
(B)砌体承重结构由局部倾斜控制
(C)框架结构由沉降量控制
(D)单层排架结构由倾斜控制

7. 沟谷中有一煤层露头如下列地质图所示，下列选项中哪种表述是正确的？ (　　)

(A)煤层向沟的下游倾斜，且倾角大于沟谷纵坡

(B)煤层向沟的上源倾斜，且倾角大于沟谷纵坡

(C)煤层向沟的下游倾斜，且倾角小于沟谷纵坡

(D)煤层向沟的上源倾斜，且倾角小于沟谷纵坡

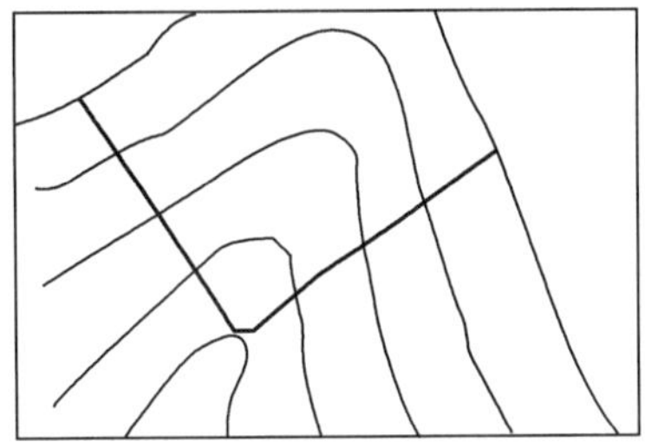

题 7 图

8. 糜棱岩的成因是下列哪一选项？ (　　)

(A)岩浆侵入接触变质　(B)火山喷发的碎屑堆积

(C)未搬运的碎屑静水沉积　(D)断裂带挤压动力变质

9. 下列哪一个选项为黏性土的稠度指标？ (　　)

(A)含水量　(B)饱和度

(C)液性指数　(D)塑性指数

10. 按《水运工程地基设计规范》(JTS 147—2017)要求，验算港口建筑物饱和软黏土地基承载力时，下列哪一种抗剪强度指标的用法是正确的？ (　　)

(A)持久状况和短暂状况均采用不排水抗剪强度指标

(B)持久状况和短暂状况均采用固结快剪指标

(C)持久状况采用不排水抗剪强度指标，短暂状况采用固结快剪指标

(D)持久状况采用固结快剪指标，短暂状况采用不排水抗剪强度指标

11. 某岩石天然气状态下的抗压强度为 80MPa，饱水状态下的抗压强度为 70MPa，干燥状态下的抗压强度为 100MPa，该岩石的软化系数为下列何值？ (　　)

(A)0.50　(B)0.70

(C)0.80　(D)0.88

12. 在地下 3.0m 处的硬塑黏土中进行旁压试验，最大压力至 422kPa，但未达到极限压力。测得初始压力 $p_0=44$kPa，临塑压力 $p_f=290$kPa。根据此旁压试验可得到地基承载力特征值 f_{ak} 最大为多少？ (　　)

(A)211kPa　(B)246kPa

(C)290kPa　(D)334kPa

13. 在完整、未风化的情况下，下列哪种岩石的抗压强度最高？ (　　)

(A)大理岩 (B)千枚岩

(C)片麻岩 (D)玄武岩

14. 根据《水利水电工程地质勘察规范》(GB 50287—2008),某水利工程压水试验结果可得土层透水率 q=30Lu,据此划分该土层的渗透性分级应属于下列哪一个选项? ( )

(A)微透水 (B)弱透水

(C)中等透水 (D)强透水

15. 根据《岩土工程勘察规范》(GB 50021—2001)(2009 年版),下列关于干湿交替作用的几种表述哪一选项是全面的? ( )

(A)地下水位变化和毛细水升降时,建筑材料的干湿变化情况

(B)毛细水升降时,建筑材料的干湿变化情况

(C)地下水位变化时,建筑材料的干湿变化情况

(D)施工降水影响时,建筑材料的干湿变化情况

16. 地基反力分布如图所示,荷载 N 的偏心距 e 应为下列何值? ( )

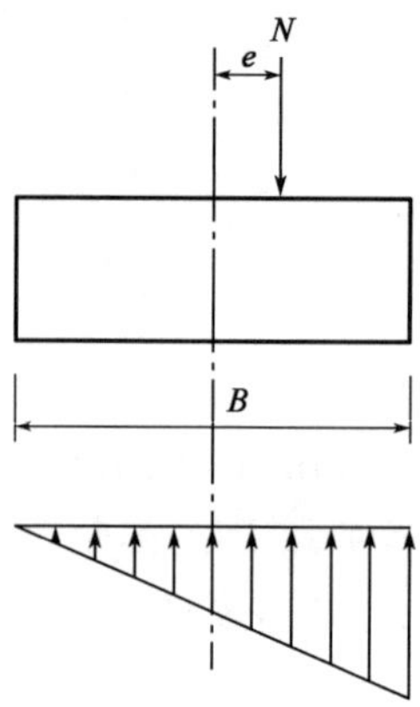

题 16 图

(A)$e=B/10$ (B)$e=B/8$ (C)$e=B/6$ (D)$e=B/4$

17. 用于测定基准基床系数的载荷试验承压板边长(直径)应接近下列何值? ( )

(A)1.00m (B)0.80m (C)0.56m (D)0.30m

18. 图示甲为已建的 6 层建筑物,天然地基,基础埋深 2m,乙为拟建的 12 层建筑物,设半地下室,筏基,两建筑物的净距离 5m。拟建建筑物乙对已有建筑物甲可能会产生下列选项中的哪种危害? ( )

(A)南纵墙上出现八字裂缝 (B)东山墙上出现竖向裂缝

(C)建筑物向北倾斜　　　　　　(D)建筑物向东倾斜

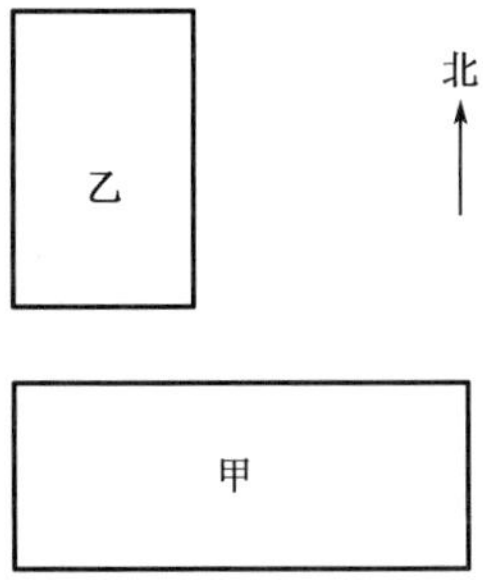

题 18 图

19. 对位于岩石地基上的高层建筑，基础的埋置深度应满足下列哪一个要求？　（　　）

(A)抗剪要求　　　　　　(B)抗滑要求

(C)抗压要求　　　　　　(D)抗冲切要求

20. 油罐圆环形基础结构设计与下列哪一种基础的计算原则是一致的？　（　　）

(A)独立基础　　　　　　(B)墙下条形基础

(C)筏形基础　　　　　　(D)柱下条形基础

21. 下列表述中，哪一个选项从本质上反映了无筋扩展基础的工程特征？　（　　）

(A)无筋扩展基础的抗渗透性差，不适用于地下水位以下

(B)无筋扩展基础的基槽比较窄，施工方便

(C)无筋扩展基础的材料性能容易控制，质量容易保证

(D)无筋扩展基础的宽度如超出规定的范围，基础会产生拉裂破坏

22. 下列关于补偿式基础设计的表述中哪一选项是正确的？　（　　）

(A)考虑了基坑开挖所产生的回弹变形，减小了建筑物的总沉降量

(B)考虑了基坑开挖的影响，可以减小土的自重应力

(C)考虑了地下室侧面的摩阻力，减小了建筑物的荷载

(D)考虑了地下室结构自重小于挖去的土重，在基底总压力相等的条件下，可以增加上部结构的荷载

23. 根据地基应力分布的基本规律，指出在均布荷载作用于筏形基础角点的沉降量 S_c、长边中点的沉降量 S_l 和基础中心点沉降量 S_m 的相互关系中，下列哪一选项为正确的判断？　（　　）

(A)$S_m < S_l < S_c$　　　　　　(B)$S_m < S_c < S_l$

(C)$S_m > S_l > S_c$　　　　　　(D)$S_m > S_c > S_l$

24. 下列关于冻深的说法中哪一选项是错误的? ( )

(A)其他条件相同时,粗粒土的设计冻深比细粒土的设计冻深小
(B)冻结深度与冻层厚度是两个不同的概念
(C)坡度和坡向对冻深有明显的影响
(D)浅层地下水位越高,冻深相对变浅

25. 根据《建筑桩基技术规范》(JGJ 94—2008)的规定,下列有关桩基承台的构造要求中哪一选项是不符合规范要求的? ( )

(A)承台的最小宽度不应小于 500mm
(B)条形承台的最小厚度不应小于 300mm
(C)承台混凝土强度等级不宜小于 C20
(D)条形承台梁边缘挑出部分不应小于 50mm

26. 下列哪一选项是桩基承台发生冲切破坏的主要原因? ( )

(A)承台平面尺寸放大 (B)承台配筋量不足
(C)承台的有效高度不足 (D)桩间距过大

27. 拟在某黏性土场地进行灌注桩竖向抗压静载试验。成桩 12 天后桩身强度已达到设计要求。问静载试验最早可在成桩后多少天开始? ( )

(A)12 (B)15 (C)21 (D)28

28. 对于可能产生负摩阻力的预制桩桩基,下列哪一选项的做法是错误的? ( )

(A)有大面积堆载的地坪,先进行预压处理
(B)需填土的地基,先沉桩后填土
(C)对中性点以上的桩身进行减摩处理
(D)对淤泥质土,先设置塑料排水板固结后再沉桩

29. 下列哪一项不属于桩基承载力极限状态的计算内容? ( )

(A)桩身裂缝宽度验算 (B)承台的抗冲切验算
(C)承台的抗剪切验算 (D)桩身强度计算

30. 某膨胀土地区的桩基工程,桩径为 300mm,通过抗拔稳定性验算确定桩端进入大气影响急剧层以下的最小深度为 0.9m,问根据《建筑桩基技术规范》(JGJ 94—2008)的要求,设计应选用的桩端进入大气影响急剧层以下的最小深度为下列哪个选项?
( )

(A)0.9m (B)1.2m (C)1.5m (D)1.8m

31. 根据《建筑桩基技术规范》(JGJ 94—2008)，下列哪一种建筑桩基应验算沉降？（　　）

(A)桩端持力层为深厚砂层的甲级建筑桩基
(B)桩端持力层为软弱土的乙级建筑桩基
(C)桩端持力层为黏性土的乙级建筑桩基
(D)桩端持力层为粉土的乙级建筑桩基

32. 对承受竖向荷载的钢筋混凝土预制桩，下列哪一选项最有可能对主筋设置起控制作用？（　　）

(A)桩顶竖向荷载　　(B)桩侧阻力
(C)沉桩时土的动阻力　　(D)起吊或运输时形成的弯矩

33. 一港湾淤泥质黏土层厚 3m 左右，经开山填土造地，填土厚 8m 左右，填土层内块石大小不一，个别边长超过 2m。现拟在填土层上建 4～5 层住宅，在下述地基处理方法中，请指出采用哪个选项比较合理？（　　）

(A)灌浆法　　(B)预压法　　(C)强夯法　　(D)振冲法

34. 在正常工作条件下，刚性较大的基础下刚性桩复合地基的桩土应力比随着荷载增大的变化符合下述哪个选项？（　　）

(A)减小　　(B)增大　　(C)没有规律　　(D)不变

35. 某建筑地基采用水泥粉煤灰碎石桩(CFG 桩)复合地基加固，通常条件下增厚褥垫层会对桩土荷载分担比产生影响，下述哪个选项的说法是正确的？（　　）

(A)可使竖向桩土荷载分担比减小
(B)可使竖向桩土荷载分担比增大
(C)可使水平桩土荷载分担比减小
(D)可使水平桩土荷载分担比增大

36. 灰土换填垫层在灰土夯压密实后，应保证多少天内不得受水浸泡？（　　）

(A)1　　(B)3　　(C)7　　(D)28

37. 经处理后的地基，当按地基承载力确定基础底面积及埋深而需要对地基承载力特征值进行修正时，下列哪个选项不符合《建筑地基处理技术规范》(JGJ 79—2012)的规定？（　　）

(A)对水泥土桩复合地基应根据修正前的复合地基承载力特征值进行桩身强度验算
(B)基础宽度的地基承载力修正系数应取零

(C)基础宽度的地基承载力修正系数应取 1.0

(D)经处理后的地基，当在受力层范围内仍存在软弱下卧层时，尚应验算下卧层的地基承载力

38.强夯法加固块石填土地基时，以下哪个选项采用的方法对提高加固效果最有效？ (　　)

(A)降低地下水水位

(B)延长两遍点夯的间隔时间

(C)采用锤重相同、直径较小的夯锤，并增加夯点击数

(D)加大夯点间距，增加夯击遍数

39.某二层工业厂房采用预制桩基础，由于淤泥层(厚约 7.0m)在上覆填土(厚约 3.5m)压力作用下固结沉降，桩承受较大负摩阻力而使厂房出现不均匀沉降和开裂现象，选用下列哪个选项的基础托换方法进行加固最合适？ (　　)

(A)人工挖孔桩托换　　(B)旋喷桩托换

(C)静压预制桩托换　　(D)灌浆托换

40.某建筑场地饱和淤泥质黏土层 15～20m 厚，现决定采用排水固结法加固地基。问下述哪个选项不属于排水固结法？ (　　)

(A)真空预压法　　(B)堆载预压法

(C)电渗法　　(D)碎石桩法

二、多项选择题(共 30 题，每题 2 分。每题的备选项中有两个或三个符合题意，错选、少选、多选均不得分)

41.对于三重管取土器，下列哪些选项的说法是正确的？ (　　)

(A)单动、双动三重管取土器的内管管靴都是环刀刃口型

(B)单动、双动三重管取土器的内管管靴都必须超前于外管钻头

(C)三重管取土器也可以作为钻探工具使用

(D)三重管取土器前必须采用泥浆(水)循环

42.开挖深埋的隧道或洞室时，有时会遇到岩爆，除了地应力较高外，还有下列哪些因素容易引起岩爆？ (　　)

(A)抗压强度低的岩石　　(B)富含水的岩石

(C)质地坚硬，性脆的岩石　　(D)开挖断面不规则的部位

43.测定地基土的静止侧压力系数 K_0 时，可选用下列哪些原位测试方法？ (　　)

(A)平板荷载试验　　(B)孔压静力触探试验

(C)自钻式旁压试验　　(D)扁铲侧胀试验

44. 测定地下水流速可采用以下哪些方法：（　　）

(A)指示剂法　(B)充电法
(C)抽水试验　(D)压水试验

45. 进行强夯试验时，需观测强夯在地基土中引起的孔隙水压力的增长和消散规律，用以下哪几种测压计是合适的？（　　）

(A)电阻应变式测压计　(B)立管式测压计
(C)水压式测压计　(D)钢弦式测压计

46. 根据室内无侧限抗压强度试验和高压固结试验的结果分析，下列哪几种现象说明试样已受到扰动？（　　）

(A)应力应变曲线圆滑无峰值，破坏应变相对较大
(B)不排水模量 E_{50} 相对较低
(C)压缩指数相对较高
(D)e-lg$P$ 曲线拐点不明显，先期固结压力相对较低

47. 已知甲和乙两种土的试验数据如下，下列哪些选项的说法是正确的？（　　）

题 47 表

参　数	甲	乙
液限	36%	25%
塑限	20%	15%
含水量	33%	28%
土粒比重	2.72	2.70
饱和度	100%	100%

(A)甲土的孔隙比比乙土大　(B)甲土的湿重度比乙土大
(C)甲土的干重度比乙土大　(D)甲土的黏粒含量比乙土多

48. 对湿陷性黄土地基进行岩土工程勘察时，可采用下列哪些选项的方法采取土试样？（　　）

(A)带内衬的黄土薄壁取土器　(B)探井
(C)单动三重管回转取土器　(D)厚壁敞口取土器

49. 验算地基承载力时，下列哪些选项是符合基础底面的压力性质的？（　　）

(A)基础底面压力可以是均匀分布的压力
(B)基础底面压力可以是梯形分布的压力
(C)基础底面压力是总压力
(D)基础底面压力是附加压力

50. 现行规范的地基变形计算方法中,土中附加应力的计算依据下列哪些选项的假定?
( )

(A)假定应力应变关系是弹性非线性的

(B)假定应力是要以叠加的

(C)假定基底压力是直线分布

(D)假定附加应力按扩散角扩散

51. 关于墙下条形基础和桩下条形基础的区别,下列哪些选项的说法是正确的?
( )

(A)计算时假定墙下条形基础上的荷载是条形分布荷载,而柱下条形基础上的荷载假定是柱下集中荷载

(B)墙下条形基础是平面应力条件,而柱下条形基础则是平面应变条件

(C)墙下条形基础的纵向钢筋是分布钢筋,而柱下条形基础的纵向钢筋是受力钢筋

(D)这两种基础都是扩展基础

52. 单层厂房荷载传递如图所示,下列分析意见中哪些是错误的? ( )

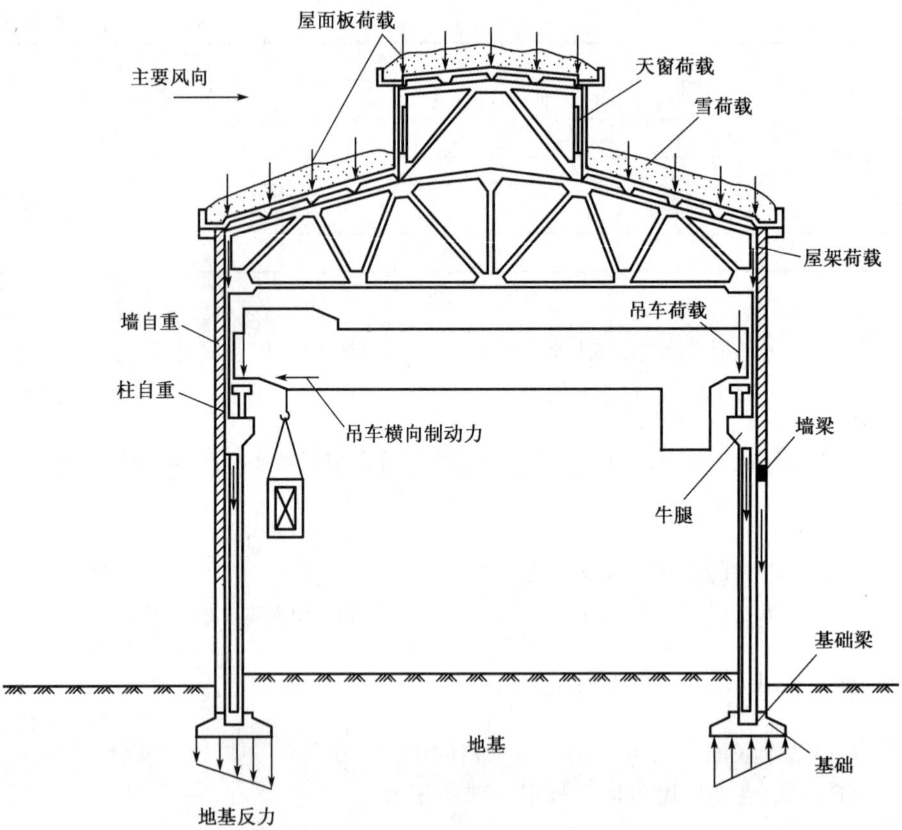

题 52 图

(A)屋面荷载通过屋架和桩传给基础
(B)吊车荷载和制动力通过吊车梁传给牛腿
(C)图示基础底面的偏心压力分布主要是由于风力的作用产生的
(D)吊车梁通过牛腿传给柱基础的荷载是轴心荷载

53. 钢油罐剖面如图所示，油罐的直径 40m，环形基础的宽度 2m。设计时，下列哪些选项的判断是正确的？（　）

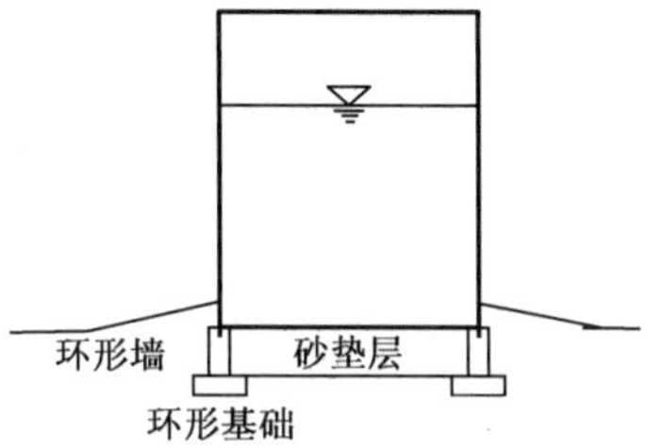

题 53 图

(A)环形基础的主要作用是承受由钢底板传递来的储油重量，通过环形基础将全部的油罐荷载传递给地基
(B)油罐中油的重量主要通过底板传给砂垫层，再由砂浆层传给地基
(C)环形墙承受由砂垫层传来的水平荷载
(D)环形基础的主要作用是承受钢油罐的自重和约束砂垫层

54. 比较《建筑地基基础设计规范》(GB 50007—2011)、《公路桥涵地基与基础设计规范》(JTG 3363—2019)和《水运工程地基设计规范》(JTS 147—2017)三本规范的地基沉降计算方法，下列选项中哪些判断是正确的？（　）

(A)三种方法都是分层总和法
(B)所用变形指标的试验方法是一样的
(C)变形指标在压缩曲线上的取值原则相同
(D)确定变形计算深度的方法一致

55. 对于用土的抗剪强度指标计算地基承载力的方法，在《建筑地基基础设计规范》(GB 50007—2011)、《水运工程地基设计规范》(JTS 147—2017)和《公路桥涵地基与基础设计规范》(JTG 3363—2019)三本规范中，提及的有下列哪几种公式？（　）

(A) $p_{1/4}$ 公式　　(B)经验修正的 $p_{1/4}$ 公式
(C)极限承载力公式　　(D)临塑荷载公式

56. 对采用天然地基的桥台基础进行设计时，应考虑桥台后路堤填土对桥台产生下列哪些影响？（　）

(A)由于超载的作用将会提高桥台下地基持力层的承载能力
(B)填土使桥台产生附加的不均匀沉降

(C)填土对桥台基础产生偏心力矩

(D)填土不利于梁式桥台基础的稳定性

57. 关于桩的平面布置,下列哪些选项的做法是合理的? ( )

(A)同一结构单元同时采用摩擦桩和端承桩

(B)使群桩在承受弯矩方向有较大的抵抗矩

(C)群桩承载力合力点与长期荷载重心重合

(D)门洞口下面桩距减小

58. 根据《建筑桩基技术规范》(JGJ 94—2008),下列哪些选项是计算桩基最终沉降量所需要的参数? ( )

(A)桩径和桩数

(B)桩承台底面以下各土层的压缩模量

(C)桩承台底面平均附加压力

(D)桩承台投影面积尺寸

59. 在饱和软黏性土中采用多节预制方桩,群桩沉桩过程中可能出现下列哪些问题? ( )

(A)沉桩困难　　(B)接头易脱节

(C)桩位偏移　　(D)桩身断裂

60. 下列哪些选项有利于发挥复合桩基承台下土的承载力作用? ( )

(A)适当增大桩间距

(B)选择密实的砂土作为桩端持力层

(C)加大承台埋深

(D)适当增加桩顶变形

61. 采用泥浆护壁钻进的灌注桩须设置护筒,下列哪些选项是设置护筒的主要作用? ( )

(A)可提高孔内水位　　(B)维护孔壁稳定

(C)防止缩径　　(D)增大充盈系数

62. 在建筑桩基设计中,下列哪些情况下不宜考虑桩基承台效应作用? ( )

(A)承台底面以下存在新填土

(B)承台底面以下存在湿陷性黄土

(C)桩端以下有软弱下卧层的端承摩擦桩

(D)桩端持力层为中风化岩的嵌岩桩

63. 下列哪些因素会影响灌注桩水平承载力？（ ）

(A)桩顶约束条件 (B)桩的长细比

(C)桩端土阻力 (D)桩身配筋率

64. 砂井法和砂桩法是地基处理的两种方法，下面哪些选项的陈述是不对的？（ ）

(A)直径小的称为砂井，直径大的称为砂桩

(B)砂井具有排水作用，砂桩不考虑排水作用

(C)砂井法是为了加速地基固结，砂桩法是为了增加地基

(D)砂井法和砂桩法加固地基机理相同，不同的是施工工艺和采用的材料

65. 某地基土层分布自上而下为：①黏土层，厚度1m；②淤泥质黏土夹砂层，厚度8m；③黏土夹砂层，厚10m，再以下为砂层。天然地基承载力特征值为70kPa，设计要求达到120kPa。问下述地基处理技术中，哪些选项可用于该地基处理？（ ）

(A)深层搅拌法 (B)堆载预压法

(C)真空预压法 (D)低强度桩复合地基法

66. 柱锤冲扩桩法适用于处理下列哪些地基土层？（ ）

(A)饱和黏性土 (B)地下水位以下的砂类土

(C)湿陷性黄土 (D)素填土

67. 采用换填垫层法处理湿陷性黄土时，可以采用下列哪些垫层？（ ）

(A)砂石垫层 (B)素土垫层

(C)矿渣垫层 (D)灰土垫层

68. 当搅拌桩施工遇到塑性指数很高的饱和黏土层时，宜采用以下哪些方法提高成桩的均匀性？（ ）

(A)增加搅拌次数 (B)冲水搅拌

(C)及时清理钻头 (D)加快提升速度

69. 某道路路基填筑土厚约2.0m，填土分层碾压，压实度大于93%，其下卧淤泥厚度约12.0m，淤泥层以下为冲洪积砂层，淤泥层采用插板预压法加固，施工结束时的固结度为85%。该路基工后沉降主要由以下哪些选项的沉降组成？（ ）

(A)填土层的压缩沉降 (B)淤泥层未完成的主固结沉降

(C)淤泥层的次固结沉降 (D)冲洪积砂层的压缩沉降

70. 在进行软土地基公路路堤稳定性验算和沉降计算中，下列选项中哪些意见是正确的？（ ）

(A)应按路堤填筑高度和地基条件分段进行

(B)应考虑车辆动荷载对沉降的影响

(C)为保证填至设计标高,应考虑施工期、预压期内地基沉降而需多填筑的填料的影响

(D)应考虑车辆荷载对路堤稳定性的影响

2006年专业知识试题答案(上午卷)

1.[答案] B

[依据]《工程地质手册》(第五版)第282页。

同层土,随着深度增加,土体承受的有效自重应力增大,下部土层的密实固结程度要高,其抗剪强度都要比上层土大。

2.[答案] A

[依据]《土力学》(李广信等,第2版,清华大学出版社)第155页。

3.[答案] B

[依据]《水运工程岩土勘察规范》(JTS 133—2013)表4.2.11。地下水位粉砂不增加,则(15+16+15+19+16+19)/6=16.6,取16击。

4.[答案] D

[依据]《土工试验方法标准》(GB/T 50123—2019)第19.4.2条、第19.5.3条、第19.6.2条。

5.[答案] C

[依据]《岩土工程勘察规范》(GB 50021—2001)(2009版)第7.2.3条。

6.[答案] B

[依据]《建筑地基基础设计规范》(GB 50007—2011)第5.3.3条。

7.[答案] A

[依据]"V"字形法则总结见下表。

题7解表

类型	岩层倾向与坡面的关系	岩层倾角与坡角的关系	岩层界线与地形线关系	岩层界线的尖端弯曲度	岩层界线的"V"字形尖端指向	
					沟谷	山脊
倾斜岩层	相反	—	相同	缓	上游	下坡
	相同	大于	相反	—	下游	上坡
	相同	小于	相同	锐	上游	下坡
水平岩层	相同	相等	相同	相等	上游	下坡

8.[答案] D

[依据] 糜棱岩是由于原岩遭受强烈挤压破碎后所形成的一种粒度较细的动力变质岩。可参考《岩石学》及《工程地质学》相关内容。

9.【答案】C

【依据】《土力学》(李广信等,第2版,清华大学出版社)第25~26页。黏性土的稠度是指土的软硬程度或土对外力引起变形或破坏的抵抗能力,可根据液性指数直接判定土的软硬状态。

10.【答案】D

【依据】《水运工程地基设计规范》(JTS 147—2017)第5.1.5条。

11.【答案】B

【依据】《水运工程地质勘察规范》(JTS 133—2013)第4.1.1条,70/100=0.7。

12.【答案】B

【依据】《工程地质手册》(第五版)第289页。因题目已说明未达到极限荷载,所以应按照临塑荷载法计算:$f_{ak}=p_f-p_0=290-44=246$kPa。

13.【答案】D

【依据】完整的岩石中,通常火山岩和变质岩抗压强度一般要高于沉积岩,变质岩中深度变质高于浅度变质,母岩为火山岩的高于母岩为沉积岩。A、B、C选项中均为变质岩,D选项中为火山岩。

14.【答案】C

【依据】《水利水电工程地质勘察规范》(GB 50487—2008)附录F:中等透水。

15.【答案】A

【依据】《岩土工程勘察规范》(GB 50021—2001)(2009年版)第12.2.2条条文说明。

16.【答案】C

【依据】《建筑地基基础设计规范》(GB 50007—2011)第5.2.2条。当$e=b/6$时,基底压力为三角形,且基础边界为三角形的最大和最小值点。

17.【答案】D

【依据】《岩土工程勘察规范》(GB 50021—2001)(2009年版)第10.2.6条。

18.【答案】C

【依据】高层建筑基础埋置深,附加压力大,越靠近乙楼,由乙楼附加荷载引起的附加沉降越大,所以甲楼沉降量北侧大于南侧,西侧大于东侧,裂缝方向朝向沉降小的一端。

19.【答案】B

【依据】《建筑地基基础设计规范》(GB 50007—2011)第5.1.3条。

20.【答案】B

【依据】油罐圆环基础是整体受均布荷载,其与墙下条形基础受均布荷载相同。A、C、D选项中均为由柱子传向基础的集中荷载。

21.［答案］D

［依据］根据无筋扩展基础的构造特点，其材料不配筋，混凝土自身抗拉强度小，超出一定范围时弯矩过大发生拉裂破坏。

22.［答案］D

［依据］《土力学》(李广信等，第2版，清华大学出版社)相关内容。补偿式基础是指挖去的土体重力抵消一部分荷载，正常情况下基础埋置越深，其补偿程度越大，当足够深时，基底附加压力为零。

23.［答案］C

［依据］《建筑地基基础设计规范》(GB 50007—2011)分层总合法计算地基沉降的原理或《土力学》(李广信等，第2版，清华大学出版社)中有关地基沉降计算的相关内容。基础下土体附加压力的分布从上至下逐渐减小，从中间向边缘逐渐减小，因此可判断本题筏板基础中间沉降大，角点沉降最小。

24.［答案］A

［依据］《建筑地基基础设计规范》(GB 50007—2011)表5.1.7及条文说明，粗粒土冻深影响系数大于细粒土，坡向朝阳和小坡度则冻深较浅，冻结深度与地下水位有关。

25.［答案］D

［依据］《建筑桩基技术规范》(JGJ 94—2008)第4.2.1条、第4.2.2条条文说明。桩的外边缘到承台梁边缘的距离不小于75mm。

26.［答案］C

［依据］《建筑桩基技术规范》(JGJ 94—2008)第5.9.7条。承台有效高度是影响冲切承载力的主要参数之一。

27.［答案］B

［依据］《建筑基桩检测技术规范》(JGJ 106—2014)表3.2.5及条文说明。休止时间不仅要满足桩身强度要求，还应根据桩周土体类别确定。

28.［答案］B

［依据］《建筑桩基技术规范》(JGJ 94—2008)第3.4.7条及条文说明，有关负摩阻产生原因的内容。由于外界环境的变化而引起桩周侧土体变形大于桩基自身的变形，产生相对变形差，才会产生负摩阻；因此减少负摩阻的措施可从减小土体沉降和削弱桩土间传力接触面来考虑。

29.［答案］A

［依据］《建筑桩基技术规范》(JGJ 94—2008)第3.1.1条条文说明第2款。裂缝宽度按正常极限状态验算。

30.［答案］C

［依据］《建筑桩基技术规范》(JGJ 94—2008)第3.4.3条。

31.**[答案]** B

[依据]《建筑桩基技术规范》(JGJ 94—2008)第3.1.4条。设计等级为甲级的非嵌岩桩和非深厚坚硬持力层的建筑桩基;设计等级为乙级的体型复杂、荷载分布显著不均或桩端平面以下存在软弱土层的建筑桩基需要验算沉降。

32.**[答案]** D

[依据] 承受竖向荷载的桩基受力为抗压和抗拉,其主筋主要承担抗弯和抗拉。土中预制桩的受力状态和起吊运输中不一样,运输中由于起吊点位置在两端,跨中弯矩较大,需进行抗弯承载力验算,目的就是防止预制桩受弯破坏。

33.**[答案]** C

[依据] 预压法适合于深厚软黏土;灌浆法在块石填土中容易漏浆,而且填土中使用非常不经济;填土中块石大小差别较大,振冲法不宜施工。最适合的处理方法就是强夯法。

34.**[答案]** B

[依据] 随着荷载增大,刚性桩和土体承担的力都会变大,刚性桩相对于土体而言,刚度大、变形小,力就会更多地传到刚性桩上。

35.**[答案]** A

[依据]《建筑地基处理技术规范》(JGJ 79—2012)第7.7.2条条文说明第4款。

垫层越薄,垫层协调桩、土变形的能力越弱,桩与土变形差越大,荷载的分配越不均匀,桩就会承担更多的荷载;增厚则相反。

36.**[答案]** B

[依据]《建筑地基处理技术规范》(JGJ 79—2012)第4.3.8条。

37.**[答案]** A

[依据]《建筑地基处理技术规范》(JGJ 79—2012)第3.0.4条、第3.0.5条和第7.1.6条。

38.**[答案]** C

[依据] 降低水位对块石填土地基的压密作用不大;而且其本身孔隙大,孔隙水压力消散快,延长夯击间隔时间对其的作用也不大;加大夯击间距将会减少夯点间的应力叠加,不利于加固;减小直径,受夯接触面积小,有利于土体密实;增加夯击次数和夯击遍数均可以提高加固效果。

39.**[答案]** C

[依据] 对于已建房屋的加固,A、B选项中不便施工;D选项中虽然加固了土体,但是不能有效解决因堆载引起的负摩阻力。

40.**[答案]** D

[依据]《建筑地基处理技术规范》(JGJ 79—2012)。A、B、C选项中均为排水固结

法，D选项中的碎石桩为复合地基范畴，原理是置换挤密。

41.［答案］BC

［依据］《建筑工程地质勘探与取样技术规程》(JGJ/T 87—2012)第6.4.2条、第6.4.3条和附录E图。双动三重管取土器管靴为非刃口型。回转取样宜根据情况采用不同的循环液护壁，且因其采用回转泥浆护壁取样，有内外管和衬管，可以作为钻探工具，适用于较硬土、软岩等。

42.［答案］CD

［依据］《水利水电工程地质勘察规范》(GB 50487—2008)附录Q。岩爆常出现在具备高地应力、硬脆性、完整性好～较好、无地下水的洞段；不规则的断面有利于应力集中，但含水的岩体(施工时喷水)可以软化岩石，降低其强度，有利于降低岩爆的发生。

43.［答案］CD

［依据］《岩土工程勘察规范》(GB 50021—2001)(2009年版)第10.7.5条和第10.8.4条。

44.［答案］AB

［依据］《岩土工程勘察规范》(GB 50021—2001)(2009年版)第7.2.4条。

45.［答案］AD

［依据］根据《深基坑工程》(第二版，机械工业出版社)第372～375页中的相关内容，电阻式应变测压计灵敏度高，反应迅速，易遥测，加工简单，特别适合动测。立管式和水压式构造简单，反应时间长，耐久性好，适于长期观测。钢弦式测压计性能稳定，测值可靠，埋设方便，可遥测，可通过钻孔法埋设在各类地基中，进行打桩、开挖、地基处理、滑坡等检测。

46.［答案］ABD

［依据］《岩土工程勘察规范》(GB 50021—2001)(2009年版)第9.4.1条条文说明。应力应变曲线变形大，峰值低，说明已扰动；土体在不扰动时，其结构强度较高，重塑后的土体结构较低，压缩模量、前期固结压力等较低；压缩指数为高压固结试验直线段的斜率，其与土体是否扰动无直接关系。

47.［答案］AD

［依据］根据《土力学》(李广信等，第2版，清华大学出版社)基本公式直接求解即可。甲土塑限大于乙土，说明甲土的吸水能力强，而吸水能力和土体中黏粒含量有关，黏粒越多，吸水能力越强。

48.［答案］AB

［依据］《建筑工程地质勘探与取样技术规程》(JGJ/T 87—2012)第9.3.2条和《湿陷性黄土地区建筑规范》(GB 50025—2004)第4.1.7条和附录D。

49.［答案］ABC

［依据］《建筑地基基础设计规范》(GB 50007—2011)第5.2.2条。基础底面的压力为上部结构荷载与其基础及上覆土体的总重，随着偏心距的不同，其基底压力的分布可以为矩形、三角形，也可以为梯形。

50.［答案］BC

［依据］《土力学》(李广信等，第2版，清华大学出版社)有关地基沉降计算的论述。

51.［答案］AC

［依据］《建筑地基基础设计规范》(GB 50007—2011)相关内容。柱下条形基础不属于扩展基础，规范中将扩展基础和柱下条形基础分别论述。

52.［答案］CD

［依据］地基反力为梯形，基础承受偏心荷载；偏心荷载主要来自三个方面：吊车横向制动力会产生基底弯矩，牛腿传到柱上的竖向荷载和柱中心线不重合，屋架受风力等可变荷载产生的弯矩。

53.［答案］BCD

［依据］油罐基础在整个顶面承受来自油罐的均布荷载，砂垫层接触面积最大，其承担的荷载也最多，而两侧的环形基础主要目的是为了约束砂垫层的侧向位移，有利于砂垫层承担荷载。

54.［答案］ABC

［依据］《建筑地基基础设计规范》(GB 50007—2011)第5.3.5条采用修正后的分层总和法(规范法)，《公路桥涵地基与基础设计规范》(JTG 3363—2019)第5.3.4条采用修正后的分层总和法，《水运工程地基设计规范》(JTS 147—2017)中规定采用分层总和法。变形指标的试验均为压缩曲线，求得孔隙比和压缩模量。在确定变形计算深度时，其算法不同，《建筑地基基础设计规范》(GB 50007—2011)第5.3.6条和《公路桥涵地基与基础设计规范》(JTG D63—2007)第4.3.5条一致，但《港口工程地基规范》(JTS 147-1—2010)中规定采用0.2倍的自重应力控制。

注：规范法是一种简化和修正后的分层总和法。

55.［答案］BC

［依据］《建筑地基基础设计规范》(GB 50007—2011)第5.2.5条为修正的$P_{1/4}$公式，《水运工程地基设计规范》(JTS 147—2017)第5.3.6条为极限承载力公式，《公路桥涵地基与基础设计规范》(JTG 3363—2019)第4.3.5条第2款及其条文说明，承载力公式为极限荷载公式。

56.［答案］BCD

［依据］《公路桥涵地基与基础设计规范》(JTG 3363—2019)附录F，桥台一面临空，一面有填土，这种情况下超载对地基承载能力是不利的，应取埋深较小的进行承载力验算；路堤填土对桥台产生的附加土压力，并且在地基中引起附加应力，附加土压力会引起基础的偏心，并且影响桥台稳定性、附加应力引起不均匀沉降。

57.［答案］BC

［依据］《建筑桩基技术规范》(JGJ 94—2008)第3.3.3条第2款、第8.5.2条第5款。门洞处的荷载已经通过门柱传递到两侧，因此应尽量在门柱下一定范围内布桩。

58.［答案］ACD

［依据］《建筑桩基技术规范》(JGJ 94—2008)第5.5.6条、第5.5.9条和第5.5.10条。桩基最终沉降量和桩端平面下各土层的压缩模量、桩径、桩数、承台底的平均附加应力、承台的投影面积等有关。

59.［答案］BC

［依据］《建筑桩基技术规范》(JGJ 94—2008)第3.4.1条及条文说明。预制桩桩身强度高，刚度大，其薄弱处为接头，打桩挤密过程中，桩体容易出现整体偏斜，在接头处容易出现脱节或断裂。

60.［答案］AD

［依据］《建筑桩基技术规范》(JGJ 94—2008)第5.2.5条条文说明。

增大桩间距，土体接触面积增大，有利于土体承担更多荷载；增大桩顶的刺入或变形，使土体与承台更紧密地接触压实，可承担更大的荷载。

61.［答案］ABC

［依据］护筒的作用：提高孔内水位，保持孔壁稳定；防止塌孔和缩颈；便于控制孔深测量及其施工等；充盈系数是灌注量与计算量的比值，增设护筒只能保证正常的充盈系数，并不能增大充盈系数。

62.［答案］ABD

［依据］《建筑桩基技术规范》(JGJ 94—2008)第5.2.3条和第5.2.5条。

63.［答案］ABD

［依据］根据《建筑桩基技术规范》(JGJ 94—2008)桩基水平承载力计算公式进行分析，土阻力对桩基水平承载力无直接联系。

64.［答案］ABD

［依据］《建筑地基处理技术规范》(JGJ 79—2012)第8.1.1条条文说明。软黏土的砂石桩也具有排水作用。砂井和砂桩是按加固作用分类的，砂井主要是排水作用，砂桩主要是置换作用。

65.［答案］ABD

［依据］《建筑地基处理技术规范》(JGT 79—2012)相关章节。A、B、D选项为常用的软土地基处理方法，C选项中，真空预压其极限荷载理论值可达120kPa，特征值约为其一半，不能满足要求，且真空预压法应注意在处理土层时不宜有水平透水层，否则将影响真空预压的固结效果。

66.［答案］AD

［依据］《建筑地基处理技术规范》(JGJ 79—2012)第7.8.1条。

67.［答案］BD

［依据］湿陷性黄土垫层应采用不透水材料，A、C选项中均透水。

68.［答案］AC

［依据］搅拌次数越多，均匀性越好；塑性指数高，则黏粒含量大，其容易粘在搅拌头上，形成包裹体，造成脱滑，应及时清理搅拌头。加快提升速度与均匀性无关，冲水搅拌则会影响桩身质量。

69.［答案］BC

［依据］路堤填土压实度很大，后期沉降很小，一般不予考虑，其工后沉降主要为淤泥的主固结沉降和次固结沉降。

70.［答案］ACD

［依据］《公路路基设计规范》(JTG D30—2015)第7.7.3条第2款，地基稳定性验算中，施工期验算只考虑路堤自重，运营期验算的荷载包括路堤自重、路面增重和行车荷载，D正确；第7.7.2条条文说明，路堤大于2.5m时不考虑行车荷载对沉降的影响，路堤小于等于2.5m时考虑行车荷载对沉降的影响，B错误；路堤填筑高度不同，地基土性质不同，其承载和变形能力也不同，需要分段进行稳定性和变形验算，A正确；软土地基经地基处理后发生沉降变形较大，为填至设计标高，需要考虑多填筑填料，C正确。

2006 年专业知识试题(下午卷)

一、单项选择题(共 40 题,每题 1 分。每题的备选项中只有一个最符合题意)

1. 某场地,环境类型为Ⅰ类,地下水水质分析结果 SO_4^{2-} 含量为 600mg/L,Mg^{2+} 含量为 1800mg/L,NH_4^+ 含量为 500mg/L。无干湿交替作用时,该地下水对混凝土结构的腐蚀性评价为以下哪一个选项? ( )

(A)无腐蚀性　　(B)弱腐蚀性

(C)中等腐蚀性　　(D)强腐蚀性

2. 长江堤防地基的地质情况一般是:上部为不厚的黏性土,其下为较厚的均匀粉细砂,按《水利水电工程地质勘察规范》(GB 50287—2008),问洪水期最可能发生的渗透变形主要是下列选项中的哪一项? ( )

(A)流土　　(B)管涌

(C)液化　　(D)流砂

3. 坡角为 45°的岩石边坡,下列哪种方向的结构面最不利于岩石边坡的抗滑稳定? ( )

(A)结构面垂直

(B)结构面水平

(C)结构面斜角为 33°,倾向与边坡坡向一致

(D)结构面斜角为 33°,倾向与边坡坡向相反

4. 通过泥浆泵输送泥浆在围堤形成的池中填积筑坝,在对其进行施工期稳定性分析时应当采用土的下列哪一种强度参数? ( )

(A)固结排水强度(CD)

(B)固结不排水强度(CU)

(C)不固结不排水强度(UU)

(D)固结快剪强度

5. 拟建的地铁车站将建于正在运行的另一条地铁之下,二者间垂直净距 2.8m,为粉土地层,无地下水影响。问下列哪一种施工方法最合适? ( )

(A)大管幕(管棚)法　　(B)冻结法

(C)明挖法　　(D)逆作法

6. 垃圾卫生填埋场底部的水防渗层自上而下的下列几种结构方式中,哪一个选项

是正确的？（　　）

(A)砂石排水导流层——黏土防渗层——土工膜
(B)砂石排水导流层——土工膜——黏土防渗层
(C)土工膜——砂石排水导流层——黏土防渗层
(D)黏土防渗层——土工膜——砂石排水导流层

7.在深厚砂石覆盖的地基上修建斜墙砂砾石坝，需设置地下垂直混凝土防渗墙和坝体堆石棱体排水，下列几种布置方案中哪一个选项是合理的？（　　）

(A)防渗墙位于坝体上游，排水体位于坝体上游
(B)防渗墙位于坝体下游，排水体位于坝体上游
(C)防渗墙位于坝体上游，排水体位于坝体下游
(D)防渗墙位于坝体下游，排水体位于于体下游

8.建设中的某地铁边界线路穿行在城市繁华地带，地面道路狭窄，建筑物老旧、密集，地下水丰富。为保护地面环境不受破坏，应采用以下哪一种地铁隧道施工方法？（　　）

(A)土压平衡盾构施工
(B)人工(手掘)盾构
(C)明挖施工
(D)矿山法施工

9.在同样的土层，同样的深度情况下，作用在下列哪一种支护结构上的土压力最大？（　　）

(A)土钉墙
(B)悬臂式板桩
(C)水泥土墙
(D)刚性地下室外墙

10.一个高10m的天然土坡，在降雨以后土坡的上部3m深度范围由于降雨使含水量由w=12%，天然重度γ=17.5kN/m^3，分别增加到w=20%(未饱和)，γ=18.8kN/m^3。问降雨后该土坡的抗滑稳定安全系数F_s的变化将会是下列哪一个选项所表示的结果？（　　）

(A)增加　　(B)减少
(C)不变　　(D)不能确定

11.长江的一个黏质粉土堤防迎水坡的初始水位在堤脚处。一个20天的洪水过程线如图所示。问在这一洪水过程中堤防两侧边坡的抗滑稳定安全系数的变化曲线最接近于下面哪一选项的情况？（　　）

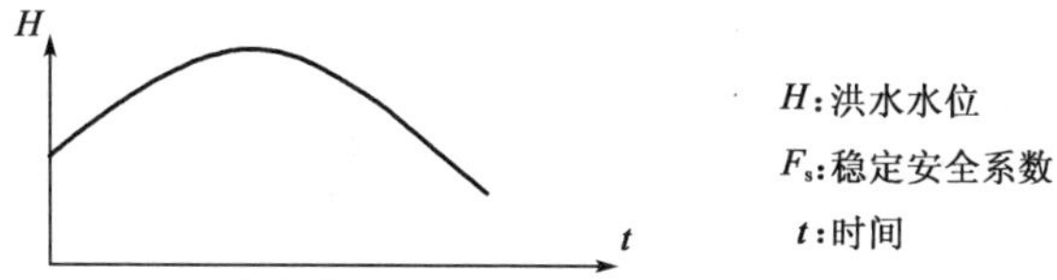

洪水过程线

题11图

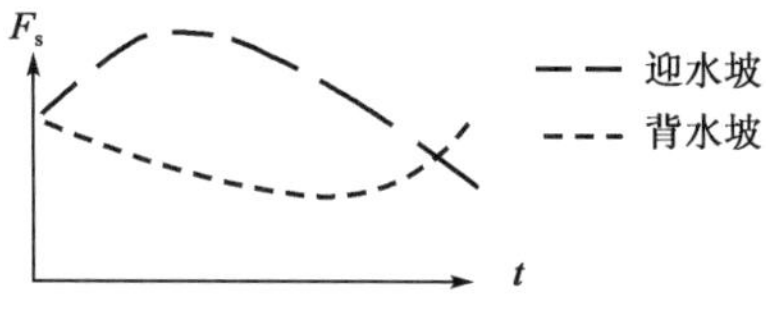

(A)

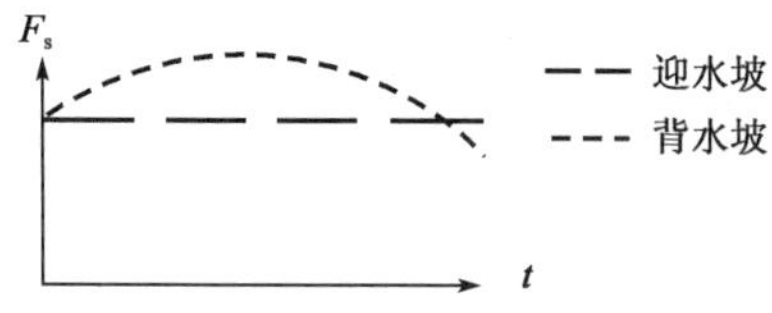

(B)

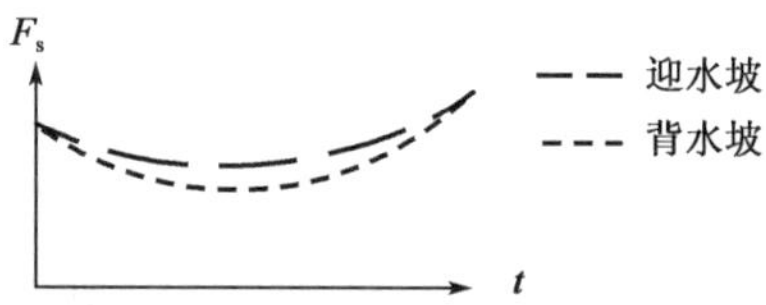

(C)

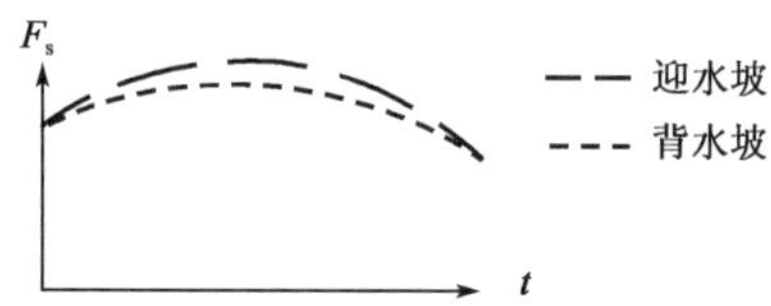

(D)

12.岩石边坡的结构面与坡面方向一致,为了增加抗滑稳定性,采用预应力锚杆加固,下列四种锚杆加固方向中哪一选项对抗滑最有利? ( )

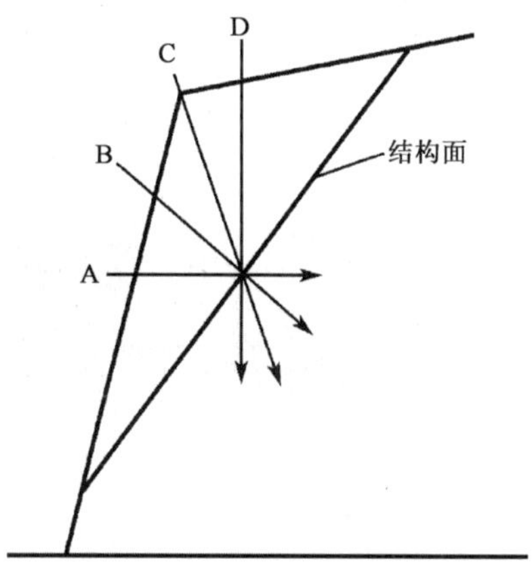

题12图

(A)与岩体的滑动方向逆向　　(B)垂直于滑动面

(C)与岩体的滑动方向同向　　(D)竖直方向

13.下列有关路堤在软土地基上快速填筑所能填筑的极限(临界)高度的几种说法中,哪一选项是不正确的? ( )

(A)均质软土地基的路堤极限高度可用软土的不固结不排水强度参数估算

(B)均质软土地基的路堤极限高度可用圆弧法估算

(C)有硬壳的软土地基路堤极限高度可适当加大

(D)路堤极限高度可作为控制沉降的标准

14. 下列有关隧道新奥法施工采用复合式衬砌的几种说法中，哪一选项是不正确的？ ( )

(A)衬砌外层用锚喷作初期支护
(B)内层用模筑混凝土作二次衬砌
(C)支护和衬砌应密贴，不留空隙
(D)支护和衬砌按相同的安全度设计

15. 水库初始蓄水，有些土坡的下部会浸水，问下列哪个选项对浸水后土坡抗滑稳定性的判断是正确的？ ( )

(A)抗滑稳定系数不变　　(B)抗滑稳定系数增加
(C)抗滑稳定系数减小　　(D)不能判断

16. 海港工程持久状况的防波堤稳定性计(验)算中，应采取下列哪一选项的水位进行计(验)算？ ( )

(A)最高潮位　　(B)最低潮位
(C)平均高潮位　　(D)平均低潮位

17. 当地基湿陷量计算值 Δ_s 属于下列哪一个选项时，各类建筑均可按一般地区的规定进行设计？ ( )

(A)$\Delta_s \leqslant 50$mm　　(B)$\Delta_s \leqslant 70$mm
(C)$\Delta_s \leqslant 150$mm　　(D)$\Delta_s \leqslant 200$mm

18. 根据《建筑边坡工程支护技术规范》(GB 50330—2013)规定，计算边坡与支挡结构稳定性时，荷载效应应取下列哪一选项？ ( )

(A)正常使用极限状态下荷载效应的标准组合
(B)正常使用极限状态下荷载效应的准永久组合
(C)承载能力极限状态下荷载效应的标准组合，并取相应的分项系数
(D)承载能力极限状态下荷载效应的基本组合，其荷载分项系数均取1.0

19. 下列有关多年冻土地基季节性融化层的融化下沉系数 δ_0 的几种说法中哪一选项是错误的？ ( )

(A)当土的总含水量小于土的塑限含水量时，可定为不融沉冻土
(B)与 δ_0 有关的多年冻土总含水量是指土层中的未冻结水
(C)黏性土 δ_0 值大小与土的塑限含水量有关
(D)根据平均融化下沉系数 δ_0 的大小可把多年冻土划分为五个融沉等级

20. 对于一级工程，膨胀土地基承载力应采用下列哪一种方法确定？（　　）

(A)饱和状态下固结排水三轴剪切试验计算
(B)饱和状态下不固结不排水三轴剪切试验计算
(C)浸水载荷试验
(D)不浸水载荷试验

21. 膨胀土地基的胀缩变形，与下面哪一选项无明显关系？（　　）

(A)地基土的矿物成分
(B)场地的大气影响深度
(C)地基土的含水量变化
(D)地基土的剪胀性和压缩性

22. 采空区顶部岩层由于变形情况不同，在垂直方向上会形成不同分带。请问顶部岩层自下而上三个分带的次序符合下列哪一个选项？（　　）

(A)冒落带、弯曲带、裂隙带
(B)冒落带、裂隙带、弯曲带
(C)裂隙带、冒落带、弯曲带
(D)弯曲带、冒落带、裂隙带

23. 对铁路和公路进行泥石流流速和流量估算时，现有的计算公式与下列哪一个选项所示参数无关？（　　）

(A)泥痕坡度　　(B)泥深
(C)泥面宽度　　(D)泥石流的流体性质

24. 下列哪一选项不是泥石流形成的必要条件？（　　）

(A)有陡峻便于集物集水的适当地形
(B)长期地下水位偏浅且径流速度快
(C)上游堆积有丰富的松散固体物质
(D)短期内有突然大量地表水来源

25. 抗滑桩应有足够的锚固深度，主要是为了满足下列哪一选项的要求？（　　）

(A)抗剪断　　(B)抗弯曲
(C)抗倾覆　　(D)阻止滑体从桩顶滑出

26. 在铁路滑坡整治中，当滑坡体为黏性土时，计算作用在支挡结构的滑坡下滑力的分布形式应采用以下哪一选项的形式？（　　）

(A)矩形　　(B)梯形

(C)三角形　　(D)抛物线形

27. 在其他条件相同时，下列哪种岩石的溶蚀速度最快？　　(　　)

(A)石灰岩　　(B)白云岩
(C)石膏　　(D)泥灰岩

28. 下列有关土洞发育规律的说法中哪个选项是不正确的？　　(　　)

(A)颗粒细、黏性大的土层容易形成土洞
(B)土洞发育区必然是岩溶发育区
(C)土洞发育地段，其下伏岩层中一定有岩溶水通道
(D)人工急剧降低地下水位对土洞发育的影响要比自然条件下大得多

29. 与地震烈度水准相应的建筑抗震设防目标中，下列哪一选项的说法是错误的？　　(　　)

(A)遭遇第一水准烈度时，建筑结构抗震分析可以视为弹性体系
(B)地震基本烈度取为第二水准烈度
(C)遭遇第二水准烈度和第三水准烈度，建筑结构的非弹性变形都应控制在规定的相应范围内
(D)众值烈度比基本烈度约高一度半

30. 下列有关地震动参数的说法中，哪一选项是错误的？　　(　　)

(A)地震动参数将逐步代替地震基本烈度
(B)地震动参数指的是地震影响系数和特征周期
(C)超越概率指的是某场地可能遭遇大于或等于给定地震动参数值的概率
(D)地震动反应谱特征周期与场地类别(型)有关

31. 根据《公路工程抗震规范》(JTG B02—2013)，下列关于桥梁抗震设计的说法中，哪个选项是正确的？　　(　　)

(A)相邻上部结构之间宜在桥台、桥墩处设置适当的间隙，满足地震作用下的需要
(B)抗震设防烈度为7度，当大中桥位于软弱黏性土、液化土和不稳定的河岸处时，应适当减小桥长
(C)抗震设防烈度为8度，当桥梁下部为钢筋混凝土结构时，混凝土的强度等级最小应为C20
(D)抗震设防烈度为9度，当桥梁、墩台采用多排桩基础时，不宜设置斜桩

32. 在计算深度范围内，计算多层土的等效剪切波速 V_{se} 时，下列哪一项说法是不正确的？　　(　　)

(A)任一土层的剪切波速 V_{si} 越大,等效剪切波速 V_{se} 就越大

(B)某一土层的厚度 d 越大,该层对等效剪切波速 V_{se} 的影响就越大

(C)某一土层的深度 z_i 越大,该层对等效剪切波速 V_{se} 的影响就越小

(D)计算深度 d_0 的大小对等效剪切波速 V_{se} 的影响并不确定

33. 测量土层的剪切波速应满足划分建筑场地类别的要求。下列哪一个选项的说法是错误的? ( )

(A)计算土层等效剪切波速和确定场地覆盖层厚度都与土层的实测剪切波速有关

(B)若场地坚硬岩石裸露地表,可不进行剪切波速的测量

(C)已知场地的覆盖层厚度大于 20m 并小于 50m,土层剪切波速的最大测量深度达到 20m 即可

(D)已知场地的覆盖层厚度大于 50m 并小于 80m,土层剪切波速的最大测量深度达到 50m 即可

34. 有关地震影响系数的下列说法中,哪一个选项是错误的? ( )

(A)弹性反应谱理论是现阶段抗震设计的最基本理论

(B)地震影响系数曲线是设计反应谱的一种给定形式

(C)地震影响系数由直线上升段、水平段、曲线下降段和直线下降段四部分组成

(D)曲线水平段($0.1s<T<T_s$)的地震影响系数就是地震动峰值加速度

35. 下列有关注册土木工程师(岩土)的说法中,哪一项说法是不正确的? ( )

(A)遵守法律、法规和职业道德,维护社会公众利益

(B)保守在执业中知悉的商业技术秘密

(C)不得准许他人以本人名义执业

(D)不得修改其他注册土木工程师(岩土)签发的技术文件

36. 根据《建设工程勘察设计管理条例》,在编制下列哪一项文件时,应注明建设工程合理使用年限? ( )

(A)可行性研究文件　　(B)方案设计文件

(C)初步设计文件　　(D)施工图设计文件

37. 对工程建设施工、监理、验收等阶段执行强制性标准的情况实施监督的是下列哪个机构或部门? ( )

(A)施工图审查机构

(B)建筑安全监督管理机构

(C)工程质量监督机构

(D)县级以上地方政府建设行政主管部门

38.关于工程监督单位的质量责任和义务，下列哪一项说法是不正确的？（　）

(A)工程监理单位应当依法取得相应等级的资质证书，并在其资质等级许可的范围内承担工程监督业务

(B)工程监理单位应当选派具备相应资质的总监理工程师和监理工程师进驻施工现场

(C)工程监理单位可以将业务转让给其他资质的监理单位

(D)监理工程师应当按照工程监理规范的要求，采取旁站、巡视和平行检验等形式，对建设工程实施监理

39.下列哪一项费用不属于工程项目总投资中的建设安装工程投资？（　）

(A)人工费　(B)设备购置费

(C)施工管理费　(D)施工机械使用费

40.根据《建设工程勘察质量管理办法》，下列哪一个岗位责任人负责组织有关人员做好现场踏勘、调查，按照要求编写《勘察纲要》，并对勘察过程中各项作业资料进行验收和签字？（　）

(A)项目负责人　(B)主任工程师

(C)部门负责人　(D)总工程师

二、多项选择题(共30题，每题2分。每题的备选项中有两个或三个符合题意，错选、少选、多选均不得分)

41.下列地下工程施工方法中，通常可在软土中应用的有哪些选项？（　）

(A)沉井法　(B)顶管法　(C)盾构法　(D)矿山法

42.公路路基设计中，确定岩土体抗剪强度时，下列哪些选项的取值方法是正确的？（　）

(A)路堤填土的c、φ值，宜用直剪快剪或三轴不排水剪

(B)岩体结构面的c、φ取值时，宜考虑岩体结构面的类型和结合程度

(C)土质边坡水土分算时，地下水位以下土的c、φ值，宜采用三轴自重固结不排水剪

(D)边坡岩体内摩擦角应按岩体裂隙发育程度进行折减

43.港口工程中，当地基承载力不能满足要求时，常采用下列哪几项措施？（　）

(A)增加合力的偏心距　(B)增加边载

(C)增加抛石基床厚度　(D)增设沉降缝

44.下列关于填筑土最优含水量的说法中哪些选项是正确的？（　）

(A)在一定的击实功能作用下，能使填筑土达到最大干密度所需的含水量称为最优含水量

(B)最优含水量总是小于压实后的饱和含水量

(C)填土的可塑性增大，其最优含水量减小

(D)随着夯实功能的增大，其最优含水量增大

45. 在铁路路堤挡土墙中，下列哪几类墙的高度 H 的适用范围是符合规定的？ ( )

(A)短卸荷板挡土墙：$6m < H \leqslant 12m$

(B)悬臂式挡土墙：$H \leqslant 10m$

(C)锚定板挡土墙：$H \leqslant 12m$

(D)加筋土挡土墙：$H \leqslant 10m$

46. 一种粉质黏土的最优含水量为16.7%，当用这种土作为填料时，下面哪几种情况可以直接用来铺料压实？ ( )

(A)$w=16.2\%$ (B)$w=17.2\%$

(C)$w=18.2\%$ (D)$w=19.2\%$

47. 土筑堤坝在高洪水位下，由于堤身浸润线抬高，背水坡有水渗出，通常称为“散浸”。下面哪些选项的工程措施对治理散浸是有效的？ ( )

(A)在堤坝的上游迎水坡面上铺设土工膜

(B)在堤坝的下游背水坡面上铺设土工膜

(C)在下游堤坝身底部设置排水设施

(D)在上游堤身前抛掷堆石

48. 某堤防的地基土层，其上部为较薄的黏性土，以下为深厚的粉细砂层。在高洪水位上会发生渗透变形(或称渗透破坏)，这时局部黏性土被突起，粉细砂被带出。对于这种险情，下面哪些选项的防治措施是有效的？ ( )

(A)在形成孔洞上铺设土工膜

(B)在孔洞处自下而上铺填中砂和砂砾石

(C)将孔洞用盛土编制代筑堤围起，再向其中注水

(D)在孔洞附近设置减压井反渗排水

49. 下面哪些土料不适于直接作用浸水的公路路基的填料？ ( )

(A)粉土 (B)淤泥土

(C)砂砾土 (D)膨胀土

50. 有一土钉墙支护的基坑，坑壁土层自上而下为：人工填土—黏质粉土—粉细砂，在坑底处为砂砾石。在开挖接近坑底时，由于降雨等原因，土钉墙后地面发生裂缝，墙

面开裂,坑壁有坍塌的危险。下列抢险处理的措施中哪些选项是有效的? ( )

(A)在坑底墙前堆土
(B)在墙后地面挖土卸载
(C)在墙后土层中灌浆加固
(D)在坑底砂砾石中灌浆加固

51. 计算膨胀土的地基土胀缩变形量时,取下列哪些选项的值是错误的? ( )

(A)地基土膨胀变形量或收缩变形量
(B)地基土膨胀变形量或收缩变形量两者中取大值
(C)地基土膨胀变形量与收缩变形量之和
(D)地基土膨胀变形量与收缩变形量之差

52. 下列哪些选项是岩溶发育的必备条件? ( )

(A)可溶岩
(B)含 CO_2 的地下水
(C)强烈的构造运动
(D)节理裂隙等渗水通道

53. 下列指标中哪些选项是膨胀土的工程特性指标? ( )

(A)含水比
(B)收缩系数
(C)膨胀率
(D)缩限

54. 处理湿陷性黄土地基,下列哪些方法是不适用的? ( )

(A)强夯法
(B)振冲碎石桩法
(C)土挤密桩法
(D)砂石垫层法

55. 按照《湿陷性黄土地区建筑标准》(GB 50025—2018),对于自重湿陷性黄土场地上的丙类多层建筑,若地基湿陷等级为Ⅱ(中等)级,当采用整片地基处理时,应满足下列哪些选项的要求? ( )

(A)下部未处理湿陷性黄土层的湿陷起始压力值不小于 100kPa
(B)下部未处理湿陷性黄土层的剩余湿陷量不应大于 200mm
(C)地基处理厚度不应小于 2.5m
(D)地基的平面处理范围每边应超出基础底面宽度为 3/4,并不应小于 1.0m

56. 下列泥石流类型中,哪些选项是按泥石流的流体性质来分类的? ( )

(A)水石流
(B)泥流
(C)黏性泥石流
(D)稀性泥石流

57. 对滑坡推力计算的下列要求中,哪些选项是正确的? ( )

(A)应选择平行于滑动方向的，具有代表性的断面计算，一般不少于 2 个断面，且应有一个主断面

(B)滑坡推力作用点可取在滑体厚度的 1/2 处

(C)当滑坡具有多层滑动面(带)时，应取最深的滑动面(带)确定滑坡推力

(D)应采用试验和反算，并结合当地经验，合理地确定滑动面(带)的抗剪强度

58. 现有一溶洞，其顶板为水平厚层岩体，基本质量等级为Ⅱ级。试问，采用下列哪些计算方法来评价洞体顶板的稳定性是适宜的？（　　）

(A)按溶洞顶板坍落填塞洞体所需厚度计算

(B)按塌落拱理论的压力拱高度计算

(C)按顶板受力抗弯安全厚度计算

(D)按顶板受力抗剪安全厚度计算

59. 以下关于建筑的设计特征周期的说法中，哪些选项是正确的？（　　）

(A)设计特征周期与所在地的建筑场地类别有关

(B)设计特征周期与地震震中距的远近有关

(C)不同的设计特征周期会影响到地震影响系数曲线的直线上升段和水平段

(D)对于结构自振周期大于设计特征周期的建筑物来说，设计特征周期越大，结构总水平地震作用标准值就越大

60. 在进行有关抗震设计的以下哪些内容时，需要考虑建设的场地类别？（　　）

(A)地基抗震承载力的验算

(B)饱和砂土和饱和粉土的液化判别

(C)对建筑采取相应的抗震构造措施

(D)确定建筑结构的地震影响系数

61. 按照《建筑抗震设计规范》(GB 50011—2010)(2016 年版)可根据岩土名称和性状划分土的类型，下列哪些选项的说法是正确的？（　　）

(A)只有对于指定条件下的某些建筑，当无实测剪切波速时，可按土的类型利用当地经验估计土层的剪切波速

(B)划分土的类型对于乙类建筑是没有意义的

(C)若覆盖层范围内由多层土组成，划分土的类型后可直接查表得出建筑的场地类别

(D)如果有了各土层的实测剪切波速，应按实测剪切波速划分土的类型，再确定建筑的场地类别

62. 为减轻液化影响而采用的基础和上部结构技术措施中，下列哪些选项是正确的？（　　）

(A)减轻荷载,合理设置沉降缝

(B)调整基础底面积,减少基础偏心

(C)加强基础的整体性和刚度

(D)管道穿过建筑处应采用刚性接头,牢固连接

63. 在考虑抗震设防水准时,下列哪些说法是正确的? ( )

(A)同样的设计基准期,超越概率越大的地震烈度越高

(B)同样的超越概率,设计基准期越长的地震烈度越高

(C)50 年内超越概率约为 63%的地震烈度称为众值烈度

(D)50 年内超越概率约为 10%的地震烈度称为罕遇烈度

64. 在土石坝抗震设计中,以下哪些措施有利于提高土石坝的抗震强度和稳定性? ( )

(A)设防烈度为 8 度时,坝顶可以采用大块毛石压重

(B)应选用级配良好的土石料筑坝

(C)对Ⅰ级土石坝,应在坝下埋设输水管,管道的控制阀门应置于防渗体下游端

(D)在土石坝防渗体上、下游面设置反滤层和过滤层,且必须压实并适当加厚

65. 下列哪些情况下投标书会被作为废标处理? ( )

(A)投标书无投标单位和法定表人或法定代表人委托的代理人的印鉴

(B)投标书未按招标文件规定的格式编写

(C)投标报价超过取费标准

(D)投标单位未参加告知的开标会议

66.《建设工程勘察设计管理条例》规定,建设工程勘察、设计单位不得将所承揽的建设工程勘察、设计转包。问:下列哪些行为属于转包? ( )

(A)承包人将承包的全部建设工程勘察、设计转给其他单位或个人

(B)承包人将承包的建设工程主体部分的勘察、设计转给其他单位完成

(C)承包人将承包的全部建设工程勘察、设计肢解以后以分包的名义分别转给其他单位

(D)经建设单位认可,承包人将承包的部分建设工程勘察、设计转给其他单位完成

67. 根据《建设工程勘察设计管理条例》规定,下列哪几项是编制建设工程勘察、设计文件的根据? ( )

(A)项目批准文件

(B)城市规划

(C)投资额的大小

(D)国家规定的建设工程勘察、设计深度要求

68. 下列哪几项属于2000版ISO 9000族标准中关于八项质量管理原则的内容？（ ）

(A)以顾客为关注焦点

(B)技术进步

(C)管理的系统方法

(D)持续改进

69. 下列哪几项属于工程建设强制性标准监督检查的内容？（ ）

(A)有关工程技术人员是否熟悉、掌握强制性标准

(B)工程项目采用的材料、设备是否符合强制性标准的规定

(C)工程项目的安全质量是否符合强制性标准的规定

(D)工程技术人员是否参加过强制性标准的培训

70. 下列哪几项属于建设项目法人的主要职责？（ ）

(A)以质量为中心，强化建设项目的全面管理

(B)做好施工组织管理

(C)掌握和应用先进技术与施工工艺

(D)严格执行建设程序，搞好工程竣工验收

2006 年专业知识试题答案(下午卷)

1.[答案] C

[依据]《岩土工程勘察规范》(GB 50021—2001)(2009 年版)第 12.2.1 条表 12.2.1、第 12.2.3 条。Ⅰ类场地,无干湿交替,SO_4 乘以 1.3,则为弱腐蚀;Mg 为弱腐蚀;NH_4 为分界位置,从重处理,为中等腐蚀。因此,地下水对混凝土结构的腐蚀性为中等。

2.[答案] A

[依据]《水利水电工程地质勘察规范》(GB 50487—2008)附录 G.0.1。黏性土的渗透变形主要是流土和接触流失两种类型。

3.[答案] C

[依据] 从力学角度看,滑动力与坡面平行时是最不利状况,所以岩石结构面越是和坡面接近越不利,同时结构面小于坡面的状况较结构面大于坡面的状况更为不利。

4.[答案] C

[依据]《碾压式土石坝设计规范》(DL/T 5395—2007)附录表 E.1。

快速填筑的筑坝、筑路等,均采用不固结不排水指标。

5.[答案] A

[依据] 管棚法为浅埋暗挖的一种,超前支护,适合于对环境要求比较严格的。冻结法适合含水量高的地层中,本题无地下水。选项 C、D 均为开挖式的施工,对环境条件要求较高,不合适。

6.[答案] B

[依据]《生活垃圾卫生填埋处理技术规范》(GB 50869—2013)图 8.2.4-1。

7.[答案] C

[依据] 防渗设置原则为:上挡下排。

8.[答案] A

[依据] 盾构施工技术适合于对环境条件要求高的地区,施工安全性好。为保护地面不受破坏,不宜采用降水处理,矿山法、明挖法和人工盾构都要求无水作业,且明挖不适用于城市繁华地段。

9.[答案] D

[依据] 支护结构上为主动土压力,支护结构的位移越大,其土压力越小越接近主动土压力,位移越小越接近静止土压力。刚性地下室外墙,位移最小。

10.[答案] B

[依据] 天然土质边坡，一般为圆弧滑动面，边坡上部降雨浸水，重度增大，重力增加，则下滑力增大，对边坡的稳定不利，安全系数应减小。

11.[答案] A

[依据] 洪水上升过程，渗流方向从上游指向下游，上游有利稳定，下游不利稳定；洪水退去时，渗流方向为从下游指向上游，上游不利稳定，下游有利稳定。

12.[依据] A

[依据] 锚杆力与滑动方向相反时，可以最大限度地抵消下滑力，有助于滑体的稳定。

13.[答案] D

[依据]《铁路特殊路基设计规范》(TB 10035—2006)第3.2.3条条文说明、《铁路工程特殊岩土勘察规程》(TB 10038—2012)第5.2.1条条文说明和《铁路桥涵地基和基础设计规范》(TB 10002.5—2005)中公式(4.1.4)。快速填筑路堤采用UU指标，按泰勒公式(圆弧法)进行估算。有硬壳层时可以适当增大，路堤极限高度不能作为控制沉降的标准。

14.[答案] C

[依据]《公路隧道设计规范　第一册　土建工程》(JTG 3370.1—2018)第8.4.1条第1、2款，选项A、B正确。初期支护与二次衬砌间应紧密结合。由于超挖、坍塌等原因造成两者之间可能有空隙时应及时回填，选项C正确。新奥法复合式衬砌的施工步骤为断面开挖后及时施作初期支护，对围岩进行加固，待初期支护变形稳定后，再施作二次衬砌。初期支护是主要的受力结构，二次衬砌的作用视围岩特性而异，对于Ⅰ级硬质围岩，因围岩和初期支护的变形很小，故二次衬砌不承受围岩压力，其主要作用是防水、通风和修饰面层；对于Ⅱ级围岩，虽然围岩和初期支护变形小，二次衬砌承受不大的围岩压力，但考虑到锚杆锈蚀等不利因素，二次衬砌可以提高支护衬砌的安全度；对于Ⅲ～Ⅳ围岩，二次衬砌要承受较大的后期围岩变形压力。可见，支护和衬砌可以采用不同的安全度设计，选项D错误。

15.[答案] C

[依据] 土坡为圆弧滑动，土坡下部浸水，重力减小，抗滑力减小，不利稳定。

16.[答案] B

[依据]《水运工程地基设计规范》(JTS 147—2017)第6.1.3条。

17.[答案] A

[依据]《湿陷性黄土地区建筑标准》(GB 50025—2018)第5.1.2条第3款。

18.[答案] D

[依据]《建筑边坡工程技术规范》(GB 50330—2013)第3.3.2条。

19.[答案] B

[依据]《岩土工程勘察规范》(GB 50021—2001)(2009年版)表6.6.2。多年冻土中

的含水量包括未冻水和所有冰的总量。

20.**[答案]** C

[依据]《膨胀土地区建筑技术规范》(GB 50112—2013)第4.3.7条,一级工程为重点工程,采用浸水载荷试验确定。

21.**[答案]** D

[依据]《膨胀土地区建筑技术规范》(GB 50112—2013)第3.2.1条和第3.2.2条,矿物成分中黏土颗粒的多少决定其胀缩变形。

22.**[答案]** B

[依据] 顶部岩层自下而上三个分带的次序为冒落带、裂隙带、弯曲带。

23.**[答案]** D

[依据]《铁路工程不良地质勘察规程》(TB 10027—2012)第6.3.3条,目前计算公式均为经验公式,流体性质决定了选择哪个公式,但不是公式中的参数。

24.**[答案]** B

[依据]《工程地质手册》(第五版)第682页。

25.**[答案]** C

[依据] 位于滑坡体前段的支挡桩体,类似于排桩支护,应满足抗倾覆验算,但位于滑坡体中的抗滑桩,其主要承担水平推力。

26.**[答案]** A

[依据]《铁路路基支挡结构设计规范》(TB 10025—2019)第13.2.7条条文说明。

27.**[答案]** C

[依据]《工程地质手册》(第五版)第636页。

石膏的主要成分为$CaSO_4$,溶蚀速度最快,其次为石灰岩,白云岩,泥灰岩。

28.**[答案]** A

[依据]《工程地质手册》(第五版)第647、648页。

选项A是黏性土中细颗粒与粗颗粒、黏性大与黏性小的比较,由于黏性小、颗粒粗,更易于冲蚀、掏空,因此更容易形成土洞。

29.**[答案]** D

[依据]《建筑抗震设计规范》(GB 50011—2010)(2016年版)第1.0.1条条文说明,基本烈度比众值烈度高一度半。

30.**[答案]** B

[依据]《中国地震动参数区划图》(GB 18306—2015)附录G,选项A正确;第3.2条,地震动参数指的是地震动峰值加速度和地震动反应谱特征周期,选项B错误;第3.6

条，选项 C 正确；附录 C，反应谱特征周期可根据表 8-1 按场地类别调整，选项 D 正确。

31.［答案］A

［依据］《公路工程抗震规范》(JTG B02—2013)第 5.6.5 条、第 5.6.9 条第 4 款、第 5.6.10 条第 6 款、第 5.6.11 条第 5 款。

32.［答案］C

［依据］《建筑抗震设计规范》(GB 50011—2010)(2016 年版)第 4.1.5 条。

等效剪切波速是采用总厚度除以各土层中传播时间之和得到的，其与各土层厚度、剪切波速有关，当其中某层的剪切波速越大，整体的速度越大，厚度越小，则其对整体的影响越小，且与某一层的埋深无关。计算深度的影响是由各层厚度和剪切波速一起控制的，其单独影响可大可小。

33.［答案］D

［依据］《建筑抗震设计规范》(GB 50011—2010)(2016 年版)第 4.1.5 条、第 4.1.6 条。

划分场地类别的等效剪切波速最大深度测定 20m；场地覆盖层深度未知时，应测定场地的覆盖层厚度；当大于 80m 时，只测 80m 便可判定。当用于判定场地地震影响时，宜测定全部覆盖层厚度，或按抗震设防烈度要求测定。

34.［答案］D

［依据］地震影响系数与地震动峰值加速度不同，其只是表现地震作用大小的影响系数，无量纲；而地震动分值加速度是与地震动反应谱最大值相应的水平加速度，量纲为 cm^2/s。其余参见《建筑抗震设计规范》(GB 50011—2010)(2016 年版)图 5.1.5 及条文说明。

35.［答案］D

［依据］《勘察设计注册工程师管理规定》第二十七条。

36.［答案］D

［依据］《建设工程勘察设计管理条例》第二十六条。

37.［答案］C

［依据］《实施工程建设强制性标准监督规定》第六条。

38.［答案］C

［依据］《建设工程质量管理条例》第三十四条、三十七条、三十八条。

39.［答案］B

［依据］《国家注册土木工程师(岩土)专业考试宝典》(第二版)第 11.1.2 条和第 11.1.3条。

40.［答案］A

［依据］《建设工程勘察质量管理办法》第十二条。

41.［答案］ ABC

［依据］沉井是井筒状的结构物，它是以井内挖土，依靠自身重力克服井壁摩阻力后下沉到设计标高，然后经过混凝土封底并填塞井孔，使其成为桥梁墩台或其他结构物的基础，可适应多种地层，在软土中应控制好其下沉速度。顶管法通过传力顶和导向轨，用支承于后座上的液压千斤顶将管压入土层中，同时挖除并运走管正面的泥土，然后接入新的支撑，适合于较软土层。

42.［答案］ ABD

［依据］《公路路基设计规范》(JTG D30—2015)第3.6.8条第1款，选项A正确；第3.7.3条，表3.7.3-1、表3.7.3-2，选项B正确；第6款，水土分算时，地下水位以下的土宜采用土的有效抗剪强度指标，选项C错误；第4款，选项D正确。

43.［答案］ BC

［依据］《水运工程地基设计规范》(JTS 147—2017)第5.4.1条。

44.［答案］ AB

［依据］《土力学》(李广信等，第2版，清华大学出版社)相关章节，最优含水量近似等于塑限含水量，小于饱和含水量。

45.［答案］ AD

［依据］《铁路路基支挡结构设计规范》(TB 10025—2019)第17.1.1条，选项A正确；第7.1.1条，选项B错误；第17.2.1条，选项C错误；第9.1.1条，选项D正确。

46.［答案］ ABC

［依据］含水量应满足最优含水量的±2%，即14.7%～18.7%。

47.［答案］ AC

［依据］“散浸”是由于浸润线太高，下游坡体有水渗出，一般表现为流水带泥。因此，采用降低浸润线的方式处理，上挡下排，上游设置帷幕、铺设土工膜，下游设置排水体等。

48.［答案］ BCD

［依据］高水位下发生渗透变形是由于水头太大，应采用降低水头，增加其水头损失、设置减压井、增加溢出点水头的防治措施。选项A在孔洞处设置土工膜并没有改变水头差；选项B采用反滤层的形式，可以保证水渗出，但粉细砂不被带出，可以避免掏空产生的渗透破坏；选项C增加溢出点的水头高度，可以减小水头差；选项D设置减压井可以有效地减小水头差。

49.［答案］ ABD

［依据］《公路路基设计规范》(JTG D30－2015)第3.3.3条，浸水路堤应采用压缩变形小、水稳定性好的透水性材料填筑。如砂砾、卵石、中粗砂等，这类材料浸水后强度变化不大。

50.［答案］AB

［依据］土钉墙后地面出现裂缝，原因是作用在土钉墙上的土压力过大导致土钉墙变形过大，从力学角度来看，只有减小作用在土钉墙上的土压力才能有效解决裂缝的发展，而要减小土压力可采用的方法有A和B两项。

51.［答案］ABD

［依据］《膨胀土地区建筑技术规范》(GB 50112—2013)第5.2.15条。

52.［答案］ABD

［依据］《工程地质手册》(第五版)第636页。

53.［答案］BC

［依据］《膨胀土地区建筑技术规范》(GB 50112—2013)第4.2节。

含水比为判定红黏土塑性状态指标。收缩系数可以用来评价膨胀土地基的胀缩等级，计算地基的变形量。膨胀率可用来评价地基的胀缩性，计算膨胀土地基的变形量和膨胀力。缩限是判定土体的塑性状态指标。

54.［答案］BD

［依据］《湿陷性黄土地区建筑标准》(GB 50025—2018)第6.2.1条，采用垫层法时，应用素土、灰土垫层，选项D错误；第6.4.6条，采用挤密法处理时，孔内填料宜用素土、灰土、水泥土等，不应使用粗颗粒填料。虽然说振冲碎石桩法对地基也有挤密、置换、振动密实作用，但由于填料为砂石，不能用于处理湿陷性黄土地基，选项B错误。

55.［答案］BC

［依据］《湿陷性黄土地区建筑标准》(GB 50025—2018)第6.1.5条表6.1.5，选项A错误，选项B、C正确；第6.1.6条第3款，选项D错误。

56.［答案］CD

［依据］《工程地质手册》(第五版)泥石流部分或《铁路工程地质勘察规范》(TB 10012—2007)第5.4.2条。泥石流按性质分为黏性和稀性，按成分分为泥石流、水石流、泥流。

57.［答案］ABD

［依据］《建筑地基基础设计规范》(GB 50007—2011)第6.4.3条。滑动面应按安全系数最小的确定，滑坡推力应按各滑动面最大推力作为设计控制值。

58.［答案］CD

［依据］《工程地质手册》(第五版)第643页。顶板完整的、高强度、厚岩岩体评价指标有顶板抗弯、抗剪、抗冲切计算。

59.［答案］ABD

［依据］根据《建筑抗震设计规范》(GB 50011—2010)(2016年版)第5.1.4条、第5.1.5条和第5.2.1条。设计特征周期与场地类别和地震设计分组有关，设计地震分组

与地震等级和震中距有关。结构的自振周期与设计特征周期的大小共同决定地震影响系数曲线的区间。当 $T>T_g$ 时，T_g越大影响系数越大，则水平地震作用越大。

60.【答案】CD

【依据】《建筑抗震设计规范》(GB 50011—2010)(2016年版)表4.2.3、第4.3节、第5.1.4条和第5.1.5条。

61.【答案】AB

【依据】《建筑抗震设计规范》(GB 50011—2010)(2016年版)第4.1.3条第3款规定，对于丁类建筑及丙类建筑中层数不超过10层、高度不超过24m的多层建筑可用表4.1.3或经验估算。B：由A可知除A中规定的建筑外都应测定等效剪切波速，以代替表4.1.3，因此其划分土体类型没有意义。C：对于A中规定的部分建筑适用，其他不适用，而且应划分土体类型后查表得出等效剪切波速，通过等效剪切波速和覆盖层厚度确定场地类别。D：有实测的剪切波速时，通过查表4.1.6确定场地类别，不需要再确定土的类型。

62.【答案】ABC

【依据】《建筑抗震设计规范》(GB 50011—2010)(2016年版)第4.3.9条。

63.【答案】BC

【依据】《建筑抗震设计规范》(GB 50011—2010)(2016年版)第1.0.1条条文说明。

64.【答案】BD

【依据】《水电工程水工建筑物抗震设计规范》(NB 35047—2015)第6.2.4条，坝顶应加宽，上游坝坡采用浆砌块石护坡，选项A错误；第6.2.6条，选项B正确；第6.2.9条，Ⅰ级土石坝不宜坝下埋设输水管，选项C错误；第6.2.5条，选项D正确。

65.【答案】ABD

【依据】《中华人民共和国招标投标法实施条例》第五十一条。

66.【答案】ABC

【依据】《建设工程勘察设计管理条例》第十九条、第二十条。

67.【答案】ABD

【依据】《建设工程勘察设计管理条例》第二十五条。

68.【答案】ACD

【依据】《2000版ISO 9000族标准》相关内容。

69.【答案】ABC

【依据】《实施工程建设强制性标准监督规定》第十条。

70.【答案】AD

【依据】略。

2007年专业知识试题(上午卷)

一、单项选择题(共40题，每题1分。每题的备选项中只有一个最符合题意)

1. 新建铁路的工程地质勘察应按下列哪个选项所划分的四个阶段开展工作？（　　）

(A)踏勘、初测、定测、补充定测

(B)踏勘、加深地质工作、初测、定测

(C)踏勘、初测、详细勘察、施工勘察

(D)规划阶段、可行性研究阶段、初步设计阶段、技施设计阶段

2. 某硬质岩石，其岩体平均纵波速度为3600m/s，岩块平均纵波速度为4500m/s。问该岩体的完整程度分类为下列哪一选项？（　　）

(A)完整　(B)较完整　(C)较破碎　(D)破碎

3. 下列关于伊利石、蒙脱石、高岭石三种矿物的亲水性由强到弱的四种排列中，哪个选项是正确的？（　　）

(A)高岭石>伊利石>蒙脱石

(B)伊利石>蒙脱石>高岭石

(C)蒙脱石>伊利石>高岭石

(D)蒙脱石>高岭石>伊利石

4. ZK1号钻孔的岩石钻进中，采用外径75mm的双层岩芯管，金刚石钻头。某回次进尺1.0 m，芯样长度分别为：6cm、12cm、11cm、8cm、13cm、15cm和19cm。该段岩石质量指标RQD最接近下列哪一数值？（　　）

(A)84%　(B)70%　(C)60%　(D)56%

5. 在建筑工程详勘阶段的钻探工作中，下列有关量测偏(误)差的说法中，哪个选项是不正确的？（　　）

(A)平面位置允许偏差为±0.25m

(B)孔口标高允许偏差为±5cm

(C)钻进过程中各项深度数据累计量测允许误差为±5cm

(D)钻孔中量测水位允许误差为±2cm

6. 在建筑工程勘察中，对于需采取原状土样的钻孔，口径至少不得小于下列何值？(不包括湿陷性黄土)（　　）

(A)46mm　　(B)75mm　　(C)91mm　　(D)110mm

7. 在饱和软黏土中取Ⅰ级土样时，应选取下列哪种取土器最为合适？　(　　)

(A)标准贯入器　　(B)固定活塞薄壁取土器
(C)敞口薄壁取土器　　(D)厚壁敞口取土器

8. 卡氏碟式液限仪测定的液限含水量和按下列哪个选项试验测定的含水量等效？(　　)

选　　项	圆锥质量(g)	圆锥入土深度(mm)
(A)	76	17
(B)	76	10
(C)	100	17
(D)	100	10

9. 在土的击实试验中，下列哪个选项的说法是正确的？　(　　)

(A)击实功能越大，土的最优含水量越小
(B)击实功能越大，土的最大干密度越小
(C)在给定的击实功能下，土的干密度始终随含水量增加而增加
(D)在给定的击实功能下，土的干密度与含水量关系不大

10. 下列哪个选项所示的土性指标与参数是确定黏性土多年冻土融沉类别所必需和完全的？　(　　)

(A)融沉系数 δ_0
(B)融沉系数 δ_0，总含水量 ω_0
(C)融沉系数 δ_0，总含水量 ω_0，塑限 ω_P
(D)融沉系数 δ_0，总含水量 ω_0，塑限 ω_P，液限 ω_L

11. 按规范规定，标准贯入试验的钻杆直径应符合下列哪个选项的规定？　(　　)

(A)25mm　　(B)33mm　　(C)42mm　　(D)50mm

12. 在某港口工程勘察中，拟在已钻探的口径为75mm的钻孔附近补充一静力触探孔，则该静探孔和已有钻孔的距离至少不得小于下列何值？　(　　)

(A)1.5m　　(B)2.0m　　(C)2.5m　　(D)3.0m

13. 下列哪个选项中的岩体结构面强度相对最低？　(　　)

(A)泥质胶结的结构面　　(B)层理面
(C)粗糙破裂面　　(D)泥化面

14. 基桩的平面布置可以不考虑下列哪个选项因素？（　　）

(A)桩的类型　　(B)上部结构荷载分布
(C)桩的材料强度　　(D)上部结构刚度

15. 在不产生桩侧负摩阻力的场地，对于竖向抗压桩，下列关于桩、土体系的荷载传递规律的描述，哪一选项是正确的？（　　）

(A)桩身轴力随深度增加而递减，桩身压缩变形随深度增加而递增
(B)桩身轴力随深度增加而递增，桩身压缩变形随深度增加而递减
(C)桩身轴力与桩身压缩变形均随深度增加而递增
(D)桩身轴力与桩身压缩变形均随深度增加而递减

16. 在同一饱和均质的黏性土中，在各桩的直径、桩型、入土深度和桩顶荷载都相同的前提下，群桩(桩间距为 $4d$)的沉降量与单桩的沉降量比较，下列哪一选项是正确？

（　　）

(A)小　　(B)大
(C)两者相同　　(D)无法确定

17. 下列关于桩侧负摩阻力和中性点的论述中，哪一选项的说法是合理的？（　　）

(A)负摩阻力使桩基沉降量减小
(B)对于小桩距群桩，群桩效应使基桩上的负摩阻力大于单桩负摩阻力
(C)一般情况下，对端承桩基，可认为中性点以上的桩侧阻力近似为零
(D)中性点处的桩身轴力最大

18. 下列关于抗拔桩基的论述中，哪一选项的说法是正确的？（　　）

(A)相同地基条件下，桩抗拔时的侧阻力低于桩抗压时的侧阻力
(B)抗拔群桩呈整体破坏时的承载力高于呈非整体破坏时的承载力
(C)桩的抗拔承载力由桩侧阻力、桩端阻力和桩身重力组成
(D)钢筋混凝土抗拔桩的抗拔承载力与桩身材料强度无关

19. 柱下桩基承台由于主筋配筋不足最易发生下列选项中哪一类型的破坏？

（　　）

(A)冲切破坏　　(B)弯曲破坏
(C)剪切破坏　　(D)局部承压破坏

20. 下列密集预制群桩施工的打桩顺序中，哪一选项的流水作业顺序最不合理？

（　　）

(A) 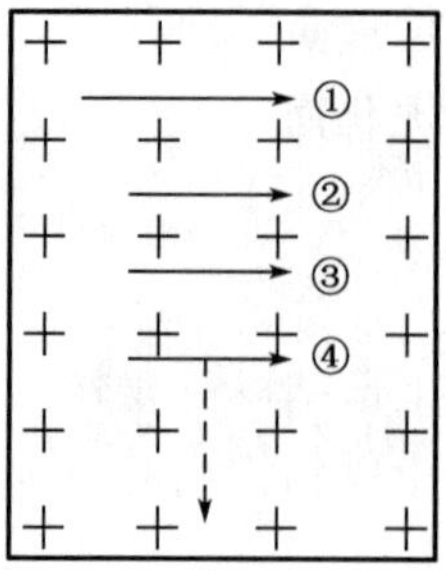

(B) 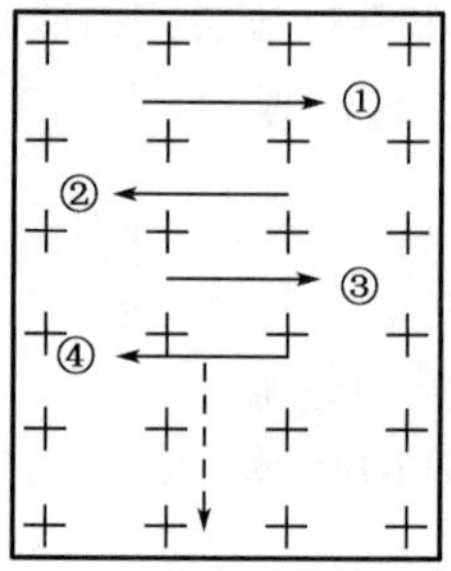

(C) 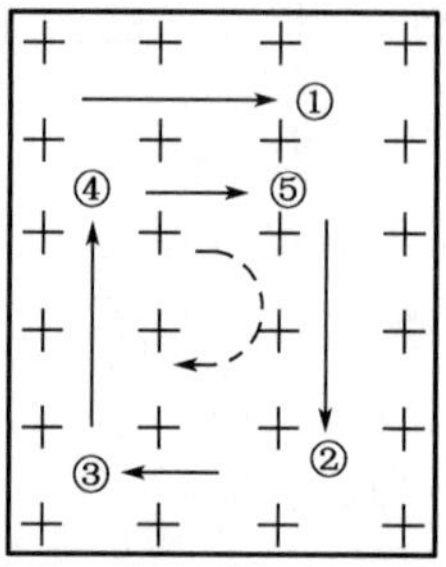

(D) 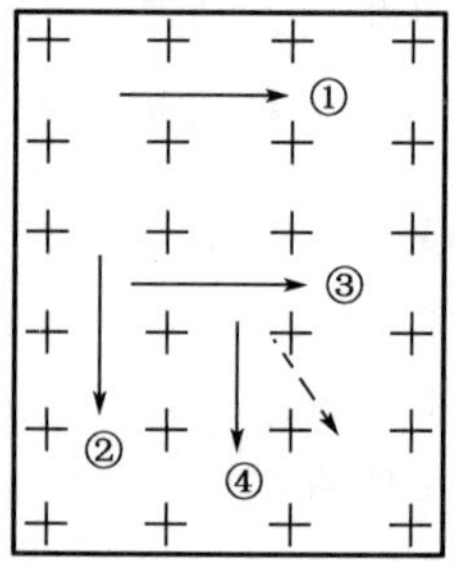

21. 根据《建筑桩基技术规范》(JGJ 94—2008)的规定,下列有关地震作用效应组合的计算,哪一选项是符合规范要求?　　(　　)

(A)轴心竖向力作用下 $\gamma_0 N \leqslant R$,偏心竖向力作用下 $\gamma_0 N_{max} \leqslant 1.2R$

(B)轴心竖向力作用下 $N \leqslant R$,偏心竖向力作用下 $N_{max} \leqslant 1.2R$

(C)轴心竖向力作用下 $N \leqslant 1.25R$,偏心竖向力作用下 $N_{max} \leqslant 1.5R$

(D)轴心竖向力作用下 $\gamma_0 N \leqslant 1.25R$,偏心竖向力作用下 $\gamma_0 N_{max} \leqslant 1.5R$

22. 采用强夯法加固某湿陷性黄土地基,根据《建筑地基处理技术规范》(JGJ 79—2012),单击夯击能取下列哪一选项中数值时,预估有效加固深度可以达到 6.5m?　　(　　)

(A)2500kN · m　　(B)3000kN · m

(C)3500kN · m　　(D)4000kN · m

23. 垫层施工应根据不同的换填材料选用相应的施工机械。下列哪个选项所选用的机械是不合适的?　　(　　)

(A)砂石采用平碾、羊足碾和蛙式夯

(B)粉煤灰采用平碾、振动碾和蛙式夯

(C)矿渣采用平碾和振动碾

(D)粉质黏土采用平碾、振动碾、羊足碾和蛙式夯

24. 在采用预压法处理软黏土地基时,为防止地基失稳需控制加载速率,指出下列哪一选项的叙述是错误的?　　(　　)

(A)在堆载预压过程中需要控制加载速率

(B)在真空预压过程中不需要控制抽真空速率

(C)在真空—堆载联合超载预压过程中需要控制加载速率

(D)在真空—堆载联合预压过程中不需要控制加载速率

25. 某油罐拟建在深厚均质软黏土地基上，原设计采用低强度桩复合地基，工后沉降控制值为12.0cm。现业主要求提高设计标准，工后沉降控制值改为8.0cm。修改设计时采用下列哪一选项的措施最为有效？（　）

(A)提高低强度桩复合地基置换率　　(B)提高低强度桩桩体的强度

(C)增加低强度桩的长度　　(D)增大低强度桩的桩径

26. 根据《建筑地基处理技术规范》(JGJ 79—2012)，碱液法加固地基的竣工验收应在加固施工完毕至少多少天后进行？（　）

(A)7　　(B)14

(C)28　　(D)90

27. 某道路地基剖面如图所示，其中淤泥层厚度为 h_1，淤泥层顶面至交工面回填土厚度为 h_2，交工面至路面的结构层荷载为 $P_{结}$，道路使用时车辆动荷载为 $P_{车}$，地下水位在淤泥层顶面处。采用压缩曲线法计算淤泥层最终竖向变形量时，下列哪一选项的压力段取值范围是正确的？（用 γ 和 γ' 分别表示土的重度和浮重度）（　）

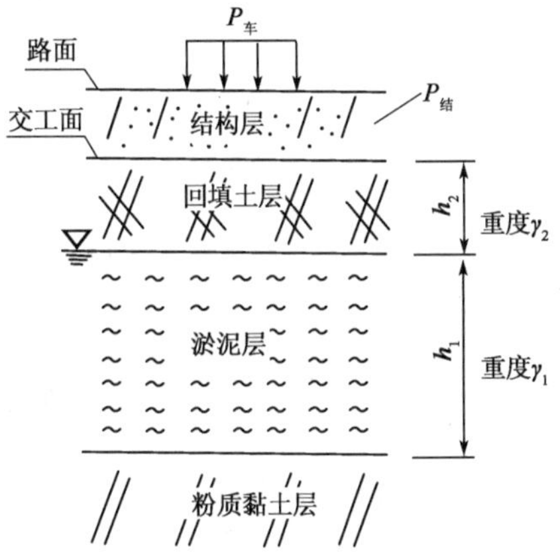

题27图

(A) $\gamma'_1 h_1 \sim \gamma'_1 h_1 + \gamma_2 h_2 + P_{结} + P_{车}$

(B) $\gamma'_1 h_1 \sim \gamma'_1 h_1 + \gamma_2 h_2 + P_{结}$

(C) $\frac{1}{2}\gamma'_1 h_1 \sim \frac{1}{2}\gamma'_1 h_1 + \gamma_2 h_2 + P_{结} + P_{车}$

(D) $\frac{1}{2}\gamma'_1 h_1 \sim \frac{1}{2}\gamma'_1 h_1 + \gamma_2 h_2 + P_{结}$

28. 大面积填土地基，填土层厚8～10m，填料以细颗粒黏性土为主，拟采用多遍强夯变单击夯击能的方法进行加固试验。关于夯点间距与夯击能的选择，以下哪个选项的说法较为合理？（　）

(A)夯点间距先大后小,夯击能也先大后小
(B)夯点间距先小后大,夯击能先大后小
(C)夯点间距先小后大,夯击能也先小后大
(D)夯点间距先大后小,夯击能先小后大

29. 采用梅娜(Menard)公式估算夯锤质量20t,落距13m的强夯处理地基的有效加固深度,修正系数为0.50。估算的强夯处理有效加固深度最接近于下列哪一数值? ( )

(A)6m (B)8m (C)10m (D)12m

30. 为增加土质路堤边坡的整体稳定性,采取以下选项中哪一种的效果是不明显的? ( )

(A)放缓边坡坡率 (B)提高填筑土体的压实度
(C)用土工格栅对边坡加筋 (D)坡面植草防护

31. 对于土质、软岩或强风化硬质岩的路堑边坡,采用圬工骨架加草皮防护与全封闭的浆砌片石护坡相比,以下选项中哪一种认识是不正确的? ( )

(A)有利于降低防护工程费用
(B)有利于抵御边坡岩土体的水平力
(C)有利于坡面生态环境的恢复
(D)有利于排泄边坡岩土体中的地下水

32. 软土地基上的填方路基设计时,最关注的沉降量是下列哪一选项? ( )

(A)工后沉降量 (B)最终沉降量
(C)瞬时沉降量 (D)固结沉降量

33. 采用瑞典圆弧法(简单条分法)分析边坡稳定性,计算得到的安全系数和实际边坡的安全系数相比,下列说法中哪一选项是正确的? ( )

(A)相等 (B)不相关 (C)偏大 (D)偏小

34. 高速公路填方路基对于填土压实度的要求,下面哪个选项的判断是正确的? ( )

(A)上路床≥下路床≥上路堤≥下路堤
(B)上路堤≥下路堤≥上路床≥下路床
(C)下路床≥上路床≥下路堤≥上路堤
(D)下路堤≥上路堤≥下路床≥上路床

35. 对于生活垃圾卫生填埋的黏土覆盖结构,自上而下布置,下列哪个选项是符合

《生活垃圾卫生填埋处理技术规范》(GB 50869—2013)要求的？（　　）

(A)植被层→防渗黏土层→砂砾石排水层→砂砾石排气层→垃圾层
(B)植被层→砂砾石排气层→防渗黏土层→砂砾石排水层→垃圾层
(C)植被层→砂砾石排水层→防渗黏土层→砂砾石排气层→垃圾层
(D)植被层→防渗黏土层→砂砾石排气层→砂砾石排水层→垃圾层

36.有一黏质粉土的堤防，上下游坡度都是1∶3。在防御高洪水水位时，比较上下游边坡的抗滑稳定性，下面哪个选项的说法是正确的？（　　）

(A)上游坡的稳定安全系数大
(B)下游坡的稳定安全系数大
(C)上下游坡的稳定安全系数相同
(D)上下游坡哪个稳定安全系数大取决于洪水作用的时间

37.在图示由同一种土组成的均匀土坡抗滑稳定分析中，如果静水位从坡脚上升到土坡的1/3高度，对于图示圆弧滑裂面，此时下面哪个选项的土层情况中，土坡抗滑稳定安全系数会有所提高？（　　）

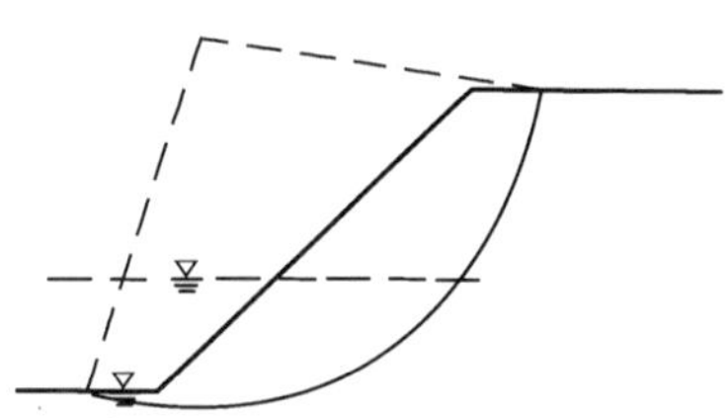

题37图

(A)风化形成的堆积土，$c=0$，$\varphi=35°$
(B)饱和软黏土，$c_u=25\text{kPa}$，$\varphi_u=0°$
(C)自重湿陷性黄土
(D)由稍低于最优含水量的黏质粉土碾压修建的填方土坡

38.按照现行《建筑桩基技术规范》(JGJ 94—2008)，端承灌注桩在灌注混凝土之前，孔底沉渣厚度最大不能超过下列哪个选项的限值？（　　）

(A)30mm　(B)50mm　(C)100mm　(D)300mm

39.下列选项中哪一类桩不适宜采用高应变法检测竖向抗压承载力？（　　）

(A)大直径扩底灌注桩
(B)桩径小于800mm的钢筋混凝土灌注桩
(C)静压预制桩
(D)打入式钢管桩

40. 某场地为饱和软黏土，设计采用静压预制桩基础方案，桩端持力层为饱和软黏土之下的砂层。按《建筑基桩检测技术规范》(JGJ 106—2014)采用载荷试验对基桩进行承载力验收检测时，基桩沉桩后至少要多少天才能进行检测？ ( )

(A)7 (B)14 (C)25 (D)35

二、多项选择题(共 30 题，每题 2 分。每题的备选项中有两个或三个符合题意，错选、少选、多选均不得分)

41. 关于膨胀土地基变形量的取值，下列哪些选项的说法是正确的？ ( )

(A)膨胀变形量，应取基础某点的最大膨胀上升量
(B)收缩变形量，应取基础某点的最小收缩下沉量
(C)胀缩变形量，应取基础某点的最大膨胀上升量和最小收缩下沉量之和
(D)变形差，应取相邻两基础的变形量之差

42. 下列选项中哪些岩石属于岩浆岩？ ( )

(A)伟晶岩 (B)正长岩
(C)火山角砾岩 (D)片麻岩

43. 根据《岩土工程勘察规范》(GB 50021—2001)(2009 年版)和《建筑地基基础设计规范》(GB 50007—2011)，下列哪些选项对于土的定名是不正确的？ ( )

(A)5%≤有机质含量 ω_u≤10%的土即定名为有机质土
(B)塑性指数等于或小于 10 的土即定名为粉土
(C)含水量大于液限，孔隙比大于或等于 1.0 的土即定名为淤泥
(D)粒径大于 0.075mm 的颗粒质量超过总质量 50%的土即定名为粉砂

44. 工程地质测绘中，对节理、裂隙的测量统计常用下列哪些选项来表示？ ( )

(A)玫瑰图 (B)极点图
(C)赤平投影图 (D)等密度图

45. 为判定砂土液化，下列关于标准贯入试验的操作技术中，哪些选项的要求是正确的？ ( )

(A)宜采用回转钻进成孔
(B)不宜采用泥浆护壁
(C)宜保持孔内水位高出地下水位一定高度
(D)宜快速在孔内下放钻具压住孔底

46. 下列关于渗透力的描述中哪些选项是正确的？ ( )

(A)渗透力是指土中水在渗流过程中对土骨架的作用力

(B)渗透力是一种单位面积上的作用力,其量纲和压强的量纲相同
(C)渗透力的大小和水力坡降成正比,其方向与渗流方向一致
(D)渗透力的存在对土体稳定总是不利的

47. 下列关于特殊条件下桩基设计的说法中,哪些选项是正确的? ( )

(A)为消除冻胀、膨胀深度范围内的胀切力影响,季节性冻土和膨胀土地基中的桩基桩端应进入冻深线或膨胀土的大气影响急剧层以下一定深度
(B)岩溶地区的桩基,宜采用钻、冲孔桩,岩层埋深较浅时,宜采用嵌岩桩
(C)非湿陷性黄土地基中的单桩极限承载力应按现场浸水载荷试验确定,或按饱和状态下的土性指标,根据经验公式估算
(D)在抗震设防区,为提高桩基对地震作用的水平抗力,可考虑采用加强刚性地坪和加大承台埋置深度的办法

48. 桩基承台下土阻力的发挥程度主要与下列哪些因素有关? ( )

(A)桩型　　(B)桩距
(C)承台下土性　　(D)承台混凝土强度等级

49. 下列哪些选项的措施能有效地提高桩的水平承载力? ( )

(A)加固桩端以下 2～3 倍桩径范围内的土体
(B)加大桩径
(C)桩顶从铰接变为固接
(D)提高桩身配筋率

50. 下列对采用泥浆护壁法进行灌注桩施工中常见质量问题的产生原因进行的分析,哪些选项的分析是正确的? ( )

(A)缩径可能出现在流砂松散层中
(B)坍孔可能是由于泥浆比重过小
(C)断桩可能是由于导管拔出混凝土面
(D)沉渣偏厚可能是由于泥浆含砂量过高

51. 下列关于不同桩型特点的说明中,哪些选项是完全正确的? ( )

(A)预制钢筋混凝土桩的桩身质量易于保证和检查,施工工效高,且易于穿透坚硬地层
(B)非挤土灌注桩适应地层范围广,桩长可以随持力层起伏而改变,水下灌注时,孔底沉积物不易清除
(C)钢桩抗冲击能力和穿透硬土层能力强,截面小,打桩时挤土量小,对桩周土体扰动少
(D)沉管灌注桩施工设备简单,施工方便,桩身质量易于控制,但振动、噪声大

52. 下列关于沉井设计计算的说法中，哪些选项是正确的？ （ ）

(A)沉井的平面形状及尺寸应根据墩台底面尺寸和地基承载力确定；井孔的布置和大小应满足取土机具所需净空和除土范围的要求
(B)沉井下沉过程中，当刃脚不挖土时，应验算刃脚向内的弯曲强度
(C)当沉井沉至设计高程，刃脚下的土已掏空时，应验算刃脚向外的弯曲强度
(D)采用泥浆润滑套下沉的沉井，井壁外侧压力应按泥浆压力计算

53. 抗压端承摩擦桩的桩顶沉降量是由下列哪些选项所组成的？ （ ）

(A)桩本身的弹性压缩量
(B)由桩侧摩阻力向下传递，引起的桩端下土体压缩所产生的桩端沉降
(C)由于桩端荷载引起桩端下土体压缩所产生的桩端沉降
(D)桩长范围内桩间土的压缩量

54. 在下列关于采用砂井预压法处理软黏土地基的说法中，哪些选项是正确的？ （ ）

(A)在软黏土层不是很厚时，砂井宜打穿整个软黏土层
(B)在软黏土层下有承压水层时，不能采用砂井预压法处理
(C)在软黏土层下有承压水层时，砂井不能打穿整个软黏土层
(D)在软黏土层下有砂层时，砂井宜打穿整个软黏土层

55. 在确定强夯法处理地基的夯点夯击次数时，应考虑下列哪些因素？ （ ）

(A)土中超孔隙水压力的消散时间
(B)最后两击的平均夯沉量
(C)夯坑周围地面的隆起程度
(D)夯击形成的夯坑深度

56. 某地基完成振冲碎石桩加固后，在桩顶和基础间铺设一定厚度的碎石垫层，下列哪些选项是铺设垫层的工程作用？ （ ）

(A)可起水平排水通道作用
(B)可使桩间土分担更多荷载
(C)可增加桩土应力比
(D)可提高复合地基承载力

57. 采用搅拌桩加固软土地基时，软土的下列物理性质参数中，哪些选项对搅拌桩质量有比较明显的影响？ （ ）

(A)含水量 (B)渗透系数
(C)有机质含量 (D)塑性指数

58. 对含水量高、透水性能较差的黏性土进行强夯法加固时，以下哪些措施有益于提高加固效果？（　）

(A)增加夯点击数
(B)增加两遍夯击之间的间隔时间
(C)设置排水井
(D)增大夯点间距

59. 采用预压法加固软土地基时，以下哪些试验方法适宜该地基土的加固效果检验？（　）

(A)动力触探
(B)原位十字板剪切试验
(C)标准贯入
(D)静力触探

60. 某高速公路穿过海滨鱼塘区，表层淤泥厚 11.0m，天然含水量 $\omega=79.6\%$，孔隙比 $e=2.21$，下卧冲洪积粉质黏土和中粗砂层。由于工期紧迫，拟采用复合地基方案。以下哪些方法不适用于该场地？（　）

(A)水泥土搅拌桩复合地基
(B)夯实水泥土桩复合地基
(C)砂石桩复合地基
(D)预应力管桩加土工格栅复合地基

61. 有一墙背光滑、垂直，填土内无地下水，表面水平，无地面荷载的挡土墙，墙后为两层不同的填土，计算得到的主动土压力强度分布为两段平行的直线。如图所示，下列哪些选项的判断是与之相应的？（　）

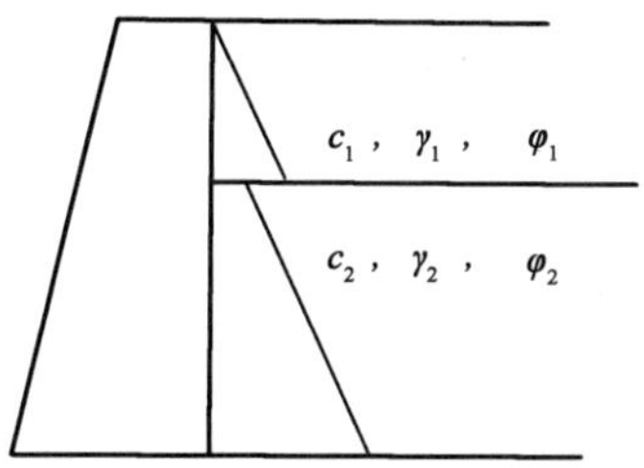

题 61 图

(A) $c_1=0, c_2>0, \gamma_1=\gamma_2, \varphi_1=\varphi_2$
(B) $c_1=0, c_2>0, \gamma_1<\gamma_2, \varphi_1>\varphi_2$
(C) $c_1=c_2=0, \gamma_1<\gamma_2, \varphi_1<\varphi_2$
(D) $c_1=c_2=0, \gamma_1>\gamma_2, \varphi_1<\varphi_2$

62. 对永久性工程采用钻孔灌注锚杆加固，其锚固段不宜设置在下列哪些土层中？（　）

(A)含有潜水的砂砾石层
(B)淤泥土层
(C)可塑到硬塑的一般黏土层
(D)含有高承压水的细砂层

63. 某土石坝采用渗透系数为 3×10^{-8} cm/s 的黏土填筑心墙防渗体。该坝运行多年以后，当水库水位骤降，对坝体上游坡进行稳定分析时，心墙土料可采用下列哪些选项的强度指标？ ( )

(A)三轴固结不排水试验强度指标

(B)三轴不固结不排水试验强度指标

(C)直剪试验的快剪强度指标

(D)直剪试验的固结快剪强度指标

64. 对于公路和铁路的加筋挡土墙，下列哪些选项中的土工合成材料可以作为加筋材料？ ( )

(A)单向土工格栅　　(B)土工带

(C)土工网　　(D)针刺无纺织物

65. 在软弱地基上修建的土质路堤，用下列哪些选项的工程措施可加强软土地基的稳定性？ ( )

(A)在路堤坡脚增设反压护道　　(B)增加填筑体的密实度

(C)对软弱地基进行加固处理　　(D)在路堤坡脚增设抗滑桩

66. 采用排桩式围护结构的基坑，土层为含潜水的细砂层。原方案为排桩加止水帷幕，采用坑内集水明排，断面如图所示。现拟改为坑外降水井方案，降水深度在坑底0.5m以下。下列哪些选项符合降水方案改变后条件的变化？ ( )

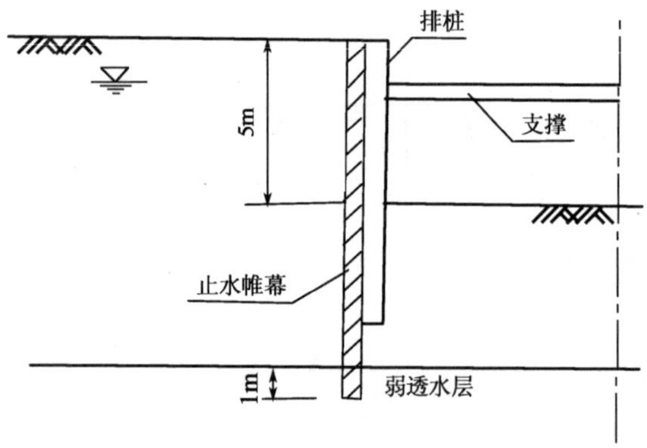

题 66 图

(A)可适当减小排桩的桩径

(B)可适当减小排桩的插入深度

(C)可取消止水帷幕

(D)在设计时需计算支护结构上的水压力

67. 关于测定黄土湿陷起始压力的试验，下列哪些选项的说法是正确的？（　　）

(A)室内试验环刀面积不应小于 5000mm^2

(B)与单线法相比，双线法试验的物理意义更明确，故试验结果更接近实际

(C)室内压缩试验和现场载荷试验分级加荷稳定标准均为每小时下沉量不大于 0.01mm

(D)室内压缩试验 $p\text{-}\delta_s$ 曲线上湿陷系数为 0.015 所对应的压力即为湿陷起始压力值

68. 某铁路拟以桥的方式跨越泥石流，下列桥位选择原则中哪些选项是合理的？（　　）

(A)桥位应选在沟床纵坡由陡变缓地段

(B)不应在泥石流发展强烈的形成区设桥

(C)桥位应选在沟床固定、主流较稳定顺直，并宜与主流正交处

(D)跨越泥石流通过区时，桥位应选在通过区的直线段

69. 下列选项中，哪几种方法可用于碎石桩的质量检测？（　　）

(A)动力触探试验　(B)旁压试验

(C)载荷试验　(D)静力触探试验

70. 依据《建筑基桩检测技术规范》(JGJ 106—2014)，低应变法适用于检测混凝土桩的下列哪些选项的内容？（　　）

(A)桩身完整性　(B)桩身混凝土强度

(C)桩的竖向承载力　(D)桩身的缺陷位置

2007年专业知识试题答案(上午卷)

1.[答案] A

[依据]《铁路工程地质勘察规范》(TB 10012—2007)第7.1.1条。

2.[答案] B

[依据]《岩土工程勘察规范》(GB 50021—2001)(2009年版)表3.2.2-2,完整性指数 $K_V=\frac{V_m^2}{V_R^2}=\frac{3600^2}{4500^2}=0.64$,为较完整。

3.[答案] C

[依据] 高岭石颗粒较粗,不容易吸水膨胀,失水收缩,亲水能力差;蒙脱石颗粒细微,具有显著的吸水膨胀、失水收缩的特性,亲水能力强;伊利石颗粒联结强度弱于高岭石而高于蒙脱石,其亲水性也介于两者之间。具体见下表。

三类黏土矿物的特性　　题3解表

特征指标	高岭石		伊利石		蒙脱石	
比表面积(m^2/g)	10～20	小	80～100	中	800	大
液限	30～110	小	60～120	中	100～900	大
塑限	25～40	小	35～60	中	50～100	大
渗透性	$<10^{-5}$cm/s	大	中		$<10^{-10}$cm/s	小
胀缩性	小		中		大	
强度	大		中		小	
压缩性	小		中		大	
活动性	小		中		大	
亲水性	弱		中		强	

4.[答案] B

[依据]《岩土工程勘察规范》(GB 50021—2001)(2009年版)第2.1.8条,RQD=(12+11+13+15+19)/100=70%。

5.[答案] A

[依据]《建筑工程地质勘探与取样技术规程》(JGJ/T 87—2012)第4.0.1条、第5.2.3条、第11.0.3条。

6.[答案] C

[依据]《建筑工程地质勘探与取样技术规程》(JGJ/T 87—2012)表5.2.2。

7.[答案] B

［依据］《建筑工程地质勘探与取样技术规程》(JGJ/T 87—2012)附录 C。

8.［答案］A

［依据］《土工试验方法标准》(GB/T 50123—2019)第 9.2.4 条条文说明。

9.［答案］A

［依据］从下面的不同压实功能的击实曲线图易知，A 选项正确。

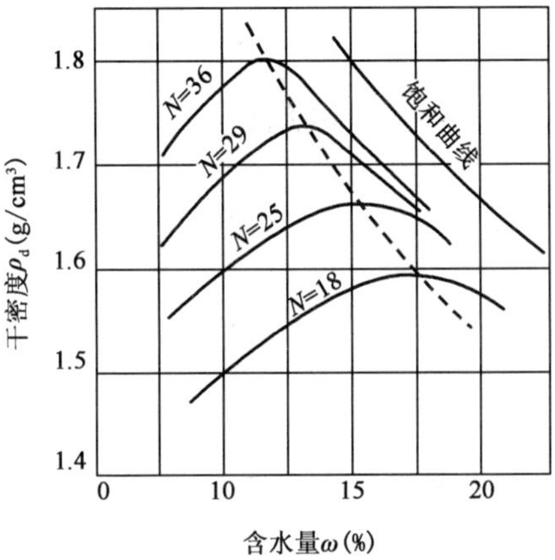

题 9 解图

10.［答案］C

［依据］《岩土工程勘察规范》(GB 50021—2001)(2009 年版)表 6.6.2。

11.［答案］C

［依据］《岩土工程勘察规范》(GB 50021—2001)(2009 年版)表 10.5.2。

12.［答案］B

［依据］《水运工程岩土勘察规范》(JTS 133－2013)第 14.4.3.3 条第 7 款，静力触探试验点与最近的已有其他勘探点的间距不小于已有勘探点孔径的 25 倍，且不小于 2m。$0.075\times25=1.875\text{m}<2\text{m}$，取 2m。

13.［答案］D

［依据］一般而言，岩体结构面强度从大到小依次为：粗糙破裂面＞层理面＞泥质胶结结构面＞泥化面。

14.［答案］C

［依据］《建筑桩基技术规范》(JGJ 94—2008)第 3.3.3 条。

15.［答案］D

［依据］无负摩阻力场地，正摩阻力抵消了桩荷载，其轴力逐渐递减，由于轴力在顶端最大，同等情况下，其压缩变形也最大，即压缩变形随深度递减。桩的轴向力、位移与桩侧摩阻力沿深度分布如题 15 解图(桩的轴向力、位移与桩侧摩阻力沿深度分布图)所示。

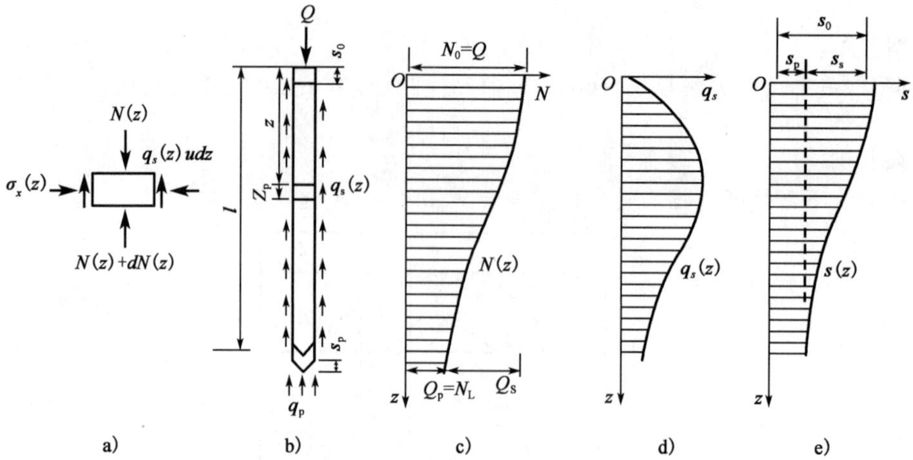

题 15 解图

16.[**答案**] B

[**依据**] 桩间距为 $4d$,应考虑群桩效应。因桩端应力的叠加效应,桩端处的压力要比单桩时增大很多,群桩的沉降量变大。

17.[**答案**] D

[**依据**] 中线点处,既无正摩阻,也无负摩阻,桩土没有相对位移,此处的轴力最大,中性点以下轴力渐小。中性点以上应考虑负摩阻力的下拉力,对于端承桩因其持力层坚硬,中性点深度大,应考虑更深范围的摩阻力。群桩基础的包围面积除以桩数小于单桩的桩周面积,因此,其负摩阻力应小于单桩。

18.[**答案**] A

[**依据**] 相同地基条件下,桩抗压时的侧阻力要大于其抗拔时的侧阻力。抗拔群桩呈整体破坏时的承载力与呈非整体破坏时的承载力大小不确定,因此都需要进行验算。桩的抗拔承载力由桩侧阻力和桩身重力组成,不考虑桩端阻力,桩端阻力不参与计算。

19.[**答案**] B

[**依据**] 承台验算主要内容:弯矩验算承台底面的主筋配置,冲切和剪切可验算承台高度,剪切验算斜剪切面强度。柱下桩基承台由于主筋配筋不足最易发生弯曲破坏。

20.[**答案**] C

[**依据**] 根据《建筑桩基技术规范》(JGJ 94—2008)第 7.4.4 条,打桩顺序应符合:①自中间向两个方向或四周对称施打;②由一处向另一方向施打。显见,C 不合理。

21.[**答案**] C

［依据］《建筑桩基技术规范》(JGJ 94—2008)第 5.2.1 条第 2 款。

22.［答案］D

［依据］《建筑地基处理技术规范》(JGJ 79—2012)表 6.3.3-1。

23.［答案］A

［依据］《建筑地基处理技术规范》(JGJ 79—2012)第 4.3.1 条。

24.［答案］D

［依据］《建筑地基处理技术规范》(JGJ 79—2012)条文说明第 5.3.9 条。堆载预压时需要控制加载速率，以防止地基发生剪切破坏或产生过大的塑性变形。而抽真空预压则无须考虑此问题。但在联合预压过程中，由于上部有堆载，仍应控制加载速率。

25.［答案］C

［依据］增加桩长是最经济有效的方法。

26.［答案］C

［依据］《建筑地基处理技术规范》(JGJ 79—2012)第 8.4.3 条条文说明。

27.［答案］D

［依据］软土变形沉降应采用中点深度处的有效应力计算，故选项 A、B 错误。路基设计中变形沉降量和边坡稳定性分析时应考虑路基填土荷载、路面结构层荷载、车辆荷载、沉降变形后应多填的填土荷载等，其中车辆荷载应考虑静荷载，不考虑动荷载的影响，故不考虑 $P_{车}$，应选 D。

28.［答案］A

［依据］《建筑地基处理技术规范》(JGJ 79—2012)第 6.3.3 条第 3 款、第 5 款及条文说明。对于渗透性较差的黏性土，夯击点间距应先大后小，夯击能应先大后小，最后可低能量满夯，锤印搭接。

29.［答案］B

［依据］根据《建筑地基处理技术规范》(JGJ 79—2012)第 6.3.3 条条文说明。$H=\alpha\sqrt{Mh}=0.50\times\sqrt{20\times13}=8.06\text{m}$。

30.［答案］D

［依据］植草护坡主要用于坡面冲刷防护，与其他三项工程措施相比，效果最不明显。

31.［答案］B

［依据］圬工骨架加草皮防护可以有效降低防护工程费用，且利于地下水的排泄，恢复生态。

32.[答案] A

[依据] 软基上的填方路基沉降控制主要是工后沉降。

33.[答案] D

[依据] 瑞典法不考虑条间作用力,其计算得到的安全系数偏保守(偏小)。一般而言,条间力考虑的越多,计算安全系数越接近于实际。

34.[答案] A

[依据]《公路路基设计规范》(JTG D30—2015)表3.2.3、表3.3.4,上路床、下路床均为≥0.96,上路堤为≥0.94,下路堤为≥0.93,A正确。

35.[答案] C

[依据]《生活垃圾卫生填埋处理技术规范》(GB 50869—2013)图13.2.3。

36.[答案] A

[依据] 主要考察渗透力的方向。高洪水水位时,上游坡渗透力指向坝内,其稳定性增加;下游坡渗透力指向坝外(下游),稳定性降低。故上游坡的稳定性系数高。

37.[答案] B

[依据] 饱和软黏土,$\varphi_u=0°$,此时边坡稳定仅与黏聚力 c_u 有关,其水位提高时,抗滑力增大,安全系数提高。

38.[答案] B

[依据]《建筑桩基技术规范》(JGJ 94—2008)第6.3.9条。

39.[答案] A

[依据]《建筑基桩检测技术规范》(JGJ 106—2014)第9.1.1条及条文说明。

40.[答案] C

[依据]《建筑基桩检测技术规范》(JGJ 106—2014)表3.2.5。

41.[答案] AD

[依据]《膨胀土地区建筑技术规范》(GB 50112—2013)第5.2.15条。

42.[答案] AB

[依据] 伟晶岩是一种浅成岩,但常见于深成岩的体内或周围,常呈带状或块状构造,正长岩属于深成岩的一种,火山角砾岩属于沉积岩中的碎屑岩,片麻岩属于区域变质岩的一种。

43.[答案] BCD

[依据]《岩土工程勘察规范》(GB 50021—2001)(2009年版)附录A.0.5、《建筑地

基基础设计规范》(GB 50007—2011)第 4.1.11～4.1.13 条。

44.**[答案]** ABD

[依据] 节理、裂隙常用的统计方法有节理玫瑰图、极点图和等密度图，而赤平投影图常应用于：①结构面的产状；②已知两个相交结构面的产状，可以求其组合交线的倾向、倾角和两结构面的夹角；③真假倾角的换算；④断层两盘相对运动方向及断层性质的判定；⑤结构面应力场分析；⑥岩质边坡结构面的稳定性分析(包括滑动方向的分析、滑动可能性的分析)；⑦矿层厚度的计算和断层视倾角的换算等。

45.**[答案]** AC

[依据]《岩土工程勘察规范》(GB 50021—2001)(2009 年版)第 10.5.3 条及条文说明。

46.**[答案]** AC

[依据] 渗透水流对土骨架产生的拖拽力称为渗流力，又称为渗透力、动水压力，渗透力是一种体积力，量纲与 γ_w 相同，为 kN/m^3，渗透力的大小与水力梯度成正比，其作用方向与流线方向(渗流方向)一致，流网中各处的渗流力大小和方向均不相同，等式线越密集，水力坡降大，渗流力大，渗流方向与土体重力方向一致，渗流力对土骨架起渗流压密作用，对土体稳定有利，渗流方向与土体重力方向相反，渗流力对土体起托浮作用，对稳定十分不利。

47.**[答案]** ABD

[依据]《建筑桩基技术规范》(JGJ 94—2008)第 3.4.3 条、第 3.4.4 条、第 3.4.6 条，《湿陷性黄土地区建筑规范》(GB 50025—2004)第 5.7.4 条。

48.**[答案]** ABC

[依据]《建筑桩基技术规范》(JGJ 94—2008)第 5.2.5 条及条文说明。摩擦型群桩在竖向荷载作用下，由于桩土产生相对位移，桩间土对承台产生一定的竖向抗力，即土的阻力，这种效应称为承台效应，承台土的抗力主要影响因素有：①桩型；②桩间距，桩距越大，土反力越大；③随承台宽度和桩长之比减小而减小；④承台土抗力随区位和桩的排列变化；⑤随荷载变化；⑥承台下地基土类别，软大，硬小。

49.**[答案]** BCD

[依据]《建筑桩基技术规范》(JGJ 94—2008)第 5.7.3 条及条文说明。增加桩径，使截面模量 W_0 增大，EI 增大，刚度随桩径增大而增大，是提高桩体刚度和水平承载力的最有效措施。提高桩身配筋率，提高桩体刚度和水平承载力。加固桩端下 2～3 倍桩径范围内的土体不能提高单桩水平承载力，加固桩顶以下 2～3 倍桩径范围内的土体使承台侧面土体 m 增大，可以提高水平承载力。桩与承台固结，约束桩顶自由度使 v_x 减小，可以提高单桩水平承载力。

50.**[答案]** BCD

[依据]《建筑桩基技术规范应用手册(JGJ 94—2008)》第 9.6.2 条第 369 页，见下表。

泥浆护壁灌注桩施工常见问题　　题 50 解表

常见问题	主要原因	处理方法
断桩	灌注时导管提升过高，导管底部脱离混凝土层	导管提升均匀平稳，慢慢提升
	灌注质量差	尊重操作规程，连续作业
夹泥	导管埋入深度不够，混入泥浆	重新确定埋管深度
	孔壁坍落物夹入混凝土	停止灌注，清理坍落物
缩颈	地层承压水对桩周混凝土侵蚀	护筒止水，位置浅，开挖补救，位置深且缩颈严重，考虑补桩
	由于泥浆比重低，成孔发生缩颈，发生在流塑状淤泥、软土中（膨胀岩体）	调整泥浆相对密度
混凝土离析	混凝土配合比不合理	选择合理级配
	混凝土搅拌不均匀	严格检查，按规定拌和
坍孔	孔隙水压力偏大，泥浆比重小	调整泥浆相对密度
沉渣偏厚	泥浆含砂率大	

51.【答案】BC

【依据】《建筑桩基技术规范（JGJ 94—2008）应用手册》第九章。沉管灌注桩优点：操作简单，施工方便，速度快，工期短，造价低；缺点：振动大，噪声高，桩径小，承载力不高，由于挤土效应成桩质量不稳定，出现 断桩、缩颈、桩土上涌。灌注桩质量好，低噪声，低振动，对环境影响小，直径可调范围大，桩长可根据地层起伏调节，施工工艺复杂，质量控制环节多，施工过程长。预制桩质量好，易控制，施工效率高，但对硬层穿透能力弱；钢桩刚度大，穿透能力强，截面小，挤土小，对桩周土扰动小。

52.【答案】AD

【依据】《公路桥涵地基与基础设计规范》（JTG 3363—2019）第 7.2.1 条，A 基本正确；第 7.3.2 条第 2 款及工程经验，D 正确；附录 Q.0.2 条，B 错误；附录 Q.0.3 条第 1 款，C 错误。

53.【答案】ABC

【依据】《建筑桩基技术规范》（JGJ 94—2008）第 5.6.2 条及条文说明。桩的沉降包括桩身的压缩变形，桩端平面以下土的压缩和塑性变形。

54.【答案】AD

【依据】《地基处理手册》（第三版）第 77 页，预压固结中，排水体深度应符合如下要求：砂井深度应超过最危险滑动面 2m；压缩层厚度不大时，砂井深度应贯穿压缩层；若压缩层较厚时，但其中夹透镜体或砂层时，应打至砂层或透镜体；若压缩层厚又无透水层时，可根据预压变形量确定，竖井宜打穿受压土层。当砂层中存在承压水时，将对黏性土的固结和强度增长不利，宜将砂井打到砂层，利用砂井加速承压水的消散。

55.【答案】BCD

【依据】《建筑地基处理技术规范》（JGJ 79—2012）第 6.3.3 条第 2 款。

56.【答案】ABD

【依据】《建筑地基处理技术规范》(JGJ 79—2012)第7.2.2条条文说明第7款。垫层起到水平排水、加速固结的作用;减小桩土应力比;使桩间土分担更多荷载;对独立基础起到应力扩散,降低桩体竖向应力,减少桩体侧向变形,提高承载力,减少地基变形量;对于砂土地基,排水不是主要作用。

57.【答案】ACD

【依据】《建筑地基处理技术规范》(JGJ 79—2012)第7.3.1条。

58.【答案】BC

【依据】《建筑地基处理技术规范》(JGJ 79—2012)第6.3.3条及条文说明。对于饱和度较高的黏性土,随着夯击次数的增加,土的孔隙体积因压缩而逐渐减小,但这类土的渗透性较差,故孔隙水压力将逐渐增长,并促使夯坑下的地基土产生较大的侧向挤出,而引起夯坑周围地面的明显隆起,此时若继续夯击,并不能得到有效加固。适当增大夯点间距可以提高细粒土的加固效果。增加夯击遍数和设排水井可以很好地消散孔隙水压力,有利于土体的固结,即有利于提高加固效果。

59.【答案】BD

【依据】《建筑地基处理技术规范》(JGJ 79—2012)第5.4.3条。

60.【答案】BC

【依据】《建筑地基处理技术规范》(JGJ 79—2012)第7.6.1条。夯实水泥土桩适用于处理地下水位以上的粉土、黏性土、素填土、杂填土,处理深度不宜大于15m。第7.2.1条,对变形控制不严格时,可以采用砂石桩处理,而高速公路需要严格控制工后沉降量,不适用。水泥土搅拌桩在地基土含水量高时应加入掺合剂减水,以保证达到预期效果。预应力管桩上的填土采用土工格栅复合地基,有利于扩散应力,控制整体的均匀沉降等。

61.【答案】AC

【依据】一层土压力分布过墙顶,无黏聚力,$c_1=0$,当$c_2=0$时,界面处土压力强度$e_{a上}>e_{a下}$,则$K_{a1}>K_{a2}$,$\varphi_1<\varphi_2$,一层土的斜率等于二层土的斜率,$K_{a1}\gamma_1=K_{a2}\gamma_2$,则$\gamma_1<\gamma_2$;当$c_2>0$时,$e_{a上}=\gamma_1 h_1 K_{a1}>e_{a下}=\gamma_1 h_1 K_{a2}-2c_2\sqrt{K_{a2}}$,则当$K_{a1}=K_{a2}$,$\varphi_1=\varphi_2$;二者的斜率相同,$K_{a1}\gamma_1=K_{a2}\gamma_2$,$\gamma_1=\gamma_2$。

62.【答案】BD

【依据】《建筑边坡工程技术规范》(GB 50330—2013)第8.1.4条。承压水地段锚杆无法施工。

63.【答案】AD

【依据】《碾压式土石坝设计规范》(DL/T 5395—2007)附录E表E.1。

64.【答案】AB

【依据】《土工合成材料应用技术规范》(GB/T 50290—2014)第7.1.2条。

65.【答案】ACD

［依据］软弱地基上的路堤边坡稳定是由软土的抗剪强度决定的，因此应考虑增加其抗滑阻力和减小下滑力即可。反压互道相当于增大了抗滑段的重力，有利于稳定。增加填筑密实度，同样体积的填筑体，重力增大，不利稳定。软弱地基加固和增设抗滑桩相当于增加抗剪强度，增加抗滑阻力，有利于稳定。

66.［答案］ABC

［依据］水位降低至坑底0.5m时，水压力为零，不需计算水压力，水土总压力减小，支护结构受力减小，其插入深度和桩径可适当减小，且坑外降水后，水位位于坑底以下，不再影响基坑，可以取消止水帷幕。

67.［答案］AD

［依据］《湿陷性黄土地区建筑标准》(GB 50025—2018)第4.3.1条第2款、第4.3.4条条文说明、第4.3.6条、第4.4.5条。

68.［答案］BCD

［依据］《铁路工程不良地质勘察规程》(TB 10027—2012)第7.2.1条、第7.2.5条。

69.［答案］AC

［依据］《建筑地基处理技术规范》(JGJ 79—2012)第7.2.5条第3款、第7.2.6条。

70.［答案］AD

［依据］《建筑基桩检测技术规范》(JGJ 106—2014)第8.1.1条。

2007 年专业知识试题(下午卷)

一、单项选择题(共 40 题,每题 1 分。每题的备选项中只有一个最符合题意)

1. 根据《建筑结构荷载规范》(GB 50009—2012),关于荷载设计值的下列叙述中,哪一选项是正确的? ( )

(A)定值设计中用以验算极限状态所采用的荷载量值
(B)设计基准期内最大荷载统计分布的特征值
(C)荷载代表值与荷载分项系数的乘积
(D)设计基准期内,其超越的总时间为规定的较小比率或超越频率为规定频率的荷载值

2. 根据《建筑地基基础设计规范》(GB 50007—2011),下列几种论述中,哪个选项是计算地基变形时所采用的荷载效应准永久组合? ( )

(A)包括永久荷载标准值,不计风荷载、地震作用和可变荷载
(B)包括永久荷载标准值和可变荷载的准永久值,不计风荷载和地震作用
(C)包括永久荷载和可变荷载的标准值,不计风荷载和地震作用
(D)只包括可变荷载的准永久值,不计风荷载和地震作用

3. 根据《建筑地基基础设计规范》(GB 50007—2011),按地基承载力确定基础底面积及埋深或按单桩承载力确定桩数时,传至基础或承台底面上的荷载效应应采用下列哪种组合? ( )

(A)正常使用极限状态下荷载效应的标准组合
(B)正常使用极限状态下荷载效应的准永久组合
(C)承载能力极限状态下荷载效应的基本组合
(D)承载能力极限状态下荷载效应的基本组合,但分项系数均为 1.0

4. 关于土的压缩性指标,下列哪个选项表示的量纲是错误的? ( )

(A)压缩指数 C_c(MPa^{-1}) (B)体积压缩系数 m_v(MPa^{-1})
(C)压缩系数 α(MPa^{-1}) (D)压缩模量 E_s(MPa)

5. 对于下述四种不同的钢筋混凝土基础形式:Ⅰ. 筏形基础;Ⅱ. 箱形基础;Ⅲ. 柱下条形基础;Ⅳ. 十字交叉基础,要求按基础的抗弯刚度由大到小依次排列。下列哪一选项的排列顺序是正确的? ( )

(A)Ⅰ、Ⅱ、Ⅲ、Ⅳ (B)Ⅱ、Ⅳ、Ⅰ、Ⅲ
(C)Ⅱ、Ⅰ、Ⅳ、Ⅲ (D)Ⅰ、Ⅳ、Ⅱ、Ⅲ

6. 下列哪一个选项是《建筑地基基础设计规范》(GB 50007—2011)中根据土的抗剪强度指标确定地基承载力特征值计算公式的适用条件? (　　)

(A)基础底面与地基土之间的零压力区面积不应超过基础底面积的 5%
(B)基础底面最小边缘压力等于零
(C)偏心距小于 0.33 倍基础宽度
(D)偏心距小于 0.033 倍基础宽度

7.《建筑地基基础设计规范》(GB 50007—2011)中规定了岩石地基承载力特征值的确定方法。下列哪个选项是不符合规范规定的? (　　)

(A)岩基载荷试验
(B)饱和单轴抗压强度的特征值乘以折减系数
(C)饱和单轴抗压强度的标准值乘以折减系数
(D)对黏土质岩可采用天然湿度试样的单轴抗压强度

8. 在软土地基上快速加载的施工条件下,用圆弧滑动 $\varphi=0$ 法(整体圆弧法)验算加载结束时地基的稳定性时,应该用下列哪个选项的地基土强度的计算参数? (　　)

(A)直剪试验的固结快剪试验参数
(B)三轴试验的固结不排水剪试验参数
(C)三轴试验的不固结不排水剪试验参数
(D)三轴试验的固结排水剪试验参数

9. 根据《建筑地基基础设计规范》(GB 50007—2011),用角点法叠加应力计算路堤中心线下的附加应力。对图示的路堤梯形荷载分布,可分解为三角形分布荷载和矩形分布荷载,分别查附加应力系数。下列哪个选项的叠加方法是正确的? (　　)

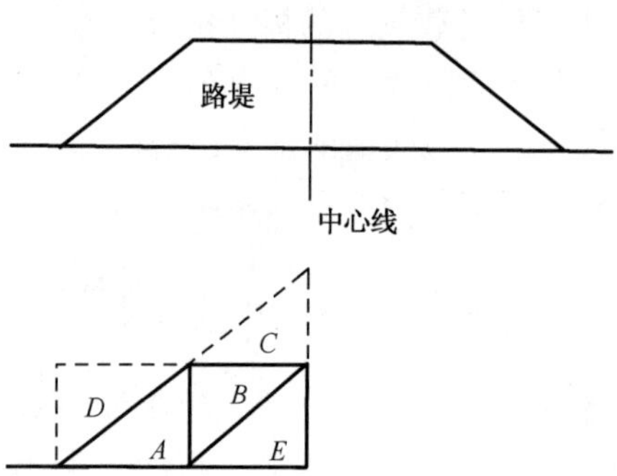

题 9 图

(A)三角形 A+矩形$(B+E)$
(B)三角形$(A+B+E+C)$-三角形 C
(C)矩形$(D+A+B+E)$-三角形 D
(D)矩形$(D+A+B+E)$-三角形 E

10. 在其他条件不变的情况下，下列选项中哪一种因素对土钉墙支护的基坑稳定性影响最大？（　　）

(A)侧壁土体的容重
(B)基坑的平面尺寸
(C)侧壁土体由于附近管线漏水而饱和
(D)基坑侧壁的安全等级

11. 下图所示的为在均匀黏土地基中采用明挖施工、平面上为弯段的某地铁线路。采用分段开槽、浇注的地下连续墙加内支撑支护，没有设置连续的横向腰梁。结果开挖到接近设计坑底标高时支护结构破坏，基坑失事。在按平面应变条件设计的情况下，请判断下列选项中哪一种情况最可能发生？（　　）

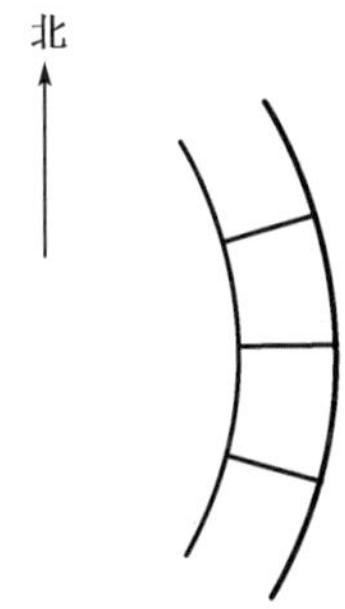

题 11 图

(A)东侧连续墙先破坏　　(B)西侧连续墙先破坏
(C)两侧发生相同的位移，同时破坏　　(D)无法判断

12. 由两层锚杆锚固的排桩基坑支护结构，在其截面承载力验算时，各锚杆和桩的内力应当满足下列哪一选项的要求？（　　）

(A)基坑开挖到设计基底时的内力
(B)开挖到第二层锚杆时的内力
(C)在基坑施工过程中各工况的最大内力
(D)张拉第二层锚杆时的内力

13. 新奥法的基本原理是建立在下列哪一选项假定的基础上？（　　）

(A)支护结构是承载的主体　　(B)围岩是载荷的来源
(C)围岩是支护结构的弹性支撑　　(D)围岩与支护结构共同作用

14. 洞室顶拱部位有如图所示的被裂隙围限的四个区，请指出下列选项中哪一个区有可能是不稳定楔形体区？（　　）

(A)①　　(B)②　　(C)③　　(D)④

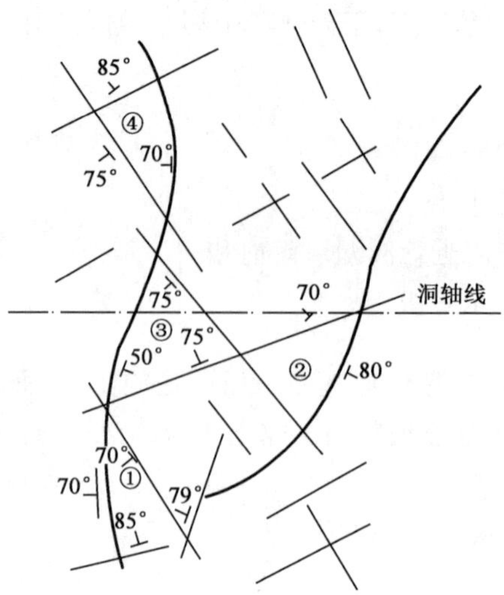

题 14 图

15. 在地下洞室围岩稳定类型分类中,需进行结构面状态调查。下列哪一选项不在结构面状态调查之列? (　　)

(A)结构面两壁的岩体强度　　(B)结构面的充填情况

(C)结构面的起伏粗糙情况　　(D)结构面的张开度

16. 在具有高承压水头的细砂层中用冻结法支护开挖隧道的旁通道,由于冻土融化,承压水携带大量流砂涌入已经衬砌完成的隧道,造成隧道局部衬砌破坏,地面下沉,附近江水向隧道回灌。此时最快捷、有效的抢险措施应是下列哪个选项? (　　)

(A)堵溃口

(B)对流砂段地基进行水泥灌浆

(C)从隧道内向外抽水

(D)封堵已经塌陷的隧道段以外两端,向其中回灌高压水

17. 在铁路膨胀土路堤边坡的防护措施中,下列哪个选项的措施是不适用的? (　　)

(A)植物　　(B)骨架植物

(C)浆砌片石　　(D)支撑渗沟加拱形骨架植物

18. 对非自重湿陷性黄土地基的处理厚度需 5.0m,下列地基处理方法中哪个选项是适宜的? (　　)

(A)砂石垫层　　(B)预浸水

(C)振冲砂石桩　　(D)灰土挤密桩

19. 当土颗粒愈细,含水量愈大时,关于对土的冻胀性和融陷性的影响,下列哪个选

项的说法是正确的？（　　）

(A)土的冻胀性愈大且融陷性愈小
(B)土的冻胀性愈小且融陷性愈大
(C)土的冻胀性愈大且融陷性愈大
(D)土的冻胀性愈小且融陷性愈小

20. 下列四项膨胀土工程特性指标室内试验中，哪个选项试验是用的风干土试样？（　　）

(A)膨胀率试验　　(B)膨胀力试验
(C)自由膨胀率试验　　(D)收缩试验

21. 季节性冻土地基上的房屋因地基冻胀和融陷产生的墙体开裂情况，与下列哪个选项的特殊性岩土地基上的房屋开裂情况最相似？（　　）

(A)软土　　(B)膨胀土
(C)湿陷性黄土　　(D)填土

22. 岩溶地基采用大直径嵌岩桩，施工勘察时应逐桩布置勘探点。按《岩土工程勘察规范》(GB 50021—2001)(2009 年版)规定，勘探深度应不小于桩底以下 3 倍桩径，并不小于下列哪一选项？（　　）

(A)2m　　(B)3m　　(C)4m　　(D)5m

23. 某滑坡整治方案主要采用上、下两排大直径抗滑桩，下列施工顺序中哪个选项是合理的？（　　）

(A)先施工上排桩，后施工下排桩，并从滑坡两侧向中间跳挖
(B)先施工下排桩，后施工上排桩，并从滑坡两侧向中间跳挖
(C)先施工上排桩，后施工下排桩，并从滑坡中间向两侧跳挖
(D)先施工下排桩，后施工上排桩，并从滑坡中间向两侧跳挖

24. 下列哪一选项是牵引式滑坡的主要诱发因素？（　　）

(A)坡体上方堆载　　(B)坡脚挖方或河流冲刷坡脚
(C)地表水下渗　　(D)斜坡坡度过陡

25. 公路拟在已稳定的岩堆地段通过，下列选线原则中哪个选项是最适宜的？（　　）

(A)在岩堆上部以路堤方式通过
(B)在岩堆下部以路堑方式通过
(C)在岩堆中部以半挖半填方式通过

(D)在岩堆下部或坡脚以路堤方式通过

26. 滑坡专门勘察时,控制性勘探孔深度主要受下列哪一选项控制? ( )

(A)中风化基岩埋深
(B)穿过最下一层滑动面
(C)黏性土层厚度
(D)滑带土的厚度

27. 泥石流勘察采用的勘察手段应以下列哪一选项为主? ( )

(A)原位测试 (B)钻探
(C)工程地质测绘和调查 (D)物探

28. 地下采空区形成的地表移动盆地面积与采空区面积相比,下列哪个选项的说法是正确的? ( )

(A)地表移动盆地面积大于采空区面积
(B)地表移动盆地面积小于采空区面积
(C)地表移动盆地面积与采空区面积相等
(D)无关系

29. 根据我国地震发生频率的统计分析,得出的 50 年内地震烈度概率密度曲线如图所示。下列哪一选项的说法是不正确的? ( )

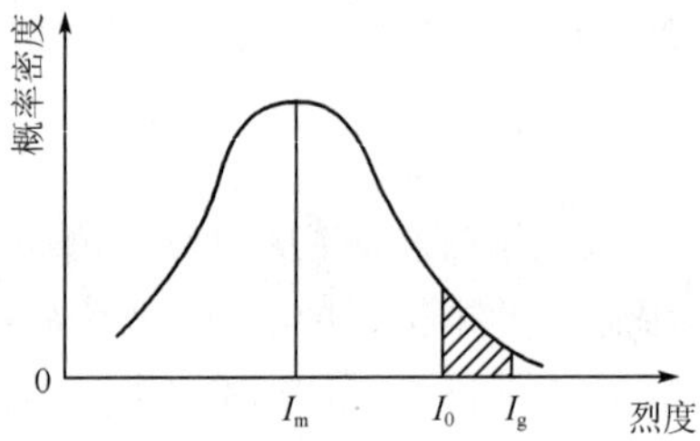

题 29 图

I_m-众值烈席;I_0-基本烈席;I_g-罕见烈度

(A)众值烈度大致相当于地震烈度概率密度曲线峰值的烈度
(B)基本烈度比众值烈度约高一度半
(C)图中阴影部分($I_0<I<I_g$)所示概率面积即为基本烈度的超越概率,约等于 10%
(D)罕遇烈度的超越概率只有 2%~3%

30. 有甲、乙、丙、丁四个场地,地震烈度和设计地震分组都相同。土层等效剪切波速和场地覆盖层厚度见下表。比较各场地的特征周期 T_g 值,下列哪个选项的说法是正确的? ( )

题 30 表

场　地	等效剪切波速 v_{se}(m/s)	覆盖层厚度(m)
甲	400	100
乙	300	70
丙	200	40
丁	100	10

(A)四个场地的 T_g 值各不相同　(B)四个场地的 T_g 值相同

(C)有三个场地的 T_g 值相同　(D)有两个场地的 T_g 值相同

31. 某重力坝场址区的设计烈度为 8 度，在区划图上查得该地区特征周期为 0.35s，在初步设计的建基面标高以下分布的地层和剪切波速值如下表所示。在确定设计反应谱时，T_g(s)和 β_{max} 值分别按下列哪个选项取值？（　）

题 31 表

地 层 名 称	层底深度(m)	v_s(m/s)
中砂	6	235
卵石	12	495
基岩	—	720

(A)0.20,2.50　(B)0.20,2.00

(C)0.30,2.50　(D)0.30,2.00

32. 对于存在液化土层的低承台桩基抗震验算，下列哪个选项的做法是不合适的？（　）

(A)桩承受全部地震作用，同时扣除液化土层的全部桩周摩阻力

(B)对一般浅埋承台，不宜计入承台周围土的抗力

(C)处于液化土中的桩基承台周围，宜用非液化土填筑夯实

(D)各类建筑的低承台桩基，都应进行桩基抗震承载力验算

33. 在某高速公路挡土墙设计时，需要考虑地震作用，下列关于作用效应组合的说法中，哪个选项是不正确的？（　）

(A)在进行挡土墙设计时应考虑永久作用、地震作用、可变作用

(B)季节性河流上的挡土墙，可不考虑水流影响

(C)常年有水的河流或水库区的挡土墙，可按最高水位计算水的压力

(D)作用效应组合应包括永久作用效应与地震作用效应的组合，组合方式应包括各种效应的最不利组合

34. 在设计地震烈度为 8 度区，设计高度 40m 的 2 级面板堆石坝。下列哪个选项的地震作用在进行抗震设计时可以不计？（　）

(A)水平向地震作用的动土压力　　(B)上游坝坡遭遇的地震浪压力
(C)顺河流方向的水平向地震作用　　(D)水平向地震作用的动水压力

35. 施工现场为达到环保要求所需的环境保护费，应属于建设安装工程费用项目组成中的下列哪一选项？（　　）

(A)措施费　　(B)规费
(C)直接工程费　　(D)企业管理费

36. 在有关建筑工程发包的说法中，下列哪个选项是错误的？（　　）

(A)发包单位应当将建筑工程发包给依法中标的承包单位
(B)政府部门不得限定发包单位将招标发包的建筑工程发包给指定的承包单位
(C)发包单位可以将建筑工程一并发包给一个工程总承包单位
(D)建筑工程招标的开标、评标、定标由政府相关部门依法组织实施

37. 计算工程勘察费时，下列哪项附加调整系数不属于现行的《工程勘察收费标准》(2002修订本)所规定的内容？（　　）

(A)地区差附加调整系数
(B)高程附加调整系数
(C)气温附加调整系数
(D)岩土工程勘察深度附加调整系数

38. 某监理单位受建设单位委托对某工程项目实施监理。在监理过程中，监理单位发现勘察报告不符合工程建设强制性标准。监理单位从下列各选项中选择哪个措施是正确的？（　　）

(A)要求勘察单位修改　　(B)通知设计单位要求勘察单位修改
(C)报告建设单位要求勘察单位修改　　(D)报告总监理工程师下达停工令

39. 在建设工程勘察项目可直接发包的说法中，下列哪个选项是正确的？（　　）

(A)上级主管部门要求的工程
(B)采用特定的专利或专有技术的工程，经主管部门批准
(C)项目总投资额为2500万元人民币，勘察合同估算价为60万元人民币
(D)项目总投资额为3500万元人民币，勘察合同估算价为40万元人民币

40. 下列哪个选项不属于ISO 9000族标准中八项质量管理原则？（　　）

(A)持续改进原则
(B)过程方法原则
(C)管理的系统方法原则
(D)全面质量管理原则

二、多项选择题(共30题,每题2分。每题的备选项中有两个或三个符合题意,错选、少选、多选均不得分)

41. 根据《建筑结构荷载规范》(GB 50009—2012),下列关于荷载代表值的叙述中,哪些选项是正确的? ( )

(A)标准值是荷载的基本代表值,为设计基准期内最大荷载统计分布的特征值
(B)可变荷载的组合值是使组合后的结构具有统一规定的可靠指标的荷载值
(C)可变荷载的准永久值是在设计基准期内,其超越的总时间约为设计基准期80%的荷载值
(D)可变荷载的频遇值是在设计基准期内,其超越的总时间为规定的较小比率或超越频率为规定频率的荷载值

42. 根据《建筑地基基础设计规范》(GB 50007—2011)关于荷载的规定,下列选项中哪些是正确的? ( )

(A)验算基础裂缝宽度时所用的荷载组合与按地基承载力确定基础底面积时所用的荷载组合一样
(B)计算地基稳定性时的荷载组合与计算基础结构内力时所用的荷载组合一样,但所用的分项系数不同
(C)按单桩承载力确定桩数时所用的荷载组合与验算桩身结构内力时所用的荷载组合不同
(D)计算滑坡推力时所用的荷载组合与计算支挡结构内力时所用的荷载组合一样,且分项系数也一样

43. 根据《建筑地基基础设计规范》(GB 50007—2011),下列哪些选项的设计计算应采用承载能力极限状态下荷载效应的基本组合? ( )

(A)计算地基变形
(B)计算挡土墙土压力、地基或斜坡稳定及滑坡推力
(C)验算基础裂缝宽度
(D)确定基础或桩台高度、确定配筋和验算材料强度

44. 按照《建筑地基基础设计规范》(GB 50007—2011),在根据土的抗剪强度指标确定地基承载力特征值时,下列哪些选项是基础埋置深度的正确取值方法? ( )

(A)采用箱基或筏基时,自室外地面标高算起
(B)在填方整平地区,若填土在上部结构施工前完成时,自填土地面标高算起
(C)在填方整平地区,若填土在上部结构施工后完成时,自天然地面标高算起
(D)对于地下室,如采用独立基础或条形基础时,从室外地面标高算起

45. 关于《建筑地基基础设计规范》(GB 50007—2011)的软弱下卧层承载力验算方法,下列选项中表达错误的是哪几项? ( )

(A)附加压力的扩散是采用弹性理论应力分布方法计算

(B)软弱下卧层的承载力需要经过深度修正和宽度修正

(C)基础底面下持力层的厚度与基础宽度之比小于 0.25 时,可直接按照软弱下卧层的地基承载力计算基础底面的尺寸

(D)基础底面下持力层的厚度与基础宽度之比大于 0.50 时,不需要考虑软弱下卧层的影响

46.用文克勒地基模型计算弹性地基梁板时,所用的计算参数称为基床系数 k,其计量单位为 kN/m^3。下列哪些选项是正确的? ( )

(A)基床系数是引起地基单位变形的所需要的压力

(B)基床系数是从半无限体弹性理论中导出的土性指标

(C)按基床系数方法计算,只能得到荷载范围内的地基变形

(D)文克勒地基模型忽略了地基土中的剪应力

47.在动力基础设计中,下列哪些选项的设计原则是正确的? ( )

(A)动力基础应与建筑基础连接,以加强整体刚度

(B)在满足地基承载力设计要求的同时,应控制动力基础的沉降和倾斜

(C)应考虑地基土的阻尼比和剪切模量

(D)动力基础不应与混凝土地面连接

48.某 15 层框筒结构主楼,外围有 2 层裙房,地基土为均匀厚层的中等压缩性土。以下哪些选项的措施将有利于减少主楼与裙房之间的差异沉降? ( )

(A)先施工主楼,后施工裙房

(B)主楼和裙房之间设置施工后浇带

(C)减少裙房基底面积

(D)加大裙房基础埋深

49.地下水位很高的地基,上部为填土,下部为含水的砂、卵石土,再下部为弱透水层。拟开挖一 15m 深基坑。由于基坑周边有重要建筑物,不允许周边地区降低地下水位。下列哪些选项的支护方案是适用的? ( )

(A)地下连续墙　　(B)水泥土墙

(C)排桩,在桩后设置截水帷幕　　(D)土钉墙

50.下列关于土钉墙支护体系与锚杆支护体系受力特性的描述,哪些选项是正确的? ( )

(A)土钉所受拉力沿其整个长度都是变化的,锚杆在自由段上受到的拉力大小是相同的

(B)土钉墙支护体系与锚杆支护体系的工作机理是相同的

(C)土钉墙支护体系是以土钉和它周围加固了的土体一起作为挡土结构，类似重力挡土墙

(D)将一部分土钉施加预应力就变成了锚杆，从而形成复合土钉墙支护

51. 当进行地下工程勘察时，对下列哪些选项的洞段要给予高度重视？（　　）

(A)隧洞进出口段　　(B)缓倾角围岩段

(C)隧洞上覆岩体最厚的洞段　　(D)地下建筑物平面交叉的洞段

52. 在地下水位以下开挖基坑时，采取坑外管井井点降水措施时，可以产生下列哪些选项的效果？（　　）

(A)增加坑壁稳定性

(B)减小作用在围护结构上的总压力

(C)改善基坑周边降水范围内土体的力学特性

(D)减少基坑工程对周边既有建筑物的影响

53. 下列各项中，哪些选项是氯盐渍土的工程特性？（　　）

(A)具有较强的吸湿性和保湿性

(B)力学强度将随含盐量增大而降低

(C)起始冻结温度随含盐量增加而降低

(D)土中盐分易溶失

54. 在对湿陷性黄土场地勘察时，下列有关试验的说法中哪些选项是正确的？（　　）

(A)室内测定湿陷性黄土的湿陷起始压力时，可选用单线法压缩试验或双线法压缩试验

(B)现场测定湿陷性黄土的湿陷起始压力时，可选用单线法载荷试验或双线法载荷试验

(C)在现场采用试坑浸水试验确定自重湿陷量的实测值时，试坑深度不小于1.0m

(D)按试验指标判别新近堆积黄土时，压缩系数 a 宜取 100～200kPa 压力下的值

55. 膨胀土中黏粒(粒径小于 0.005mm)的矿物成分以下列哪些选项为主？（　　）

(A)云母石　　(B)伊利石

(C)蒙脱石　　(D)绿泥石

56. 下列哪些选项的岩石所构成的陡坡易产生崩塌？（　　）

(A)厚层状泥岩　　(B)玄武岩

(C)厚层状泥灰岩　　(D)厚层状砂岩与泥岩互层

57. 在加固松散体滑坡中，为防止预应力锚索的预应力衰减，采取以下哪些选项的措施是有效的？（　　）

(A)增大锚固段的锚固力　　(B)增大锚墩的底面积
(C)分次、分级张拉　　(D)增厚钢垫板

58. 在泥石流沟形态勘测中，当在弯道两岸都测得同一场泥石流的泥痕高度时，可用以确定或参与确定该场泥石流的哪些参数？（　　）

(A)弯道超高值　　(B)流量
(C)重度　　(D)流速

59. 抗震设计时，除了考虑抗震设防烈度外，还需要考虑设计地震分组。下列哪些因素的影响已经包含在设计地震分组之中？（　　）

(A)震源机制　　(B)震级大小
(C)震中距远近　　(D)建筑场地类别

60. 在确定建筑结构的地震影响系数时，下列哪些选项是正确的？（　　）

(A)地震烈度越高，地震影响系数就越大
(B)土层等效剪切波速越小，地震影响系数就越大
(C)在结构自振周期大于特征周期的情况下，结构自振周期越大，地震影响系数就越大
(D)在结构自振周期小于特征周期的情况下，地震影响系数将随建筑结构的阻尼比的增大而减小

61. 某公路工程挡土墙高10m，在下列哪些情况下需要验算其抗震强度和稳定性？（　　）

(A)一级公路的非液化土地基，0.40g　　(B)一级公路的岩石地基，0.15g
(C)二级公路的软土地基，0.20g　　(D)三级公路的液化土地基，0.30g

62. 对于饱和砂土和饱和粉土的液化判别，下列哪些选项的说法是不正确的？（　　）

(A)液化土特征深度越大，液化可能性就越大
(B)基础埋置深度越小，液化可能性就越大
(C)地下水埋深越浅，液化可能性就越大
(D)同样的标贯击数实测值，粉土的液化可能性比砂土大

63. 下列公路场地地基抗液化措施要求中，哪些选项的说法是不正确的？（　　）

(A)三级公路上的隧道工程，地基液化等级为中等，应对基础和上部结构采取减轻液化沉降影响的措施

(B)二级公路路基，地基液化等级为中等，可不采取措施

(C)四级公路上高度为 10m 的挡土墙，地基液化等级为轻微，宜全部消除液化沉降

(D)四级公路上高度为 10m 的挡土墙，地基液化等级为轻微，可不采取措施

64. 在土石坝抗震设计中，下列哪些选项是地震作用与上游水位的正确组合？（　　）

(A)与最高水库蓄水位组合

(B)需要时与常遇的水位降落幅值组合

(C)与对坝坡抗震稳定最不利的常遇水位组合

(D)与水库的常遇低水位组合

65. 根据建设部《勘察设计注册工程师管理规定》，以下哪些选项属于注册工程师应当履行的义务？（　　）

(A)执行工程建设标准规范

(B)在本人执业活动所形成的勘察设计文件上签字、加盖执业印章

(C)以个人名义承接业务时，应保证执业活动成果的质量，并承担相应责任

(D)保守执业中知悉的他人的技术秘密

66. 根据《建设工程质量管理条例》的规定，以下哪些选项是勘察、设计单位应承担的责任和义务？（　　）

(A)从事建设工程勘察、设计的单位应当依法取得相应等级的资质证书

(B)勘察单位提供的地质、测量等成果必须真实准确

(C)设计单位在设计文件中选用的建筑材料、建筑物配件和设备，应当注明规格、型号、性能、生产厂商以及供应商等，其质量要求必须符合国家规定的标准

(D)设计单位应当参与工程质量事故分析，并有责任对因施工造成的质量事故，提出相应的技术处理方案

67. 在下列各选项中，哪些情况应将投标文件视为废标？（　　）

(A)投标人在要求提交投标文件的截止时间前，补充、修改投标文件，并书面通知招标人

(B)按时送达非指定地点的

(C)未按招标文件要求密封的

(D)联合体投标且附有联合体各方共同投标协议的

68. 根据《中华人民共和国招标投标法》，建筑工程招投标的评标由评标委员会负

责。下列哪些选项不符合评标委员会组成的规定？（　）

(A)评标委员会由招标人代表和有关技术、经济专家组成

(B)评标委员会专家应当从事相关领域工作满5年

(C)评标委员会的技术、经济专家不得少于成员总数的2/3

(D)评标委员会的经济专家可参与技术标投标文件的编制工作

69.由于下列选项的各种原因岩土工程勘察导致了工期延误，勘察单位应对其中哪些选项承担违约责任？（　）

(A)未满足质量要求而进行返工

(B)设计文件发生变化

(C)勘察单位处理机械设备事故

(D)现有建筑未拆除，不具备钻探条件

70.下列关于发包承包的说法中，哪些选项是错误的？（　）

(A)如果某勘察单位不具备承揽工程相应的资质，可以通过与其他单位组成联合体进行承包

(B)共同承包的各方对承包合同的履行承担连带责任

(C)如果业主同意，分包单位可以将其承包的工程再分包

(D)如果业主同意，承包单位可以将其承包的工程全部分包，并与分包单位承担连带责任

2007年专业知识试题答案(下午卷)

1.［答案］C

［依据］《建筑结构荷载规范》(GB 50009—2012)第2.1.10条。

2.［答案］B

［依据］《建筑地基基础设计规范》(GB 50007—2011)第3.0.5条第2款。

3.［答案］A

［依据］《建筑地基基础设计规范》(GB 50007—2011)第3.0.5条第1款。

4.［答案］A

［依据］《土工试验方法标准》(GB/T 50123—2019)第17.2.3条。

5.［答案］C

［依据］基础的整体性依次为:箱形基础＞筏形基础＞十字交叉基础＞柱下条形基础。基础的整体性越好,抗弯刚度越大。

6.［答案］D

［依据］《建筑地基基础设计规范》(GB 50007—2011)第5.2.5条。

7.［答案］B

［依据］《建筑地基基础设计规范》(GB 50007—2011)第5.2.6条。

8.［答案］C

［依据］《铁路工程特殊岩土勘察规程》(TB 10038—2012)第6.2.4条条文说明,采用泰勒公式计算极限填土高度时采用不排水抗剪强度。

9.［答案］B

［依据］根据角点法的基本原理,计算点应位于荷载分解面积的角点位置,因此应为大三角形 $ABCE$ 和小三角形 C 之差。

10.［答案］C

［依据］水是土钉墙的克星,国内外基坑事故大多数由水引起。侧壁土体由于附近管线漏水降低了土抗剪强度,增大了总土压力,基坑稳定性明显降低。

11.［答案］B

［依据］分段开槽、浇注的地下连续墙在接头处为薄弱部位,抗压不抗拉,东侧受压,西侧受拉,西侧最可能先坏。

12.［答案］C

[依据] 由《建筑基坑支护技术规程》(JGJ 120—2012)第4.1.2条可知,验算时,要计算在各个工况时支护结构的最不利效应,也就是最大内力。

13.[答案] D

[依据] 新奥法认为围岩不仅是载荷,而且自身也是一种承载结构。重视围岩自身的承载作用,强调充分发挥隧道衬砌与岩体之间的联合承载作用。

14.[答案] B

[依据] 岩体存在裂隙,裂隙抗剪强度较低,首先应从裂隙发生破坏。由结构面可知,每个块体由3个裂隙面组成一个四面体。①、④块体上顶面陡下底面缓,也呈"头大身小"倒立四面体,较稳定。②块体"头小身大"呈正立四面体,最不稳定。③块体"头大身小"呈倒立四面体,最稳定。

15.[答案] A

[依据] 由《工程岩体分级标准》(GB/T 50218—2014)第3.2.4条表3.2.4可知,只有A选项不在结构面状态调查之列。

16.[答案] D

[依据] 此题为上海地铁四号线越江隧道事故工程实例。抢险时设立区间水泥封堵墙,封堵已经塌陷的隧道段以外两端,向其中回灌高压水,减小地面附加荷载,防止对地面的冲击震动。

17.[答案] C

[依据] 对于由弱膨胀土组成的较矮的(一般≤6m)路堤边坡,可直接采用植物防护;对于由中膨胀土组成的较矮路堤边坡,可采用骨架植物防护;对于较高的(一般>6m)路堤边坡,可采用支撑渗沟加拱形骨架植物防护。如果直接采用浆砌片石护坡,则坡内积水无法及时排出;土体遇水膨胀,易造成浆砌片石护坡的损坏。

18.[答案] D

[依据]《湿陷性黄土地区建筑标准》(GB 50025—2018)第6.2.1条,采用垫层法时,采用灰土、素土垫层,处理深度1~3m,选项A不适宜;第6.5.1条,预浸水法主要用来处理自重湿陷性黄土,题目条件为非自重湿陷性黄土,选项B不适宜;振冲砂石桩不适用湿陷性黄土地基处理,选项C不适宜;挤密法是湿陷性土最常用的处理方法,选项D适宜。

19.[答案] C

[依据]《建筑地基基础设计规范》(GB 50007—2011)第5.1.7条条文说明、附录G和《岩土工程勘察规范》(GB 50021—2001)(2009年版)第6.6.2条。对比同等条件下的碎石土和黏性土可知,颗粒越细,含水量越大,冻胀性越大,融陷性越大。

20.[答案] C

[依据] 由《膨胀土地区建筑技术规范》(GB 50112—2013)第2.1.2条可知,C选项正确。由第2.1.4条可知A选项不正确。由第2.1.5条可知B选项不正确。由第2.1.8条可知D选项不正确。

21.［答案］B

［依据］季节性冻土的冻胀性和融陷性类似于膨胀土的胀缩性,B选项正确。其他选项一般均为不均匀沉降产生的开裂。

22.［答案］D

［依据］《岩土工程勘察规范》(GB 50021—2001)(2009年版)第5.1.6条。

23.［答案］A

［依据］当滑坡推力很大,设置单排抗滑桩不足以抵抗滑坡推力而必须设置第二排抗滑桩,多层滑动面必须分级设置抗滑桩。抗滑桩施工应先上后下,先浅后深,先两边后中间,并间隔施工。主要目的:减少对滑坡的扰动,分散抗滑桩的推力,易于施工。

24.［答案］B

［依据］《工程地质手册》(第五版)第625页表,牵引式滑坡定义为下部先滑使上部失去支撑而变形的滑动。一般速度较慢,多呈楔形环谷外貌,横向张性裂隙发育,表面多呈阶梯状或陡坎状,常形成沼泽地。坡脚挖方或河流冲刷坡脚为主要诱因。

25.［答案］D

［依据］《公路路基设计规范》(JTG D30—2015)第7.4.4条,路基通过岩堆区时不论采用何种方法处理,应尽量避免扰动岩堆体,保持岩堆稳定。对趋于稳定的岩堆,路线可不避让,如地形条件允许,路线宜在岩堆坡脚外适当距离以路堤通过,如受地形限制,也可在岩堆下部以路堤通过,D正确;路堤设置在岩堆上部不利于稳定,A错误;稳定的岩堆,路线选择在适当位置以低路堤或浅路堑通过,C错误;路堑应设置在岩堆体上部,B错误。

26.［答案］B

［依据］《岩土工程勘察规范》(GB 50021—2001)(2009年版)第5.2.5条。

27.［答案］C

［依据］《岩土工程勘察规范》(GB 50021—2001)(2009年版)第5.4.3条。

28.［答案］A

［依据］《工程地质手册》(第五版)第695页,地表移动盆地的范围要比采空区面积大得多。

29.［答案］C

［依据］从图中易看出,众值烈度大致相当于地震烈度概率密度曲线峰值的烈度;而基本烈度的超越概率应为$I>I_0$的概率密度。

30.［答案］B

［依据］《建筑抗震设计规范》(GB 50011—2010)(2016年版)第4.1.6条、第5.1.4条。四个场地的类别均相等,均为Ⅱ类,其他条件相同时,场地的特征周期也相同。

31.［答案］D

［依据］《水电工程水工建筑物抗震设计规范》(NB 35047—2015)，先按第 4.1.2 条确定土层剪切波速，建基面下覆盖层厚度取 12m，土层剪切波速 $v_s=12/\left(\frac{6}{235}+\frac{6}{495}\right)=319\text{m/s}$，场地土类型为中硬场地土，按表 4.1.3 确定场地类别为Ⅱ类，查表 5.3.5，经调整后的特征周期为 0.35s；查表 5.3.3，设计反应谱最大值的代表值 $\beta_{max}=2.00$ 。

32.［答案］A

［依据］《建筑抗震设计规范》(GB 50011—2010)(2016 年版)第 4.4.1 条、第 4.4.3 条和第4.4.4条。

33.［答案］C

［依据］《公路工程抗震规范》(JTG B02—2013)第 3.4.1～3.4.3 条。常年有水的河流或水库区的挡土墙，可按常水位计算水的压力。

34.［答案］B

［依据］《水电工程水工建筑物抗震设计规范》(NB 35047－2015)第 5.2.1 条，A 考虑；第 5.2.2 条，D 考虑；第 5.2.3 条，B 不考虑，第 5.1.4 条，C 考虑。

35.［答案］A

［依据］建筑安装工程费用项目组成表。

36.［答案］D

［依据］《中华人民共和国建筑法》第二十一条～二十四条。建筑工程招标的开标、评标、定标由建设单位依法组织实施。

37.［答案］A

［依据］《工程勘察收费标准》(2002 年修订本)第 1.0.9 条和第 1.0.10 条及第 3 部分。

38.［答案］C

［依据］《中华人民共和国建筑法》第三十二条。

39.［答案］B

［依据］《建设工程勘察设计管理条例》第十六条。

40.［答案］D

［依据］此题可参阅相关辅导教材或《国家注册土木工程师(岩土)专业考试宝典》(第二版)。

41.［答案］ABD

［依据］《建筑结构荷载规范》(GB 50009—2012)第 2.1.6～2.1.9 条。准永久值对

可变荷载,在设计基准期内,其超越的总时间约为设计基准期一半的荷载值。

42.【答案】ABC

【依据】《建筑地基基础设计规范》(GB 50007—2011)第3.0.5条。

43.【答案】BD

【依据】《建筑地基基础设计规范》(GB 50007—2011)第3.0.5条。

44.【答案】ABC

【依据】《建筑地基基础设计规范》(GB 50007—2011)第5.2.4条、第5.2.5条公式参数说明。

45.【答案】ABD

【依据】《建筑地基基础设计规范》(GB 50007—2011)第5.2.7条。扩散采用线性分布,宽度不修正,大于0.5不变。

46.【答案】ACD

【依据】文克勒模型将地基模拟为一系列独立的弹簧,认为地基表面任一点的沉降与该点单位面积上所受的压力成正比,没有考虑两侧土体的剪应力。文克勒模型没有考虑地基的连续性,实际地基表面某一点受到压力时不仅该点产生局部沉降,相邻区域也会发生沉降,故其不能全面反映地基的实际沉降情况。

47.【答案】BCD

【依据】《工程地质手册》(第五版)第765页。

48.【答案】ABC

【依据】施工时先深后浅、先重后轻、设置沉降缝、设置后浇带及减少主楼的沉降、加大裙房的沉降等都可以减轻工后的差异沉降。加大裙房的基础埋深后其附加应力变小,沉降减小,主楼不变,差异沉降增大。

49.【答案】AC

【依据】由题目可知:水位很高、15m深基坑、重要建筑物、不允许降水,因此,可按一级基坑设计,设置止水帷幕或设置地下连续墙。由《建筑基坑支护技术规程》(JGJ 120—2012)表3.3.2可知,BD选项不能适用于一级基坑。

50.【答案】AC

【依据】锚杆和土钉的主要区别:①锚杆具有自由段和锚固段,土钉只有锚固段;②锚杆属于主动防护,设置预应力,土钉属于被动防护,不设置预应力;③锚杆和土钉的构造不同,且土钉墙是与土体作为一个整体,其滑动面一般认为上部为平行于坡面的等厚度体(坡顶水平时一般为近似矩形),下部为三角形,其特征类似于重力式挡土墙。

51.【答案】ABD

【依据】《铁路工程地质手册》(第二版)第562页。

52.［答案］ ABC

［依据］坑外降低地下水位，可以减小水头压力、降低水土总压力、可以提高土的抗剪强度，提高基坑的稳定性，但其容易造成水资源的浪费，对周围的建筑影响较大，必要时应采用回灌措施。

53.［答案］ ACD

［依据］《工程地质手册》(第五版)第594、595页。

54.［答案］ AB

［依据］《湿陷性黄土地区建筑标准》(GB 50025—2018)第4.3.4条、第4.3.5条、第4.3.7条、附录D.0.2条。

55.［答案］ BC

［依据］《工程地质手册》(第五版)第553页。

56.［答案］ BD

［依据］《岩土工程勘察规范》(GB 50021—2001)(2009年版)第5.3.3条条文说明。

57.［答案］ BC

［依据］常见锚杆破坏原因：锚头被拉入土体中和岩土体压密变形。为此，可以采用增大锚定板面积防止锚头拉入，分级张拉补充衰减，采用多杆较小的预应力锚索。

58.［答案］ ABD

［依据］《铁路工程不良地质勘察规程》(TB 10027—2012)第7.3.3条条文说明。

59.［答案］ ABC

［依据］《建筑抗震设计规范》(GB 50011—2010)(2016年版)第3.2条条文说明。震源机制类型不同，岩体产生不同的错动和破裂，产生的能量波比例不同，其不方便单独考虑，但其在形成与传播过程中已作用在岩土体中，体现在了震中距和震级大小中。

60.［答案］ AD

［依据］《建筑抗震设计规范》(GB 50011—2010)(2016年版)第5.1.4条、第5.1.5条。地震影响系数与阻尼比、特征周期、场地类别、设计分组等有直接关系，与等效剪切波速无直接关系。当等效剪切波速不同时，其场地类别可能相同，因此，B选项不正确。

61.［答案］ AC

［依据］《公路工程抗震规范》(JTG B02—2013)第7.2.1条。

62.［答案］ BD

［依据］《建筑抗震设计规范》(GB 50011—2010)(2016年版)第4.3.3条、第4.3.4条公式。特征深度越小，基础埋置深度越小，地下水位越深，液化判定条件越难满足，则可能性越小，越不易液化，反之成立。标贯击数相同，其他条件不明确，并不能确定可能性大小。但基本条件相同情况下，粉土颗粒小，孔隙水相对更难以消散，孔隙水压力可

能更高，形成液化的可能性较大。

63.**[答案]** ACD

[依据]《公路工程抗震规范》(JTG B02—2013)第 4.3.5 条。

64.**[答案]** BCD

[依据]《水电工程水工建筑物抗震设计规范》(NB 35047—2015)第 5.4.1 条，A 错误，D 正确；第 5.4.2 条，B、C 正确。

65.**[答案]** ABD

[依据]《勘察设计注册工程师管理规定》第二十七条。第三十条规定，不得以个人名义承接业务。

66.**[答案]** AB

[依据]《建设工程质量管理条例》第十八条、第二十条、第二十二条和第二十四条。

67.**[答案]** BC

[依据]《工程建设项目施工招标投标办法》第五十条。

68.**[答案]** BD

[依据]《中华人民共和国招标投标法》第三十七条。

69.**[答案]** AC

[依据]《中华人民共和国民法典》第八百条。

70.**[答案]** ACD

[依据] 由《建设工程勘察设计管理条例》第八条可知，A 选项错误。由《中华人民共和国建筑法》第二十八条可知，C、D 选项错误，由第二十九条可知，B 选项正确。

2008年专业知识试题(上午卷)

一、单项选择题(共40题,每题1分。每题的备选项中只有一个最符合题意)

1.下列关于基床系数的论述中,哪个选项是明显错误的? ( )

(A)是地基土在外力作用下产生单位变位时所需的压力
(B)水平基床系数和垂直基床系数都可用载荷试验确定
(C)基床系数也称弹性抗力系数或地基反力系数
(D)仅与土性本身有关,与基础的形状和作用面积无关

2.对某土试样测得以下物理力学性质指标:饱和度 $S_r=100\%$,液限 $w_L=37\%$,孔隙比 $e=1.24$,压缩系数 $a_{1-2}=0.9\ \mathrm{MPa}^{-1}$,有机质含量 $w_u=4\%$,该试样属于下列选项中的哪一类土? ( )

(A)有机质土 (B)淤泥质土
(C)泥炭 (D)淤泥

3.下列哪个选项是在饱和砂层中钻进时使用泥浆的主要目的? ( )

(A)冷却钻头 (B)保护孔壁
(C)提高取样质量 (D)携带、悬浮与排除砂粒

4.水库工程勘察中,在可能发生渗漏或浸没地段,应利用钻孔或水井进行地下水位动态观测,其观测时间应符合下列哪个选项? ( )

(A)不少于一个丰水期 (B)不少于一个枯水期
(C)不少于一个水文年 (D)不少于一个勘察期

5.按弹性理论,在同样条件下,土体的压缩模量 E_s 和变形模量 E_0 的关系可用式 $E_s=\beta' E_0$ 表示,其中 β' 值应符合下列哪个选项? ( )

(A)$\beta'>1$ (B)$\beta'=1$
(C)$\beta'<1$ (D)黏性土 $\beta'>1$,无黏性土 $\beta'<1$

6.对土壤中氡浓度进行调查,最合理的测氡采样方法是下列哪个选项? ( )

(A)用特制的取样器按照规定采集土壤中气体
(B)用特制的取样器按照规定采集现场空气中气体
(C)用特制的取样器按照规定采集一定数量的土壤
(D)用特制的取样器按照规定采集一定数量的土中水样

7.某地下水化学成分表达式为 $M1.16\frac{Cl51.8HCO_3 42.1}{Na59.4Ca37.8}18°C$，该地下水化学类型应为下列哪一选项？（　　）

(A) $Cl \cdot HCO_3\text{-}Na \cdot Ca$ 型水　　(B) $Na \cdot Ca\text{-}Cl \cdot HCO_3$ 型水
(C) $HCO_3 \cdot Cl\text{-}Ca \cdot Na$ 型水　　(D) $Ca \cdot Na-HCO_3 \cdot Cl$ 型水

8.在港口工程勘察中，测得某黏性土原状试样的锥沉量（76g 液限仪沉入土中的深度）为 6mm。该黏性土天然状态属于下列哪个选项？（　　）

(A)硬塑　　(B)可塑
(C)软塑　　(D)流塑

9.断层的位移方向可借助羽毛状节理进行判断。下面是三个羽毛状节理和断层的剖面图，其中图(1)、(2)中的节理为张节理，图(3)中的节理为压性剪节理。下面对断层类别的判断哪一选项是完全正确的？（　　）

题 9 图

(A)(1)正断层、(2)逆断层、(3)逆断层
(B)(1)正断层、(2)逆断层、(3)正断层
(C)(1)逆断层、(2)正断层、(3)逆断层
(D)(1)逆断层、(2)正断层、(3)正断层

10.下图给出了三个钻孔压水试验的 p-Q 曲线，下列哪个选项中的曲线表明试验过程中试段内岩土裂隙状态发生了张性变化？（　　）

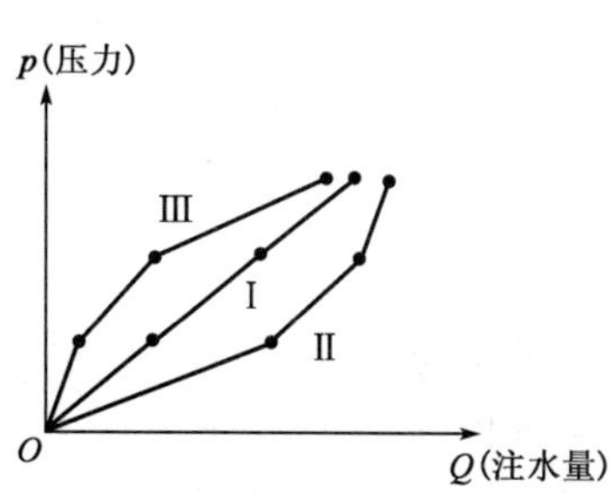

题 10 图

(A)曲线Ⅰ　(B)曲线Ⅱ
(C)曲线Ⅲ　(D)无法确定

11.某完全饱和黏性土的天然含水量为60%，其天然孔隙比最接近于下列哪一选项？（　）

(A)1.0　(B)1.3
(C)1.6　(D)1.9

12.同一土层单元中，厚薄土层相间呈韵律沉积，当薄层与厚层的厚度比小于1/10且多次出现时，该土层单元的定名宜选择下列哪一选项？（　）

(A)互层　(B)夹层
(C)夹薄层　(D)交错层

13.颗粒粒径级配不连续的地层，在渗透力的作用下，具有较大流速的地下水将土中的细颗粒带走的现象，表现为下列哪个选项？（　）

(A)流土　(B)管涌
(C)液化　(D)突涌

14.某盐渍土场地上建筑拟采用桩基础，综合考虑所需单桩承载力高，持力层起伏大，场地周边环境对噪声限制较严等因素，选用下列哪个选项的桩基方案比较合理？（　）

(A)静压预制混凝土桩　(B)静压钢管桩
(C)沉管灌注桩　(D)钻孔灌注桩

15.下列关于抗拔桩和抗压桩的论述中，哪个选项的说法是正确的？（　）

(A)抗压桩(不产生桩侧负摩阻力的场地)桩身轴力和桩身压缩变形均随深度增加而递增
(B)抗拔桩桩身轴力和桩身拉伸变形均随深度增加而递增
(C)抗压桩的摩阻力发挥顺序为由上而下逐步发挥
(D)抗压桩的摩阻力发挥顺序为由下而上逐步发挥

16.下列关于桩侧负摩阻力和中性点的论述中，哪个选项的说法是正确的？（　）

(A)中性点处桩与土没有相对位移
(B)中性点位置仅取决于桩顶荷载
(C)中性点截面以下桩身轴力随深度增加而增大
(D)中性点深度随桩的沉降增大而增大

17. 下列哪个选项的情况下，群桩承载力最宜取各单桩承载力之和（d 为桩径）？ （　　）

（A）端承型低承台群桩，桩距 $4d$
（B）端承型高承台群桩，桩距 $6d$
（C）摩擦型高承台群桩，桩距 $6d$
（D）摩擦型低承台群桩，桩距 $4d$

18. 下列关于季节性冻土地基中桩基设计特点描述中，哪个选项是正确的？ （　　）

（A）桩端进入冻深线以下最小深度大于 1.5m 即可
（B）为消除冻胀对桩基作用，宜采用预制混凝土桩和钢桩
（C）不计入冻胀深度范围内桩侧阻力即可消除地基土冻胀对承载力的影响
（D）为消除桩基受冻胀作用的影响，可在冻胀范围内沿桩周及承台作隔冻处理

19. 根据《建筑桩基技术规范》（JGJ 94—2008）进行桩基础软弱下卧层承载力验算，下列哪个选项的说法是正确的？ （　　）

（A）只进行深度修正　　（B）只进行宽度修正
（C）同时进行深度、宽度修正　　（D）不修正

20. 端承摩擦桩单桩竖向承载力发挥过程符合下列哪个选项？ （　　）

（A）桩侧阻力先发挥
（B）桩端阻力先发挥
（C）桩侧阻力、桩端阻力同步发挥
（D）无规律

21. 单排人工挖孔扩底桩，桩身直径 1.0m，扩大桩端设计直径 2.0m，根据《建筑地基基础设计规范》（GB 50007—2011），扩底桩的最小中心距应符合下列哪个选项？ （　　）

（A）4.0m　　（B）3.5m
（C）3.0m　　（D）2.5m

22. 根据《建筑地基处理技术规范》（JGJ 79—2012），采用单液硅化法加固地基，对加固的地基土检验的时间间隔从硅酸钠溶液灌注完毕算起应符合下列哪个选项的要求？ （　　）

（A）3～7d　　（B）7～10d
（C）14d　　（D）28d

23. 某建筑物处在深厚均质软黏土地基上，筏板基础。承载力要求达到 160kPa，工后沉降控制值为 15cm。初步方案采用水泥土桩复合地基加固。主要设计参数为：桩长

15.0m，桩径50cm，置换率为20%。经验算：复合地基承载力为158kPa，工后沉降达到22cm。为满足设计要求，问采取下述哪个选项的改进措施最为合理？（　　）

(A)桩长和置换率不变，增加桩径

(B)在水泥土桩中插入预制钢筋混凝土桩，形成加筋水泥土桩复合地基

(C)采用素混凝土桩复合地基加固，桩长和置换率不变

(D)将水泥土桩复合地基中的部分水泥土桩改用较长的素混凝土桩，形成长短桩复合地基

24. 某地基采用强夯法加固，试夯后发现地基有效加固深度未达到设计要求。问下述哪个选项的措施对增加有效加固深度最有效？（　　）

(A)提高单击夯击能　　(B)增加夯击遍数

(C)减小夯击点距离　　(D)增大夯击间歇时间

25. 某软土地基拟采用素混凝土进行加固处理。在其他条件不变的情况下，以下哪个选项的措施对提高复合地基的承载力收效最小？（　　）

(A)提高桩身强度　　(B)减少桩的间距

(C)增加桩长　　(D)增加桩的直径

26. 对刚性基础下复合地基的褥垫层越厚所产生的效果，以下哪个选项的说法是正确的？（　　）

(A)桩土应力比就越大　　(B)土分担的水平荷载就越大

(C)基础底面应力集中就越明显　　(D)地基承载力就越大

27. 某碾压式土石坝高50m，坝基有4m厚砂砾层和22m厚全风化强透水层，以下哪个选项的坝基防渗措施方案的效果最好？（　　）

(A)明挖回填截水槽　　(B)水平铺盖

(C)截水槽+混凝土防渗墙　　(D)截水槽+水平铺盖

28. 根据《建筑地基处理技术规范》(JGJ 79—2012)，经地基处理后形成的人工地基(大面积压实填土地基除外)，基础宽度和埋深的地基承载力修正系数应分别为下列哪个选项？（　　）

(A)1.0，1.0　　(B)1.0，0.0

(C)0.0，0.0　　(D)0.0，1.0

29. 某挤密碎石桩工程，进行单桩复合地基载荷试验，各单点的复合地基承载力特征值分别为163kPa、188kPa、197kPa，根据《建筑地基处理技术规范》(JGJ 79—2012)，则复合地基承载力特征值应为下列哪个选项？（　　）

(A)163kPa　　(B)175kPa

(C)182kPa　　(D)192kPa

30. 计算库仑主动土压力时,下列哪个选项所绘示的土楔体所受的力系是正确的? (　　)

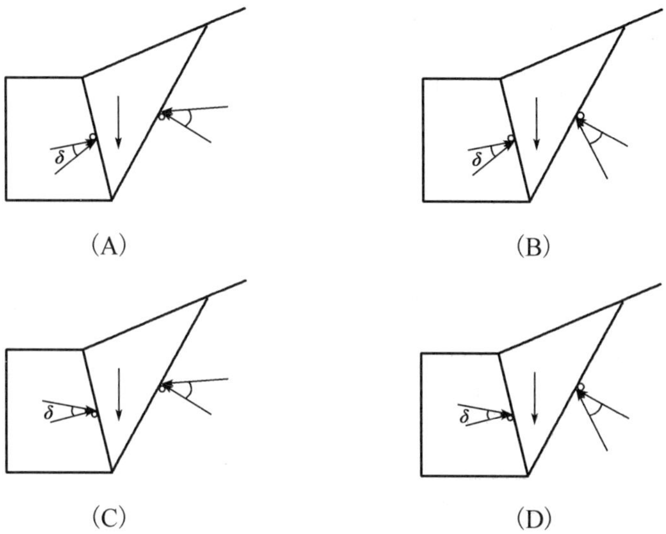

31. 对于预应力锚杆杆件轴向拉力分布,下列哪一选项的图示表示的锚杆自由段和锚固段的轴向拉力分布是正确的? (　　)

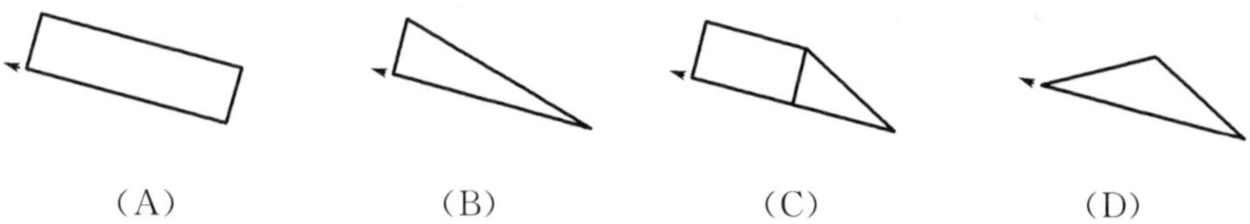

32. 下面哪个选项所列的黏性土不宜作为土石坝的防渗体填筑料? (　　)

(A)高塑性冲积黏土,塑限含水量 $W_p=26\%$,液限含水量 $W_l=47\%$

(B)在料场为湿陷性黄土

(C)掺入小于 50%比例砾石的粉质黏土

(D)红黏土

33. 地震引发的滑坡和山体崩塌的堆积体截断了山谷的河流,形成堰塞湖。问在来水条件相同的情况下,下列关于堆积体土质的哪一选项相对来说最不易使堰塞湖在短期内溃决? (　　)

(A)主要是细粒土

(B)主要是风化的黏性土、砂及碎石的混合体

(C)50%为粒径大于 200mm 的块石，其余 50%为粒径小于 20mm 的砾砂土

(D)75%为粒径大于 200mm 的块石，其余 25%为粒径小于 20mm 的砾砂土

34. 下列哪个选项的情况可以不进行土石坝的抗滑稳定性计算？（　　）

(A)施工期包括竣工时的上下游坝坡

(B)初次蓄水时的上游边坡

(C)稳定渗流期上下游坝坡

(D)水库水位降落期的上游坝坡

35. 当其他条件都相同时，对于同一均质土坡，下面哪个选项的算法计算得出的抗滑稳定安全系数最大？（　　）

(A)二维滑动面的瑞典圆弧条分法

(B)二维滑动面的简化毕肖普(Bishop)法

(C)三维滑动面的摩根斯顿—普赖斯(Morgenstem-Price)法

(D)二维滑动面的摩根斯顿—普赖斯(Morgenstem-Price)法

36. 对于图中的浸水砂土土坡，如果假设水上水下的砂土内摩擦角相同，砂土与岩坡以及砂土与岩石地面间的摩擦角都等于砂土的内摩擦角。下列哪个选项所表示的虚线是最可能发生的滑裂面？（　　）

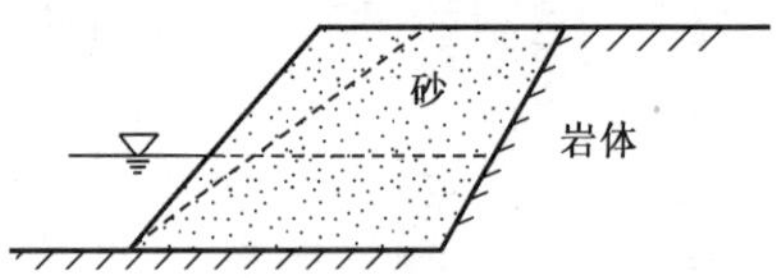

(A)

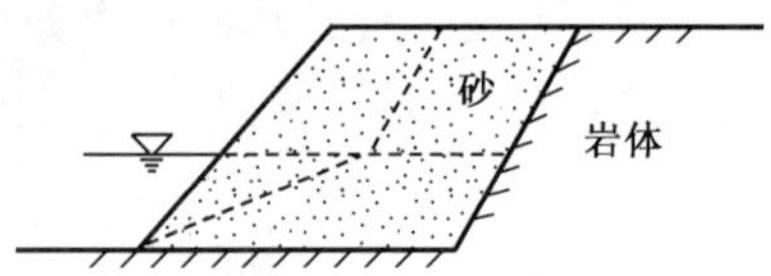

(B)

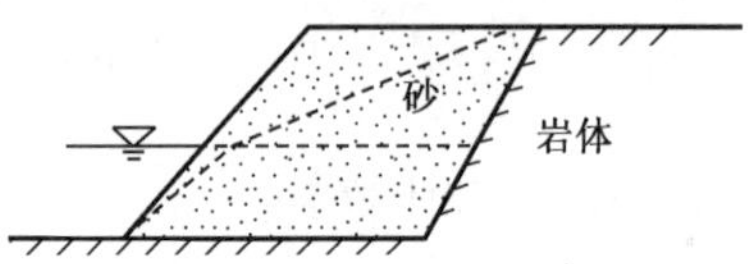

(C)

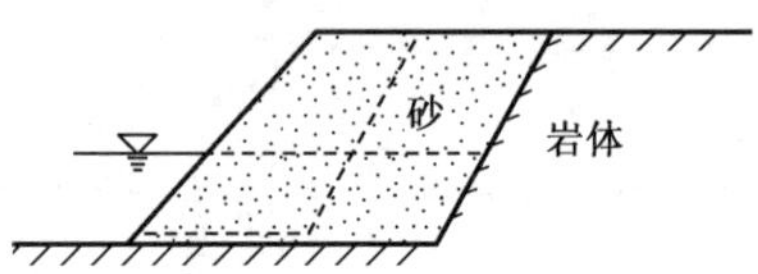

(D)

37. 关于主动、被动土压力系数，下列哪个选项的说法是正确的？（　　）

(A)主动土压力系数随土的内摩擦角增大而增大

(B)被动土压力系数随土的内摩擦角增大而增大

(C)主动土压力系数随土的黏聚力增大而增大

(D)被动土压力系数随土的黏聚力增大而增大

38. 某建筑工程混凝土灌注桩桩长为 25m，桩径为 1200mm，采用钻芯法检测桩体质量时，每根受检桩钻芯孔数和每孔截取的混凝土抗压芯样试件组数应符合下列哪个选

项的要求？（　　）

(A)1 孔，3 组　　(B)2 孔，2 组

(C)3 孔，2 组　　(D)2 孔，3 组

39. 某工程采用水泥土搅拌桩进行地基处理，设计桩长 8.0m，桩径 500mm，正方形满堂布桩，桩心距 1200mm。现拟用圆形承压板进行单桩复合地基承载力静载荷试验，其承压板直径应选择下列哪个选项的数值？（　　）

(A)1200mm　　(B)1260mm

(C)1354mm　　(D)1700mm

40. 采用静载荷试验测定土的弹性系数（基床系数）的比例系数，下列哪个选项为该比例系数的计量单位？（　　）

(A)无量纲　　(B)kN/m^2

(C)kN/m^3　　(D)kN/m^4

二、多项选择题（共 30 题，每题 2 分。每题的备选项中有两个或三个符合题意，错选、少选、多选均不得分）

41. 下图为岩层节理走向玫瑰图，有关图中节理走向的下列描述中，哪些选项是正确的？（　　）

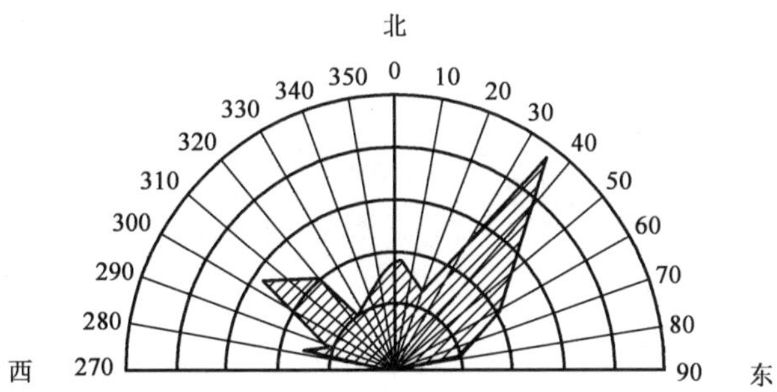

题 41 图

(A)走向约北偏东 35°的节理最发育

(B)走向约北偏西 55°的节理次发育

(C)走向约南偏西 35°的节理最发育

(D)走向约南偏东 55°的节理不发育

42. 下列哪些选项适用于在渗透系数很低的淤泥层中测定孔隙水压力？（　　）

(A)立管式测压计　　(B)水压式测压计

(C)电测式测压计　　(D)气动式测压计

43. 下列对断层性质及对铁路选线影响的评价中，哪些选项是正确的？（　　）

(A)受张力作用形成的断层,其工程地质条件比受压力作用形成的断层差
(B)隧道穿过断层时,应避免通过断层交叉处
(C)线路垂直通过断层比顺着断层方向通过受的危害大
(D)在路堑两侧断层面倾向线路与反向线路相比,前者工程条件是有利的

44. 对岩基载荷试验确定地基承载力特征值时,下列哪些选项的说法是正确的? ( )

(A)每个场地试验数不小于 3 个,取小值
(B)当 p-s 曲线有明显比例界限时,取比例界限所对应荷载值;无明显比例界限时,按相对沉降量取合适的数值
(C)取极限荷载除以 2 的安全系数,并与比例界限的荷载值相比较,取其小值
(D)将极限荷载除以 3 的安全系数,并与比例界限的荷载值相比较,取其小值

45. 关于高压固结试验,下列哪些选项是不正确的? ( )

(A)土的前期固结压力是土层在地质历史上所曾经承受过的上覆土层的最大有效自重压力
(B)土的压缩指数是指 e-lg$p$ 曲线上小于前期固结压力的曲线段斜率
(C)土的再压缩指数是指 e-lg$p$ 曲线上再压缩量与压力差比值的对数值
(D)土的回弹指数是指 e-lg$p$ 曲线回弹曲线段两端点连线的斜率

46. 根据土的波速测试成果,可计算出下列哪些参数? ( )

(A)动泊松比
(B)动阻尼比
(C)动弹性模量
(D)地基刚度系数

47. 下列哪些选项的说法是正确的? ( )

(A)红黏土都具有明显的胀缩性
(B)有些地区的红黏土具有一定的胀缩性
(C)红黏土的胀缩性表现为膨胀量轻微,收缩量较大
(D)红黏土的胀缩性表现为膨胀量较大,收缩量轻微

48. 下列哪些选项可能是造成沉井下沉过程中发生倾斜的原因? ( )

(A)沉井在平面上各边重量不相等
(B)下沉过程中井内挖土不均匀
(C)下沉深度范围内各层地基土厚度不均、强度不等
(D)抽水降低井内水位

49. 下列关于承台与桩连接的说法中,哪些选项是正确的? ( )

(A)水平荷载要求桩顶与承台连接的抗剪强度不低于桩身抗剪强度

(B)弯矩荷载要求桩顶与承台铰接连接，且抗拉强度不低于桩身抗拉强度
(C)竖向下压荷载要求桩锚入承台的作用在于能传递部分弯矩
(D)竖向上拔荷载要求桩顶嵌入承台的长度小于竖向下压荷载要求桩顶嵌入承台的长度

50. 采取下列哪些选项的措施能有效提高沉井下沉速率？（ ）

(A)减小每节筒身高度 (B)在沉井外壁射水
(C)将排水下沉改为不排水下沉 (D)在井壁与土之间压入触变泥浆

51. 在泥浆护壁灌注桩施工方法中，泥浆除了能保持钻孔孔壁稳定之外，有时还具有另外一些作用，下列哪些选项对泥浆的作用作了正确的描述？（ ）

(A)正循环成孔，将钻渣带出孔外 (B)反循环成孔，将钻渣带出孔外
(C)旋挖钻成孔，将钻渣带出孔外 (D)冲击钻成孔，悬浮钻渣

52. 在极限承载力状态下，对下列各种桩型承受桩顶竖向荷载时的抗力的描述中，哪些选项是正确的？（ ）

(A)摩擦桩：桩侧阻力 (B)端承摩擦桩：主要是桩端阻力
(C)端承桩：桩端阻力 (D)摩擦端承桩：主要是桩侧阻力

53. 桩基完工后，下列哪些选项会引起桩周负摩阻力？（ ）

(A)场地大面积填土 (B)自重湿陷性黄土地基浸水
(C)膨胀土地基浸水 (D)基坑开挖

54. 根据《建筑桩基技术规范》(JGJ 94—2008)计算大直径灌注桩承载力时，侧阻力尺寸效应系数主要考虑了下列哪些选项的影响？（ ）

(A)孔壁应力解除 (B)孔壁的粗糙度
(C)泥皮影响 (D)孔壁扰动

55. 分析土工格栅加筋垫层加固地基的作用机理，下列哪些选项是正确的？（ ）

(A)增大压力扩散角 (B)调整基础的不均匀沉降
(C)约束地基侧向变形 (D)加快软弱土的排水固结

56. 关于灌浆的特点，以下哪些选项的说法是正确的？（ ）

(A)劈裂灌浆主要用于可灌性较差的黏性土地基
(B)固结灌浆是将浆液灌入岩石裂缝，改善岩石的力学性质
(C)压密灌浆形成的上抬力可能使下沉的建筑物回升
(D)劈裂灌浆时劈裂缝的发展走向容易控制

57. 某高速公路通过一滨海滩涂地区，淤泥含水量大于90%，孔隙比大于2.1，厚约16.0m。按设计路面高程需在淤泥面上回填4.0～5.0m厚的填土，以下哪些选项的地基处理方案是比较可行的？（　　）

(A)强夯块石墩置换法　　(B)搅拌桩复合地基

(C)堆载预压法　　(D)振冲砂石桩法

58. 在含水量很高的软土地基中，下列哪些选项的情况属于砂井施工的质量事故？（　　）

(A)缩颈　　(B)断颈

(C)填料不密实　　(D)错位

59. 采用预压法进行软土地基加固竣工验收时，宜采用以下哪些选项进行检验？（　　）

(A)原位十字板剪切试验　　(B)标准贯入试验

(C)重型动力触探试验　　(D)室内土工试验

60. 下述对电渗法加固地基的叙述中，哪些选项是正确的？（　　）

(A)电渗法加固地基的主要机理是排水固结

(B)电渗法加固地基可用太沙基固结理论分析

(C)土体电渗渗透系数一般比其水力渗透系数小

(D)土体电渗渗透系数大小与土的孔隙大小无关

61. 对于在水泥土桩中设置预制钢筋混凝土小桩以形成劲性水泥土桩复合地基，下述哪些选项的叙述是合理的？（　　）

(A)劲性水泥土桩桩体模量大，可明显减小复合地基沉降量

(B)劲性水泥土桩桩体强度高，可有效提高复合地基承载力

(C)劲性水泥土桩复合地基可以解决有机质含量高、普通水泥土桩不适用的难题

(D)当水泥土桩的承载力取决于地基土体所能提供的摩阻力时，劲性水泥土桩优越性就不明显

62. 在生活垃圾卫生填埋场中，库区底部衬里采用双层高密度聚乙烯土工膜防渗，在两层土工膜之间设置厚度大于30cm的渗沥液导流（检测）层。下列哪些选项可用作该导流层填料？（　　）

(A)均匀粗砂　　(B)压实黏土

(C)膨润土　　(D)砂砾石

63. 下列边坡极限平衡稳定计算方法中，哪些算法不适用于非圆弧滑裂面？（　　）

(A)简单条分法(瑞典条分法)
(B)简化毕肖普(Bishop)法
(C)摩根斯顿—普赖斯(Morgenstem-Price)法
(D)简布(Janbu)法

64. 在某水库库区内，如图所示有一个结构面方向与坡面方向一致的岩石岸坡，岩石为夹有饱和泥岩夹层的板岩，坡下堆积有大体积的风化碎石。问下列哪些选项的情况对于该边坡稳定性是不利的？ ( )

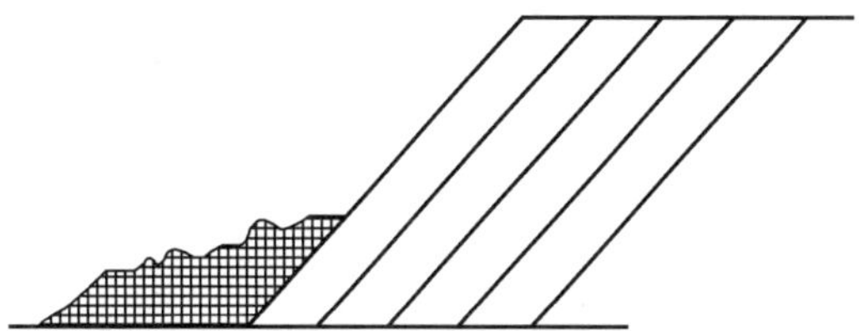

题64图

(A)水库水位从坡底地面逐渐上升　　(B)水库水位缓慢下降
(C)在坡顶削方　　(D)连续降雨

65. 下列哪些选项可用来作为铁路路基黏性土填方施工压实质量的控制指标？ ( )

(A)压实系数 K_h　　(B)地基系数 K_{30}
(C)标准贯入击数 N　　(D)剪切波波速

66. 在下列的土工合成材料产品中，哪些可用于作为加筋土结构物的加筋材料？ ( )

(A)土工带　　(B)土工网
(C)土工模袋　　(D)土工格栅

67. 在进行灰土垫层检测时，普遍发现其压实系数大于1，下列哪些选项有可能是造成这种结果的原因？ ( )

(A)灰土垫层的含水量偏大　　(B)灰土垫层的含灰量偏小
(C)灰土的最大干密度试验结果偏小　　(D)灰土垫层中石灰的石渣含量偏大

68. 对钻孔灌注桩进行竖向抗压静载荷试验时，通过桩身内力测试可得到下列哪些选项的结果？ ( )

(A)桩身混凝土强度等级　　(B)桩周各土层的分层侧摩阻力
(C)桩的端承力　　(D)有负摩擦桩的中性点位置

69. 经项目主管部门批准，下列建设工程勘察设计中，有哪些选项可以直接发包？ ( )

(A)铁路工程

(B)采用特定的专利或专有技术

(C)建筑艺术造型有特殊要求

(D)拆迁工程

70. 下列选项中哪些属于书面形式合同? ( )

(A)信件

(B)口头订单

(C)传真

(D)电子邮件

2008年专业知识试题答案(上午卷)

1.[答案] D

[依据] 基床系数是弹性半空间地基上某点所受的法向压力与相应位移的比值;基床系数并不是土的性质指标,而是与试验承压板尺寸和刚度密切相关的计算参数。

物理意义:地基土产生单位变形所需的应力,或者使单位面积土体产生单位变形所需要的力;也叫弹性抗力系数或地基反力系数。

确定方法:基床系数分垂直基床系数(采用方形平板载荷试验)和水平基床系数(采用桩的水平载荷试验),确定基床系数首选原位试验,可采用平板载荷试验(垂直载荷和水平载荷)、旁压试验或扁铲试验等到原位测试手段确定(旁压和扁铲仅用于估测水平基床系数);在室内宜采用三轴(慢剪)试验或固结试验的方法测得地基土的基床系数。

影响因素:土的类型(类别、含水量、稠度状态、密实程度)、基础埋深、基础底面积形状、基础刚度和荷载作用时间;相同压力作用下,随基础宽度的增加而减小(应力叠加),在基底压力和基底面积相同的情况下,矩形基础基床系数比方形的大,对于同一基础,基床系数随埋深增大而增大。

应用:弹性地基梁板的计算(竖向);桩和挡土结构物在横向荷载作用下的内力与变形计算(水平);桩和挡土结构物内力和变形计算所用的计算参数(水平)。

2.[答案] B

[依据]《建筑地基基础设计规范》(GB 50007—2011)第4.1.12条。天然含水量为0.46大于液限,孔隙比1.24小于1.5但大于1.0。故,该试样为淤泥质土。

3.[答案] B

[依据] 钻探中泥浆的主要作用有:平衡压力保护孔壁、冷却钻头防止烧钻、润滑提高钻进速率、提高取样质量、携带排除岩屑等,但由于不同的地层其作用不同,对于饱和砂层,可以使用合金干钻,采取扰动样,使用捞渣筒不使用泥浆;但保护孔壁稳定是采用泥浆护臂最常用的方法之一,其比套管要经济适用。

4.[答案] C

[依据]《水利水电工程地质勘察规范》(GB 50487—2008)第5.3.5条第6款。

5.[答案] A

[依据] 压缩模量是在完全侧限条件下测得,变形模量是在侧向自由时测得的,因此,压缩模量应大于变形模量。

6.[答案] A

[依据] 壤气测量在环境工程和地球化学中常用。通常有直接抽气法、水溶法、酸解法等。对于非溶解性气体(存储与孔隙间),通常采用直接抽气法,对于吸附性气体(低

碳烃类气体)需要考虑壤中吸附的气体，对壤进行破碎加水或酸溶解，然后用惰性气体或饱和盐水等驱气收集，再进行测量。

7.【答案】A

【依据】《工程地质手册》(第五版)第1216页。水分析的化学类型定名按照离子毫克当量百分数表示，其中阴阳离子分开，分数线上下为阴离子和阳离子，以离子含量大于25%为界限，大于的选入名称中，含量高的排在前面，阴离子在前，阳离子在后。

8.【答案】C

【依据】《水运工程地质勘察规范》(JTS 133—2013)第4.2.13条。

9.【答案】D

【依据】断层两盘常出现张节理和剪节理。对于张节理其锐角指向方向为断层的滑动方向，剪节理一般为两组X型节理，一组与断层面小角度相交，一般小于15°，另一组与断层面大角度相交，一般大于70°，小角度指向为断层的移动方向，大角度指向为断层的反方向。因此，本题中左侧为上盘，右侧为下盘。对于(1)、(2)、(3)剖面，其上下盘的移动分别为：上上下下(即上盘向上移动，下盘向下移动)，上下下上，上下下上，因此，分别为：逆断层，正断层，正断层。

10.【答案】C

【依据】《工程地质手册》(第五版)第1246页，Ⅰ为A型(层流)，Ⅱ为E型(充填)，Ⅲ为C型(扩张)。

11.【答案】C

【依据】取土粒比重$G_s=2.7$，$e=0.6\times2.7/1.0=1.62$。

12.【答案】C

【依据】《岩土工程勘察规范》(GB 50021—2001)(2009年版)第3.3.6条第4款。

13.【答案】B

【依据】颗粒级配不连续即颗粒大小差别较大，细颗粒可以在粗颗粒的间隙中移动，即管涌的特征。液化和突涌都是静水压力作用产生的。流土是在向上的渗透作用下，表层局部范围内的土体或颗粒群同时发生悬浮、移动的现象。管涌是指在渗流作用下，一定级配的无黏性土中的细小颗粒，通过较大颗粒所形成的孔隙发生移动，最终在土中形成与地表贯通的管道。

14.【答案】D

【依据】盐渍土，承载力高、持力层起伏大、噪声限制等，预制桩、钢管桩均不适合于持力层起伏大的场地，主要原因是无法准确确定持力层深度。沉管灌注桩施工质量容易出现问题，质量难以保证，一般对于高承载力不合适。钻孔灌注桩适合于所有范围的地层。

15.［答案］C

［依据］抗压桩和抗拔桩桩身轴力在摩阻力的作用下，随深度减小，从而桩身变形减小。抗压桩和抗拔桩都是上部先发生与土体的相对位移，因此是上部先产生摩阻力，即摩阻力由上而下逐步发挥。

16.［答案］A

［依据］负摩阻力的产生是由于桩周土的沉降大于桩的沉降，产生相对位移，中性点是负摩阻力与正摩阻力的分界点，也是桩身轴力最大点，中性点以下逐渐减小。中性点位置与桩端持力层的软硬程度有关，持力层越硬，中性点深度越大。

17.［答案］B

［依据］当桩承台底面高出土面以上时，称为高承台桩；当承台底面位于土中时，称为低承台桩。群桩承载力为单桩承载力之和时，即不考虑桩之间的相互作用，而且不考虑其承台底土的作用，为此，当桩为高承台端承桩，且桩距大于等于 $6d$ 时，摩阻力为次要作用，而且承台底无土，桩侧应力的作用不予考虑，此时则宜取各单桩之和。

18.［答案］D

［依据］《建筑桩基技术规范》(JGJ 94—2008)第 3.4.3 条。

19.［答案］A

［依据］《建筑桩基技术规范》(JGJ 94—2008)第 5.4.1 条。

20.［答案］A

［依据］桩体受力后先由桩侧摩阻力承担，如果桩荷载大于侧摩阻力时，桩体产生向下的位移，桩端承载力此时发挥作用。

21.［答案］C

［依据］《建筑地基基础设计规范》(GB 50007—2011)第 8.5.3 条。

22.［答案］B

［依据］《建筑地基处理技术规范》(JGJ 79—2012)第 8.4.2 条。

23.［答案］D

［依据］《建筑地基处理技术规范》(JGJ 79—2012)第 7.1.7 条。复合土层的压缩模量等于该层天然地基压缩模量的 ζ 倍，ζ 为复合地基承载力特征值除以基底下天然地基承载力特征值。因为承载力基本上达到了设计要求，为了控制工后沉降，有效的方式就是增加复合土层的厚度，也就是增大压缩计算深度范围内的压缩模量。

24.［答案］A

［依据］《建筑地基处理技术规范》(JGJ 79—2012)第 6.3.3 条及条文说明。强夯法的有效加固深度与夯击能(夯击锤重和落距有关)、夯击次数、锤底单位压力、地基土的性质、不同土层的厚度和埋藏顺序以及地下水有密切的关系。对于增加夯击遍数、减小夯击点距离，增大夯击间歇时间更多的是提高了其密实程度，并不能有效地提高加固深

度，但对于同一位置进行多次夯击后，因其密实程度提高较大，可以适当地提高有效加固深度，但效果有限。

25.【答案】A

【依据】刚性桩增加桩长可以增加侧摩阻力，可以大幅度提高桩的整体承载力；减小桩距和增加桩径是提高置换率，同样可以大幅度提高承载力；由于素混凝土桩单桩承载力特征值通常不是桩身强度控制，故提高桩身混凝土强度，对于提高桩的承载力有限，因为此时桩的承载力是由桩侧摩阻力提供（地基处理中桩的承载力一般均由地层摩阻力提供，但有时也有例外的情况），并不是由桩的质量和材料控制，因此收效最小。

26.【答案】B

【依据】《建筑地基处理技术规范》（JGJ 79—2012）第7.7.2条条文说明。褥垫层越厚，桩承担的荷载占总荷载的百分比越低，桩土应力比越低。

27.【答案】C

【依据】《碾压式土石坝设计规范》（DL/T 5395—2007）第8.3.4条。必须采取垂直防渗措施，又根据第8.3.6条，砂砾石层20m以内，采用截水槽。

28.【答案】D

【依据】《建筑地基处理技术规范》（JGJ 79—2012）第3.0.4条。

29.【答案】C

【依据】《建筑地基处理技术规范》（JGJ 79—2012）附录B第B.0.11条。

30.【答案】B

【依据】本题可结合中学的摩擦自锁，也可以从土力学教材中查到。墙背光滑时，土压力应该与墙背和滑动面垂直，考虑摩擦角后，即考虑了土体与墙体的摩擦力，摩擦力使得支撑反力抵消楔形体的重力更多，因此，其摩擦角应该偏离正常垂直作用方向向下。

31.【答案】C

【依据】锚杆包括自由段和锚固段，自由段由于没有摩阻力，其受力均匀相等，锚固段的摩阻力，随着深度的增大锚杆轴力抵消的越来越多，直到为零。即自由段为矩形分布，锚固段为三角形分布。A选项为拉杆，B选项为土钉拉拔试验，D选项为滑动面两侧土钉拉力分布。

32.【答案】A

【依据】《碾压式土石坝设计规范》（DL/T 5395—2007）第6.1.5条～第6.1.7条。其中第6.1.5条所列为不宜作为防渗体填筑料。

33.【答案】D

【依据】堰塞湖是在一定的地质和地貌条件下，由于河谷岸坡在动力地质作用下迅速产生崩塌、滑坡、泥石流以及冰川、融雪活动所产生的堆积物或火山喷发物等形成的自然堤坝横向阻塞山谷、河谷或河床，导致上游段壅水而形成的湖泊。而具备一定挡水能力的堵塞河道的堆积体称之为堰塞体。

堰塞湖一般有两种溃决方式:逐步溃决和瞬时全溃。逐步溃决的危险性相对较小;但是,如果一连串堰塞湖发生逐步溃决的叠加,位于下游的堰塞湖则可能发生瞬时全溃,将出现危险性最大的状况。可根据堰塞湖的数量、距离,堰塞坝的规模、结构,堰塞湖的水位、水量等进行判断。如堰塞坝是以粒径较小、结构松散的土石堰塞坝,相对来说是比较容易溃决的。故D选项最不易使堰塞湖在短期内溃决。

34.**[答案]** B

[依据] 据《碾压式土石坝设计规范》(DL/T 5395—2007)第10.3.2条。四种工况中没有初次蓄水。

35.**[答案]** C

[依据] 在稳定分析的条分法中,考虑土条剪切作用力越多,计算所得的安全系数就越大;所以任意滑动面的方法比假设一种滑动面的安全系数要大。而不计条间作用力的瑞典圆弧法计算的安全系数最小;任意滑动面的摩根斯顿—普莱斯法的安全系数最大。另外,三维的情况下滑动面面积大,黏聚力的作用面更大,因为三维滑动面的摩根斯顿—普莱斯法的安全系数最大。也可参阅《碾压式土石坝设计规范》(DL/T 5395—2007)第10.3.10条及附录E。

36.**[答案]** B

[依据] 由于水位以上土的重度大,会产生较大的滑动力,滑动面较陡,产生的抗滑力较小;由于水位以下土的浮重度小,尽管滑动面较平缓,但产生的抗滑力也不大。可参阅《土力学》中部分浸水土坡相关内容。

37.**[答案]** B

[依据] 土力学的土压力系数的公式,均与内摩擦角有关,与黏聚力没关系,可通过特殊值法确定答案,例如给出两个不同的内摩擦角。

38.**[答案]** D

[依据]《建筑基桩检测技术规范》(JGJ 106—2014)第7.1.2条、第7.4.1条。

39.**[答案]** C

[依据]《建筑地基处理技术规范》(JGJ 79—2012)附录B第B.0.2条,承压板面积为一根桩承担的处理面积。

40.**[答案]** D

[依据] 基床系数随着深度成正比例增加,其公式为 $K=mZ$,按《岩土工程勘察规范》(GB 50021—2001)(2009年版)第4.2.12条及第10.2.6条条文说明规定,基床系数K是采用30cm的平板载荷试验确定的,$K=p/s$,K单位为 kN/m^3,其比例系数则为 kN/m^4。

41.**[答案]** ABC

［依据］每条节理有两个走向数值，通常用一个数值作图，采用北半球的数值，如果是南半球的数值则换算成北半球的数值，两者相差180°。每一个玫瑰花瓣越长，表明此方位角范围内出现的节理数目越多，越发育。

42.［答案］BCD

［依据］《岩土工程勘察规范》(GB 50021—2001)(2009年版)附录E表E.0.2。

43.［答案］AB

［依据］线路选线时应对活动断层进行避让，无法避让时应进行大角度跨越处理，并加强结构措施。线路的位置应放在下盘或同一盘，可以减轻因断层活动造成的影响。

44.［答案］AD

［依据］《建筑地基基础设计规范》(GB 50007—2011)附录H第H.0.10条。

45.［答案］ABC

［依据］土层在地质历史上曾经受过的最大压力(指有效应力)称为先期固结压力；在e-lg$p$曲线上，在压力较大部分，接近直线，其斜率称为土的压缩指数；土的再压缩指数和回弹指数是指卸载段和再压缩段的平均斜率，也就是再压缩曲线和回弹曲线段两端点连线的斜率(两曲线两端都共点)，两者数值上相同。

46.［答案］AC

［依据］《岩土工程勘察规范》(GB 50021—2001)(2009年版)第10.10.5条。

47.［答案］BC

［依据］《岩土工程勘察规范》(GB 50021—2001)(2009年版)第6.2.2条条文说明。红黏土的主要特征：上硬下软、表面收缩、裂隙发育；其胀缩性主要表现为收缩。

48.［答案］ABC

［依据］沉井施工常遇到以下几个问题。

(1)突沉问题。在软土地区的沉井施工中，常发生突然下沉现象。突沉的原因主要是井壁侧摩阻力较小，而当刃脚下土被挖除时，沉井支承削弱。突沉容易使沉井产生较大的倾斜或超沉，尤其当下沉接近设计标高时，更应注意防止突沉。防止突沉的措施一般是控制均匀挖土，在刃脚处挖土不宜过深，此外在设计时可采用增大刃脚阻力的措施如增大刃脚踏面宽度或增设底梁等。

(2)沉偏问题。沉井下沉过程中，会经常发生偏斜，如不注意防止及时纠正，会造成沉井过偏而不能满足设计要求。因此，沉井下沉过程中应加强监测工作，以便及时发现和纠正偏斜。纠正偏斜的方法有：①在下沉少的一边：井内加快挖土，井外侧挖土，以减少摩阻力并加压重；以高压水冲刃脚底部；外侧设射水管冲刷等。②在下沉多的一边：停止挖土；以钢缆向下沉少的一边扳拉等。

(3)难沉问题。难沉即下沉过慢或者不下沉，遇到难沉时，应根据具体原因采取适当的措施。如因沉井侧面摩阻力过大造成难沉，一般在井壁外侧用水管射水冲刷或在井壁外侧面涂抹润滑剂。有时也可采用施工加荷重等办法迫使其下沉。在不排水下沉时遇到难沉,可进行部分抽水以减小浮力以增加沉井的有效自重。若因刃脚下土阻力过大造成难沉,则应尽量挖除刃脚下的土。如遇大石块等障碍物,必要时可以小型爆破清除。若水下无法清理障碍物,可由潜水员进行水下清理。在设计上可采用泥浆套或空气幕下沉法解决难沉问题。

49.**[答案]** AC

[依据] 柱下独立基础桩基承台之间应设置连系梁,梁顶与承台顶标高平齐,主要是为了加强其整体性,改善水平地震、风荷载作用下的整体受力性状,降低桩顶弯矩和剪力。所以,A、C选项正确。B选项弯矩荷载要求桩顶与承台固结。D选项竖向上拔荷载要求桩顶嵌入承台的长度大于竖向下压荷载要求桩顶嵌入承台的长度。

50.**[答案]** BD

[依据] 沉井的主要施工程序如下:沉前准备——取土下沉——接筑沉井——沉井封底。沉井挖土下沉时应对称均衡地进行。根据沉井所遇土层的土质条件及透水性能,下沉施工可分为排水下沉及不排水下沉两种。

排水下沉。当沉井所穿过的土层较稳定,不会因排水而产生大量的流沙塌陷时,可采用排水挖土下沉施工。

不排水下沉。当土层不稳定、地下水涌水量很大时,为了防止因井内排水而产生流沙等不利影响,需采用不排水下沉施工。减小每节筒身高度不会提高沉井下沉速率,将排水下沉改为不排水下沉也不会提高下沉速率。

51.**[答案]** ABD

[依据] 正循环和反循环均用泥浆护壁,区别在于正循环钻成孔时,泥浆循环的方向为泥浆池、泥浆泵、钻杆而由钻头进入孔内,在完成护壁功能的同时将渣土悬浮带出地面,再靠重力作用流回泥浆池,在渣土泥浆池中沉淀后,经重新稀释后再注入孔内。反循环钻成孔时,泥浆的循环方向正好与正循环相反,泥浆从孔壁与钻杆间的空隙注入孔内,携带渣土的泥浆由泵或空气(气举法)经钻杆排出孔外至沉淀池,经处理符合要求后,再流回孔内。旋挖钻机是通过钻具的旋转,借助钻具的自重和加压系统,钻具边旋转边切削地层,并通过钻具提升出土,多次反复而成孔,根据地层可不护壁、钢套管护壁和泥浆护壁。冲击成孔是冲击式钻机或卷扬机将一定重量的冲击钻头提升到一定的高度后,瞬时释放,利用钻头自由降落的冲击动能破碎地层,用掏渣筒或反循环法将钻渣排出而成孔。

52.**[答案]** AC

[依据]《建筑桩基技术规范》(JGJ 94—2008)第3.3.1条。摩擦型桩包括摩擦桩和端承摩擦桩,都是由桩侧阻力承受主要荷载,桩端阻力很小或者不计。端承型桩包括端承桩和摩擦端承桩,都是由桩端阻力承受主要荷载,桩侧阻力很小或者不计。

53.**[答案]** AB

[依据]《建筑桩基技术规范》(JGJ 94—2008)第5.4.2条。当桩周土层产生的沉降超过基桩的沉降时,就会产生负摩阻力。膨胀土地基浸水膨胀,失水收缩,因此浸水后桩周土层的沉降变小,不会产生负摩阻力。基坑开挖通常产生回弹变形,同样桩周土层的变形变小,不产生负摩阻力。

54.[答案] AD

[依据]《建筑桩基技术规范》(JGJ 94—2008)第5.3.6条条文说明。大直径桩成孔后产生应力释放,孔壁出现松弛变形,导致侧阻力有所降低,侧阻力随桩径增大而呈双曲线形减小。

55.[答案] ABC

[依据]《建筑地基处理技术规范》(JGJ 79—2012)第4.2.1条条文说明。

56.[答案] BC

[依据] (1)劈裂灌浆:《工程地质手册》(第五版)第1128页。在灌浆压力作用下,浆液克服地基土中初始应力和抗拉强度,使地基中原有的孔隙或裂隙扩张,或形成新的裂隙或孔隙,用浆液填充,改善土体的物理力学性质。与深入注浆相比,其所需灌浆压力较高,适用于岩基或砂、砾砂层、黏性土地基。

(2)固结灌浆:《碾压式土石坝设计规范》(DL/T 5395—2007)第8.4.11条条文说明。固结灌浆有的从基坑表面进行,基坑表面预先喷浆或浇筑混凝土垫层,有的通过灌浆廊道或平洞进行。固结灌浆的孔、排距及固结灌浆深度系根据已有工程经验确定,根据地质情况,一般排距可取3~4m,深度可取5~10m。根据国内一般经验,固结灌浆的灌浆压力,当没有混凝土盖板时,初步可选用0.1~0.3MPa;当有混凝土盖板时,初步可选用0.3~0.5MPa,最终应通过灌浆试验确定。

(3)压密灌浆:《工程地质手册》(第五版)第1128页,通过钻孔向土层中压入浓浆液,随着土体压密将在压浆点周围形成浆泡。通过压密或置换改善地基性能。在灌浆过程中因浆液的挤密作用可产生辐射状上抬力,可引起地面局部隆起。利用这一原理可以纠正建筑物不均匀沉降或者建筑物纠偏。

57.[答案] BC

[依据]《建筑地基处理技术规范》(JGJ 79—2012)第6.3.5条。强夯置换墩应穿透软土层,达到较硬土层上,深度不宜超过10m,本题软土层厚16m,不可行;据第7.2.1条,振冲碎石桩对于饱和黏土地基,如果变形控制不严格时,可采用,因本题为高速公路,对变形要求较严格,故不可行。

58.[答案] ABD

[依据] 砂井施工的常用方法有沉管、水冲、螺旋钻施工,使用的方法不同,其质量事故也有所差别,软土地区常见的质量事故有:缩颈、断颈、串位、砂井不连续(错位)等。填料的密实一般不属于事故,属于普通的质量问题,没有事故那么严重。因此,选择施工工艺时应注意以下几方面:①保证砂井连续、密实,并且不出现缩颈现象;②施工时尽量减小对周围土体的扰动;③施工后砂井的长度、直径和间距应满足设计要求。

59.［答案］AD

［依据］《建筑地基处理技术规范》(JGJ 79—2012)第5.4.2条、第5.4.3条。

60.［答案］AD

［依据］《工程地质手册》(第五版)第1128页。电渗法属于排水固结法的一种，具体做法是在地基中设置阴、阳极，通以直流电，形成电场。土中水流向阴极。采用抽水设备将水抽走，达到地基土体排水固结效果，主要适用于软黏土地基。电渗渗透系数应大于水力渗透系数。

61.［答案］BD

［依据］劲性水泥土桩可以解决水泥土桩桩身强度低的问题，由于水泥土桩复合地基单桩承载力大都由桩身强度控制，劲性水泥土桩可提高桩身强度，也就可有效提高复合地基承载力；另外，根据复合地基变形计算方法为复合模量法，复合地基承载力的提高，势必提高了复合模量，变形将减小，但不是由于桩体本身的模量所致。

62.［答案］AD

［依据］《生活垃圾卫生填埋处理技术规范》(GB 50869—2013)第8.2.6条。渗沥液检测层：可采用土工复合排水网，厚度不应小于5mm；也可采用卵(砾)石等石料，厚度不应小于30cm。

63.［答案］AB

［依据］《碾压式土石坝设计规范》(DL/T 5395—2007)附录E。圆弧滑动包括：简化毕晓普法、瑞典圆弧法；非圆弧滑动包括：摩根斯顿—普莱斯法、滑楔法。又根据《土力学》可知，简布法为普遍条分法的一种，适用于任意滑动面的方法，而不必规定圆弧滑动面。

64.［答案］AD

［依据］在圆弧条分法计算中，坡下堆积的风化碎石主要提供抗滑力矩，水位上升，它的天然重度变为浮重度，不利于边坡稳定。当连续降雨，裂隙降水压力增大，不利于边坡稳定。

65.［答案］AB

［依据］《铁路路基设计规范》(TB 10001—2016)第7.3.1条第1款及表7.3.2。

66.［答案］AD

［依据］《土工合成材料应用技术规范》(GB/T 50290—2014)第7.1.2条。

67.［答案］BCD

［依据］压实系数为土的控制(实际)干密度与最大干密度的比值；土的控制(实际)干密度由室内试验测得，土的最大干密度宜采用击实试验确定。最大干密度试验室中测定的试验结果偏小时，其比值肯定偏大。灰土密度小，当灰土含量越大，控制干密度越小。由压实曲线可知，当含水量偏大时，不宜压实，其压实干密度偏小。当石灰中含有石渣时，密度增大，控制干密度也增大。

68.［答案］BCD

［依据］《建筑基桩检测技术规范》(JGJ 106—2014)附录A。

69.［答案］BC

［依据］《工程建设项目招标范围和规模标准规定》第八条。

70.［答案］ACD

［依据］《中华人民共和国民法典》第四百六十九条。

2008 年专业知识试题(下午卷)

一、单项选择题(共 40 题,每题 1 分。每题的备选项中只有一个最符合题意)

1. 下列关于荷载标准值的叙述中,哪个选项是正确的? ( )

(A)荷载标准值为荷载代表值与荷载分项系数的乘积
(B)荷载标准值为荷载的基本代表值,为设计基准期内最大荷载设计统计分布的特征值
(C)荷载标准值为建筑结构使用过程中在结构上可能同时出现的荷载中的最大值
(D)荷载标准值为设计基准期内,其超越的总时间为规定的较小比率或超越频率为规定频率的荷载值

2. 下列有关工程设计中可靠度和安全等级的叙述中,哪个选项是正确的? ( )

(A)岩土工程只能采用以概率理论为基础的极限状态设计方法
(B)工程结构的安全等级是根据结构类型和受力体系确定的
(C)地基基础的设计等级是根据基础类型和地基承受的上部荷载大小确定的
(D)可靠度是指结构在规定的时间内,在规定的条件下,完成预定功能的概率

3. 根据《工程结构可靠性设计统一标准》(GB 50153—2008),下列有关工程结构可靠度设计原则的叙述中,哪个选项是正确的? ( )

(A)为保证工程结构具有规定的可靠度,除应进行必要的设计计算外,还应对结构材料性能、施工质量、使用与维护进行相应控制
(B)建筑物中各类结构构件必须与整个结构都具有相同的安全等级
(C)设计使用年限是指结构通过正常维护和大修能按预期目的的使用,完成预定功能的年限
(D)建筑结构的设计使用年限不应小于设计基准期

4. 下列哪个选项属于无筋扩展基础? ( )

(A)毛石基础 (B)十字交叉基础
(C)柱下条形基础 (D)筏板基础

5. 地基承载力深度修正系数取决于下列哪个选项的土的类别和性质? ( )

(A)基底下的土
(B)综合考虑基础底面以下和以上的土
(C)基础底面以上的土

(D)基础两侧的土

6.关于微风化岩石地基上墙下条形基础的地基承载力,下列哪个选项的说法是正确的? ( )

(A)埋深从室外地面算起进行深度修正
(B)埋深从室内地面算起进行深度修正
(C)不进行深度修正
(D)埋深取室内和室外地面标高的平均值进行深度修正

7.某山区铁路桥桥台采用明挖扩大基础,持力层为强风化花岗岩。基底合力偏心距 $e=0.8\text{m}$,基底截面核心半径 $\rho=0.75\text{m}$,下列哪个选项是计算基底压力的正确方法? ( )

(A)按基底面积计算平均压应力,须考虑基底承受的拉应力
(B)按基底面积计算最大压应力,不考虑基底承受的拉应力
(C)按基底受压区计算平均压应力,须考虑基底承受的拉应力
(D)按基底受压区计算最大压应力,不考虑基底承受的拉应力

8.某铁塔采用浅基础,持力层为全风化砂岩,岩体破碎成土状。按照《建筑地基基础设计规范》(GB 50007—2011),下列哪个选项是确定地基承载力特征值的正确方法? ( )

(A)根据砂岩饱和单轴抗压强度标准值,取 0.1 折减系数
(B)根据砂岩饱和单轴抗压强度标准值,取 0.05 折减系数
(C)根据砂岩天然湿度单轴抗压强度标准值
(D)根据平板载荷试验结果,可进行深宽修正

9.某教学楼由 10 层和 2 层两部分组成,均拟设埋深相同的 1 层地下室。地基土为均匀的细粒土,场地在勘察深度内未见地下水。以下基础方案中的哪个选项不能有效减少高低层的不均匀沉降? ( )

(A)高层采用筏形基础,低层采用柱下条形基础
(B)高层采用箱形基础,低层采用柱下独立基础
(C)高层采用箱形基础,低层采用筏形基础
(D)高层改用 2 层地下室,低层仍采用 1 层地下室,均采用筏形基础

10.在黏性土土层中开挖 8m 深的基坑,拟采用土钉墙支护。经验算现有设计不能满足整体稳定性要求。下列哪个选项的措施可最有效地提高该土钉墙的整体稳定性? ( )

(A)在规程允许范围内,适当减小土钉的间距
(B)对部分土钉施加预应力

(C)增加土钉的长度
(D)增加喷射混凝土面层的厚度和强度

11. 关于在基坑工程中进行的锚杆试验，下列哪个选项说法是错误的？（　　）

(A)锚杆施工完毕一周内，应立即进行抗拔试验
(B)在最大试验荷载下锚杆仍未达到破坏标准时，可取该最大荷载值作为锚杆极限承载力值
(C)锚杆验收试验的最大试验荷载一级基坑应取锚杆轴向受拉承载力标准值的1.4倍
(D)对于非永久性的基坑支护工程中的锚杆，在有些情况下也需要进行蠕变试验

12. 某城市地铁6km区间隧道，自南向北穿越地层依次为：一般粉质黏土、残积土、中—强风化砂岩、砂砾岩、强—微风化安山岩。该区间位于市中心地带，道路交通繁忙，建筑物多，采用下列哪个选项施工比较合适？（　　）

(A)明挖法　　(B)盖挖逆作法
(C)浅埋暗挖法　　(D)盾构法

13. 沿海淤泥软黏土场地的某基坑工程，开挖深度为5m，基坑周边环境的要求不高，围护结构允许向外占用宽度3～4m。该工程最适宜选用下列哪种基坑围护结构类型？（　　）

(A)灌注排桩加土层锚杆　　(B)地下连续墙
(C)重力式水泥土墙　　(D)土钉墙

14. 在其他条件相同的情况下，有下列Ⅰ、Ⅱ、Ⅲ、Ⅳ四种不同平面尺寸的基坑。从有利于基坑稳定性而言，下列哪个选项是正确的？（选项中的“＞”表示“优于”）

Ⅰ. 30m×30m方形；Ⅱ. 10m×10m方形；Ⅲ. 10m×30m长方形；Ⅳ. 10m直径的圆形。（　　）

(A)Ⅳ＞Ⅱ＞Ⅲ＞Ⅰ　　(B)Ⅳ＞Ⅱ＞Ⅰ＞Ⅲ
(C)Ⅰ＞Ⅲ＞Ⅱ＞Ⅳ　　(D)Ⅱ＞Ⅳ＞Ⅲ＞Ⅰ

15. 某基坑拟采用排桩或地下连续墙悬臂支护结构，地下水位在基坑底以下，支护结构嵌入深度设计最主要由下列哪个选项控制？（　　）

(A)抗倾覆　　(B)抗水平滑移
(C)抗整体稳定　　(D)抗坑底隆起

16. 某过江隧道工作井井深34m，采用地下连续墙支护。地层及结构如图所示。场地地下水有两层，浅层潜水位深度为1.5m，深部承压水水位深度11.8m，水量丰富，并与江水连通。下列地下水控制措施中，哪个选项相对来说是最有效的？（　　）

(A)对浅层潜水用多级井点降水,对深层承压水,用管井降水方案
(B)采用进入卵石层适宜深度的隔水帷幕,再辅以深井降水并加固底部方案
(C)对浅层潜水,用多级井点降水,对深层承压水,加强观测
(D)设置深度进入基岩(泥岩)的封闭隔水帷幕,并疏干帷幕内的地下水

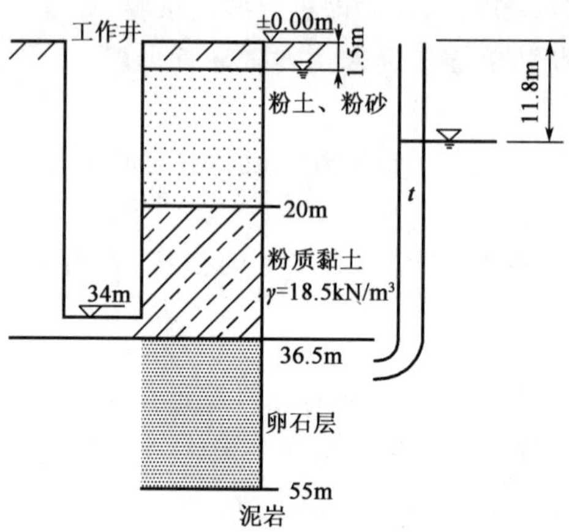

题 16 图

17. 在日温差较大的地区,下列哪种盐渍土对道路的危害最大? ( )

(A)氯盐渍土 (B)亚氯盐渍土
(C)硫酸盐渍土 (D)碱性盐渍土

18. 在地下水位高于基岩面的隐伏岩溶发育地区,在抽降地下水的过程中发生了地面突陷事故,事故最可能的原因是下列哪个选项? ( )

(A)基岩内部的溶洞坍塌
(B)基岩上覆土层因抽降地下水,导致地层不均匀压缩
(C)基岩上覆土层中的土洞坍塌
(D)建筑物基底压力过大,地基土剪切破坏

19. 如图所示,建筑物的沉降一般是以下列哪个选项的变形为主? ( )

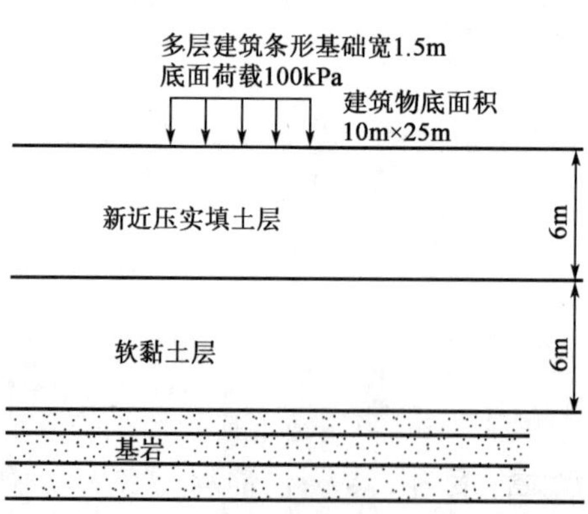

题 19 图

(A)建筑物荷载引起的地基土变形
(B)压实填土的自重变形
(C)软黏土由上覆填土的重力产生的变形
(D)基岩由上覆土层重力产生的变形

20. 在不均匀岩土地基上建多层砖混结构房屋，为加强建筑物的整体刚度，拟增设两道圈梁。下列哪个选项的圈梁设置位置是最合理的？（　　）

(A)一道设在基础顶面，一道设在底层窗顶上
(B)一道设在基础顶面，一道设在中间楼层窗顶上
(C)一道设在底层窗顶上，一道设在顶层窗顶上
(D)一道设在基础顶面，一道设在顶层窗顶上

21. 在其他条件都一样的情况下，在整体性相对较好的岩体(简称前者)和较松散的堆积体(简称后者)中分别形成两个滑坡体。在滑坡推力总合力大小和作用方向及滑体厚度都相同时，若将这两个滑坡的下滑推力对抗滑挡墙所产生的倾覆力矩进行比较，其结果应最符合下列哪个选项？（　　）

(A)前者的倾覆力矩小于后者的倾覆力矩
(B)前者的倾覆力矩大于后者的倾覆力矩
(C)二者的倾覆力矩相等
(D)二者的倾覆力矩大小无法比较

22. 下列哪个选项的措施并不能有效地减小膨胀土地基对建筑物的破坏？（　　）

(A)增加基础埋深　　(B)减少建筑物层数
(C)增加散水宽度　　(D)对地基土进行换填

23. 在某湿陷性黄土场地拟修建一座大型水厂，已查明基础底面以下为厚度 8m 的全新统(Q_4)自重湿陷性黄土，设计拟采用强夯法消除地基的全部湿陷性。根据《湿陷性黄土地区建筑标准》(GB 50025—2018)的规定，预估强夯单击夯击能至少应大于下列哪个选项的数值？（　　）

(A)7000kN·m　　(B)6000kN·m
(C)8000kN·m　　(D)4000kN·m

24. 下列哪个选项所列土性指标和工程性质，可采用扰动土样进行测定？（　　）

(A)膨胀土的自由膨胀率　　(B)黄土的湿陷性
(C)软土的灵敏度　　(D)多年冻土的融沉等级

25. 某框架结构厂房，拟采用 2m×3m 独立矩形基础，基础埋深为地表以下 2.5m。初勘阶段已查明场地设计基础底面以下 6～9m 处可能存在溶洞。在详勘阶段至少应选

用下列哪个选项的钻孔深度？（　　）

(A)9.0m　　(B)10.5m
(C)13.5m　　(D)16.5m

26.关于地质灾害危险性评估，下列哪个选项的说法是正确的？（　　）

(A)地质灾害危险性评估是从与地质作用有关的地质灾害发生的概率入手，对其潜在的危险性进行客观评估
(B)地质灾害危险性评估是在建设用地和规划用地面积范围内进行
(C)地质灾害危险性评估等级主要是按照地质环境条件的复杂程度来划分
(D)地质灾害危险性评估的内容应包括高层建筑地基稳定性评价

27.某黄土试样原始高度为20mm，当加压至上覆土层的饱和自重压力时，下沉稳定后的高度为19mm，在此压力下浸水后测得附加下沉稳定后的高度为18mm。该试样的自重湿陷系数为下列哪个选项的数值？（　　）

(A)0.050　　(B)0.053
(C)0.100　　(D)0.110

28.公路边坡岩体较完整，但其上部有局部悬空的岩石可能成为危石时，下列防治工程措施中哪个选项是不适用的？（　　）

(A)钢筋混凝土立柱　　(B)浆砌片石支顶
(C)预应力锚杆支护　　(D)喷射混凝土防护

29.下列哪个选项不属于《中国地震动参数区划图》(GB 18306—2015)中的内容？（　　）

(A)地震基本烈度可按地震动峰值加速度确定
(B)按场地类型调整地震动反应谱特征周期
(C)确定地震影响系数最大值
(D)设防水准为50年超越概率10%

30.按照《建筑抗震设计规范》(GB 50011—2010)(2016年版)确定建筑的设计特征周期与下列哪个选项无关？（　　）

(A)抗震设防水准　　(B)所在地的设计地震分组
(C)覆盖层厚度　　(D)等效剪切波速

31.强震时，下列哪个选项不属于地震液化时可能产生的现象？（　　）

(A)砂土地基地面产生喷水冒砂
(B)饱和砂土内有效应力大幅度提高

(C)地基失效造成建筑物产生不均匀沉陷

(D)倾斜场地产生大面积土体流滑

32. 对于存在液化土层承受竖向荷载为主的低承台桩基，下列哪一项的做法是不合适的？（　　）

(A)各类建筑都应进行桩基抗震承载力验算

(B)不宜计入承台周围土的抗力

(C)处于液化土中的桩基承台周围，宜用非液化土填筑夯实

(D)桩承受全部地震作用，桩承载力应扣除液化土层的全部桩周摩阻力

33. 某河流下游区拟修建土石坝，场区设计烈度为 7 度，建基面以下的第四系覆盖层厚度为 30m，地层岩性为黏性土和砂土的交互沉积层，$v_{sm}=230\text{m/s}$，该土石坝的附属水工结构物基本自振周期为 1.1s，在《中国地震动参数区划图》查到的场地特征周期为 0.35s，该水工结构物抗震设计时的场地特征周期宜取下列哪个？（　　）

(A)0.20s　　(B)0.25s

(C)0.30s　　(D)0.35s

34. 在桥梁抗震设计中，关于减隔震技术的说法，正确的是哪一项？（　　）

(A)减隔震装置可以延长结构周期，从而使结构不再受地震力的作用

(B)相对而言，减隔震装置的柔性度较高，可能导致结构在正常使用荷载作用下发生有害振动

(C)应用减隔震装置可适当减小结构变形

(D)为使大部分变形集中于减隔震装置，应使减隔震装置水平刚度适当高于桥墩刚度

35. 以下哪个选项不属于岩土工程施工投标文件的内容？（　　）

(A)施工方法和施工工艺　　(B)主要施工机械及施工进度计划

(C)投标报价要求　　(D)主要项目管理人员与组织机构

36. 招标代理机构违反《中华人民共和国招标投标法》，损害他人合法利益的应对其进行处罚，下列哪项处罚是不对的？（　　）

(A)处五万元以上二十五万元以下的罚款

(B)对单位直接责任人处单位罚款数额百分之十以上百分之十五以下罚款

(C)有违法所得的，并处没收违法所得

(D)情节严重的，暂停甚至取消招标代理资格

37. 检测机构违反《建设工程质量检测管理办法》相关规定，一般对违规行为处以 1 万元以上 3 万元以下罚款，下列哪项违规行为不在此罚款范围？（　　）

(A)超出资质范围从事检测活动的
(B)出具虚假检测报告的
(C)未按照国家有关工程建设强制性标准进行检测的
(D)未按规定上报发现的违法违规行为和检测不合格事项的

38.根据《中华人民共和国民法典》的规定,因发包人变更计划、提供的资料不准确,或者未按照期限提供必需的勘察工作条件而造成勘察返工、停工的,发包人应当承担下列哪项责任? ( )

(A)按照勘察人实际消耗的工作量增付费用
(B)双倍支付勘察人因此消耗的工作量
(C)赔偿勘察人的全部损失
(D)不必偿付任何费用

39.企业为职工缴纳的住房公积金属于下列建筑安装工程费用项目构成中的哪一项? ( )

(A)措施费
(B)企业管理费
(C)规费
(D)社会保险费

40.根据建设部颁布的《勘察设计注册工程师管理规定》,规定了注册工程师享有的权利,下列哪个选项不在此范围? ( )

(A)在规定范围内从事执业活动
(B)保守在执业中知悉的他人的技术秘密
(C)保管和使用本人的注册证书和执业印章
(D)对本人执业活动进行解释和辩护

二、多项选择题(共30题,每题2分。每题的备选项中有两个或三个符合题意,错选、少选、多选均不得分)

41.下列各种荷载中,属于永久荷载的有哪些选项? ( )

(A)结构自重
(B)积灰荷载
(C)吊车荷载
(D)地下结构上的土压力

42.下列哪些选项的荷载(作用)效应组合可用于正常使用极限状态设计? ( )

(A)基本组合
(B)标准组合
(C)偶然组合
(D)频遇组合

43.下列关于工程结构三种设计状况的叙述,哪些选项是正确的? ( )

(A)对于持久状况,可用承载能力极限状态设计替代正常使用极限状态设计
(B)对于短暂状况,可根据需要进行正常使用极限状态设计
(C)对于偶然状况,可用正常使用极限状态设计替代承载能力极限状态设计

(D)对以上三种状况，均应进行承载能力极限状态设计

44. 下列哪些选项是影响土质地基承载力的因素？（　　）

(A)基底以下土的性质　　(B)基底以上土的性质
(C)基础材料　　(D)基础宽度和埋深

45. 下列哪些选项属于地基土的动力性质参数？（　　）

(A)动力触探试验锤击数　　(B)剪切波速
(C)刚度系数　　(D)基床系数

46. 按照《建筑地基基础设计规范》(GB 50007—2011)，根据土的抗剪强度指标计算地基承载力特征值时，下列哪些选项的表述是正确的？（　　）

(A)土的 ϕ_k 为零时，f_a 的计算结果与基础宽度无关
(B)承载力系数与 c_k 无关
(C)φ_k 越大，承载力系数 M_c 越小
(D)φ_k 为基底下一定深度内土的内摩擦角统计平均值

47. 在设计某海港码头时，对于深厚软弱土地基采用抛石基床。为使地基承载力能达到设计要求，还可以采用以下哪些选项的措施？（　　）

(A)增加基础的宽度　　(B)增加基床的厚度
(C)减少边载　　(D)减缓施工加荷速率

48. 下列关于《建筑地基基础设计规范》(GB 50007—2011)中压缩模量当量值的概念中，哪些选项是错误的？（　　）

(A)按算术平均值计算
(B)按小值平均值计算
(C)按压缩层厚度加权平均值计算
(D)按总沉降量相等的等效值计算

49. 新奥法作为一种开挖隧道的地下工程方法，下列哪些选项反映了其主要特点？（　　）

(A)充分利用岩体强度，发挥围岩的自承能力
(B)利用支护结构承担全部围岩压力
(C)及时进行初期锚喷支护，控制围岩变形，使支护和围岩共同协调作用
(D)及早进行衬砌支护，使衬砌结构尽早承担围岩压力

50. 关于深基坑地下连续墙上的土压力，下列哪些选项的描述是正确的？（　　）

(A)墙后主动土压力状态比墙前坑底以下的被动土压力状态容易达到

(B)对相同开挖深度和支护墙体，黏性土土层中产生主动土压力所需墙顶位移量比砂土的大

(C)在开挖过程中，墙前坑底以下土层作用在墙上的土压力总是被动土压力，墙后土压力总是主动土压力

(D)墙体上的土压力分布与墙体的刚度有关

51.某场地土层为：上层 3m 为粉质土，以下为含有层间潜水的 4m 厚的细砂，再下面是深厚的黏土层。基坑开挖深度为 10m，不允许在坑外人工降低地下水。在下列支护方案中，选用哪些选项的方案比较合适？（　　）

(A)单排间隔式排桩　　(B)地下连续墙

(C)土钉墙　　(D)双排桩＋桩间旋喷止水

52.由地下连续墙支护的软土地基基坑工程，在开挖过程中，发现坑底土体隆起，基坑周围地表水平变形和沉降速率急剧加大，基坑有失稳趋势。此时，应采取下列哪些抢险措施？（　　）

(A)在基坑外侧壁土体中注浆加固

(B)在基坑侧壁上部四周卸载

(C)加快开挖速度，尽快达到设计坑底标高

(D)在基坑内墙前快速堆土

53.在地下水位以下开挖基坑时，基坑坑外降水可以产生下列哪些有利效果？

（　　）

(A)防止基底发生渗透破坏

(B)减少支护结构上总的压力

(C)有利于水资源的保护与利用

(D)减少基坑工程对周边既有建筑物的影响

54.下列有关盐渍土性质的描述中，哪些选项的说法是正确的？（　　）

(A)盐渍土的溶陷性与压力无关

(B)盐渍土的腐蚀性除与盐类的成分、含盐量有关外，还与建筑结构所处的环境条件有关

(C)盐渍土的起始冻结温度随溶液的浓度增大而升高

(D)氯盐渍土总含盐量增大，其强度也随之增大

55.下列哪些选项的措施对减少煤矿采空区场地建筑物的变形危害是有利的？

（　　）

(A)增大采深采厚比

(B)预留保安煤柱

(C)将建筑物布置在变形移动盆地边缘

(D)对采空区和巷道进行充填处理

56. 对于折线滑动面、从滑动面倾斜方向和倾角考虑，下列说法中，哪些选项符合滑坡稳定分析的抗滑段条件？ （ ）

(A)滑动面倾斜方向与滑动方向一致，滑动面倾角小于滑面土的综合内摩擦角

(B)滑动面倾斜方向与滑动方向一致，滑动面倾角大于滑面土的综合内摩擦角

(C)滑动面倾斜方向与滑动方向一致，滑动面倾角等于滑面土的综合内摩擦角

(D)滑动面倾斜方向与滑动方向相反

57. 将多年冻土用作建筑地基时，只有符合下列哪些选项的情况下才可采用保持冻结状态的设计原则？ （ ）

(A)多年冻土的年平均地温为－0.5～1.0℃

(B)多年冻土的年平均地温低于－1.0℃

(C)持力层范围内地基土为坚硬冻土，冻土层厚度大于15m

(D)非采暖建筑

58. 天然状态下红黏土具有下列哪些选项的明显特性？ （ ）

(A)高液限 (B)裂隙发育

(C)高压缩性 (D)吸水膨胀明显

59. 在膨胀土地区，下列哪些工程措施是正确的？ （ ）

(A)坡地挡墙填土采用灰土换填、分层夯实

(B)边坡按1：2放坡，并在坡面、坡顶修筑防渗排水沟和截水沟

(C)在建筑物外侧采用宽度不小于1.2m和坡度3％～5％的散水

(D)在烟囱基础下采用适当的隔热措施

60. 高速公路穿越泥石流地段时，可采用下列哪些防治措施？ （ ）

(A)修建桥梁跨越泥石流沟

(B)修建涵洞让泥石流通过

(C)在泥石流沟谷的上游修建拦挡坝

(D)修建格栅坝拦截小型泥石流

61. 有关建筑结构地震影响系数的下列说法中，哪些选项是正确的？ （ ）

(A)水平地震影响系数等于结构总水平地震作用标准值与结构等效总重力荷载之比

(B)水平地震影响系数最大值就是地震动峰值加速度

(C)地震影响系数与场地类别和设计地震分组有关

(D)当结构自振周期小于特征周期时，地震影响系数与建筑结构的阻尼比无关

62. 在抗震设计中划分建筑场地类别时，下列哪些选项是必须考虑的？（　　）

(A)场地的地质、地形、地貌条件
(B)各岩土层的深度和厚度
(C)各岩土层的剪切波速
(D)发震断裂错动对地面建筑的影响

63. 设计烈度为8度地区修建土石坝时，采用下列哪些选项的抗震措施是适宜的？（　　）

(A)加宽坝顶，采用上部陡、下部缓的断面
(B)增加防渗心墙的刚度
(C)岸坡地下隧洞设置防震缝
(D)加厚坝顶与岸坡基岩防渗体和过渡层

64. 设计烈度8度地区的2级土石坝，抗震设计时总地震效应取下列哪些选项？（　　）

(A)垂直河流向水平地震作用效应与竖向地震作用效应平方总和的方根值
(B)顺河流向水平地震作用效应与竖向地震作用效应平方总和的方根值
(C)竖向地震作用效应乘以0.5后加上垂直河流向的水平地震作用效应
(D)竖向地震作用效应乘以0.5后加上顺河流向的水平地震作用效应

65. 在确定覆盖层厚度、划分建筑场地类别和考虑特征周期时，下列哪些选项的说法是正确的？（　　）

(A)建筑场地的类别划分仅仅取决于场地岩土的名称和性状
(B)等效剪切波速计算深度的概念与覆盖层厚度是不完全一样的
(C)在有些情况下，覆盖层厚度范围内的等效剪切波速也可能大于500m/s
(D)场地的特征周期总是随着覆盖层厚度的增大而增大

66. 山区二级公路，无法避让一条发震断层，在线位确定时，下列哪些选项的方法是应该遵守的？（　　）

(A)桥位墩台宜置于断层的相同盘
(B)路线宜布设在断层上盘
(C)宜布设在断层破碎带较窄的部位
(D)加固沿线的崩塌体

67. 实施ISO 9000族标准的八项质量原则中，为加强组织“与供方的互利关系”，组织方应采取以下哪些措施？（　　）

(A)与供方共享专门技术和资源
(B)识别和选择关键供方
(C)系统地管理好与供方的关系
(D)测量供方的满意程度并根据结果采取相应措施

68. 根据《建设工程质量管理条例》，勘察设计单位有下列选项中哪些行为的，应责令改正，处10万元以上30万元以下的罚款？ ( )

(A)未根据勘察成果文件进行工程设计的
(B)超越本单位资质等级承揽设计的
(C)未按照工程建设强制性标准进行设计的
(D)将设计项目转包或违法分包的

69. 关于发包人及承包人的说法，下列哪些选项是正确的？ ( )

(A)发包人可以与总承包人订立建设工程合同
(B)发包人可以分别与勘察人、设计人、施工人订立勘察、设计、施工承包合同
(C)经发包人同意，承包人可以将其承包的全部建设工程转包给第三人
(D)经发包人同意，承包人可以将其承包的全部建设工程分解成若干部分，分别分包给第三人

70. 下列关于建筑工程监理的说法哪几项是不正确的？ ( )

(A)建筑工程监理应当依据法律、行政法规及有关技术标准、设计文件等代表建设单位实施监督
(B)经建设单位同意，监理单位可部分转让工程监理业务
(C)工程监理人员发现工程设计不符合质量要求，应当报告建设单位要求设计单位改正
(D)监理单位依据施工组织设计进行监理

2008年专业知识试题答案(下午卷)

1.[答案] B

[依据]《建筑结构荷载规范》(GB 50009—2012)第2.1.6条。

2.[答案] D

[依据]《工程结构可靠性设计统一标准》(GB 50153—2008)第2.1.22条。

3.[答案] A

[依据]《工程结构可靠性设计统一标准》(GB 50153—2008)第2.1.5条、第2.1.49条、第3.2.2条、第3.1.4条。

4.[答案] A

[依据]《建筑地基基础设计规范》(GB 50007—2011)第8.1.1条。

5.[答案] A

[依据]《建筑地基基础设计规范》(GB 50007—2011)第5.2.4条。深度系数和宽度系数修正采用基底下土查表。

注:深度修正的原因是因为上覆土体的压重作用,对承载力有提高的作用是A与C的区别。

6.[答案] C

[依据]《建筑地基基础设计规范》(GB 50007—2011)附录H.0.10。岩石地基承载力不进行深宽修正。

7.[答案] D

[依据]《铁路桥涵地基和基础设计规范》(TB 10093—2017)第5.1.2条。

8.[答案] D

[依据]《建筑地基基础设计规范》(GB 50007—2011)第5.2.4条表5.2.4注1。

9.[答案] C

[依据]高低层建筑,减少不均匀沉降可以通过减小高层建筑和增加低层建筑沉降进行调节,即高层建筑采用整体性好的基础,低层建筑采用整体性差的基础。基础的整体性排序:箱基>筏基>十字条基>条基>独基。筏基和箱基整体性都很好,并没有调整高层对低层的影响。D选项,高层相当于减轻荷载,减小沉降,降低了对低层的影响。

10.[答案] C

[依据]《建筑基坑支护技术规程》(JGJ 120—2012)第5.1.1条。增大抗滑力矩可有效提高整体稳定性,只有C选项可增大抗滑力矩。

11.［答案］A

［依据］《建筑基坑支护技术规程》(JGJ 120—2012)附录 A 第 A.1.2 条。锚杆抗拔试验应在锚固段注浆固结体强度达到 15MPa 或达到设计强度的 70%后进行,A 选项不正确。据第 A.2.8 条 B 选项正确。据第 4.8.8 条表 4.8.8,C 选项正确。

12.［答案］C

［依据］浅埋暗挖法是传统矿山法的改进型,其结合了新奥法施工的部分特点,与新奥法类似,其主要特点是造价低、施工灵活等。盾构法主要特点是施工安全,因其设备调试准备时间长,设备庞大,不太适合地层变化大,软硬差异明显的地段,以及断面变化和线路弯曲度较大的拐角处施工。选项 A、B 为开挖式施工,不合适。本题中地层岩性在 6km 内岩性从粉质黏土～安山岩,围岩分级从Ⅴ～Ⅰ级,跨度大,软硬极不均匀,不利于盾构法的整体施工。

13.［答案］C

［依据］《建筑基坑支护技术规程》(JGJ 120—2012)第 3.3.2 条表 3.3.2。土层锚杆和土钉墙适用于非软土基坑,A、D 选项不正确。B 选项地下连续墙对于周边环境要求不高,坑比较浅的时候不经济。C 选项重力式水泥土墙适用于坑深小于 7m 的淤泥质土、淤泥基坑。

14.［答案］A

［依据］根据土拱效应,圆弧的稳定性大于正方形的,基坑边长越大,稳定性越差。

15.［答案］A

［依据］《建筑基坑支护技术规程》(JGJ 120—2012)第 4.2.1 条及条文说明。

16.［答案］D

［依据］承压水水量丰富、并与江水连通,降低承压水方案不可行。另外,因承压水水头比较高,坑底不透水层较薄,如果采用加固坑底的方案,满足抗突涌需要的加固厚度较厚,不经济。综上,只有 D 选项,采用完全截死的隔水帷幕方案最有效。

17.［答案］C

［依据］《工程地质手册》(第五版)第 593 页,硫酸盐渍土中的无水芒硝在气温下降时,吸收 10 个水分子的结晶水,变成芒硝,体积膨胀,如此反复循环作用,使土体密度减小,结构破坏,产生松胀等现象。

18.［答案］C

［依据］在地下水位高于基岩面地区,抽降地下水主要影响的是浅表层,而土洞一般发育在岩土交界面附近,因此,在抽降地下水时,形成真空吸力,容易发生坍塌。

19.［答案］C

［依据］基底下 6m 范围内压实填土,本身压缩性低,而基岩不可压缩,软黏土高压缩性。

20.［答案］D

［依据］《建筑地基基础设计规范》(GB 50007—2011)第7.4.4条。

21.［答案］B

［依据］《铁路路基支挡结构设计规范》(TB 10025—2019)第13.2.7条条文说明，黏性土滑坡推力矩形分布，合力作用点在矩形中点；松散堆积土滑坡推力三角形分布，合力作用点在三角形高1/3处。由此可见，完整性越好，合力作用点位置越高，倾覆力矩越大。

注：规范该处的表述是错误的。

22.［答案］B

［依据］《工程地质手册》(第五版)第571～573页，膨胀岩土地区的工程措施。

23.［答案］C

［依据］《湿陷性黄土地区建筑标准》(GB 50025—2018)第6.3.4条。

24.［答案］A

［依据］《膨胀土地区建筑技术规范》(GB 50112—2013)附录D。自由膨胀率采用烘干土样，其他均不能采用扰动土样。

25.［答案］C

［依据］《岩土工程勘察规范》(GB 50021—2001)(2009年版)第5.1.5条第3款。

26.［答案］A

［依据］《地质灾害危险性评估技术要求(试行)》(国土资发〔2004〕69号)第8.1条，选项A正确，其余选项可参考第5.1条、第5.8条、第3.5条。

27.［答案］A

［依据］《湿陷性黄土地区建筑标准》(GB 50025—2018)第4.3.3条第3款。该题为简单计算题：(19－18)/20＝0.050。

28.［答案］D

［依据］《公路路基设计规范》(JTG D30—2015)第7.3.3条，对路基有危害的危岩体，应清除或采取支撑、预应力锚固等措施；A、B、C正确；喷射混凝土属于路基的坡面防护，不能处理危岩，D错误。

29.［答案］C

［依据］《中国地震动参数区划图》(GB 18306—2015)附录G，地震基本烈度可根据区划图附录表G-1确定，选项A正确；第8.2条，反应谱特征周期应按场地类别调整，选项B正确；第3.9条、4.1条，区划图给出的是基本地震动峰值加速度和基本地震动加速度反应谱特征周期，基本地震动为50年超越概率10%的地震动，选项D正确；地震影响系数最大值应按《建筑抗震设计规范》(GB 50011—2010)(2016年版)第5.1.4条确定，选项C错误。

30.［答案］A

［依据］《建筑抗震设计规范》(GB 50011—2010)(2016 年版)表 5.1.4-2,特征周期与设计地震分组和场地类别有关。据表 4.1.6,而场地类别与覆盖层厚度和等效剪切波速有关。

31.［答案］B

［依据］地震液化的实质是砂土中超孔隙水压力上升,有效应力为零,现象是地基土喷水冒砂,斜坡中孔隙水压力升高,发生溜滑,基础发生沉陷等。

32.［答案］D

［依据］《建筑抗震设计规范》(GB 50011—2010)(2016 年版)第 4.4.3 条、第 4.4.4 条。

33.［答案］D

［依据］《水电工程水工建筑物抗震设计规范》(NB 35047—2015),先根据第 4.1.2 条表 4.1.2,判别场地土类型为中软场地土,然后根据表 4.1.3 判别场地类别为Ⅱ类,查表 5.3.5,特征周期为 0.35s。

34.［答案］B

［依据］《公路工程抗震规范》(JTG B02—2013)第 5.4.4 条条文说明。

35.［答案］C

［依据］《中华人民共和国招标投标法》第二十七条。

36.［答案］B

［依据］《中华人民共和国招标投标法》第五十条。

37.［答案］B

［依据］《建设工程质量检测管理办法》第二十九条、第三十条、第三十一条。

38.［答案］A

［依据］《中华人民共和国民法典》第八百零五条。

39.［答案］C

［依据］见工程项目费用组成表。

40.［答案］B

［依据］《勘察设计注册工程师管理规定》第二十六条。注意区别权利和义务。

41.［答案］AD

［依据］《建筑结构荷载规范》(GB 50009—2012)第 3.1.1 条。

42.［答案］BD

［依据］《建筑结构荷载规范》(GB 50009—2012)第 3.2.7 条。

43.**[答案]** BD

[依据]《工程结构可靠性设计统一标准》(GB 50153—2008)第 4.3.1 条。

44.**[答案]** ABD

[依据]《建筑地基基础设计规范》(GB 50007—2011)第 5.2.4 条。

45.**[答案]** BC

[依据]《岩土工程勘察规范》(GB 50021—2001)(2009 年版)第 10.10.5 条和第 10.12.5 条可知,地基土的主要动力参数有地基刚度、阻尼比和参振质量。剪切波速可以用来测试土的动力参数,也是地基土动力性质的表征。

46.**[答案]** AB

[依据]《建筑地基基础设计规范》(GB 50007—2011)第 5.2.5 条表 5.2.5。

47.**[答案]** ABD

[依据]《水运工程地基设计规范》(JTS 147—2017)第 5.4.1 条。

48.**[答案]** ABC

[依据]《建筑地基基础设计规范》(GB 50007—2011)第 5.3.5 条条文说明。

49.**[答案]** AC

[依据] 新奥法认为围岩不仅是载荷,而且自身也是一种承载结构。重视围岩自身的承载作用,强调充分发挥隧道衬砌与岩体之间的联合作用,选项 A 正确;衬砌要准确了解围岩的时间因素,掌握衬砌的恰当时间,保证支护的刚度,根据围岩特征采用不同的支护类型和参数,及时施作密贴于围岩的柔性喷射混凝土和锚杆初期支护,以控制围岩的变形和松弛,选项 C 正确。

50.**[答案]** ABD

[依据] 地下连续墙侧向变形很小,坑底以下基本无位移,因此,墙后土压力状态比坑底要容易达到。黏性土因其有黏聚力,可抵消侧向位移,位移量相对较大。随着开挖和入土深度不同,坑底下的土压力是交替出现的。墙体刚度越大,越接近静止土压力。

51.**[答案]** BD

[依据] 开挖深度范围内有水,又不允许坑外降水,故需要采取截水的方案,间隔式排桩无截水效果,土钉墙不适用于开挖范围内有水又不允许降水的情况。

52.**[答案]** BD

[依据] 基坑抢险最有效的措施就是卸坡顶土,坡脚堆土。卸坡顶土,滑动力矩减小,坑外土重减小,整体稳定安全系数及抗隆起安全系数均增大。坡脚堆土,抗滑动力矩增大,坑内土重增大,整体稳定安全系数及抗隆起安全系数均增大。

53.**[答案]** AB

[依据] 基坑坑外降水可减少水头差,有利于防止渗透破坏。降水后水位降低,减少

了水压力。坑外降水对水资源是不利的，会导致周边建筑的不均匀沉降，对于环境要求严格的，应进行回灌。

54.［答案］BD

［依据］《工程地质手册》（第五版）第 593～595 页，有的盐渍土浸水后，需在一定压力作用下，才能产生溶陷。盐渍土的起始冻结温度随溶液浓度增大而降低。

55.［答案］ABD

［依据］《工程地质手册》（第五版）第 696、698、711 页。增大采深采厚比，地表变形值减小，变形比较平缓均匀，预留保安矿柱和充填处理是对巷道的支撑和减小变形空间，有利于减小变形，移动盆地的内外边缘地表产生压缩或拉伸变形，下沉不均匀，地表产生裂缝，不利于建筑物稳定。

56.［答案］AD

［依据］滑动面倾斜方向与滑动方向一致时容易滑动，反向是抗滑作用，阻碍滑动。当滑动面小于其摩擦角时，安全系数大于 1，大于摩擦角时，安全系数小于 1。

57.［答案］BCD

［依据］《工程地质手册》（第五版）第 590 页。

58.［答案］AB

［依据］《岩土工程勘察规范》（GB 50021—2001）（2009 年版）第 6.2.1 条、第 6.2.2 条及条文说明。红黏土特性为：液限大于 50%，上硬下软，表面收缩，裂隙发育等。

59.［答案］ACD

［依据］《膨胀土地区建筑技术规范》（GB 50112—2013）第 5.4.3 条及条文说明，填土宜选用非膨胀性土回填，并应分层压实，灰土不属于非膨胀土。但根据第 5.4.3 条条文说明及《工程地质手册》（第五版）第 572 页，均可采用灰土。据第 5.5.4 条第 3 款可知 C 正确。据第 5.1.4 条可知 D 正确。

60.［答案］ACD

［依据］《公路路基设计规范》（JTG D30—2015）第 7.5.2 条第 1 款，A 正确；第 3 款 B 错误；第 7.5.4 条 C、D 正确。

61.［答案］AC

［依据］《建筑抗震设计规范》（GB 50011—2010）（2016 年版）第 5.1.4 条、第 5.1.5 条和第 5.2.1 条。水平地震影响系数最大值与地震动峰值加速度不同，总水平地震作用等于水平地震影响系数与结构等效重力荷载乘积。地震影响系数与特征周期有关，而特征周期与场地类别和设计地震分组有关。当 $T<T_g$ 时，地震影响系数为阻尼调整系数与地震影响系数最大值的乘积（水平段）。

62.［答案］BC

［依据］《建筑抗震设计规范》（GB 50011—2010）（2016 年版）第 4.1.6 条，建筑场地

类别与覆盖层厚度和剪切波速度有关。

63.［答案］CD

［依据］《水电工程水工建筑物抗震设计规范》(NB 35047—2015)第 6.2.4 条，应采用上部缓，下部陡的断面，A 错误；第 6.2.2 条，防渗体不宜采用刚性心墙，B 错误；第 10.2.6 条，C 正确；第 6.2.5 条，D 正确。

64.［答案］BD

［依据］《水电工程水工建筑物抗震设计规范》(NB 35047—2015)第 5.1.2 条，2 级土石坝，应同时计入水平向和竖直向地震作用，第 5.1.4 条，一般情况下的土石坝，可只计入顺河流方向的水平向地震作用，再根据第 5.1.8 条，当同时计算互相正交方向地震作用效应时，总的地震作用效应可取各方向地震作用效应平方总和的方根值，B 正确；D 选项为《水工建筑物抗震设计规范》(DL 5073—2000)第 4.1.8 条，新规范取消了。

65.［答案］BC

［依据］场地类别划分取决于覆盖层厚度和等效剪切波速。等效剪切波的计算深度最大 20m，覆盖层厚度小于 20m 的按覆盖层厚度计算。当在花岗岩区有风化岩壳时，会经常出现等效剪切波速大于 500m/s，此时岩壳不能作为孤石、透镜体处理。场地特征周期的大小与覆盖层厚度无直接关系。

66.［答案］ACD

［依据］线路选线时应位于断层的同一盘或者下盘，应与断层面大角度相交，跨越破碎带较窄的部位。

67.［答案］AB

［依据］可参阅相关辅导教材或《国家注册土木工程师(岩土)专业考试宝典》(第二版)。

68.［答案］AC

［依据］《建设工程质量管理条例》第六十三条。

69.［答案］AB

［依据］《中华人民共和国民法典》第七百九十一条。

70.［答案］BD

［依据］《中华人民共和国建筑法》第三十二条、第三十四条。

2009 年专业知识试题(上午卷)

一、单项选择题(共 40 题,每题 1 分。每题的备选项中只有一个最符合题意)

1. 对地层某结构面的产状记为 30°∠60°时,下列哪个选项对结构面的描述是正确的? ( )

(A)倾向 30°,倾角 60° (B)走向 30°,倾角 60°

(C)倾向 60°,倾角 30° (D)走向 60°,倾角 30°

2. 现场直接剪切试验,最大法向荷载应按下列哪些选项的要求选取? ( )

(A)大于结构荷载产生的附加应力 (B)大于上覆岩土体的有效自重压力

(C)大于试验岩土体的极限承载力 (D)大于设计荷载

3. 完整石英岩断裂前的应力—应变曲线最有可能接近下图哪一选项所示的曲线形状? ( )

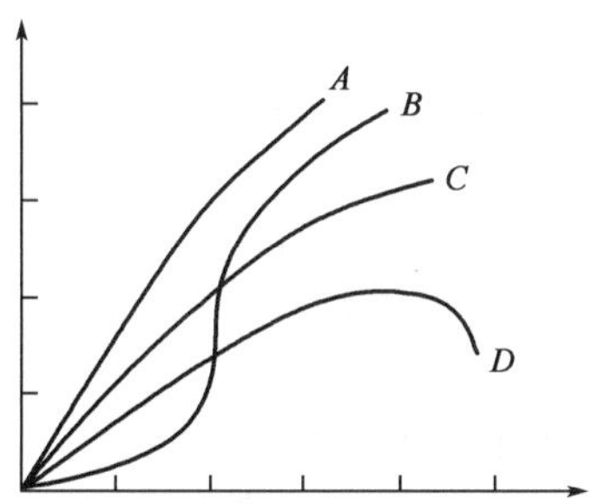

题 3 图

(A)直线 (B)S 曲线

(C)应变硬化型曲线 (D)应变软化型曲线

4. 存在可能影响工程稳定性的发震断裂,下列关于建筑物最小避让距离的说法中哪个是不正确的? ( )

(A)抗震设防裂度是 8°,建筑物设防类别为丙类,最小避让距离 100m

(B)抗震设防裂度是 8°,建筑物设防类别为乙类,最小避让距离 200m

(C)抗震设防裂度是 9°,建筑物设防类别为丙类,最小避让距离 300m

(D)抗震设防裂度是 9°,建筑物设防类别为乙类,最小避让距离 400m

5. 在岩层中进行跨孔法波速测试,孔距符合《岩土工程勘察规范》(GB 50021—2001)(2009 年版)要求的是哪一项? ( )

(A)4m (B)12m (C)20m (D)30m

6.某建筑地基土样颗分结果见下表,土名正确的是下列哪一项? ( )

题6表

>2mm	2~0.5mm	0.5~0.25mm	0.25~0.075mm	<0.075mm
15.8%	33.2%	19.5%	21.3%	10.2%

(A)细砂 (B)中砂
(C)粗砂 (D)砾砂

7.进行开口钢环式十字板剪切试验时,哪个测试读数顺序是对的? ( )

(A)重塑,轴杆,原状 (B)轴杆,重塑,原状
(C)轴杆,原状,重塑 (D)原状,重塑,轴杆

8.为测求某一砂样最大干密度和最小干密度分别进行了两次试验,最大两次试验结果为:1.58g/cm³ 和 1.60g/cm³;最小两次试验结果为:1.40g/cm³ 和 1.42g/cm³;问最大干密度和最小干密度 ρ_{dmax} 和 ρ_{dmin} 的最终值为下列哪一项? ( )

(A)$\rho_{dmax}=1.60g/cm^3$;$\rho_{dmin}=1.40g/cm^3$
(B)$\rho_{dmax}=1.58g/cm^3$;$\rho_{dmin}=1.42g/cm^3$
(C)$\rho_{dmax}=1.60g/cm^3$;$\rho_{dmin}=1.41g/cm^3$
(D)$\rho_{dmax}=1.59g/cm^3$;$\rho_{dmin}=1.41g/cm^3$

9.对土体施加围压 σ_3,再施加偏压力 $\sigma_1-\sigma_3$,在偏压力作用下,土体产生孔隙水压力增量 Δu,由偏压引起的有效应力增量应为哪一项? ( )

(A)$\Delta\sigma'_1=\sigma_1-\sigma_3-\Delta u$;$\Delta\sigma'_3=-\Delta u$
(B)$\Delta\sigma'_1=\sigma_1-\Delta u$;$\Delta\sigma'_3=\sigma_3-\Delta u$
(C)$\Delta\sigma'_1=\sigma_1-\sigma_3-\Delta u$;$\Delta\sigma'_3=\Delta u$
(D)$\Delta\sigma'_1=\Delta u$;$\Delta\sigma'_3=-\Delta u$

10.在4种钻探方法中,哪个不适用于黏土? ( )

(A)螺旋钻 (B)岩芯钻探
(C)冲击钻 (D)振动钻探

11.现有甲、乙两土样的物性指标如下,以下说法中正确的是哪一项? ( )

(A)甲比乙含有更多的黏土 (B)甲比乙具有更大的天然重度
(C)甲干重度大于乙 (D)甲的孔隙比小于乙

题11表

土　样	w_L	w_P	w	G_s	S_r
甲	39	22	30	2.74	100
乙	23	15	18	2.70	100

12. 在民用建筑详勘阶段，勘探点间距的决定因素是下列哪一项？（　　）

(A)岩土工程勘察等级　　(B)工程重要性等级
(C)场地复杂程度等级　　(D)地基复杂程度等级

13. 用液塑限联合测定仪测定黏性土的界限含水量时中，在含水量与圆锥下沉深度关系图中，下列哪个下沉深度对应的含水量是塑限？（　　）

(A)2mm　　(B)10mm
(C)17mm　　(D)20mm

14. 关于《建筑桩基技术规范》(JGJ 94—2008)中等效沉降系数哪种说法正确？（　　）

(A)群桩基础按(明德林)附加应力计算的沉降量与按等式代墩基(布辛奈斯克)附加应力计算的沉降量之比
(B)群桩沉降量与单桩沉降量之比
(C)实测沉降量与计算沉降量之比
(D)桩顶沉降量与桩端沉降量之比

15. 依据《建筑桩基技术规范》(JGJ 94—2008)，正、反循环灌注桩混凝土前，对端承桩和摩擦桩，孔底沉渣的控制指标哪个对？（　　）

(A)端承型≤50mm；摩擦型≤200mm
(B)端承型≤50mm；摩擦型≤100mm
(C)端承型≤100mm；摩擦型≤50mm
(D)端承型≤100mm；摩擦型≤100mm

16. 某建筑桩基的桩端持力层为碎石土，根据《建筑桩基技术规范》(JGJ 94—2008)桩端全断面进入持力层的深度不宜小于多少(d为桩径)？（　　）

(A)0.5d　　(B)1.0d
(C)1.5d　　(D)2.0d

17. 对于高承台桩基，在其他条件(包括桩长、桩间土)相同时，下列哪种情况的基桩最易产生压屈失稳？（　　）

(A)桩顶铰接；桩端置于岩石层顶面　　(B)桩顶铰接；桩端嵌固于岩石层中

(C)桩顶固接;桩端置于岩石层顶面　　　(D)桩顶固接;桩端嵌固于岩石层中

18. 由于工程降水引起地面沉降,对建筑桩基产生负摩阻力,下列哪种情况下产生的负摩阻力最小?　　(　　)

(A)建筑结构稳定后开始降水
(B)上部结构正在施工时开始降水
(C)桩基施工完成,开始浇筑地下室底板时开始降水
(D)降水稳定一段时间后再进行桩基施工

19. 根据《建筑桩基技术规范》(JGJ 94—2008)的相关规定,下列关于灌注桩配筋的要求中正确的是哪一项?　　(　　)

(A)抗拔桩的配筋长度应为桩长的 2/3
(B)摩擦桩的配筋应为桩长的 1/2
(C)受负摩阻力作用的基桩,桩身配筋长度应穿过软弱层并进入稳定土层
(D)受压桩主筋不应少于 $6\phi6$

20. 根据《建筑桩基技术规范》(JGJ 94—2008)的相关规定,下列关于灌注桩后注浆工法的叙述中正确的是哪一项?　　(　　)

(A)灌注桩后注浆是一种先进的成桩工艺
(B)是一种有效的加固桩端、桩侧土体,提高单桩承载力的辅助措施
(C)可与桩身混凝土灌注同时完成
(D)主要施用于处理断桩、缩径等问题

21. 下列关于泥浆护壁正反循环钻孔灌注桩施工与旋挖成孔灌注桩施工的叙述中,正确的是哪一项?　　(　　)

(A)前者与后者都是泥浆循环排碴
(B)前者比后者泥浆用量少
(C)在粉土、砂土地层中,后者比前者效率高
(D)在粉土、砂土地层中,后者沉渣少,灌注混凝土前不需清孔

22. 加固湿陷性黄土地基时,下述哪种情况不宜采用碱液法?　　(　　)

(A)拟建设备基础
(B)受水浸湿引起湿陷,并需阻止湿陷发展的既有建筑基础
(C)受油浸引起倾斜的储油罐基础
(D)沉降不均匀的既有设备基础

23. 在处理可液化砂土时,最适宜的处理方法是哪一项?　　(　　)

(A)水泥土搅拌桩　　　(B)水泥粉煤灰碎石桩

(C)振冲碎石桩　　　　　　　　　　　　　　(D)柱锤冲扩桩

24. 下列关于散体材料桩的说法中，不正确的是哪一项？　　　　　　　　　　　(　　)

(A)桩体的承载力主要取决于桩侧土体所能提供的最大侧限力
(B)在荷载的作用下桩体发生膨胀，桩周土进入塑性状态
(C)单桩承载力随桩长的增大而持续增大
(D)散体材料桩不适用于饱和软黏土层中

25. 根据《建筑地基处理技术规范》(JGJ 79—2012)，对于满足下卧层承载力要求，满足垫层底宽要求，也满足压实标准的，对沉降无严格限制的建筑物用换填垫层处理地基，下面哪一选项的变形计算是正确的？　　　　　　　　　　　(　　)

(A)仅考虑下卧层的变形
(B)垫层自身的变形加上下卧层的变形，下卧层的附加应力按 Boussinesq 的弹性力学解计算
(C)垫层自身的变形加上下卧层的变形，下卧层的附加应力按垫层的扩散角计算
(D)垫层自身的变形加上下卧层的变形，垫层的模量按载荷试验决定

26. 用高应变法检测桩直径为 700mm，桩长为 28m 的钢筋混凝土灌注桩的承载力，预估该桩的极限承载力为 5000kN，在进行高应变法检测时，宜选用的锤重是下列哪一项？
(　　)

(A)25kN　　　　　　　　　　　　　　(B)40kN
(C)75kN　　　　　　　　　　　　　　(D)100kN

27. 采用碱液法加固地基，若不考虑由于固体烧碱投入后引起的液体体积的变化，则 1.0m^3 水中加入含杂质 20%的商品固体烧碱 165kg 配制所得的碱液浓度(g/L)最接近下列哪一项？　　　　　　　　　　　(　　)

(A)70　　　　　　　　　　　　　　(B)130
(C)165　　　　　　　　　　　　　　(D)210

28. 用堆载预压法处理软土地基时，对塑料排水带的说法，不正确的是哪一项？
(　　)

(A)塑料排水带的当量换算直径总是大于塑料排水带的宽度和厚度的平均值
(B)塑料排水带的厚度与宽度的比值越大，其当量换算直径与宽度的比值就越大
(C)塑料排水带的当量换算直径可以当作排水竖井的直径
(D)在同样的排水竖井直径和间距的条件下，塑料排水带的截面积小于普通圆形砂井

29. 采用砂井法处理地基时，袋装砂井的主要作用是下列哪一项？　　　　　　　　　　　(　　)

(A)构成竖向增强体　　　　　　(B)构成和保持竖向排水通道

(C)增大复合土层的压缩模量　　　　(D)提高复合地基的承载力

30. 按图所示的土石坝体内的浸润线形态分析结果,它应该属于哪种土石坝坝型?（　　）

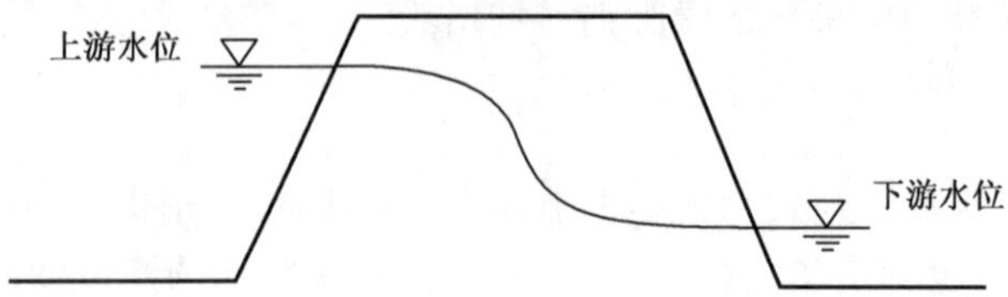

题 30 图

(A)均质土坝　　　　(B)斜墙防渗堆石坝

(C)心墙防渗堆石坝　　　　(D)面板堆石坝

31. 下图所示的均质土坝的坝体浸润线,它应该是哪种排水形式?（　　）

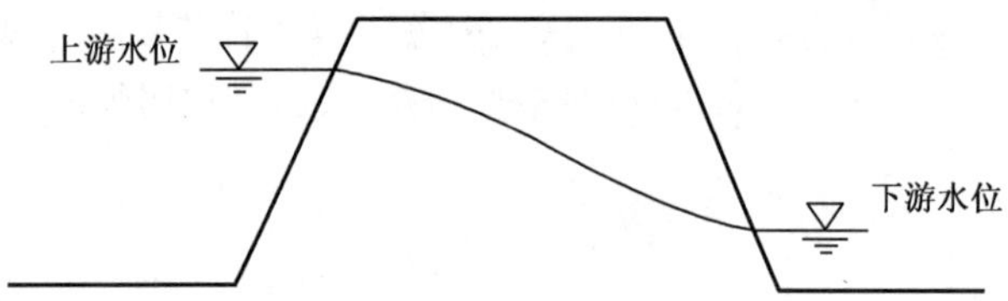

题 31 图

(A)棱体排水　　　　(B)褥垫排水

(C)无排水　　　　(D)贴坡排水

32. 据《土工合成材料应用技术规范》(GB/T 50290—2014)加筋土工合成材料的容许抗拉强度 T_a 与其拉伸试验强度的关系 $T_a=\frac{T}{F_{iD}F_{cR}F_{cD}F_{bD}}$ 的分母依次为:铺设时抗拔破坏影响系数、材料蠕变影响系数、化学剂破坏影响系数、生物破坏影响系数。当无经验时,其数值可采用下列哪一项?（　　）

(A)1.3～1.6　　　　(B)1.6～2.5

(C)2.5～5.0　　　　(D)5.0～7.5

33. 对于同一个均质的黏性土天然土坡,用下图所示各圆对应的假设圆弧裂面验算,哪一项计算安全系数最大?（　　）

(A)A 圆弧　　　　(B)B 圆弧

(C)C 圆弧　　　　(D)D 圆弧

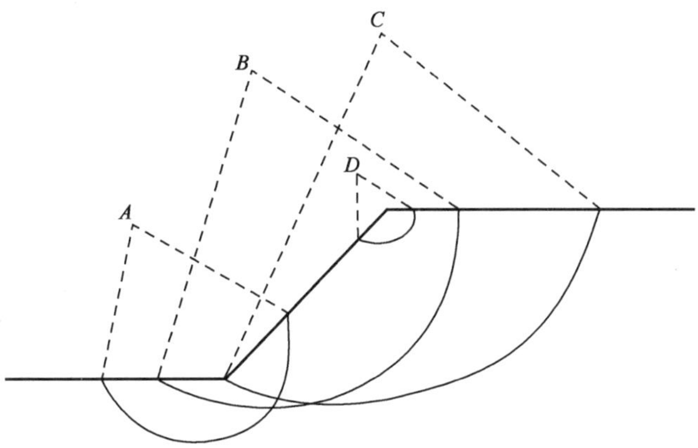

题33图

34.在外墙面垂直的自身稳定的挡土墙面外10cm,加作了一护面层,如图所示,当护面向外位移时可使间隙土体达到主动状态,间隙充填有以下4种情况:①间隙充填有风干砂土;②充填有含水量为5%的稍湿土;③充填饱和砂土;④充满水。按照护面上总水平压力的大小次序,下列正确的是哪一项? ( )

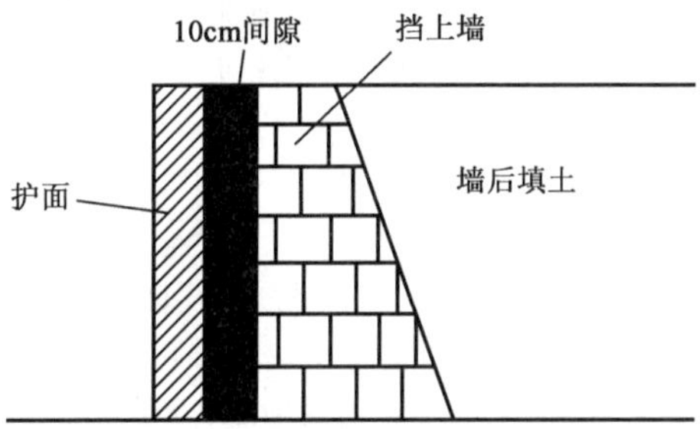

题34图

(A)①>②>③>④　　(B)③>④>①>②

(C)③>④>②>①　　(D)④>③>①>②

35.选择加筋土挡墙的拉筋材料时,哪个是拉筋不需要的性能? ( )

(A)抗拉强度大　　(B)与填料之间有足够的摩擦力

(C)有较好的耐久性　　(D)有较大的延伸率

36.输水渠道采用土工膜技术进行防渗设计,下述哪个符合《土工合成材料应用技术规范》(GB/T 50290—2014)的要求? ( )

(A)渠道边坡土工膜铺设高度应达到与最高水位平齐

(B)在季节冻土地区对防渗结构可不再采取防冻措施

(C)土工膜厚度应根据当地气候、地质条件、工程规模确定

(D)防渗结构中的下垫层材料应选用压实细粒土

37. 坡率为 1：2 的稳定的土质路基边坡，按《公路路基设计规范》(JTG D30—2015)，公路路基坡面防护最适合哪种方式？ (　　)

(A)植物防护　　(B)锚杆网格喷浆(混凝土)防护
(C)预应力锚索混凝土框架植被防护　　(D)对坡面全封闭的抹面防护

38. 某黄土场地灰土垫层施工过程中，分层检测灰土压实系数，下列关于环刀取样位置的说法中正确的是哪一项？ (　　)

(A)每层表面以下的 1/3 厚度处　　(B)每层表面以下的 1/2 厚度处
(C)每层表面以下的 2/3 厚度处　　(D)每层的层底处

39. 在进行浅层平板载荷试验中，下述情况中不能作为试验停止条件之一的是下列哪一项？ (　　)

(A)本级荷载的沉降量大于前级荷载沉降量的 5 倍，p-s 曲线出现明显的陡降
(B)承压板周边的土出现明显的侧向挤出，周边岩土出现明显隆起，或径向裂隙持续发展
(C)在某级荷载作用 24 小时，沉降速率不能达到相对稳定标准
(D)总沉降量与承压板宽度(或直径)之比达到 0.015

40. 下列关于设计基准期的叙述正确的是哪一项？ (　　)

(A)设计基准期是为确定可变作用及与时间有关材料性能取值而选用的时间参数
(B)设计基准期是设计规定的结构或结构构件不需大修而可按期完成预定目的的使用的时期
(C)设计基准期等于设计使用年限
(D)设计基准期按结构的设计使用年限的长短而确定

二、多项选择题(共 30 题，每题 2 分。每题的备选项中有两个或三个符合题意，错选、少选、多选均不得分)

41. 根据《岩土工程勘察规范》(GB 50021—2001)(2009 年版)对岩溶地区的二、三级工程基础底面与洞体顶板间岩土层厚度虽然小于独立基础宽度的 3 倍或条形基础宽度 6 倍，但当符合下列哪些选项时可不考虑岩溶稳定性的不利影响？ (　　)

(A)岩溶漏斗被密实的沉积物充填且无被水冲蚀的可能
(B)洞室岩体基本质量等级为Ⅰ级、Ⅱ级，顶板岩石厚度小于洞跨
(C)基础底面小于洞的平面尺寸
(D)宽度小于 1.0m 的竖向洞隙近旁的地段

42. 下列选项哪些内容包括在港口工程地质调查与测绘工作中？ (　　)

(A)天然和人工边坡的稳定性评价
(B)软弱土层的分布范围和物理力学性质
(C)微地貌单元
(D)地下水与地表水关系

43. 在其他腐蚀性条件相同的情况下，下列地下水对混凝土结构腐蚀性评价中哪些是正确的？（ ）

(A)常年位于地下水中的混凝土结构比处于干湿交替带的腐蚀程度高
(B)在直接临水条件下，位于湿润区的混凝土结构比位于干旱区的腐蚀程度高
(C)处于冰冻段的混凝土结构比处于不冻段混凝土结构的腐蚀程度高
(D)位于强透水层中的混凝土结构比处于弱透水层中的腐蚀程度高

44. 土层的渗透系数 k 受下列哪些选项的因素影响？（ ）

(A)土的孔隙比
(B)渗透水头压力
(C)渗透水的补给
(D)渗透水的温度

45. 关于土的压缩试验过程，下列哪些选项的叙述是正确的？（ ）

(A)在一般压力作用下，土的压缩可看作土中孔隙体积减小
(B)饱和土在排水过程中始终是饱和的
(C)饱和土在压缩过程中含水量保持不变
(D)压缩过程中，土粒间的相对位置始终保持不变

46. 利用预钻式旁压试验资料，可获得下列哪些地基土的工程指标？（ ）

(A)静止侧压力系数 k_0
(B)变形模量
(C)地基土承载力
(D)孔隙水压力

47. 根据《建筑桩基技术规范》(JGJ 94—2008)关于承受上拔力桩基的说法中，下列选项中哪些是正确？（ ）

(A)对于二级建筑桩基基桩抗拔极限承载力应通过现场单桩上拔静载试验确定
(B)应同时验算群桩呈整体破坏和呈非整体破坏的基桩抗拔承载力
(C)群桩呈非整体破坏时，基桩抗极限承载力标准值为桩侧极限摩阻力标准值与桩自重之和
(D)群桩呈整体破坏时，基桩抗拔极限承载力标准值为桩侧极限摩阻力标准值与群桩基础所包围的土的自重之和

48.《建筑桩基技术规范》(JGJ 94—2008)中对于一般建筑物的柱下独立桩基，桩顶作用效应计算公式中隐含了下列哪些选项的假定？（ ）

(A)在水平荷载效应标准组合下，作用于各基桩的水平力相等

(B)各基桩的桩距相等
(C)在荷载效应标准组合竖向力作用下,各基桩的竖向力不一定都相等
(D)各基桩的平均竖向力与作用的偏心竖向力的偏心距大小无关

49. 根据《建筑桩基技术规范》(JGJ 94—2008)下列关于桩基沉降计算的说法中,下列选项哪些是正确的? ( )

(A)桩中心距不大于6倍桩径的桩基、地基附加应力按布辛奈斯克(Boussinesq)解进行计算
(B)承台顶的荷载采用荷载效应准永久组合
(C)单桩基础桩端平面以下地基中由基桩引起的附加应力按布辛奈斯克(Boussinesq)解进行计算确定
(D)单桩基础桩端平面以下地基中由承台引起的附加应力按明德林(Mindlin)解计算确定

50. 根据《建筑桩基技术规范》(JGJ 94—2008),下列关于变刚度调平设计方法的论述中哪些选项是正确的? ( )

(A)变刚度调平设计应考虑上部结构形式荷载,地层分布及其相互作用效应
(B)变刚度主要指调查上部结构荷载的分布,使之与基桩的支撑刚度相匹配
(C)变刚度主要指通过调整桩径,桩长,桩距等改变基桩支撑刚度分布,使之与上部结构荷载相匹配
(D)变刚度调平设计的目的是使建筑物沉降趋于均匀,承台内力降低

51. 下列关于负摩阻力的说法中,哪些选项是正确的? ( )

(A)负摩阻力不会超过极限侧摩阻力
(B)负摩阻力因群桩效应而增大
(C)负摩阻力会加大桩基沉降
(D)负摩阻力与桩侧土相对于桩身之间的沉降差有关

52. 关于几种灌注桩施工工艺特点的描述中,下列选项哪些是正确的? ( )

(A)正反循环钻成孔灌注施工工艺适用范围广,但泥浆排量较大
(B)长螺旋钻孔后灌注桩工法不需泥浆护壁
(C)旋挖钻成孔灌注桩施工工法,因钻机功率大,特别适用于大块石,漂石多的地层
(D)冲击钻成孔灌注桩施工工法适用于坚硬土层、岩层,但成孔效率低

53. 下列关于预制桩锤击沉桩施打顺序的说法中,哪些选项合理? ( )

(A)对于密集桩群,自中间向两个方面或四周对称施打
(B)当一侧毗邻建筑物时,由毗邻建筑物向另一侧施打

(C)根据基础底面设计标高，宜先浅后深

(D)根据桩的规格，宜先小后大，先短后长

54. 对砂土地基，砂石桩的下列施工顺序中哪些选项是合理的？（　　）

(A)由外向内　　(B)由内向外

(C)从两侧向中间　　(D)从一边向另一边

55. 根据《建筑地基处理技术规范》(JGJ 79—2012)，下列关于灰土挤密桩复合地基设计、施工的叙述中哪些是正确的？（　　）

(A)初步设计按当地经验确定时，灰土挤密桩复合地基承载力特征值不宜大于 200kPa

(B)桩孔内分层回填，分层夯实，桩体内的平均压实系数，不宜小于 0.94

(C)成孔时，当土的含水量低于 12%时，宜对拟处理范围内土层进行适当增湿

(D)复合地基变形计算时，可采用载荷试验确定的变形模量作为复合土层的压缩模量

56. 某围海造地工程，原始地貌为滨海滩涂，淤泥层厚约 28.0m，顶面标高约 0.5m，设计采用真空预压法加固，其中排水板长 18.0m，间距 1.0m，砂垫层厚 0.8m，真空度为 90kPa，预压期为 3 个月，预压完成后填土到场地交工面标高约 5.0m，该场地用 2 年后，实测地面沉降达 100cm 以上，已严重影响道路，管线和建筑物的安全使用，问造成场地土后沉降过大的主要原因有哪些？（　　）

(A)排水固结法处理预压荷载偏小　　(B)膜下真空度不够

(C)排水固结处理排水板深度不够　　(D)砂垫层厚度不够

57. 某海堤采用抛石挤淤法进行填筑，已知海堤范围多年平均海水深 1.0m，其下为淤泥层厚 8.0m，淤泥层下部是粗砾砂层，再下面是砾质黏性土，为保证海堤着底(即抛石海堤底到达粗砾砂)以下哪些选项有利？（　　）

(A)加大抛石堤高度　　(B)加大抛石堤宽度

(C)增加堤头和堤侧爆破　　(D)增加高能级强夯

58. 采用预压法加固淤泥地基时，在其他条件不变的情况下，下面选项哪些措施有利于缩短预压工期？（　　）

(A)减少砂井间距　　(B)加厚排水砂垫层

(C)加大预压荷载　　(D)增大砂井直径

59. 采用土或灰土挤密桩局部处理地基，处理宽度应大于基底一定范围，其主要作用可用下列哪些选项来解释？（　　）

(A)改善应力扩散　　(B)防渗隔水

(C)增强地基稳定性　　　　(D)防止基底土产生侧向挤出

60.在松砂地基中,挤密碎石桩复合地基中的碎石垫层其主要作用可用下列哪些选项来说明? (　　)

(A)构成水平排水通道,加速排水固结　　(B)降低碎石桩桩体中竖向应力
(C)降低桩间土层中竖向应力　　(D)减少桩土应力比

61.天然边坡有一危岩需加固,其结构面倾角45°,欲用预应力锚索加固,如果锚索方向竖直。如图所示,已知上下接触面间的结构面摩擦角 $\varphi=45°$,黏聚力 $c=35\text{kPa}$,则锚索施力后下列选项哪些是正确的? (　　)

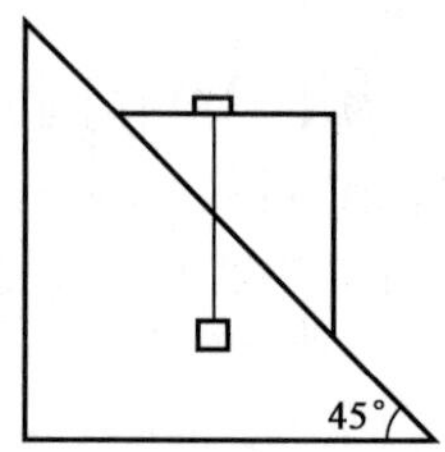

题61图

(A)锚索增加了结构面的抗滑力 ΔR,也增加滑动力 ΔT,且 $\Delta R=\Delta T$
(B)该危岩的稳定性系数将增大
(C)该危岩的稳定性系数将不变
(D)该危岩的稳定性系数将减少

62.对于下图所示的有软弱黏性土地基的黏土厚心墙堆石坝在坝体竣工时,下面哪些滑动面更危险? (　　)

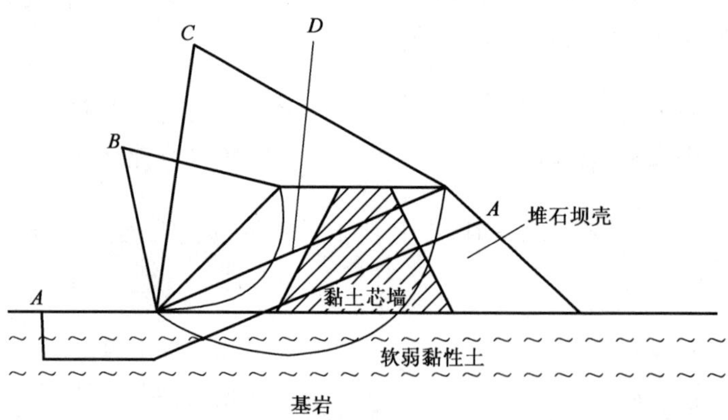

题62图

(A)穿过坝基土的复合滑动面　　(B)通过堆石坝壳的圆弧滑动面
(C)通过坝基土的圆弧滑动面　　(D)直线滑动面

63. 软土地区修建公路路基路堤采用反压护道措施，下列选项哪些说法正确？ (　　)

(A)反压护道应与路堤同时填筑
(B)路堤两侧反压护道的宽度必须相等
(C)路堤两侧反压护道的高度越高越有利
(D)采用反压护道的主要作用是保证路堤稳定性

64. 对于一墙竖直、填土水平，墙底水平的挡土墙；墙后填土为砂土，墙背与土间的摩擦角 $\delta=\frac{\varphi}{2}$，底宽为墙高 0.6 倍，如用①假定墙背光滑的朗肯土压力理论计算主动土压力；②用考虑墙背摩擦的库仑土压力理论计算主动土压力。用上述两种方法计算的主动土压力相比较，下列选项哪些是正确的？ (　　)

(A)朗肯理论计算的抗倾覆稳定安全系数较小
(B)朗肯理论计算的抗滑稳定性安全系数较小
(C)朗肯理论计算的墙底压力分布较均匀
(D)朗肯理论计算的墙底压力平均值更大

65. 下面选项中哪些地区不宜设置生活垃圾卫生填埋场？ (　　)

(A)季节冻土地区　　(B)活动坍塌地带
(C)湿陷性黄土地区　　(D)洪泛区

66. 采用低应变法检测钢筋混凝土桩的桩身完整性时，下列对测量传感器安装描述中哪些选项是正确的？ (　　)

(A)传感器安装应与桩顶面垂直
(B)实心桩的传感器安装位置为桩中心
(C)空心桩的传感器安装在桩壁厚的 1/2 处
(D)传感器安装位置应位于钢筋笼的主筋处

67. 下列哪些选项的建筑物在施工及使用期间应进行变形观测？ (　　)

(A)地上 33 层，框剪结构，天然地基
(B)地上 11 层住宅，CFG 桩复合地基
(C)地基基础设计等级为乙级的建筑物
(D)桩基础受临近基坑开挖影响的丙级建筑

68. 以下关于招标代理机构的表述中正确的有哪几项？ (　　)

(A)招标代理机构是行政主管部门所属的专门负责招标代理工作的机构
(B)应当在招标人委托的范围内办理招标事宜
(C)应具备经国家建设行政主管部门认定的资格

(D)建筑行政主管部门有权为招标人指定招标代理机构

69. 注册土木工程师(岩土)的执业范围包括下列哪些选项? ( )

(A)建筑工程施工管理　　(B)本专业工程招标、采购、咨询
(C)本专业工程设计　　(D)对岩土工程施工进行指导和监督

70. 根据《建筑工程质量检测管理办法》的规定,检测机构有下列哪些行为时,被处以1万元以上3万元以下罚款? ( )

(A)使用不符合条件的检测人员
(B)伪造检测数据,出具虚假检测报告
(C)未按规定上报发现的违法违规行为和检测不合格事项的
(D)转包检测业务

2009 年专业知识试题答案(上午卷)

1.[答案] A

[依据] 产状表示方式一般有两种,即走向倾角型和倾向倾角型。走向倾角型通常表示如:NE30°∠60°,倾向倾角型通常表示如:30°∠60°;故为倾向 30°,倾角 60°。

2.[答案] D

[依据]《岩土工程勘察规范》(GB 50021—2001)(2009 年版)第 10.9.4 条第 3 款。

3.[答案] A

[依据] 完整花岗岩属于脆性材料,无明显塑性变形阶段,应力应变曲线应近似为直线。B 为压缩性较高的垂直片理加荷的片岩等;C 为较坚硬而少裂隙的石灰岩等;D 为接近较硬岩—软岩的全应力应变曲线。

4.[答案] C

[依据]《建筑抗震设计规范》(GB 50011—2010)第 4.1.7 条。

5.[答案] B

[依据]《岩土工程勘察规范》(GB 50021—2001)(2009 年版)第 10.10.3 条第 2 款。

6.[答案] B

[依据]《岩土工程勘察规范》(GB 50021—2001)(2009 年版)第 3.3.3 条。

7.[答案] D

[依据]《工程地质手册》(第五版)第 279 页。

8.[答案] D

[依据]《土工试验方法标准》(GB/T 50123—2019)第 12.1.3 条。

9.[答案] A

[依据] 对于轴压,偏压引起的总应力增量为 $\sigma_1-\sigma_3$;对于围压,偏压引起的总应力增量是 0。根据有效应力原理:$\sigma'=\sigma-u$,则偏压引起的有效应力增量为:$\Delta\sigma_1'=\sigma_1-\sigma_3-u$,$\Delta\sigma_3'=0-u=-u$。

10.[答案] C

[依据]《建筑工程地质勘探与取样技术规程》(JGJ/T 87—2012)表 5.3.1。

11.[答案] A

[依据] 可用三相图换算。

12.[答案] D

［依据］《岩土工程勘察规范》(GB 50021—2001)(2009 年版)表 4.1.15。

13.［答案］A

［依据］《土工试验方法标准》(GB/T 50123—2019)第 9.2.4 条。

14.［答案］A

［依据］《建筑桩基技术规范》(JGJ 94—2008)第 2.1.16 条。

15.［答案］B

［依据］《建筑桩基技术规范》(JGJ 94—2008)第 6.3.9 条。

16.［答案］B

［依据］《建筑桩基技术规范》(JGJ 94—2008)第 3.3.3 条第 5 款。

17.［答案］A

［依据］《建筑桩基技术规范》(JGJ 94—2008)表 5.8.4-1 易知:易产生压屈失稳→φ越小→l_c越大→桩顶铰接更大(自由度最大)→桩底软弱一些的偏大。桩底置于岩层表面更容易产生压屈失稳。

18.［答案］D

［依据］土的沉降大于桩沉降时,桩土产生相对位移,导致负摩阻力。故应先使土体沉降稳定,再行施工。

19.［答案］C

［依据］《建筑桩基技术规范》(JGJ 94—2008)第 4.1.1 条。

20.［答案］B

［依据］《建筑桩基技术规范》(JGJ 94—2008)第 6.7.1 条条文说明。

21.［答案］C

［依据］正反循环灌注桩施工中泥浆是循环的,但旋挖成孔灌注桩的施工泥浆不循环,起护壁平衡压力的作用,另外前者有泥浆的损失量要比后者大,污染大。正反循环适合于大部分地层,旋挖成孔适合于卵砾石及其以软的地层,其附属设备少,在保证孔壁安全的情况下施工效率较高。

22.［答案］C

［依据］碱液与油基容易发生皂化反应,使碱液失效。

23.［答案］C

［依据］《建筑地基处理技术规范》(JGJ 79—2012)第 7.2.1 条。

24.［答案］C

［依据］散体材料桩所提供的承载力,主要依靠摩擦力提供。由于应力传递的损耗,当桩长增大到一定值时,桩体承载力不会再增大。

25.［答案］A

［依据］《建筑地基处理技术规范》(JGJ 79—2012)第4.2.7条。垫层地基的变形由垫层自身变形和下卧层变形组成。换填垫层在满足本规范第4.2.2条、第4.2.3条和第4.2.4条的条件下,垫层地基的变形可仅考虑其下卧层的变形。对沉降要求严的建筑,应计算垫层自身的变形。

26.［答案］D

［依据］《建筑基桩检测技术规范》(JGJ 106—2014)第9.2.5条条文说明,取单桩承载力特征值的2%～4%,5000/2×0.04=100kN。

27.［答案］B

［依据］165×0.8×1000/1000=132g/L

28.［答案］D

［依据］《建筑地基处理技术规范》(JGJ 79—2012)第5.2.3条。

29.［答案］B

［依据］袋装砂井的主要作用是构成和保持竖向排水通道。

30.［答案］C

［依据］浸润线在中间部位发生突变,说明坝体中间设置了防渗心墙。

31.［答案］C

［依据］坝体内浸润线总体过渡平缓,没有发生突变,且出水口为水平,故无排水。

32.［答案］C

［依据］《土工合成材料应用技术规范》(GB/T 50290—2014)第3.1.4条。

33.［答案］A

［依据］A的抗滑段最大,滑动段最小,故安全系数最大。

34.［答案］B

［依据］③>④>①>②,稍湿砂土存在假黏聚力。

35.［答案］D

［依据］《土工合成材料应用技术规范》(GB/T 50290—2014)第7.2.3条。

36.［答案］C

［依据］《土工合成材料应用技术规范》(GB/T 50290－2014)第5.3.3条第2款,A错误;第3款,B错误;第1款,对土工膜厚度根据当地气候、地质条件、工程规模确定,C正确;第5.2.4条,下垫层材料可选用透水材料、土工织物、土工网、土工格栅等,D错误。

37.【答案】A

【依据】《公路路基设计规范》(JTG D30—2015)第5.2.1条表5.2.1。

38.【答案】C

【依据】《湿陷性黄土地区建筑标准》(GB 50025—2018)第7.2.5条。

39.【答案】D

【依据】《建筑地基基础设计规范》(GB 50007—2011)附录C第C.0.5条。

40.【答案】A

【依据】《工程结构可靠性设计统一标准》(GB 50153—2008)第2.1.49条。

41.【答案】AD

【依据】《岩土工程勘察规范》(GB 50021—2001)(2009年版)第5.1.10条。

42.【答案】CD

【依据】《水运工程岩土勘察规范》(JTS 133—2013)第12.0.7.1条,C正确;第12.0.7.2条,B错误;第12.0.7.6条,D正确;天然和人工边坡的稳定性评价是定量计算,需要提供边坡土体的物理力学参数,而这些在港口工程地质调查与测绘阶段无法获得,A错误。

43.【答案】CD

【依据】《岩土工程勘察规范》(GB 50021—2001)(2009年版)第12.2.1条、第12.2.2条、附录G表G.0.1。

44.【答案】AD

【依据】土层渗透系数大小与土体所处状态有关,故与土体孔隙比、土的渗透水温度有关。而渗透水的补给、水头压力不会影响到渗透系数的大小。

45.【答案】AB

【依据】土在压缩过程中,首先是气体排出,孔隙体积减小,孔隙中的水不变,土体趋于饱和;当土体饱和后继续压缩,土体中的水排出,孔隙进一步减少,整个过程中土粒的质量不变,此时土中水的质量减少,含水量减少,但孔隙中始终充满水,土体保持饱和状态,但土体的压缩,土颗粒的位置发生移动。

46.【答案】BC

【依据】《岩土工程勘察规范》(GB 50021—2001)(2009年版)第10.7.5条及其条文说明。预钻式旁压试验的原位侧向应力经钻孔后已释放,无法测得静止土压力系数。

47.【答案】AB

【依据】《建筑桩基技术规范》(JGJ 94—2008)第5.4.5条、第5.4.6条。

48.［答案］ACD

［依据］《建筑桩基技术规范》(JGJ 94—2008)第5.1.1条、公式(5.7.3)。水平力按桩数平均，故基桩水平力相等。基桩竖向力与桩距、偏心作用有关，但其平均竖向力与偏心距无关。

49.［答案］AB

［依据］《建筑桩基技术规范》(JGJ 94—2008)第5.5.6条～第5.5.9条条文说明、第5.5.14条。

50.［答案］ACD

［依据］《建筑桩基技术规范》(JGJ 94—2008)第3.1.8条条文说明。

51.［答案］AC

［依据］《建筑桩基技术规范》(JGJ 94—2008)第5.4.4条。

52.［答案］AB

［依据］正反循环由于其采用回转钻进、泥浆护壁等工艺，对大多数地层都适合，但其泥浆排量大，污染较大。长螺旋钻孔施工采用螺旋钻钻孔成型，提钻时一次性压浆成孔放入钢筋笼成桩，适用于黏性土地层，不适合饱和软黏土、地下水位以下的砂砾类土。旋挖钻机采用挖斗成孔，泥浆护壁，适用于卵砾石土，不适用于大块石和漂石地层。冲击钻可用于坚硬土层中，对于砂类土，增加捞砂筒，对于岩石地层，更换为潜孔锤钻头，成孔效率较高，不适合取样采用。

53.［答案］AB

［依据］《建筑桩基技术规范》(JGJ 94—2008)第7.4.4条。

54.［答案］AC

［依据］《建筑地基处理技术规范》(JGJ 79—2012)第7.2.4条第7款及其条文说明。

55.［答案］CD

［依据］《建筑地基处理技术规范》(JGJ 79—2012)第7.5.2条第7款、第9款、第7.5.3条第3款。变形计算时，其复合土层的压缩模量可采用载荷试验的变形模量代替。

56.［答案］AC

［依据］膜下真空度为90kPa，符合要求；而砂垫层厚度明显不是沉降过大的主要原因。其主要原因应是：排水固结处理时，上部堆载预压荷载过小，不能有效控制土体变形；排水板深度只有18m，仅为全部压缩层厚度的2/3，其下部沉降变形仍很大。

57.［答案］ACD

［依据］为保证海堤着底，需增大抛石能量，无疑加大抛石高度、增加堤头和堤侧爆破、增加高能级强夯是有效措施。

58.［答案］AD

[依据] 减少砂井间距、增大砂井直径可有效加速排水固结，有利于缩短工期；而加厚排水砂垫层则效果不明显。加大预压荷载对固结的影响，要视情况而定：当施工荷载小于永久荷载时，不管预压多久，其变形条件和固结度始终不能满足工后沉降的控制标准，其预压时间无穷大。而对于堆载荷载大于永久荷载时，可提前达到预定的沉降量和固结度标准，可以缩短预压工期。

59.[答案] ACD

[依据]《建筑地基处理技术规范》(JGJ 79—2012)第7.5.2条条文说明。

60.[答案] BD

[依据] 散体材料桩上部的碎石垫层，可降低桩体中的竖向应力，增加桩间土中的竖向应力，使桩土应力比有所降低。由于散体材料本身具有良好的透水性，因此构成排水通道并非其主要作用。

61.[答案] AD

[依据] 结构面的倾角为45°，结构面上所增加的抗滑力和下滑力相等。稳定安全系数将减小。

62.[答案] AC

[依据] A、C滑面均通过坝基软弱土层，B、D滑面在坝体内部，相较而言，A、C更不易稳定。

63.[答案] AD

[依据] 反压护道的主要目的是为了保证路堤的整体稳定性，反压护道一般采用单级形式，多级形式对于稳定性作用不大；路堤两侧的护道宽度应通过验算确定，其抗剪切指标采用快剪法或十字板剪切试验获得；护道的高度一般为路基高度的1/2～1/3，不得超过路基的极限填筑高度，两侧护道应同时填筑。当软土地基较薄，下卧层硬土具有明显横向坡度时，应采用不同宽度反压。

64.[答案] AB

[依据] 朗肯是库仑的特殊情况，其主动土压力计算结果误差较大，被动土压力计算误差较小，而库仑主动土压力更接近实际。即，在其他条件相同的情况下，墙背与土体的摩擦角越大，主动土压力就越小，反之，主动土压力就越大。朗肯在倾覆和抗滑时计算的安全系数要小，库仑计算的安全系数要大；库仑理论计算的偏心更小，基底平均压力更大，更均匀。

65.[答案] BD

[依据]《生活垃圾卫生填埋技术规范》(GB 50869—2013)第4.0.2条。

66.[答案] AC

[依据]《建筑基桩检测技术规范》(JGJ 106—2014)第8.3.3条、第8.3.4条。

67.[答案] ABD

[依据]《建筑地基基础设计规范》(GB 50007—2011)第3.0.1条、第10.3.8条。

68.[答案] BC

[依据]《中华人民共和国招标投标法》第十二条,第十四条,第十五条。

69.[答案] BCD

[依据]《勘察设计注册工程师管理规定》第十九条。

70.[答案] ACD

[依据]《建筑工程质量检测管理办法》第二十九条、第三十条。

2009年专业知识试题(下午卷)

一、单项选择题(共40题,每题1分。每题的备选项中只有一个最符合题意)

1. 下列关于设计基准期的叙述,正确的是哪一项? ( )

(A)设计基准期是为确定可变作用及与时间有关的材料性能取值而选用的时间参数

(B)设计基准期是设计规定的结构或结构构件不需大修而可按期完成预定目的的使用的时期

(C)设计基准期等于设计使用年限

(D)设计基准期按结构的设计使用年限的长短而确定

2. 上部结构荷载传至基础顶面的平均压力见下表,基础和台阶上土的自重压力为60kPa,按《建筑地基基础设计规范》(GB 50007—2011),确定基础尺寸时,荷载应取哪一项? ( )

题2表

承载力极限状态	正常使用极限状态	
基本组合	标准组合	准永久组合
200	180	160

(A)260kPa (B)240kPa (C)200kPa (D)180kPa

3. 建筑地基基础设计中的基础抗剪切验算采用哪种设计方法? ( )

(A)容许承载能力设计 (B)单一安全系数法

(C)基于可靠度的分项系数设计法 (D)多系数设计法

4. 哪个选项的条件对施工期间的地下车库抗浮最为不利? ( )

(A)地下车库的侧墙已经建造完成,地下水处于最高水位

(B)地下车库的侧墙已经建造完成,地下水处于最低水位

(C)地下车库顶板的上覆土层已经完成,地下水处于最高水位

(D)地下车库顶板的上覆土层已经完成,地下水处于最低水位

5. 按《建筑地基基础设计规范》(GB 50021—2011)的规定,在抗震设防区,除岩石地基外,天然地基上高层建筑筏型基础埋深不宜小于下列哪一项? ( )

(A)建筑物高度的1/15 (B)建筑物宽度的1/15

(C)建筑物高度的 1/18　　(D)建筑物宽度的 1/18

6. 条形基础宽度 3m，基础底面的荷载偏心距为 0.5m，基底边缘最大压力值和基底平均压力值的比值符合下列哪一项？（　　）

(A)1.2　　(B)1.5
(C)1.8　　(D)2.0

7. 据《建筑地基基础设计规范》(GB 50007—2011)的规定，土质地基承载力计算公式：$f_a = M_b\gamma b + M_d\gamma_m d + M_c c_k$，按其基本假定，下列有关 f_a 的论述中哪个是正确的？（　　）

(A)根据刚塑体极限平衡的假定得出的地基极限承载力
(B)按塑性区开展深度为零的地基容许承载力
(C)根据条形基础应力分布的假定得到的地基承载力，塑性区开展深度为基础宽度的 1/4
(D)假定为偏心荷载，($e/b=1/6$)作用下的地基承载力特征值

8. 对于不排水强度内摩擦角为零的土，其深度修正系数和宽度修正系数的正确结合为下列哪一项？（　　）

(A)深度修正系数为 0；宽度修正系数为 0
(B)深度修正系数为 1；宽度修正系数为 0
(C)深度修正系数为 0；宽度修正系数为 1
(D)深度修正系数为 1；宽度修正系数为 1

9. 对五层的异形柱框架结构位于高压缩性地基土的住宅，下列哪个地基变形允许值为《建筑地基基础设计规范》(GB 50007—2011)规定的变形限制指标？（　　）

(A)沉降量 220mm　　(B)沉降差 $0.003l$(l 为相邻柱基中心距)
(C)倾斜 0.003　　(D)整体倾斜 0.003

10. 下列哪个选项的基坑内支撑刚度最大、整体性最好，可最大限度地避免由节点松动而失事？（　　）

(A)现浇混凝土桁架支撑结构　　(B)钢桁架结构
(C)钢管平面对撑　　(D)型管平面斜撑

11. 在支护桩及连续墙的后面垂直于基坑侧壁的轴线埋设土压力盒，问在同样条件下，下列哪个选项土压力最大？（　　）

(A)地下连续墙后　　(B)间隔式排桩
(C)连续密布式排桩　　(D)间隔式双排桩的前排桩

12. 关于城市地铁施工方法，下列说法中哪个不正确？（　　）

(A)城区内区间的隧道宜采用暗挖法
(B)郊区的车站可采用明挖法
(C)在城市市区内的道路交叉口采用盖挖逆筑法
(D)竖井施工可采用暗挖法

13. 某采用坑内集水井排水的基坑渗流流网如图所示，其中坑底最易发生流土的点位是下列哪一项？（　　）

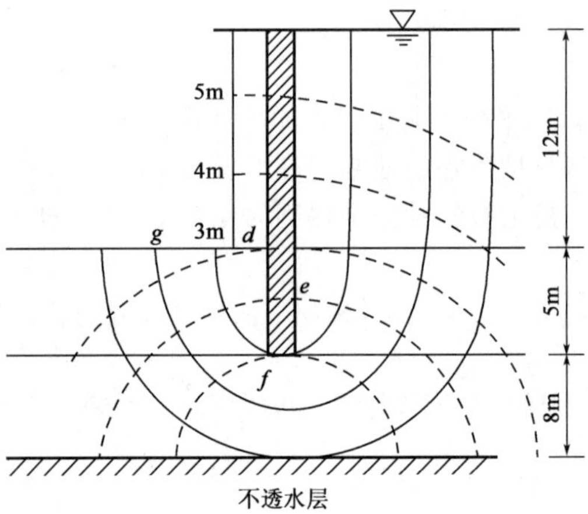

题 13 图

(A)点 d　　(B)点 f
(C)点 e　　(D)点 g

14. 设计时对地下连续墙墙身结构质量检测，宜优先采用下列哪种方法？（　　）

(A)高应变动测法　　(B)声波透射法
(C)低应变动测法　　(D)钻芯法

15. 采用暗挖法进行地铁断面施工时，下列说法中错误的是哪一项？（　　）

(A)可以欠挖
(B)允许少量超挖
(C)在硬岩中允许超挖量要小一些
(D)在土质隧道中比在岩质隧道中允许超挖量要小一些

16. 建筑基坑采用水泥挡土墙支护型式，其嵌固深度(h_d)和墙体宽度(b)的确定，按《建筑基坑支护技术规范》(JGJ 120—2012)设计时，下列哪个说法是正确的？（　　）

(A)嵌固深度(h_d)和墙体宽度(b)均按整体稳定计算确定
(B)嵌固深度(h_d)按整体稳定计算确定，墙体宽度按墙体的抗倾覆稳定计算

确定

(C)h_d 和 b 均按墙体的抗倾覆稳定计算确定

(D)h_d 按抗倾覆稳定确定，b 按整体稳定计算确定

17. 据《岩土工程勘察规范》(GB 50021—2001)(2009 年版)，当填土底面的天然坡度大于哪个数值时，应验算其稳定性？ ( )

(A)15% (B)20%

(C)25% (D)30%

18. 据《岩土工程勘察规范》(GB 50021—2001)(2009 年版)具有下列哪个选项所示特征的土，可初判为膨胀土？ ( )

(A)膨胀土>2% (B)自由膨胀率>40%

(C)蒙脱石含量≥17% (D)标准吸湿含水量≥4.8%

19. 某红黏土的含水量试验如下：天然含水量 51%，液限 80%，塑限 48%，该红黏土的状态应为下列哪一项？ ( )

(A)坚硬 (B)硬塑

(C)可塑 (D)软塑

20. 在某多年冻土地区进行公路路基工程勘探，已知该冻土天然上限深度 6m，下列勘探深度中哪个不符合《公路工程地质勘察规范》(JTG C20—2011)的要求？ ( )

(A)9.5m (B)12.5m

(C)15.5m (D)18.5m

21. 某湿陷性黄土场地，自量湿陷量的计算值 $\Delta_{zs}=315$mm，湿陷量的计算值 $\Delta_s=652$mm，根据《湿陷性黄土地区建筑标准》(GB 50025—2018)的规定，该场地湿陷性黄土地基的湿陷等级应为？ ( )

(A)Ⅰ级 (B)Ⅱ级

(C)Ⅲ级 (D)Ⅳ级

22. 下列关于采空区移动盆地的说法中哪个是错误的？ ( )

(A)移动盆地都直接位于与采空区面积相等的正上方

(B)移动盆地的面积一般比采空区的面积大

(C)移动盆地内的地表移动有垂直移动和水平移动

(D)开采深度增大，地表移动盆地的范围也增大

23. 关于崩塌形成的条件，下列哪个是不对的？ ( )

(A)高陡斜坡易形成崩塌

(B)软岩强度低，易风化，最易形成崩塌
(C)岩石不利结构面倾向临空面时，易沿结构面形成崩塌
(D)昼夜温差变化大，危岩易产生崩塌

24. 在破碎的岩质边坡坡体内有地下水渗流活动，但不易确定渗流方向时，在边坡稳定计算中，做了简化假定，采用不同的坡体深度计入地下水渗透力的影响，问下列选项最安全的是哪一个？（　　）

(A)计算下滑力和抗滑力都采用饱和重度
(B)计算下滑力和抗滑力都采用浮重度
(C)计算下滑力用饱和重度，抗滑力用浮重度
(D)计算下滑力用浮重度，计算抗滑力用饱和重度

25. 当填料为下列哪一类土时，填方路堤稳定性分析可采用公式 $K=\tan\varphi/\tan\alpha$ 计算（K 为稳定系数；φ 为内摩擦角；α 为坡面与水平面夹角）？（　　）

(A)一般黏性土　　(B)混碎石黏性土
(C)纯净的中细砂　　(D)粉土

26. 有一微含砾的砂土形成的土坡，在哪种情况下土坡稳定性最好？（　　）

(A)天然风干状态　　(B)饱和状态并有地下水向外流出
(C)天然稍湿状态　　(D)发生地震

27. 当采用不平衡推力传递法进行滑坡稳定性计算时，下述说法中哪个不正确？（　　）

(A)当滑坡体内地下水位形成统一水面时，应计入水压力
(B)用反演法求取强度参数时，对暂时稳定的滑坡稳定系数可取 0.95～1.0
(C)滑坡推力作用点可取在滑体厚度 1/2 处
(D)作用于某一滑块滑动分力与滑动方向相反时，该分力可取负值

28. 某拟建电力工程场地，属于较重要建筑项目，地质灾害发育中等，地形地貌复杂，岩土体工程地质性质较差，破坏地质环境的人类活动较强烈，问：本场地地质灾害危险性评估分级应为哪一级？（　　）

(A)一级　　(B)二级
(C)三级　　(D)二或三级

29. 我国建筑抗震设防的目标是“三个水准”，下述哪个说法不符合规范？（　　）

(A)抗震设防的三个水准是“小震不坏，大震不倒”的具体化
(B)在遭遇众值烈度时，结构可以视为弹性体系
(C)在遭遇基本烈度时，建筑处于正常使用状态

(D)在遭遇罕遇烈度时，结构有较大的但又是有限的非弹性变形

30. 下列哪个选项与确定建筑结构的地震影响系数无关？（　　）

(A)场地类别和设计地震分组
(B)结构自震周期和阻尼比
(C)50年地震基准期的超越概率为10%的地震加速度
(D)建筑结构的抗震设防类别

31. 只有满足下列哪个选项所列条件，按剪切波速传播时间计算的等效剪切波速 v_{se} 的值与按厚度加权平均值计算的平均剪切波速 v_{sm} 值才是相等的？（　　）

(A)覆盖层正好是20m
(B)覆盖层厚度范围内，土层剪切波速随深度呈线性增加
(C)计算深度范围内，各土层剪切波速都相同
(D)计算深度范围内，各土层厚度相同

32. 在水利水电工程中，土的液化判别工作可分为初判和复判两个阶段，下述说法中哪个不正确？（　　）

(A)土的颗粒太粗(粒径大于5mm颗粒含量大于某个界限值)或太细(颗粒小于0.005mm颗粒含量大于某个界限值)，在初判时都有可能判定为不液化
(B)饱和土可以采用剪切波速进行液化初判
(C)饱和少黏性土也可以采用室内的物理性质试验进行液化复判
(D)所有饱和无黏性土和少黏性土的液化判定都必须进行初判和复判

33. 某工程场地勘察钻探揭示基岩埋深68m，剪切波速见表，该建筑场地类别应属于哪个选项？（　　）

题33表

深度(m)	剪切波速(m/s)
0～2	100
2～5	200
5～10	300
10～15	350
15～68	400

(A)Ⅰ类　　(B)Ⅱ类
(C)Ⅲ类　　(D)Ⅳ类

34. 下列哪个选项所示的场地条件是确定建筑的设计特征周期的依据？（　　）

(A)设计地震分组和抗震设防烈度　　(B)场地类别和建筑场地阻尼比

(C)抗震设防烈度和场地类别　　(D)设计地震分组和场地类别

35. 下列哪个不属于建设投资中工程建设其他费用？　　(　　)

(A)预备费　　(B)勘察设计费
(C)土地使用费　　(D)工程保险费

36. 下列哪个选项不属于建设工程项目可行性研究的基本内容？　　(　　)

(A)投资估算　　(B)市场分析和预测
(C)环境影响评价　　(D)施工图设计

37. 某建筑工程勘察 1 号孔深度为 10m，地层为：0～2m 为含硬杂质≤10%的填土；2～8m 为细砂；8～10m 为卵石(粒径≤50mm 的颗粒大于 50%)。0～10m 跟管钻进，孔口高程 50m，钻探时气温 30℃，按 2002 年收费标准计算了钻孔的实物工作收费额，其结果是下列哪个选项？　　(　　)

(A)1208 元　　(B)1812 元
(C)1932.8 元　　(D)2053.6 元

38. 据《建设工程委托监理合同》，在监理业务范围内，监理单位聘用专家咨询时所发生的费用由哪个单位支付？　　(　　)

(A)监理单位　　(B)建设单位
(C)施工单位　　(D)监理单位与施工单位协商确定

39. 哪个部门应当对工程建设强制标准负责解释？　　(　　)

(A)工程建设设计单位　　(B)工程建设标准批准部门
(C)施工图设计文件审查单位　　(D)省级以上建设行政主管部门

40. 在建设工程勘察合同履行过程中，下列有关发包人对承包人进行检查的作法中，符合法律规定的是哪个选项？　　(　　)

(A)发包人需经承包人同意方可进行检查
(B)发包人在不妨碍承包人正常工作的情况下可随时进行检查
(C)发包人可随时进行检查
(D)发包人只能在隐蔽工程隐蔽前进行检查

二、多项选择题(共 30 题，每题 2 分。每题的备选项中有两个或三个符合题意，错选、少选、多选均不得分)

41. 下列有关可靠性与设计方法的叙述中，哪些选项是正确的？　　(　　)

(A)可靠性是结构在规定时间内和规定条件下，完成预定功能的能力

(B)可靠性指标能定量反映工程的可靠性
(C)安全系数能定量反映工程的可靠性
(D)不同工程设计中,相同安全系数表示工程的可靠度相同

42.下列哪些选项属于定值设计法? ( )

(A)《公路桥涵地基与基础设计规范》(JTG 3363—2019)中容许承载力设计
(B)《建筑地基基础设计规范》(GB 50007—2011)中基础结构的抗弯设计
(C)《建筑地基基础设计规范》(GB 50007—2011)中地基稳定性验算
(D)《建筑边坡工程技术规范》(GB 50330—2013)边坡稳定性计算

43.下列关于基础埋深的叙述中,哪些选项是正确的? ( )

(A)在满足地基稳定和变形要求前提下,基础宜浅埋
(B)对位于岩石地基上的高层建筑筏形基础,箱形基础埋深应满足抗滑要求
(C)在季节性冻土地区,基础的埋深应大于设计冻深
(D)新建建筑物与既有建筑物相邻时,新建建筑物基础埋深不宜小于既有建筑基础埋深

44.建筑物的局部剖面如图所示。室外地坪填土是在结构封顶以后进行的,在下列计算中,哪些选项所取用的 d 是正确的? ( )

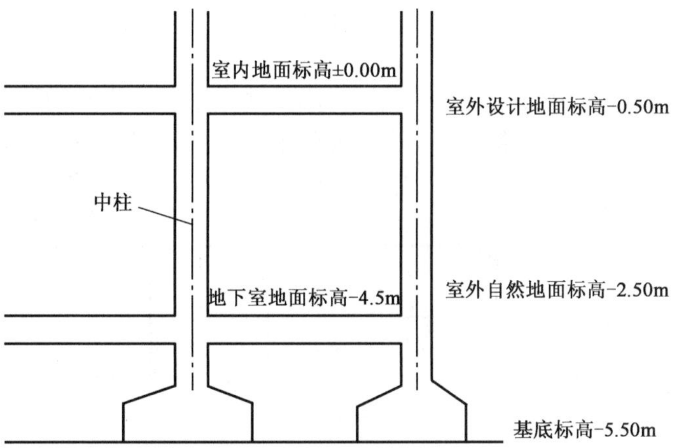

题44图

(A)外墙基础沉降计算时,附加应力=总应力$-\gamma_m d$ 中 d 取用 0.5m
(B)外墙地基承载力修正的埋深项 $\eta_d \gamma_m (d-0.5)$中,d 取用 1.0m
(C)中柱基础沉降计算时,附加应力=总应力$-\gamma_m d$ 中,d 取用 0.3m
(D)中柱地基承载力修正的埋深项,$\eta_d \gamma_m (d-0.5)$中,d 取用 3.0m

45.下列哪些选项对地基承载力有影响? ( )

(A)基础埋深、基础宽度 (B)地基土抗剪强度

(C)地基土的质量密度　　　　　　　　(D)基础材料的强度

46. 按《建筑地基基础设计规范》(GB 50007—2011)对地基基础设计的规定，下列哪些选项是不正确的？（　　）

(A)所有建筑物的地基计算，均应满足承载力计算的有关规定
(B)设计等级为丙级的所有建筑物可不作变形验算
(C)软弱地基上的建筑物存在偏心荷载时，应作变形验算
(D)地基承载力特征值小于130kPa，所有建筑应作变形验算

47. 关于条形基础的内力计算，下列哪些选项是正确的？（　　）

(A)墙下条形基础采用平面应变问题分析内力
(B)墙下条形基础的纵向内力必须采用弹性地基梁法计算
(C)柱下条形基础在纵、横两个方向均存在弯矩、剪力
(D)柱下条形基础横向的弯矩和剪力的计算方法与墙下条形基础相同

48. 关于文克勒地基模型，下列选项哪些是正确的？（　　）

(A)文克勒地基模型研究的是均质弹性半无限体
(B)假定地基由独立弹簧组成
(C)基床系数是地基土的三维变形指标
(D)文克勒地基模型可用于计算地基反力

49. 在其他条件相同的情况下，对于如图所示地下连续墙支护的A,B,C,D四种平面形状基坑，如它们长边尺寸都相等，哪些选项平面形状的基坑安全性较差，需采取加强措施？（　　）

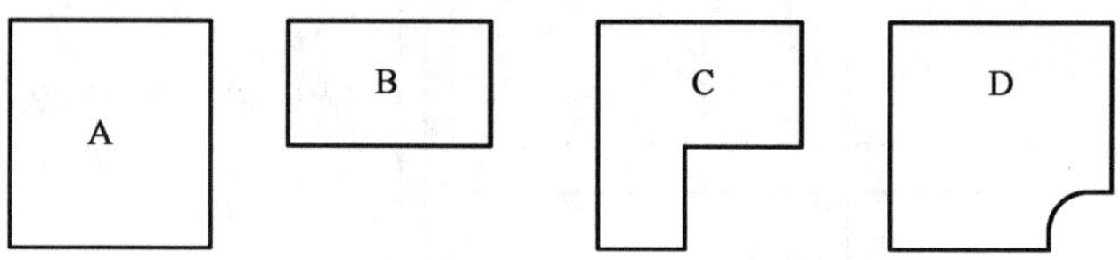

题49图

(A)正方形基坑　　　　　　　　(B)长方形基坑
(C)有阳角的方形基坑　　　　　(D)有局部外凸的方形基础

50. 用未嵌入下部隔水层的地下连续墙、水泥土墙等悬挂式帷幕，并结合基坑内排水方法，与采用坑外井点人工降低地下水位的方法相比较。下面哪些选项是正确的？（　　）

(A)坑内排水有利于减少对周边建筑的影响
(B)坑内排水有利于减少作用于挡土墙上的总水压力

(C)坑内排水有利于基坑底的渗透稳定
(D)坑内排水对地下水资源损失较少

51. 根据《建筑边坡工程技术规范》(GB 50330—2013)的规定，下列哪些岩质边坡不应采用钢筋混凝土锚喷支护？（　　）

(A)膨胀性岩石边坡
(B)坡高 10m 的Ⅲ类岩质边坡
(C)坡高 20m 的Ⅱ类岩质边坡
(D)具有严重腐蚀性地下水的岩质边坡

52. 对于基坑中的支护桩和地下连续墙的内力，下面哪些选项是正确的？（　　）

(A)对于单层锚杆情况，主动、被动土压力强度相等的点($e_a = e_p$)近似作为弯矩零点
(B)对于悬臂式桩，墙的总主动、被动土压力相同的点($\sum E_a = \sum E_p$)是弯矩最大点
(C)对于悬臂式桩，墙的总主动、被动土压力相同的点$(\sum E_a - \sum E_p)_{max}$是轴力最大点
(D)对于悬壁式桩，墙的总主动、被动土压力相等的点($\sum E_a = \sum E_p$)近似为弯矩零点

53. 根据《建筑基坑支护技术规范》(JGJ 120—2012)下列关于地下水控制的设计与施工要求中，哪些选项是正确的？（　　）

(A)当因降水而危及周边环境安全时，宜采用截水或回灌方法
(B)当坑底以下含水层渗透性强、厚度较大时，不应单独采用悬挂式截水方案
(C)回灌井与降水井的距离不宜大于 6m
(D)当一级真空井点降水不满足降水深度要求时，可采用多级井点降水方法

54. 在软土地区进行岩土工程勘察，宜采用选项中哪些原位测试方法？（　　）

(A)扁铲试验
(B)静力触探试验
(C)十字板剪切试验
(D)重型圆锥型动力触探

55. 公路软弱地基处理的下列方法中，哪些选项适用于较大深度范围内的素填土地基？（　　）

(A)强夯
(B)堆载预压
(C)换填垫层
(D)挤密桩

56. 下列各选项哪些是膨胀土的基本特性？（　　）

(A)在天然状态下，膨胀土的含水量和孔隙比都很高

(B)膨胀土的变形或应力对湿度状态的变化特别敏感

(C)膨胀土的裂隙是吸水时形成的

(D)膨胀土同时具有吸水膨胀和失水收缩两种变形特性

57. 某多层住宅楼，拟采用埋深为 2.0m 的独立基础，场地表层为 2.0m 厚的红黏土，以下为薄层岩体裂隙发育的石灰岩，基础底面下 14.0 至 15.5m 处有一溶洞，问下列选项中哪些适宜本场地洞穴稳定性评价方法？ ( )

(A)溶洞顶板坍塌自行填塞洞体估算法 (B)溶洞顶板按抗弯，抗剪验算法

(C)溶洞顶板按冲切验算法 (D)根据当地经验按工程类比法

58. 在其他条件均相同的情况下，关于岩溶发育程度与地层岩性关系的下列说法中哪些选项是正确的？ ( )

(A)岩溶在石灰岩地层中的发育速度小于白云岩地层

(B)厚层可溶岩岩溶发育比薄层可溶岩强烈

(C)可溶岩含杂质越多，岩溶发育越强烈

(D)结晶颗粒粗大的可溶岩较结晶颗粒细小的可溶岩岩溶发育更易

59. 下列选项中哪些勘察方法不适用泥石流勘察？ ( )

(A)勘探、物探 (B)室内试验、现场测试

(C)地下水长期观测和水质分析 (D)工程地质测绘和调查

60. 为排除滑坡体内的地下水补给来源拟设置截水盲沟，下列选项中哪些盲沟布置方式是合理的？ ( )

(A)布置在滑坡后缘裂缝 5m 外的稳定坡面上

(B)布置在滑坡可能发展的范围 5m 外稳定地段透水层底部

(C)截水盲沟与地下水流方向垂直

(D)截水盲沟与地下水流方向一致

61. 在进行山区工程建设的地质灾害危险性评估时，应特别注意下列选项中的哪些地质现象？ ( )

(A)崩塌

(B)泥石流

(C)软硬不均的地基

(D)位于地下水溢出带附近工程建成后可能处于浸湿状态的斜坡

62. 对于结构自振周期大于特征周期的某高耸建筑物来说，在确定地震影响系数时，假设其他条件都相同，下列哪些说法是正确的？ ( )

(A)设计地震分组第一组的地震影响系数总是比第二组的地震影响系数大

(B)Ⅱ类场地的地震影响系数总是比Ⅲ类场地的地震影响系数大
(C)结构自振周期越大,地震影响系数越小
(D)阻尼比越大,曲线下降段的衰减指数就越小

63.在地震区进行场地岩土工程勘察时,下列哪些选项是勘察报告中应包括的与建筑抗震有关的内容? ( )

(A)划分对建筑有利、不利和危险地段
(B)提供建筑抗震设防类别
(C)提供建筑场地类别
(D)进行天然地基和基础的抗震承载力验算

64.关于饱和砂土的液化机理,下列说法中正确的有哪些? ( )

(A)如果振动作用的强度不足以破坏砂土的结构,液化不发生
(B)如果振动作用的强度足以破坏砂土结构,液化也不一定发生
(C)砂土液化时,砂土的有效内摩擦角将降低到零
(D)砂土液化以后,砂土将变得更松散

65.在采用标准贯入试验进一步判别地面下20m深度范围内的土层液化时,下列哪些选项的说法是正确的? ( )

(A)地震烈度越高,液化判别标准贯入锤击数临界值也就越大
(B)设计近震场地的标贯锤击数临界值总是比设计远震的临界值更大
(C)标准贯入锤击数临界值总是随地下水位深度的增大而减少
(D)标准贯入锤击数临界值总随标贯深度增大而增大

66.桥梁抗震设计中引入减隔震技术措施以减小地震作用带来的破坏效应。下列说法中不正确的有哪些? ( )

(A)减隔震措施延长了结构的基本周期,可避开地震能量集中的范围
(B)在地震作用下,减隔震装置的抗震性能与桥墩的抗震性能相当
(C)地震作用产生的变形应尽量分散于减隔震装置和桥墩、桥台等各部位,使地震作用对每个部位产生的影响降低到最小
(D)减隔震装置允许出现大的塑性变形和存在一定的残余变形

67.验算天然地基地震作用下的竖向承载力时,下列哪些选项的说法是正确的? ( )

(A)基础底面压力按地震作用效应标准组合并采用拟静力法计算
(B)抗震承载力特征值较静力荷载下承载力特征值有所降低
(C)地震作用下结构可靠度容许有一定程度降低
(D)对于多层砌体房屋,在地震作用下基础底面不宜出现零应力区

68. 根据《建筑工程质量管理条例》的罚则，以下选项哪些是正确的？（　　）

(A)施工单位在施工中偷工减料的，使用不合格建筑材料、建筑配件和设备的责令改正、处以 10 万元以上 20 万元以下罚款
(B)勘察单位未按照工程建筑强制性标准进行勘察的，处 10 万元以上 30 万元以下罚款
(C)工程监理单位将不合格工程、建筑材料按合格签字，处 50 万元以上 100 万元以下罚款
(D)设计单位将承担的设计项目转包或违法分包的，责令改正，没收违法所得，处设计费 1 倍以上 2 倍以下罚款

69. 根据《中华人民共和国招标投标法》，以下选项哪些说法正确？（　　）

(A)招标人将必须进行的招标项目以其他方式规避招标的，责令限期改正，可以处项目合同金额千分之五以上千分之十以下的罚款
(B)投标人相互串通投标的，中标无效，处中标项目金额的千分之五以上千分之十以下罚款
(C)中标人将中标项目转让他人的，违反本规定，将中标项目的部分主体工作分包他人的，转让，分包无效，处转让分包项目金额的千分之五以上千分之十以下的罚款
(D)中标人不按照与招标人订立的合同履行义务，情节严重的，取消其一至二年内参加依法必须进行招标的项目的投标资格并予以公告

70. 下列哪些选项属于《建设工程勘察合同文本》中规定的发包人的责任？（　　）

(A)提供勘察范围内地下埋藏物的有关资料
(B)以书面形式明确勘察任务及技术要求
(C)提出增减勘察量的意见
(D)青苗相对赔偿

2009 年专业知识试题答案(下午卷)

1.[答案] A

[依据]《工程结构可靠性设计统一标准》(GB 50153—2008)第 2.1.49 条。

2.[答案] B

[依据]《建筑地基基础设计规范》(GB 50007—2011)第 3.0.5 条。

3.[答案] C

[依据]《岩土工程疑难问题答疑笔记整理之二》(高大钊,人民交通出版社)第 381~382 页。基础结构内力验算的设计表达式中,作用均为基底的净反力或由净反力产生的结构内力,强度均为混凝土材料的强度设计值,为分项系数法。

4.[答案] A

[依据] 抗浮最不利,则应水位最高、体积最大(排水最多),且上部无压重。

5.[答案] A

[依据]《建筑地基基础设计规范》(GB 50007—2011)第 5.1.4 条。

6.[答案] D

[依据] $e=0.5=\frac{b}{6}=\frac{3}{6}=0.5$,故 $P_{max}=\frac{F+G}{A}\left(1+\frac{6e}{b}\right)=\frac{F+G}{A}\left(1+\frac{6\times0.5}{3}\right)=2\times\frac{F+G}{A}=2P_k$

7.[答案] C

[依据] 该公式为根据条形基础应力分布假定得到的地基承载力。塑性区开展深度为基础宽度的 1/4,是平面应变问题。可参相关《土力学》教材"地基承载力"章节。

8.[答案] B

[依据]《建筑地基基础设计规范》(GB 50007—2011)表 5.2.5。

9.[答案] B

[依据]《建筑地基基础设计规范》(GB 50007—2011)表 5.3.4。

10.[答案] A

[依据] 桁架支撑结构效果好于平面支撑结构;而现浇混凝土桁架支撑要好于钢桁架支撑,因此钢桁架支撑节点之间为铰接,而现浇结构为固端。

11.[答案] A

[依据] 地下连续墙后土压力更接近静止土压力。

12.［答案］D

［依据］竖井施工一般都是明挖。

13.［答案］A

［依据］最易发生流土之处为水力梯度最大点。

14.［答案］B

［依据］《建筑基坑支护技术规程》(JGJ 120—2012)第4.6.16条第4款。

混凝土墙体结构的检测一般要求无损检测，首选声波法。

15.［答案］A

［依据］暗挖法施工时应严格控制开挖断面，一般不得欠挖。

16.［答案］B

［依据］《建筑基坑支护技术规范》(JGJ 120—2012)第6.1.1～6.1.3条条文说明。

17.［答案］B

［依据］《岩土工程勘察规范》(GB 50021—2001)(2009年版)第6.5.5条。

18.［答案］B

［依据］《岩土工程勘察规范》(GB 50021—2001)(2009年版)附录D。

19.［答案］B

［依据］《岩土工程勘察规范》(GB 50021—2001)(2009年版)表6.2.2。

20.［答案］A

［依据］《公路工程地质勘察规范》(JTG C20—2011)第8.2.10条：不小于2～3倍天然上限，即12～18m均符合要求。

21.［答案］C

［依据］《湿陷性黄土地区建筑标准》(GB 50025—2018)表4.4.6。

22.［答案］A

［依据］移动盆地通常比采空区面积大，其位置和形状与矿层倾角有关，并不总是位于正上方和对称的。见《工程地质手册》(第五版)第695～698页。

23.［答案］B

［依据］《工程地质手册》(第五版)第676页。

崩塌通常是硬岩或软硬互层，软岩一般不会产生崩塌。

24.［答案］C

［依据］安全系数F_s=抗滑力/下滑力，当下滑采用饱和重度、抗滑力用浮重度进行计算时，无疑F_s最小，即最保守。

25.［答案］C

［依据］此为无黏性土边坡安全系数计算公式，见相关土力学教材。

26.［答案］C

［依据］砂土土坡在天然稍湿润状态下，具有一定的假黏聚力，根据边坡稳定性计算公式，可知此时的土坡稳定性要大于天然风干状态下的稳定性。

27.［答案］B

［依据］《岩土工程勘察规范》(GB 50021—2001)(2009年版)第5.2.7～第5.2.8条条文说明，《建筑地基基础设计规范》(GB 50007—2011)第6.4.3条。

28.［答案］A

［依据］《地质灾害危险性评估技术要求(试行)》第5.8条。

29.［答案］C

［依据］《建筑抗震设计规范》(GB 50011—2010)(2016年版)第1.0.1条条文说明。

30.［答案］D

［依据］《建筑抗震设计规范》(GB 50011—2010)(2016年版)第5.1.4条、第5.1.5条。

31.［答案］C

［依据］《建筑抗震设计规范》(GB 50011—2010)(2016年版)第4.1.5条公式。

32.［答案］D

［依据］《水利水电工程地质勘察规范》(GB 50487—2008)附录P。

33.［答案］B

［依据］《建筑抗震设计规范》(GB 50011—2010)(2016年版)第4.1.4条～第4.1.6条，覆盖层厚68m，计算深度取20m，$v_{se}=\dfrac{20}{\dfrac{2}{100}+\dfrac{3}{200}+\dfrac{5}{300}+\dfrac{5}{350}+\dfrac{5}{400}}=255\text{m/s}$，查表4.1.6可知为Ⅱ类场地。

34.［答案］D

［依据］《建筑抗震设计规范》(GB 50011—2010)(2016年版)表5.1.4-2。

35.［答案］A

［依据］建设工程项目总投资构成见题35解图。

36.［答案］D

［依据］施工图设计属于不属于建设工程项目可行性研究的基本内容。建设工程项目的步骤一般为：项目建议书、立项、可行性研究、初步设计、施工图设计。

37.［答案］B

［依据］《工程勘察设计收费管理规定》第 3.3 条。

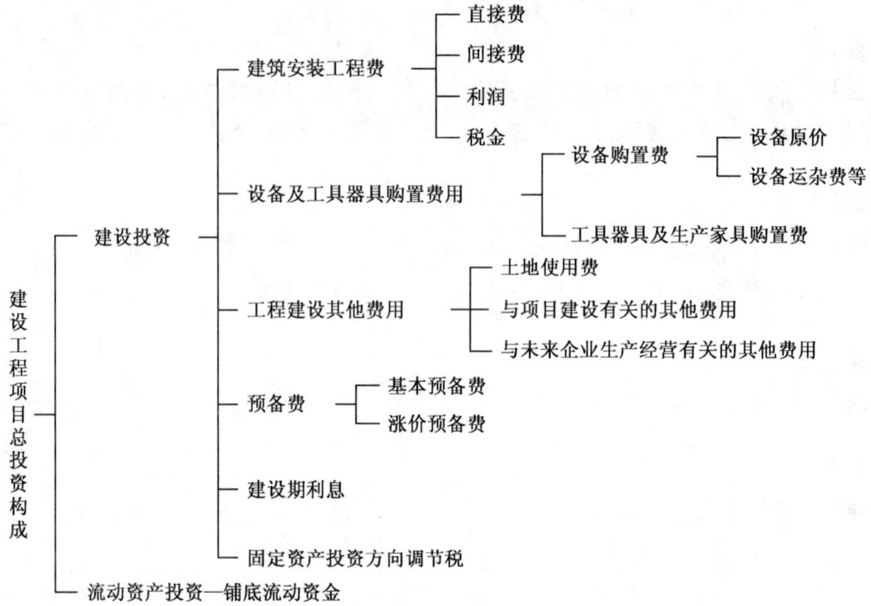

题 35 解图

38.［答案］A

［依据］监理单位聘用专家的费用由监理单位支付。

39.［答案］B

［依据］《工程建设强制性标准监督规定》第十二条。

40.［答案］B

［依据］《中华人民共和国民法典》第七百九十七条。

41.［答案］AB

［依据］《工程结构可靠性设计统一标准》(GB 50153—2008)第 2.2.21 条、第 3.2.4 条、第 3.2.5 条。

42.［答案］ACD

［依据］略。

43.［答案］AB

［依据］《建筑地基基础设计规范》(GB 50007—2011)第 5.1.2 条、第 5.1.3 条、第 5.1.5条、第 5.1.8 条。

44.［答案］BC

［依据］埋深 d 的取值以安全、保守为原则。附加压力是减去原有地面至开挖地面土体的自重应力，应按实际的室外地面算起。地下室条形基础基底处实际上原来受的自重压力只是 3m 的上覆土，所以应取 3m。承载力修正是对基础两侧上覆土体的压重进行修正，当两侧标高不同时，应当取小的埋置深度进行计算。地下地面室内的标高低于室外标高，应按室内标高计算，取 1.0m。

45.［答案］ABC

［依据］《建筑地基基础设计规范》(GB 50007—2011)第 5.2.5 条。

46.［答案］BD

［依据］《建筑地基基础设计规范》(GB 50007—2011)第 3.0.2 条。

47.［答案］ACD

［依据］平面应力问题：几何特征是一个方向的尺寸比另两个方向的尺寸小得多，如平板等。平面应变问题：一个尺寸方向比另外两个尺寸方向大得多，且沿长度方向几何形状和尺寸不变化，如水坝等。

48.［答案］BD

［依据］文克勒模型认为地基表面任一点的沉降与该点单位面积上所受的压力成正比。这个假设实际上是把地基模拟为刚性支座上一系列独立的弹簧。文克勒模型没有反映地基的变形连续性，当地基表面在某一点承受压力时，实际上不仅在该点局部产生沉陷，而且也在邻近区域产生沉陷。由于没有考虑地基的连续性，故文克勒假设不能全面地反映地基梁的实际情况，特别对于密实厚土层地基和整体岩石地基，将会引起较大的误差。但是，如果地基的上部为较薄的土层，下部为坚硬岩石，则地基情况与土中的弹簧模型比较相近，这时将得出比较满意的结果。

49.［答案］CD

［依据］不利情况：阳角(易引起应力集中)、长边(易变形)。

50.［答案］AD

［依据］帷幕结合坑内排水，可有效减少坑外的水资源损失，并因此而减少的对周边建筑物的影响。

51.［答案］AD

［依据］《建筑边坡工程技术规范》(GB 50330—2013)第 10.1.2 条。

52.［答案］AB

［依据］剪力为零的点即为弯矩最大点，故对于悬臂桩、墙的总被动土压力相同时的位置即为弯矩最大点。

53.［答案］ABD

［依据］《建筑基坑支护技术规程》(JGJ 120—2012)第 7.1.2 条、第 7.3.3 条、第

7.3.14条和第7.3.25条第1款。

54.**[答案]** ABC

[依据]《岩土工程勘察规范》(GB 50021—2001)(2009年版)第10.8.1条、第10.3.1条、第10.6.1条和第10.4.1条。

55.**[答案]** BD

[依据] 强夯处理的有效深度一般为10m以内;换填垫层处理深度一般不超过3m;堆载预压可达几十米,适用于深厚软土。挤密桩可处理深度宜为3~15m。

56.**[答案]** BD

[依据]《工程地质手册》(第五版)第556页表,天然状态下,膨胀土的含水量和孔隙比都较低,而膨胀土液限较高,A选项错误;《膨胀土地区建筑技术规范》(GB 50112—2013)第5.2.7条第1、2、3款,膨胀土的含水量对膨胀土的变形或应力影响很大,B选项正确;膨胀土具有吸水膨胀和失水收缩的特点,在失水收缩过程中会产生裂隙,且具有上宽下窄的特点,C选项错误,D选项正确。

57.**[答案]** AD

[依据]《工程地质手册》(第五版)第643、644页。

裂隙发育或薄层等按A、D计算;岩体完整、强度高等按B、C计算。

58.**[答案]** BD

[依据]《工程地质手册》(第五版)第636页。

石灰岩和白云岩主要成分均为碳酸盐。石灰岩主要矿物为方解石,石灰岩经过白云化作用(二次交代作用)后形成白云岩,过程中常混入石英、长石等,主要矿物为白云石,其与稀盐酸反应比方解石弱。地层厚度、杂质含量、颗粒大小与岩溶发育有密切关系,地层越厚、杂质含量越少、颗粒粗大易于发生溶蚀作用。

59.**[答案]** BC

[依据]《岩土工程勘察规范》(GB 50021—2001)(2009年版)第5.4.3条、第5.4.4条。

60.**[答案]** ABC

[依据] 盲沟是一种地下排水通道,常用于坡体排水。截水盲沟一般在滑坡排水中的设置位置通常为滑坡后缘5m以外的稳定地段,宜与水流方向垂直,便于汇水。

61.**[答案]** ABD

[依据]《地质灾害危险性评估技术要求》第7.2节,包括崩塌、滑坡、泥石流、地面塌陷、地裂缝、地面沉降(主要由抽汲地下水或水压下降引起)、潜在不稳定斜坡等。

62.**[答案]** CD

[依据]《建筑抗震设计规范》(GB 50011—2010)(2016年版)第5.1.4条、第5.1.5条。

63.［答案］AC

［依据］《建筑抗震设计规范》(GB 50011—2010)(2016 年版)第 4.1.9 条。

64.［答案］AB

［依据］砂土液化是由于振动产生超孔隙水压力，当孔隙水压力等于其总应力时，其有效应力为零，砂土颗粒发生悬浮，即砂土液化。砂土液化后孔隙水溢出，压密固结，更加密实。饱和砂土液化必须同时满足两个条件：①振动足以使土体的结构发生破坏；②土体结构发生破坏后，土颗粒移动趋势不是松胀，而是压密。(密砂结构破坏时松胀，不易发生振动液化)。

65.［答案］ACD

［依据］《建筑抗震设计规范》(GB 50011—2010)(2016 年版)第 4.3.4 条及其公式。

66.［答案］BC

［依据］《公路工程抗震规范》(JTG B02—2013)第 5.4.4 条条文说明，"减隔震装置是通过延长结构的借本周期，避开地震能量集中的范围，从而降低结构的地震力"，因此 A 正确。"采用减隔震装置的桥梁，在地震作用下宜以减隔震装置抗震为主，非弹性变形和耗能宜主要集中于这些装置，而其他构件(如桥墩等)的抗震为辅"，因此减隔震装置的抗震性能应大于桥墩的抗震性能，故 B 项错误。"为了使大部分变形集中于减隔震装置，应使减隔震装置的水平刚度远低于桥墩、桥台、基础等的刚度"，因此地震作用产生的变形应主要集中于减隔震装置，而桥墩、桥台等部位的变形应尽可能减小，以免对正常使用造成影响，故 C 项错误。"允许这些装置在大地震作用下发生大的塑性变形和存在一定的残余位移"，故 D 项正确。因此，不正确的选项为 BC。

67.［答案］AC

［依据］《建筑抗震设计规范》(GB 50011—2010)(2016 年版)第 4.2.2 条、第 4.2.4 条和第5.3.1条。

68.［答案］BC

［依据］《建设工程质量管理条例》第六十二条，第六十三条，第六十四条，第六十七条。

69.［答案］ABC

［依据］《中华人民共和国招标投标法》第五十三条，第五十八条，第五十九条，第六十条。

70.［答案］ABD

［依据］《中华人民共和国民法典》第八百零三条、八百零五条。

2010 年专业知识试题(上午卷)

一、单项选择题(共 40 题,每题 1 分。每题的备选项中只有一个最符合题意)

1. 根据《岩土工程勘察规范》(GB 50021—2001)(2009 年版)对工程地质测绘地质点的精度要求,如测绘比例尺选用 1∶5000,则地质测绘点的实测精度应不低于下列哪个选项? (　　)

(A)5m　　(B)10m

(C)15m　　(D)20m

2. 某岩质边坡,坡度 40°,走向 NE30°,倾向 SE,发育如下四组结构面,问其中哪个选项所表示的结构面对其稳定性最为不利? (　　)

(A)120°∠35°　　(B)110°∠65°

(C)290°∠35°　　(D)290°∠65°

3. 根据下列描述判断,哪一选项的土体属于残积土? (　　)

(A)原始沉积的未经搬运的土体

(B)岩石风化成土状留在原地的土体

(C)经搬运沉积后保留原基本特征,且夹砂、砾、黏土的土体

(D)岩石风化成土状经冲刷或崩塌在坡底沉积的土体

4. 基准基床系数 K_V 由下列哪项试验直接测得? (　　)

(A)承压板直径为 30cm 的平板载荷试验

(B)螺旋板直径为 30cm 的螺旋板载荷试验

(C)探头长度为 24cm 的扁铲侧胀试验

(D)旁压器直径为 9cm 的旁压试验

5. 下列各地质年代排列顺序中,哪个选项是正确的? (　　)

(A)三叠纪、泥盆纪、白垩纪、奥陶纪　　(B)泥盆纪、奥陶纪、白垩纪、三叠纪

(C)白垩纪、三叠纪、泥盆纪、奥陶纪　　(D)奥陶纪、白垩纪、三叠纪、泥盆纪

6. 某场地地表水体水深 3.0m,其下粉质黏土厚 7.0m,粉质黏土层下为砂卵石层,承压水头 12.0m,则粉质黏土层单位渗透力大小最接近下列哪个选项? (　　)

(A)2.86kN/m³　　(B)4.29kN/m³

(C)7.14kN/m³　　(D)10.00kN/m³

7. 利用已有遥感资料进行工程地质测绘时，下列哪个选项的操作流程是正确的？（　　）

(A)踏勘→初步解译→验证和成图

(B)初步解译→详细解译→验证和成图

(C)初步解译→踏勘和验证→成图

(D)踏勘→初步解译→详细解译和成图

8. 下列选项中哪种取土器最适用于在软塑黏性土中采取Ⅰ级土试样？（　　）

(A)固定活塞薄壁取土器　(B)自由活塞薄壁取土器

(C)单动三重管回转取土器　(D)双动三重管回转取土器

9. 某建筑地基存在一混合土层，该土层的颗粒最大料径为200mm。问要在该土层上进行圆形载荷板的现场载荷试验，承压板面积至少应不小于下列哪个选项？（　　）

(A)$0.25m^2$　(B)$0.5m^2$

(C)$0.8m^2$　(D)$1.0m^2$

10. 下列哪个选项应是沉积岩的结构？（　　）

(A)斑状结构　(B)碎屑结构

(C)玻璃质结构　(D)变晶结构

11. 反映岩土渗透性大小的吕荣值可由下列哪个选项的试验方法测得？（　　）

(A)压水试验　(B)抽水试验

(C)注水试验　(D)室内变水头渗透试验

12. 某峡谷坝址区，场地覆盖层厚度为30m，欲建坝高60m。根据《水利水电工程地质勘察规范》(GB 50487—2008)，在可行性研究阶段，该峡谷区坝址钻孔进入基岩的深度应不小于下列哪个选项的要求？（　　）

(A)10m　(B)30m

(C)50m　(D)60m

13. 对需要分析侵蚀性二氧化碳的水试样，现场取样后，应立即加入下列哪个选项中的化学物质？（　　）

(A)漂白剂　(B)生石灰

(C)石膏粉　(D)大理石粉

14. 下列关于工程结构或其部分进入某一状态的描述中，哪个选项属于正常使用极限状态？（　　）

(A)基坑边坡抗滑稳定安全系数达到1.3
(B)建筑地基沉降量达到规范规定的地基变形允许值
(C)建筑地基沉降量达到地基受压破坏时的极限沉降值
(D)地基承受荷载达到地基极限承载力

15. 计算地基变形时，以下关于荷载组合的取法，哪个选项符合《建筑地基基础设计规范》(GB 50007—2011)的规定？（ ）

(A)承载能力极限状态下荷载效应的基本组合，分项系数为1.2
(B)承载能力极限状态下荷载效应的基本组合，但其分项系数均为1.0
(C)正常使用极限状态下荷载效应的标准组合，不计入风荷载和地震作用
(D)正常使用极限状态下荷载效应的准永久组合，不计入风荷载和地震作用

16. 关于结构重要性系数的表述，下列哪个选项是正确的？（ ）

(A)结构重要性系数取值应根据结构安全等级、场地等级和地基等级综合确定
(B)结构安全等级越高，结构重要性系数取值越大
(C)结构重要性系数取值越大，地基承载力安全储备越大
(D)结构重要性系数取值在任何情况下不得小于1.0

17. 某厂房(单层、无行车、柱下条形基础)地基经勘察：浅表"硬壳层"厚1.0～2.0m；其下为淤泥质土，层厚有变化，平均厚约15.0m；淤泥质土层下分布可塑粉质黏土，工程性质较好。采用水泥搅拌桩处理后，墙体因地基不均匀沉降产生裂缝，且有不断发展趋势。现拟比选地基再加固处理措施，下列哪个选项最为有效？（ ）

(A)压密注浆法　　(B)CFG桩法
(C)树根桩法　　(D)锚杆静压桩法

18. 某堆场，浅表"硬壳层"黏土厚度1.0～2.0m，其下分布厚约15.0m淤泥，淤泥层下为可塑～硬塑粉质黏土和中密～密实粉细砂层。采用大面积堆载预压法处理，设置塑料排水带，间距0.8m左右，其上直接堆填黏性土夹块石、碎石，堆填高度约4.50m，堆载近两年。卸载后进行检验，发现预压效果不明显。造成其预压效果不好的最主要原因是下列哪个选项？（ ）

(A)预压荷载小，预压时间短
(B)塑料排水带间距偏大
(C)直接堆填，未铺设砂垫层，导致排水不畅
(D)该场地不适用堆载预压法

19. 关于砂石桩施工顺序，下列哪一选项是错误的？（ ）

(A)黏性土地基，从一侧向另一侧隔排进行
(B)砂土地基，从中间向外围进行

(C)黏性土地基,从中间向外围进行

(D)临近既有建筑物,应自既有建筑物一侧向外进行

20. 作为换填垫层的土垫层的压实标准,压实系数 λ_c 的定义为下列哪一选项? (　　)

(A)土的最大干密度与天然干密度之比

(B)土的控制干密度与最大干密度之比

(C)土的天然干密度与最小干密度之比

(D)土的最小干密度与控制干密度之比

21. 采用真空预压加固软土地基时,在真空管路中设置止回阀的主要作用是以下哪一选项? (　　)

(A)防止地表水从管路中渗入软土地基中

(B)减小真空泵运作时间,以节省电费

(C)避免真空泵停泵后膜内真空度过快降低

(D)维持膜下真空度的稳定,提高预压效果

22. 在地基处理方案比选时,对于搅拌桩复合地基,初步设计采用的桩土应力比取以下哪个数值较合适? (　　)

(A)3　　(B)10

(C)30　　(D)50

23. CFG 桩施工采用长螺旋成孔、管内泵压混合料成桩时,坍落度宜控制在下列哪一选项的范围内? (　　)

(A)50~80mm　　(B)80~120mm

(C)120~160mm　　(D)160~200mm

24. 预压法加固地基设计时,在其他条件不变的情况下,以下哪个选项的参数对地基固结速度影响最小? (　　)

(A)砂井直径的大小　　(B)排水板的间距

(C)排水砂垫层的厚度　　(D)拟加固土体的渗透系数

25. 某地铁车站基坑位于深厚的饱和淤泥质黏土层中,该土层属于欠固结土,采取坑内排水措施。进行坑底抗隆起稳定验算时,选用下面哪一个选项的抗剪强度最适合? (　　)

(A)固结不排水强度

(B)固结快剪强度

(C)排水抗剪强度

(D)用原位十字板剪切试验确定坑底以下土的不排水强度

26. 在某中粗砂场地开挖基坑，用插入不透水层的地下连续墙截水，当场地墙后地下水位上升时，墙背上受到的主动土压力(前者)和水土总压力(后者)各自的变化规律符合下列哪个选项？（　　）

(A)前者变大，后者变小　　(B)前者变小，后者变大

(C)前者变小，后者变小　　(D)两者均没有变化

27. 某基坑深16.0m，采用排桩支护，三排预应力锚索，桩间采用旋喷桩止水。基坑按设计要求开挖到底，施工过程未发现异常并且桩水平位移也没有超过设计要求，但发现坑边局部地面下沉，初步判断其主要原因是以下哪个选项？（　　）

(A)锚索锚固力不足　　(B)排桩配筋不足

(C)止水帷幕渗漏　　(D)土方开挖过快

28. 某地铁盾构拟穿过滨海别墅群，别墅为3～4层天然地基的建筑，其地基持力层主要为渗透系数较大的冲洪积厚砂层，基础底面到盾构顶板的距离为6.0～10.0m，采用下列哪个方案最安全可行？（　　）

(A)采用敞开式盾构法施工　　(B)采用挤压式盾构法施工

(C)采用土压平衡式盾构施工　　(D)采用气压盾构施工

29. 在其他条件相同的情况下，下列哪个地段的隧洞围岩相对最稳定？（　　）

(A)隧洞的洞口地段　　(B)隧洞的弯段

(C)隧洞的平直洞段　　(D)隧洞交叉洞段

30. 在地下洞室选址区内，岩体中的水平应力值较大，测得最大主应力方向为南北方向。问地下厂房长轴方向为下列哪一选项时，最不利于厂房侧岩的岩体稳定？（　　）

(A)地下厂房长轴方向为东西方向　　(B)地下厂房长轴方向为北东方向

(C)地下厂房长轴方向为南北方向　　(D)地下厂房长轴方向为北西方向

31. 在地铁线路施工中，与盾构法相比，表述浅埋暗挖法(矿山法)特点的下述哪个选项是正确的？（　　）

(A)浅埋暗挖法施工更安全

(B)浅埋暗挖法更适用于隧道断面变化和线路转折的情况

(C)浅埋暗挖法应全断面开挖施工

(D)浅埋暗挖法更适用于周边环境对施工有严格要求的情况

32. 关于抗震设防基本概念，下列哪个选项的说法是不正确的？（　　）

(A)抗震设防要求就是建设工程抵御地震破坏的准则和在一定风险下抗震设计采用的地震烈度或者地震动参数

(B)按照给定的地震烈度或地震动参数对建设工程进行抗震设防设计，可以理解为该建设工程在一定时期内存在着一定的抗震风险概率

(C)罕遇地震烈度和多遇地震烈度相比，它们的设计基准期是不同的

(D)超越概率就是场地可能遭遇大于或等于给定的地震烈度或地震动参数的概率

33. 有甲、乙、丙、丁四个场地，地震烈度和设计地震分组都相同。它们的等效剪切波速 v_{se} 和场地覆盖层厚度如下表。比较各场地的特征周期 T_g，下列哪个选项是正确的？（ ）

题 33 表

场　　地	v_{se}(m/s)	覆盖层厚度(m)
甲	400	90
乙	300	60
丙	200	40
丁	100	10

(A)各场地的 T_g 值都不相等　　(B)有两个场地的 T_g 值相等

(C)有三个场地的 T_g 值相等　　(D)四个场地的 T_g 值都相等

34. 计算地震作用和进行结构抗震验算时，下列哪个选项的说法是不符合《建筑抗震设计规范》(GB 50011—2010)(2016 年版)规定的？（ ）

(A)结构总水平地震作用标准值和总竖向地震作用标准值都是将结构等效总重力荷载分别乘以相应的地震影响系数最大值

(B)竖向地震影响系数最大值小于水平地震影响系数最大值

(C)建筑结构应进行多遇地震作用下的内力和变形分析，此时，可以假定结构与构件处于弹性工作状态

(D)对于有可能导致地震时产生严重破坏的建筑结构等部位，应进行罕遇地震作用下的弹塑性变形分析

35. 按《建筑抗震设计规范》(GB 50011—2010)(2016 年版)规定，抗震设计使用的地震影响系数曲线下降段起点对应的周期值为下列哪个选项？（ ）

(A)地震活动周期　　(B)结构自振周期

(C)设计特征周期　　(D)地基固有周期

36. 关于建筑抗震设计，下列哪个说法是正确的？（ ）

(A)用多遇地震作用计算结构的弹性位移和结构内力，进行截面承载力验算

(B)用设计地震作用计算结构的弹性位移和结构内力，进行截面承载力验算

(C)用罕遇地震作用计算结构的弹性位移和结构内力，进行截面承载力验算

(D)抗震设计指抗震计算，不包括抗震措施

37. 关于建筑抗震地震影响系数的阐述，下列哪个说法是正确的？ ( )

(A)地震影响系数的大小，与抗震设防烈度和场地类别无关

(B)在同一个场地上，相邻两个自振周期相差较大的高层建筑住宅，其抗震设计采用的地震影响系数不相同

(C)地震影响系数的计量单位是 m^2/s

(D)水平地震影响系数最大值只与抗震设防烈度有关

38. 某砖混结构建筑物在一侧墙体(强度一致)地面标高处布置五个观测点，1～5 号点的沉降值分别为 11mm、69mm、18mm、25mm 和 82mm，问墙体裂缝的形态最可能为下列哪一选项？ ( )

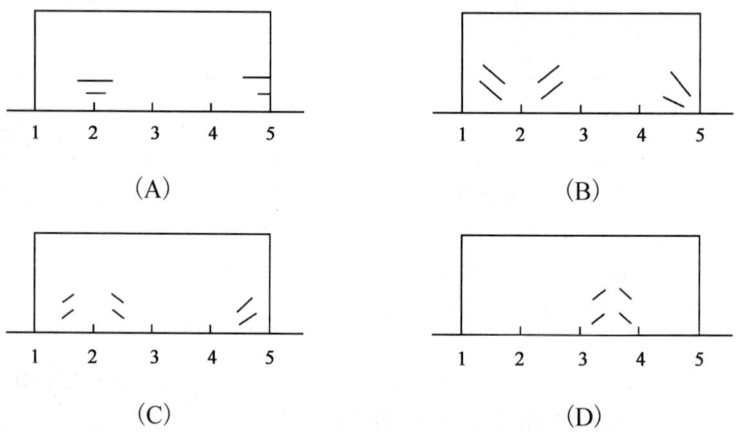

39. 下列关于建筑基桩检测的要求，哪个选项是正确的？ ( )

(A)采用压重平台提供单桩竖向抗压静载试验的反力时，压重施加于地基土上的压应力应大于地基承载力特征值的 2.0 倍

(B)单孔钻芯检测发现桩身混凝土质量问题时，宜在同一基桩增加钻孔验证

(C)受检桩的混凝土强度达到设计强度的 70%时即可进行钻芯法检测

(D)单桩竖向抗压静载试验的加载量不应小于设计要求的单桩极限承载力标准值的 2.0 倍

40. 下列选项中哪一类桩不适合采用高应变法检测基桩竖向抗压承载力？ ( )

(A)混凝土预制桩　　(B)打入式钢管桩

(C)中等直径混凝土灌注桩　　(D)大直径扩底桩

二、多项选择题(共 30 题,每题 2 分。每题的备选项中有两个或三个符合题意,错选、少选、多选均不得分)

41. 地下水对岩土的作用评价中,下列哪些选项属于水的力学作用? ( )

(A)渗流　　(B)融陷
(C)突涌　　(D)崩解

42. 单孔法测试地层波速,关于压缩波、剪切波传输过程中的不同特点,下列选项中有哪些正确的? ( )

(A)压缩波为初至波,剪切波速较压缩波小
(B)敲击木板两端,压缩波、剪切波波形相位差均为 180°
(C)压缩波比剪切波传播能量衰减快
(D)压缩波频率低,剪切波频率高

43. 下列关于剪切应变速率对三轴试验成果的影响分析,哪些选项是正确的? ( )

(A)UU 试验,因不测孔隙水压力,在通常剪切应变速率范围内对强度影响不大
(B)CU 试验,对不同土类应选择不同的剪切应变速率
(C)CU 试验,剪切应变速率较快时,测得的孔隙水压力数值偏大
(D)CD 试验,剪切应变速率对试验结果的影响,主要反映在剪切过程中是否存在孔隙水压力

44. 对一非饱和土试样进行压缩试验,压缩过程中没有排水与排气。问下列对压缩过程中土试样物理性质指标变化的判断,哪些选项是正确的? ( )

(A)土粒比重增大　　(B)土的重度增大
(C)土的含水量不变　　(D)土的饱和度增大

45. 关于土的压缩系数 α_v、压缩模量 E_s、压缩指数 C_c 的下列论述中哪些选项是正确的? ( )

(A)压缩系数 α_v 值的大小随选取的压力段不同而变化
(B)压缩模量 E_s 值的大小和压缩系数 α_v 的变化成反比
(C)压缩指数 C_c 只与土性有关,不随压力变化
(D)压缩指数 C_c 越小,土的压缩性越高

46. 关于港口工程地质勘察工作布置原则的叙述,下列哪些选项是正确的? ( )

(A)可行性研究阶段勘察,河港宜垂直岸向布置勘探线,海港勘探点可按网格状布置
(B)初步设计阶段勘察,河港水工建筑物区域,勘探点应按垂直岸向布置

(C)初步设计阶段勘察，海港水工建筑物区域，勘探线应按垂直于水工建筑长轴方向布置

(D)初步设计阶段勘察，港口陆域建筑区宜按平行地形，地貌单元走向布置勘探线

47. 关于各种极限状态计算中涉及的荷载代表值，下列哪些说法符合《建筑结构荷载规范》(GB 50009—2012)的规定？（　　）

(A)永久荷载均采用标准值

(B)结构自重采用平均值

(C)可变荷载均采用组合值

(D)可变荷载的组合值等于可变荷载标准值乘以荷载组合值系数

48. 在挡土结构设计中，下列哪些选项应按承载能力极限状态设计？（　　）

(A)稳定性验算

(B)截面设计，确定材料和配筋

(C)变形计算

(D)验算裂缝宽度

49. 根据《建筑桩基技术规范》(JGJ 94—2008)，在下列关于桩基设计所采用的作用效应组合和抗力取值原则的叙述中，哪些选项是正确的？（　　）

(A)确定桩数和布桩时，由于抗力是采用基桩或复合基桩极限承载力除以综合安全系数 $K=2$ 确定的特征值，故采用荷载分项系数 $\gamma_G=1$、$\gamma_Q=1$ 的荷载效应标准组合

(B)验算坡地、岸边建筑桩基整体稳定性采用综合安全系数，故其荷载效应采用 $\gamma_G=1$、$\gamma_Q=1$ 的标准组合

(C)计算荷载作用下基桩沉降和水平位移时，考虑土体固结变形时效特点，应采用荷载效应基本组合

(D)在计算承台结构和桩身结构时，应与上部混凝土结构一致，承台顶面作用效应应采用基本组合，其抗力应采用包含抗力分项系数的设计值

50. 关于地基处理范围，依据《建筑地基处理技术规范》(JGJ 79—2012)，下述说法中，哪些选项是正确的？（　　）

(A)预压法施工，真空预压区边缘应等于或大于建筑物基础外缘所包围的范围

(B)强夯法施工，每边超出基础外缘的宽度宜为基底下设计处理深度1/3～2/3，并不宜小于3.0m

(C)振冲桩施工，当要求消除地基液化时，在基础外缘扩大宽度应大于可液化土层厚度的1/3

(D)竖向承载搅拌桩可只在建筑物基础范围内布置

51. 某软土地基采用水泥搅拌桩复合地基加固，搅拌桩直径为600m，桩中心间距为1.2m，正方形布置，按《建筑地基处理技术规范》(JGJ 79—2012)进行复合地基载荷试

验，以下关于试验要点的说法，哪些选项是正确的？（　　）

(A)按四根桩复合地基，承压板尺寸应采用 1.8m×1.8m
(B)试验前应防止地基土扰动，承压板底面下宜铺设粗砂垫层
(C)试验最大加载压力不应小于设计压力值的 2 倍
(D)当压力—沉降曲线是平缓的光滑曲线时，复合地基承载力特征值可取承压板沉降量与宽度之比 0.015 所对应的压力

52. 采用水泥搅拌法加固地基，以下关于水泥土的表述，哪些选项是正确的？（　　）

(A)固化剂掺入时对水泥土强度影响较大
(B)水泥土强度与原状土的含水量高低有关
(C)土中有机物含量对水泥土的强度影响较大
(D)水泥土重度比原状土重度增加较大，但含水量降低较小

53. 对软土地基采用堆载预压法加固时，以下哪些说法是正确的？（　　）

(A)超载预压是指预压荷载大于加固地基以后的工作荷载
(B)多级堆载预压加固时，在一级预压荷载作用下，地基土的强度增长满足下一级荷载下地基稳定性要求时方可施加下一级荷载
(C)堆载预压加固时，当地基固结度符合设计要求时，方可卸载
(D)对堆载预压后的地基，应采用标贯试验或圆锥动力触探试验等方法进行检测

54. 经换填垫层处理后的地基承载力验算时，下列哪些说法是正确的？（　　）

(A)对地基承载力进行修正时，宽度修正系数取 0
(B)对地基承载力进行修正时，深度修正系数对压实粉土取 1.5，对压密砂土取 2.0
(C)有下卧软土层时，应验算下卧层的地基承载力
(D)处理后地基承载力不超过处理前地基承载力的 1.5 倍

55. 根据现行《建筑地基处理技术规范》(JGJ 79—2012)，对于建造在处理后的地基上的建筑物，以下哪些说法是正确的？（　　）

(A)甲级建筑应进行沉降观测
(B)甲级建筑应进行变形验算，乙级建筑可不进行变形验算
(C)位于斜坡上的建筑物应进行稳定性验算
(D)地基承载力特征值不再进行宽度修正，但要做深度修正

56. 关于堆载预压法和真空预压法加固地基处理的描述，下列哪些选项是正确的？（　　）

(A)堆载预压中地基土的总应力增加

(B)真空预压中地基土的总应力不变

(C)采用堆载预压法和真空预压法加固时都要控制加载速率

(D)采用堆载预压法和真空预压法加固时,预压区周围土体侧向位移方向一致

57. 下列哪些选项是围岩工程地质详细分类的基本依据? ( )

(A)岩石强度 (B)结构面状态和地下水

(C)岩体完整程度 (D)围岩强度应力比

58. 关于目前我国城市地铁车站常用的施工方法,下面哪些施工方法是合理和常用的? ( )

(A)明挖法 (B)盖挖法

(C)浅埋暗挖法 (D)盾构法

59. 在某深厚软塑至可塑黏性土场地开挖 5m 的基坑,拟采用水泥土挡墙支护结构,下列哪些验算是必需的? ( )

(A)水泥土挡墙抗倾覆 (B)圆弧滑动整体稳定性

(C)水泥土挡墙正截面的承载力 (D)抗渗透稳定性

60. 根据《建筑基坑支护技术规程》(JGJ 120—2012)的有关规定,计算作用在支护结构上土压力时,以下哪些说法是正确的? ( )

(A)对地下水位以下的碎石土应水土分算

(B)对地下水位以下黏性土应用水土合算

(C)对于黏性土抗剪强度指标 c、φ 值,采用三轴不固结不排水试验指标

(D)土压力系数按朗肯土压力理论计算

61. 在基坑支护结构设计中,关于坑底以下埋深 h_d 的确定,下面哪些说法是正确的? ( )

(A)水泥土墙是由抗倾覆稳定决定的

(B)悬臂式地下连续墙与排桩是由墙、桩的倾覆稳定决定的

(C)饱和软黏土中多层支撑的连续墙是由坑底抗隆起稳定决定的

(D)饱和砂土中多层支撑的连续墙是由坑底抗渗透稳定决定的

62. 关于膨胀土的性质,下列哪些选项是正确的? ( )

(A)当含水量相同时,土覆压力大时膨胀量大,土覆压力小时膨胀量小

(B)当上覆压力相同时,含水量高的膨胀量大,含水量小的膨胀量小

(C)当上覆压力超过膨胀力时土不会产生膨胀,只会出现压缩

(D)常年地下水位以下的膨胀土的膨胀量为零

63. 根据《中国地震动参数区划图》(GB 18306—2015)，下列哪些选项的说法是正确的？ ( )

(A)地震动参数指的是地震动峰值加速度和地震动反应谱特征周期
(B)地震动峰值加速度指的是与地震动加速度反应谱最大值相应的水平加速度
(C)地震动反应谱特征周期指的是地震动加速度反应谱开始下降点对应的周期
(D)地震动峰值加速度与《建筑抗震设计规范》(GB 50011—2010)中的地震影响系数最大值是一样的

64. 对于水工建筑物的抗震设计来说，关于地震作用的说法，哪些是不正确的？ ( )

(A)一般情况下，水工建筑物可只考虑水平向地震作用
(B)设计烈度为9度的1级土石坝应同时计入水平向和竖向地震作用
(C)各类土石坝，混凝土重力坝的主体部分都应同时考虑顺河流方向和垂直河流方向的水平向地震作用
(D)当同时计算反相正交方向地震的作用效应时，总的地震作用效应可将不同方向的地震作用效应直接相加并乘以耦合系数

65. 按照《公路工程抗震规范》(JTG B02—2013)，通过标准贯入试验进一步判定土层是否液化时，修正的液化判别标准贯入锤击数临界值 N_{cr} 与下列哪些因素有关？ ( )

(A)基本地震动峰值加速度　　(B)水平地震系数
(C)地下水位深度　　(D)液化抵抗系数

66. 在抗震设计中进行波速测试，得到的土层剪切波速可用于下列哪些选项？ ( )

(A)确定水平地震影响系数最大值　　(B)确定液化土特征深度
(C)确定覆盖层厚度　　(D)确定场地类别

67. 按照《建筑抗震设计规范》(GB 50011—2010)(2016年版)选择建设场地时，下列哪些场地属于抗震危险地段？ ( )

(A)可能发生地陷的地段　　(B)液化指数等于12的地段
(C)可能发生地裂的地段　　(D)高耸孤立的山丘

68. 关于建筑抗震场地土剪切波速的表述，下列说法哪些符合《建筑抗震设计规范》(GB 50011—2010)(2016年版)的规定？ ( )

(A)场地土等效剪切波速的计算深度取值与地基基础方案无关
(B)计算等效剪切波速时，对剪切波速大于500m/s的土层，剪切波速取500m/s

(C)在任何情况下,等效剪切波速计算深度不大于20m

(D)场地土等效剪切波速的计算和场地覆盖层厚度无关

69.在滑坡监测中,根据孔内测斜结果可判断下列哪些选项的滑坡特征? ( )

(A)滑动面深度 (B)滑动方向

(C)滑动速率 (D)剩余下滑力大小

70.关于高、低应变法动力测桩的叙述,下列哪些选项是正确的? ( )

(A)两者均采用一维应力波理论分析计算桩—土系统响应

(B)两者均可检测桩身结构的完整性

(C)两者均要求在检测前凿除灌注桩桩顶破碎层

(D)两者均只实测速度(或加速度)信号

2010 年专业知识试题答案(上午卷)

1.[答案] C

[依据]《岩土工程勘察规范》(GB 50021—2001)(2009 年版)第 8.0.3 条。地质界线和测点的测绘精度图上不低于 3mm,则比例尺为 1 ∶5000,实测精度应为 15m。

2.[答案] A

[依据] 基于一般情况,即结构面贯通坡面或坡脚,连接坡顶。本题先将走向和倾角转换为倾向和倾角,再考虑岩体边坡和结构面的关系,坡体在同向、接近倾角时最不稳定。当倾角等于坡角时则结构面平行坡面,坡体介于安全与危险的临界状态。当倾角当大于坡角时,结构面的岩组成插入式,偏于安全。当倾角小于坡角时,接近坡度,偏于危险,即小于坡度时,越接近坡度越危险。

3.[答案] B

[依据]《岩土工程勘察规范》(GB 50021—2001)(2009 年版)第 6.9.1 条。

4.[答案] A

[依据]《岩土工程勘察规范》(GB 50021—2001)(2009 年版)第 4.2.12 条及第 10.2.6条。基床系数 K_v 是采用 30cm 的平板载荷试验确定的。注:弹性半空间地基上某点所受的法向压力与相应位移的比值,称为温克尔系数。物理意义:使土体(围岩)产生单位位移所需的应力,或使单位面积土体产生单位位移所需要的力,量纲为 kN/m^3 或 kPa/m。测定方式有:桩基水平荷载试验、室内的三轴试验、K30 试验等。

5.[答案] C

[依据]《工程地质手册》(第五版)第 1295 页。地质中将年代和地层分为时和空。时为年代,空为地层。年代为宙代纪世,地层为宇界系统。地质年代从老到新为:寒武纪、奥陶纪、志留纪、泥盆纪、石炭纪、二叠纪、三叠纪、侏罗纪、白垩纪、第三纪、第四纪。

6.[答案] A

[依据] 根据《土力学》(李广信等,第 2 版,清华大学出版社)2.4 节相关内容。渗透力为 $J=\gamma_w \times i$,水力梯度为粉质黏土层任意截面处所承受的水头差与渗径的比值。

7.[答案] C

[依据]《岩土工程勘察规范》(GB 50021—2001)(2009 年版)第 8.0.7 条。遥感工作主要特点是可以宏观地判定地质现象,避免野外工作的局限性和盲目性,是对现有地质工作很好的补充。其主要流程为:数据准备→初步解译→踏勘验证→补充修改→验证成图。

8.[答案] A

［依据］《岩土工程勘察规范》(GB 50021—2001)(2009 年版)第 9.4.2 条条文说明，固定活塞薄壁取土器的取土质量最高。

9.［答案］C

［依据］《岩土工程勘察规范》(GB 50021—2001)(2009 年版)第 6.4.2 条。载荷板试验和现场直剪试验的剪切面直径应大于试验土层最大粒径的 5 倍。载荷板试验的面积不应小于 $0.5m^2$，直剪试验的剪切面积不应小于 $0.25m^2$。该题为圆形承压板，面积 $S=0.785d^2$。

10.［答案］B

［依据］A 选项为火山岩，常见斑状结构和似斑状结构。C 选项为火山岩，通常为基质。D 选项为变质岩，常见变余结构和变晶结构。

11.［答案］A

［依据］岩土体的透水性可以按照《水利水电工程地质勘察规范》(GB 50487—2008)附录 F，根据吕荣值大小确定。选项中抽水、注水、压水试验的测试参数及过程见《工程地质手册》(第五版)第 1246 页。

12.［答案］D

［依据］《水利水电工程地质勘察规范》(GB 50487—2008)第 5.4.2 条。可研阶段的钻孔深度按表 5.4.2 取值。

13.［答案］D

［依据］《工程地质手册》(第五版)第 1219 页。

水分析取样做简分析和侵蚀性二氧化碳。在做侵蚀性二氧化碳的水样中要求加入大理石粉($CaCO_3$)，以保证维持原来的水中溶解的二氧化碳不减少。

14.［答案］B

［依据］正常使用极限状态是不发生破坏，而其整体或部分发生变形后进入某一状态，但仍然满足要求，不影响正常使用。A 选项是安全系数控制，并不能说明是否破坏。安全系数 1.3 只是经验数值，对于某些边坡可能是安全的，但也可能不安全，即它不能代表是否处于某种状态。C、D 选项达到沉降和承载力的极限时，应按承载力极限状态考虑。

15.［答案］D

［依据］《建筑地基基础设计规范》(GB 50007—2011)第 3.0.5 条。计算地基变形时，传至基础底面上的荷载应按正常使用极限状态下荷载效应的准永久组合，不计入风荷载和地震作用，相应的限值应为地基变形允许值。B 选项为计算挡土墙、边坡稳定、滑坡推力时采用。A、C 选项为混淆答案。

16.［答案］B

［依据］《工程结构可靠性设计统一标准》(GB 50153—2008)A1.7 条文说明。结构重要性是根据建筑物破坏后果的严重性划分的，建筑物破坏后果越严重，其重要性越

高，相应的结构重要性系数越大，其与场地和地基无关。对于不同安全等级的结构，为使其具有规定的可靠度而采用的系数。对于安全等级分别为一、二、三级，重要性系数应分别不小于1.1、1.0、0.9。

17.［答案］D

［依据］《地基处理手册》(第三版)第18章。题目信息点：已建厂房、淤泥质土、水泥搅拌桩、不均匀沉降、裂缝、不断发展趋势，最为有效。

A选项，压密注浆可以用于加固软土地基，其主要原理是注浆固结，增大压缩模量来减小不均匀沉降，其对于不断发展的沉降趋势有减缓作用，但其见效慢。

B选项，CFG桩法对场地、设备等有较高要求，不适用于已有地基的加固。

C选项，树根桩法是地基加固的措施之一，通常采用在建筑外围打倾斜桩，但其对于水泥搅拌桩处理的地基，施工不便，而且可能会影响现有地基。

D选项，锚杆静压桩是加固这类型地基的常用方法，可归类为长短桩地基，即在需要加固的一侧压入预制桩，来提高置换率，提高承载力，减小沉降等。

18.［答案］C

［依据］表层硬壳层的淤泥质土可以采用预压固结处理，其排水带间距一般为1m左右，堆载高度4.5m，大约预压荷载90kPa，堆载时间2年，这些指标可以认为满足要求。但题目中没有砂垫层的要求，砂垫层主要作用是汇水排水，而黏土夹碎石(此处不是碎石夹黏土)的排水效果肯定要比砂垫层要差，可能导致排水不畅，预压不理想。

19.［答案］B

［依据］《建筑地基处理技术规范》(JGJ 79—2012)第7.2.4条及条文说明。

20.［答案］B

［依据］《建筑地基基础设计规范》(GB 50007—2011)第6.3.4条。

21.［答案］C

［依据］《建筑地基处理技术规范》(JGJ 79—2012)第5.3.11条条文说明。

22.［答案］B

［依据］依据《水泥搅拌桩复合地基桩土应力比的现场试验分析》等相关研究成果，应力比随 P 先变大后小，有明显的峰值，最后趋于稳定，桩土应力比建议取10。

23.［答案］D

［依据］《建筑地基处理技术规范》(JGJ 79—2012)第7.7.3条。

24.［答案］C

［依据］《建筑地基处理技术规范》(JGJ 79—2012)。预压固结主要目的是排水，土体的渗透性是主要的影响因素。砂井直径和排水板的间距之间影响着加固土体的置换率，是主要的排水通道。砂垫层的主要作用是聚水，而砂垫层通常为30～50cm，其厚度大小对固结速度的影响不大。

25.【答案】D

【依据】《建筑地基基础设计规范》(GB 50007—2011)附录V。软土抗隆起计算应采用十字板剪切试验或三轴不固结不排水抗剪强度指标计算。

26.【答案】B

【依据】中粗砂场地的土压力应采用水土分算。此题也是分别计算其变化规律,水位上升后,土压力采用有效重度计算,要比未上升前减小,则土压力减小。水位上升,水压力的作用面积增大,水土总压力增大。

27.【答案】C

【依据】采用排桩支护,坑边出现局部下沉,通常有两种原因:一种是桩体发生水平位移引起的土体沉降,另一种就是桩体渗水,土体发生固结引起的沉降。此题中锚固力、排桩、开挖都没有超过设计要求,因此不是位移变形的问题。

28.【答案】C

【依据】盾构式施工技术分类及适用范围。

29.【答案】C

【依据】《岩土工程勘察规范》(GB 50021—2001)(2009年版)地下洞室部分、《铁路工程地质手册》隧道部分和《铁路隧道设计规范》(TB 10003—2005)等章节中相关知识。

30.【答案】A

【依据】《铁路工程地质勘察规范》(TB 10012—2019)第4.3.1条。

31.【答案】B

【依据】浅埋暗挖法是传统矿山法的改进,其结合了新奥法施工的部分特点,与新奥法类似;其主要特点是造价低、施工灵活等。盾构法主要特点是施工安全,环保,对环境影响小,但因其设备调试准备时间长,设备庞大,不太适合地层变化大、软硬差异明显的地段,以及断面变化和线路弯曲度较大的拐角处。

32.【答案】C

【依据】《建筑抗震设计规范》(GB 50011—2010)(2016年版)第3.1.1条及条文说明。

33.【答案】D

【依据】由《建筑抗震设计规范》(GB 50011—2010)(2016年版)第4.1.6条中的表可知,四个场地均属于Ⅱ类场地,且其设计地震分组相同。因此,四个场地的特征周期相等。

34.【答案】A

【依据】《建筑抗震设计规范》(GB 50011—2010)(2016年版)第1.0.1条条文说明、第5.2.1和第5.3.1条。

35.【答案】C

【依据】《建筑抗震设计规范》(GB 50011—2010)(2016年版)第5.1.5条。曲线图中注释可知下降段起点对应的周期为设计特征周期。A、B选项容易识别。D选项的地基固有周期是指场地处地基土的振动周期,也称卓越周期,其和设计特征周期不同。地基固有周期是地基土对地振动信号的反映,对同频率的信号有加强作用,发生共振,是地基土本身的特性之一。通常软土地区固有周期较长,频率较高,岩石地区周期较短,频率较低。该周期可以通过波速测井和微动测量进行测定和计算。

36.【答案】A

【依据】《建筑抗震设计规范》(GB 50011—2010)(2016年版)第1.0.1条文说明和第5.1.6条及条文说明。多遇地震应计算结构的弹性位移和结构内力,并进行截面承载力验算。在强烈地震下,结构和构件并不存在最大承载力下的可靠度。从根本上说,抗震验算应该是弹塑性变形能力极限状态的验算。

37.【答案】B

【依据】《建筑抗震设计规范》(GB 50011—2010)(2016年版)第5.1.4条和表5.1.5。A、D选项中,地震影响系数的大小与抗震设防烈度和地震类别有关,与场地类别无直接关系。B选项中,同一个场地,设计特征周期相同,而结构自振周期相差较大(0.1～T_g之间为直线段,但这个差别很小,不符合题意),其处于上升段或者下降段,因此地震影响系数不同。C选项中,地震影响系数无单位。

38.【答案】C

【依据】水平裂缝经常是由温差或水平力引起。倾斜裂缝通常是由不均匀沉降引起,倾斜裂缝的倾斜方向指向沉降较小的一侧。题中1、3、4点的沉降较小,因此裂缝倾斜于1、3、4方向。

39.【答案】B

【依据】《建筑基桩检测技术规范》(JGJ 106—2014)第3.2.5条、4.1.3条和4.2.2条。

40.【答案】D

【依据】《建筑基桩检测技术规范》(JGJ 106—2014)第9.1.1条及条文说明。

41.【答案】AC

【依据】A、C选项中的渗流、突涌是由于水头压力的作用产生的。渗流可以发生在任何土类中,突涌常发生在软土类土体中,其计算公式采用《建筑地基基础设计规范》(GB 50007—2011)附录V。B、D选项中的融陷、崩解为特殊性岩土的物理性质,与吸水和失水有关。

42.【答案】AC

【依据】《工程地质手册》(第五版)第306页。特点为:压缩波速度比剪切波快,压缩波为初至波;敲击木板两端时,剪切波相位相差180°,而压缩波不变;压缩波传播能量衰减比剪切波快;压缩波幅度小,频率高,剪切波幅度大,频率低。

43.[答案] ABD

[依据]《土工试验方法标准》(GB/T 50123—2019)第 19.4.2 条条文说明,选项 A 正确;第 19.5.3 条,选项 B 正确;第 19.5.3 条条文说明,为了使底部测得的孔隙压力能代表剪切区的孔隙压力,故要求剪切速率相当慢,以便孔隙压力有足够的时间均匀分布,当剪切应变速率较快时,试样底部的孔隙水压力反应滞后,测得的数值偏小,选项 C 错误;第 19.6.2 条条文说明,选项 D 正确。

44.[答案] BCD

[依据] 土体压缩过程中,孔隙减少,体积变小,质量不变,重度增大,为不排水不排气的过程(假定土水为分离和溢出),土中的水质量没有变化,含水量不变,土体趋向于饱和,则饱和度增大。土粒比重和干密度一样,是不随外界环境变化的,保持不变。

45.[答案] ABC

[依据] A 选项中,压缩曲线呈双曲线形,压缩系数为曲线两点间连线的斜率,其随着压力区间段的不同而变化。B 选项中,压缩模量 E_s 的大小,依据公式可知,其与压缩系数成反比关系。C 选项中,压缩指数是土体的一种性质,压缩指数越大,表示土体越宜压缩,即压缩性越高,其数值是直线段的斜率,不随着压力段的变化而改变。

46.[答案] AB

[依据]《水运工程岩土勘察规范》(JTS 133—2013)第 5.2.7.1 条、第 5.2.7.2 条,A 正确;第 5.3.5 条,B 正确,C 错误;D 为旧版《港口勘察规范》内容。

47.[答案] AD

[依据]《建筑结构荷载规范》(GB 50009—2012)第 3.1.2 条、3.1.3 条、3.1.5 条和 3.1.6 条。

48.[答案] AB

[依据]《建筑地基基础设计规范》(GB 50007—2011)第 3.0.5 条。

49.[答案] ABD

[依据]《建筑桩基技术规范》(JGJ 94—2008)第 3.1.7 条及条文说明。A、B、D 选项均为规范原文。C 选项中,计算荷载作用下基桩沉降和水平位移时,考虑土体固结变形时效特点,应采用荷载效应准永久组合。计算地震作用和风荷载作用下的桩基水平位移时,应按水平地震作用和风荷载作用下的标准组合。

50.[答案] BD

[依据]《建筑地基处理技术规范》(JGJ 79—2012)第 5.2.21 条、6.3.3 条和 7.2.2条。

51.[答案] BC

[依据]《建筑地基处理技术规范》(JGJ 79—2012)附录 B。

52.[答案] ABC

[依据]《地基处理手册》(第三版)第 11 章。

A 选项,固化剂是指不同品种和各种强度等级的水泥,水泥土的抗压强度随着水泥的掺入比增大而增大。B 选项,当土体含水量在 50%～85%之间变化时,含水量每降低 10%,水泥土强度可提高 30%。C 选项,有机质含量较高会阻碍水泥的水化反应,影响水泥的强度增长。D 选项,水泥的比重(3.1)比一般软土(2.7)的比重大,所以水泥土的比重也比天然土稍大。当水泥掺入比为 15%～20%时,水泥土的比重比软土约增加 4%,水泥土的含水量比原状土的含水量减少不超过 5%,且随水泥掺入量的增加而逐渐降低。

53.[答案] ABC

[依据]《建筑地基处理技术规范》(JGJ 79—2012)第 5.1.6 条、5.2.10 条、5.3.9 条和 5.4.3 条及条文说明。

54.[答案] AC

[依据]《建筑地基处理技术规范》(JGJ 79—2012)第 3.0.4 条和 3.0.5 条。

55.[答案] ACD

[依据]《建筑地基处理技术规范》(JGJ 79—2012)第 3.0.4 条、3.0.5 条、3.0.9 条和《建筑地基基础设计规范》(GB 50007—2011)第 3.0.2 条、10.3.8 条。

56.[答案] AB

[依据]《建筑地基处理技术规范》(JGJ 79—2012)第 5.2.29 条条文说明。

用填土等外加荷载对地基进行预压,是通过增加总应力并使孔隙水压力消散而增加有效应力的方法。真空预压法是在预压地基总应力不变的情况下,使土中孔隙水压力减小,有效应力增加的方法。真空预压中,地基土有效应力增量是各向相等的,在预压过程中土体不会发生剪切破坏,所以很适合软弱黏性土地基的加固。在预压过程中,堆载预压使土体向外围移动,真空预压使土体向中心移动。

57.[答案] ABC

[依据]《工程岩体分级标准》(GB/T 50218—2014)第 5.1.1 条、第 5.1.2 条。应先根据岩体完整程度和坚硬程度对围岩初步定级,然后根据地下水状态、初始应力状态、结构面产状的组合关系等必要的组合因素在初步定级的基础上对围岩进行详细定级,选项 A、B、C 正确;围岩强度应力比是对岩体初始应力场评估的一个条件,用来判定是极高应力区还是高应力区,选项 D 错误。

58.[答案] ABC

[依据] 各选项均为地铁施工的常用技术,但此题为地铁车站的施工方法,明挖法、盖挖法和浅埋暗挖法可以在隧道和车站修建中使用,由于地铁车站多为不规则断面,而且断面大,盾构法施工设备难以达到要求,且不规则断面施工设备在我国尚处在研究阶段,技术难以实现,造价高,不经济。盾构法和顶管法常用于隧道线路施工。

59.[答案] ABC

［依据］《建筑基坑支护技术规程》(JGJ 120—2012)第 6.1.2～6.1.5 条。

60.［答案］ABD

［依据］《建筑基坑支护技术规程》(JGJ 120—2012)第 3.1.11 条和 3.4.2 条。

61.［答案］BCD

［依据］《建筑基坑支护技术规程》(JGJ 120—2012)第 4.2.1 条条文说明、第 4.5.4 条条文说明、第 6.1.1 条条文说明。

A 选项，水泥土墙嵌固深度是由圆弧简单条分法按滑动稳定性确定的。B、C、D 选项，悬臂桩及地下连续墙是按抗倾覆稳定确定的。饱和软黏土中的多层支撑连续墙，由于此种情况下支护结构完全可以自稳，因此对于倾覆和抗滑稳定可以不用作为重点验算，重点应关注其抗隆起稳定性，但对于饱和砂土，应考虑坑底的抗渗流稳定性。

62.［答案］CD

［依据］膨胀土的膨胀量和膨胀力是与其含水量有关的，当其小于膨胀最大时的界限含水量时，自由膨胀中随着含水量的增大膨胀量增大，其产生的膨胀力也越大，大于界线含水量时，膨胀已经完成，不会产生多余膨胀，其膨胀量为零。当存在上覆压力时，其土体被压缩，膨胀量被抵消一部分，当膨胀力与上覆压力相等时，其膨胀量为零，即平衡法，可以用来测量膨胀力。

63.［答案］ABC

［依据］《中国地震动参数区划图》(GB 18306—2015)第 3.2 条，选项 A 正确；第 3.4 条，选项 B 正确；第 3.5 条，选项 C 正确。

64.［答案］CD

［依据］《水电工程水工建筑物抗震设计规范》(NB 35047—2015)第 5.1.1 条，A 正确；第 5.1.2 条，B 正确；第 5.1.4 条，对于水平向地震作用，一般情况下的土石坝、混凝土重力坝，在抗震设计中可只计入顺河流方向的水平地震作用，C 错误；第 5.1.7 条，当采用阵型分解法同时计算相互正交方向地震的作用效应时，总的地震作用效应可取各相互正交方向地震作用效应的平方总和的方根值，D 错误。

65.［答案］AC

［依据］《公路工程抗震规范》(JTG B02—2013)第 4.3.3 条。

66.［答案］CD

［依据］《建筑抗震设计规范》(GB 50011—2010)(2016 年版)第 4.1.4 条、4.1.6 条、4.3.3 条、5.1.4 条。

67.［答案］AC

［依据］《建筑抗震设计规范》(GB 5011—2010)(2016 年版)第 4.1.1 条规定，由表中所列类型，可以确定 A、C 选项。B、D 选项为不利地段。

68.［答案］AC

［依据］《建筑抗震设计规范》(GB 50011—2010)(2016 年版)第 4.1.4 条。A 选项中，剪切波速的测试计算深度是和场地土的类型有关的，与地基基础方案无关。

69.［答案］ABC

［依据］滑坡监测常用方法有：变形监测、位移监测、地应力监测、地温监测、地下水监测、地球物理监测、遥感监测、钻孔监测等。钻孔监测是对钻孔的倾斜—深度曲线、位移—深度曲线、位移—历时曲线等进行分析，确定滑坡的特征。D 选项中，剩余下滑力通常是通过数值模拟计算得到，搜索滑动面，取最大值进行设计。

70.［答案］ABC

［依据］《工程地质手册》(第五版)第 1007～1014 页。

高、低应变都可以测试桩体的完整性，但低应变不能测定桩的承载力。高、低应变的测试都需要清除桩顶的破碎层，避免影响应力波能量的衰减和传播。低应变是测速度谱或加速度谱，而高应变需要同时测量桩体位移和速度谱或加速度谱等来综合确定桩体的特征。

2010 年专业知识试题(下午卷)

一、单项选择题(共 40 题,每题 1 分。每题的备选项中只有一个最符合题意)

1. 根据如图所示的地基压力—沉降关系曲线判断,哪一条曲线最有可能表明地基发生的是整体剪切破坏? ( )

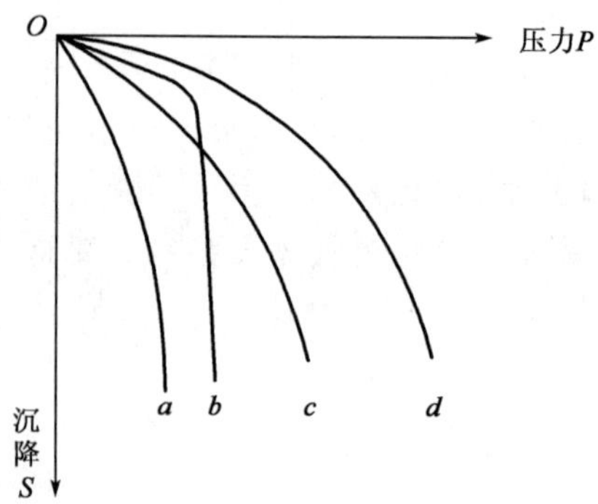

题 1 图

(A)a 曲线　　(B)b 曲线　　(C)c 曲线　　(D)d 曲线

2. 图示甲为既有的 6 层建筑物,天然土质均匀地基,基础埋深 2m。乙为后建的 12 层建筑物,筏基。两建筑物的净距离 5m。乙建筑物建成后,甲建筑物西侧山墙上出现了裂缝。下列甲建筑物西侧山墙裂缝形式的示意图选项中,其中何项的裂缝形式有可能是由于乙建筑物的影响造成的? ( )

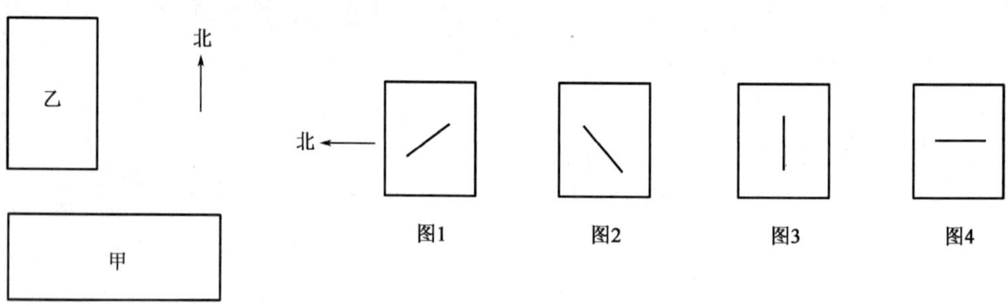

题 2 图

(A)图 1　　(B)图 2　　(C)图 3　　(D)图 4

3. 矩形基础 A 顶面作用着竖向力 N 与水平力 H;基础 B 的尺寸及地质条件均与基础 A 相同,竖向力 N 与水平力 H 的数值和作用方向均与基础 A 相同,但竖向力 N 与水平力 H 都作用在基础 B 的底面处。比较两个基础的基底反力(平均值 $\bar{p}$、最大值 p_{max}

及最小值 $p_{\min}$)，下列选项中哪一个是正确的？（竖向力 N 作用在基础平面中点）(　　)

(A) $\overline{p}_A=\overline{p}_B$；$p_{\max A}=p_{\max B}$　　(B) $p_A>p_B$；$p_{\max B}=p_{\max B}$

(C) $\overline{p}_A>\overline{p}_B$；$p_{\max A}=p_{\max B}$　　(D) $p_A<p_B$；$p_{\max B}=p_{\max B}$

4. 建筑物地下室的外包底面积为 $800m^2$，埋置深度 $d=2m$，上部结构的竖向力为 160MN，已知未经修正的持力层的地基承载力特征值 $f_{ak}=200kPa$，下列关于天然地基上的基础选型的建议中哪个选项是最合适的？(　　)

(A) 柱下独立基础　　(B) 条形基础

(C) 十字交叉条形基础　　(D) 筏形基础

5. 对于钢筋混凝土独立基础有效高度的规定，下列哪个选项是正确的？(　　)

(A) 从基础顶面到底面的距离

(B) 包括基础垫层在内的整个高度

(C) 从基础顶面到基础底部受力钢筋中心的距离

(D) 基础顶部受力钢筋中心到基础底面的距离

6. 对于埋深 2m 的独立基础，关于建筑地基净反力，下列哪个说法是正确的？(　　)

(A) 地基净反力是指基底附加压力扣除基础自重及其上土重后的剩余净基底压力

(B) 地基净反力常用于基础采用荷载基本组合下的承载能力极限状态计算

(C) 地基净反力在数值上常大于基底附加压力

(D) 地基净反力等于基床反力系数乘以基础沉降

7. 均匀土质条件下，建筑物采用等桩径、等桩长、等桩距的桩筏基础，在均布荷载作用下，下列关于沉降和基底桩顶反力分布的描述正确选项是哪一个？(　　)

(A) 沉降内大外小，反力内大外小　　(B) 沉降内大外小，反力内小外大

(C) 沉降内小外大，反力内大外小　　(D) 沉降内小外大，反力内小外大

8. 关于桩周土沉降引起的桩侧负摩阻力和中性点的叙述，下列哪个选项是正确的？(　　)

(A) 中性点处桩身轴力为零

(B) 中性点深度随桩的沉降增大而减小

(C) 负摩阻力在桩周土沉降稳定后保持不变

(D) 对摩擦型基桩产生的负摩阻力要比端承型基桩大

9. 下列哪一选项不属于桩基承载能力极限状态的计算内容？(　　)

(A)承台抗剪切验算　　(B)预制桩吊运和锤击验算
(C)桩身裂缝宽度验算　　(D)桩身强度验算

10.桩径 d、桩长 l 和承台下桩间土均相同，下列哪种情况下，承台下桩间土的承载力发挥最大？（　　）

(A)桩端为密实的砂层，桩距为 $6d$　　(B)桩端为粉土层，桩距为 $6d$
(C)桩端为密实的砂层，桩距为 $3d$　　(D)桩端为粉土层，桩距为 $3d$

11.关于CFG桩复合地基中的桩和桩基础中的桩承载特性的叙述，下列哪一选项是正确的？（　　）

(A)两种情况下的桩承载力一般都是由侧摩阻力和端阻力组成
(B)两种情况下桩身抗剪能力相当
(C)两种情况下桩身抗弯能力相当
(D)两种情况下的桩配筋要求是相同的

12.下列哪项因素对基桩的成桩工艺系数(工作条件系数)ψ_c 无影响？（　　）

(A)桩的类型　　(B)成桩工艺
(C)桩身混凝土强度　　(D)桩周土性

13.下列关于成桩挤土效应的叙述中，哪个选项是正确的？（　　）

(A)不影响桩基设计选型、布桩和成桩质量控制
(B)在饱和黏性土中，会起到排水加密、提高承载力的作用
(C)在松散土和非饱和和填土中，会引发灌注桩断桩、缩颈等质量问题
(D)对于打入式预制桩，会导致桩体上浮，降低承载力，增大沉降

14.下列关于桩基设计中基桩布置原则的叙述，哪一项是正确的？（　　）

(A)基桩最小中心距的确定主要取决于有效发挥桩的承载力和成桩工艺两方面因素
(B)为改善筏板的受力状态，桩筏基础应均匀布桩
(C)应使与基桩受水平力方向相垂直的方向有较大的抗弯截面模量
(D)桩群承载力合力点宜与承台平面形心重合，以减小荷载偏心的负面效应

15.某预应力锚固工程，设计要求的抗拔安全系数为2.0，锚固体与孔壁的抗剪强度为0.2MPa，每孔锚索锚固为400kN，孔径为130mm，试问锚固段长度最接近于下列哪个选项？（　　）

(A)12.5m　　(B)9.8m　　(C)7.6m　　(D)4.9m

16.下列哪个选项不得用于加筋土挡土墙的填料？（　　）

(A)砂土　　　　　(B)块石土　　　　　(C)砾石土　　　　　(D)碎石土

17.用圆弧条分法进行稳定分析时,计算图示的静水位下第 i 土条的滑动力矩,运用下面哪个选项与用公式 $W_i'\sin\theta_i R$ 计算的滑动力矩结果是一致的?(注:W_i、W_i'分别表示用饱和重度、浮重度计算的土条自重,P_{w1i}、P_{w2i}分别表示土条左侧、右侧的水压力,U_i 表示土条底部滑动面上的水压力,R 为滑弧半径)　　(　　)

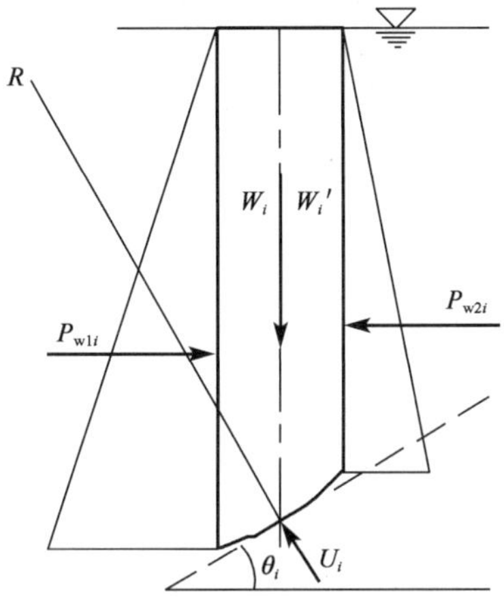

题 17 图

(A)用 W_i 计算滑动力矩,不计 P_{w1i}、P_{w2i} 及 U_i

(B)用 W_i 与 U_i 的差值计算滑动力矩

(C)用 W_i、U_i、P_{w1i}、P_{w2i} 计算的滑动力矩之和

(D)用 W_i 与用 $\Delta P_{wi}=(P_{w2i}-P_{w1i})$ 计算的滑动力矩之和

18.某 5m 高的重力式挡土墙墙后填土为砂土,如图所示。如果下面不同含水量的四种情况都达到了主动土压力状态:

①风干砂土;

②含水量为 5%的湿润砂土;

③水位与地面齐平,成为饱和砂土;

④水位达到墙高的一半,水位以下为饱和砂土。

按墙背的水、土总水平压力($E=E_a+E_w$)大小排序,下面哪个选项的排序是正确的?　　(　　)

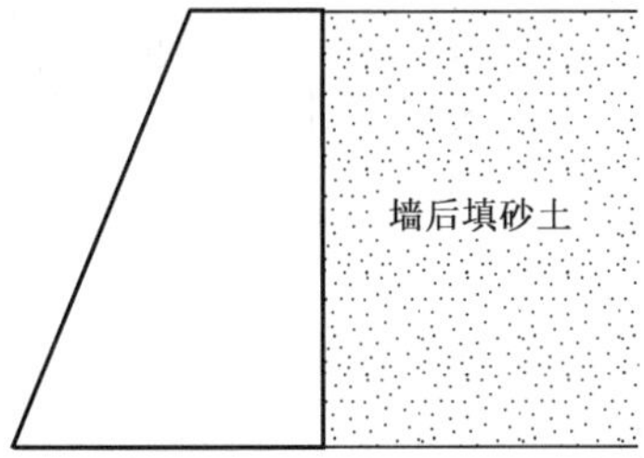

题 18 图

(A)①>②>③>④　　　　(B)③>④>①>②

(C)③>④>②>①　　　　(D)④>③>①>②

19. 在水工土石坝设计中，下面哪个选项的说法是错误的？（　　）

(A)心墙用于堆石坝的防渗

(B)混凝土面板堆石坝中的面板主要是用于上游护坡

(C)在分区布置堆石坝中，渗透系数小的材料布置在上游，渗透系数大的布置在下游

(D)棱柱体排水可降低土石坝的浸润线

20. 挡土墙后由两层填土组成，按朗肯土压力理论计算的主动土压力的分布如图所示。下面哪一个选项所列的情况与图示土压力分布相符？（　　）

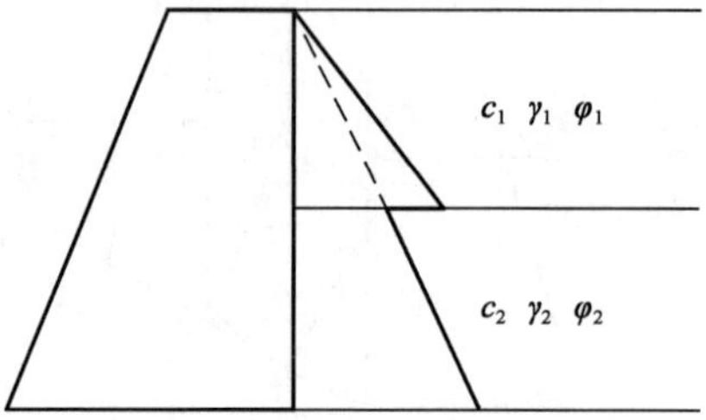

题 20 图

(A)$c_1=c_2=0,\gamma_1>\gamma_2,\varphi_1=\varphi_2$

(B)$c_1=c_2=0,\gamma_1=\gamma_2,\varphi_2>\varphi_1$

(C)$c_1=0,c_2>0,\gamma_1=\gamma_2,\varphi_1=\varphi_2$

(D)墙后的地下水位在土层的界面处，$c_1=c_2=0,\gamma_1=\gamma_{m2},\varphi_1=\varphi_2$（$\gamma_{m2}$为下层土的饱和重度）

21. 判断下列赤平面投影图中，哪一选项对应的结构面稳定性最好？（　　）

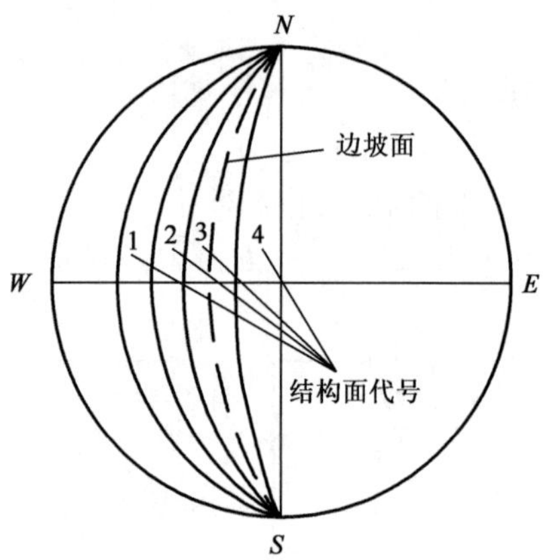

题 21 图

(A)结构面 1　(B)结构面 2　(C)结构面 3　(D)结构面 4

22. 地震烈度 6 度区内，在进行基岩边坡楔形体稳定分析调查中，下列哪一下选项是必须调查的？（　　）

(A)各结构面的产状,结构面的组合交线的倾向、倾角,地下水位,地震影响力

(B)各结构面的产状,结构面的组合交线的倾向、倾角,地下水位,各结构面的摩擦系数和黏聚力

(C)各结构面的产状,结构面的组合交线的倾向、倾角,地下水位,锚杆加固力

(D)各结构面的产状,结构面的组合交线的倾向、倾角,地震影响力,锚杆加固力

23.关于滑坡稳定性验算的表述中,下列哪一选项是不正确的? ( )

(A)滑坡稳定性验算时,除应验算整体稳定外,必要时尚应验算局部稳定

(B)滑坡推力计算也可以作为稳定性的定量评价

(C)滑坡安全系数应根据滑坡的研究程度和滑坡的危害程度综合确定

(D)滑坡安全系数在考虑地震、暴雨附加影响时应适当增大

24.在下列关于泥石流扇与洪积扇的区别的表述中,哪一选项是不正确的? ( )

(A)泥石流扇堆积物无分选,而洪积扇堆积有一定的分选

(B)泥石流扇堆积物有层次,而洪积扇堆积物无层次

(C)泥石流扇堆积物的石块具有棱角,而洪积扇堆积物碎屑有一定的磨圆度

(D)泥石流扇堆积物的工程性质差异大,而洪积扇堆积物的工程性质相对差异较小

25.评价目前正处于滑动阶段的滑坡,其滑带土的黏性土,当取土样进行直剪试验时,宜采用下列哪种方法? ( )

(A)快剪 (B)固结快剪

(C)慢剪 (D)多次剪切

26.在边坡工程中,采用柔性防护网的主要目的为下列哪个选项? ( )

(A)增加边坡的整体稳定性 (B)提高边坡排泄地下水的能力

(C)美化边坡景观 (D)防止边坡落石

27.因建设大型水利工程需要,某村庄拟整体搬迁至长江一高阶地处。拟建场地平坦,上部地层主要为约20m厚的可塑至硬塑状态的粉质黏土,未见地下水,下伏基岩为泥岩,无活动断裂从场地通过。工程建设前对该场地进行地质灾害危险性评估,根据《地质灾害危险性评估技术要求(试行)》国土资发〔2004〕69号,该场地地质灾害危险性评估分级是下列哪一选项? ( )

(A)一级 (B)二级

(C)三级 (D)资料不够,难以确定等级

28.某多年冻土地区一层粉质黏土,塑限含水量 $w_P=18.2\%$,总含水量 $w_0=26.8\%$,平均融沉系数 $\delta_0=5$,请判别其融沉类别是下列选项中的哪个? ( )

(A)不融沉　　(B)弱融沉

(C)融沉　　(D)强融沉

29. 下列关于膨胀土胀缩变形的叙述中，哪个选项是错误的？（　　）

(A)膨胀土的 SiO_2 含量越高胀缩量越大

(B)膨胀土的蒙脱石和伊利石含量越高胀缩量越大

(C)膨胀土的初始含水量越高，其膨胀量越小，而收缩量越大

(D)在其他条件相同情况下，膨胀土的黏粒含量越高胀缩变形会越大

30. 在黄土地基评价时，湿陷起始压力 P_{sh} 可用于下列哪个选项的评判？（　　）

(A)评价黄土地基承载力

(B)评价黄土地基的湿陷等级

(C)对非自重湿陷性黄土场地考虑地基处理深度

(D)确定桩基负摩阻力的计算深度

31. 盐渍土的盐胀性主要是由于下列哪种易溶盐结晶后体积膨胀造成的？（　　）

(A) Na_2SO_4　　(B) $MgSO_4$

(C) Na_2CO_3　　(D) $CaCO_3$

32. 采用黄土薄壁取土器取样的钻孔，钻探时采用下列哪种规格(钻头直径)的钻头最合适？（　　）

(A)146mm　　(B)127mm　　(C)108mm　　(D)89mm

33. 根据《岩土工程勘察规范》(GB 50021—2001)(2009 年版)岩溶场地施工勘察阶段，对于大直径嵌岩桩勘探点应逐桩布置，桩端以下勘探深度至少应达到下列哪一选项的要求？（　　）

(A)3 倍桩径并不小于 5m　　(B)4 倍桩径并不小于 8m

(C)5 倍桩径并不小于 12m　　(D)大于 8m，与桩径无关

34. 某泥石流流体密度 $\rho_c = 1.8\times10^3 kg/m^3$，堆积物呈舌状，按《铁路工程不良地质勘察规程》(TB 10027—2012)的分类标准，该泥石流可判为下列哪一选项的类型？（　　）

(A)稀性水石流　　(B)稀性泥石流

(C)稀性泥流　　(D)黏性泥石流

35. 某岩土工程勘察项目地处海拔 2500m 地区，进行成图比例为 1：2000 的带状工程地质测绘，测绘面积 $1.2km^2$，作业时气温 $-15℃$，则该工程地质测绘实物工作收费最接近下列哪一选项的标准(收费基价为 5100 元/km^2)？（　　）

(A)6100 元　　　　(B)8000 元

(C)9800 元　　　　(D)10500 元

36. 关于注册土木工程师(岩土)执业,下列哪个说法不符合《注册土木工程师(岩土)执业及管理工作暂行规定》?　(　　)

(A)岩土工程勘察过程中提供的正式土工试验成果可不需注册土木工程师(岩土)签章

(B)过渡期间,暂未聘用注册土木工程师(岩土),但持有工程勘察乙级资质的单位,提交的乙级勘察项目的技术文件可不必由注册土木工程师(岩土)签章

(C)岩土工程设计文件可由注册土木工程师(岩土)签字,也可由注册结构工程师签字

(D)注册土木工程师(岩土)的执业范围包括环境岩土工程

37. 根据《中华人民共和国招标投标法》,下列关于中标的说法哪个选项是正确的?　(　　)

(A)招标人和中标人应当自中标通知书发出之日起三十日内,按照招标文件和中标人的投标文件订立书面合同

(B)依法必须进行招标的项目,招标人和中标人应当自中标通知书发出之日起十五日内,按照招标文件和中标人的投标文件订立书面合同

(C)招标人和中标人应当自中标通知书发出之日起三十日内,按照招标文件和中标人的投标文件订立书面合同

(D)招标人和中标人应当自中标通知书发出之日起十五日内,按照招标文件和中标人的投标文件订立书面合同

38. 承包单位将承包的工程转包,且由于转包工程不符合规定的质量标准造成的损失,应按下列哪个选项承担赔偿责任?　(　　)

(A)只由承包单位承担赔偿责任

(B)只由接受转包的单位承担赔偿责任

(C)承包单位与接受转包的单位承担连带赔偿责任

(D)建设单位、承包单位与接受转包的单位承担连带赔偿责任

39. 勘察单位未按照工程建设强制性标准进行勘察的,责令改正,并接受以下哪种处罚?　(　　)

(A)处 10 万元以上 30 万元以下的罚款

(B)处 50 万元以上 100 万元以下的罚款

(C)处勘察费 25%以上 50%以下的罚款

(D)处勘察费 1 倍以上 2 倍以下的罚款

40. 根据《中华人民共和国建筑法》,有关建筑安全生产管理的规定,下列哪个选项

是错误的？（　　）

（A）建设单位应当向建筑施工企业提供与施工现场相关的地下管线资料，建筑施工企业应当采取措施加以保护

（B）建筑施工企业的最高管理者对本企业的安全生产负法律责任，项目经理对所承担的项目的安全生产负责

（C）建筑施工企业应当建立健全劳动安全生产教育培训制度，未经安全生产教育培训的人员，不得上岗作业

（D）建筑施工企业必须为从事危险作业的职工办理意外伤害保险，支付保险费

二、多项选择题（共 30 题，每题 2 分。每题的备选项中有两个或三个符合题意，错选、少选、多选均不得分）

41. 基础方案选择时，下列哪些选项是可行的？（　　）

（A）无筋扩展基础用作柱下条形基础

（B）条形基础用于框架结构或砌体承重结构

（C）筏形基础用于地下车库

（D）独立基础用于带地下室的建筑物

42. 关于墙下条形扩展基础的结构设计计算，下列哪些说法是符合《建筑地基基础设计规范》（GB 50007—2011）规定的？（　　）

（A）进行墙与基础交接处的受冲切验算时，使用基底附加应力

（B）基础厚度的设计主要考虑受冲切验算需要

（C）基础横向受力钢筋在设计上仅考虑抗弯作用

（D）荷载效应组合采用基本组合

43. 已知矩形基础底面的压力为线性分布，宽度方向最大边缘压力为基底平均压力的 1.2 倍，基础的宽度为 B，长度为 L，基础底面积为 A，抵抗矩为 W，传至基础底面的竖向力为 N，力矩为 M，问下列哪些说法是正确的？（　　）

（A）偏心距 $e<\frac{B}{6}$

（B）宽度方向最小边缘压力为基底平均压力的 0.8 倍

（C）偏心距 $e<\frac{W}{N}$

（D）$M=\frac{NB}{6}$

44. 下列地基沉降计算参数的适用条件中，哪些选项是正确的？（　　）

（A）回弹再压缩指数只适用于欠固结土

（B）压缩指数对超固结土、欠固结土和正常固结土都适用

(C)压缩指数不适用于《建筑地基基础设计规范》的沉降计算方法

(D)变形模量不适用于沉降计算的分层总和法

45. 基础尺寸与荷载如图所示，下列哪些选项是正确的？（　　）

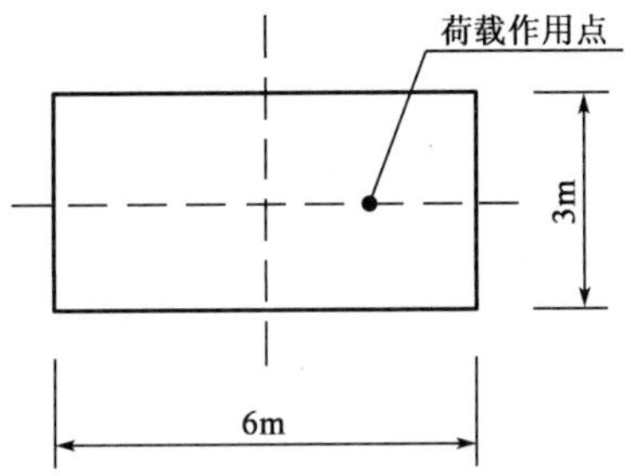

题45图

(A)计算该基础角点下土中应力时，查表系数 $n=\frac{z}{b}$ 中，b 取3m

(B)计算基础底面的抵抗矩 $W=\frac{b^2 l}{6}$ 中，b 取3m

(C)计算地基承载力宽度修正时，b 取3m

(D)计算大偏心基底反力分布时，$p_{\max}=\frac{2(F_k+G_k)}{3la}$ 中，l 取6m

46. 根据《建筑桩基技术规范》(JGJ 94—2008)，桩侧土水平抗力系数的比例系数 m 值与下列哪些选项有关？（　　）

(A)土的性质　　(B)桩入土深度

(C)桩在地面处的水平位移　　(D)桩的种类

47. 软土中的摩擦型桩基的沉降由下列哪些选项组成？（　　）

(A)桩侧土层的沉降量

(B)桩身压缩变形量

(C)桩端刺入变形量

(D)桩端平面以下土层的整体压缩变形量

48. 为提高桩基的水平承载力，以下哪些措施是有效的？（　　）

(A)增加承台混凝土的强度等级　　(B)增大桩径

(C)加大混凝土保护层厚度　　(D)提高桩身配筋率

49. 以下关于承台效应系数取值的叙述，哪些符合《建筑桩基技术规范》(JGJ 94—2008)的规定？（　　）

(A)后注浆灌注桩承台，承台效应系数应取高值

(B)箱形承台，桩仅布置于墙下，承台效应系数按单排桩条形承台取值

(C)宽度为1.2d(d表示桩距)的单排桩条形承台,承台效应系数按非条形承台取值

(D)饱和软黏土中预制桩基础,承台效应系数因挤土作用可适当提高

50. 下列关于软土地基减沉复合疏桩基础设计原则的叙述,哪些是正确的? ( )

(A)桩和桩间土中受荷变形过程中始终保持两者共同分担荷载

(B)桩端持力层宜选择坚硬土层,以减少桩端的刺入变形

(C)宜采用使桩间土荷载分担比较大的大桩距

(D)软土地基减沉复合疏桩基础桩身下需配钢筋

51. 根据《建筑桩基技术规范》(JGJ 94—2008),下列关于受水平作用桩的设计验算要求,哪些是正确的? ( )

(A)桩顶固端的桩,应验算桩顶正截面弯矩

(B)桩顶自由的桩,应验算桩身最大弯矩截面处的正截面弯矩

(C)桩顶铰接的桩,应验算桩顶正截面弯矩

(D)桩端为固端的嵌岩桩,不需进行水平承载力验算

52. 关于《建筑桩基技术规范》(JGJ 94—2008)中变刚度调平设计概念的说法,下列哪些选项是正确的? ( )

(A)变刚度调平设计可减小差异变形

(B)变刚度调平设计可降低承台内力

(C)变刚度调平设计可不考虑上部结构荷载分布

(D)变刚度调平设计可降低上部结构次内(应)力

53. 关于边坡稳定分析中的极限平衡法,下面哪些选项的说法是正确的? ( )

(A)对于均匀土坡,瑞典条分法计算的安全系数偏大

(B)对于均匀土坡,毕肖普条分法计算的安全系数对一般工程可满足精度要求

(C)对于存在软弱夹层的土坡稳定分析,应当采用考虑软弱夹层的任意滑动面的普遍条分法

(D)推力传递系数法计算的安全系数是偏大的

54. 在饱和软黏土地基中的工程,下列关于抗剪强度选取的说法,哪些选项是正确的? ( )

(A)快速填筑路基的地基的稳定分析使用地基土的不排水抗剪强度

(B)快速开挖的基坑支护结构上的土压力计算可使用地基土的固结不排水抗剪强度

(C)快速修建的建筑物地基承载力特征值采用不排水抗剪强度

(D)大面积预压渗流固结处理以后的地基上的快速填筑填方路基稳定分析可用

固结排水抗剪强度

55. 饱和黏性土的不固结不排水强度 $\varphi_u=0°$，地下水位与地面齐平。用朗肯主动土压力理论进行水土合算及水土分算来计算墙后水土压力，下面哪些选项是错误的？（　　）

(A)两种算法计算的总压力是相等的

(B)两种算法计算的压力分布是相同的

(C)两种算法计算的零压力区高度 z_0 是相等的

(D)两种算法的主动压力系数 K_a 是相等的

56. 挡水的土工结构物下游地面可能会发生流土，对于砂土则可称为砂沸。下面关于砂沸发生条件的各选项中，哪些选项是正确的？（　　）

(A)当砂土中向上的水力梯度大于或等于流土的临界水力梯度时就会发生砂沸

(B)在相同饱和重度和相同水力梯度下，粉细砂比中粗砂更容易发生砂沸

(C)在相同饱和重度和相同水力梯度下，薄的砂层比厚的砂层更易发生砂沸

(D)在砂层上设置反滤层，并在其上填筑碎石层可防止砂沸

57. 对于黏土厚心墙堆石坝，在不同工况下进行稳定分析时应采用不同的强度指标，下列哪些选项是正确的？（　　）

(A)施工期黏性土可采用不固结不排水(UU)强度指标用总应力法进行稳定分析

(B)稳定渗流期对黏性土可采用固结排水试验(CD)强度指标，用有效应力法进行稳定分析

(C)在水库水位降落期，对于黏性土应采用不固结不排水(UU)强度指标用总应力法进行稳定分析

(D)对于粗粒土，在任何工况下都应采用固结排水(CD)强度指标进行稳定分析

58. 在下列哪些情况下，膨胀土地基变形量可仅按收缩变形计算确定？（　　）

(A)经常受高温作用的地基

(B)经常有水浸湿的地基

(C)地面有覆盖且无蒸发可能时

(D)离地面 1m 处地基土的天然含水量大于 1.2 倍塑限含水量

59. 倾斜岩面(倾斜角为 α)上有一孤立、矩形岩体，宽为 b，高为 h，岩体与倾斜岩面间的内摩擦角为 $\varphi(c=0)$，如图所示，问岩体在下列哪些情况时处于失稳状态？（　　）

(A)$\alpha<\varphi$，且$\frac{b}{h}\tan\alpha$　　(B)$\alpha<\varphi$，且$\frac{b}{h}\tan\alpha$

(C)$\alpha>\varphi$，且$\frac{b}{h}\tan\alpha$　　(D)$\alpha>\varphi$，且$\frac{b}{h}\tan\alpha$

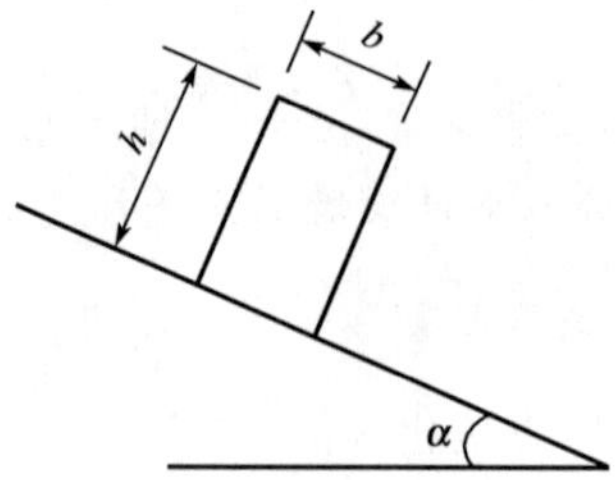

题 59 图

60. 关于黄土湿陷起始压力 P_{sh} 的论述中,下列哪些选项是正确的? ( )

(A)湿陷性黄土浸水饱和,开始出现湿陷时的压力

(B)测定自重湿陷系数试验时,需分级加荷至试样上覆上的饱和自重压力,此时的饱和自重压力即为湿陷起始压力

(C)室内测定湿陷起始压力可选用单线法压缩试验或双线法压缩试验

(D)现场测定湿陷起始压力可选用单线法静载荷试验或双线法静载荷试验

61. 下图为膨胀土试样的膨胀率与压力关系曲线图,根据图示内容判断,下列哪些选项是正确的? ( )

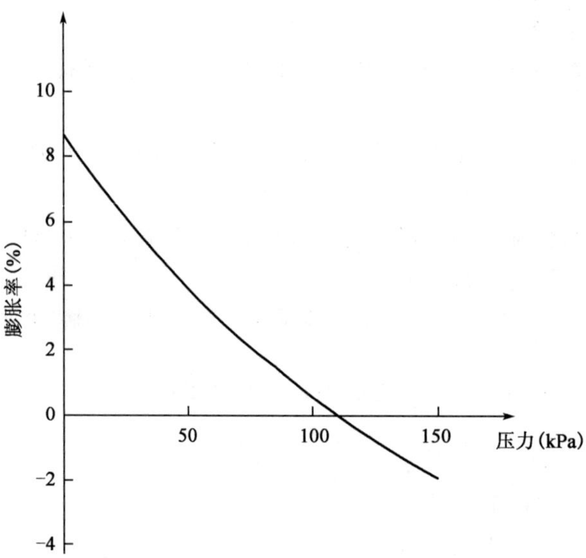

题 61 图

(A)自由膨胀率约为 8.4%

(B)50kPa 压力下的膨胀率约为 4%

(C)膨胀率约为 110kPa

(D)150kPa 压力下的膨胀率约为 110kPa

62. 关于采空区地表移动盆地的特征,下列哪些选项是正确的? ( )

(A)地表移动盆地的范围总是比采空区面积大
(B)地表移动盆地的形状总是对称于采空区
(C)移动盆地中间区地表下沉最大
(D)移动盆地内边缘区产生压缩变形,外边缘区产生拉伸变形

63.多年冻土地区进行工程建设时,下列哪些选项符合规范要求? (　　)

(A)地基承载力的确定应同时满足保持冻结地基和容许融化地基的要求
(B)重要建筑物选址应避开融区与多年冻土区之间的过渡带
(C)对冻土融化有关的不良地质作用调查应该在九月和十月进行
(D)多年冻土地区钻探宜缩短施工时间,宜采用大口径低速钻进

64.在湿陷性黄土场地进行建设,下列哪些选项中的设计原则是正确的? (　　)

(A)对甲类建筑物应消除地基的全部湿陷量或采用桩基础穿透全部湿陷性黄土层
(B)应根据湿陷性黄土的特点和工程要求,因地制宜,采取以地基处理为主的综合措施
(C)在使用期内地下水位可能会上升至地基压缩层深度以内的场地不能进行建设
(D)在非自重湿陷性黄土场地,地基内各土层的湿陷起始压力值,均大于其附加应力与上覆土的天然状态下自重压力之和时,该地基可按一般地区地基设计

65.关于注册土木工程师(岩土)执业的说法中,下列哪些说法不符合《注册土木工程师(岩土)执业及管理工作暂行规定》? (　　)

(A)注册土木工程师(岩土)的注册年龄一律不得超过70岁
(B)注册土木工程师(岩土)的注册证书和执业印章一般应由本人保管,必要时也可由聘用单位代为保管
(C)过渡期间,未取得注册证书和执业印章的人员,不得从事岩土工程及相关业务活动
(D)注册土木工程师(岩土)可在全国范围内从事岩土工程及相关业务活动

66.合同中有下列哪些情形时,合同无效? (　　)

(A)以口头形式订立合同
(B)恶意串通,损害第三人利益
(C)以合法形式掩盖非法目的
(D)无处分权的人订立合同后取得处分权的

67.在招标投标活动中,下列哪些情形会导致中标无效? (　　)

(A)投标人以向评标委员会成员行贿的手段谋取中标的
(B)招标人与投标人就投标价格、投标方案等实质性内容进行谈判的
(C)依法必须进行招标的项目的招标人向他人透露已获取招标文件的潜在投标人名称、数量的
(D)招标人与中标人不按照招标文件和中标人的投标文件订立合同的

68.下列哪些选项属于建设投资中工程建设其他费用? ( )

(A)涨价预备费
(B)农用土地征用费
(C)工程监理费
(D)设备购置费

69.违反《建设工程质量管理条例》,对以下哪些行为应责令改正,处10万元以上30万元以下的罚款? ( )

(A)设计单位未根据勘察成果文件进行工程设计的
(B)勘察单位超越本单位资质等级承揽工程的
(C)设计单位指定建筑材料生产厂或供应商的
(D)设计单位允许个人以本单位名义承揽工程的

70.下列依法必须进行招标的项目中,哪些应公开招标? ( )

(A)基础设施项目
(B)全部使用国有资金投资的项目
(C)国有资金投资占控股或者主导地位的项目
(D)使用国际组织贷款资金的项目

2010年专业知识试题答案(下午卷)

1.[答案] B

[依据] b 曲线为突变性曲线,在拐点处压力不变位移不断增加,说明土体已经产生连续的塑性变形,发生了整体的剪切破坏。a、c、d 曲线说明地基处在弹性和弹塑性阶段,土体仍然有一定的承载能力。

2.[答案] B

[依据] 新建乙建筑物会对甲建筑物产生附加压力,根据基础距离乙的距离不同,附加压力也不同,甲建筑北侧会产生较大的新增沉降,由不均匀沉降引起的斜裂缝应朝向沉降较小的一侧。

3.[答案] B

[依据]《建筑地基基础设计规范》(GB 50007—2011)第5.2.1条。作用在基础顶的水平荷载和竖向荷载应转化为作用在基础底面力和偏心弯矩。

4.[答案] D

[依据]《建筑地基基础设计规范》(GB 50007—2011)第5.2.1条。考虑地下水等不利因素计算修正后的地基承载力:条基宽度一般在3m范内,只考虑深度修正,$f_a=200+\eta_b\gamma(d-0.5)$计算值在240kPa左右,与上部传来的荷载基本相当,若考虑其他附加荷载,更为稳妥的应推荐筏形基础。

5.[答案] C

[依据]《建筑地基基础设计规范》(GB 50007—2011)第8.2.7条。

6.[答案] B

[依据]《建筑地基基础设计规范》(GB 50009—2011)第8.2.7条。

7.[答案] B

[依据]《建筑桩基技术规范》(JGJ 94—2008)第3.1.8条第5条说明。

8.[答案] B

[依据]《土力学》(李广信等,第2版,清华大学出版社)相关知识。A选项桩体中性点处桩土的相对位移为零,此处是负摩阻力和正摩阻力的分界点,桩身轴力最大。B、D选项中性点的位置随着持力层的软→硬,其深度变大,其原因是桩的沉降随着持力层变硬,沉降减小,桩土的相对位移增大,从而导致中性点深度变大,负摩阻力变大,反之亦然。C选项负摩阻力随着桩侧土体的沉降减小,负摩阻力也逐渐减小,当土体沉降稳定时,负摩阻力为零。

9.[答案] C

［依据］《建筑桩基技术规范》(JGJ 94—2008)第3.1.7条及条文说明和《建筑地基基础设计规范》(GB 50007—2011)第3.0.4条。

10.［答案］B

［依据］《建筑桩基技术规范》(JGJ 94—2008)第5.2.5条。

11.［答案］A

［依据］CFG桩为复合地基的一种，和钢筋混凝土灌注桩都属于刚性桩，因CFG桩一般不配筋，常用于软弱土的地基处理中，且桩径相对于灌注桩较小，其刚度相对较差，抵抗水平荷载的能力小。

12.［答案］C

［依据］《建筑桩基技术规范》(JGJ 94—2008)第5.8.3条。

13.［答案］D

［依据］挤土效应是由于在成桩过程中产生的超孔隙水压力和挤压作用，导致桩周土体隆起的作用。在黏性土地层中，挤土效应会引发断桩、缩颈等问题；但在松散土体中，由于土体挤密作用小，孔隙水压力消散快，其负面影响很小。

14.［答案］A

［依据］《建筑桩基技术规范》(JGJ 94—2008)第3.3.3条及条文说明。

15.［答案］B

［依据］$N=\frac{[\tau]\pi DL}{K}, L=\frac{2\times400}{3.14\times0.13\times200}=9.8\text{m}$

16.［答案］B

［依据］加筋挡土墙的填料不仅影响土压力的大小，而且直接影响拉筋的摩擦力，因此宜用粗粒土填筑；《铁路路基支挡结构设计规范》(TB 10025—2019)第9.3.4条，填料与筋材直接接触部分不应含有尖锐棱角的块体，填料中最大粒径不应大于100mm，且不宜大于单层填料压实厚度的1/3，而块石土最大粒径超过100mm，且经常呈尖锐棱角状，其用作填料在填筑时易砸坏拉筋，且块石与拉筋受力不均匀，影响稳定性。

17.［答案］C

［依据］《公路设计手册·路基》(第二版，人民交通出版社)第195页。

18.［答案］B

［依据］饱和砂土应采用水土分算计算总的水土压力，按朗肯土压力计算；非饱和砂土根据含水量，砂土的稳定性有差别，砂土的最优含水量为4%～6%时，砂土的直立性能最好，土体对墙体的作用压力最小。

19.［答案］B

［依据］《碾压式土石坝设计规范》(DL/T 5395—2007)第7.7条、7.8条及条文说明。

20.[答案] B

[依据] 由库仑土压力理论公式 $e_a=\gamma HK_a-2c\sqrt{K_a}$，由图中的信息可知：

①在界面上下土层的土压力分布三角形的边界斜率不同：$\gamma_1 K_{a1}>\gamma_2 K_{a2}$；

②界面处主动土压应力：$\gamma_1 H_1 K_{a1}-2c_1\sqrt{K_{a1}}>\gamma_1 H_1 K_{a2}-2c_2\sqrt{K_{a2}}$；

③第二层底的主动土压应力的连线过挡土墙的顶面边界点，即 H 为 0 时，$2c_2\sqrt{K_{a2}}=0$，则 $c_2=0$ 。

因此，当 $c_1=c_2=0$ 时，则由界面处的应力可知，$K_{a1}>K_{a2}$，则 $\varphi_1<\varphi_2$，由此可知选项 B 正确。同样可以证明其他选项均不能同时满足以上三个条件。

21.[答案] D

[依据] 结构面产状与坡体产状接近时为中间状态，结构面倾角大于坡角时呈插入状态，利于稳定；结构面倾角小于坡角时处于临空状态，不利于稳定。

22.[答案] B

[依据]《岩土工程勘察规范》(GB 50021—2001)(2009 年版)第 4.7.1 条和 4.7.3 条及条文说明。

23.[答案] D

[依据]《岩土工程勘察规范》(GB 50021—2001)(2009 年版)第 5.2.7 条的条文说明。在不同条件下，滑坡的稳定安全系数要求不同。

24.[答案] B

[依据]《铁路工程不良地质勘察规程》(GB 10027—2012)附录 C.0.1-5 表。

25.[答案] D

[依据]《岩土工程勘察规范》(GB 50021—2001)(2009 年版)第 5.2.7 条及条文说明。

26.[答案] D

[依据]《公路路基设计规范》(JTG D30—2015)第 7.3.3 条条文说明，柔性防护网的主要目的是采用系统锚杆和拦截网对岩石破碎较严重、易崩塌的边坡掉落的石块进行拦截。

27.[答案] C

[依据] 由《地质灾害危险性评估技术要求》可知，应为三级。

28.[答案] C

[依据]《岩土工程勘察规范》(GB 50021—2001)(2009 年版)表 6.6.2。按黏性土的融沉系数或含水量查表即可确定，融沉类别为：融沉。

29.[答案] A

[依据]《工程地质手册》(第五版)第 555 页。

膨胀土的胀缩变形主要影响因素为：矿物成分、化学成分、离子交换量、黏粒含量、土体密度或孔隙比、含水量等。

30.［答案］C

［依据］《湿陷性黄土地区建筑标准》(GB 50025—2018)第 6.1.1 条第 1 款。

31.［答案］A

［依据］《工程地质手册》(第五版)第 595 页。

盐渍土分为氯盐渍土、硫酸盐渍土和碳酸盐渍土。硫酸盐渍土中含有无水芒硝(Na_2SO_4),其吸收 10 个水分子结晶,变成芒硝($Na_2SO_4 \cdot 10H_2O$),使体积增大。碳酸盐渍土中的碳酸钠(Na_2CO_3)含量超过 0.5%时,其增加可以使盐胀量显著增大,但其是由水溶液的碱性反应及黏土颗粒交替发生分散导致盐胀,不是易溶盐结晶后的体积膨胀。

32.［答案］A

［依据］《建筑工程地质勘探与取样技术规程》(JGJ/T 87—2012)第 5.2.2 条规定,黄土取样钻孔孔径不低于 150mm。

33.［答案］A

［依据］《岩土工程勘察规范》(GB 50021—2001)(2009 年版)第 5.1.6 条规定,对于大直径桩,勘探点应逐桩布置,勘探深度不小于底面以下桩径的 3 倍并不小于 5m。

34.［答案］D

［依据］《铁路工程不良地质勘察规程》(TB 10027—2012)附录 C.0.1 泥石流表,按流体密度查表可知,属于黏性泥石流。

35.［答案］C

［依据］《工程勘察收费标准》第 1.0.8 条、第 1.0.9 条、第 1.0.10 条和 3.2 条规定,温度调整系数 1.2,高程调整系数 1.1,带状工程测绘调整系数 1.3,调整系数计算方式为:附加调整系数为两个或者两个以上的,附加调整系数不能连乘。将各附加调整系数相加,减去附加调整系数的个数,加上定值 1,作为附加调整系数值,即 1.1+1.2+1.3−3+1=1.6。因此,测绘总价为:5100×1.2×1.6=9792 元。

36.［答案］B

［依据］《注册土木工程师(岩土)执业及管理工作暂行规定》第二条第二款、第四条第二款、附件 1 注。

37.［答案］A

［依据］《中华人民共和国招标投标法》第四十六条和第四十七条。

38.［答案］C

［依据］《中华人民共和国建筑法》第六十七条。

39.［答案］A

［依据］《建设工程质量管理条例》第六十三条。

40.【答案】B

【依据】《中华人民共和国建筑法》第四十条、第四十五条、第四十六条、第四十八条。

41.【答案】BCD

【依据】《建筑地基基础设计规范》(GB 50007—2011)第8章。

42.【答案】CD

【依据】《建筑地基基础设计规范》(GB 50007—2011)第3.0.5条、第8.2.7条、第8.2.8条、第8.2.10条。

43.【答案】AB

【依据】$p_{max}=p\left(1+\frac{6e}{b}\right)=1.2p$，$\frac{6e}{b}=0.2$，得 $e=\frac{b}{30}<\frac{b}{6}$，A正确；

$P_{max}+P_{min}=2p$，$p_{min}=0.8p$，B正确；

$e=\frac{M}{F+G}=\frac{M}{N}$，$M=eN=\frac{Nb}{30}$，C、D错误；

因为计算的是宽度方向，在 $W=\frac{b^2 l}{6}$ 中，平方项为偏心方向的边。

44.【答案】BCD

【依据】选项A，回弹压缩模量是在高压固结试验时，土样回弹再压缩时的弹性模量，是针对超固结土的试验数据，正常固结土和欠固结土无此项参数。

选项B，压缩指数在超固结土、欠固结土和正常固结土中都适用，它代表土的一种压缩特性，与环境因素无关。

选项C，压缩指数计算沉降是采用基本的应力应变计算，而《建筑地基基础设计规范》(GB 50007—2011)的规范法是采用修正后的面积当量法计算的，两者间的计算方式并不相同。

选项D，变形模量和压缩模量有所不同，变形模量是局部侧限时的土体压缩性指标，压缩模量是完全侧限时的土体压缩性指标，在沉降计算中采用压缩模量进行计算。

45.【答案】AC

【依据】计算基底压力、基底面抵抗矩时，基础宽度的确定应依据弯矩荷载所在的平面，基础宽度的方向与弯矩荷载相垂直，或者说与集中荷载作用的平面平行。计算承载力修正、基底下土中应力和附加应力时，基础宽度应取较短边为宽度边。选项B中的抵抗矩计算应取6m。选项D中 l 为垂直于力矩作用方向(不是平面)的基础底面边长，应取3m。承载力宽度修正是由于基础实际宽度大小的影响，基础宽度越大，这部分承载力的分量就越大，其真实承载力高于试验承载力，应对其承载力进行修正，因此，其与上部荷载的作用位置无关。

46.【答案】ACD

【依据】《建筑桩基技术规范》(JGJ 94—2008)第5.7.5条文说明公式(5.7-1)及附录C。

47.［答案］BCD

［依据］《建筑桩基技术规范》(JGJ 94—2008)第5.5.14条和5.6.2条的条文说明。

48.［答案］BD

［依据］《建筑桩基技术规范》(JGJ 94—2008)第5.7.2条。桩基水平承载力的影响因素很多,在工程中采用的可以有效提高承载力的方法有增大桩径、提高配筋率、加固桩顶以下土体等。

49.［答案］BC

［依据］《建筑桩基技术规范》(JGJ 94—2008)第5.2.5条规定,后注浆灌注桩承台,承台效应系数应取低值;桩仅布置于墙下的箱形承台、筏形承台基础,可按单排桩条基取值;对于单排桩条形承台,宽度小于1.5d时,按单排桩条形承台取值;饱和黏性土中的挤土桩,软土中的桩基,宜取低值的0.8倍。

50.［答案］AC

［依据］《建筑桩基技术规范》(JGJ 94—2008)第5.6.1条和5.6.2条的条文说明。

51.［答案］AB

［依据］《建筑桩基技术规范》(JGJ 94—2008)第5.8.10条。

52.［答案］ABD

［依据］《建筑桩基技术规范》(JGJ 94—2008)第3.1.8条及条文说明。

53.［答案］BCD

［依据］《土力学》(李广信等,第2版,清华大学出版社)中有关边坡稳定章节内容。边坡分析方法中考虑的受力条件越多,则安全系数越大,也越接近于实际。常见的边坡分析方法中安全系数比较:瑞典圆弧法＜瑞典条分法＜毕肖普法＜简布法＜二维普赖斯法＜三维普赖斯法。

54.［答案］ABC

［依据］《铁路特殊路基设计规范》(TB 10035—2006)第3.2.1条和第3.2.2条,《建筑基坑支护技术规程》(JGJ 120—2012)第3.1.14条,《建筑地基处理技术规范》(JGJ 79—2012)第5.4.1条及条文说明。快速施工的路堤等,采用不排水抗剪强度确定抗剪强度指标,软土承载力采用不固结不排水抗剪强度,基坑支护采用固结不排水抗剪强度。

55.［答案］ABC

［依据］依据朗肯土压力理论,水土合算:$E_1=\gamma_{sat}(H-z_{01})^2K_a/2$,$z_{01}=2c/(\gamma_{sat}\sqrt{K_a})$。水土分算:$E_2=\gamma'(H-z_{02})^2K_a/2+\gamma_w H^2/2$,$z_{02}=2c/(\gamma'\sqrt{K_a})$。由$\varphi=0$,$c\neq0$,得$K_a=1$,则$z_{01}\neq z_{02}$,水土分算的土压力$E_2=[\gamma'(H-z_0)^2+\gamma_w H^2]/2$,由公式可知,其总压力不相等,压力分布不同,零压力区不等。

56.**[答案]** AD

[依据]《土力学》(李广信等,第2版,清华大学出版社)中相关内容。流土的产生是由于水力梯度大于土体的有效重度,是发生在自由表面处的一种渗透变形,只要水力梯度足够大,任何土体都会发生流土。对于某一种土体,流土与其孔隙比有关,即密实程度越大,孔隙比越小,发生流土的可能性越小。当饱和重度和水力梯度相同时,与其他因素无关,发生流土的难易程度相同。设置反滤层和填筑碎石,有利于增大密实度,提高临界水力梯度,消除自由界面,从而可防止流土的产生。

57.**[答案]** ABD

[依据]《碾压式土石坝设计规范》(DL/T 5395—2007)附录E。查表E.1可知,施工期黏性土可采用总应力法UU试验;稳定渗流期和水位降落期黏性土可采用有效应力法CD试验;水位降落期黏性土可采用总应力法CU试验;对于粗粒土,其排水条件良好,一律采用CD试验。

58.**[答案]** AD

[依据]《膨胀土地区建筑技术规范》(GB 50112—2013)第5.2.7条。

59.**[答案]** BCD

[依据] 斜坡上的矩形岩石块体,呈现滑动和倾覆两种状态。黏聚力 $c=0$ 时,滑动与否由边坡的倾角和滑动面的内摩擦角控制,岩体滑动失稳,此时与岩体的尺寸大小无关。在岩体的倾覆状态时,其稳定安全系数 $K=G\cos\alpha\times b/(G\sin\alpha\times h)=b/(h\tan\alpha)\leqslant 1$ 时,边坡倾倒。

60.**[答案]** ACD

[依据]《湿陷性黄土地区建筑标准》(GB 50025—2018)第2.1.7条,选项A正确;第4.4.5条,选项B错误;第4.3.4条,选项C正确;第4.3.5条,选项D正确。

61.**[答案]** BCD

[依据]《膨胀土地区建筑技术规范》(GB 50112—2013)第4.2节,附录D、附录E和附录F。自由膨胀率为上覆压力为零时,干燥土体的膨胀率。膨胀率是一定压力下的膨胀量与土样原始高度的比值。因此,试验压力为零时,两者并不相同。膨胀力的测量采用平衡法,当膨胀率为零时,其上覆压力即为相应的膨胀力,膨胀力是膨胀土膨胀产生的,与外荷载的大小无关。

62.**[答案]** ACD

[依据]《工程地质手册》(第五版)第695、696页。

63.**[答案]** BD

[依据]《岩土工程勘察规范》(GB 50021—2001)(2009年版)第6.6.5条和6.6.6条的条文说明规定。

64.**[答案]** AB

[依据]《湿陷性黄土地区建筑标准》(GB 50025—2018)第6.1.1条,选项A正确;第

1.0.3 条，选项 B 正确；第 5.1.5 条，选项 C 错误；第 5.1.2 条第 1 款，选项 D 错误。

65.**[答案]** ABC

[依据]《注册土木工程师（岩土）执业及管理工作暂行规定》第二条、第三条第八款、第十一款、第四条。

66.**[答案]** BC

[依据]《中华人民共和国民法典》第一百五十四条。题目为《合同法》内容，《民法典》删除了部分内容，根据常识也可作答。

67.**[答案]** ABC

[依据]《中华人民共和国招标投标法》第五十二条、第五十三条、第五十五条、第五十九条。

68.**[答案]** BC

[依据]《国家注册土木工程师（岩土）专业考试宝典》（第二版）第 11.1.4 条。

69.**[答案]** AC

[依据]《建设工程质量管理条例》第六十三条。

70.**[答案]** BC

[依据]《工程建设项目招标范围和规模标准规定》第九条。

2011年专业知识试题(上午卷)

一、单项选择题(共40题,每题1分。每题的备选项中只有一个最符合题意)

1.岩土工程勘察中,钻进较破碎岩层时,岩芯钻探的岩芯采取率最低不应低于下列哪个选项的数值? ( )

(A)50% (B)65%
(C)80% (D)90%

2.工程勘察中要求测定岩石质量指标RQD时,应采用下列哪种钻头? ( )

(A)合金钻头 (B)钢粒钻头
(C)金刚石钻头 (D)牙轮钻头

3.下列哪种矿物遇冷稀盐酸会剧烈起泡? ( )

(A)石英 (B)方解石
(C)黑云母 (D)正长石

4.在某建筑碎石土地基上,采用0.5m^2的承压板进行浸水载荷试验。测得在200kPa压力下的附加湿陷量为25mm。问该层碎石土的湿陷程度为下列哪个选项? ( )

(A)无湿陷性 (B)轻微
(C)中等 (D)强烈

5.核电厂初步设计勘察应分四个地段进行,各地段有不同的勘察要求。问下列哪个选项是四个地段的准确划分? ( )

(A)核岛地段、常规岛地段、电气厂房地段、附属建筑地段
(B)核反应堆厂房地段、核燃料厂房地段、电气厂房地段、附属建筑地段
(C)核安全有关建筑地段、常规建筑地段,电气厂房地段、水工建筑地段
(D)核岛地段、常规岛地段、附属建筑地段、水工建筑地段

6.关于受地层渗透性影响,地下水对混凝土结构的腐蚀性评价的说法,下列哪一选项是错误的?(选项中除比较条件外,其余条件均相同) ( )

(A)强透水层中的地下水比弱透水层中的地下水的腐蚀性强
(B)水中侵蚀性CO_2含量越高,腐蚀性越强
(C)水中重碳酸根离子HCO_3^-含量越高,腐蚀性越强

(D)水的 pH 值越低,腐蚀性越强

7. 在黏性土层中取土时,取土器取土质量由高到低排列,下列哪个选项的排序是正确的? ( )

(A)自由活塞式→水压固定活塞式→束节式→厚壁敞口式
(B)厚壁敞口式→束节式→自由活塞式→水压固定活塞式
(C)束节式→厚壁敞口式→水压固定活塞式→自由活塞式
(D)水压固定活塞式→自由活塞式→束节式→厚壁敞口式

8. 在岩土工程勘探中,旁压试验孔与已完成的钻探取土孔的最小距离为下列哪个选项? ( )

(A)0.5m (B)1.0m
(C)2.0m (D)3.0m

9. 某一土层描述为:粉砂与黏土呈韵律沉积,前者层厚 30～40cm,后者层厚 20～30cm,按现行规范规定,定名最确切的是下列哪一选项? ( )

(A)黏土夹粉砂层
(B)黏土与粉砂互层
(C)黏土夹薄层粉砂
(D)黏土混粉砂

10. 下列关于断层的说法,哪个是错误的? ( )

(A)地堑是两边岩层上升,中部相对下降的数条正断层的组合形态
(B)冲断层是逆断层一种
(C)稳定分布的岩层的突然缺失,一定由断层作用引起
(D)一般可将全新世以来活动的断层定为活动性断层

11. 从下图潜水等位线判断,河流和潜水间补给关系正确的是下列哪一选项? ( )

(A)河流补给两侧潜水
(B)两侧潜水均补给河流
(C)左侧潜水补给河流,河流补给右侧潜水
(D)右侧潜水补给河流,河流补给左侧潜水

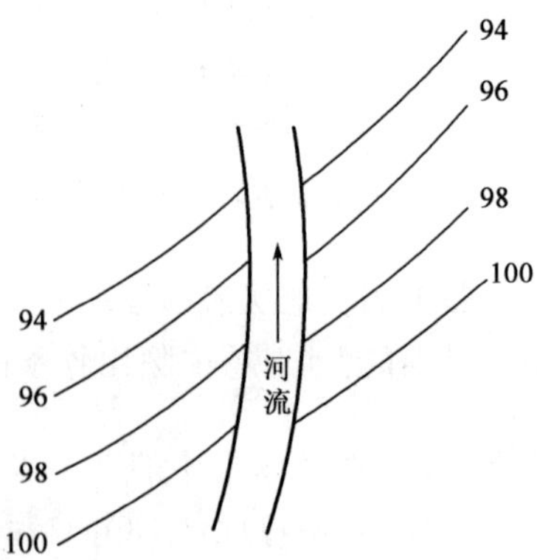

题 11 图

12. 根据《水运工程岩土勘察规范》(JTS 133—2013),当砂土的不均匀系数 C_u 和曲率系数 C_c,满足下列哪个选项的条件时,可判定为级配良好的砂土? ( )

(A)$C_u \geq 5, C_c = 1 \sim 3$　　(B)$C_u > 5, C_c = 3 \sim 5$

(C)$C_u \geq 10, C_c = 3 \sim 5$　　(D)$C_u > 10, C_c = 5 \sim 10$

13. 在铁路工程地质勘察工作中，当地表水平方向存在高电阻率屏蔽层时，最适合采用下列哪种物探方法？（　　）

(A)电剖面法　　(B)电测深法

(C)交流电磁法　　(D)高密度电阻率法

14. 按《建筑桩基技术规范》(JGJ 94—2008)的要求，关于桩基设计采用的作用效应组合，下列哪个选项是正确的？（　　）

(A)计算桩基结构承载力时，应采用荷载效应标准组合

(B)计算荷载作用下的桩基沉降时，应采用荷载效应标准组合

(C)进行桩身裂缝控制验算时，应采用荷载效应准永久组合

(D)验算岸边桩基整体稳定时，应采用荷载效应基本组合

15. 计算建筑地基变形时，传至基础底面的荷载效应应按下列哪个选项采用？

（　　）

(A)正常使用极限状态下荷载效应的标准组合

(B)正常使用极限状态下荷载效应的准永久组合

(C)正常使用极限状态下荷载效应的准永久组合，不计入风荷载和地震作用

(D)承载能力极限状态下荷载效应的基本组合，但其分项系数均为1.0

16. 编制桩的静载荷试验方案时，由最大试验荷载产生的桩身内力应小于桩身混凝土的抗压强度，验算时桩身混凝土的强度应取用下列哪个选项？（　　）

(A)混凝土抗压强度的设计值

(B)混凝土抗压强度的标准值

(C)混凝土棱柱体抗压强度平均值

(D)混凝土立方体抗压强度平均值

17. 采用碱液法中的双液法加固地基时，“双液”是指下列哪一项中的“双液”？（　　）

(A)$Na_2O \cdot nSiO_2$，$CaCl_2$　　(B)$NaOH$，$CaCl_2$

(C)$NaOH$，$CaSO_4$　　(D)Na_2O，$MgCl_2$

18. 某多层工业厂房采用预应力管桩基础，由于地面堆载作用致使厂房基础产生不均匀沉降。拟采用加固措施，下列哪个选项最为合适？（　　）

(A)振冲碎石桩　　(B)水泥粉煤灰碎石桩

(C)锚杆静压桩　　(D)压密注浆

19. 采用强夯置换法处理软土地基时，强夯置换墩的深度不宜超过下列选项中的哪一数值？（　　）

(A)3m　　(B)5m　　(C)7m　　(D)10m

20. 某软土地基采用排水固结法加固，瞬时加荷单面排水；达到某一竖向固结度时需要时间 t，问其他条件不变的情况下，改为双面排水达到相同固结度需要的预压时间应为下列哪一项？（　　）

(A)t　　(B)$t/2$　　(C)$t/4$　　(D)$t/8$

21. 某软土地基软土层厚 30m，五层住宅拟采用水泥土搅拌桩复合地基加固，桩长 10m，桩径 600mm，水泥掺入比 18%，置换率 20%，经估算，工后沉降不能满足要求，为了满足控制工后沉降要求，问下列哪个选项中的建议最合理？（　　）

(A)增大桩径　　(B)增加水泥掺和比
(C)减小桩距　　(D)增加桩长

22. 刚性基础下刚性桩复合地基的桩土应力比随荷载增大的变化规律符合下述哪一选项？（　　）

(A)增大　　(B)减小　　(C)没有规律　　(D)不变

23. 根据《建筑地基处理技术规范》(JGJ 79—2012)采用碱液法加固地基，竣工验收工作应在加固施工完毕多少天后进行？（　　）

(A)3～7　　(B)7～10　　(C)14　　(D)28

24. 使用土工合成材料作为换填法中加筋层的筋材时，下列哪项不属于土工合成材料的主要作用？（　　）

(A)降低垫层底面压力　　(B)加大地基整体刚度
(C)增大地基整体稳定性　　(D)加速地基固结排水

25. 如图所示的为在均匀黏性土地基中采用明挖施工，平面上为弯段的某地铁线路。采用分段开槽浇注的地下连续墙加内支撑支护，没有设置连续腰梁，结果开挖到全段接近设计坑底高程时，支护结构破坏，基坑失事。在按平面应变条件设计的情况下，判断最可能发生的情况是下列哪一选项？（　　）

(A)东侧连续墙先破坏
(B)两侧连续墙先破坏
(C)两侧发生相同的位移，同时破坏
(D)无法判断

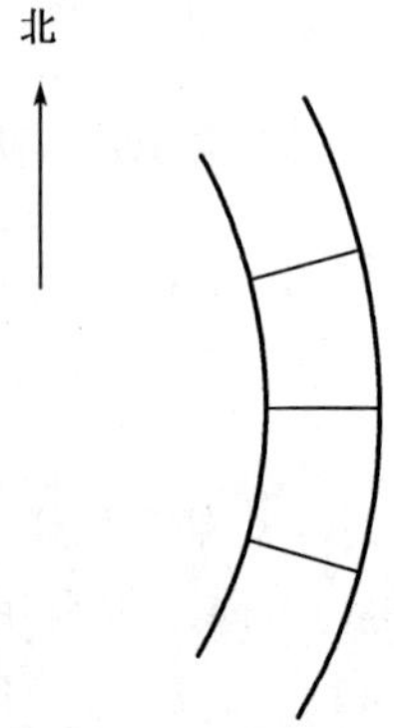

题 25 图

26. 下列关于新奥法的说法,哪一选项是正确的? (　　)

(A)支护结构承受全部荷载　　(B)围岩只传递荷载
(C)围岩不承受荷载　　(D)围岩与支护结构共同承受荷载

27. 在具有高承压水头的细砂层中用冻结法支护开挖隧道的旁通道,由于工作失误,致使冻土融化,承压水携带大量砂粒涌入已经衬砌完成的隧道,周围地面急剧下沉,此时最快捷最有效的抢险措施是下列哪一项? (　　)

(A)堵溃口
(B)对流沙段地基进行水泥灌浆
(C)从隧道由内向外抽水
(D)封堵已经塌陷的隧道两端,向其中回灌高压水

28. 在深厚砂石层地基上修建砂石坝,需设置地下垂直混凝土防渗墙和坝体堆石棱体排水,下列几种方案中哪一个是合理的? (　　)

(A)防渗墙和排水体都设置在坝体上游
(B)防渗墙和排水体都设置在坝体下游
(C)防渗墙设置在坝体上游,排水体设置在坝体下游
(D)防渗墙设置在坝体下游,排水体设置在坝体上游

29. 在卵石层上的新填砂土层中灌水稳定下渗,地下水位较深,有可能产生下列哪项效果? (　　)

(A)降低砂的有效应力　　(B)增加砂土的重力
(C)增加土的基质吸力　　(D)产生管涌

30. 对于单支点的基坑支护结构,在采用等值梁法计算时需要假定等值梁上有一个铰接点,该铰接点一般可近似取在等值梁上的下列哪个位置? (　　)

(A)主动土压力强度等于被动土压力强度的位置
(B)主动土压力合力等于被动土压力合力的位置
(C)等值梁上剪力为 0 的位置
(D)基坑底面下 1/4 嵌入深度处

31. 边坡采用预应力锚索加固时,下列哪个选项不正确? (　　)

(A)预应力锚索由自由段、锚固段、紧固头三部分组成
(B)锚索与水平面的夹角,以下倾 15°～30°为宜
(C)预应力锚索只能适用于岩质地层的边坡加固
(D)锚索必须作好防锈、防腐处理

32. 下列哪个选项不符合《建筑抗震设计规范》(GB 50011—2010)(2016 年版)中有

关抗震设防的基本思路和原则？（　　）

(A)抗震设防是以现有的科学水平和经济条件为前提的

(B)以小震不坏、中震可修、大震不倒三个水准目标为抗震设防目标

(C)以承载力验算作为第一阶段设计，和以弹塑性变形验算作为第二阶段设计来实现设防目标

(D)对已编制抗震设防区划的城市，可按批准的抗震设防烈度或设计地震动参数进行抗震设防

33. 根据《建筑抗震设计规范》(GB 50011—2010)(2016 年版)，下列有关抗震设防的说法中，哪个选项是错误的？（　　）

(A)多遇地震烈度对应于地震发生概率统计分析的"众值烈度"

(B)取 50 年超越概率 10%的地震烈度为"抗震设防烈度"

(C)罕遇地震烈度比基本烈度普遍高一度半

(D)处于抗震设防区的所有新建建筑工程均须进行抗震设计

34. 根据《建筑抗震设计规范》(GB 50011—2010)(2016 年版)，计算等效剪切波速时，下列哪个选项不符合规范规定？（　　）

(A)等效剪切波速的计算深度不大于 20m

(B)等效剪切波速的计算深度有可能小于覆盖层厚度

(C)等效剪切波速取计算深度范围内各土层剪切波速倒数的厚度加权平均值的倒数

(D)等效剪切波速与计算深度范围内各土层的厚度及该土层所处的深度有关

35. 按《建筑抗震设计规范》(GB 50011—2010)(2016 年版)选择建筑物场地时，下列哪项表述是正确的？（　　）

(A)对抗震有利地段，可不采取抗震措施

(B)对抗震一般地段，可采取一般抗震措施

(C)对抗震不利地段，当无法避开时应采用有效措施

(D)对抗震危险地段，必须采取有效措施

36. 某建筑物坐落在性质截然不同的地基上，按照《建筑抗震设计规范》(GB 50011—2010)(2016 年版)的规定进行地基基础设计时，下列哪个选项是正确的？（　　）

(A)同一结构单元可以设置在性质截然不同的地基上，但应采取有效措施

(B)同一结构单元不宜部分采用天然地基，部分采用桩基

(C)差异沉降满足设计要求时，不分缝的主楼和裙楼可以设置在性质截然不同的地基上

(D)当同一结构单元必须采用不同类型的基础形式和埋深时，只控制好最终沉降量即可

37. 某建筑场地位于地震烈度 7 度区的冲洪积平原，设计基准期内年平均地下水位埋深 2m，地表以下由 4 层土层构成（见下表），问按照《建筑抗震设计规范》（GB 50011—2010）（2016 年版）进行液化初判，下列哪些选项是正确的？（　　）

题 37 表

图层编号	土　　名	层底埋深(m)	性质简述
①	粉土	5	Q_4 黏粒含量 8%
②	粉细砂	10	Q_3
③	粉土	15	黏粒含量 9%
④	粉土	50	黏粒含量 6%

(A)①层粉土不液化　　(B)②层粉细砂可能液化

(C)③层粉土不液化　　(D)④层粉土可能液化

38. 下列哪个选项可以用于直接检测桩身完整性？（　　）

(A)低应变动测法　　(B)钻芯法

(C)声波透射法　　(D)高应变法

39. 采用钻芯法检测建筑基桩质量，当芯样试件尺寸偏差为下列哪个选项时，试件不得用作抗压强度试验？（　　）

(A)试件端面与轴线的不垂直度不超过 2°

(B)试件端面的不平整度在 100mm 长度内不超过 0.1mm

(C)沿试件高度任一直径与平均直径相差不大于 2mm

(D)芯样试件平均直径小于 2 倍表观混凝土粗骨料最大粒径

40. 某钻孔灌注桩竖向抗压静载荷试验的 P-s 曲线如图所示，此曲线反映的情况最可能是下列哪种因素造成的？（　　）

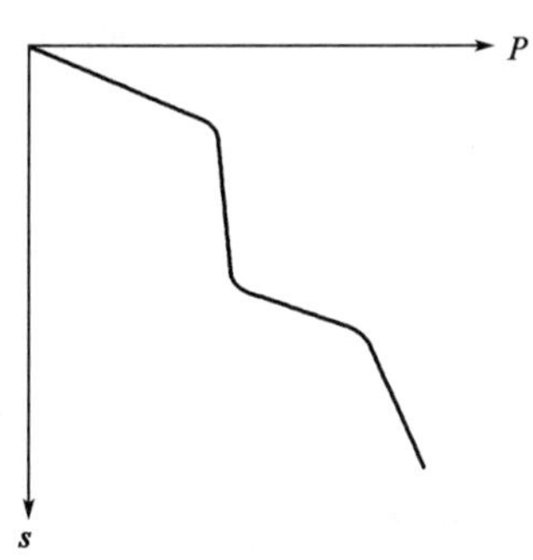

题 40 图

(A)桩侧负摩阻力　　(B)桩体扩径

(C)桩底沉渣过厚　　(D)桩身强度过低

二、多项选择题(共 30 题,每题 2 分。每题的备选项中有两个或三个符合题意,错选、少选、多选均不得分)

41. 在建筑工程详细勘察阶段,下列选项中的不同勘探孔的配置方案,哪些符合《岩土工程勘察规范》(GB 50021—2001)(2009 年版)的规定?　(　　)

(A)钻探取土孔 3 个、标贯孔 6 个,鉴别孔 3 个,共 12 个孔
(B)钻探取土孔 4 个、标贯孔 4 个,鉴别孔 4 个,共 12 个孔
(C)钻探取土孔 3 个、静探孔 9 个,共 12 个孔
(D)钻探取土孔 4 个、静探孔 2 个、鉴别孔 6 个,共 12 个孔

42. 下列关于土的液性指数 I_L 和塑性指数 I_P 的叙述,哪些是正确的?　(　　)

(A)两者均为土的可塑性指标
(B)两者均为土的固有属性,和土的现时状态无关
(C)塑性指数代表土的可塑性,液性指数反映土的软硬度
(D)液性指数和塑性指数成反比

43. 关于目力鉴别粉土和黏性土的描述,下列哪些选项是正确的?　(　　)

(A)粉土的摇振反应比黏性土迅速
(B)粉土的光泽反应比黏性土明显
(C)粉土干强度比黏性土高
(D)粉土的韧性比黏性土低

44. 关于孔壁应变法测试岩体应力的说法,下列哪些选项是正确的?　(　　)

(A)孔壁应变法测试适用于无水,完整或较完整的岩体
(B)测试孔直径小于开孔直径,测试段长度为 50cm
(C)应变计安装妥当后,测试系统的绝缘值不应大于 100MΩ
(D)当采用大循环加压时,压力分为 5～10 级,最大压力应超过预估的岩体最大主应力

45. 下列哪些选项可用于对土试样扰动程度的鉴定?　(　　)

(A)压缩试验　　(B)三轴固结不排水剪试验
(C)无侧限抗压强度试验　　(D)取样现场外观检查

46. 下列关于毛细水的说法哪些是正确的?　(　　)

(A)毛细水上升是由于表面张力导致的
(B)毛细水不能传递静水压力
(C)细粒土的毛细水的最大上升高度大于粗粒土

(D)毛细水是包气带中局部隔水层积聚的具有自由水面的重力水

47. 按照《工程结构可靠性设计统一标准》(GB 50153—2008)的要求,关于极限状态设计要求的表述,下列哪些选项是正确的? ( )

(A)对偶然设计状况,应进行承载能力极限状态设计
(B)对地震设计状况,不需要进行正常使用极限状态设计
(C)对短暂设计状况,应进行正常使用极限状态设计
(D)对持久设计状况,尚应进行正常使用极限状态设计

48. 下列哪些作用可称之为荷载? ( )

(A)结构自重 (B)预应力
(C)地震 (D)温度变化

49. 下列关于《建筑地基基础设计规范》(GB 50007—2011)有关公式采取的设计方法的论述中,哪些选项是正确的? ( )

选项	规范公式编号	规 范 公 式	设 计 方 法
(A)	公式 5.4.1	$M_R/M_S \geqslant 1.2$	安全系数法
(B)	公式 5.2.1-2	$P_{max} \leqslant 1.2f_a$	概率极限状态设计法
(C)	公式 8.5.4-1	$Q_k \leqslant R_a$	安全系数法
(D)	公式 8.5.9	$Q \leqslant A_p f_c \Psi_c$	概率极限状态设计法

50.《建筑地基处理技术规范》(JGJ 79—2012)中,砂土相对密实度 D_r,堆载预压固结度计算中第 i 级荷载加载速率 q_i,土的竖向固结系数 C_v,压缩模量当量值$\overline{E}$的计量单位,下列哪些选项是不正确的? ( )

(A)D_r(g/cm^3) (B)q_i(kN/d)
(C)C_v(cm^2/s) (D)$\overline{E}_s$(MPa^{-1})

51. 对建筑地基进行换填垫层法施工时,以下哪些选项的说法是正确的? ( )

(A)换填厚度不宜大于 3.0m
(B)垫层施工应分层铺填,分层碾压,碾压机械应根据不同填料进行选择
(C)分段碾压施工时,接缝处应选择桩基或墙角部位
(D)垫层土料的施工含水量不应超过最优含水量

52. 某滨海滩涂地区经围海造地形成的建筑场地,拟建多层厂房,场地地层自上而下为:①填土层,厚 2.0~5.0m;②淤泥层,流塑状,厚 4.0~12.0m;其下为冲洪积粉质黏土和砂层,进行该厂房地基处理方案比选时,下列哪些选项的方法是合适的? ( )

(A)搅拌桩复合地基　　(B)强夯置换法
(C)管桩复合地基　　(D)砂石桩法

53. 采用水泥土搅拌法加固地基时，下述哪些选项的地基土必须通过现场试验确定其适用性？（　　）

(A)正常固结的淤泥或淤泥质土
(B)有机质含量介于10%～25%的泥炭质土
(C)塑性指数 I_P=19.3的黏土
(D)地下水具有腐蚀性的场地土

54. 下面关于砂井法和砂桩法的表述，哪些是正确的？（　　）

(A)直径小于300mm的称为砂井，大于300mm的称为砂桩
(B)采砂井法加固地基需要预压，采用砂桩法加固地基不需要预压
(C)砂井法和砂桩法都具有排水作用
(D)砂井法和砂桩法加固地基的机理相同，所不同的是施工工艺

55. 根据《建筑地基处理技术规范》(JGJ 79—2012)，下列关于采用灰土挤密桩法处理软黏土地基的叙述中哪些是正确的？（　　）

(A)复合地基承载力特征值不宜大于处理前天然地基承载力特征值的2.0倍，且不宜大于250kPa
(B)灰土填料应选用消石灰与土的混合料，其消石灰与土的体积比宜为3∶7
(C)桩顶标高以上应设置300～600mm厚的褥垫层
(D)灰土挤密桩加固地基竣工验收检测宜在施工完毕15d后进行

56. 下列关于堆载预压法处理软弱黏土地基的叙述中，哪些选项是正确的？（　　）

(A)控制加载速率的主要目的是防止地基发生剪切破坏
(B)工程上一般根据每天最大竖向变形量和边桩水平位移量控制加载速率
(C)采用超载预压法处理后地基将不会发生固结变形
(D)采用超载预压法处理后将有效减小地基的次固结变形

57. 地下水位很高的地基，上部为填土，下部为砂、卵石土，再下部为弱透水层。拟开挖一15m深基坑。由于基坑周边有重要建筑物，不允许降低地下水位。下面哪些选项的支护方案是适用的？（　　）

(A)水泥土墙　　(B)地下连续墙
(C)土钉墙　　(D)排桩，在桩后设置截水帷幕

58. 下列关于土钉墙支护体系与锚杆支护体系受力特性的描述，哪些是正确的？（　　）

(A)土钉所受拉力沿其整个长度都是变化的,锚杆在自由段上受到的拉力沿长度是不变的

(B)土钉墙支护体系与锚杆支护体系的工作机理是相同的

(C)土钉墙支护体系是以土钉和它周围加固了的土体一起作为挡土结构,类似重力挡土墙

(D)将一部分土钉施加预应力就变成了锚杆,从而形成了复合土钉墙

59. 当进行地下洞室工程勘察时,对下列哪些选项的洞段要给予高度重视?(　　)

(A)隧洞进出口段　　(B)缓倾角围岩段

(C)隧洞上覆岩体最厚的洞段　　(D)围岩中存在节理裂隙洞段

60. 开挖深埋的隧道或洞室时,有时会遇到岩爆,除了地应力较高外,下列哪些选项中的因素容易引起岩爆?(　　)

(A)抗压强度低的岩石　　(B)富含水的岩石

(C)质地坚硬性脆的岩石　　(D)开挖断面不规则的部分

61. 在岩质公路隧道勘察设计中,从实测的围岩纵波波速和横波波速可以求得围岩的下列哪些指标?(　　)

(A)动弹性模量　　(B)动剪切模量

(C)动压缩模量　　(D)动泊松比

62. 基坑支护的水泥土墙基底为中密细砂,根据抗倾覆稳定条件确定其嵌固深度和墙体厚度时,下列哪些选项是需要考虑的因素?(　　)

(A)墙体重度　　(B)墙体水泥土强度

(C)地下水位　　(D)墙内外土的重度

63. 根据《中国地震动参数区划图》(GB 18306—2015),下列哪些选项的说法是符合规定的?(　　)

(A)《中国地震动参数区划图》以地震动参数为指标,将国土划分为不同抗震设防要求的区域

(B)《中国地震动参数区划图》的场地条件为平坦稳定的一般场地

(C)《中国地震动参数区划图》的比例尺为1∶300万,必要时可以放大使用

(D)位于地震动参数划分界线附近的建设工程的抗震设防要求需做专门研究

64. 在下列有关抗震设防的说法中,哪些选项是符合规定的?(　　)

(A)抗震设防烈度是一个地区的设防依据,不能随意提高或降低

(B)抗震设防标准是一种衡量对建筑抗震能力要求高低的综合尺度

(C)抗震设防标准主要取决于建筑抗震设防类别的不同

(D)《建筑抗震设计规范》(GB 50011—2010)(2016年版)规定的设防标准是最低的要求,具体工程设防标准可按业主要求提高

65.当符合下列哪些选项的情况时,可忽略发震断裂错动对地面建筑的影响?( )

(A)10万年以来未曾活动过的断裂

(B)抗震设防裂度小于8度

(C)抗震设防裂度9度,隐伏断裂的土层覆盖厚度大于60m

(D)丙、丁类建筑

66.地震烈度7度区,地面下无液化土层,采用低承台桩基,承台周围无软土($f_{ak}>$ 120kPa),按《建筑抗震设计规范》(GB 50011—2010)(2016年版)的规定,下列哪些情况可以不进行桩基抗震承载力验算?( )

(A)一般单层的厂房

(B)28层框剪结构办公楼

(C)7层(高度21m)框架办公楼

(D)33层核心筒框架结构高层住宅

67.地震烈度7度区,某建筑场地存在液化粉土,分布较平坦且均匀。按照《建筑抗震设计规范》(GB 50011—2010)(2016年版)的规定,下列哪些情况可以采用不消除液化沉陷的地基抗液化措施?( )

(A)地基液化等级严重,建筑设防类别为丙类

(B)地基液化等级中等,建筑设防类别为丙类

(C)地基液化等级中等,建筑设防类别为乙类

(D)地基液化等级严重,建筑设防类别为丁类

68.浅埋天然地基的建筑,对于饱和砂土和饱和粉土地基的液化可能性考虑,下列哪些说法是正确的?( )

(A)上覆非液化土层厚度越大,液化可能性就越小

(B)基础埋置深度越小,液化可能性就越大

(C)地下水位埋深越浅,液化可能性就越大

(D)同样的标贯击数实测值,粉土的液化可能性比砂土大

69.关于低应变法测桩的说法哪些正确?( )

(A)检测实心桩时,激振点应选择在离桩中心2/3半径处

(B)检测空心桩时,激振点和传感器宜在同一水平面上,且与桩中心连线的夹角宜为90°

(C)传感器的安装应与桩顶面垂直

(D)瞬压激振法检测时,应采用重锤狠击的方式获取桩身上部缺陷反射信号

70. 在对某场地素土挤密桩身检测时,发现大部分压实系数都未达到设计要求,下列哪些选项可造成此种情况? ( )

(A)土料含水量偏大
(B)击实试验的最大干密度偏小
(C)夯实遍数偏少
(D)土料含水量偏小

2011年专业知识试题答案(上午卷)

1.［答案］B

［依据］《岩土工程勘察规范》(GB 50021—2001)(2009年版)第9.2.4条第4款。

2.［答案］C

［依据］《岩土工程勘察规范》(GB 50021—2001)(2009年版)第2.1.8条,应采用金刚石钻头。

3.［答案］B

［依据］方解石遇冷盐酸就剧烈起泡。

4.［答案］B

［依据］《岩土工程勘察规范》(GB 50021—2001)(2009年版)第6.1.2条、第6.1.5条及表6.1.4。

5.［答案］D

［依据］《岩土工程勘察规范》(GB 50021—2001)(2009年版)第4.6.14条。

6.［答案］C

［依据］《岩土工程勘察规范》(GB 50021—2001)(2009年版)第12.2.2条的表12.2.2。

7.［答案］D

［依据］《岩土工程勘察规范》(GB 50021—2001)(2009年版)第9.4.2条条文说明。

8.［答案］B

［依据］《岩土工程勘察规范》(GB 50021—2001)(2009年版)第10.7.2条。

9.［答案］B

［依据］《岩土工程勘察规范》(GB 50021—2001)(2009年版)第3.3.6条。薄层与厚层的厚度比为$\frac{20}{30}\sim\frac{30}{40}=0.67\sim0.75$。

10.［答案］C

［依据］地垒和地堑是正断层的一种组合形式,地堑两边上升,中间下降,地垒相反,A选项正确;在逆断层中,断层面倾角>45°的叫冲断层,B选项正确;地层缺失可以是剥蚀或者断层引起的,C选项错误;《水利水电工程地质勘察规范》(GB 50487—2008)第2.1.1条规定活断层为晚更新世(距今10万年)以来有活动的断层,而一般工业与民用建筑的寿命仅一二百年,故将活断层定义为全新世(距今1万~1.1万年)以来活动过的断层,D选项正确。

11.［答案］D

［依据］根据土力学渗流部分的知识，水的流向是垂直于等位线的且由高处流向低处，由本题图可知，河流和潜水的补给关系是右侧潜水补给河流，河流补给左侧潜水。

12.［答案］A

［依据］《水运工程岩土勘察规范》(JTS 133—2013)第4.2.14条，也可以根据土力学知识直接判定。

13.［答案］C

［依据］《铁路工程地质勘察规范》(TB 10012—2007)附录B的表B.0.1第一栏"电法勘探—适用条件第(5)：交流电磁法适用于接地困难，存在高屏蔽的地区、地段。"

14.［答案］C

［依据］《建筑桩基技术规范》(JGJ 94—2008)第3.1.7条第2～4款。

15.［答案］C

［依据］《建筑地基基础设计规范》(GB 50007—2011)第3.0.5条第2款。

16.［答案］B

［依据］桩承载能力的极限值与材料强度的标准值相对应，因此材料强度的一般采用标准值。

17.［答案］B

［依据］《建筑地基处理技术规范》(JGJ 79—2012)第8.2.3条。

18.［答案］C

［依据］锚杆静压桩治理既有多层建筑的沉降效果最佳。

19.［答案］D

［依据］《建筑地基处理技术规范》(JGJ 79—2012)第6.3.5条。

20.［答案］C

［依据］《土力学》(四校合编，第3版，中国建筑工业出版社)例6-5。

21.［答案］D

［依据］减少工后沉降最有效最合理的办法就是增加桩长。

22.［答案］A

［依据］对于刚性基础下的刚性复合基础，主要荷载由桩承担，随着荷载增大的变化时，桩土应力比也增大。

23.［答案］D

［依据］《建筑地基处理技术规范》(JGJ 79—2012)第8.4.1条条文说明。

24.[答案] D

[依据]《建筑地基处理技术规范》(JGJ 79—2012)第 4.2.1 条及条文说明。

25.[答案] B

[依据] 当开挖到全段接近设计坑底高程时,在所开沟槽外凸的一侧,土压力作用下将产生纵向拉力,由于地下连续墙分段开槽浇注后加内支撑支护,没有设置连续腰梁,因此在纵向拉力作用下,墙线沿水平面上的曲率中心向外移动,引起拉应力增长,南墙接点和北墙接点依次开裂破坏。

26.[答案] D

[依据] 新奥法的要点:

(1)围岩体和支护视作统一的承载结构体系,岩体是主要的承载单元。

(2)允许隧道开挖后围岩产生局部有限的应力松弛,也允许作为承载环的支护结构有限制的变形。

(3)通过试验、监控量测决定围岩体和支护结构的承载—变形—时间特性。

(4)按"预计的"围岩局部应力松弛选择开挖方法和支护结构。

(5)在施工中,通过对支护的量测、监视、信息反馈,修改设计,决定支护措施或二次衬砌。

27.[答案] D

[依据] 由于存在高承压水头,因此选项 D 是抢险最有效的方法。

28.[答案] C

[依据] 防渗设置原则为:上挡下排。

29.[答案] B

[依据] 由于地下水位较深,灌水稳定下渗时,会产生向下的渗流力。增加土体向下的应力。

30.[答案] A

[依据] 弹性等值梁法的零点(铰接点)取的是主被动土压力强度相等的位置。

31.[答案] C

[依据]《建筑边坡工程技术规范》(GB 50330—2013)第 8.4.1 条、第 8.4.3 条和第 8.4.7 条。

32.[答案] D

[依据]《建筑抗震设计规范》(GB 50011—2010)(2016 年版)第 1.0.1 条条文说明。

33.[答案] C

[依据]《建筑抗震设计规范》(GB 50011—2010)(2016 年版)第 1.0.1 条条文说明和第 1.0.4 条条文说明。

34.［答案］D

［依据］《建筑抗震设计规范》(GB 50011—2010)(2016 年版)第 4.1.5 条。

35.［答案］C

［依据］《建筑抗震设计规范》(GB 50011—2010)(2016 年版)第 3.3.1 条和 3.3.2 条及条文说明。

36.［答案］B

［依据］《建筑抗震设计规范》(GB 50011—2010)(2016 年版)第 3.3.4 条。

37.［答案］C

［依据］《建筑抗震设计规范》(GB 50011—2010)(2016 年版)第 4.3.3 条。

38.［答案］B

［依据］《建筑基桩检测技术规范》(JGJ 106—2014)第 3.1.1 条表 3.1.1，其他方法如低应变法、高应变法、声波透射法也可检测桩身完整性，但这些都是间接法，钻芯法进行直接验证。

39.［答案］D

［依据］《建筑基桩检测技术规范》(JGJ 106—2014)附录 E.0.5 条。

40.［答案］C

［依据］*P-S* 曲线在线性变化后出现一个陡降段后又出现荷载增加位移增加段，那个陡降段就是桩底沉渣无法承受对应荷载产生过大变形所产生的，说明桩底沉渣过厚。

41.［答案］BD

［依据］《岩土工程勘察规范》(GB 50021—2001)(2009 年版)第 4.1.20 条第 1 款规定，采取土试样和进行原位测试的勘探孔的数量，应不少于勘探孔总数的 1/2(也即采样孔数量加原位测试孔数量之和应不少于勘探孔总数的 1/2)，钻探取土试样孔的数量不应少于勘探孔总数的 1/3。

42.［答案］AC

［依据］《土力学》(四校合编，第 3 版，中国建筑工业出版社)中塑性指数和液性指数的定义可以判断。其中 B 选项中液性指数和土现在的含水量有关。

43.［答案］AD

［依据］《岩土工程勘察规范》(GB 50021—2001)(2009 年版)第 3.3.7 条和表3.3.7。

44.［答案］ABD

［依据］《岩土工程勘察规范》(GB 50021—2001)(2009 年版)第 10.11.1 条、第 10.11.4 条;《工程地质手册》(第五版)第 321 页。

45.【答案】ACD

【依据】《岩土工程勘察规范》(GB 50021—2001)(2009 年版)第 9.4.1 条条文说明，鉴别方法有现场外观检查、测定回收率、X 射线检验、室内试验评价。室内试验评价依靠扰动前后土的力学参数变化反映扰动性。根据《取样扰动对土的工程性质指标影响的试验研究》(高大钊)，试验方法主要有：①在三轴压缩仪上进行不固结不排水试验，测定不固结不排水强度和不排水模量；②在高压固结仪上进行高压固结试验，测定先期固结压力和压缩性指标；③在侧压力系数仪上测定侧压力系数；《工程地质手册》(第五版)第 171 页，无侧限抗压强度试验测定灵敏度，反映土的性质受结构扰动影响。综上所述，选项 A、C、D 正确。

46.【答案】AC

【依据】《工程地质手册》(第五版)第 1209 页：当毛细管力(即表面张力)大于水的重力时，毛细水就上升。因此，地下水位以上普遍形成一层毛细管水带。毛细管水能垂直上下运动，能传递静水压力。由于细粒土比表面积大于粗粒土，表面张力大于粗粒土，因此细粒土的毛细水最大上升高度大于粗粒土。

47.【答案】AD

【依据】《工程结构可靠性设计统一标准》(GB 50153—2008)第 4.3.1 条和第 4.3.2条。

48.【答案】AB

【依据】《建筑结构荷载规范》(GB 50009—2012)第 3.1.1 条。

49.【答案】AD

【依据】《建筑地基基础设计规范》(GB 50007—2011)第 5.2.1 条、第 5.4.1 条、第 8.5.5条、第 8.5.11 条及其条文说明。

50.【答案】ABD

【依据】相对密实度 D_r 为无量纲，加载速率 q_i 的单位为 kPa/d，固结系数 C_v 的单位为 cm^2/s，压缩模量当量值$\overline{E}_s$ 的单位为 MPa。

51.【答案】AB

【依据】《建筑地基处理技术规范》(JGJ 79—2012)第 4.1.4 条、第 4.3.1 条、第 4.3.2条、第 4.3.3 条和第 4.3.8 条。

52.【答案】AC

【依据】《建筑地基处理技术规范》(JGJ 79—2012)第 6.3.1 条、第 7.2.1 条、第 7.3.1条和第 9.3.1 条。

53.【答案】BD

【依据】《建筑地基处理技术规范》(JGJ 79—2012)第 7.3.2 条及条文说明。

54.【答案】BC

［依据］砂井和砂桩是按加固作用分类的，砂井主要是排水作用，砂桩主要是置换作用。

55.［答案］ABC

［依据］《建筑地基处理技术规范》(JGJ 79—2012)第7.5.2条。

56.［答案］ABD

［依据］《建筑地基处理技术规范》(JGJ 79—2012)第5.3.9条条文说明、第5.2.12条条文说明。

只有选项C是错的。因为固结沉降是个随着时间空隙水压力不断排出、有效应力不断增加的过程，采用超载预压法处理地基后只是在有限时间内完成部分的固结变形，不可能完成全部的固结变形，因此采用超载预压法处理后随着时间地基后续固结沉降还将继续进行。

57.［答案］BD

［依据］因为基坑旁边有重要建筑，据《建筑基坑支护技术规程》(JGJ 120—2012)表3.1.3，属于一级；根据表3.3.2，选项A、C不适用于一级。

58.［答案］AC

［依据］《基坑工程手册》(第二版)第277页。选项B、D混淆了锚杆和土钉的基本原理。选项A、C分别描述了锚杆支护体系和土钉墙支护体系的特性。

59.［答案］AB

［依据］根据边坡稳定的基本原理，隧洞进出口段地质条件，岩层破碎、松散、风化严重，开挖时破坏原有山体平衡，易发生坍塌、滑坡等地质灾害。而换倾角开挖时稳定性差。

60.［答案］CD

［依据］岩爆常形成于高地应力区、完整程度较好的硬脆性岩、洞室的埋深较大、岩体较干燥、易于应力集中的不规则断面。

61.［答案］ABD

［依据］《岩土工程勘察规范》(GB 50021—2001)(2009年版)第10.10.5条条文说明。

62.［答案］ACD

［依据］《建筑基坑支护技术规程》(JGJ 120—2012)第6.1.2条。

63.［答案］ABD

［依据］《中国地震动参数区划图》(GB 18306—2015)第3.3条，选项A正确；第4.1条，选项B正确；附录A，区划图比例尺为1∶400万，不应放大使用，选项C错误；第6.1.2条，选项D正确。

64.【答案】ABD

【依据】《建筑抗震设计规范》(GB 50011—2010)(2016 年版)第 1.0.1 条和条文说明 2。

65.【答案】AB

【依据】《建筑抗震设计规范》(GB 50011—2010)(2016 年版)第 4.1.7 条。

66.【答案】AC

【依据】《建筑抗震设计规范》(GB 50011—2010)(2016 年版)第 4.4.1 条。

67.【答案】BD

【依据】《建筑基桩检测技术规范》(JGJ 106—2014)第 4.3.6 条。

68.【答案】AC

【依据】《建筑抗震设计规范》(GB 50011—2010)(2016 年版)第 4.3.3 条。

69.【答案】BC

【依据】《建筑基桩检测技术规范》(JGJ 106—2014)第 8.3.4 条第 1 款,选项 A 错误,选项 B 正确;第 8.3.3 条第 1 款,选项 C 正确;第 4 款,选项 D 错误。

70.【答案】ACD

【依据】土的压实与含水量及压实功有关,当土的含水量为最优含水量时才能达到最佳压实效果,同时土的压实效果与压实能成正比。

2011 年专业知识试题(下午卷)

一、单项选择题(共 40 题,每题 1 分。每题的备选项中只有一个最符合题意)

1. 下列关于文克尔(winkler)地基模型的叙述正确的选项是? (　　)

(A)基底某点的沉降与作用在基底的平均压力成正比

(B)刚性基础的基底反力图按曲线规律变化

(C)柔性基础的基底反力图按直线规律变化

(D)地基的沉降只发生在基底范围内

2. 关于浅基础临塑荷载 P_{cr} 的论述,下列哪一个选项是错误的? (　　)

(A)临塑荷载公式是在均布条形荷载情况下导出的

(B)推导临塑荷载公式时,认为地基土中某点处于极限平衡状态时,由自重引起的各向土应力相等

(C)临塑荷载是基础下即将出现塑性区时的荷载

(D)临塑荷载公式用于矩形和圆形基础时,其结果偏于不安全

3. 一多层建筑:两侧均有纯地下车库,筏板基础与主楼相连,基础埋深 8m,车库上覆土厚度 3m,地下水位为地面下 2m,基坑施工期间采取降水措施,主体结构施工完成,地下车库上部土方未回填时,施工单位擅自停止抽水,造成纯地下车库部分墙体开裂,图中哪种开裂方式与上述情况相符? (　　)

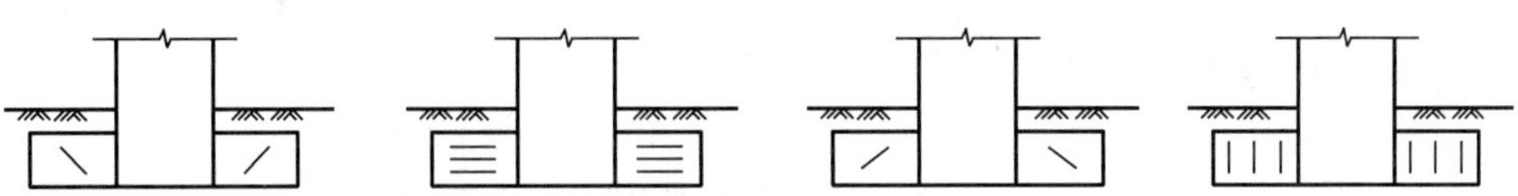

(A)　(B)　(C)　(D)

4. 下列关于土的变形模量与压缩模量的试验条件的描述,下列哪个选项是正确的? (　　)

(A)变形模量是在侧向有限膨胀条件下试验得出的

(B)压缩模量是在单向应力条件下试验得出的

(C)变形模量是在单向应变条件下试验得出的

(D)压缩模量是在侧向变形等于零的条件下试验得出的

5. 按《建筑地基基础设计规范》(GB 50007—2011)计算均布荷载条件下地基中应力分布时,下列哪个选项是正确的? (　　)

(A)基础底面角点处的附加应力等于零

(B)反映相邻荷载影响的附加应力分布随深度而逐渐减小

(C)角点法不适用基础范围以外任意位置点的应力计算

(D)无相邻荷载时基础中心点下的附加应力在基础底面处为最大

6. 矩形基础短边为 B，长边为 L，长边方向轴线上作用有竖向偏心荷载，计算基底压力分布时，关于基础底面抵抗矩的表达式，下列哪一个选项是正确的？ (　)

(A) $BL^2/6$　　(B) $BL^3/12$　　(C) $LB^2/6$　　(D) $LB^3/12$

7. 根据《建筑桩基技术规范》(JGJ 94—2008)，当桩顶以下 $5d$ 范围内箍筋，间距不大于 100mm 时，桩身受压承载力设计值可考虑纵向主筋的作用，其主要原因是下列哪一个选项？ (　)

(A)箍筋起水平抗剪作用

(B)箍筋对混凝土起侧向约束增加作用

(C)箍筋的抗压作用

(D)箍筋对主筋的侧向约束作用

8. 桩周土层相同，下列选项中哪种桩端土层情况下，填土引起的负摩阻力最大？ (　)

(A)中风化砂岩　　(B)密实砂层

(C)低压缩性黏土　　(D)高压缩性粉土

9. 关于特殊土中的桩基设计与施工，下列哪个说法是不正确的？ (　)

(A)岩溶地区岩层埋深较浅时，宜采用钻、冲孔桩

(B)膨胀土地基中桩基，宜采用挤土桩消除土的膨胀性

(C)湿陷性黄土中的桩基，应考虑单桩极限承载力折减

(D)填方场地中的桩基，宜待填土地基沉降基本稳定后成桩

10. 根据《建筑桩基技术规范》(JGJ 94—2008)，对于设计等级为乙级建筑的桩基，当地质条件复杂时，关于确定基桩抗拔极限承载力方法的正确选项是哪一项？ (　)

(A)静力触探法　　(B)经验参数法

(C)现场试桩法　　(D)同类工程类比法

11. 桩身露出地面或桩侧为液化土的桩基，当桩径、桩长、桩侧土层条件相同时，以下哪一种情况最易压屈失稳？ (　)

(A)桩顶自由、桩端埋于土层中　　(B)桩顶铰接，桩端埋于土层中

(C)桩顶固接，桩端嵌岩　　(D)桩顶自由，桩端嵌岩

12. 下列哪个选项的措施对提高桩基抗震性能无效？（　　）

(A)对受地震作用的桩，桩身配筋长度穿过可液化土层
(B)承台和地下室侧墙周围回填料应松散，地震时可消能
(C)桩身通长配筋
(D)加大桩径，提高桩的水平承载力

13. 下列关于静压沉桩的施工要求中哪个选项是正确的？（　　）

(A)对于场地地层中局部含沙、碎石、卵石时，宜最后在该区域进行压桩
(B)当持力层埋深或桩的入土深度差别较大时，宜先施压短桩，后施压长桩
(C)最大压桩力不宜小于设计的单桩竖向极限承载力的标准值
(D)当需要送桩时，可采用工程桩用作送桩器

14. 柱下多桩承台，为保证柱对承台不发生冲切和剪切破坏、采取下列哪一项措施最有效？（　　）

(A)增加承台厚度　(B)增大承台配筋率
(C)增加桩数　(D)增大承台平面的尺寸

15. 新建高铁填方路基设计时，控制性的路基变形是下列哪一选项？（　　）

(A)差异沉降量　(B)最终沉降量
(C)工后沉降量　(D)侧向位移量

16. 对于坡角45°的岩坡，下列哪个选项的岩体结构面最不利于边坡抗滑的稳定？（　　）

(A)结构面竖直
(B)结构面水平
(C)结构面倾角33°，倾向与边坡坡向相同
(D)结构面倾角33°，倾向与边坡坡向相反

17. 垃圾卫生填埋场底部的排水防渗层的主要结构自上而下排列顺序，下列哪项正确？（　　）

(A)砂石排水导流层——黏土防渗层——土工膜
(B)砂石排水导流层——土工膜——黏土防渗层
(C)土工膜——砂石排水导流层——黏土防渗层
(D)黏土防渗层——土工膜——砂石排水导流层

18. 在同样的设计条件下，作用在哪种基坑支挡结构上的侧向土压力最大？（　　）

(A)土钉墙

(B)悬臂式板桩

(C)水泥土挡墙

(D)逆作法施工的刚性地下室外墙

19. 拟建的地铁线路从下方穿越正在运行的另一条地铁，上下两条地铁间垂直净距 2.8m，为粉土地层，无地下水影响，问下列哪一项施工方法是适用的？（ ）

(A)暗挖法　(B)冻结法　(C)明挖法　(D)逆作法

20. 有一坡度为 1∶1.5 的砂土坡，砂土的内摩擦角 $\varphi=35^\circ$，黏聚力 $c=0$，当采用直线滑动面法进行稳定分析时，下面哪一个滑动面所对应的安全系数最小？（α 为滑动面与水平地面间夹角）（ ）

(A)$\alpha=29^\circ$　(B)$\alpha=31^\circ$

(C)$\alpha=33^\circ$　(D)$\alpha=35^\circ$

21. 下列选项中哪种土工合成材料不适合用于增强土体的加筋？（ ）

(A)塑料土工格栅　(B)塑料排水带(板)

(C)土工带　(D)土工布

22. 对海港防洪堤进行稳定性计算时，下列哪个选项中的水位高度所对应的安全系数最小？（ ）

(A)最高潮位　(B)最低潮位

(C)平均高潮位　(D)平均低潮位

23. 在铁路选线遇到滑坡时，下列哪一项是错误的？（ ）

(A)对于性质复杂的大型滑坡，线路应尽量绕避

(B)对于性质简单的中型滑坡，线路可不绕避

(C)线路必须通过滑坡时，宜从滑坡体中部通过

(D)线路通过稳定滑坡下缘时，宜采用路堤形式

24. 当表面相对不透水的边坡被水淹没时，如边坡滑动面(软弱结构面)的倾角 θ 小于坡角 α 时，则静水压力对边坡稳定的影响符合下列哪一选项？（ ）

(A)有利　(B)不利　(C)无影响　(D)不能确定

25. 填土位于土质斜坡上(见图)已知填土的内摩擦角 φ 为 27°，斜坡土层的内摩擦角 $\varphi=20^\circ$，问验算填土在暴雨工况下沿斜坡面滑动稳定性时，滑面的摩擦角 φ 宜采用哪一选项？（ ）

(A)填土的 φ

(B)斜坡土层的 φ

(C)填土的 φ 与斜坡土层的 φ 二者的平均值

(D)斜坡土层的 φ 经适当折减后的值

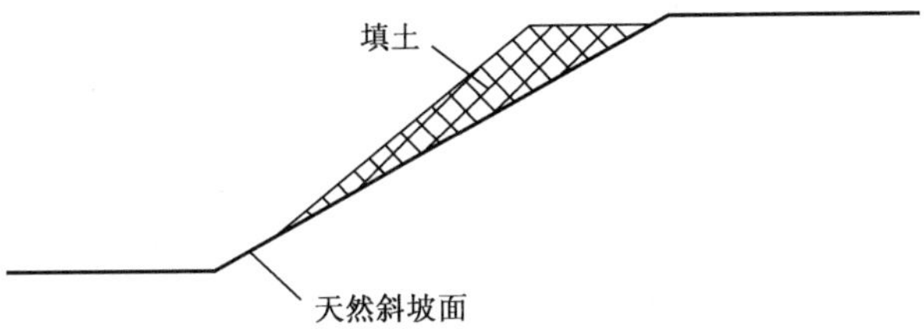

题 25 图

26. 水库堆积土库岸在库水位消落时地下水平均水力梯度为 0.32，岸坡稳定性分析时，单位体积土体沿渗流方向所受的渗透力的估计值最接近哪一选项？（　　）

(A)$0.32kN/m^3$　　(B)$0.96kN/m^3$

(C)$2.10kN/m^3$　　(D)$3.20kN/m^3$

27. 一个地区的岩溶性形态规模较大，水平溶洞和暗河发育，这类岩溶最可能是在下列哪一种地壳运动中形成的？（　　）

(A)地壳上升　　(B)地壳下降

(C)地壳间歇性下降　　(D)地壳相对稳定

28. 地下水强烈的活动于岩土交界处的岩溶地区，在地下水作用下很容易形成下列哪一项岩溶形态？（　　）

(A)溶洞　　(B)土洞

(C)溶沟　　(D)溶槽

29. 按《岩土工程勘察规范》(GB 50021—2001)(2009 年版)相关规定，对于高频率泥石流沟谷，泥石流的固体物质一次冲出量为 $3\times10^4m^3$ 时，属于下列哪类型泥石流？（　　）

(A) I_1类　　(B) I_2类　　(C) II_1类　　(D) II_3类

30. 常年抽吸地下水造成的大面积地面沉降，主要是由于下列哪一选项的原因造成的？（　　）

(A)水土流失

(B)欠压密土的自重固结

(C)长期渗透力对地层施加的附加荷载

(D)地下水位下降，使土层有效自重应力增大所产生的附加荷载使土层固结

31. 当水库存在下列哪种条件时，可判断水库存在岩溶渗漏？（　　）

(A)水库周边有可靠的非岩溶化的地层封闭
(B)水库邻谷的常年地表水或地下水位高于水库正常设计蓄水位
(C)河间地块地下水分水岭水位低于水库正常蓄水位,库内外有岩溶水力联系
(D)经连通试验证实,水库没有向邻谷或下游河湾排泄

32.根据《岩土工程勘察规范》(GB 50021—2001)(2009年版)废渣材料加高坝的勘察可按堆积规模垂直坝轴线布设勘探线,其勘探线至少不少于下列哪一选项? ( )

(A)6条 (B)5条 (C)3条 (D)2条

33.各级湿陷性黄土地基上的丁类建筑,其地基可不处理,但应采取相应措施,下列哪一选项要求是正确的? ( )

(A)Ⅰ类湿陷性黄土地基上,应采取基本防水措施
(B)Ⅱ类湿陷性黄土地基上,应采取结构措施
(C)Ⅲ类湿陷性黄土地基上,应采取检漏防水措施
(D)Ⅳ类湿陷性黄土地基上,应采取结构措施和基本防水措施

34.根据《膨胀土地区建筑技术规范》(GB 50112—2013)在膨胀土地区设计挡土墙,下列哪一选项不符合规范规定? ( )

(A)墙背应设置碎石或砂砾石滤水层
(B)墙背填土宜选用非膨胀土及透水性较强的填料
(C)挡土墙的高度不宜大于6m
(D)在满足一定条件情况下,设计可不考虑土的水平膨胀力

35.根据《勘察设计注册工程师管理规定》(建筑部令137号),下列哪一选项不属于注册工程师的义务? ( )

(A)保证执业活动成果的质量,并承担相应责任
(B)接受继续教育,提高执业水准
(C)对侵犯本人权利的行为进行申诉
(D)保守在执业中知悉的他人技术秘密

36.根据《中华人民共和国民法典》,下列哪一项是错误的? ( )

(A)发包人未按照约定的时间和要求提供原材料、设备场地、资金、技术资料的,承包人可以顺延工期,并有权要求赔偿停工、窝工等损失
(B)发包人未按照约定支付价款的,承包人可将该工程折价或拍卖,折价或拍卖款优先受偿工程款
(C)发包人可以分别与勘察人和设计人订立勘察合同和设计合同,经发包人同意,勘察人和设计人可以将自己承包的部分工作交由第三人完成

(D)因施工人的原因致使建设工程质量不符合约定的，发包人有权要求施工人在合理期限内无偿修理或返工改建

37. 根据《中华人民共和国招标投标法》，对于违反本法规定，相关责任人应承担的法律责任，下列哪个选项是错误的？（ ）

(A)招标人向他人透露已获取招标文件的潜在投标人的名称及数量的，给予警告，可以并处一万元以上十万元以下的罚款

(B)投标人以向招标人或评标委员会成员行贿的手段谋取中标的，中标无效，处中标项目金额千分之五以上千分之十以下罚款

(C)投标人以他人名义投标骗取中标的，中标无效，给招标人造成损失的，依法承担赔偿责任，构成犯罪的，依法追究刑事责任

(D)中标人将中标项目肢解后，分别转让给他人的，转让无效，处转让项目金额百分之一以上百分之三以下罚款

38. 下列哪个选项属于建筑安装工程费用项目的全部构成？（ ）

(A)直接费、间接费、措施费、设备购置费

(B)直接费、间接费、措施费、利润

(C)直接费、间接费、利润、税款

(D)直接费、间接费、措施费、工程建设其他费用

39. 按《工程勘察收费标准》(2002 年修订本)计算勘察费时，当附加调整系数为两个以上时，应按以下哪项确定总附加调查系数？（ ）

(A)附加调整系数连乘

(B)附加调整系数连加

(C)附加调整系数相加，减去附加调整系数的个数，加上定值 1

(D)附加调整系数相加，减去附加调整系数的个数

40. 由两个以上勘察单位组成的联合体投标，应按下列哪项确定资质等级？（ ）

(A)按照资质等级最高的勘察单位

(B)按照资质等级最低的勘察单位

(C)根据各自承担的项目等级

(D)按照招标文件的要求

二、多项选择题(共 30 题，每题 2 分。每题的备选项中有两个或三个符合题意，错选、少选、多选均不得分)

41. 为减少建筑物沉降和不均匀沉降，通常可采用下列哪些措施？（ ）

(A)选用轻型结构以减轻墙体自重

(B)尽可能不设置地下室

(C)采用架空地板代替室内填土

(D)对不均匀沉降要求严格的建筑物,扩大基础面积以减小基底压力

42. 建筑物的沉降缝宜设置在下列哪些部位? ( )

(A)框筒结构的核心筒和外框柱之间

(B)建筑平面的转折部位

(C)建筑高度差异或荷载差异的部位

(D)地基土的压缩性有显著差异的部位

43. 关于《建筑地基基础设计规范》(GB 50007—2011)中,软弱下卧层强度验算的论述,下列哪些说法是正确的? ( )

(A)持力层的压缩模量越大,软弱下卧层顶面的附加应力越小

(B)持力层的厚度与基础宽度之比越大,软弱下卧层顶面的附加应力越小

(C)基础底面的附加应力越大,软弱下卧层顶面的附加应力越大

(D)软弱下卧层的强度越大,软弱下卧层顶面的附加应力越小

44. 计算基坑地基土的回弹再压缩变形值时,下列哪些选项的表述是正确的? ( )

(A)采用压缩模量计算

(B)采用回弹再压缩模量计算

(C)采用基坑底面以上土的自重压力(地下水位以下扣除水的浮力)计算

(D)采用基底附加压力计算

45. 下图表示矩形基础,长边方向轴线上作用有竖向偏心荷载 F,假设基础底面接触压力分布为线性,问关于基底压力分布的规律,下列哪些选项是合理的? ( )

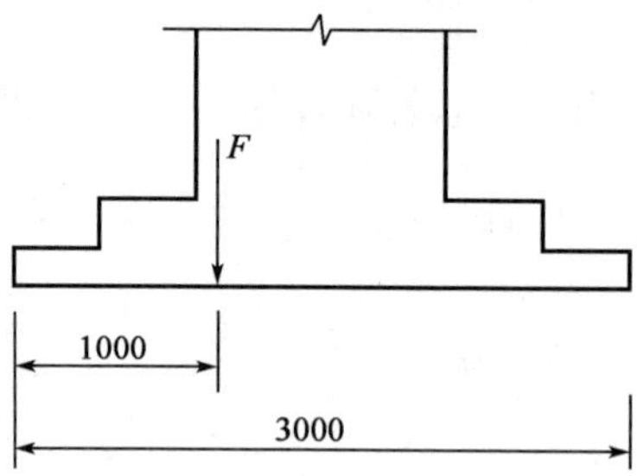

题 45 图

(A)基底压力分布为三角形

(B)基础边缘最小压力值 p_{min} 的大小与荷载 F 的大小无关

(C)基础边缘最大压力值 p_{max} 的大小与荷载 F 的大小有关

(D)基底压力分布为梯形

46. 下列哪些泥浆指标是影响泥浆护壁成孔灌注桩混凝土灌注质量的主要因素？（　　）

(A)相对密度　(B)含砂率　(C)黏度　(D)pH 值

47. 为提高桩基水平承载力，下列哪些选项的措施是有效的？（　　）

(A)约束桩顶的自由度
(B)将方桩改变成矩形桩，短轴平行于受力方向
(C)增大桩径
(D)加固上部桩间土体

48. 根据《建筑桩基技术规范》(JGJ 94—2008)，计算高承台桩基偏心受压混凝土桩正截面受压承载力时，下列哪些情况下应考虑桩身在弯矩作用平面内的挠曲对轴向力偏心距的影响？（　　）

(A)桩身穿越可液化土
(B)桩身穿越湿陷性土
(C)桩身穿越膨胀性土
(D)桩身穿越不排水抗剪强度小于 10kPa 的软土

49. 根据《建筑地基基础设计规范》(GB 50007—2011)，关于桩基水平承载力的叙述，下列哪些选项是正确的？（　　）

(A)当作用于桩基的外力主要为水平力时，应对桩基的水平承载力进行验算
(B)当外力作用面的桩距较小时，桩基的水平承载力可视为各单桩的水平承载力之和
(C)承台侧面所有土层的抗力均应计入桩基的水平承载力
(D)当水平推力较大时，可设置斜桩提高桩基水平承载力

50. 对于深厚软土地区，超高层建筑桩基础宜采用以下哪几种桩型？（　　）

(A)钻孔灌注桩　(B)钢管桩
(C)人工挖孔桩　(D)沉管灌注桩

51. 下列哪些选项属于桩基承载力极限状态的计算内容？（　　）

(A)桩身裂缝宽度验算　(B)承台的抗冲切验算
(C)承台的抗剪切验算　(D)桩身强度计算

52. 下列哪些选项的措施能有效地提高桩的水平承载力？（　　）

(A)加固桩顶以下 2～3 倍桩径范围内的土体
(B)加大桩径

(C)桩顶从固接变为铰接

(D)增大桩身配筋长度

53. 在软弱地基上修建的土质路堤，采用下列哪些选项的工程措施可加强软土地基的稳定性？（　　）

(A)在路堤坡脚增设反压护道

(B)加大路堤坡角

(C)增加填筑体的密实度

(D)对软弱地基进行加固处理

54. 土筑堤坝在最高洪水位下，由于堤身浸润线抬高，背水坡面有水浸出，形成"散浸"。下列哪些选项的工程措施对治理"散浸"是有效的？（　　）

(A)在堤坝的迎水坡面上铺设隔水土工膜

(B)在堤坝的背水坡面上铺设隔水土工膜

(C)在下游堤身底部设置排水设施

(D)在上游堤身前抛掷堆石

55. 有一土钉墙支护的基坑，坑壁土层自上而下为：人工填土—黏质粉土—粉细砂，基坑底部为砂砾石层。在基坑挖到坑底时，由于降雨等原因，墙后地面发生裂缝，墙面开裂，坑壁有坍塌危险。下列哪些抢险措施是合适的？（　　）

(A)在坑底墙前堆土

(B)在墙后坑外地面挖土卸载

(C)在墙后土层中灌浆加固

(D)在墙前坑底砂砾石层中灌浆加固

56. 根据《水利水电工程地质勘察规范》(GB 50487—2008)，下列哪些选项属于土的渗透变形？（　　）

(A)流土　　(B)突涌　　(C)管涌　　(D)振动液化

57. 在采空区进行工程建设时，下列哪些地段不宜作为建筑场地？（　　）

(A)地表移动活跃的地段

(B)倾角大于55°的厚矿层露头地段

(C)采空区采深采厚比大于30的地段

(D)采深小，上覆岩层极坚硬地段

58. 关于地质构造，对岩溶发育的影响，下列哪些说法正确的？（　　）

(A)向斜轴部比背斜轴部的岩溶要发育

(B)压性断裂区比张性断裂区的岩溶要发育

(C)岩层倾角陡比岩层倾角缓岩溶要发育

(D)新构造运动对近期岩溶发育影响最大

59.在岩溶地区,下列哪些选项符合土洞发育规律? ( )

(A)颗粒细,黏性大的土层容易形成土洞

(B)土洞发育区与岩溶发育区存在因果关系

(C)土洞发育地段,其下伏岩层中一定有岩溶通道

(D)人工急剧降低地下水位会加剧土洞的发育

60.在一岩溶发育的场地拟建一栋八层住宅楼,下列哪些情况不考虑岩溶对地基稳定性的影响? ( )

(A)溶洞被密实的碎石土充填满,地下水位基本不变化

(B)基础底面以下为软弱土层,条形基础宽度5倍深度内的岩土交界面处的地下水位随场地临近河流水位变化而变化

(C)洞体为基本质量等级Ⅰ级岩体,顶板岩石厚度大于洞跨

(D)基础底面以下土层厚度大于独立基础宽度的3倍,且不具备形成土洞或其他地面变形的条件

61.滑坡钻探为获取较高的岩芯采取率,宜采用下列哪几种钻进方法? ( )

(A)冲击钻进

(B)冲洗钻进

(C)无泵反循环钻进

(D)干钻

62.下列关于膨胀土地基上建筑物变形的说法,哪些正确? ( )

(A)多层房屋比平房容易开裂

(B)建筑物往往建成多年后才出现裂缝

(C)建筑物裂缝多呈正八字形,上窄下宽

(D)地下水位低的比地下水位高的容易开裂

63.盐渍土具有下列选项的哪些特征? ( )

(A)具有溶陷性和膨胀性

(B)具有腐蚀性

(C)易溶盐溶解后,与土体颗粒进行化学反应

(D)盐渍土的力学强度随总含盐量的增加而增加

64.下列哪些情况下,可不针对地基湿陷性进行处理? ( )

(A)甲类建筑:在非自重湿陷性黄土场地,地基内各土层的湿陷起始压力值均大于其附加压力与上覆土的饱和自重压力之和

(B)乙类建筑:地基湿陷量的计算值小于50mm

(C)丙类建筑：Ⅱ级湿陷性黄土地基
(D)丁类建筑：Ⅰ级湿陷性黄土地基

65.根据《中华人民共和国建筑法》，有关建筑工程安全生产管理的规定，下列哪些选项是正确的？ （ ）

(A)工程施工需要临时占用规划，批准范围以外场地的，施工单位应当按照国家有关规定办理申请批准手续
(B)施工单位应当加强对职工安全生产的教育培训，未经安全生产教育培训的人员，不得上岗作业
(C)工程实行施工总承包管理的，各分项工程的施工现场安全由各分包单位负责，总包单位负责协调管理
(D)施工中发生事故时，建筑施工企业应当采取紧急措施减少人员伤亡和事故损失，并按照国家有关规定及时向有关部门报告

66.根据《中华人民共和国建筑法》，建筑工程施工需要申领许可证时，需要具备下列哪些条件？ （ ）

(A)在城市规划区内的建筑工程，已经取得规划许可证
(B)已经确定建筑施工企业
(C)施工设备和人员已经进驻现场
(D)场地已经完成“三通一平”(即通路、通水、通电，场地已经平整)

67.根据国务院《建设工程质量管理条例》，有关施工单位的质量责任和义务，下列哪些选项是正确的？ （ ）

(A)总承包单位依法将建设工程分包给其他单位的，分包单位应当按照分包合同的约定，对其分包工程的质量向总包单位负责，总包单位与分包单位，对分包工程的质量承担连带责任
(B)涉及结构安全的检测试样，应当由施工单位，在现场取样后，直接送有资质的单位进行检测
(C)隐蔽工程在隐蔽前，施工单位应当通知建设单位和建设工程质量监督机构
(D)施工单位应当依法取得相应等级的资质证书，当其他单位以本单位的名义投标时，该单位也应当具备相应等级的资质证书

68.关于公开招标和邀请招标的说法，下列正确的选项是哪几项？ （ ）

(A)公开招标是指招标人以招标公告的方式邀请不特定的法人或者其他组织投标
(B)邀请招标是指招标人以投标邀请书的方式邀请特定的法人或者其他组织投标
(C)国家重点项目不适宜公开招标的，经国务院发展计划部门批准，可以进行邀请招标

(D)关系社会公共利益、公众安全的基础设施项目必须进行公开招标

69. 在建设工程合同履行中，因发包人的原因致使工程中途停建的，下列哪些选项属于发包人应承担的责任？（　　）

(A)应采取措施弥补或者减小损失
(B)赔偿承包人因此造成停工、窝工的损失
(C)赔偿承包人因此造成机械设备调迁的费用
(D)向承包人支付违约金

70. 下列哪些选项属于设计单位的质量责任和义务？（　　）

(A)注册执业人员应在设计文件上签字
(B)当勘察成果文件不满足设计要求时，可进行必要的修改使其满足工程建设强制性标准的要求
(C)在设计文件中明确设备生产厂和供应商
(D)参与建设工程质量事故分析

2011年专业知识试题答案(下午卷)

1.[答案] D

[依据] 文克尔地基模型的假设条件之一:地基的沉降只发生在基底范围内。

2.[答案] D

[依据]《土力学》(四校合编,第3版,中国建筑工业出版社)第240页中关于P_{cr}理论确定方法可知选项D是错误的。

3.[答案] C

[依据] 由于中间的主体结构重力相对较大,因此中间的沉降大,两端的附属结构即车库沉降较小。根据"沉降大,开裂位置高"的经验判断选项C正确。

4.[答案] D

[依据]《土力学》(四校合编,第3版,中国建筑工业出版社)第5.4.4节第一段。

5.[答案] D

[依据]《建筑地基基础设计规范》(GB 50007—2011)第5.3.5条,也可依据《土力学》的附加应力章节的内容来解释:

选项A,基础底面角点处的附加应力等于基底中心点附加压力的0.25倍;

选项B,相邻荷载影响的附加应力分布趋势应该是先增大后减小,顶点处的应力等于零;

选项C,角点法可以通过几何形状组合,可用于任何部位的计算。

6.[答案] A

[依据]《建筑地基基础设计规范》(GB 50007—2011)第5.2.2条。本题考查的是L的取值,L荷载偏心方向的边长。

7.[答案] B

[依据]《建筑桩基技术规范》(JGJ 94—2008)第5.8.2条条文说明。

8.[答案] A

[依据]《建筑桩基技术规范》(JGJ 94—2008)第5.4.2条。

9.[答案] B

[依据]《建筑桩基技术规范》(JGJ 94—2008)第3.4.2条第3款、第3.4.3条第2款、第3.4.4条第1款、第3.4.7条第1款。

10.[答案] C

[依据]《建筑桩基技术规范》(JGJ 94—2008)第5.4.6第1款。对于设计等级为甲

级和乙级建筑桩基，基桩的抗拔极限承载力应通过现场单桩上拔静载荷试验确定。

11.【答案】A

【依据】《建筑桩基技术规范》(JGJ 94—2008)第5.8.4条。

12.【答案】B

【依据】《建筑桩基技术规范》(JGJ 94—2008)第3.4.6条第2款、第4.1.4条和第5.7.2条。

13.【答案】C

【依据】《建筑桩基技术规范》(JGJ 94—2008)第7.5.7条、第7.5.10条和第7.5.13条。

14.【答案】A

【依据】《建筑桩基技术规范》(JGJ 94—2008)第5.9.7条第3款、第5.9.10条第1款可知，增加承台厚度即增加了承台的有效厚度，就可增加承台受冲切和受剪承载力。

15.【答案】C

【依据】填方路基软土的沉降是控制工后沉降，主要变形为主固结沉降。

16.【答案】C

【依据】不利的原则为：走向相同或相近，倾向相同，倾角小于坡面倾角。

17.【答案】B

【依据】《生活垃圾卫生填埋技术规范》(GB 50869—2013)图8.2.4。

18.【答案】D

【依据】《土力学》(四校合编，第3版，中国建筑工业出版社)第八章，静止土压力大于主动土压力，地下室外墙属于静止土压力，其他均为主动土压力。

19.【答案】A

【依据】因为上方有正在运行的地铁，施工期间不能影响已有线路，除了暗挖法外，其他均不适合。

20.【答案】C

【依据】无黏性土的安全系数 $K=\frac{\tan\varphi}{\tan\alpha}$，倾角越大，稳定性越差。

21.【答案】B

【依据】《土工合成材料应用技术规范》(GB/T 50290—2014)第7.1.2条。

塑料排水带为软土地基处理中的排水体。

22.【答案】B

【依据】水位低时，有效重力大。稳定性好，水位越高，有效重力越小，稳定性差。

23.［答案］C

［依据］《铁路工程不良地质勘察规程》(TB 10027—2012)第 4.2.1 条。

24.［答案］A

［依据］静水压力与下滑力水平方向分量方向相反，故有利。

25.［答案］D

［依据］根据边坡稳定性分析原理可知，应沿最危险滑裂面滑动，且暴雨后，内摩擦角值降低。

26.［答案］D

［依据］《土力学》(四校合编，第 3 版，中国建筑工业出版社)第 81 页。

27.［答案］D

［依据］《工程地质手册》(第五版)第 637 页。

28.［答案］B

［依据］《工程地质手册》(第五版)第 647 页。

29.［答案］B

［依据］《岩工程勘察规范》(GB 50021—2001)(2009 年版)附录 C。

30.［答案］D

［依据］《岩工程勘察规范》(GB 50021—2001)(2009 年版)第 5.6.1 条及条文说明。

31.［答案］C

［依据］《水利水电工程地质勘察规范》(GB 50487—2008)附录 C.0.3 条。

水库与岩溶只有保证存在水力联系时才会有可能发生岩溶渗漏。

32.［答案］C

［依据］《岩工程勘察规范》(GB 50021—2001)(2009 年版)第 4.5.12 条。

33.［答案］A

［依据］《湿陷性黄土地区建筑标准》(GB 50025—2018)第 5.1.1 条第 4 款。

34.［答案］C

［依据］《膨胀土地区建筑技术规范》(GB 50112—2013)第 5.4.3 条和第 5.4.4 条及条文说明。

35.［答案］C

［依据］《勘察设计注册工程师管理规定》第二十七条。

36.［答案］B

［依据］《中华人民共和国民法典》第八百零三条，A 正确；第八百零七条，B 错误；第

七百九十一条,C 正确;第八百零一条,D 正确。

37.［答案］D

［依据］《中华人民共和国招标投标法》第五十二、五十三、五十四、五十八条。

38.［答案］C

［依据］根据《工程经济与管理》中的建设工程项目总投资构成可知。

39.［答案］C

［依据］《工程勘察收费标准》(2002 年修订本)工程勘察、收费标准中第 1.0.8 条。

40.［答案］B

［依据］《中华人民共和国招标投标法》第三十一条。

41.［答案］ACD

［依据］《建筑地基基础设计规范》(GB 50007—2011)第 7.4.1 条。

42.［答案］BCD

［依据］《建筑地基基础设计规范》(GB 50007—2011)第 7.3.2 条第 1 款。

43.［答案］ABC

［依据］《建筑地基基础设计规范》(GB 50007—2011)第 5.2.7 条。

44.［答案］BC

［依据］《建筑地基基础设计规范》(GB 50007—2011)第 5.3.10 条。

45.［答案］ABC

［依据］《建筑地基基础设计规范》(GB 50007—2011)第 5.2.2 条。

46.［答案］ABC

［依据］《建筑桩基技术规范》(JGJ 94—2008)第 6.3.2 条条文说明。

47.［答案］ACD

［依据］《建筑桩基技术规范》(JGJ 94—2008)第 5.7.2 条第 6 款。

48.［答案］AD

［依据］《建筑桩基技术规范》(JGJ 94—2008)第 5.8.5 条。

49.［答案］AD

［依据］《建筑地基基础设计规范》(GB 50007—2011)第 8.5.7 条。

50.［答案］AB

［依据］《建筑桩基技术规范》(JGJ 94—2008)附录 A 表 A.0.1。

51.［答案］BCD

［依据］《建筑桩基技术规范》(JGJ 94—2008)第3.1.1条条文说明第2款。

52.［答案］AB

［依据］《建筑桩基技术规范》(JGJ 94—2008)第5.7.2条第6款。

53.［答案］AD

［依据］软弱地基上修建的土质路堤,在坡脚采用增设反压护道和对软弱地基进行加固处理都可以加强软弱地基的稳定性。填筑体填筑在软弱地基上,增加其密实度不会加强软弱地基的稳定性。

54.［答案］AC

［依据］《碾压式土石坝设计规范》(DL/T 5395—2007)第7.1.4条。

55.［答案］AB

［依据］本题关键在于抢险,灌浆凝固需要时间,反压和挖土卸载是最简单方便的抢险处理措施。

56.［答案］AC

［依据］《水利水电工程地质勘察规范》(GB 50487—2008)附录G。

57.［答案］AB

［依据］《岩土工程勘察规范》(GB 50021—2001)(2009年版)第5.5.5条第1款,A、B选项不适宜;第2款,D选项应评价适宜性;第5.5.7条,C选项在一定条件下可不评价稳定性。

58.［答案］ACD

［依据］《工程地质手册》(第五版)第636、637页。

59.［答案］BCD

［依据］《工程地质手册》(第五版)第647、648页。

60.［答案］ACD

［依据］《岩土工程勘察规范》(GB 50021—2001)(2009年版)第5.1.10条。

61.［答案］CD

［依据］《铁路工程不良地质勘察规程》(TB 10027—2012)第4.4.4条。

滑坡钻探为了界定滑动面必须要求有足够高的岩芯采取率,需尽可能避免泥浆对岩芯的冲刷,常采用干钻和无泵钻进。A选项为冲击钻进通常不能提取完整的岩芯。B选项冲洗钻进对岩芯的冲刷较大,且其泥浆冲切力较大,对土体的扰动易于诱发滑坡和影响滑坡的稳定。

62.［答案］BD

［依据］《工程地质手册》(第五版)第557、558页。

63.【答案】AB

【依据】《工程地质手册》(第五版)第593～595页。

64.【答案】ABD

【依据】《湿陷性黄土地区建筑标准》(GB 50025—2018)第5.1.2条第1款,选项A正确;第3款,选项B正确;第5.1.1条第4款,丁类可不处理,但应采取基本防水措施,选项D正确。

65.【答案】BD

【依据】《中华人民共和国建筑法》第五章第四十二、第四十六、第四十五、第五十一条。

66.【答案】AB

【依据】《中华人民共和国建筑法》第八条。

67.【答案】AC

【依据】《建设工程质量管理条例》第四章第二十七条、第三十一条、第三十条、第二十五条。

68.【答案】ABC

【依据】《中华人民共和国招标投标法》第二章第三条、第十条、第十一条。

69.【答案】ABC

【依据】《中华人民共和国民法典》八百零四。

70.【答案】AD

【依据】《建设工程质量管理条例》第三章第十九条、第二十一条、第二十二条、第二十四条。

2012年专业知识试题(上午卷)

一、单项选择题(共40题,每题1分。每题的备选项中只有一个最符合题意)

1.风化岩勘察时,每一风化带采取试样的最少组数不应少于下列哪个选项? (　　)

(A)3组　　(B)6组
(C)10组　　(D)12组

2.进行标准贯入试验时,下列哪个选项的操作方法是错误的? (　　)

(A)锤质量63.5kg,落距76cm的自由落锤法
(B)对松散砂层用套管保护时,管底位置须高于试验位置
(C)采用冲击方式钻进时,应在试验标高以上15cm停钻,清除孔底残土后再进行试验
(D)在地下水位以下进行标贯时,保持孔内水位高于地下水位一定高度

3.野外地质调查时发现某地层中二叠系地层位于侏罗系地层之上,两者产状基本一致,对其接触关系,最有可能的是下列哪一选项? (　　)

(A)整合接触　　(B)平行不整合接触
(C)角度不整合接触　　(D)断层接触

4.在大比例尺地质图上,河谷处断层出露线与地形等高线呈相同方向弯曲,但断层出露线弯曲度总比等高线弯曲度小,据此推断断层倾向与坡向关系说法正确的是哪项? (　　)

(A)与坡向相反　　(B)与坡向相同且倾角大于坡角
(C)与坡向相同且倾角小于坡角　　(D)直立断层

5.第四系中更新统冲积和湖积混合土层用地层和成因的符号表示正确的是哪一项? (　　)

(A)Q_2^{al+pl}　　(B)Q_2^{al+l}
(C)Q_3^{al+el}　　(D)Q_4^{pl+l}

6.下列关于海港码头工程水域勘探的做法哪一个是错误的? (　　)

(A)对于可塑状黏性土可采用厚壁敞口取土器采取Ⅱ级土样
(B)当采用146套管时,取原状土样的位置低于套管底端0.50m

(C)护孔套管泥面以上长度不可超出泥面以下长度的 2 倍

(D)钻孔终孔后进行水位观测以统一校正该孔的进尺

7. 岩土工程勘察中采用 75mm 单层岩芯管和金刚石钻头对岩层钻进，其中某一回次进尺 1.00m，取得岩芯 7 块，长度分别依次为 6cm、12cm、10cm、10cm、10cm、13cm、4cm，评价该回次岩层质量的正确选项是哪一个？ (　　)

(A)较好的　　(B)较差的　　(C)差的　　(D)不确定

8. 图示为一预钻式旁压试验的 $p-V$ 曲线，图中 a、b 分别为该曲线中直线段的起点和终点，c 点为 ab 延长线和 V 轴的交点，过 c 点和 p 轴平行的直线与旁压曲线交于 d 点，最右侧的虚线为旁压曲线的渐近线。根据图中给定的特征值，采用临塑荷载法确定地基土承载力(f_{ak})的正确计算公式为下列哪个选项？ (　　)

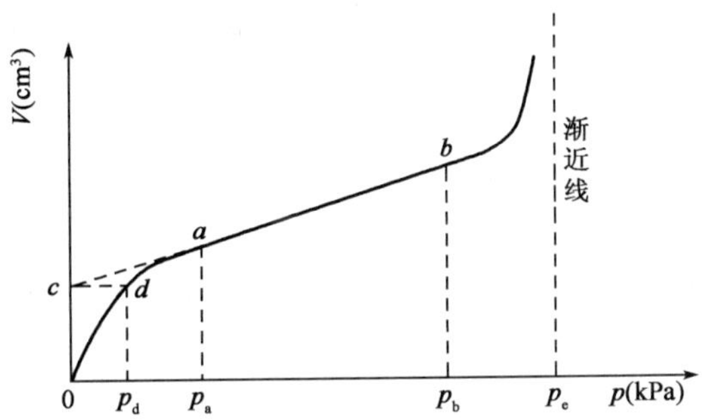

题 8 图

(A)$f_{ak}=p_b-p_d$　　(B)$f_{ak}=p_b-p_a$

(C)$f_{ak}=\frac{1}{2}p_b$　　(D)$f_{ak}=\frac{1}{3}p_e$

9. 在公路工程地质勘察中，用查表法确定地基承载力基本容许值时，下列哪个选项的说法是不正确的？ (　　)

(A)砂土地基可根据土的密实度和水位情况查表

(B)粉土地基可根据土的天然孔隙比和液性指数查表

(C)老黏土地基可根据土的压缩模量查表

(D)软土地基可根据土的天然含水量查表

10. 新建铁路工程地质勘察的"加深地质工作"是在下列哪个阶段进行的？ (　　)

(A)踏勘和初测之间　　(B)初测和定测之间

(C)定测和补充定测之间　　(D)补充定测阶段

11. 水利水电工程地质勘察中，关于地基土渗透系数标准值的取值方法，下列哪个选项是错误的？ (　　)

(A)用于人工降低地下水位及排水计算时，应采用抽水试验的小值平均值
(B)用于水库渗流量计算时，应采用抽水试验的大值平均值
(C)用于浸没区预测时，应采用抽水试验的大值平均值
(D)用于供水计算时，应采用抽水试验的小值平均值

12. 一断层断面如图所示，问下列哪个选项中的线段长度为断层的地层断距？（　　）

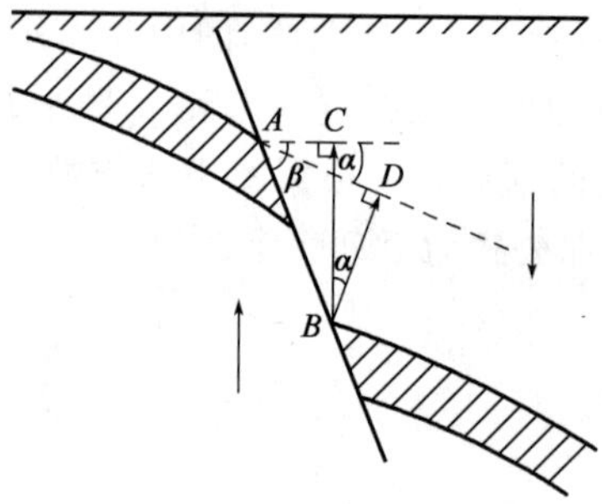

题 12 图

(A)线段 AB
(B)线段 AC
(C)线段 BC
(D)线段 BD

13. 根据《建筑桩基技术规范》(JGJ 94—2008)规定，下列关于桩基布置原则的说法，哪个选项是错误的？（　　）

(A)对于框架—核心筒结构桩筏基础，核心筒和外围框架结构下基桩应按等刚度、等桩长设计
(B)当存在软弱下卧层时，桩端以下硬持力层厚度不宜小于 3 倍设计桩径
(C)抗震设防区基桩进入液化土层以下稳定硬塑粉质黏土层的长度不宜小于 4～5倍桩径
(D)抗震设防烈度为 8 度的地区不宜采用预应力混凝土管桩

14. 根据《建筑桩基技术规范》(JGJ 94—2008)规定，建筑基桩桩侧为淤泥，其不排水抗剪强度为 8kPa，桩的长径比大于下列何值时，应进行桩身压屈验算？（　　）

(A)20
(B)30
(C)40
(D)50

15. 根据《建筑桩基技术规范》(JGJ 94—2008)，以下 4 个选项中，哪项对承台受柱的冲切承载力影响最大？（　　）

(A)承台混凝土的抗压强度
(B)承台混凝土的抗剪强度
(C)承台混凝土的抗拉强度
(D)承台配筋的抗拉强度

16. 根据《建筑桩基技术规范》(JGJ 94—2008)的要求，关于钢筋混凝土预制桩施工，下列说法中正确的选项是哪一个？ (　　)

(A)桩端持力层为硬塑黏性土时，锤击沉桩终锤应以控制桩端标高为主，贯入度为辅

(B)采用静压沉桩时，地基承载力不应小于压桩机接地压强的1.0倍，且场地应平整，桩身弯曲矢高的允许偏差为1%桩长

(C)对大面积密度桩群锤击沉桩时，监测桩顶上涌和水平位移的桩数应不少于总桩数的5%

(D)当桩群一侧毗邻已有建筑物时，锤击沉桩由该建筑物处向另一方向施打

17. 以下哪种桩型有挤土效应，且施工措施不当容易形成缩颈现象？ (　　)

(A)预应力管桩　　(B)钻孔灌注桩

(C)钢筋混凝土方桩　　(D)沉管灌注桩

18. 根据《建筑桩基技术规范》(JGJ 94—2008)有关规定，下列关于基桩构造和设计的做法哪项不符合要求？ (　　)

(A)关于桩身混凝土最低强度等级：预制桩C30，灌注桩C25，预应力实心桩C40

(B)关于最小配筋率：打入式预制桩0.8%，静压预制桩0.6%

(C)钻孔桩的扩底直径应小于桩身直径的3倍

(D)后注浆钢导管注浆后可等效替代纵向钢筋

19. 某高层建筑采用钻孔桩基础，场地处于珠江三角洲滨海滩涂地区，场地地面相对标高±0.0m，主要地层为：①填土层厚4.0m；②淤泥层厚6.0m；③冲洪积粉土、砂土、粉质黏土等，层厚10.0m；④花岗岩风化残积土。基坑深29.0m，基坑支护采用排桩加4排预应力锚索进行支护，综合考虑相关条件，下列关于基础桩施工时机的选项中哪项最适宜？ (　　)

(A)基坑开挖前，在现地面施工

(B)基坑开挖到底后，在坑底施工

(C)基坑开挖到−10.0m(相对标高)深处时施工

(D)基坑开挖到−28.0m(相对标高)深处时施工

20. 某端承型单桩基础，桩入土深度15m，桩径$d=0.8$m，桩顶荷载$Q_0=500$kN，由于大面积抽排地下水而产生负摩阻力，负摩阻力平均值$q_s^n=20$kPa。中性点位于桩顶下7m，桩身最大轴力最接近下列何值？ (　　)

(A)350kN　　(B)850kN

(C)750kN　　(D)1250kN

21. 某碾压式土石坝坝高50m，根据《碾压式土石坝设计规范》(DL/T 5395—2007)，

以下哪种黏性土可以作为坝的防渗体填筑料？ ( )

(A)分散性黏土
(B)膨胀土
(C)红黏土
(D)塑性指数大于20和液限大于40%的冲积黏土

22. 某土石坝坝高70m，坝基为砂砾石，其厚度为8.0m，该坝对渗漏量损失要求较高，根据《碾压式土石坝设计规范》(DL/T 5395—2007)，以下哪种渗流控制形式最合适？ ( )

(A)上游设防渗铺盖
(B)下游设水平排水垫层
(C)明挖回填黏土截水槽
(D)混凝土防渗墙

23. 扶壁式挡土墙立板的内力计算，可按下列哪种简化模型进行计算？ ( )

(A)三边简支，一边自由
(B)两边简支，一边固端，一边自由
(C)三边固端，一边自由
(D)两边固端，一边简支，一边自由

24. 有一无限长稍密中粗砂组成的边坡，坡角为25°，中粗砂内摩擦角为30°，有自坡顶的顺坡渗流时土坡安全系数与无渗流时土坡安全系数之比最接近下列哪个选项？ ( )

(A)0.3
(B)0.5
(C)0.7
(D)0.9

25. 挡土墙墙背直立、光滑，填土与墙顶平齐。墙后有二层不同的砂土($c=0$)，其重度和内摩擦角分别为γ_1、φ_1、γ_2、φ_2，主动土压力p_a沿墙背的分布形式如图所示。由图可以判断下列哪个选项是正确的？ ( )

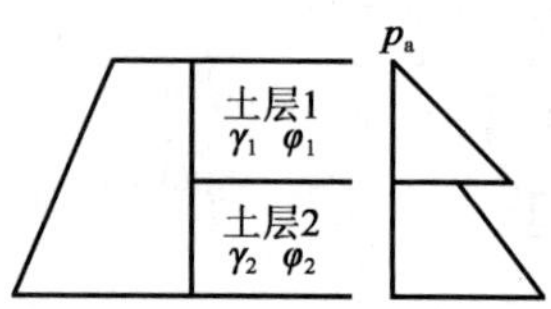

题25图

(A)$\gamma_1>\gamma_2$
(B)$\gamma_1<\gamma_2$
(C)$\varphi_1>\varphi_2$
(D)$\varphi_1<\varphi_2$

26. 某路基工程需要取土料进行填筑，已测得土料的孔隙比为0.80，如果要求填筑体的孔隙比为0.50，试问$1m^3$填筑体所需土料是下列哪个选项？ ( )

(A)1.1m^3　　(B)1.2m^3

(C)1.3m^3　　(D)1.4m^3

27. 某挡土墙墙背直立、光滑，墙后砂土的内摩擦角为 $\varphi=29°$，假定墙后砂土处于被动极限状态，滑面与水平面的夹角为 $\beta=31°$，滑体的重量为 G，问相应的被动土压力最接近下列哪个选项？（　　）

(A)1.21G　　(B)1.52G

(C)1.73G　　(D)1.98G

28. 某均质砂土边坡，假定该砂土的内摩擦角在干、湿状态下都相同，问以下哪种情况下边坡的稳定安全系数最小？（　　）

(A)砂土处于干燥状态　　(B)砂土处于潮湿状态

(C)有顺坡向地下水渗流的情况　　(D)边坡被静水浸没的情况

29. 用于液化判别的黏粒含量应采用下列哪种溶液作为分散剂直接测定？（　　）

(A)硅酸钠　　(B)六偏磷酸钠

(C)酸性硝酸银　　(D)酸性氯化钡

30. 某地区设计地震基本加速度为 0.15g，建筑场地类别为Ⅲ类，当规范无其他特别规定时，宜按下列哪个抗震设防烈度（设计基本地震加速度）对建筑采取抗震构造措施？（　　）

(A)7 度(0.10g)　　(B)7 度(0.15g)

(C)8 度(0.20g)　　(D)8 度(0.30g)

31. 对于抗震设防类别为乙类的建筑物，下列选项中哪项不符合《建筑抗震设计规范》(GB 50011—2010)的要求？（　　）

(A)在抗震设防烈度为 7 度的地区，基岩埋深 50m，建筑物位于发震断裂带上

(B)在抗震设防烈度为 8 度的地区，基岩埋深 70m，建筑物位于发震断裂带上

(C)在抗震设防烈度为 9 度的地区，基岩埋深 70m，建筑物距发震断裂的水平距离为 300m

(D)在抗震设防烈度为 9 度的地区，基岩埋深 100m，建筑物距发震断裂的水平距离为 300m

32. 根据《建筑抗震设计规范》(GB 50011—2010)(2016 年版)，下列哪个选项是我国建筑抗震设防三个水准的准确称谓？（　　）

(A)小震、中震、大震　　(B)多遇地震、设防地震、罕遇地震

(C)近震、中远震、远震　　(D)众值烈度、基本烈度、设防烈度

33. 根据《建筑抗震设计规范》(GB 50011—2010)(2016 年版),建筑结构的阻尼比在 0.05～0.10 范围内。而其他条件相同的情况下,下列关于地震影响系数曲线的说法中,哪个选项是不正确的? ( )

(A)阻尼比越大,阻尼调整系数就越小
(B)阻尼比越大,曲线下降段的衰减指数就越小
(C)阻尼比越大,地震影响系数就越小
(D)在曲线的水平段($0.1s<T<T_g$),地震影响系数与阻尼比无关

34. 已知建筑结构的自振周期大于特征周期($T<T_g$),在确定地震影响系数时,下列说法中哪个选项是不正确的? ( )

(A)土层等效剪切波速越大,地震影响系数就越小
(B)设计地震近震的地震影响系数比设计地震远震的地震影响系数大
(C)罕遇地震作用的地震影响系数比多遇地震作用的地震影响系数大
(D)水平地震影响系数比竖向地震影响系数大

35. 根据《中华人民共和国民法典》规定,下列哪个选项是错误的? ( )

(A)总承包人或者勘察、设计、施工承包人经发包人同意,可以将自己承包的部分工作交由第三人完成
(B)承包人不得将其承包的全部建设工程转包给第三人或者将其承包的全部建设工程肢解以后以分包的名义分别转包给第三人
(C)承包人将工程分包给具备相应资质条件的单位,分包单位可将其承包的工程再分包给具有相应资质条件的单位
(D)建设工程主体结构的施工必须由承包人自行完成

36. 施工单位对列入建设工程概算的安全作业环境及安全施工措施所需费用,不包含下列哪个选项? ( )

(A)安全防护设施的采购
(B)安全施工措施的落实
(C)安全生产条件的改善
(D)安全生产事故的赔偿

37. 根据《勘察设计注册工程师管理规定》,下列哪个选项是正确的? ( )

(A)注册工程师实行注册执业管理制度。取得资格证书的人员,可以以注册工程师的名义执业
(B)建设主管部门在收到申请人的申请材料后,应当即时作出是否受理的决定,并向申请人出具书面凭证
(C)申请材料不齐全或者不符合法定形式的,应当在 10 日内一次性告知申请人需要补正的全部内容
(D)注册证书和执业印章是注册工程师的执业凭证,由注册工程师本人保管、使用。注册证书和执业印章的有效期为 2 年

38. 在正常使用条件下，下列关于建设工程的最低保修期限说法，哪个选项是错误的？（　　）

(A)电气管线、给排水管道、设备安装和装修工程，为 3 年

(B)屋面防水工程、有防水要求的卫生间、房间和外墙的防渗漏，为 5 年

(C)供热与供冷系统，为 2 个采暖期、供冷期

(D)建设工程的保修期，自竣工验收合格之日起计算

39. 建设工程勘察、设计注册执业人员和其他专业技术人员未受聘于一个建设工程勘察、设计单位或者同时受聘于两个以上建设工程勘察、设计单位，从事建设工程勘察、设计活动的，对其违法行为的处罚，下列哪个选项是错误的？（　　）

(A)责令停止违法行为，没收违法所得

(B)处违法所得 5 倍以上 10 倍以下的罚款

(C)情节严重的，可以责令停止执行业务或者吊销资格证书

(D)给他人造成损失的，依法承担赔偿责任

40. 招标代理机构违反《中华人民共和国招标投标法》规定，泄露应当保密的与招标投标活动有关的情况和资料的，或者与招标人、投标人串通损害国家利益、社会公共利益或者其他合法权益的，下列哪个选项的处罚是错误的？（　　）

(A)处五万元以上二十五万元以下的罚款

(B)对单位直接负责的主管人员和其他直接责任人员处单位罚款数额百分之十以上百分之二十以下的罚款

(C)有违法所得的，并处没收违法所得；情节严重的，暂停直至取消招标代理资格

(D)构成犯罪的，依法追究刑事责任；给他人造成损失的，依法承担赔偿责任

二、多项选择题（共 30 题，每题 2 分。每题的备选项中有两个或三个符合题意，错选、少选、多选均不得分）

41. 通过单孔抽水试验，可以求得下列哪些水文地质参数？（　　）

(A)渗透系数　　(B)越流系数

(C)释水系数　　(D)导水系数

42. 赤平投影图可以用于下列哪些选项？（　　）

(A)边坡结构面的稳定性分析　　(B)节理面的密度统计

(C)矿层厚度的计算　　(D)断层视倾角的换算

43. 对倾斜岩层的厚度，下列哪些选项的说法是正确的？（　　）

(A)垂直厚度总是大于真厚度

(B)当地面与层面垂直时，真厚度等于视厚度
(C)在地形地质图上，其真厚度就等于岩层界线顶面和底面标高之差
(D)真厚度的大小与地层倾角有关

44. 岩土工程勘察中对饱和软黏土进行原位十字板剪切和室内无侧限抗压强度对比试验，十字板剪切强度与无侧限抗压强度数据不相符的是下列哪些选项？（　　）

(A)十字板剪切强度 5kPa，无侧限抗压强度 10kPa
(B)十字板剪切强度 10kPa，无侧限抗压强度 25kPa
(C)十字板剪切强度 15kPa，无侧限抗压强度 25kPa
(D)十字板剪切强度 20kPa，无侧限抗压强度 10kPa

45. 下列哪些形态的地下水不能传递静水压力？（　　）

(A)强结合水　　(B)弱结合水
(C)重力水　　(D)毛细管水

46. 在水电工程勘察时，下列哪些物探方法可以用来测试岩体的完整性？（　　）

(A)面波法　　(B)声波波速测试
(C)地震 CT　　(D)探地雷达法

47. 按照《建筑桩基技术规范》(JGJ 94—2008)，根据现场试验法确定低配筋率灌注桩的地基土水平抗力系数的比例系数 m 值时，下列选项中哪几项对 m 值有影响？
（　　）

(A)桩身抗剪强度　　(B)桩身抗弯刚度
(C)桩身计算宽度　　(D)地基土的性质

48. 大面积密集混凝土预制桩群施工时，采用下列哪些施工方法或辅助措施是适宜的？（　　）

(A)在饱和淤泥质土中，预先设置塑料排水板
(B)控制沉桩速率和日沉桩量
(C)自场地四周向中间施打(压)
(D)长短桩间隔布置时，先沉短桩，后沉长桩

49. 对于可能产生负摩阻力的拟建场地，桩基设计、施工时采取下列哪些措施可以减少桩侧负摩阻力？（　　）

(A)对于湿陷性黄土场地，桩基施工前，采用强夯法消除上部或全部土层的自重湿陷性
(B)对于填土场地，先成桩后填土
(C)施工完成后，在地面大面积堆载

(D)对预制桩中性点以上的桩身进行涂层润滑处理

50. 下列哪些措施有利于发挥复合桩基承台下地基土的分担荷载作用？ (　　)

(A)加固承台下地基土　　(B)适当减小桩间距
(C)适当增大承台宽度　　(D)采用后注浆灌注桩

51. 下列哪些情况会引起既有建筑桩基负摩阻？ (　　)

(A)地面大面积堆载　　(B)降低地下水位
(C)上部结构增层　　(D)桩周为超固结土

52. 在软土地区施工预制桩，下列哪些措施能有效减少或消除挤土效应的影响？
(　　)

(A)控制沉桩速率　　(B)合理安排沉桩顺序
(C)由锤击沉桩改为静压沉桩　　(D)采取引孔措施

53. 对于摩擦型桩基，当承台下为下列哪些类型土时不宜考虑承台效应？ (　　)

(A)可液化土层　　(B)卵石层
(C)新填土　　(D)超固结土

54. 牵引式滑坡一般都有主滑段、牵引段和抗滑段，相应地有主滑段滑动时，牵引段滑动面和抗滑段滑动面。以下哪些选项的说法是正确的？ (　　)

(A)牵引段大主应力 σ_1 是该段土体自重应力，小主应力 σ_3 为水平压应力
(B)抗滑段大主应力 σ_1 平行于主滑段滑面，小主应力 σ_3 与 σ_1 垂直
(C)牵引段破裂面与水平面的夹角为 $45^\circ-\varphi/2$，φ 为牵引段土体的内摩擦角
(D)抗滑段破裂面与 σ_1 夹角为 $45^\circ+\varphi_1/2$，φ_1 为抗滑段土体的内摩擦角

55. 由于朗肯土压力理论和库仑土压力理论分别根据不同的假设条件，以不同的分析方法计算土压力，计算结果会有所差异，以下哪些选项是正确的？ (　　)

(A)相同条件下朗肯公式计算的主动土压力大于库仑公式
(B)相同条件下库仑公式计算的被动土压力小于朗肯公式
(C)当挡土墙背直立且填土面与挡墙顶平齐时，库仑公式与朗肯公式计算结果是一致的
(D)不能用库仑理论的原公式直接计算黏性土的土压力，而朗肯公式可以直接计算各种土的土压力

56. 土石坝防渗采用碾压黏土心墙，下列防渗土料碾压后的哪些指标(性质)满足《碾压式土石坝设计规范》(DL/T 5395—2007)中的相关要求？ (　　)

(A)渗透系数为 1×10^{-6}cm/s　　(B)水溶盐含量为 5%

(C)有机质含量为 1%　　(D)有较好的塑性和渗透稳定性

57. 重力式挡墙设计工程中,可采取下列哪些措施提高该挡墙的抗滑移稳定性?　(　　)

(A)增大挡墙断面尺寸　　(B)墙底做成逆坡

(C)直立墙背上做卸荷台　　(D)基础之下换土做砂石垫层

58. 根据《土工合成材料应用技术规范》(GB/T 50290—2014),当采用土工膜或复合土工膜作为路基防渗隔离层时,可以起到下列哪些作用?　(　　)

(A)防止软土路基下陷　　(B)防止路基翻浆冒泥

(C)防治地基土盐渍化　　(D)防止地面水浸入膨胀土地基

59. 关于公路桥梁抗震设防分类的确定,下列哪些选项是符合规范规定的?　(　　)

(A)三级公路单跨跨径为 200m 的特大桥,定为 B 类

(B)高速公路单跨跨径为 50m 的大桥,定为 B 类

(C)二级公路单跨跨径为 80m 的特大桥,定为 B 类

(D)四级公路单跨跨径为 100m 的特大桥,定为 A 类

60. 在确定地震影响的特征周期时,下列哪些选项的说法是正确的?　(　　)

(A)地震烈度越高,地震影响的特征周期就越大

(B)土层等效剪切波速越小,地震影响的特征周期就越大

(C)震中距越大,地震影响的特征周期就越小

(D)计算罕遇地震对建筑结构的作用时,地震影响的特征周期应增加

61. 关于地震烈度,下列哪些说法是正确的?　(　　)

(A)50 年内超越概率约为 63%的地震烈度称为众值烈度

(B)50 年内超越概率为 2%~3%的地震烈度也可称为最大预估烈度

(C)一般情况下,50 年内超越概率为 10%的地震烈度作为抗震设防烈度

(D)抗震设防烈度是一个地区设防的最低烈度,设计中可根据业主要求提高

62. 按照《建筑抗震设计规范》(GB 50011—2010)(2016 年版),下列有关场地覆盖层厚度的说法,哪些选项是不正确的?　(　　)

(A)在所有的情况下,覆盖层厚度以下各层岩土的剪切波速均不得小于 500m/s

(B)在有些情况下,覆盖层厚度以下各层岩土的剪切波速可以小于 500m/s

(C)在特殊情况下,覆盖层厚度范围内测得的土层剪切波速可能大于 500m/s

(D)当遇到剪切波速大于 500m/s 的土层就可以将该土层的层面深度确定为覆

盖层厚度

63. 根据《建筑抗震设计规范》(GB 50011—2010)(2016 年版),地震区的地基和基础设计,应符合下列哪些选项的要求? ( )

(A)同一结构单元的基础不宜设置在性质截然不同的地基上
(B)同一结构单元不宜部分采用天然地基,部分采用桩基
(C)同一结构单元不允许采用不同基础类型或显著不同的基础埋深
(D)当地基土为软弱黏性土、液化土、新近填土或严重不均匀土时,应采取相应的措施

64. 某场地位于山前河流冲洪积平原上,土层变化较大,性质不均匀,局部分布有软弱土和液化土,个别地段边坡在地震时可能发生滑坡,下列哪些选项的考虑是合理的? ( )

(A)该场地属于对抗震不利和危险地段,不宜建筑工程,应予避开
(B)根据工程需要进一步划分对建筑抗震有利、一般、不利和危险的地段,并做出综合评价
(C)严禁建造丙类和丙类以上的建筑
(D)对地震时可能发生滑坡的地段,应进行专门的地震稳定性评价

65. 下列哪些选项不属于建筑安装工程费中的直接费? ( )

(A)土地使用费 (B)施工降水费
(C)建设期利息 (D)勘察设计费

66. 根据建设部令第 141 号,《建设工程质量检测管理办法》规定,检测机构资质按照其承担的检测业务内容分为下列哪些选项? ( )

(A)专项检测机构资质 (B)特种检测机构资质
(C)见证取样检测机构资质 (D)评估取样检测机构资质

67. 根据《中华人民共和国安全生产法》,下列哪些选项是生产经营单位主要负责人的安全生产职责? ( )

(A)建立、健全本单位安全生产责任制
(B)组织制定本单位安全生产规章制度和操作规程
(C)取得特种作业操作资格证书
(D)及时、如实报告生产安全事故

68. 下列选项中哪些行为违反了《建设工程安全生产管理条例》? ( )

(A)勘察单位提供的勘察文件不准确,不能满足建设工程安全生产的需要
(B)勘察单位超越资质等级许可的范围承揽工程

(C)勘察单位在勘察作业时，违反操作规程，导致地下管线破坏

(D)施工图设计文件未经审查擅自施工

69. 工程建设标准批准部门应当对工程项目执行强制性标准情况进行监督检查，监督检查的方式有下列哪些选项？ ( )

(A)重点检查 (B)专项检查

(C)自行检查 (D)抽查

70. 建设单位收到建设工程竣工报告后，应当组织设计、施工、工程监理等有关单位进行竣工验收。建设工程竣工验收应当具备下列哪些条件？ ( )

(A)完成建设工程设计和合同约定的各项内容

(B)有施工单位签署的工程保修书

(C)有工程使用的主要建筑材料、建筑构配件和设备的进场试验报告

(D)有勘察、设计、施工、工程监理等单位分别提交的质量合格文件

2012年专业知识试题答案(上午卷)

1.[答案] A

[依据]《岩土工程勘察规范》(GB 50021—2001)(2009年版)第6.9.3条第3款。

2.[答案] C

[依据]《岩土工程勘察规范》(GB 50021—2001)(2009年版)第10.5.2条、第10.5.3条及条文说明。宜采用回转钻进方法,不宜采用冲击钻进,以减少孔底土的扰动。

3.[答案] D

[依据] 侏罗纪地质年代比二叠系新,两者产状基本一致,由于地质构造运动形成断层,二叠系地层位于侏罗纪地层之上,为断层接触;平行不整合是指两套地层之间的由上到下地质年代不连续,缺失沉积间断期的岩层;角度不整合不仅不整合面上下两套地层间的地质年代不连续,而且两者的产状也不一致。

4.[答案] A

[依据]"V字形法则"。由于地表面一般为起伏不平的曲面,倾斜岩层的地质分界线在地表的露头也就变成了与等高线相交的曲线。当其穿过沟谷或山脊时,露头线均呈"V"字形态。根据岩层倾向与地面坡向的结合情况,"V"字形会有不同的表现:①相反相同——即岩层倾向与地面坡向相反,露头线与地形等高线呈相同方向弯曲,但露头线的弯曲度总比等高线的弯曲度要小。"V"字形露头线的尖端在沟谷处指向上游,在山脊处指向下坡。②相同相反——即岩层倾向与地面坡向相同,岩层倾角大于地形坡角,露头线与地形等高线呈相反方向弯曲。"V"字形露头线的尖端在沟谷处指向下游,在山脊处指向上坡。③相同相同——即岩层倾向与地面坡向相同,岩层倾角小于地形坡角,露头线与地形等高线呈相同方向弯曲,但露头线的弯曲度总是大于等高线的弯曲度(与①情况的区别)。"V"字形露头线的尖端在沟谷处指向上游,在山脊处指向下坡。

5.[答案] B

[依据]《工程地质手册》(第五版)第1295、1296页,中更新统为Q_2,冲积、湖积组合为al+l。

6.[答案] D

[依据]《水运工程岩土勘察规范》(JTS 133—2013)第13.2.2.2条,选项A正确;第13.2.2.3条第1款,取样位置低于套管管底3倍孔径的距离,$0.146\times3=0.438$m,选项B正确;第13.2.1.3条,插入土层的套管长度不得小于水底泥面以上套管自由段长度的1/2,选项C正确;第13.2.1.7条,由于受到潮汐的影响,水深是动态变化的,应同步记录水尺读数和水深,选项D错误。

7.[答案] D

[依据]《岩土工程勘察规范》(GB 50021—2001)(2009 年版)第 2.1.8 条。岩石基本质量指标 RQD 用直径 75mm 的金刚石钻头和双层岩芯管在岩石中钻进取芯,题目中为单层岩芯管,无法判断。

8.[答案] A

[依据]《工程地质手册》(第五版)第 289 页。初始压力 $p_0=p_d$,临塑压力 $p_f=p_b$,临塑荷载法计算地基土承载力 $f_{ak}=p_f-p_0=p_b-p_d$。

9.[答案] B

[依据]《公路桥涵地基与基础设计规范》(JTG 3363—2019)表 4.3.3-3,选项 A 正确;表 4.3.3-4,选项 B 错误;表 4.3.3-5,选项 C 正确;表 4.3.5,选项 D 正确。

10.[答案] A

[依据]《铁路工程地质勘察规范》(TB 10012—2007)第 7.1.1 条。

11.[答案] C

[依据]《水利水电工程地质勘察规范》(GB 50487—2008)附录 E.0.2 条第五款。

12.[答案] D

[依据]《工程地质手册》(第五版)第 14 页。

AC 为水平断距,AB 为总断距,BC 为垂直断距,故正确选项为 D。

13.[答案] A

[依据]《建筑桩基技术规范》(JGJ 94—2008)第 3.1.8、3.3.2、3.3.3-5、3.4.6-1 条。

14.[答案] D

[依据]《建筑桩基技术规范》(JGJ 94—2008)第 3.1.3-2 条。

15.[答案] C

[依据]《建筑桩基技术规范》(JGJ 94—2008)第 5.9.7-1 条公式 $F_l \leqslant \beta_{hp}\beta_0 u_m f_t h_0$,$f_t$ 为承台混凝土抗拉强度设计值。

16.[答案] D

[依据]《建筑桩基技术规范》(JGJ 94—2008)第 7.4.4-2、7.4.6-2、7.4.9-7、7.5.1条。

17.[答案] D

[依据]《建筑桩基技术规范》(JGJ 94—2008)第 3.4.1 条文说明。挤土沉桩在软土地区造成的事故不少,一是预制桩接头被拉断、桩体侧移和上涌,沉管灌注桩发生断桩、缩颈。

18.[答案] C

[依据]《建筑桩基技术规范》(JGJ 94—2008)第 4.1.2、4.1.3、4.1.5、4.1.6、5.3.11、6.7.2 条。

19.**[答案]** C

[依据]《建筑桩基技术规范》(JGJ 94—2008)第3.4.1条文说明。软土地区由于基坑开挖,导致土体蠕变滑移将桩体推歪产生较大的水平位移,甚至推断;先开挖基坑,后进行桩基施工会给施工带来很大的不便,综合考虑选项C最适宜。

20.**[答案]** B

[依据] 中性点处轴力最大,负摩阻力产生的下拉荷载 $Q_g^n = u\sum q_{si}^n l_i = 3.14\times0.8\times7\times15 = 351.68\text{kPa}$。

桩身最大轴力=500+351.68=851.68kPa。

21.**[答案]** C

[依据]《碾压式土石坝设计规范》(DL/T 5395—2007)第6.1.5条、第6.1.6条。

22.**[答案]** C

[依据]《碾压式土石坝设计规范》(DL/T 5395—2007)第8.3.2、8.3.4、8.3.6条。

23.**[答案]** C

[依据]《建筑边坡工程技术规范》(GB 50330—2013)第12.2.6条。

24.**[答案]** B

[依据] 无渗流时 $k=\dfrac{\tan\varphi}{\tan\theta}$,有渗流时 $k=\dfrac{\gamma'}{\gamma_{sat}}\dfrac{\tan\varphi}{\tan\theta}$,$\dfrac{\gamma'}{\gamma_{sat}}$ 接近0.5。

25.**[答案]** D

[依据] 土层交界面上 $e_{a上}=\gamma_1 h_1 k_{a1}$,交界面下 $e_{a下}=\gamma_1 h_1 k_{a2}$,$e_{a上}>e_{a下}$,$k_{a1}>k_{a2}$,$k_a=\tan(45^\circ-\dfrac{\varphi}{2})$,很明显,$\varphi_1<\varphi_2$。

26.**[答案]** B

[依据] $\dfrac{V_1}{1+e_1}=\dfrac{V_2}{1+e_2}$,$V_2=V_1\dfrac{1+e_2}{1+e_1}=1\times\dfrac{1+0.8}{1+0.5}=1.2\text{m}^3$

27.**[答案]** C

[依据] 采用滑动楔体静力平衡法,$E_p=G\tan60^\circ=1.732G$。

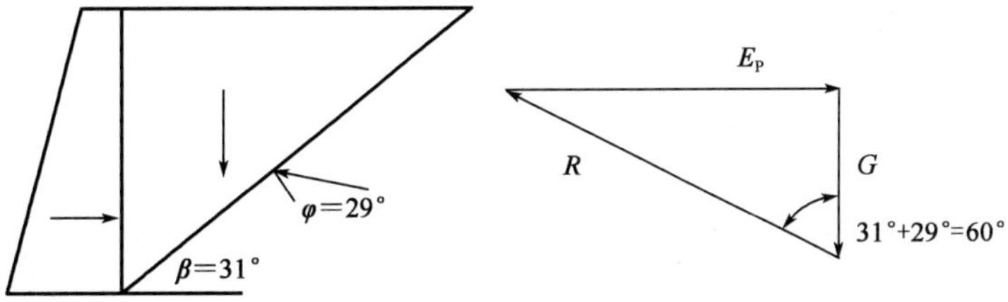

题27解图

28.**[答案]** C

[依据] 干燥状态 $k=\dfrac{\tan\varphi}{\tan\theta}$,潮湿状态由于假黏聚力的作用,$k=\dfrac{\tan\varphi}{\tan\theta}+\dfrac{cl}{W\sin\theta}$,顺坡渗流时 $k=\dfrac{\gamma'}{\gamma_{sat}}\dfrac{\tan\varphi}{\tan\theta}$,$\dfrac{\gamma'}{\gamma_{sat}}$ 接近 0.5,静水淹没时 $k=\dfrac{\tan\varphi}{\tan\theta}$。

29.[答案] B

[依据]《建筑抗震设计规范》(GB 50011—2010)(2016 年版)第 4.3.3 条。

30.[答案] C

[依据]《建筑抗震设计规范》(GB 50011—2010)(2016 年版)第 3.3.3 条。

31.[答案] C

[依据]《建筑抗震设计规范》(GB 50011—2010)(2016 年版)表 4.1.7。

32.[答案] B

[依据]《建筑抗震设计规范》(GB 50011—2010)(2016 年版)第 1.0.1 条条文说明。A 选项是水准目标的说法,C 选项是地震分组的说法,D 选项是水准烈度的说法。

33.[答案] D

[依据]《建筑抗震设计规范》(GB 50011—2010)(2016 年版)第 5.1.5 条。水平段 $\alpha=\eta_2\alpha_{max}$,影响系数随阻尼比增大而减小。

34.[答案] B

[依据]《建筑抗震设计规范》(GB 50011—2010)(2016 年版)第 5.1.5、5.3.1 条。土层剪切波速大,特征周期小,曲线下降段的影响系数小;近震、远震为 89 规范的说法,新规范改称为地震分组,相同的场地类别条件下,第一组的影响系数要小于第二组;罕遇地震的影响系数最大值大于多遇地震,因而地震影响系数也大;竖向地震影响系数的最大值可取水平地震影响系数最大值的 60%。

35.[答案] C

[依据]《中华人民共和国民法典》第七百九十一条。

36.[答案] D

[依据] 安全防护、文明施工措施费,是指按照国家现行的建筑施工安全、施工现场环境与卫生标准和有关规定,购置和更新施工防护用具及设施、改善安全生产条件和作业环境所需要的费用,不包括 D 选项。

37.[答案] B

[依据]《勘察设计注册工程师管理规定》第六、八、十条。

38.[答案] A

[依据]《建设工程质量管理条例》第四十条。

39.[答案] B

[**依据**]《建设工程勘察设计管理条例》第三十七条。

40.[**答案**] B

[**依据**]《中华人民共和国招标投标法》第五十条。

41.[**答案**] ACD

[**依据**]《岩土工程勘察规范》(GB 50021—2001)(2009 年版)附录 E 表 E.0.1。导水系数表示含水层全部厚度导水能力的一个参数,为渗透系数与含水层厚度的乘积;释水系数又称储水系数,指承压含水层中地下水位(水头)上升或下降一个单位高度时,从单位底面积和高度等于含水层厚度的柱体中,由于水的膨胀和岩层的压缩所储存或释放出的水量;越流系数表征弱透水层在垂直方向上传导越流水量能力的参数,为含水层顶(底)板弱透水层的垂直渗透系数与其厚度之比值。

42.[**答案**] ACD

[**依据**] 赤平投影可主要应用于结构面应力场分析、真倾角和视倾角的换算、断层两盘运动方向及断层性质的判断、岩质边坡稳定性分析、矿体真厚度和视厚度的换算;节理面的密度统计可采用节理玫瑰图、极点图、等密度图表示。

43.[**答案**] AB

[**依据**] 如图所示,M 表示岩层的真厚度,L 为钻孔中揭露的视厚度,$M = L\cos\alpha$,α 为岩层的真倾角,θ 为岩层倾角,当地面与层面垂直时,$M=L$;M 和岩层倾角无关。

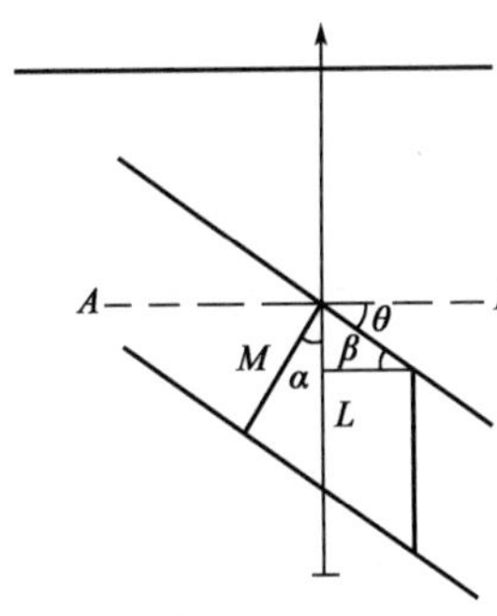

题 43 解图

44.[**答案**] BCD

[**依据**] 无侧限抗压强度 q_u 为十字板剪切强度的 2 倍,即 $q_u=2C_u$。

45.[**答案**] AB

[**依据**] 土中水分为结合水和自由水,结合水不能传递静水压力,自由水包括重力水和毛细水,均能传递静水压力。

46.[**答案**] BC

[**依据**]《水利水电工程地质勘察规范》(GB 50487—2008)附录 B。面波法适用覆盖

层探测，探地雷达法适用溶洞探测。

47.［答案］BCD

［依据］《建筑桩基技术规范》(JGJ 94—2008)第5.7.3、5.7.5条，表5.7.5。

48.［答案］AB

［依据］《建筑桩基技术规范》(JGJ 94—2008)第7.4.4、7.4.9条。

49.［答案］AD

［依据］《建筑桩基技术规范》(JGJ 94—2008)第3.4.7条及条文说明。

50.［答案］AC

［依据］《建筑桩基技术规范》(JGJ 94—2008)第5.2.5条。加固承台下地基土提高f_{ak}，增大承台宽度增加A_c，减小桩间距，η_c减小，采用后注浆灌注桩，η_c宜取低值。

51.［答案］AB

［依据］《建筑桩基技术规范》(JGJ 94—2008)第5.4.2条。

52.［答案］ABD

［依据］《建筑桩基技术规范》(JGJ 94—2008)第3.4.1条条文说明、第7.4.4条及条文说明。

53.［答案］AC

［依据］《建筑桩基技术规范》(JGJ 94—2008)第5.2.5条。

54.［答案］AB

［依据］见下表。

题54解表

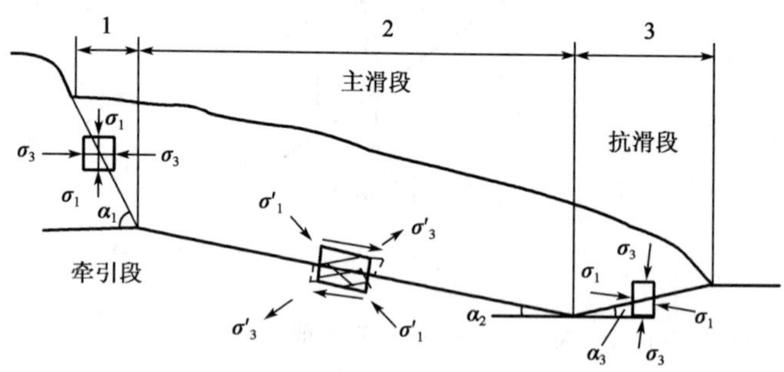

牵引段	最大主应力σ_1为土体的重力，最小主应力σ_3为水平压应力，发生主动破坏，滑裂面与水平面的夹角为$45°+\varphi/2$
抗滑段	最大主应力σ_1平行于滑面，最小主应力σ_3与σ_1垂直，发生被动破坏，滑裂面与水平面的夹角为$45°-\varphi/2$

55.［答案］AD

[依据] 朗肯理论和库仑理论的区别，见下表。

朗肯理论和库仑理论的比较　　　　题55解表

理论	基本假设	应用范围	计算误差
朗肯理论	墙背竖直光滑，墙后土体是具有水平面的半无限体，研究单元体的极限平衡应力状态，属于极限应力法	墙背竖直、光滑，墙后填土水平，无黏性土、黏性土	墙面不是光滑的，理论计算偏于保守，即主动土压力偏大，被动土压力偏小
库仑理论	假定滑动面为平面，滑动楔体为刚性体，根据楔体的极限平衡条件，用静力平衡方法求解。比较适用刚性挡土墙	包括朗肯条件在内的倾斜墙背、填土面不限，应用广泛，图解法应用无黏性和黏性土，数解法应用无黏性土	主动土压力比较接近实际，被动土压力误差较大

同样条件下，库仑被动土压力大于朗肯被动土压力，当挡墙墙背不光滑时，无法用朗肯公式计算。

56.[答案] ACD

[依据]《碾压式土石坝设计规范》(DL/T 5395—2007)第6.1.4条。

57.[答案] ABD

[依据]《建筑边坡工程技术规范》(GB 50330—2013)第11.2.3～11.2.5条条文说明。当抗滑移稳定性不满足要求时，可采取增大挡墙断面尺寸、墙底做成逆坡、换土做砂石垫层等措施，C选项可以提高抗倾覆稳定性。

58.[答案] BCD

[依据]《土工合成材料应用技术规范》(GB/T 50290—2014)第5.4.1条，土工膜做路基防渗隔离层时起到防止路基翻浆冒泥、防治盐渍化和防止地面水进入膨胀土以及湿陷性土路基的作用，B、C、D正确。

59.[答案] BC

[依据]《公路抗震设计规范》(JTG B02—2013)表3.1.1。A选项定为A类，D选项定为C类。

60.[答案] BD

[依据]《建筑抗震设计规范》(GB 50011—2010)(2016年版)第4.1.6、5.1.4条。特征周期与场地类别有关，与地震烈度无关。罕遇地震时，特征周期加0.05s。

61.[答案] ABC

[依据]《建筑抗震设计规范》(GB 50011—2010)(2016年版)条文说明2和第1.0.1条条文说明。设防烈度是一个地区的设防依据，不能随意提高或降低，设防标准可以根据业主要求提高。

62.[答案] AD

[依据]《建筑抗震设计规范》(GB 50011—2010)(2016年版)第4.1.4条。

63.［答案］ABD

［依据］《建筑抗震设计规范》(GB 50011—2010)(2016 年版)第 3.3.4 条。

64.［答案］BD

［依据］《建筑抗震设计规范》(GB 50011—2010)(2016 年版)第 3.3.2、4.1.1、4.3.6条。

65.［答案］ACD

［依据］土地使用费属于其他费，建设期利息属于建设工程总投资费用，勘察设计费属其他费用。

66.［答案］AC

［依据］《建设工程质量检测管理办法》第四条。

67.［答案］ABD

［依据］《中华人民共和国安全生产法》第十七条。

68.［答案］AC

［依据］《建设工程安全生产管理条例》第十二条。

69.［答案］ABD

［依据］《工程建设强制性标准监督规定》第九条。

70.［答案］ABC

［依据］《建设工程质量管理条例》第十六条。

2012年专业知识试题(下午卷)

一、单项选择题(共40题,每题1分。每题的备选项中只有一个最符合题意)

1. 按照《建筑地基基础设计规范》(GB 50007—2011)的要求,基础设计时的结构重要性系数 γ_0 最小不应小于下列哪个选项的数值? ( )

(A)1.0　　(B)1.1

(C)1.2　　(D)1.35

2. 按照《建筑桩基技术规范》(JGJ 94—2008)的要求,下列关于桩基设计时,所采用的作用效应组合与相应的抗力,哪个选项是正确的? ( )

(A)确定桩数和布桩时,应采用传至承台底面的荷载效应基本组合;相应的抗力应采用基桩或复合基桩承载力特征值

(B)计算灌注桩桩基结构受压承载力时,应采用传至承台顶面的荷载效应基本组合;桩身混凝土抗力应采用抗压强度设计值

(C)计算荷载作用下的桩基沉降时,应采用荷载效应标准组合

(D)计算水平地震作用、风载作用下的桩基水平位移时,应采用水平地震作用、风载效应准永久组合

3. 根据《建筑结构荷载规范》(GB 50009—2012),下列哪种荷载组合用于承载能力极限状态计算? ( )

(A)基本组合　　(B)标准组合

(C)频遇组合　　(D)准永久组合

4. 某冻胀地基,基础埋深2.8m,地下水位埋深10.0m,为降低或消除切向冻胀力,在基础侧向回填下列哪种材料的效果最优? ( )

(A)细砂　　(B)中砂

(C)粉土　　(D)粉质黏土

5. 下列关于土的变形模量的概念与计算的论述,哪个选项是错误的? ( )

(A)通过现场原位载荷试验测得

(B)计算公式是采用弹性理论推导的

(C)公式推导时仅考虑土体的弹性变形

(D)土的变形模量反映了无侧限条件下土的变形性质

6. 下列几种浅基础类型,哪种最适宜用刚性基础假定? ( )

(A)独立基础　　(B)条形基础
(C)筏形基础　　(D)箱形基础

7.相同地基条件下，宽度与埋置深度都相同的墙下条形基础和柱下正方形基础，当基底压力相同时，对这两种基础的设计计算结果的比较，哪个选项是不正确的？(　　)

(A)条形基础的中心沉降大于正方形基础
(B)正方形基础的地基承载力安全度小于条形基础
(C)条形基础的沉降计算深度大于正方形基础
(D)经深宽修正后的承载力特征值相同

8.建筑物采用筏板基础，在建筑物施工完成后平整场地，已知室内地坪标高 H_n = 25.60m，室外设计地坪标高 H_w = 25.004m，自然地面标高 H_z = 21.50m，基础底面标高 H_j = 20.00m，软弱下卧层顶面标高 H_r = 14.00m。对软弱下卧层承载力进行深度修正时，深度 d 取下列哪个选项是正确的？(　　)

(A)6.0m　　(B)7.5m
(C)11m　　(D)11.6m

9.根据《建筑地基基础设计规范》(GB 50007—2011)的要求，以下关于柱下条形基础的计算要求和规定，哪一项是正确的？(　　)

(A)荷载分布不均，如地基土比较均匀，且上部结构刚度较好，地基反力可近似按直线分布
(B)对交叉条形基础，交点上的柱荷载，可按交叉梁的刚度或变形协调的要求，进行分配
(C)需验算柱边缘处基础梁的受冲切承载力
(D)当存在扭矩时，尚应作抗扭计算

10.采用堆载预压法加固淤泥土层，以下哪一因素不会影响淤泥的最终固结沉降量？(　　)

(A)淤泥的孔隙比　　(B)淤泥的含水量
(C)排水板的间距　　(D)淤泥面以上堆载的高度

11.根据《建筑地基处理技术规范》(JGJ 79—2012)，下列哪项地基处理方法用于软弱黏性土效果最差？(　　)

(A)真空预压法　　(B)振冲密实桩法
(C)石灰桩法　　(D)深层搅拌法

12.建筑场地回填土料的击实试验结果为：最佳含水量22%，最大干密度1.65g/cm^3，如施工质量检测得到的含水量为23%，重度为18kN/m^3，则填土的压实系数最接近下列哪个选项？(重力加速度取10.0m/s^2)(　　)

(A)0.85　　(B)0.89

(C)0.92　　(D)0.95

13. 某火电厂场地为厚度 30m 以上的湿陷性黄土，为消除部分湿陷性并提高地基承载力，拟采用强夯法加固地基，下列哪个选项是正确的？（　　）

(A)先小夯击能小间距夯击，再大夯击能大间距夯击

(B)先小夯击能大间距夯击，再大夯击能小间距夯击

(C)先大夯击能小间距夯击，再小夯击能大间距夯击

(D)先大夯击能大间距夯击，再小夯击能小间距夯击

14. 某地层土层分布自上而下为：①黏土层 1.0m；②淤泥质黏土夹砂层，厚度 8m；③黏土夹砂层，厚度 10m，再以下为砂层。②层土天然地基承载力特征值为 80kPa，设计要求达到 120kPa。问下述地基处理技术中，从技术经济综合分析，下列哪一种地基处理方法最不合适？（　　）

(A)深层搅拌法　　(B)堆载预压法

(C)真空预压法　　(D)CFG 桩复合地基法

15. 某大型油罐处在厚度为 50m 的均质软黏土地基上，设计采用 15m 长的素混凝土桩复合地基加固，工后沉降控制值为 15.0cm。现要求提高设计标准，工后沉降控制值为 8.0cm，问下述思路哪一条最为合理？（　　）

(A)增大素混凝土桩的桩径

(B)采用同尺寸的钢筋混凝土桩作为增强体

(C)提高复合地基置换率

(D)增加桩的长度

16. 下述哪一种地基处理方法对周围土体产生挤土效应最大？（　　）

(A)高压喷射注浆法　　(B)深层搅拌法

(C)沉管碎石桩法　　(D)石灰桩法

17. 采用搅拌桩复合地基加固软土地基，已知软土地基承载力特征值 $f_{sk}=60$kPa，桩土应力比取 $n=8.5$，已知搅拌桩面积置换率为 20%，问复合地基承载力接近以下哪个数值？（　　）

(A)120kPa　　(B)150kPa

(C)180kPa　　(D)200kPa

18. 关于隧道新奥法的设计施工，下列哪个说法是正确的？（　　）

(A)支护体系设计时不考虑围岩的自承能力

(B)支护体系设计时应考虑围岩的自承能力

(C)隧道开挖后经监测围岩充分松动变形后再衬砌支护

(D)隧道开挖后经监测围岩压力充分释放后再衬砌支护

19. 在地下水丰富的地层中开挖深基坑，技术上需要同时采用降水井和回灌井，请问其中回灌井的主要作用是下列哪一个选项？ (　　)

(A)回收地下水资源

(B)加大抽水量以增加水头降低幅度

(C)保持坑外地下水位处于某一动态平衡状态

(D)减少作用在支护结构上的主动土压力

20. 相同地层条件、周边环境和开挖深度的两个基坑，分别采用钻孔灌注桩排桩悬臂支护结构和钻孔灌注桩排桩加钢筋混凝土内支撑支护结构，支护桩长相同。假设悬臂支护结构和桩—撑支护结构支护桩体所受基坑外侧朗肯土压力的计算值和实测值分别为 $P_{理1}$、$P_{实1}$ 和 $P_{理2}$、$P_{实2}$。试问它们的关系下列哪个是正确的？ (　　)

(A)$P_{理1}=P_{理2}$，$P_{实1}<P_{实2}$　　(B)$P_{理1}>P_{理2}$，$P_{实1}>P_{实2}$

(C)$P_{理1}<P_{理2}$，$P_{实1}<P_{实2}$　　(D)$P_{理1}=P_{理2}$，$P_{实1}>P_{实2}$

21. 已知某中砂地层中基坑开挖深度 $H=8.0$m，中砂天然重度 $\gamma=18.0$kN/m^3，饱和重度 $\gamma_{sat}=20$kN/m^3，内摩擦角 $\varphi=30°$，基坑边坡土体中地下水位至地面距离 4.0m。试问作用在坑底以上支护墙体上的总水压力 P_w 大小是下面哪个选项中的数值(单位：kN/m)？ (　　)

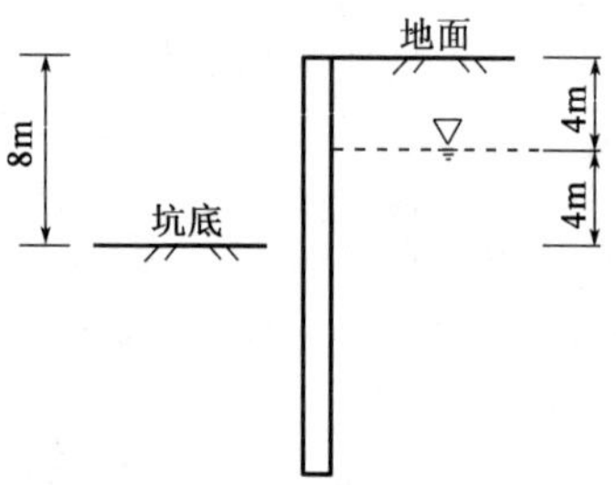

题 21 图

(A)160　　(B)80　　(C)40　　(D)20

22. 在上题基坑工程中，采用疏干排水，当墙后地下水位降至坑底标高时，根据《建筑基坑支护技术规程》(JGJ 120—2012)作用在坑底以上墙体上的总朗肯主动土压力大小最接近下列哪个选项中的数值(单位：kN/m)？ (　　)

(A)213　　(B)197　　(C)106　　(D)48

23. 当地下连续墙作为主体结构的主要竖向承重构件时，按《建筑基坑支护技术规程》(JGJ 120—2012)，下列哪项关于协调地下连续墙和内部结构之间差异沉降的说法

是错误的？（　　）

(A)宜选择压缩性较低的土层作为连续墙的持力层
(B)宜采取对地下连续墙墙底注浆加固的措施
(C)宜在地下连续墙墙顶设置冠梁
(D)宜在地下连续墙附近的基础底板下设置基础桩

24.隧道衬砌外排水设施通常不包括下列哪个选项？（　　）

(A)纵向排水盲管　(B)环向导水盲管
(C)横向排水盲管　(D)竖向盲管

25.公路边坡岩体较完整，但其上部有局部悬空的岩石而且可能成为危岩时，下列哪项工程措施是不宜采用的？（　　）

(A)钢筋混凝土立柱支撑　(B)浆砌片石支顶
(C)柔性网防护　(D)喷射混凝土防护

26.高速公路穿越泥石流地区时，下列防治措施中哪项是不宜采用的？（　　）

(A)修建桥梁跨越泥石流沟　(B)修建涵洞让泥石流通过
(C)泥石流沟谷的上游修建拦挡坝　(D)修建格栅坝拦截小型泥石流

27.下列关于盐渍土含盐类型和含盐量对土的工程性质影响的叙述中，哪一选项是正确的？（　　）

(A)氯盐渍土的含盐量越高，可塑性越低
(B)氯盐渍土的含盐量增大，强度随之降低
(C)硫酸盐渍土的含盐量增大，强度随之增大
(D)盐渍土的含盐量越高，起始冻结温度越高

28.地质灾害危险性评估的灾种不包括下列哪一选项？（　　）

(A)地面沉降　(B)地面塌陷
(C)地裂缝　(D)地震

29.关于滑坡治理中抗滑桩的设计，下列哪一说法是正确的？（　　）

(A)作用在抗滑桩上的下滑力作用点位于滑面以上三分之二滑体厚度处
(B)抗滑桩竖向主筋应全部通长配筋
(C)抗滑桩一般选择矩形断面主要是为了施工方便
(D)对同一抗滑桩由悬臂式变更为在桩顶增加预应力锚索后，嵌固深度可以减小

30.在泥石流勘察中，泥石流流体密度的含义是指下列哪一项？（　　）

(A)泥石流流体质量和泥石流固体部分体积的比值
(B)泥石流流体质量和泥石流体积的比值
(C)泥石流固体部分质量和泥石流体积的比值
(D)泥石流固体质量和泥石流固体部分体积的比值

31. 一般在有地表水垂直渗入与地下水交汇地带，岩溶发育更强烈些，其原因主要是下列哪一项？（其他条件相同时） （ ）

(A)不同成分水质混合后，会产生一定量的 CO_2，使岩溶增强
(B)不同成分的地下水浸泡后，使岩石可溶性增加
(C)地下水交汇后，使岩溶作用时间增加
(D)地下水交汇后，使机械侵蚀作用强度加大

32. 抗滑桩与高层建筑桩基相比，一般情况下，下列哪一个表述是错误的？ （ ）

(A)桩基承受垂直荷载为主，抗滑桩承受水平荷载为主
(B)桩基设计要计桩侧摩阻力，抗滑桩不计桩侧摩阻力
(C)桩基桩身主要按受压构件设计，抗滑桩桩身主要按受弯构件设计
(D)两种桩对桩顶位移的要求基本一致

33. 下列关于膨胀土地区的公路路堑边坡设计的说法哪项是不正确的？ （ ）

(A)可采用全封闭的相对保温防渗措施以防发生浅层破坏
(B)应遵循缓坡率、宽平台、固坡脚的原则
(C)坡高低于 6m、坡率 1∶1.75 的边坡都可以不设边坡宽平台
(D)强膨胀土地区坡高 6m、坡率 1∶1.75 的边坡设置的边坡宽度平台应大于 2m

34. 在层状岩体中开挖出边坡，坡面倾向 NW45°、倾角 53°。根据开挖坡面和岩层面的产状要素，下列哪个选项的岩层面最容易发生滑动破坏？ （ ）

(A)岩层面倾向 SE55°、倾角 35°
(B)岩层面倾向 SE15°、倾角 35°
(C)岩层面倾向 NW50°、倾角 35°
(D)岩层面倾向 NW15°、倾角 35°

35. 在盐分含量相同条件时，下列哪一类盐渍土的溶解度及吸湿性最大？ （ ）

(A)碳酸盐渍土 (B)氯盐渍土
(C)硫酸盐渍土 (D)亚硫酸盐渍土

36. 碎石填土的均匀性及密实性评价宜采用下列哪一种测试方法？ （ ）

(A)静力触探 (B)轻型动力触探
(C)重型动力触探 (D)标准贯入试验

37. 经筛分，某花岗岩风化残积土中大于 2mm 的颗粒质量占总质量的百分比为 25%。根据《水运工程岩土勘察规范》(JTS 133—2013)，该土的定名应为下列哪个选项？ ( )

(A)黏性土　　(B)砂质黏性土

(C)砾质黏性土　　(D)砂混黏土

38. 在采用高应变法对预制混凝土方桩进行竖向抗压承载力检测时，加速度传感器和应变式力传感器投影到桩截面上的安装位置下列哪一选项是最优的？ ( )

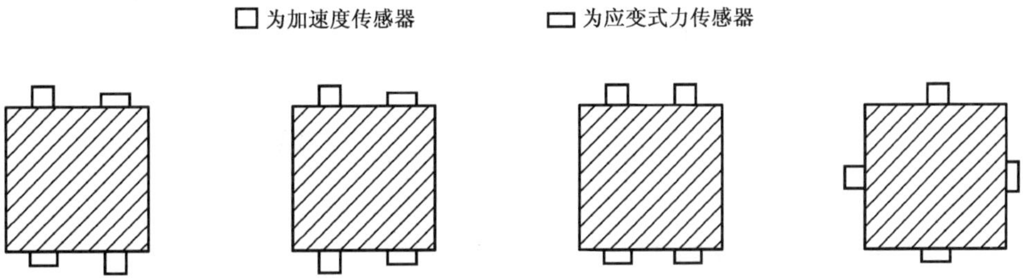

(A)　(B)　(C)　(D)

39. 下列哪一种检测方法适宜检测桩身混凝土强度？ ( )

(A)单桩竖向抗压静载试验　　(B)声波透射法

(C)高应变法　　(D)钻芯法

40. 复合地基竣工验收时，承载力检验常采用复合地基静载荷试验，下列哪一种因素不是确定承载力检验前的休止时间的主要因素？ ( )

(A)桩身强度　　(B)桩身施工质量

(C)桩周土的强度恢复情况　　(D)桩周土中的孔隙水压力消散情况

二、多项选择题(共 30 题，每题 2 分。每题的备选项中有两个或三个符合题意，错选、少选、多选均不得分)

41. 按照《建筑桩基技术规范》(JGJ 94—2008)的要求，下列哪些选项属于桩基承载力极限状态的描述？ ( )

(A)桩基达到最大承载能力　　(B)桩身出现裂缝

(C)桩基达到耐久性要求的某项限值　　(D)桩基发生不适于继续承载的变形

42. 按照《建筑地基基础设计规范》(GB 50007—2011)的要求，下列哪些建筑物的地基基础设计等级属于甲级？ ( )

(A)高度为 30m 以上的高层建筑

(B)体型复杂，层数相差超过 10 层的高低层连成一体的建筑物

(C)对地基变形有要求的建筑物

(D)场地和地基条件复杂的一般建筑物

43. 根据《建筑结构荷载规范》(GB 50009—2012),对于正常使用极限状态下荷载效应的准永久组合,应采用下列哪些荷载值之和作为代表值? ( )

(A)永久荷载标准值 (B)可变荷载的准永久值

(C)风荷载标准值 (D)可变荷载的标准值

44. 根据《建筑地基基础设计规范》(GB 50007—2011),当地基受力层范围内存在软弱下卧层时,按持力层土的承载力计算出基础底面尺寸后,尚须对软弱下卧层进行验算,下列选项中哪些叙述是正确的? ( )

(A)基底附加压力的扩散是按弹性理论计算的

(B)扩散面积上的总附加压力比基底的总附加压力小

(C)下卧层顶面处地基承载力特征值需经过深度修正

(D)满足下卧层验算要求就不会发生剪切破坏

45. 根据《建筑地基基础设计规范》(GB 50007—2011),下列选项中有关基础设计的论述中,哪些选项的观点是错误的? ( )

(A)同一场地条件下的无筋扩展基础,基础材料相同时,基础底面处的平均压力值越大,基础的台阶宽高比允许值就越小

(B)交叉条形基础,交点上的柱荷载可按静力平衡或变形协调的要求进行分析

(C)基础底板的配筋,应按抗弯计算确定

(D)柱下条形基础梁顶部通长钢筋不应少于顶部受力钢筋截面总面积的1/3

46. 当建筑场区范围内具有大面积地面堆载时,下列哪些要求是正确的? ( )

(A)堆载应均衡,堆载量不应超过地基承载力特征值

(B)堆载不宜压在基础上

(C)大面积的填土,宜在基础施工后完成

(D)条件允许时,宜利用堆载预压过的建筑场地

47. 遇有软弱地基,地基基础设计、施工及使用时下列哪些做法是适宜的? ( )

(A)设计时,应考虑上部结构和地基的共同作用

(B)施工时,应注意对淤泥和淤泥质土基槽底面的保护,减少扰动

(C)荷载差异较大的建筑物,应先建设轻、低部分,后建重、高部分

(D)活荷载较大的构筑物或构筑物群(如料仓、油罐等),使用初期应快速均匀加荷载

48.《建筑地基基础设计规范》(GB 50007—2011)中给出的最终沉降量计算公式中,未能直接考虑下列哪些因素? ( )

(A)附加应力的分布是非线性的

(B)土层非均匀性对附加应力分布可能产生的影响

(C)次固结对总沉降的影响

(D)基础刚度对沉降的调整作用

49. 根据《建筑地基处理技术规范》(JGJ 79—2012),地基处理施工结束后,应间隔一定时间方可进行地基和加固体的质量检验,下列选项中有关间隔时间长短的比较哪些是不合理的? ( )

(A)振冲桩处理粉土地基>砂石桩处理砂土地基

(B)水泥土搅拌桩承载力检测>振冲桩处理粉土基

(C)砂石桩处理砂土地基>硅酸钠溶液灌注加固地基

(D)硅酸钠溶液灌注回固地基>水泥土搅拌桩承载力检测

50. 当采用水泥粉煤灰碎石桩(CFG)加固地基时,通常会在桩顶与基础之间设置褥垫层,关于褥垫层的作用,下列哪些选项的叙述是正确的? ( )

(A)设置褥垫层可使竖向桩土荷载分担比增大

(B)设置褥垫层可使水平向桩土荷载分担比减小

(C)设置褥垫层可减少基础底面的应力集中

(D)设置褥垫层可减少建筑物沉降变形

51. 采用真空预压法加固软土地基时,以下哪些措施有利于缩短预压工期? ( )

(A)减小排水板间距 (B)增加排水砂垫层厚度

(C)采用真空堆载联合预压法 (D)在真空管路中设置止回阀和截门

52. 以下哪些地基处理方法适用于提高饱和软土地基承载力? ( )

(A)堆载预压法 (B)深层搅拌法

(C)振冲挤密法 (D)强夯法

53. 根据《建筑地基处理技术规范》(JGJ 79—2012),以下哪些现场测试方法适用于深层搅拌法的质量检测? ( )

(A)静力触探试验 (B)平板载荷试验

(C)标准贯入试验 (D)取芯法

54. 根据《建筑地基处理技术规范》(JGJ 79—2012),采用强夯碎石墩加固饱和软土地基,对该地基进行质量检验时,应该做以下哪些检验? ( )

(A)单墩载荷试验

(B)桩间土在置换前后的标贯试验

(C)桩间土在置换前后的含水量、孔隙比、c、φ 值等物理力学指标变化的室内

试验

(D)碎石墩密度随深度的变化

55. 某大型工业厂房长约800m,宽约150m,为单层轻钢结构,地基土为6.0～8.0m厚填土,下卧硬塑的坡残积土。拟对该填土层进行强夯法加固,由于填土为新近堆填的素填土,以花岗岩风化的砾质黏性土为主,被雨水浸泡后地基松软,雨季施工时以下哪些措施是有效的?（　　）

(A)对表层1.5～2.0m填土进行换填,换为砖渣或采石场的碎石渣

(B)加大夯点间距,减小两遍之间的间歇时间

(C)增加夯击遍数,减少每遍夯击数

(D)在填土中设置一定数量砂石桩,然后再强夯

56. 根据《建筑地基基础设计规范》(GB 50007—2011),下列哪些选项是可能导致软土深基坑坑底隆起失稳的原因?（　　）

(A)支护桩竖向承载力不足　　(B)支护桩抗弯刚度不够

(C)坑底软土地基承载力不足　　(D)坡顶超载过大

57. 假定某砂性地层基坑开挖降水过程中土体中的稳定渗流是二维渗流,可用流网表示。关于组成流网的流线和等势线,下列哪些说法是正确的?（　　）

(A)流线下等势线恒成正交

(B)基坑坡顶和坑底线均为流线

(C)流线是流函数的等值线,等势线是水头函数的等值线

(D)基坑下部不透水层边界线系流线

58. 根据《建筑基坑支护技术规程》(JGJ 120—2012),关于预应力锚杆的张拉与锁定,下列哪些选项是正确的?（　　）

(A)锚固段强度大于15MPa,或达到设计强度等级的75%后方可进行张拉

(B)锚杆宜张拉至设计荷载的1.1～1.15倍后,再按设计要求锁定

(C)锚杆张拉锁定值宜取锚杆轴向受拉承载力标准值的0.50～0.65倍

(D)锚杆张拉控制应力不应超过锚杆受拉承载力标准值的0.75倍

59. 盾构法隧道的衬砌管片作为隧道施工的支护结构,在施工阶段其主要作用包括下列哪些选项?（　　）

(A)保护开挖面以防止土体变形、坍塌

(B)承受盾构推进时千斤顶顶力及其他施工荷载

(C)隔离地下有害气体

(D)防渗作用

60. 在基坑各部位外部环境条件相同的情况下,基坑顶部的变形监测点应优先布置

在下列哪些部位？ （ ）

(A)基坑长边中部 (B)阳角部位
(C)阴角部位 (D)基坑四角

61. 下列哪些情况下，膨胀土的变形量可按收缩变形量计算？ （ ）

(A)游泳池的地基
(B)大气影响急剧层内接近饱和的地基
(C)直接受高温作用的地基
(D)地面有覆盖且无蒸发可能的地基

62. 下列关于用反算法求取滑动面抗剪强度参数的表述，哪些选项是正确的？
（ ）

(A)反算法求解滑动面 c 值或 φ 值，其必要条件是恢复滑动前的滑坡断面
(B)用一个断面反算时，总是假定 $c=0$，求综合 φ
(C)对于首次滑动的滑坡，反算求出的指标值可用于评价滑动后的滑坡稳定性
(D)当有挡墙因滑坡而破坏时，反算中应包括其可能的最大抗力

63. 下列有关大范围地面沉降的表述中，哪些是正确的？ （ ）

(A)发生地面沉降的区域，仅存在一处沉降中心
(B)发生地面沉降的区域，必然存在厚层第四纪堆积物
(C)在大范围、密集的高层建筑区域内，严格控制建筑容积率是防治地面沉降的有效措施
(D)对含水层进行回灌后，沉降了的地面基本上就能完全复原

64. 关于黄土湿陷起始压力 P_{ab} 的论述中，下列哪些选项是正确的？ （ ）

(A)因为对基底下 10m 以内的土层测定湿陷系数 δ_s 的试验压力一般为 200kPa，所以黄土的湿陷起始压力一般可用 200kPa
(B)对于自重湿陷性黄土，工程上测定地层的湿陷起始压力意义不大
(C)在进行室内湿陷起始压力试验时，单线法应取 2 个环刀试样，双线法应取 4 个环刀试样
(D)湿陷起始压力不论室内试验还是现场试验都可以测定

65. 在多年冻土地区修建路堤，下列哪些选项的说法是正确的？ （ ）

(A)路堤的设计应综合考虑地基的融化沉降量和压缩沉降量，路基预留加宽和加高值应按照竣工后的沉降量确定
(B)路基最小填土高度要满足防止冻胀翻浆和保证冻土上限不下降的要求
(C)填挖过渡段、低填方地段在进行换填时，换填厚度应根据基础沉降变形计算确定

(D)根据地下水情况，采取一定措施，排除对路基有害的地下水

66. 关于计算滑坡推力的传递系数法，下列哪些叙述是不正确的？（　　）

(A)依据每个条块静力平衡关系建立公式，但没有考虑力矩平衡
(B)相邻条块滑面之间的夹角大小对滑坡推力计算结果影响不大
(C)划分条块时需要考虑地面线的几何形状特征
(D)所得到的滑坡推力方向是水平的

67. 下列哪些选项是黏性泥石流的基本特性？（　　）

(A)密度较大　　(B)水是搬运介质
(C)泥石流整体呈等速流动　　(D)基本发生在高频泥石流沟谷

68. 下列关于红黏土的特征表述中哪些是正确的？（　　）

(A)红黏土具有与膨胀土一样的胀缩性
(B)红黏土孔隙比及饱和度都很高，故力学强度较低，压缩性较大
(C)红黏土失水后出现裂隙
(D)红黏土往往有上硬下软的现象

69. 采用钻芯法检测建筑基桩质量，当芯样试件不能满足平整度及垂直度要求时，可采用某些材料在专用补平机上补平。关于补平厚度的要求下列哪些选项是正确的？（　　）

(A)采用硫黄补平厚度不宜大于 1.5mm
(B)采用硫黄胶泥补平厚度不宜大于 3mm
(C)采用水泥净浆补平厚度不宜大于 5mm
(D)采用水泥砂浆补平厚度不宜大于 10mm

70. 桩的水平变形系数计算公式为 $\alpha=\left(\frac{mb_0}{EI}\right)^{1/5}$，关于公式中各因子的单位下列哪些选项是正确的？（　　）

(A)桩的水平变形系数 α 没有单位
(B)地基土水平抗力系数的比例系数 m 的单位为 kN/m^3
(C)桩身计算宽度 b_0 的单位为 m
(D)桩身抗弯刚度 EI 的单位为 $kN \cdot m^2$

2012 年专业知识试题答案(下午卷)

1.［答案］A

［依据］《建筑地基基础设计规范》(GB 50007—2011)第 3.0.5 条第 5 款。

2.［答案］B

［依据］《建筑桩基技术规范》(JGJ 94—2008)第 3.1.7 条。

3.［答案］A

［依据］《建筑结构荷载规范》(GB 50009—2012)第 3.2.2 条。

4.［答案］B

［依据］《建筑地基基础设计规范》(GB 50007—2011)第 5.1.9 条。

5.［答案］C

［依据］变形模量表示土体在无侧限条件下应力与应变之比,相当于理想弹性体的弹性模量,但由于土体不是理想弹性体,故称为变形模量,反应土体抵抗弹塑性变形的能力,变形模量常用于瞬时沉降的估算等,可用室内三轴试验或现场载荷试验、自钻式旁压试验确定。

6.［答案］A

［依据］刚性基础指无筋扩展基础,包括条形基础和独立基础,基础材料的抗压性能远大于其抗拉和抗剪强度,基本不发生挠曲变形,基础面积越小越符合刚性基础的假定。

7.［答案］B

［依据］《建筑地基基础设计规范》(GB 50007—2011)附录 K。

条形基础基底压力扩散为两边,正方形基础基底压力扩散为四边,因此正方形基础应力随深度衰减比条形基础快,沉降计算深度小于条形基础,当基底压力相同时,条形基础沉降大于正方形基础。埋深相同,基础底面宽度相同,地质条件相同,经深宽修正后的承载力也相同,两基础的承载力安全度是相同的。

8.［答案］B

［依据］《建筑地基基础设计规范》(GB 50007—2011)第 5.2.4 条。软弱下卧层承载力深度修正时取下卧层顶面到自然地面,$d=21.5-14=7.5\text{m}$。

9.［答案］D

［依据］《建筑地基基础设计规范》(GB 50007—2011)第 8.3.2 条。

10.［答案］C

［依据］最终沉降量采用分层总和法,$s=\sum\frac{a_i}{1+e_i}\Delta p_i H_i$,从公式中可以看出,最终

沉降量与排水板的间距无关。

11.［答案］B

［依据］《建筑地基处理技术规范》(JGJ 79—2012)第5.1.1、7.2.1、7.3.1条，2012规范已取消石灰桩。

12.［答案］B

［依据］$\rho_d=\frac{\gamma}{\gamma_w(1+w)}=\frac{18}{10\times(1+0.23)}=1.463, \lambda=\frac{\rho_d}{\rho_{dmax}}=\frac{1.463}{1.65}=0.887$

13.［答案］D

［依据］《湿陷性黄土地区建筑标准》(GB 50025—2018)第6.3.8条及条文说明。大夯击能、大间距可增加处理深度，小夯击能、小间距可表层加固，提高整体处理效果。

14.［答案］C

［依据］真空预压法处理后的承载力达不到120kPa。

15.［答案］D

［依据］《建筑地基处理技术规范》(JGJ 79—2012)7.3.3条文说明。当软弱土层深厚，从减小地基的变形量方面考虑，桩长应穿透软弱土层达到下卧强度较高的土层上，在深厚的淤泥及淤泥质土中避免采用悬浮桩型。该题历年多次考到，增加桩长是减小沉降的最有效措施，ABC三个选择均能增加单桩承载力。

16.［答案］C

［依据］A、B、C三个选项都是靠胶结凝固作用来提高承载力，C选项主要是靠挤压桩周土体挤密作用提高地基承载力。

17.［答案］B

［依据］《建筑地基处理技术规范》(JGJ 79—2012)第7.1.5条。$f_{spk}=[1+m(n-1)]f_{sk}=[1+0.2\times(8.5-1)]\times60=150$kPa。

18.［答案］B

［依据］新奥法认为围岩不仅是载荷，而且自身也是一种承载结构。重视围岩自身的承载作用，强调充分发挥隧道衬砌与岩体之间的联合作用；衬砌要准确了解围岩的时间因素，掌握衬砌的恰当时间，保证支护的刚度，根据围岩特征采用不同的支护类型和参数，及时施作密贴于围岩的柔性喷射混凝土和锚杆初期支护，以控制围岩的变形和松弛。

19.［答案］C

［依据］《建筑基坑支护技术规程》(JGJ 120—2012)第7.3.25条。设置回灌井的目的是通过回灌地下水减少地表变形量。

20.［答案］A

［依据］理论公式计算二者相同$P_{理1}=P_{理1}$，悬臂桩支护结构的变形要大于桩—撑

支护结构，悬臂桩支护结构主动土压力小于桩—撑支护结构主动土压力 $P_{实1} < P_{实2}$。支护结构的变形越大，主动土压力越小，变形越小土压力越接近静止土压力。

21.［答案］B

［依据］$P_w = \frac{1}{2}\gamma_w h^2 = 0.5 \times 10 \times 4^2 = 80\text{kN/m}$

22.［答案］B

［依据］$E_a = \frac{1}{2}\gamma h^2 k_a = 0.5 \times 18 \times 8^2 \times \tan^2\left(45^\circ - \frac{30^\circ}{2}\right) = 192\text{kN/m}$

23.［答案］C

［依据］《建筑基坑支护技术规程》(JGJ 120—2012)第 4.11.5 条。

24.［答案］C

［依据］《公路隧道设计规范　第一册　土建工程》(JTG 3370.1—2018)第 10.3.5 条。

25.［答案］D

［依据］《公路路基设计规范》(JTG D30—2015)第 7.3.3 条，对路基有危害的危岩体，应清除或采取支撑、预应力锚固等措施；A、B、C 正确；喷射混凝土属于路基的坡面防护，不能处理危岩，D 错误。

26.［答案］B

［依据］《公路路基设计规范》(JTG D30—2015)第 7.5.2 条第 1 款，A 正确；第 3 款 B 错误；第 7.5.4 条，C、D 正确。

27.［答案］A

［依据］《工程地质手册》(第五版)第 595 页。氯盐渍土含氯量越高，液限、塑限和塑性指数越低，可塑性越低；氯盐渍土总含盐量增大，强度随之增大；硫酸盐渍土的强度随含盐量增大而减小；盐渍土的起始冻结温度随溶液浓度增大而降低。

28.［答案］D

［依据］《地质灾害危险性评估规范》(DZ/T 0286—2015)第 4.1.2 条。地质灾害的评估范围不包括地震。

29.［答案］D

［依据］抗滑桩上的推力分布可为矩形、三角形、梯形，下滑力作用点根据推力分布确定；抗滑桩主要是受弯作用，在实际设计中，纵向主筋不是按通长配筋；选择矩形断面主要是为了获得较大的抗弯截面模量，抗滑桩截面长边方向与滑动方向一致，当滑动方向不能确定时可采用圆形截面；对抗滑桩施加预应力锚索后，抗滑桩的弯矩和剪力减小，相应嵌固深度可以减小。

30.［答案］B

［依据］《公路工程地质勘察规范》(JTG C20—2011)第 7.4.10 条条文说明。泥石

流是由于降水而形成的一种夹带大量泥沙、石块等固体物质的特殊洪流，其密度为流体质量和流体体积之比，可采用称量法、体积比法确定。

31.［答案］A

［依据］由于混合溶蚀效应，不同成分水混合后，其溶解能力有所增强，侵蚀性增大。岩溶的发育与岩石成分、地质构造、地下水等因素有关，岩石的可溶性是固有属性，不会改变；地下水交汇后，岩溶作用时间基本无影响；岩溶为侵蚀性 CO_2 的化学侵蚀作用，因此选 A。

32.［答案］D

［依据］《铁路路基支挡结构设计规范》(TB 10025—2019)第 13.2.1 条条文说明及第 13.2.11 条条文说明，抗滑桩主要承受水平荷载，按受弯构件考虑，对桩顶位移要求不高，一般允许较大的变形(以水平位移为主)。

33.［答案］A

［依据］《公路路基设计规范》(JTG D30—2015)第 7.9.7 条第 2 款，B 正确；表 7.9.7-1，C、D正确；A 选项为 2004 公路路基规范第 7.8.1 条第 5 款第 1 条，可能发生浅层破坏时，宜采取半封闭的相对保湿措施。

34.［答案］C

［依据］岩层和边坡走向相同或相近，倾向相同，倾角小于坡脚为最不稳定的情况。

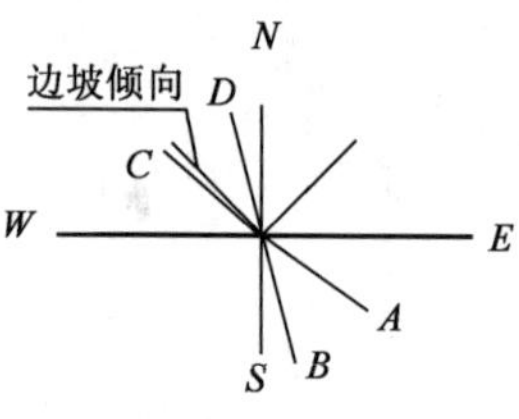

题 34 解图

35.［答案］B

［依据］《工程地质手册》(第五版)第 594 页。氯盐渍土具有较强的吸湿性和保水性。

36.［答案］C

［依据］《岩土工程勘察规范》(GB 50021—2001)(2009 年版)表 10.4.1。

37.［答案］C

［依据］《水运工程岩土勘察规范》(JTS 133—2013)第 4.2.8 条。

38.［答案］A

［依据］《建筑基桩检测技术规范》(JGJ 106—2014)附录 F。

39.［答案］D

［依据］《建筑基桩检测技术规范》(JGJ 106—2014)第 3.1.1 条表 3.1.1。

40.［答案］B

［依据］《地基处理手册》(第三版)第 249 页。由于成桩过程中对地基土结构、构造

的扰动，使地基土强度暂时有所降低，饱和地基土在桩周围一定范围内，还会产生较高的超静孔隙水压力。因此，成桩结束后要静置一段时间，使地基土强度恢复，超静孔隙水压力消散以后再进行载荷试验，选项CD正确；对于有黏结强度的桩而言，其承载力是随着时间增长而逐步提高的，因此在施工结束后应休止一定时间后再进行试验，以避免桩身强度不足造成试验不准确。

41.［答案］AD

［依据］《建筑桩基技术规范》(JGJ 94—2008)第3.1.1条。耐久性和裂缝为正常使用极限状态。

42.［答案］BD

［依据］《建筑地基基础设计规范》(GB 50007—2011)表3.0.1。

43.［答案］AB

［依据］《建筑结构荷载规范》(GB 50009—2012)第3.1.2条、第3.1.6条。

44.［答案］CD

［依据］《建筑地基基础设计规范》(GB 50007—2011)第5.2.7条及条文说明。基底压力扩散是按扩散理论计算的，扩散面积上的总附加应力和地基总附加应力相等。

45.［答案］BD

［依据］《建筑地基基础设计规范》(GB 50007—2011)第8.1.1条、第8.3.2条、第8.2.7条、第8.3.1条。

46.［答案］ABD

［依据］《建筑地基基础设计规范》(GB 50007—2011)第7.5.1条、第7.5.2条、第7.5.3条。

47.［答案］AB

［依据］《建筑地基基础设计规范》(GB 50007—2011)第7.1.3条、第7.1.4条、第7.1.5条。

48.［答案］BCD

［依据］《建筑地基基础设计规范》(GB 50007—2011)第5.3.5条及条文说明。计算地基变形时，地基内的应力分布采用各向同性均质线性变形体理论，用应力面积法计算最终沉降量，采用平均附加应力系数考虑了附加应力分布的非线性，而没有考虑土层的非均匀性和次固结的影响；由于地基土为弹塑性体，规范公式也没有考虑基础刚度对地基沉降的调整作用。

49.［答案］CD

［依据］《建筑地基处理技术规范》(JGJ 79—2012)第7.2.5条、第7.3.7条、第8.4.2条。

50.［答案］BC

［依据］《建筑地基处理技术规范》(JGJ 79—2012)第7.7.2条文说明第4款。

51.［答案］AC

［依据］减小排水板间距，加快软土地基排水，提高固结度；采用真空堆载联合预压也有利于提高工期；增加垫层厚度对工期影响不大；设置回阀和截门是为了避免膜内真空度停泵后很快降低。

52.［答案］AB

［依据］《建筑地基处理技术规范》(JGJ 79—2012)第5.1.1条、第7.3.1条、第7.2.1条、第6.1.2条。

53.［答案］BD

［依据］《建筑地基处理技术规范》(JGJ 79—2012)第7.3.7条第3、4款。

54.［答案］AD

［依据］《建筑地基处理技术规范》(JGJ 79—2012)第6.3.13条、6.3.14条第3款。

55.［答案］ACD

［依据］《建筑地基处理技术规范》(JGJ 79—2012)第6.3.3条、6.3.8条，设置砂井起到排水作用，减小孔隙水压力。

56.［答案］CD

［依据］《建筑地基基础设计规范》(GB 50007—2011)附录V。$K_D=\dfrac{N_c\tau_0+\gamma t}{\gamma(h+t)+q}$，从公式可以看出C、D选项正确。

57.［答案］ACD

［依据］流网具有的特征是：①流线与等势线彼此正交；②相邻等势线间的水头损失相同；③各流槽的流量相等；④流网网格为正方形或曲边正方形；基坑的坡顶和坑底为等势线，流线的边界包括坑底不透水层面。

58.［答案］AB

［依据］《建筑基坑支护技术规程》(JGJ 120—2012)第4.7.7条、4.8.7条，附录A.1.7。

59.［答案］AB

［依据］盾构法隧道衬砌管片主要是控制和防止围岩的变形和坍塌，确保围岩的稳定，不具有隔离地下有害气体和防渗的作用。

60.［答案］AB

［依据］《建筑基坑工程监测技术规范》(GB 50497—2009)第5.2.1条。

61.［答案］BC

［依据］《膨胀土地区建筑技术规范》(GB 50112—2013)第5.2.7条。

62.［答案］AD

［**依据**］反算法的基本原理是视滑坡将要滑动而未滑动的瞬间坡体处于极限平衡状态，根据试验成果及经验数据，先确定一个比较稳定的值，反求另一值；首次滑动的滑坡，极限平衡断面是滑坡刚要开始滑动的状态，此时的整个滑带土的强度未达到残余强度，因此反算求出的参数高于残余强度指标参数；当有建筑物时，在计算中应包括建筑物可能的最大抗力。

63.［**答案**］BC

［**依据**］《工程地质手册》(第五版)第713、715页。地面沉降发生的范围广，有一处或多处沉降中心；发生地面沉降的地域范围局限于存在深厚第四纪堆积物的平原、盆地等；已经发生沉降的地区，在高层建筑密集区域内应严格控制建筑物容积率；地面沉降一旦发生，即使消除了产生地面沉降的原因，沉降了的地面也不可能完全恢复。

64.［**答案**］BD

［**依据**］《湿陷性黄土地区建筑标准》(GB 50025—2018)第4.4.5条，湿陷起始压力一般取$P-\delta_s$曲线上$\delta_s=0.015$对应的压力，选项A错误；第4.3.5条条文说明，湿陷起始压力是反映非自重湿陷性黄土特征的重要指标，自重湿陷性黄土场地的湿陷起始压力很小，无使用意义，选项B正确；第4.3.4条第5、6款，单线法取不少于5个环刀样，双线法不少于2个环刀样，选项C错误；结合第4.3.5条，现场和室内均可测定湿陷起始压力，选项D正确。

65.［**答案**］ABD

［**依据**］《公路路基设计规范》(JTG D30－2015)第7.12.2条第11款，A正确；第1款，B正确；第6款，换填厚度应经热工计算确定，C错误；第7.12.7条第1款，D正确。

66.［**答案**］BCD

［**依据**］传递系数法考虑了条块间的静力平衡，没有考虑力矩平衡；由传递系数法公式可知，滑面之间的夹角对滑坡推力计算结果影响较大；划分条块不需要考虑地面线的几何形状，应考虑滑面的几何形状；滑坡推力方向与滑动面方向一致，不一定是水平的。

67.［**答案**］AC

［**依据**］《铁路工程不良地质勘察规程》(TB 10027—2012)附录C。

68.［**答案**］CD

［**依据**］《工程地质手册》(第五版)第525、526页。红黏土以收缩为主，膨胀量很小；红黏土含水量、饱和度、塑性界限和孔隙比都很高，但具有较高的力学强度和较低的压缩性；红黏土失水后出现裂缝，具有上硬下软的现象。

69.［**答案**］AC

［**依据**］《建筑基桩检测技术规范》(JGJ 106—2014)附录E.0.2条。

70.［**答案**］CD

［**依据**］《建筑桩基技术规范》(JGJ 94—2008)，α单位为m^{-1}；m单位为kN/m^4；b_0单位为m；EI单位为$kN\cdot m^2$。

2013 年专业知识试题(上午卷)

一、单项选择题(共 40 题,每题 1 分。每题的备选项中只有一个最符合题意)

1. 某次抽水试验,抽水量保持不变,观测地下水位变化,则可认定该项抽水试验属于下列哪一项? (　　)

(A)完整井抽水试验　　(B)非完整井抽水试验

(C)稳定流抽水试验　　(D)非稳定流抽水试验

2. 地温测试采用贯入法试验时,要求温度传感器插入试验深度后静止一定时间才能进行测试,其主要目的是下列哪一选项? (　　)

(A)减少传感器在土层初始环境中波动的影响

(B)减少贯入过程中产生的热量对测温结果的影响

(C)减少土层经扰动后固结对测温结果的影响

(D)减少地下水位恢复过程对测温结果的影响

3. 在工程地质调查与测绘中,下列哪一选项的方法最适合用于揭露地表线性构造? (　　)

(A)钻探　　(B)探槽

(C)探井　　(D)平洞

4. 为工程降水需要做的抽水试验,其最大降深选用最合适的是下列哪项? (　　)

(A)工程所需的最大降水深度

(B)静水位和含水层顶板间的距离

(C)设计动水位

(D)完整井取含水层厚度,非完整井取 1～2 倍的试验段厚度

5. 下列关于压缩指数含义的说法,哪一选项是正确的?(p_c 是先期固结压力) (　　)

(A)e-p 曲线上任两点割线斜率

(B)e-p 曲线某压力区间段割线斜率

(C)e-lg$p$ 曲线上 p_c 点前直线段斜率

(D)e-lg$p$ 曲线上过 p_c 点后直线段斜率

6. 对于内河港口,在工程可行性研究阶段勘探线布置方向的正确选项是哪一个? (　　)

(A)平行于河岸方向　　　　　　　　　(B)与河岸成 45°角
(C)垂直于河岸方向　　　　　　　　　(D)沿建筑物轴线方向

7. 在建筑工程勘察中，当钻孔采用套管护壁时，套管的下设深度与取样位置之间的距离，不应小于下列哪个选项？　　(　　)

(A)0.15m　　　　　　　　　(B)1 倍套管直径
(C)2 倍套管直径　　　　　　(D)3 倍套管直径

8. 在水域勘察中采用地震反射波法探测地层时，漂浮检波器采集到的地震波是下列哪个选项？　　(　　)

(A)压缩波　　　　　　　　　(B)剪切波
(C)瑞利波　　　　　　　　　(D)面波

9. 对一个粉土土样进行慢剪试验，剪切过程历时接近下列哪个选项？　　(　　)

(A)0.5h　　(B)1h　　(C)2h　　(D)4h

10. 根据《公路工程地质勘察规范》(JTJ C20—2011)规定，钻探中发现滑动面(带)迹象时，钻探回次进尺最大不得大于下列哪个选项中的数值？　　(　　)

(A)0.3m　　　　　　　　　(B)0.5m
(C)0.7m　　　　　　　　　(D)1.0m

11. 在建筑工程勘察中，当需要采取Ⅰ级冻土试样时，其钻孔成孔口径最小不宜小于下列哪个数位？　　(　　)

(A)75mm　　　　　　　　　(B)91mm
(C)130mm　　　　　　　　 (D)150mm

12. 渗流作用可能产生流土或管涌现象，仅从土质条件判断，下列哪一种类型的土最容易产生管涌破坏？　　(　　)

(A)缺乏中间粒径的砂砾石，细粒含量为 25%
(B)缺乏中间粒径的砂砾石，细粒含量为 35%
(C)不均匀系数小于 10 的均匀砂土
(D)不均匀系数大于 10 的砂砾石，细粒含量为 25%

13. 在建筑工程勘察中，现场鉴别粉质黏土有以下表现：①手按土易变形，有柔性，掰时似橡皮；②能按成浅凹坑，可判定该粉质黏土属于下列哪个状态？　　(　　)

(A)硬塑　　　　　　　　　(B)可塑
(C)软塑　　　　　　　　　(D)流塑

14. 柱下条形基础设计计算中，确定基础翼板的高度和宽度时，按《建筑地基基础设计规范》(GB 50007—2011)的规定，选择的作用效应及其组合正确的是哪项？（　　）

(A)确定翼板的高度和宽度时，均按正常使用极限状态下作用效应的标准组合计算

(B)确定翼板的高度和宽度时，均按承载能力极限状态下作用效应的基本组合计算

(C)确定翼板的高度时，按承载能力极限状态下作用效应的基本组合计算，并采用相应的分项系数；确定基础宽度时，按正常使用极限状态下作用效应的标准组合计算

(D)确定翼板的宽度时，按承载能力极限状态下作用效应的基本组合计算，并采用相应的分项系数；确定基础高度时，按正常使用极限状态下作用效应的标准组合计算

15. 以下设计内容按正常使用极限状态计算的是哪项？（　　）

(A)桩基承台高度确定

(B)桩身受压钢筋配筋

(C)高层建筑桩基沉降计算

(D)岸坡上建筑桩基的整体稳定性验算

16. 以下作用中不属于永久作用的是哪项？（　　）

(A)基础及上覆土自重　　(B)地下室侧土压力

(C)地基变形　　(D)桥梁基础上的车辆荷载

17. 采用搅拌桩加固软土形成复合地基时，搅拌桩单桩承载力与以下哪个选项无关？（　　）

(A)被加固土体的强度　　(B)桩端土的承载力

(C)搅拌桩的置换率　　(D)掺入的水泥量

18. 采用真空-堆载联合预压时，以下哪个选项的做法最合理？（　　）

(A)先进行真空预压，再进行堆载预压

(B)先进行堆载预压，再进行真空预压

(C)真空预压与堆载预压同时进行

(D)先进行真空顶压一段时间后，再同时进行真空和堆载预压

19. 在深厚均质软黏土地基上建一油罐，采用搅拌桩复合地基。原设计工后沉降控制值为 15.0 cm。现要求提高设计标准，工后沉降要求小于 8.0 cm。问下述思路哪一条比较合理？（　　）

(A)提高复合地基置换率　　(B)增加搅拌桩的长度

(C)提高搅拌桩的强度　　(D)增大搅拌桩的截面积

20. 关于强夯法地基处理,下列哪种说法是错误的? ( )

(A)为减小强夯施工对邻近房屋结构的有害影响,强夯施工场地与邻近房屋之间设置隔振沟
(B)强夯的夯点布置范围,应大于建筑物基础范围
(C)强夯法处理砂土地基时,两遍点夯之间的时间间隔必须大于 7d
(D)强夯法的有效加固深度与加固范围内地基土的性质有关

21. 地质条件相同,复合地基的增强体分别采用①CFG 桩、②水泥土搅拌桩、③碎石桩,当增强体的承载力正常发挥时,三种复合地基的桩土应力比之间为哪种关系? ( )

(A)①<②<③　　(B)①>②>③
(C)①=②=③　　(D)①>③>②

22. 根据《建筑地基处理技术规范》(JGJ 79—2012),下列哪种地基处理方法不适用于处理可液化地基? ( )

(A)强夯法　　(B)柱锤冲扩桩法
(C)水泥土搅拌桩法　　(D)振冲法

23. 某软土地基上建设 2~3 层别墅(筏板基础、天然地基),结构封顶时变形观测结果显示沉降较大且差异沉降发展较快,需对房屋进行地基基础加固以控制沉降。下列哪种加固方法最合适? ( )

(A)树根桩法　　(B)加深基础法
(C)换填垫层法　　(D)增加筏板厚度

24. 下列关于土工合成材料加筋垫层作用机理的论述中,哪个选项是不正确的? ( )

(A)增大压力扩散角　　(B)调整不均匀沉降
(C)提高地基稳定性　　(D)提高地基土抗剪强度指标

25. 对于铁路隧道洞门结构形式,下列哪个选项的说法不符合《铁路隧道设计规范》(TB 10003—2016)要求? ( )

(A)在采用斜交洞门时,其端墙与线路中线的交角不应大于 45°
(B)设有运营通风的隧道,洞门结构形式应结合通风设施一并考虑
(C)位于城镇、风景区、车站附近的洞门,宜考虑建筑景观及环境协调要求
(D)有条件时,可采用斜切式洞门结构

26. 拟修建Ⅳ级软质围岩中的两车道公路隧道,埋深 70m,采用复合式衬砌,对于初期支护,下列哪个选项的说法是不符合规定的? ( )

(A)确定开挖断面时，在满足隧道净空和结构尺寸的条件下，还应考虑初期支护并预留变形量80mm

(B)拱部和边墙喷射混凝土厚度为150mm

(C)按承载能力设计时，复合式衬砌初期支护的变形量不应超过设计预留变形量

(D)初期支护应按荷载结构法进行设计

27. 一个软土中的重力式基坑支护结构，如下图所示，基坑底处主动土压力及被动土压力强度分别为 p_{a1}、p_{b1}，支护结构底部主动土压力及被动土压力强度为 p_{a2}、p_{b2}，对此支护结构进行稳定分析时，合理的土压力模式选项是哪个？（　　）

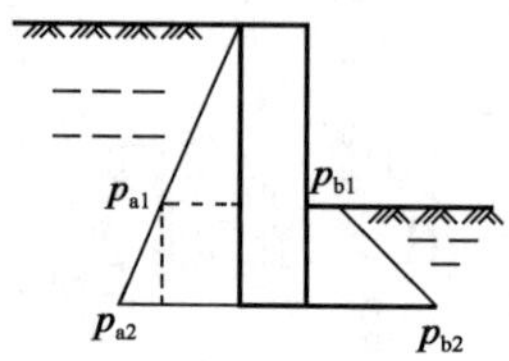

(A)

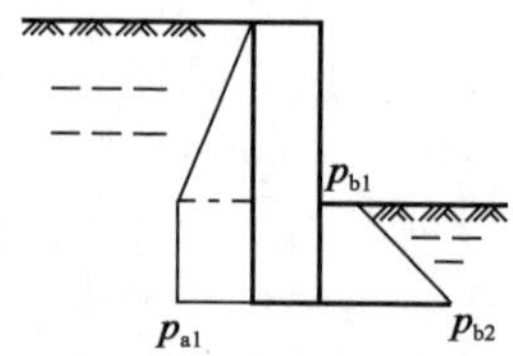

(B)

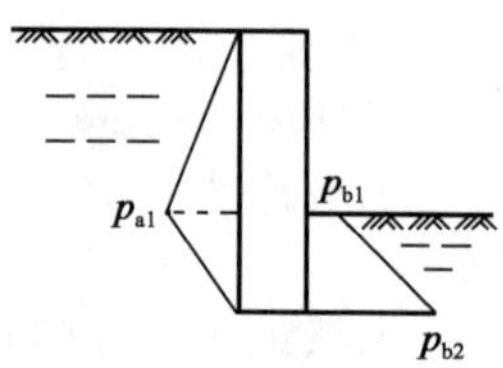

(C)

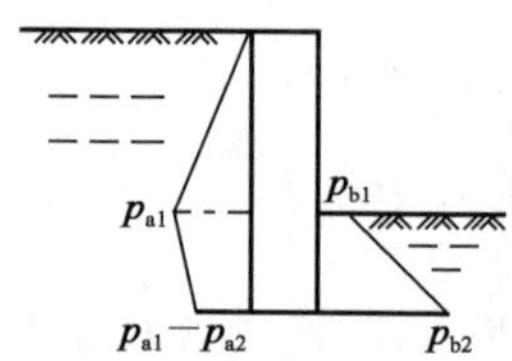

(D)

28. 某中心城区地铁车站深基坑工程，开挖深度为地表下20m，其场地地层结构为：地表下0～18m为一般黏性土，18～30m为砂性土，30～45m为强～中等风化的砂岩。场地地下水主要是上部第四纪地层中的上层滞水和承压水，承压水头埋藏深度为地表下2m。挡土结构拟采用嵌岩地下连续墙。关于本基坑的地下水控制，可供选择的方法有以下几种：a地下连续墙槽段接头处外侧布置一排多头深层搅拌桩；b基坑内设置降水井；c坑内布置高压旋喷桩封底。从技术安全性和经济适宜性分析，下列哪种方案是最合适的？（　　）

(A)a+b　　(B)b+c

(C)a+c　　(D)a、b、c均不需要

29. 关于深基坑水平支撑弹性支点刚度系数的大小，下列哪个选顶的说法是错误的？（　　）

(A)与支撑的尺寸和材料性质有关　　(B)与支撑的水平间距无关

(C)与支撑构件的长度成反比　　(D)与支撑腰梁或冠梁的挠度有关

30. 关于深基坑工程土方的挖运，下列哪个选顶的说法是错误的？（　　）

(A)对于软土基坑，应按分层、对称开挖的原则，限制每层土的开挖厚度，以免对

坑内工程桩造成不利影响

(B)大型内支撑支护结构基坑,可根据内支撑布局和主体结构施工工期要求,采用盆式或岛式等不同开挖方式

(C)长条形软土基坑应采取分区、分段开挖方式,每段开挖到底后应及时检底、封闭、施工地下结构

(D)当基坑某侧的坡顶地面荷载超过设计要求的超载限制时,应采取快速抢运的方式挖去该侧基坑土方

31. 关于一般黏性土基坑工程支挡结构稳定性验算,下列哪个说法不正确? (　　)

(A)桩锚支护结构应进行坑底隆起稳定性验算

(B)悬臂桩支护结构可不进行坑底隆起稳定性验算

(C)当挡土构件底面以下有软弱下卧层时,坑底稳定性的验算部位尚应包括软弱下卧层

(D)多层支点锚拉式支挡结构,当坑底以下为软土时,其嵌固深度应符合以最上层支点为轴心的圆弧滑动稳定性要求

32. 根据《建筑抗震设计规范》(GB 50011—2010)(2016 年版),关于特征周期的确定,下列哪个选项的表述是正确的? (　　)

(A)与地震震级有关　　(B)与地震烈度有关

(C)与结构自振周期有关　　(D)与场地类别有关

33. 某场地地层为:埋深 0～2m 为黏土,2～15m 为淤泥质黏土,15～20m 为粉质黏土,20～25m 为密实状熔结凝灰岩,25～30m 为硬塑状黏性土,之下为较破碎软质页岩。其中有部分钻孔发现深度 10m 处有 2m 厚的花岗岩滚石,请问该场地覆盖层厚度应取下列哪一选项? (　　)

(A)30m　　(B)28m　　(C)25m　　(D)20m

34. 某公路桥位于砂土场地,基础埋深为 2.0m,上覆非液化土层厚度为 7m,地下水埋深为 5.0m,地震烈度为 8 度,该场地地震液化初步判定结果为下列哪一项? (　　)

(A)不液化土　　(B)不考虑液化影响

(C)考虑液化影响,需进一步液化判别　　(D)条件不足,无法判别

35. 根据《建筑抗震设计规范》(GB 50011—2010)(2016 年版),下列哪种说法不正确? (　　)

(A)众值烈度对应于“多遇地震”　　(B)基本烈度对应于“设防地震”

(C)最大预估烈度对应于“罕遇地震”　　(D)抗震设防烈度等同于基本烈度

36. 拟建场地地基液化等级为中等时,下列哪种措施尚不满足《建筑抗震设计规范》(GB 50011—2010)(2016 年版)的规定? (　　)

(A)抗震设防类别为乙类的建筑物采用桩基础，桩端深入液化深度以下稳定土层中足够长度

(B)抗震设防类别为丙类的建筑物采取部分消除地基液化沉陷的措施，且对基础和上部结构进行处理

(C)抗震设防类别为丁类的建筑物不采取消除液化措施

(D)抗震设防类别为乙类的建筑物进行地基处理，处理后的地基液化指数小于 5

37. 地震经验表明，对宏观烈度和地质情况相似的柔性建筑，通常是大震级、远震中距情况下的震害，要比中、小震级近震中距的情况重得多。下列哪个选项是导致该现象发生的最主要原因？（　　）

(A)震中距越远，地震动峰值加速度越小

(B)震中距越远，地震动持续时间越长

(C)震中距越远，地震动的长周期分量越显著

(D)震中距越远，地面运动振幅越小

38. 依据《建筑基桩检测技术规范》(JGJ 106—2014)，单桩水平静载试验，采用单向多循环加载法，每一级恒、零载的累计持续时间为哪项？（　　）

(A)6min　　(B)10min

(C)20min　　(D)30min

39. 某高应变实测桩身两测力时呈曲线如下图所示，出现该类情况最可能的原因是哪个？（　　）

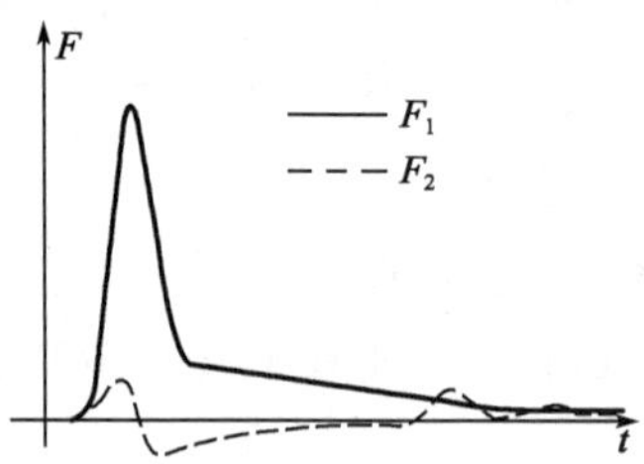

题 39 图

(A)锤击偏心　　(B)传感器安装处混凝土开裂

(C)加速度传感器松动　　(D)力传感器松动

40. 声波透射法和低应变法两种基桩检测方法所采用的波均为机械波，其传播方式和传播媒介也完全相同。对同一根混凝土桩，声波透射法测出的波速 υ 与低应变法测出的波速 c 是哪种关系？（　　）

(A)$\upsilon>c$　　(B)$\upsilon<c$

(C)$v=c$　　(D)不能肯定

二、多项选择题(共30题,每题2分。每题的备选项中有两个或三个符合题意,错选、少选、多选均不得分)

41.钻探结束后,应对钻孔进行回填,下列哪些做法是正确的?　　(　　)

(A)钻孔宜采用原土回填
(B)临近堤防的钻孔应采用干黏土球回填
(C)有套管护壁的钻孔应拔起套管后再回填
(D)采用水泥浆液回填时,应由孔口自上而下灌入

42.下列关于工程地质钻探、取样的叙述中,哪些选项是正确的?　　(　　)

(A)冲击钻进方法适用于碎石土层钻进,但不满足采取扰动土样的要求
(B)水文地质试验孔段可选用聚丙烯酰胺泥浆或植物胶泥浆作冲洗液
(C)采用套管护壁时,钻进过程中应保持孔内水头压力不低于孔周地下水压
(D)在软土地区,可采用双动三重管回转取土器对饱和软黏土采取Ⅰ级土样

43.下列哪些选项的试验方法可用来测求土的泊松比?　　(　　)

(A)无侧限单轴压缩法　　(B)单轴固结仪法
(C)三轴压缩仪法　　(D)载荷试验法

44.在以下对承压水特征的描述中,哪些选项是正确的?　　(　　)

(A)承压水一定是充满在两个不透水层(或弱透水层)之间的地下水
(B)承压水的分布区和补给区是一致的
(C)承压水水面非自由面
(D)承压含水层的厚度随降水季节变化而变化

45.下列有关原状取土器的描述,哪些选项是错误的?　　(　　)

(A)固定活塞薄壁取土器的活塞是固定在薄壁筒内的,不能自由移动
(B)自由活塞薄壁取土器的活塞在取样时可以在薄壁筒内自由移动
(C)回转式三重管(单、双动)取土器取样时,必须用冲洗液循环作业
(D)水压固定活塞取土器取样时,必须用冲洗液循环作业

46.在水利水电工程地质勘察中,有关岩体和结构面抗剪断强度的取值,下列哪些说法是正确的?　　(　　)

(A)混凝土坝基础和岩石间抗剪断强度参数按峰值强度的平均值取值
(B)岩体抗剪断强度参数按峰值强度的大值平均值取值
(C)硬性结构面抗剪断强度参数按峰值强度的大值平均值取值
(D)软弱结构面抗剪断强度参数按峰值强度的小值平均值取值

47. 根据《建筑地基基础设计规范》(GB 50007—2011)，以下极限状态中，哪些属于承载能力极限状态？（　　）

(A)桩基水平位移过大引起桩身开裂破坏
(B)12 层住宅建筑下的筏板基础平均沉降达 20cm
(C)建筑物因深层地基的滑动面出现过大倾斜
(D)5 层民用建筑的整体倾斜达到 0.4%

48. 桩基设计时，按《建筑桩基技术规范》(JGJ 94—2008)的规定要求，以下选项所采用的作用效应组合哪些是正确的？（　　）

(A)群桩中基桩的竖向承载力验算时，桩顶竖向力按作用效应的标准组合计算
(B)计算桩基中点沉降时，承台底面的平均附加压力 P 取作用效应标准组合下的压力值
(C)受压桩桩身截面承载力验算时，桩顶轴向压力取作用效应基本组合下的压力值
(D)抗拔桩裂缝控制计算中，对允许出现裂缝的三级裂缝控制等级基桩，其最大裂缝宽度按作用效应的准永久组合计算

49. 根据《建筑地基基础设计规范》(GB 50007—2011)关于荷载的规定，进行下列计算或验算时，哪些选项所采用的荷载组合类型相同？（　　）

(A)按地基承载力确定基础底面积　　(B)计算地基变形
(C)按单桩承载力确定桩数　　(D)计算滑坡推力

50. 滨海地区大面积软土地基常采用排水固结法处理，以下哪些选项的说法是正确的？（　　）

(A)考虑涂抹作用时，软土的水平向渗透系数将减小，且越靠近砂井，水平向渗透系数越小
(B)深厚软土中打设排水板后，软土的竖向排水固结可忽略不计
(C)由于袋装砂井施工时，挤土作用和对淤泥层的扰动，砂井的井阻作用将减小
(D)对沉降有较严格限制的建筑，应采用超载预压法处理，使预压荷载下受压土层各点的有效竖向应力大于建筑物荷载引起的附加应力

51. 某地基土层分布自上而下为：①淤泥质黏土夹砂层，厚度 8m，地基承载力特征值为 80kPa；②黏土层，硬塑，厚度 12m；以下为密实砂砾层。有建筑物基础埋置于第①层中，问下述地基处理技术中，哪几种可适用于该地基加固？（　　）

(A)深层搅拌法　　(B)砂石桩法
(C)真空预压法　　(D)素混凝土桩复合地基法

52. 软土地基上的某建筑物，采用钢筋混凝土条形基础，基础宽度 2m，拟采用换填

垫层法进行地基处理，换填垫层厚度 1.5m。问影响该地基承载力及变形性能的因素有哪些？（　　）

(A)换填垫层材料的性质　　(B)换填垫层的压实系数
(C)换填垫层下软土的力学性质　　(D)换填垫层的质量检测方法

53. 采用水泥粉煤灰碎石桩处理松散砂土地基，下列哪些方法适合于复合地基桩间土承载力检测？（　　）

(A)静力触探试验　　(B)载荷试验
(C)十字板剪切试验　　(D)面波试验

54. 根据《建筑地基处理技术规范》(JGJ 79—2012)、《建筑地基基础设计规范》(GB 50007—2011)，对于建造在处理后地基上的建筑物，下列哪些说法是正确的？（　　）

(A)处理后的地基应满足建筑物地基承载力、变形和稳定性要求
(B)经处理后的地基，在受力层范围内不允许存在软弱下卧层
(C)各种桩型的复合地基竣工验收时，承载力检验均应采用现场载荷试验
(D)地基基础设计等级为乙级，体型规则、简单的建筑物，地基处理后可不进行沉降观测

55. 下列有关预压法的论述中哪些是正确的？（　　）

(A)堆载预压和真空预压均属于排水固结
(B)堆载顶压使地基土中的总压力增加，真空预压总压力是不变的
(C)真空预压法由于不增加剪应力，地基不会产生剪切破坏，可适用于很软弱的黏土地基
(D)袋装砂井或塑料排水板作用是改善排水条件，加速主固结和次固结

56. 下列有关复合地基的论述哪些是正确的？（　　）

(A)复合地基是由天然地基土体和增强体两部分组成的人工地基
(B)形成复合地基的基本条件是天然地基土体和增强体通过变形协调共同承担荷载作用
(C)在已经满足复合地基承载力情况下，增大置换率和增大桩体刚度，可有效减少沉降
(D)深厚软土的水泥土搅拌桩复合地基由建筑物对变形要求确定施工桩长

57. 公路隧道穿越膨胀岩地层时，下列哪些措施是正确的？（　　）

(A)隧道支护衬砌宜采用圆形或接近圆形的断面形状
(B)开挖后及时施筑初期支护封闭围岩
(C)初期支护刚度不宜过大
(D)初期支护后应立即施筑二次衬砌

58. 对于铁路隧道的防排水设计，采用下列哪些措施是较为适宜的？（　　）

(A)地下水发育的长隧道纵向坡度应设置为单面坡
(B)隧道衬砌可采用厚度不小于 30cm 的防水混凝土
(C)隧道纵向坡度不宜小于 0.3%
(D)在隧道两侧设置排水沟

59. 在铁路隧道工程施工中，当隧道拱部局部坍塌或超挖时，下列哪些选项的材料可用于回填？（　　）

(A)混凝土　　(B)喷射混凝土
(C)片石混凝土　　(D)浆砌片石

60. 根据《建筑基坑支护技术规程》(JGJ 120—2012)，关于深基坑工程设计，下列哪些说法是正确的？（　　）

(A)基坑支护设计使用期限，即从基坑土方开挖之日起至基坑完成使用功能结束，不应小于一年
(B)基坑支护结构设计必须同时满足承载力极限状态和正常使用极限状态
(C)同样的地质条件下，基坑支护结构的安全等级主要取决于基坑开挖的深度
(D)支护结构的安全等级对设计时支护结构的重要性系数和各种稳定性安全系数的取值有影响

61. 根据《建筑基坑支护技术规程》(JGJ 120—2012)，关于在分析计算支撑式挡土结构时采用的平面杆系结构弹性支点法，下列哪些选项的说法是正确的？（　　）

(A)基坑底面以下的土压力和土的反力均应考虑土的自重作用产生的应力
(B)基坑底面以下某点的土抗力值的大小随挡土结构的位移增加而线性增加，其数值不应小于被动土压力值
(C)多层支撑情况下，最不利作用效应一定发生在基坑开挖至坑底时
(D)支撑连接处可简化为弹性支座，其弹性刚度应满足支撑与挡土结构连接处的变形协调条件

62. 关于膨胀土地区的建筑地基变形量计算，下列哪些说法是正确的？（　　）

(A)地面有覆盖且无蒸发时，可按膨胀变形量计算
(B)当地表下 1m 处地基土的天然含水量接近塑限时，可按胀缩变形量计算
(C)收缩变形计算深度取大气影响深度和浸水影响深度中的大值
(D)膨胀变形量可通过现场浸水载荷试验确定

63. 依据《建筑抗震设计规范》(GB 50011—2010)(2016 年版)，下列关于场地类别的叙述，哪些选项是正确的？（　　）

(A)场地类别用以反映不同场地条件对基岩地震动的综合放大效应

(B)场地类别的划分要依据场地覆盖层厚度和场地土层软硬程度这两个因素

(C)场地挖填方施工不会改变建筑场地类别

(D)已知各地基土层的层底深度和剪切波速就可以划分建筑场地类别

64. 基础埋置深度不超过 2m 的天然地基上的建筑，若所处地区抗震设防烈度为 7 度，地基土由上向下为非液化土层和可能液化的砂土层，依据《建筑抗震设计规范》(GB 50011—2010)(2016 年版)，当上覆非液化土层厚度和地下水位深度处于图中Ⅰ、Ⅱ、Ⅲ和Ⅳ区中的哪些区时可不考虑砂土液化对建筑的影响？ (　　)

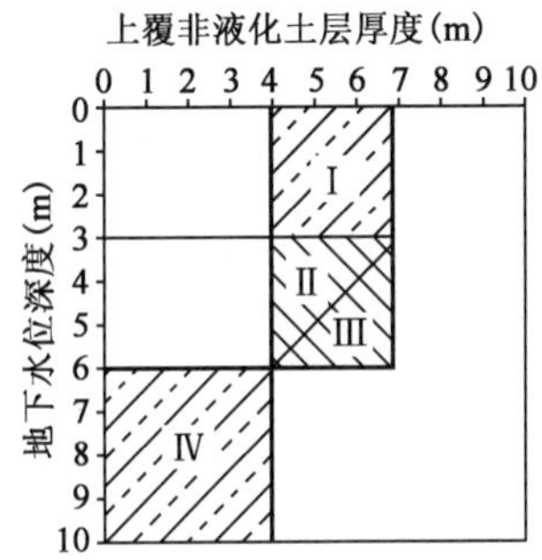

题 64 图

(A)Ⅰ区　　(B)Ⅱ区

(C)Ⅲ区　　(D)Ⅳ区

65. 场地类别不同可能影响到下列哪些选项？ (　　)

(A)地震影响系数　　(B)特征周期

(C)设计地震分组　　(D)地基土阻尼比

66. 拟建场地有发震断裂通过时，在按高于本地区抗震设防烈度一度的要求采取抗震措施并提高基础和上部结构整体性的条件下，下列哪些情况和做法不满足《建筑抗震设计规范》(GB 50011—2010)(2016 年版)的规定？ (　　)

(A)在抗震设防烈度为 8 度地区，上覆土层覆盖厚度为 50m，单栋 6 层乙类建筑物距离主断裂带 150m

(B)在抗震设防烈度为 8 度地区，上覆土层覆盖厚度为 50m，单栋 8 层丙类建筑物距离主断裂带 150m

(C)在抗震设防烈度为 9 度地区，上覆土层覆盖厚度为 80m，单栋 2 层乙类建筑物距离主断裂带 150m

(D)在抗震设防烈度为 9 度地区，上覆土层覆盖厚度为 80m，单栋 2 层丙类建筑物距离主断裂带 150m

67. 按照《建筑抗震设计规范》(GB 50011—2010)(2016 年版)，对于液化土的液化判别，下列选项中哪些说法是不正确的？ (　　)

(A)抗震设防烈度为 8 度的地区，粉土的黏粒含量为 15%时可判为不液化土

(B)抗震设防烈度为 8 度的地区，拟建 8 层民用住宅采用桩基础，采用标准贯入试验法判别地基土的液化情况时，可只判别地面下 15m 范围内土的液化

(C)当饱和土经杆长修正的标准贯入锤击数小于或等于液化判别标准贯入锤击数临界值时，应判为液化土

(D)勘察未见地下水时，不需要进行液化判别

68. 对于各类水工建筑物抗震设计的考虑，下列哪些说法是符合《水电工程水工建筑物抗震设计规范》(NB 35047—2015)的？ (　　)

(A) 对于一般工程应取《中国地震动参数区划图》中其场地所在地区的地震动峰值加速度按场地类别调整后，作为设计水平向地震动峰值加速度代表值

(B) 抗震设防类为甲类的水工建筑物，比基本烈度提高 2 度作为设计烈度

(C) 施工期短暂时可不与地震作用组合

(D) 各类水工建筑物应以平坦地表的设计烈度和竖直向设计地震动峰值加速度代表值为特征

69. 按照《建筑基桩检测技术规范》(JGJ 106—2014)，下列关于灌注桩钻芯法检测开始时间的说法中，哪些是正确的？ (　　)

(A)受检桩的混凝土龄期达到 28d

(B)预留同条件养护试块强度达到设计强度

(C)受检桩混凝土强度达到设计强度的 70%

(D)受检桩混凝土强度大于 15MPa

70. 超声波在传播过程中碰到混凝土内部缺陷时，超声波仪上会出现哪些变化？ (　　)

(A)波形畸变　　(B)声速提高

(C)声时增加　　(D)振幅增加

2013 年专业知识试题答案(上午卷)

1.［答案］D

［依据］《水利水电工程钻孔抽水试验规程》(DL/T 5213—2005)第 4.1.6 条、第 4.1.7条。稳定流抽水试验在抽水过程中,要求涌水量和动水位同时相对稳定;非稳定流抽水试验在抽水过程中,保持涌水量固定而观测地下水位随时间的变化,或保持水位降深固定观测涌水量随时间的变化。

2.［答案］B

［依据］《城市轨道交通岩土工程勘察规范》(GB 50307—2012)第 15.12.5 条条文说明。

3.［答案］B

［依据］《岩土工程勘察规范》(GB 50021—2001)(2009 年版)第 8.0.4 条第 3 款。A、C、D 选项均为揭露深层岩性和构造。

4.［答案］A

［依据］《岩土工程勘察规范》(GB 50021—2001)(2009 年版)第 7.2.5 条第 2 款。

5.［答案］D

［依据］压缩指数为 $e\text{-}\lg p$ 曲线上大于先期固结压力直线段的斜率,故为过 p_c 以后的直线段斜率。

6.［答案］C

［依据］《水运工程岩土勘察规范》(JTS 133—2013)第 5.2.7.1 条。

7.［答案］D

［依据］《岩土工程勘察规范》(GB 50021—2001)(2009 年版)第 9.4.5 条第 1 款。

8.［答案］A

［依据］压缩波又叫纵波、P 波,可以在固体、液体和空气中传播;剪切波又叫横波、S 波,只能在固体中传播;面波又称 L 波、瑞利波,是纵波和横波在地表相遇产生的混合波,只能沿地表传播;水域勘察时,漂浮检波器是在水中,故只能采集到压缩波。

9.［答案］D

［依据］《土工试验方法标准》(GB/T 50123—2019)第 21.3.2 条第 3 款,慢剪是以 0.02mm/min 的剪切速率施加水平剪应力,宜剪至剪切变形达到 4mm,当剪应力读数继续增加时,剪切变形应达到 6mm 为止。一次慢剪历时约为 4/0.02＝200min 到 6/0.02＝300min,约为 3.3～5h。

10.［答案］A

［依据］《公路工程地质勘察规范》(JTG C20—2011)第7.2.9条第2款第4点。

11.［答案］C

［依据］《建筑工程地质勘探与取样技术规程》(JGJ/T 87—2012)表5.2.2。

12.［答案］D

［依据］《水利水电工程地质勘察规范》(GB 50487—2008)附录G.0.5。对于不均匀系数大于5且细颗粒含量P小于25%,判为管涌。

13.［答案］B

［依据］《建筑工程地质勘探与取样技术规程》(JGJ/T 87—2012)附录G.0.2。

14.［答案］C

［依据］确定翼板的高度时,主要受冲切作用,用基本组合计算。确定尺寸,用标准组合计算。

15.［答案］C

［依据］《建筑桩基技术规范》(JGJ 94—2008)第3.1.1条。A、B、D选项均为承载能力极限状态。

16.［答案］D

［依据］D项是活荷载,可变。

17.［答案］C

［依据］《建筑地基处理技术规范》(JGJ 79—2012)式(7.1.5—3),确定A、B选项都对单桩承载力有影响。水泥掺入量增加,增加桩体强度,单桩承载力也增加。

18.［答案］D

［依据］《建筑地基处理技术规范》(JGJ 79—2012)第5.3.14条。采用真空和堆载联合预压时,应先抽真空,当真空压力达到设计要求并稳定后,再进行堆载,并继续抽真空。

19.［答案］B

［依据］降低工后沉降量的最有效措施是增加桩体长度,该题考察过好几次。

20.［答案］C

［依据］《建筑地基处理技术规范》(JGJ 79—2012)第6.3.3条第4款。

21.［答案］B

［依据］桩土应力比:刚性桩＞柔性桩＞散体材料桩,CFG桩＞水泥土搅拌桩＞碎石桩。

22.［答案］C

【依据】A、B、D选项都可以使可液化地基土密实，C选项起不到振密挤密的效果。

23.【答案】A

【依据】树根桩是既有建筑物加固的一种方法，B、C、D三项都无法在结构封顶后进行。

24.【答案】D

【依据】《建筑地基处理技术规范》(JGJ 79—2012)第4.2.1条条文说明。

25.【答案】A

【依据】《铁路隧道设计规范》(TB 10003—2016)第7.2.1条条文说明，洞门的结构形式要适应洞口地形、地质要求。当地形等高线与线路中线正交、围岩较差时，一般采用翼墙式隧道门；岩层较好时一般采用端墙式、柱式隧道门及斜切式洞门，选项D正确；第7.1.3条，选项C正确；选项A、B为2005版规范第6.0.2条第1、2款规定，端墙与线路中线的交角应大于45°，选项A错误。

26.【答案】D

【依据】《公路隧道设计规范　第一册　土建工程》(JTG 3370.1—2018)第8.4.1条第3款、表8.4.1，选项A正确；附录表P.0.1，选项B正确；第9.2.9条，选项C正确；第9.2.5条，初期支护主要按工程类比法设计，选项D错误。

27.【答案】A

【依据】《建筑基坑支护技术规程》(JGJ 120—2012)修改了基坑支护结构的土压力分布，更符合土力学原理。

28.【答案】A

【依据】连续墙已经嵌岩，a的方法已经止住外部水进来，只需要把坑内水位降低即可，分段布置地下连续墙，在两段连续墙之间使用深搅桩或者高压旋喷桩来进行止水，这样在经济上比较节约，也达到工程效果，所以a+b满足要求。

29.【答案】B

【依据】《建筑基坑支护技术规程》(JGJ 120—2012)式(4.1.10)。

30.【答案】D

【依据】基坑周边超载时会出现险情，抢险的有效方式就是立即卸荷反压，不能抢运。

31.【答案】D

【依据】《建筑基坑支护技术规程》(JGJ 120—2012)第4.2.4条、第4.2.5条。

32.【答案】D

【依据】由《建筑抗震设计规范》(GB 50011—2010)表5.1.4-2可以看出特征周期与场地类别和地震分组有关。

33.【答案】C

[依据]《建筑抗震设计规范》(GB 50011—2010)第4.1.4条。凝灰岩是火山岩,需要在覆盖层中扣除。滚石为孤石,视同周围土层,覆盖层厚度为30－5＝25m。

34.[答案] B

[依据] 由《公路工程抗震规范》(JTG B02—2013)第4.3.2条判定,第一条不液化土,第二、三条为不考虑液化影响,本题用第三条公式判定,正确选项为不考虑液化影响。

35.[答案] D

[依据]《建筑抗震设计规范》(GB 50011—2010)(2016年版)第1.0.1条条文说明、第2.1.1条。抗震设防烈度一般情况下取基本烈度。但还须根据建筑物所在城市的大小,建筑物的类别、高度以及当地的抗震设防小区规划进行确定。

36.[答案] D

[依据]《建筑抗震设计规范》(GB 50011—2010)(2016年版)表4.3.6。液化等级中等,乙类建筑物,需要全部或者部分消除液化湿陷,且对基础和上部结构处理。

37.[答案] C

[依据] 震中距越远,导致场地的特征周期越大,柔性建筑的自振周期比较大,建筑物的自振周期与场地特征周期越接近,震害越严重。

38.[答案] D

[依据]《建筑基桩检测技术规范》(JGJ 106—2014)第6.3.2条第1款,(4＋2)×5＝30min。

39.[答案] A

[依据]《建筑基桩检测技术规范》(JGJ 106—2014)第9.4.2条第2款,两侧力信号幅值相差超过1倍。

40.[答案] A

[依据] 低应变发出的是低频脉冲波,声波透射法发出的是高频脉冲波,二者相比较,波形相同,均为纵波,波长不同,低应变中的应力波波长量级为米,声波透射法中的波长为厘米级;频率不同,低应变只有几百赫兹,而声波透射法大约几万赫兹;波速不同,声波透射法＞低应变＞高应变。

41.[答案] AB

[依据]《建筑工程地质勘探与取样技术规程》(JGJ/T 87—2012)第13.0.2条、13.0.4条。

42.[答案] AC

[依据]《建筑工程地质勘探与取样技术规程》(JGJ/T 87—2012)第5.4.2条、5.4.4条、9.1.2条、附录C。

43.［答案］BC

［依据］《工程地质手册》(第五版)第169、170页。

44.［答案］AC

［依据］地表以下两个稳定隔水层之间的重力水称为承压水，具有一定压力，人工开凿后能自流到地表，因为有隔水顶板的存在，承压水不受气候的影响，比较稳定，不易受污染，补给区与分布区不一致。

45.［答案］ACD

［依据］《岩土工程勘察规范》(GB 50021—2001)(2009年版)第9.4.4条条文说明，《建筑地质工程勘探与取样技术规程》(JGJ/T 87—2012)第6.4.2条、第6.4.4条。

46.［答案］AD

［依据］《水利水电工程地质勘察规范》(GB 50487—2008)附录E.0.4、E.0.5。

47.［答案］AC

［依据］《建筑地基基础设计规范》(GB 50007—2011)第3.0.5条。地基变形采用正常使用极限状态下的组合，B、D选项均为沉降变形。

48.［答案］AC

［依据］《建筑桩基技术规范》(JGJ 94—2008)第3.1.7条。A选项是标准组合，B选项是准永久组合，C选项是基本组合，D选项是标准组合。

49.［答案］AC

［依据］《建筑地基基础设计规范》(GB 50007—2011)第3.0.5条。A、C选项均为标准组合，B选项为准永久组合，D选项为基本组合。

50.［答案］ABD

［依据］《建筑地基处理技术规范》(JGJ 79—2012)第5.2.10条、第5.2.8条条文说明。竖井采用挤土效应施工时，砂井的井阻作用会变大。

51.［答案］ABD

［依据］A、D选项均可用于处理软土地基，B选项砂石桩不能用于对变形要求过大的饱和黏土地基，如饱和黏土中有砂夹层，可以减小变形，C选项真空预压所能达到的地基承载力在80kPa左右。

52.［答案］ABC

［依据］《建筑地基处理技术规范》(JGJ 79—2012)第4.2.2条、第4.2.6条、第4.2.7条。换填材料的性质影响压力扩散角，垫层的压实系数应满足承载力设计的要求，下卧软弱层应满足变形的要求。

53.［答案］AB

［依据］十字板剪切试验只用于软土，面波试验用来划分地层、滑坡调查和地下洞室

的探测等。

54.【答案】AC

【依据】《建筑地基处理技术规范》(JGJ 79—2012)第3.0.5条、第7.1.3条;《建筑地基基础设计规范》(GB 50007—2011)第10.3.8条。

55.【答案】ABC

【依据】《建筑地基处理技术规范》(JGJ 79—2012)第5.2.16条、第5.2.29条、第5.3.9条条文说明。堆载预压总应力增加,发生剪切破坏和塑性变形,真空预压总应力不变,无剪切破坏。

56.【答案】ABD

【依据】《建筑地基处理技术规范》(JGJ 79—2012)第2.1.2条、第7.3.1条。减少沉降的有效措施是增加桩长。

57.【答案】ABC

【依据】《公路隧道设计规范　第一册　土建工程》(JTG 3370.1—2018)第14.2.1条,选项A正确;第14.2.2条条文说明,膨胀性围岩中的隧道支护,一是要早支护、柔支护,及时成环,使围岩在控制条件下产生围岩变形;二是分层支护,刚度逐渐加大,在围岩发生一定变形后增加对围岩变形控制能力;三是二次衬砌施作时机恰当。二次衬砌施作过早,则承受的膨胀压力大,可能被围岩膨胀压力破坏,施作过晚,变形超过预留变形量,侵占二次衬砌空间。选项B、C正确,选项D错误。

58.【答案】BCD

【依据】《铁路隧道设计规范》(TB 10003—2016)第3.3.2条第1款,隧道内的纵坡可设置为单面坡或人字坡,地下水发育的3000m及以上隧道宜采用人字坡,选项A错误;第2款,隧道坡度不宜小于3‰,选项C正确。第10.3.4条第2款,单线隧道宜设置双侧水沟,双线及多线隧道应设置双侧水沟及中心排水沟,选项D正确。选项B为2005版规范第13.2.3条第2款内容,2016版规范第10.2.2条规定隧道衬砌应采用防水混凝土,但对厚度没有具体要求。

59.【答案】AB

【依据】《铁路隧道设计规范》(TB 10003—2016)第8.2.9条,隧道超挖部分应用同级混凝土回填,而不能采用强度低的片石混凝土、浆砌片石。

60.【答案】BD

【依据】《建筑基坑支护技术规程》(JGJ 120—2012)第2.1.5条、第3.1.1条、第3.1.4条、第3.1.6条,表3.1.3。

61.【答案】AD

【依据】《建筑基坑支护技术规程》(JGJ 120—2012)第4.1.3条及条文说明。基坑地面以下的土反力和土压力考虑土的自重作用的随深度线性增长的三角形分布;锚杆和内支撑对挡土结构的约束作用应按弹性支座考虑;再据第4.1.4条及条文说明,计算出的土反力随位移增加线性增长，不应大于被动土压力；多层支撑情况下，最不利作用点与支护结构的弯矩有关系。

62.【答案】ABD

【依据】《膨胀土地区建筑技术规范》(GB 50112—2013)第5.2.7条、第5.2.9条，附录C.0.1。

63.【答案】ABD

【依据】场地类别是根据覆盖层厚度、土层等效剪切波速和土层软硬程度等因素对建筑场地分类，反应不同场地条件对基岩地震震动的综合放大效应；根据《建筑抗震设计规范》(GB 50011—2010)(2016年版)表4.1.3、表4.1.6，根据土层的厚度、软硬和剪切波速可以划分场地类别；场地挖填后改变覆盖层厚度，场地类别需要考虑覆盖层厚度变化的影响因素。

64.【答案】CD

【依据】《建筑抗震设计规范》(GB 50011—2010)(2016年版)第4.3.3条第3款。液化土特征深度 $d_0=7$，基础埋深 $d_b=2$，Ⅰ区 $d_u=4\sim7$，$d_w=0\sim3$；Ⅱ区 $d_u=4\sim7$，$d_w=3\sim6$，且 $d_u+d_w<10$，均不满足三个判定公式；Ⅲ区 $d_u=4\sim7$，$d_w=3\sim6$，且 $d_u+d_w>10$，满足 $d_u+d_w>1.5d_0+2d_b-4.5=10$；Ⅳ区 $d_u=0\sim4$，$d_w=6\sim10$，满足 $d_w>d_0+d_b-3$。

65.【答案】AB

【依据】《建筑抗震设计规范》(GB 50011—2010)(2016年版)第5.1.4条。场地类别决定特征周期，特征周期、地震分组和阻尼比决定地震影响系数。

66.【答案】AC

【依据】《建筑抗震设计规范》(GB 50011—2010)(2016年版)第4.1.7条。A选项避让距离200m，不满足要求；B选项避让距离100m，满足要求；C选项避让距离400m，不满足要求；D选项按第4.1.7条第2款的要求，对于不满足避让距离的、确实需要建造分散的、低于三层的丙、丁类建筑，应提高一度采取抗震措施，并提高上部结构的整体性，且不得跨越断层线。题干中已经说明是在采取更好一度措施的情况下，所以D选项满足。

67.【答案】BCD

【依据】《建筑抗震设计规范》(GB 50011—2010)(2016年版)第4.3.3条、第4.3.4条。地下水处于动态变化时，应按近期内年最高水位。

68.【答案】AC

【依据】《水电工程水工建筑物抗震设计规范》(NB 35047—2015)第3.0.2条，D错误，第3.0.2条第1款，A正确；设防类别为甲类的，应在基本烈度基础上提高1度作为设计烈度，B错误；第6款，C正确。

69.【答案】AB

【依据】《建筑基桩检测技术规范》(JGJ 106—2014)第3.2.5条。

70.［**答案**］AC

［**依据**］超声波传播过程中遇到混凝土缺陷时，由于声波的反射与透射，经过缺陷反射或绕过缺陷传播的脉冲信号与直达波信号之间存在声程和相位差，叠加后互相干扰，致使接收信号的波形畸变；根据介质中声波传播速度公式，混凝土越密实，声速越高，当遇到缺陷时，产生绕射，超声波在混凝土中的传播时间加长，计算出的声速降低；超声波在缺陷界面产生反射、散射，能量衰减，波幅降低。总结起来就是：声时延长，声速下降，波幅下降，主频降低，波形畸变。

2013 年专业知识试题(下午卷)

一、单项选择题(共 40 题,每题 1 分。每题的备选项中只有一个最符合题意)

1. 均匀地基上的某直径 30m 油罐,灌底为 20mm 厚钢板,储油后其基底压力接近地基的临塑荷载,问该罐底基底压力分布形态最接近于下列哪个选项? (　　)

(A)外围大,中部小,马鞍形分布

(B)外围小,中部大,倒钟形分布

(C)外围和中部近似相等,接近均匀分布

(D)无一定规律

2. 某直径 20m 钢筋混凝土圆形筒仓,沉降观测结果显示,直径方向两端的沉降长分别为 40mm、90mm。问在该直径方向上筒仓的整体倾斜最接近下列哪个选项? (　　)

(A)2 ‰　　(B)2.5‰

(C)4.5‰　　(D)5‰

3. 某高层建筑矩形筏基,平面尺寸 15m×24m,地基土比较均匀。按照《建筑地基基础设计规范》(GB 50007—2011),在作用的准永久组合下,结构竖向荷载重心在短边方向的偏心距不宜大于下列哪个选项? (　　)

(A)0.25m　　(B)0.4m

(C)0.5m　　(D)2.5m

4. 按《建筑地基基础设计规范》(GB 50007—2011)进行地基的沉降计算时,以下叙述中错误的是哪项? (　　)

(A)若基底附加压力为 P_0,沉降计算深度为 z_n,沉降计算深度范围内压缩模量的当量值为 E_s,则按分层总和法计算的地基变形为$\frac{p_0}{E_s}\cdot z_n$

(B)当存在相邻荷载影响时,地基沉降计算深度 z_n 将增大

(C)基底附加压力 P_0 值为基底平均压力值减去基底以上基础及上覆土自重后的压力值

(D)沉降计算深度范围内土层的压缩性越大,沉降计算的经验系数 ψ_s 越大

5. 根据《建筑地基基础设计规范》(GB 50007—2011),在柱下条形基础设计中,以下叙述中错误的是哪项? (　　)

(A)条形基础梁顶部和底部的纵向受力钢筋按基础梁纵向弯矩设计值配筋

(B)条形基础梁的高度按柱边缘处基础梁剪力设计值确定

(C)条形基础翼板的受力钢筋按基础纵向弯矩设计值配筋

(D)条形基础翼板的高度按基础横向验算截面剪力设计值确定

6. 某滨河路堤，设计水位高程 20m，壅水高 1m，波浪侵袭高度 0.3m，斜水流局部冲高 0.5m，河床淤积影响高度 0.2m，根据《铁路路基设计规范》(TB 10001—2016)，该路堤设计路肩高程应不低于下列哪个选项？ ( )

(A)21.7m (B)22.0m

(C)22.2m (D)22.5m

7. 根据《建筑桩基技术规范》(JGJ 94—2008)，对于饱和黏性土场地，5 排 25 根摩擦型闭口 PHC 管桩群桩，其基桩的最小中心距可选下列何值？(d 为桩径) ( )

(A)3.0d (B)3.5d

(C)4.0d (D)4.5d

8. 根据《建筑桩基技术规范》(JGJ 94—2008)，下列哪项不属于重要建筑抗压桩基承载能力极限状态设计的验算内容？ ( )

(A)桩端持力层下软弱下卧层承载力 (B)桩身抗裂

(C)桩身承载力 (D)桩基沉降

9. 当沉井沉至设计高程，刃脚下的土已掏空时，按《铁路桥涵地基和基础设计规范》(TB 10093—2017)，验算刃脚向内弯曲强度，土压力应按下列哪一选项计算？ ( )

(A)被动土压力 (B)静止土压力

(C)主动土压力 (D)静止土压力和主动土压力的平均值

10. 根据《建筑桩基技术规范》(JGJ 94—2008)，施打大面积密集预制桩桩群时，对桩顶上涌和水平位移进行监测的数量应满足下列哪项要求？ ( )

(A)不少于总桩数的 1% (B)不少于总桩数的 3%

(C)不少于总桩数的 5% (D)不少于总桩数的 10%

11. 根据《建筑桩基技术规范》(JGJ 94—2008)，下列关于建筑桩基中性点的说法中正确选项是哪一个？ ( )

(A)中性点以下，桩身的沉降小于桩侧土的沉降

(B)中性点以上，随着深度增加桩身轴向压力减少

(C)对于摩擦型桩，由于承受负摩阻力桩基沉降增大，其中性点位置随之下移

(D)对于端承型桩，中性点位置基本不变

12. 根据《铁路桥涵地基和基础设计规范》(TB 10093—2017)，计算施工阶段荷载情况下的混凝土、钢筋混凝土沉井各计算截面强度时，材料容许应力可在主力加附加力的

基础上适当提高，其提高的最大数值为下列何值？ （ ）

(A)5% (B)10%
(C)15% (D)20%

13. 根据《建筑桩基技术规范》(JGJ 94—2008)的规定，下列关于桩基抗拔承载力验算的要求，哪项是正确的？ （ ）

(A)应同时验算群桩基础呈整体破坏和非整体破坏时基桩的抗拔承载力
(B)地下水位的上升与下降对桩基的抗拔极限承载力值无影响
(C)标准冻深线的深度对季节性冻土上轻型建筑的短桩基础的抗拔极限承载力无影响
(D)大气影响急剧层深度对膨胀土上轻型建筑的短桩基础的抗拔极限承载力无影响

14. 根据《建筑桩基技术现范》(JGJ 94—2008)，下列关于受水平荷载和地震作用桩基的桩身受弯承载力和受剪承载力验算的要求，哪项是正确的？ （ ）

(A)应验算桩顶斜截面的受剪承载力
(B)对于桩顶固接的桩，应验算桩端正截面弯矩
(C)对于桩顶自由或铰接的桩，应验算桩顶正截面弯矩
(D)当考虑地震作用验算桩身正截面受弯和斜截面受剪承载力时，采用荷载效应准永久组合

15. 根据《碾压式土石坝设计规范》(DL/T 5395—2007)的规定，土石坝的防渗心墙的土料选择，以下哪个选项是不合适的？ （ ）

(A)防渗土料的渗透系数不大于 1.0×10^{-5} cm/s
(B)水溶盐含量和有机质含量两者均不大于5%
(C)有较好的塑性和渗透稳定性
(D)浸水与失水时体积变化较小

16. 某均质土石坝稳定渗流期的流网如图所示，问 b 点的孔隙水压力为以下哪个选项？ （ ）

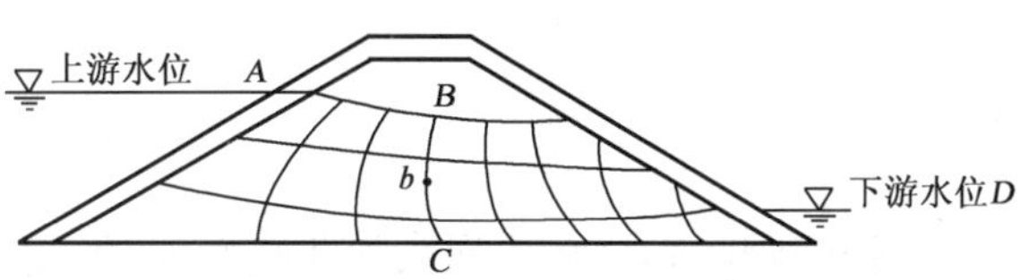

题16图

(A)A 点与 b 点的水头压力 (B)B 点与 b 的水头压力
(C)b 点与 C 点的水头压力 (D)b 点与 D 点的水头压力

17. 某直立岩质边坡高 10m，坡顶上建筑物至坡顶边缘的距离为 6.0m。主动土压力为 E_a，静止土压力为 E_0，β_1 为岩质边坡静止岩石压力的折减系数，该边坡支护结构上侧向岩石压力宜取下列哪个选项？（　　）

(A) E_a　　(B) E_0

(C) $\beta_1 E_0$　　(D) $(E_a+E_0)/2$

18. 某路基工程中，备选四种填料的不均匀系数 C_u 和曲率系数 C_c 如下，试问哪种是级配良好的填料？（　　）

(A) $C_u=2.6, C_c=2.6$　　(B) $C_u=8.5, C_c=2.6$

(C) $C_u=2.6, C_c=8.5$　　(D) $C_u=8.5, C_c=8.5$

19. 某路基工程需要取土料进行填筑，已测得土料的孔隙比为 1.15，压实度达到设计要求时填筑体的孔隙比为 0.65，试问 $1m^3$ 填筑体所需土料宜选择下列哪个选项？（　　）

(A) $1.1m^3$　　(B) $1.2m^3$　　(C) $1.3m^3$　　(D) $1.4m^3$

20. 根据《建筑边坡工程技术规范》(GB 50330—2013)，对下列边坡稳定性分析的论述中，哪个选项是错误的？（　　）

(A) 规模较大的碎裂结构岩质边坡宜采用圆弧滑动法计算

(B) 对规模较小、结构面组合关系较复杂的块体滑动破坏，宜采用赤平投影法

(C) 在采用折线滑动法进行计算时，当最前部条块稳定性系数不能较好地反映边坡整体稳定性时，可以采用所有条块稳定系数的平均值

(D) 对可能产生平面滑动的边坡宜采用平面滑动法进行计算

21. 根据《铁路路基支挡结构设计规范》(TB 10025—2019)，墙背为折线形的铁路重力式挡土墙，可简化为两直线段计算土压力，其下墙段的土压力的计算可采用下列哪种方法？（　　）

(A) 力多边形法　　(B) 第二破裂面法

(C) 延长墙背法　　(D) 换算土桩法

22. 根据《碾压式土石坝设计规范》(DL/T 5395—2007)，以下关于坝体排水设置的论述中，哪一个是不正确的？（　　）

(A) 土石坝应设置坝体排水，降低浸润线和孔隙水压力

(B) 坝内水平排水伸进坝体的极限尺寸，对于黏性土均质坝为坝底宽的 1/2，砂性土均质坝为坝底宽的 1/3

(C) 贴坡排水体的顶部高程应与坝顶高程一致

(D) 均质坝和下游坝壳用弱透水材料填筑的土石坝，宜优先选用坝内竖式排水，

其底部可用褥垫排水将渗水引出

23. 下列关于柔性网边坡防护的叙述中哪个选项是错误的？（　　）

(A)采用柔性网防护解决不了边坡的整体稳定性问题
(B)采用柔性网对边坡进行防护的主要原因是其具有很好的透水性
(C)柔性网分主动型和被动型两种
(D)柔性网主要适用于岩质边坡的防护

24. 对于砂土，在 200kPa 压力下浸水载荷试验的附加湿陷量与承压板宽度之比，最小不小于下列哪一选项时，应判定其具有湿陷性？（　　）

(A)0.010　　(B)0.015　　(C)0.023　　(D)0.070

25. 下列四个选项中，哪一项是赤平极射投影方法无法做到的？（　　）

(A)初步判别岩质边坡的稳定程度
(B)确定不稳定岩体在边坡上的位置和范围
(C)确定边坡不稳定岩体的滑动方向
(D)分辨出对边坡失稳起控制作用的主要结构面

26. 下列关于膨胀土的膨胀率与膨胀力论述中，哪个选项是正确的？（　　）

(A)基底压力越大，膨胀土的膨胀力越大
(B)100kPa 压力下的膨胀率应该大于 50kPa 压力下的膨胀率
(C)自由膨胀率的大小不仅与土的矿物成分有关，也与土的含水量有关
(D)同一种土的自由膨胀率越大，意味着膨胀力也越大

27. 图示为一地层剖面，初始潜水位与承压水头高度同为水位 1，由于抽取地下承压水使承压水头高度下降到水位 2，这时出现明显地面沉降，下列哪个选项的地层对地面沉降贡献最大？（不考虑地下水越流）（　　）

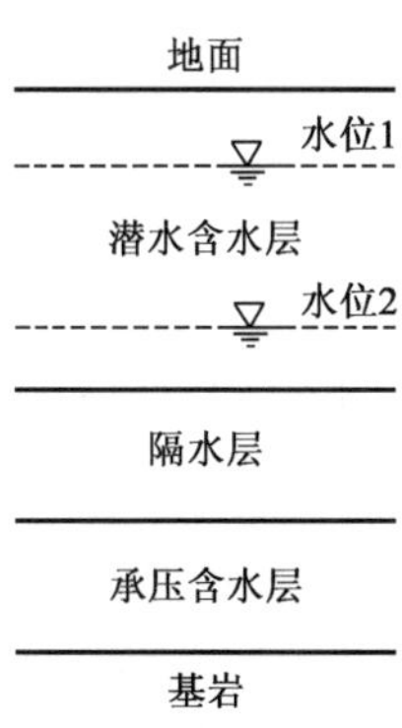

题 27 图

(A)潜水含水层　　(B)潜水含水层+隔水层
(C)隔水层　　(D)承压含水层

28.同样条件下,下列哪个选项的岩石溶蚀速度最快?　　(　　)

(A)石膏　　(B)岩盐
(C)石灰岩　　(D)白云岩

29.在深厚软土区进行某基坑工程详勘时,除了十字板剪切试验、旁压试验、扁铲侧胀试验和螺旋板载荷试验四种原位测试外,还最有必要进行下列哪个选项的原位测试?　　(　　)

(A)静力触探试验　　(B)深层载荷板试验
(C)轻型圆锥动力触探试验　　(D)标准贯入试验

30.在地下水强烈活动于岩土交界面的岩溶地区,由地下水作用形成土洞的主要原因为下列哪个选项?　　(　　)

(A)溶蚀　　(B)潜蚀
(C)湿陷　　(D)胀缩

31.某一种土的有机质含量为25%,该土的类型属于下列哪个选项?　　(　　)

(A)无机土　　(B)有机质土
(C)泥炭质土　　(D)泥炭

32.坡度为5°的膨胀土场地,土的塑限为20%,地表下1.0m和2.0m处的天然含水量分别为25%和22%,膨胀土地基的变形量取值为下列哪一选项?　　(　　)

(A)膨胀变形量　　(B)膨胀变形量与收缩变形量之和
(C)膨胀变形量与收缩变形量之大者　　(D)收缩变形量

33.正在活动的整体滑坡,剪切裂缝多出现在滑坡体的哪一个部位?　　(　　)

(A)滑坡体前缘　　(B)滑坡体中间
(C)滑坡体两侧　　(D)滑坡体后缘

34.某硫酸盐渍土场地,每100g土中的总含盐量平均值为2.65g,试判定该土属于下列哪种类型的硫酸盐渍土?　　(　　)

(A)弱盐渍土　　(B)中盐渍土
(C)强盐渍土　　(D)超盐渍土

35.下列哪个选项的行为违反了《建设工程安全生产管理条例》?　　(　　)

(A)施工图设计文件未经审查批准就使用
(B)建设单位要求压缩合同约定的工期
(C)建设单位将建筑工程肢解发包
(D)未取得施工许可证擅自施工

36. 根据《中华人民共和国安全生产法》规定，下列哪个选项不是生产经营单位主要负责人的安全生产职责？（　　）

(A)建立、健全本单位安全生产责任制
(B)组织制定本单位安全生产规章制度
(C)编制专项安全施工组织设计
(D)督促、检查本单位的安全生产工作

37. 地质灾害按照人员伤亡、经济损失的大小，分为四个等级。下列哪个说法是错误的？（　　）

(A)特大型：因灾死亡30人以上或者直接经济损失1000万元以上的
(B)大型：因灾死亡10人以上30人以下或者直接经济损失500万元以上1000万元以下的
(C)中型：因灾死亡10人以上20人以下或者直接经济损失100万元以上500万元以下的
(D)小型：因灾死亡3人以下或者直接经济损失100万元以下的

38. 根据《建设工程安全生产管理条例》，关于建设工程安全施工技术交底，下列哪个选项是正确的？（　　）

(A)建设工程施工前，施工单位负责项目管理的技术人员向施工作业人员交底
(B)建设工程施工前，施工单位负责项目管理的技术人员向专职安全生产管理人员交底
(C)建设工程施工前，施工单位专职安全生产管理人员向施工作业人员交底
(D)建设工程施工前，施工单位负责人向施工作业人员交底

39.《注册土木工程师(岩土)执业及管理工作暂行规定》规定，注册土木工程师(岩土)在执业过程中，应及时、独立地在规定的岩土工程技术文件上签章。以下哪项岩土工程技术文件不包括在内？（　　）

(A)岩土工程勘察成果报告书责任页
(B)土工试验报告书责任页
(C)岩土工程咨询项目咨询报告书责任页
(D)施工图审查报告书责任页

40. 下列关于注册工程师继续教育的说法哪个是错误的？（　　）

(A)注册工程师在每一注册期内应达到国务院建设行政主管部门规定的本专业继续教育要求

(B)继续教育作为注册工程师逾期初始注册、延续注册和重新申请注册的条件

(C)继续教育按照注册工程师专业类别设置,分为必修课和选修课

(D)继续教育每注册期不少于 40 学时

二、多项选择题(共 30 题,每题 2 分。每题的备选项中有两个或三个符合题意,错选、少选、多选均不得分)

41. 根据《建筑地基基础设计规范》(GB 50007—2011),按土的抗剪强度指标确定地基承载力特征值时,以下情况中哪些取值是正确的? ( )

(A)当基础宽度 3m<b<6m 或基础埋置深度大于 0.5m 时,按基础底面压力验算地基承载力时,相应的地基承载力特征值应进一步进行宽度和深度修正

(B)基底地基持力层为粉质黏土,基础宽度为 2.0m,取 b=2.0m

(C)c_k 取基底下一倍短边宽度深度范围内土的黏聚力标准值

(D)γ_m 取基础与上覆土的平均重度 20kN/m^2

42. 按照《建筑地基基础设计规范》(GB 50007—2011)的规定,以下关于场地冻结深度的叙述中哪些是正确的? ( )

(A)土中粗颗粒含量越多,场地冻结深度越大

(B)对于黏性土地基,场地冻结深度通常大于标准冻结深度

(C)土的含水量越大,场地冻结深度越小

(D)场地所处的城市人口越多,场地冻结深度越大

43. 按照《建筑地基基础设计规范》(GB 50007—2011),在对地基承载力特征值进行深宽修正时,下列哪些选项是正确的? ( )

(A)基础宽度小于 3m 一律按 3m 取值,大于 6m 一律按 6m 取值

(B)地面填土在上部结构施工完成后施工,基础埋深从天然地面标高算起

(C)在基底标高处进行深层载荷试验确定的地基承载力特征值,不须进行深宽修正

(D)对地下室,采用条形基础时,基础埋深从室内地坪标高和室外地坪标高的平均值处算起

44. 按照《建筑地基基础设计规范》(GB 50007—2011),在满足一定条件时,柱下条形基础的地基反力可按直线分布且条形基础梁的内力可按连续梁计算。问下列哪些选项的条件是正确的? ( )

(A)地基比较均匀 (B)上部结构刚度较好

(C)荷载分布均匀 (D)基础梁的高度不小于柱距的 1/10

45. 根据《建筑地基基础设计规范》(GB 50007—2011)确定柱基底面尺寸时所采用的地基承载力特征值，其大小与下列哪些因素有关？ ( )

(A)基础荷载　(B)基础埋深　(C)基础宽度　(D)地下水位

46. 桩筏基础下基桩的平面布置应考虑下列哪些选项因素？ ( )

(A)桩的类型　(B)上部结构荷载分布
(C)桩身的材料强度　(D)上部结构刚度

47. 依据《建筑桩基技术规范》(JGJ 94—2008)的规定，下列有关承台效应系数η_c的论述，哪些选项是正确的？ ( )

(A)承台效应系数η_c随桩间距的增大而增大
(B)单排桩条形承台的效应系数η_c小于多排桩的承台效应系数η_c
(C)对端承型桩基，其承台效应系数η_c应取1.0
(D)基底为新填土，高灵敏度软土时，承台效应系数η_c取零

48.《建筑桩基技术规范》(JGJ 94—2008)中关于考虑承台、基桩协同工作和土的弹性抗力作用，计算受水平荷载的桩基时的基本假定包括下列哪些选项？ ( )

(A)对于低承台桩基，桩顶处水平抗力系数为零
(B)忽略桩身、承台、地下墙体侧面与土之间的黏着力和摩擦力对抵抗水平力的作用
(C)将土体视为弹性介质，其水平抗力系数随深度不变为常数
(D)桩顶与承台铰接，承台的刚度与桩身刚度相同

49. 在以下的桩基条件，哪些桩应按端承型桩设计？ ( )

(A)钻孔灌注桩桩径0.8m，桩长18m，桩端为密实中砂，桩侧范围土层均为密实细砂
(B)人工挖孔桩桩径1.0m，桩长20m，桩端进入较完整基岩0.8m
(C)PHC管桩桩径0.6m，桩长15m，桩端为密实粉砂，桩侧范围土层为淤泥
(D)预制方桩边长0.25m，桩长25m，桩端、桩侧土层均为淤泥质黏土

50. 根据《建筑桩基技术规范》(JGJ 94—2008)，下列关于建筑桩基承台计算的说法，哪些选项是正确的？ ( )

(A)当承台悬挑边有多排基桩形成多个斜截面时，应对每个斜截面的受剪承载力进行验算
(B)轴心竖向力作用下桩基承台受柱冲切，冲切破坏锥体应采用自柱(墙)边或承台变阶处至相应桩顶边缘连线所构成的锥体
(C)承台的受弯计算时，对于筏形承台，均可按局部弯矩作用进行计算
(D)对于柱下条形承台梁的弯矩，可按弹性地基梁进行分析计算

51. 根据《建筑桩基技术规范》(JGJ 94—2008)，下列关于建筑工程灌注桩施工的说法，哪些选项是正确的？ (　　)

(A)条形桩基沿垂直轴线方向的长钢套管护壁人工挖孔桩桩位允许偏差为200mm

(B)沉管灌注桩的充盈系数小于1.0时，应全长复打

(C)对于超长泥浆护壁成孔灌注桩，灌注水下混凝土可分段施工，但每段间隔不得大于24h

(D)泥浆护壁成孔灌注桩后注浆主要目的是处理孔底沉渣和桩身泥皮

52. 根据《建筑桩基技术规范》(JGJ 94—2008)确定单桩竖向极限承载力时，以下选项中哪些是正确的？ (　　)

(A)桩端置于完整、较完整基岩的嵌岩桩，其单桩竖向极限承载力由桩周土总极限侧阻力和嵌岩段总极限阻力组成

(B)其他条件相同时，敞口钢管桩因土塞效应，其端阻力大于闭口钢管桩

(C)对单一桩端后注浆灌注桩，其单桩竖向极限承载力的提高来源于桩端阻力和桩侧阻力的增加

(D)对于桩身周围有液化土层的低承台桩基，其液化土层范围内侧阻力取值为零

53. 某建在灰岩地基上的高土石坝，已知坝基透水性较大，进行坝基处理时，以下哪些选项是合理的？ (　　)

(A)大面积溶蚀未形成溶洞的可做铺盖防渗

(B)浅层的溶洞应采用灌浆方法处理

(C)深层的溶洞较发育时，应做帷幕灌浆，同时还应进行固结灌浆处理

(D)当采用灌浆方法处理岩溶时，应采用化学灌浆或超细水泥灌浆

54. 根据《公路路基设计规范》(JTG D30—2015)，以下有关路基的规定，哪些选项是正确的？ (　　)

(A)对填方路基，应优先选用粗粒土作为填料。液限大于50%，塑性指数大于26%的细粒土，不得直接作为填料

(B)对于挖方路基，当路基边坡有地下水渗出时，应设置渗沟和仰斜式排水孔

(C)路基处于填挖交接处时，对挖方区路床0.80m范围内土体应超挖回填碾压

(D)高填方路堤的堤身稳定性可采用简化Bishop法计算，稳定安全系数宜取1.2

55. 某高度为12m直立红黏土建筑边坡，已经采用“立柱＋预应力锚索＋挡板”进行了加固支护，边坡处于稳定状态；但在次年暴雨期间，坡顶2m以下出现渗水现象，且坡顶柏油道路路面开始出现与坡面纵向平行的连通裂缝，设计师提出的以下哪些处理措施是合适的？ (　　)

(A)在坡顶紧贴支挡结构后增设一道深 10.0m 的隔水帷幕
(B)在坡面增设长 12m 的泄水孔
(C)在原立柱上增设预应力锚索
(D)在边坡中增设锚杆

56. 根据《碾压式土石坝设计规范》(DL/T 5395—2007),对土石坝坝基采用混凝土防渗墙进行处理时,以下哪些选项是合适的? ( )

(A)用于防渗墙的混凝土内可掺黏土、粉煤灰等外加剂,并有足够的抗渗性和耐久性
(B)高坝坝基深砂砾石层的混凝土防渗墙,应验算墙身强度
(C)混凝土防渗墙插入坝体土质防渗体高度应不低于 1.0m
(D)混凝土防渗墙嵌入基岩宜大于 0.5m

57. 根据《建筑边坡工程技术规范》(GB 50330—2013),下列有关于边坡支护形式适用性的论述,哪些选项是正确的? ( )

(A)锚杆挡墙不宜在高度较大且无成熟工程经验的新填方边坡中应用
(B)变形有严格要求的边坡和开挖土石方危及边坡稳定性的边坡不宜采用重力式挡墙
(C)扶壁式挡墙在填方高度 10～15m 的边坡中采用是较为经济合理的
(D)采用坡率法时应对边坡环境进行整治

58. 下列哪些选项是岩质边坡发生倾倒破坏的基本条件? ( )

(A)边坡体为陡倾较薄层的岩体
(B)边坡的岩体较破碎
(C)边坡存在地下水
(D)边坡的坡度较陡

59. 关于盐渍土盐胀性的叙述中,下列哪些选项是正确的? ( )

(A)当土中硫酸钠含量不超过 1%时,可不考虑盐胀性
(B)盐渍土的盐胀作用与温度关系不大
(C)盐渍土中含有伊利石和蒙脱石,所以才表现出盐胀性
(D)含盐量相同时硫酸盐渍土的盐胀性较氯盐渍土强

60. 滑坡稳定性计算常用的方法有瑞典圆弧法、瑞典条分法、毕肖甫法及简布法,下列关于这些方法的论述中哪些选项是正确的? ( )

(A)瑞典圆弧法仅适用于 $\varphi=0$ 的均质黏性土坡
(B)简布法仅适用于圆弧滑动面的稳定性计算
(C)毕肖甫法和简布法计算的稳定系数比较接近
(D)瑞典条分法不仅满足滑动土体整体力矩平衡条件,也满足条块间的静力平衡条件

61. 下列关于红黏土特征的表述中哪些选项是正确的？（　　）

(A)红黏土失水后易出现裂隙
(B)红黏土具有与膨胀土一样的胀缩性
(C)红黏土往往有上硬下软的现象
(D)红黏土为高塑性的黏土

62. 下列关于湿陷起始压力的叙述中哪些选项是正确的？（　　）

(A)室内试验确定的湿陷起始压力就是湿陷系数为 0.015 时所对应的试验压力
(B)在室内采用单线法压缩试验测定湿陷起始压力时，应不少于 5 个环刀试样
(C)对于自重湿陷性黄土，土样的湿陷起始压力肯定大于其上覆土层的饱和自重压力
(D)对于非自重湿陷性黄土，土样的湿陷起始压力肯定小于其上覆土层的饱和自重压力

63. 关于人工长期降低岩溶地下水位引起的岩溶地区地表塌陷，下列哪些说法是正确的？（　　）

(A)塌陷多分布在土层较厚，且土颗粒较细的地段
(B)塌陷多分布在溶蚀洼地等地形低洼处
(C)塌陷多分布在河床两侧
(D)塌陷多分布在断裂带及褶皱轴部

64. 下列关于建筑场地污染土勘察的叙述中，哪些选项是正确的？（　　）

(A)勘探点布置时近污染源处宜密，远污染源处宜疏
(B)确定污染土和非污染土界限时，取土间距不宜大于 1m
(C)同一钻孔内采取不同深度的地下水样时，应采取严格的隔离措施
(D)根据污染土的颜色、状态、气味可确定污染对土的工程特性的影响程度

65. 根据《注册土木工程师（岩土）执业及管理工作暂行规定》，下列哪些说法是正确的？（　　）

(A)自 2009 年 9 月 1 日起，凡《工程勘察资质标准》规定的甲级、乙级岩土工程项目，统一实施注册土木工程师（岩土）执业制度
(B)注册土木工程师（岩土）可在规定的执业范围内，以注册土木工程师（岩土）的名义从事岩土工程及相关业务
(C)自 2012 年 9 月 1 日起，甲、乙级岩土工程的项目负责人须由本单位聘用的注册土木工程师（岩土）承担
(D)《工程勘察资质标准》规定的丙级岩土工程项目不实施注册土木工程师（岩土）执业制度

66. 下列哪些行为违反了《建设工程质量检测管理办法》相关规定？（　　）

(A)委托未取得相应资质的检测机构进行检测的
(B)明示或暗示检测机构出具虚假检测报告，篡改或伪造检测报告的
(C)未按规定在检测报告上签字盖章的
(D)送检试样弄虚作假的

67. 根据《建设工程安全生产管理条例》，施工单位的哪些人员应当经建设行政主管部门或者其他有关部门考核合格后方可任职？（　　）

(A)现场一般作业人员　　(B)专职安全生产管理人员
(C)项目负责人　　(D)单位主要负责人

68. 下列关于开标的说法，哪些是正确的？（　　）

(A)在投标截止日期后，按规定时间、地点，由招标人主持开标会议
(B)招标人在招标文件要求提交投标文件的截止时间前收到的所有投标文件，开标时都应当当众予以拆封、宣读
(C)邀请所有投标人到场后方可开标
(D)开标过程应当记录，并存档备查

69. 根据《中华人民共和国建筑法》，建筑工程实行质量保修制度，下列哪些工程属于保修范围？（　　）

(A)地基基础工程　　(B)主体结构工程
(C)园林绿化工程　　(D)供热、供冷工程

70.《建设工程勘察设计管理条例》规定，建设工程勘察、设计单位不得将所承揽的建设工程勘察，设计转包。问：承包方下列哪些行为属于转包？（　　）

(A)承包方将承包的全部建设工程勘察、设计再转给其他具有相应资质等级的建设工程勘察、设计单位
(B)承包方将承包的建设工程主体部分的勘察、设计转给其他具有相应资质等级的建设工程勘察、设计单位
(C)承包方将承包的全部建设工程勘察、设计肢解以后以分包的名义分别转给其他具有相应资质等级的建设工程勘察、设计单位
(D)承包方经发包方书面同意后，将建设工程主体部分勘察、设计以外的其他部分转给其他具有相应资质等级的建设工程勘察、设计单位

2013年专业知识试题答案(下午卷)

1.[答案] C

[依据] 油罐钢板可视为柔性基础,柔性基础在弹性地基上的基底压力大小和分布与其上的荷载分布大小相同。

2.[答案] B

[依据] (90－40)mm/20m＝2.5‰

3.[答案] A

[依据]《建筑地基基础设计规范》(GB 50007—2011)式(8.4.2)。$e \leqslant 0.1W/A = 0.1 \times 15/6 = 0.25$m。

4.[答案] C

[依据]《建筑地基基础设计规范》(GB 50007—2011)第5.3.5条。压缩模量的当量值等效各分层的压缩模量;当有相邻荷载时应考虑应力的叠加作用,按式(5.3.7)确定沉降计算深度;基底附加压力为基底平均压力减去基础底面以上土的自重压力;根据表5.3.5可以看出,压缩模量当量值越小,土的压缩性越大,沉降计算经验系数越大。

5.[答案] C

[依据] 柱下条形基础可视为作用有若干集中荷载并置于地基上的梁,同时受到地基反力的作用。在柱下条形基础结构设计中,除按抗冲切和剪切强度确定基础高度,并按翼板弯曲确定基础底板横向配筋外,还需计算基础纵向受力,以配置纵向受力筋。所以必须计算柱下条形基础的纵向弯矩分布。

6.[答案] C

[依据]《铁路路基设计规范》(TB 10001—2016)第3.1.2条,路肩高程应大于设计洪水位、壅水高(包括河道卡口或建筑物造成的壅水、河湾水面超高)、波浪侵袭高或斜水流局部冲高、河床淤积影响高度、安全高度之和,且波浪侵袭高度和斜水流局部冲高应取二者中的大值;第3.1.9条,安全高度不应小于0.5m。综上,该路堤设计路肩高程的最低高程为20＋1.0＋0.5＋0.2＋0.5＝22.2m。

7.[答案] D

[依据]《建筑桩基技术规范》(JGJ 94—2008)表3.3.3。闭口PHC管桩属挤土桩,饱和黏性土摩擦型桩基最小中心距为4.5d。

8.[答案] B

[依据]《建筑桩基技术规范》(JGJ 94—2008)第3.1.1条、第3.5.3条。桩身裂缝属于耐久性要求,为正常使用极限状态。

9.[答案] C

[依据]《铁路桥涵地基和基础设计规范》(TB 10093—2017)第7.2.2条第2款。

10.[答案] D

[依据]《建筑桩基技术规范》(JGJ 94—2008)第7.4.9条第7款。

11.[答案] D

[依据] 中性点以下,桩的沉降大于桩侧土的沉降,中性点以上,随着深度增加桩身轴向压力增加,在中性点处轴力达到最大值。对于摩擦型桩,受负摩阻力作用,桩沉降增大,与桩侧土层相对位移减小,中性点位置向上移动。

12.[答案] B

[依据]《铁路桥涵地基和基础设计规范》(TB 10093—2017)第7.2.1条。

13.[答案] A

[依据]《建筑桩基技术规范》(JGJ 94—2008)第5.4.5条、第5.4.7条、第5.4.8条。

14.[答案] A

[依据]《建筑桩基技术规范》(JGJ 94—2008)第3.1.7条第4款、第5.8.10条第2款。

15.[答案] B

[依据]《碾压式土石坝设计规范》(DL/T 5395—2007)第6.1.4条。

16.[答案] B

[依据] B,b,C三点位于同一条等式线上,三点的总水头相同,b点压力水头为Bb,位置水头为cb。

17.[答案] A

[依据]《建筑边坡工程技术规范》(GB 50330—2013)第7.2.3条表7.2.3。

18.[答案] B

[依据] $C_u>5$,$C_c=1\sim3$,为级配良好。

19.[答案] C

[依据]$V=\dfrac{1+e_1}{1+e_2}=\dfrac{1+1.15}{1+0.65}=1.3\text{m}^3$

20.[答案] C

[依据]《建筑边坡工程技术规范》(GB 50330—2013)第5.2.2条及条文说明、第5.2.3条及条文说明。

21.[答案] AC

[依据]《铁路路基支挡结构设计规范》(TB 10025—2019)第6.2.1条第3款。规范更新后有两个答案。

22.[答案] C

[依据]《碾压式土石坝设计规范》(DL/T 5395—2007)第7.7.1条、第7.7.5条、第7.7.8条、第7.7.9条。

23.[答案] B

[依据]《公路路基设计规范》(JTG D30—2015)第7.3.3条及条文说明,柔性防护网的作用分为主动式和被动式。主动式由系统锚杆和防护网组成,可以对岩石施加压力;被动式由拦截网组成,不对岩石施加压力,起拦截落石作用。

24.[答案] C

[依据]《岩土工程勘察规范》(GB 50021—2001)(2009年版)第6.1.2条。

25.[答案] B

[依据] 赤平投影不能解决线的长短、面的大小和各几何要素间的具体位置。

26.[答案] D

[依据] 膨胀力与矿物成分和含水量有关。在完全饱和前,含水量越大,膨胀力越大。完全饱和后,膨胀力是定值,与含水量无关。自由膨胀率是把试样烘干碾碎,与含水量无关。

27.[答案] D

[依据] 土层发生沉降的根本原因是有效应力的增加,抽取承压含水层中的水,承压含水层有效应力增加,沉降增加。

28.[答案] B

[依据] 岩溶溶蚀速度大小排名:卤素类岩石(岩盐)>硫酸类岩石(石膏、芒硝)>碳酸类岩石(石灰岩、白云岩)。

29.[答案] A

[依据]《岩土工程勘察规范》(GB 50021—2001)(2009年版)第6.3.5条。

30.[答案] B

[依据]《工程地质手册》(第五版)第647页,土洞形成的主要原因是潜蚀作用。

31.[答案] C

[依据]《岩土工程勘察规范》(GB 50021—2001)(2009年版)附录A.0.5。

32.[答案] D

[依据]《膨胀土地区建筑技术规范》(GB 50112—2013)第5.2.7条,地表下1m处,25/20=1.25>1.2,属于收缩变形。

33.[答案] C

[依据]《工程地质手册》(第五版)第655页,剪切裂缝位于滑坡体中部的两侧,此裂缝的两侧常伴有羽毛状裂缝。可见是在中部的两侧,不是中部。

34.[答案] C

[依据]《岩土工程勘察规范》(GB 50021—2001)(2009 年版)表 6.8.2-2。

35.[答案] B

[依据]《建设工程安全生产管理条例》第五十五条。

36.[答案] C

[依据]《中华人民共和国安全生产法》第十七条。

37.[答案] C

[依据]《地质灾害防治条例》第四条。

38.[答案] A

[依据]《建设工程安全生产管理条例》第二十七条。

39.[答案] B

[依据]《注册土木工程师(岩土)执业及管理工作暂行规定》附件 1。

40.[答案] D

[依据]《勘察设计注册工程师管理规定》第二十五条。

41.[答案] BC

[依据]《建筑地基基础设计规范》(GB 50007—2011)第 5.2.5 条。根据土的抗剪强度指标确定地基承载力特征值的公式已考虑深宽修正,γ_m 取基础底面以上土的加权平均重度。

42.[答案] AC

[依据]《建筑地基基础设计规范》(GB 50007—2011)第 5.1.7 条及条文说明。土中粗颗粒含量越多,场地冻结影响系数越大,A 选项正确;对于黏性土地基,场地冻结影响系数等于 1.0,B 选项错误;根据附录 G.0.1,w 越大,冻胀程度越厉害,冻结影响系数越小,C 选项正确;人口越多,热岛效应越明显,影响系数越小,D 选项错误。

43.[答案] AB

[依据]《建筑地基基础设计规范》(GB 50007—2011)第 5.2.4 条。

44.[答案] ABC

[依据]《建筑地基基础设计规范》(GB 50007—2011)第 8.3.2 条第 1 款。

45.[答案] BCD

[依据]《建筑地基基础设计规范》(GB 50007—2011)式(5.2.4)。

46.[答案] ABD

[依据]《建筑桩基技术规范》(JGJ 94—2008)第 2.1.10 条、第 3.3.3 条。

47.［答案］AD

［依据］《建筑桩基技术规范》(JGJ 94—2008)第5.2.3条、第5.2.5条及表5.2.5。

48.［答案］AB

［依据］《建筑桩基技术规范》(JGJ 94—2008)附录C.0.1。

49.［答案］BC

［依据］端承型桩是以端部受压为主，桩侧摩擦力为辅或者忽略不计。A、D选项桩端桩侧阻力差别不大，属于摩擦型桩。

50.［答案］ABD

［依据］《建筑桩基技术规范》(JGJ 94—2008)第5.9.3条、第5.9.4条、第5.9.7条、第5.9.9条。

51.［答案］BD

［依据］《建筑桩基技术规范》(JGJ 94—2008)第6.3.30条、第6.5.4条、第6.7.1条，表6.2.4。

52.［答案］AC

［依据］《建筑桩基技术规范》(JGJ 94—2008)第5.3.7条、第5.3.9条、第5.3.10条、第5.3.12条。

53.［答案］AC

［依据］《碾压式土石坝设计规范》(DL/T 5395—2007)第8.4.2条、第8.4.4条。

54.［答案］ABC

［依据］《公路路基设计规范》(JTG D30－2015)第3.3.1条第1、5款，A正确；第3.4.5条，B正确；第3.5.3条，C正确；表3.6.11，稳定安全系数不取1.2，D错误。

55.［答案］BCD

［依据］红黏土有失水收缩的特点，在稳定状态时，地基出现收缩，产生裂缝，裂缝深度最大可达8m。土中细微网状裂隙使土体整体性遭受破坏，大大削弱了土体强度。在暴雨时期，裂缝里有水压力产生，土的抗剪强度和地基承载力都应作相应折减。坡顶2m下出现渗水现象，且出现裂缝，说明安全度在降低，所以首先要排水，增设泄水孔，其次，得增加锚固力，使其达到折减前的稳定系数。A选项的措施不能减小压力，只能让压力越来越大，也不能使现有的土坡安全系数提高，所以达不到治理的效果。

56.［答案］ABD

［依据］《碾压式土石坝设计规范》(DL/T 5395—2007)第8.3.8条。

57.［答案］ABD

［依据］《建筑边坡工程技术规范》(GB 50330—2013)第9.1.4条条文说明，第11.1.3条及条文说明，第12.1.2条、第14.1.4条。

58.［答案］AD

［依据］岩质边坡的倾倒破坏是由陡倾或直立板状岩体组成的斜坡，当岩层走向与坡向走向近平行时，在自重应力的长期作用下，由前缘开始向临空方向弯曲、折裂，并逐渐向坡内发展的现象，也叫弯曲倾倒。

59.［答案］AD

［依据］《工程地质手册》(第五版)第594页，盐渍土的盐胀性是由于温度下降，无水芒硝吸收10个水分子，体积增大10倍造成的。

60.［答案］AC

［依据］简布法适用于任意滑裂面，瑞典条分法只满足整体的力矩平衡，不满足条块间的力矩平衡。

61.［答案］ACD

［依据］《工程地质手册》(第五版)第525、526页，红黏土的胀缩性能主要以收缩为主。

62.［答案］AB

［依据］《湿陷性黄土地区建筑标准》(GB 50025—2018)第4.4.5条第2款，选项A正确；第4.3.4条第5款，选项B正确；设 $K=p_{sh}/p_c$，p_{sh} 为湿陷起始压力，p_c 为上覆土饱和自重压力，当 K 小于1时，湿陷起始压力小于上覆土饱和自重压力，此时在自重作用下，浸水发生湿陷，为自重湿陷性黄土，选项C错误；当 K 大于1时，湿陷起始压力大于上覆土饱和自重压力，此时在自重作用下，浸水不会发生湿陷，为非自重湿陷性黄土，选项D错误。

63.［答案］BCD

［依据］《工程地质手册》(第五版)第649、650页。

64.［答案］ABC

［依据］《岩土工程勘察规范》(GB 50021—2001)(2009年版)第6.10.7条、第6.10.8条。

65.［答案］ABC

［依据］《工程勘察资质标准》规定丙级岩土工程项目是否实施注册土木工程师(岩土)执业制度，由各省级住房和城乡建设主管部门根据本地区实际情况研究决定。

66.［答案］ABD

［依据］《建设工程质量检测管理办法》第二十九条、第三十一条。四个选项都违反了本法规的规定，题目没有说清是什么主体违反规定。A、B、D选项是委托方违反本规定的情况，C选项是检测机构违反本办法规定的情况，在这种情况下，只能找一个主体，又是多选，只能是ABD。

67.［答案］BCD

［依据］《建设工程安全生产管理条例》第三十六条。

68.［答案］ABD

［依据］《中华人民共和国招标投标法》第三十四条～第三十六条。

69.［答案］ABD

［依据］《中华人民共和国建筑法》第六十二条,《建设工程质量管理条例》第四十条。

70.［答案］ABC

［依据］《中华人民共和国建筑法》第二十四条、第二十八条。

2014 年专业知识试题(上午卷)

一、单项选择题(共 40 题,每题 1 分,每题的备选项中只有一个最符合题意)

1. 某港口岩土工程勘察,有一粉质黏土和粉砂成层状交替分布的土层,粉质黏土平均层厚 40cm,粉砂平均层厚 5cm,按《水运工程岩土勘察规范》(JTS 133—2013),该层土应定名为下列哪个选项? ( )

(A)互层土　　(B)夹层土
(C)间层土　　(D)混层土

2. 某化工车间,建设前场地土的压缩模量为 12MPa,车间运行若干年后,场地土的压缩模量降低到 9MPa。根据《岩土工程勘察规范》(GB 50021—2001)(2009 年版),该场地的污染对于场地土的压缩模量的影响程度为下列哪项? ( )

(A)轻微　　(B)中等
(C)大　　(D)强

3. 在粉细砂含水层进行抽水试验,最合适的抽水孔过滤器是下列哪项? ( )

(A)骨架过滤器　　(B)缠丝过滤器
(C)包网过滤器　　(D)用沉淀管代替

4. 在潮差较大的海域钻探,回次钻进前后需进行孔深校正的,正确的做法是下列哪一项? ( )

(A)涨潮和落潮时均加上潮差
(B)涨潮和落潮时均减去潮差
(C)涨潮时加上潮差,退潮时减去潮差
(D)涨潮时减去潮差,退潮时加上潮差

5. 岩体体积结构面数含义是指下列哪项? ( )

(A)单位体积内结构面条数　　(B)单位体积内结构面组数
(C)单位体积内优势结构面条数　　(D)单位体积内优势结构面组数

6. 关于潜水地下水流向的判定,下列说法哪项是正确的? ( )

(A)从三角形分布的三个钻孔中测定水位,按从高到低连线方向
(B)从多个钻孔测定地下水位确定其等水位线,按其由高到低垂线方向
(C)从带多个观测孔的抽水试验中测定水位,按主孔与最深水位连线方向

(D)从带多个观测孔的压水试验中测定水量，按主孔与最大水量孔连线方向

7. 在带多个观测孔的抽水试验中，要求抽水孔与最近的观测孔的距离不宜小于含水层厚度，其主要原因是下列哪一项？（　　）

(A)减少水力坡度对计算参数的影响
(B)避免三维流所造成的水头损失
(C)保证观测孔中有足够的水位降深
(D)提高水量和时间关系曲线的精度

8. 在城市轨道交通岩土工程勘察中，有机质含量是用下列哪个温度下的灼失量来测定的？（　　）

(A)70℃　　(B)110℃
(C)330℃　　(D)550℃

9. 在城市轨道交通详细勘察阶段，下列有关地下区间勘察工作布置的说法，哪一选项不符合规范要求？（　　）

(A)对复杂场地，地下区间勘探点间距宜为10～30m
(B)区间勘探点宜在隧道结构中心线上布设
(C)控制性勘探孔的数量不应少于勘探点总数的1/3
(D)对非岩石地区，控制性勘探孔进入结构底板以下不应小于3倍的隧道直径（宽度）

10. 在公路工程初步勘察时，线路工程地质调绘宽度沿路线左右两侧的距离各不宜小于下列哪个选项？（　　）

(A)50m　　(B)100m　　(C)150m　　(D)200m

11. 在钻孔中使用活塞取土器采取Ⅰ级原状土试验，其取样回收率的正常值应介于下列哪个选项的范围之间？（　　）

(A)0.85～0.90　　(B)0.90～0.95
(C)0.95～1.00　　(D)1.00～1.05

12. 对含有有机质超过干土质量5%的土进行含水量试验时，应将温度控制在下列哪项的恒温下烘至恒量？（　　）

(A)65～70℃　　(B)75～80℃
(C)95～100℃　　(D)105～110℃

13. 下列关于建筑工程初步勘察工作的布置原则，哪一选项不符合《岩土工程勘察规范》(GB 50021—2001)(2009年版)的规定？（　　）

(A)勘探线应平行于地貌单元布置

(B)勘探线应垂直于地质构造和地层界线布置

(C)每个地貌单元均应有控制性勘探点

(D)在地形平坦地区,可按网格布置勘探点

14. 在计算地下车库的抗浮稳定性时,按《建筑地基基础设计规范》(GB 50007—2011)的规定,应采用以下哪种荷载效应组合? ( )

(A)正常使用极限状态下作用的标准组合

(B)正常使用极限状态下作用的准永久组合

(C)正常使用极限状态下作用的频遇组合

(D)承载能力极限状态下作用的基本组合

15. 在以下的作用(荷载)中,通常不用于建筑地基变形计算的作用效应是哪项? ( )

(A)风荷载　(B)车辆荷载

(C)积灰、积雪荷载　(D)安装及检修荷载

16. 按照《建筑地基基础设计规范》(GB 50007—2011)的规定,下列哪项建筑物的地基基础设计等级不属于甲级? ( )

(A)邻近地铁的 2 层地下车库

(B)软土地区三层地下室的基坑工程

(C)同一底板上主楼 12 层、裙房 3 层、平面体型呈 E 形的商住楼

(D)2 层地面卫星接收站

17. 某软土场地,采用堆载预压法对其淤泥层进行处理,其他条件相同,达到同样固结度时,上下两面排水时间为 t_1,单面排水时间为 t_2,则二者的关系为下列哪项? ( )

(A)$t_1=\left(\frac{1}{8}\right)t_2$　(B)$t_1=\left(\frac{1}{4}\right)t_2$

(C)$t_1=\left(\frac{1}{2}\right)t_2$　(D)$t_1=t_2$

18. 软土场地中,下列哪个选项对碎石桩单桩竖向抗压承载力影响最大? ( )

(A)桩周土的水平侧阻力　(B)桩周土的竖向侧阻力

(C)碎石的粒径　(D)碎石的密实度

19. 比较堆载预压法和真空预压法处理淤泥地基,以下哪种说法是正确的? ( )

(A)地基中的孔隙水压力变化规律相同

(B)预压区边缘土体侧向位移方向一致

(C)均需控制加载速率,以防止加载过快导致淤泥地基失稳破坏

(D)堆载预压法土体总应力增加,真空预压法总应力不变

20.根据《建筑地基处理技术规范》(JGJ 79—2012)的有关规定,对局部软弱地基进行换填垫层法施工时,以下哪个选项是错误的? ( )

(A)采用轻型击实试验指标时,灰土、粉煤灰换填垫层的压实系数应大于等于0.95

(B)采用重型击实试验指标时,垫层施工时要求的干密度应比轻型击实试验时的大

(C)垫层的施工质量检验应分层进行,压实系数可采用环刀法或灌砂法检验

(D)验收时垫层承载力应采用现场静载荷试验进行检验

21.根据《建筑地基处理技术规范》(JGJ 79—2012),采用真空预压法加固软土地基时,哪个论述是错误的? ( )

(A)膜下真空度应稳定地保存在86.7kPa以上,射流真空泵空抽气时应达到95kPa以上的真空吸力

(B)密封膜宜铺设三层,热合时宜采用双热合缝的平搭接

(C)真空管路上应设置回止阀和截门,以提高膜下真空度,减少用电量

(D)当建筑物变形有严格要求时,可采用真空—堆载联合预压阀,且总压力大于建筑物的竖向荷载

22.某建筑地基主要土层自上而下为:①素填土,厚2.2m;②淤泥,含水量为70%,厚5.0m;③粉质黏土,厚3.0m;④花岗岩残积土,厚5.0m;⑤强风化花岗岩,厚4.0m。初步设计方案为:采用搅拌桩复合地基,搅拌桩直径600mm,长9.0m,根据地基承载力要求算得桩间距为800mm,审查人员认为搅拌桩太密,在同等桩长情况下,改用以下哪个方案最合适? ( )

(A)石灰桩　　(B)旋喷桩

(C)挤密碎石桩　　(D)水泥粉煤灰碎石桩

23.根据《建筑地基处理技术规范》(JGJ 79—2012),下列关于地基处理的论述中哪个是错误的? ( )

(A)经处理后的地基,基础宽度的地基承载力修正系数应取零

(B)处理后的地基可采用圆弧滑动法验算整体稳定性,其安全系数不应小于1.3

(C)多桩型复合地基的工作特性是在等变形条件下的增强体和地基土共同承担荷载

(D)多桩型复合地基中的刚性桩布置范围应大于基础范围

24.某场地采用多桩型复合地基,采用增强体1和增强体2,见下图,当采用多桩(取

增强体 1 和增强体 2 各两根)复合地基静载荷试验时,载荷板面积取下列哪个选项? (　　)

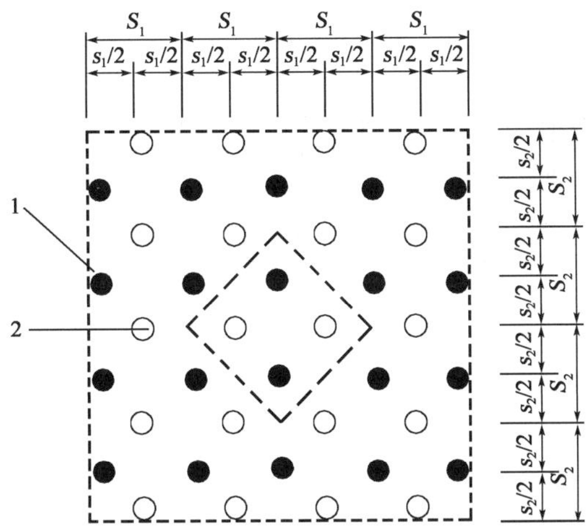

题 24 图

(A)$s_1^2+s_2^2$　　(B)$2s_1s_2$

(C)$(s_1+s_2)^2$　　(D)$2s_1^2+2s_2^2$

25. 采用复合式衬砌的公路隧道,在初期支护和二次衬砌之间设置防水板及无纺布组成的防水层,以防治地下水渗漏进入衬砌内。下列哪项要求不符合《公路隧道设计规范　第一册　土建工程》(JTG 3370.1—2018)的规定? (　　)

(A)无纺布密度不小于 300g/m²

(B)防水板接缝搭接长度不小于 100mm

(C)无纺布不宜与防水板黏合使用

(D)二次衬砌的混凝土应满足抗渗要求,有冻害地段的地区,其抗渗等级不应低于 S6

26. 对于隧道的仰拱和底板的施工,下列哪个选项不符合《铁路隧道设计规范》(TB 10003—2016)的要求? (　　)

(A)仰拱或底板施作前,必须将隧道虚渣、积水等清除干净,超挖部分采用片石混凝土回填找平

(B)为保持洞室稳定,仰拱或底板要及时封闭

(C)仰拱应超前拱墙衬砌施作,超前距离宜保持 3 倍以上衬砌循环作业长度

(D)在仰拱或底板施工缝、变形缝处应按相关工艺规定做防水处理

27. 铁路隧道复合式衬砌的初期支护,宜采用锚喷支护,其基层平整度应符合下列哪个选项?(D 为初期支护基层相邻凸面凹进去的深度;L 为基层两凸面的距离) (　　)

(A)$D/L\leqslant1/2$　　(B)$D/L\leqslant1/6$

(C)$D/L \geqslant 1/6$　　　　　　　　(D)$D/L \geqslant 1/2$

28. 根据《建筑基坑支护技术规程》(JGJ 120—2012),预应力锚杆施工采用二次压力注浆工艺时,关于注浆孔的设置,下列哪种说法正确?（　　）

(A)注浆管应在锚杆全长范围内设置注浆孔
(B)注浆管应在锚杆前段 1/4～1/3 锚固段长度范围内设置注浆孔
(C)注浆管应在锚杆末段 1/4～1/3 锚固段长度范围内设置注浆孔
(D)注浆管应在锚杆前段 1/4～1/3 锚杆全长范围内设置注浆孔

29. 某建筑深基坑工程采用排桩支护结构,桩径为 1.0m,排桩间距为 1.2m,当采用平面杆系结构弹性支点法计算时,单根支护桩上的土反力计算宽度为下列哪个数值?（　　）

(A)1.8m　　　　(B)1.5m
(C)1.2m　　　　(D)1.0m

30. 某基坑深 10m,长方形,平面尺寸为 50m×30m,距离基坑边 4～6m 为 3 层～4 层的天然地基民房,场地底层从地面算起为:①填土层,厚 2m;②淤泥质黏土层,厚 2m;③中砂层,厚 4.0m;④粉质黏土层,可塑到硬塑,承压水水头位于地面下 1m,按照基坑安全、环境安全、经济合理的原则,以下哪一个支护方案是最合适的?（　　）

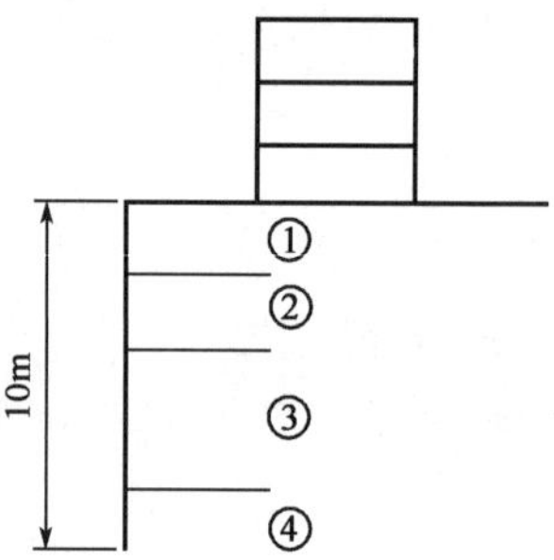

题 30 图

(A)搅拌桩复合土钉支护　　　　(B)钢板桩加锚索支护
(C)搅拌桩重力式挡墙支护　　　　(D)地下连续墙加支撑支护

31. 在Ⅳ级围岩地段修建两车道小净距公路隧道时,下列哪个选项不符合《公路隧道设计规范　第一册　土建工程》(JTG 3370.1—2018)的要求?（　　）

(A)洞口地形狭窄、路线布设困难或为减少洞口占地的隧道,可采用小净距隧道
(B)两隧道净距在 1.0 倍开挖跨度以内时,小净距隧道段长度宜控制在 1000m
(C)中夹岩的加固措施包括加长系统锚杆、设对拉锚杆和小导管注浆
(D)小净距隧道应选用复合式衬砌,支护参数应综合确定

32. 根据《建筑抗震设计规范》(GB 50011—2010)(2016 年版)的规定，在深厚第四系覆盖层地区，对于可液化土的液化判别，下列选项中哪个不正确？（　　）

(A)抗震设防烈度为 8 度的地区，饱和粉土的黏粒含量为 15%时可判为不液化土

(B)抗震设防烈度为 8 度的地区，拟建 8 层民用住宅采用桩基础，采用标准贯入试验法判别地基土的液化情况时，可只判别地面下 15m 范围内土的液化

(C)当饱和砂土未经杆长修正的标准贯入锤击数小于或等于液化判别标准贯入锤击数临界值时，应判为液化土

(D)勘察未见地下水时，应按设计基准期内年平均最高水位进行液化判别

33. 下列关于建筑抗震设计叙述中，哪一项说法是正确的？（　　）

(A)设计地震分组的第一组、第二组和第三组分别对应抗震设防的三个地震水准

(B)抗震设防烈度为 7 度的地区所对应的设计地震基本加速度为 0.10g

(C)设计特征周期可根据《中国地震动参数区划图》查取

(D)50 年设计基准期超越概率 10%的地震加速度为设计基本地震加速度

34. 在其他条件相同的情况下，下列关于砂土液化可能性的叙述，哪项是不正确的？（　　）

(A)颗粒磨圆度越好，液化可能性越大

(B)排水条件越好，液化可能性越大

(C)震动时间越长，液化可能性越大

(D)上覆土层越薄，液化可能性越大

35. 根据《中国地震动参数区划图》(GB 18306—2015)规定，下列哪个选项符合要求？（　　）

(A)中国地震动峰值加速度区划图的比例尺为 1∶400，允许放大使用

(B)中国地震动反应谱特征周期区划图的比例尺为 1∶400，可放大使用

(C)位于地震动参数区划分界线附近的扩建工程不应直接采用本标准，应做专门研究

(D)核电站可直接采用本标准

36. 某土石坝坝址的勘察资料见下表，拟将场地土层开挖 15m 深度后建造土石坝，问按照《水电工程水工建筑物抗震设计规范》(NB 35047—2015)的规定，该工程场地土类型属于下列哪个选项？（　　）

(A)软弱场地土　　(B)中软场地土

(C)中硬场地土　　(D)坚硬场地土

题 36 表

岩土名称	层顶埋深	实测剪切波速(m/s)
粉土	0	140
中砂	15	280
安山岩	30	700

37. 某建筑场地类别为Ⅲ类，设计基本地震加速度为 0.15g，按照《建筑抗震设计规范》(GB 50011—2010)(2016 年版)规定，除规范另有规定外，对建筑物采取抗震构造措施时，宜符合下列哪项要求？（　　）

(A)按抗震设防烈度 7 度(0.10g)时抗震设防类别建筑的要求
(B)按抗震设防烈度 7 度(0.15g)时抗震设防类别建筑的要求
(C)按抗震设防烈度 8 度(0.20g)时抗震设防类别建筑的要求
(D)按抗震设防烈度 8 度(0.30g)时抗震设防类别建筑的要求

38. 高应变检测单桩承载力时，力传感器直接测定的是哪项？（　　）

(A)传感器安装面处的应变　　(B)传感器安装面处的应力
(C)桩顶部的锤击力　　(D)桩头附近的应力

39. 某大直径桩采用钻芯法检测时，在桩身共钻有两孔，在某深度发现有缺陷现象，桩基检测人员在两个钻孔相同深度各采取了 3 块混凝土芯样试件，得到该深度处的两个抗压强度代表值，则该桩在该深度的芯样试件抗压强度代表值由下列哪种方法确定？（　　）

(A)取两个抗压强度代表值中的最小值
(B)取两个抗压强度代表值中的平均值
(C)取所有 6 个试件抗压强度中的最小值
(D)取两组抗压强度最小值的平均值

40. 对于基坑监测的说法，哪项符合《建筑基坑工程监测技术规范》(GB 50497—2009)的要求？（　　）

(A)混凝土支撑的监测截面宜选择在两支点间中部位
(B)围护墙的水平位移监测点宜布置在角点处
(C)立柱的内力监测点宜设在坑底以上各层立柱上部的 1/3 部位
(D)坑外水位监测点应沿基坑、被保护对象的周边布置

二、多项选择题(共 30 题，每题 2 分。每题的备选项中有两个或三个符合题意，错选、少选、多选均不得分)

41. 铁路增建第二条线时，就工程地质条件而言，选线合理的是下列哪几项？（　　）

(A)泥石流地段宜选在既有线下游一侧
(B)水库坍岸地段宜选在水库一侧
(C)路堑边坡坍塌变形地段宜选在有病害的一侧
(D)河谷地段宜选在地形平坦的宽谷一侧

42. 关于高压固结试验,下列哪些选项的说法是正确的? ( )

(A)土的前期固结压力是土层在地质历史上所曾经承受过的上覆土层最大有效自重压力
(B)土的压缩指数是指 e-lg$p$ 曲线上大于前期固结压力的直线段斜率
(C)土的再压缩指数是指 e-lg$p$ 曲线上压缩量与压力差比值的对数值
(D)土的回弹指数是指 e-lg$p$ 曲线回弹圈两端点连线的斜率

43. 用载荷试验确定地基承载力特征值时,下列哪些选项的说法是不正确的? ( )

(A)试验最大加载量应按设计承载力的 2 倍确定
(B)取极限荷载除以 2 的安全系数作为地基承载力特征值
(C)试验深度大于 5m 的平板载荷试验均属于深层平板载荷试验
(D)沉降曲线出现陡降且本级沉降量大于前级的 5 倍时可作为终止试验的一个标准

44. 下列关于深层平板载荷试验的说法,哪些选项是正确的? ( )

(A)深层平板载荷试验适用于确定埋深大于 5.0m 的地基土承载力
(B)深层平板载荷试验适用于确定大直径基桩桩端土层的承载力
(C)深层平板载荷试验所确定的地基承载力特征值基础埋深的修正系数为 0
(D)深层平板载荷试验的试验井直径应大于层压板直径

45. 下列哪些试验方法适用于测定粒径大于 5mm 的土的土粒比重? ( )

(A)比重瓶法　(B)浮称法　(C)虹吸筒法　(D)移液管法

46. 关于土对钢结构的腐蚀性评价,下列说法哪些是符合《岩土工程勘察规范》(GB 50021—2001)(2009 年版)? ( )

(A)氧化还原电位越高,腐蚀性越强
(B)视电阻率越高,腐蚀性越强
(C)极化电流密度越大,腐蚀性越强
(D)质量损失越高,腐蚀性越强

47. 根据《建筑地基基础设计规范》(GB 50007—2011)的规定,关于地基基础的作用取值及设计规定,以下叙述哪些是正确的? ( )

(A)挡土墙的稳定计算与挡土墙截面设计计算采用的作用基本组合值相同

(B)在同一个地下车库设计中,抗压作用与抗浮作用的基本组合值不同

(C)对于地基基础设计等级为丙级的情况,其结构重要性系数 γ_0 可取 0.9

(D)建筑结构的设计使用年限为 50 年,则地基基础的设计使用年限也可定为 50 年

48. 根据《建筑地基基础设计规范》(GB 50007—2011)及《建筑桩基技术规范》(JGJ 94—2008)的规定,在以下的地基基础计算中,作用效应应采用正常使用极限状态下作用标准组合的是哪些选项? (　　)

(A)基础底面积确定时计算基础底面压力

(B)柱与基础交接处受冲切验算时计算地基土单位面积净反力

(C)抗拔桩的裂缝控制计算时计算桩身混凝土拉应力

(D)群桩中基桩水平承载力验算时计算基桩桩顶水平力

49. 以下的地基基础设计验算中,按照《建筑地基基础设计规范》(GB 50007—2011)规定,采用正常使用极限状态进行设计计算的是哪些选项? (　　)

(A)柱基的不均匀沉降计算

(B)基础裂缝宽度计算

(C)支挡结构与内支撑的截面验算

(D)有很大水平力作用的建筑地基稳定性验算

50. 下列哪些地基处理方法在加固地基时有挤密作用? (　　)

(A)强夯法　　(B)柱锤冲扩桩法

(C)水泥土搅拌法　　(D)振冲法

51. 某软土路堤拟采用 CFG 桩复合地基,经验算最危险滑动面通过 CFG 桩桩身,其整体滑动安全系数不满足要求,下列哪些方法可显著提高复合地基的整体滑动稳定性? (　　)

(A)提高 CFG 桩的混凝土强度等级

(B)在 CFG 桩桩身内配置钢筋笼

(C)增加 CFG 桩长

(D)复合地基施工前对软土进行预压处理

52. 根据《建筑地基处理技术规范》(JGJ 79—2012),对拟建建筑物进行地基处理,下列哪些说法是正确的? (　　)

(A)确定水泥粉煤灰碎石桩复合地基的设计参数应考虑基础刚度

(B)经处理后的地基,在受力层范围内不应存在软弱下卧层

(C)各种桩型的复合地基竣工验收时,承载力检验均应采用现场载荷试验

(D)地基处理方法比选与上部结构特点相关

53. 根据《建筑地基处理技术规范》(JGJ 79—2012),采用灰土挤密桩加固湿陷性黄土地基时,以下哪些选项是正确的? ( )

(A)石灰可选用新鲜的消石灰,土料宜选用粉质黏土,灰土的体积比宜为 2∶8

(B)处理后的复合地基承载力特征值不宜大于处理前天然地基承载力特征值的 1.4 倍

(C)桩顶应设置褥垫层,厚度可取 500mm,压实系数不应低于 0.95

(D)采用钻孔夯扩法成孔时,桩顶设计标高以上的预留覆土厚度不宜小于 1.2m

54. 采用预压法进行软基处理时,以下哪些选项是正确的? ( )

(A)勘察时应查明软土层厚度、透水层位置及水源补给情况

(B)塑料排水板和砂井的井径比相同时,处理效果相同

(C)考虑砂井的涂抹作用后,软基的固结度将减小

(D)超载预压时,超载量越大,软基的次固结系数越大

55. 有一厂房工程,浅层 10m 范围内以流塑～软塑黏性土为主,车间地坪需要回填 1.5m 覆土,正常使用时地坪堆载要求为 50kPa,差异沉降控制在 5‰以内,以下哪些地基处理方法较为合适? ( )

(A)强夯法 (B)水泥搅拌桩法

(C)碎石桩法 (D)注浆钢管柱法

56. 某松散粉土可液化地基,液化土层厚度 8m,其下卧为中密砂卵石层。若需消除液化并需将地基承载力特征值提高到 300kPa,下列哪些处理方法可作为选用方案? ( )

(A)旋喷桩复合地基

(B)砂石桩＋水泥粉煤灰碎石桩多桩型复合地基

(C)水泥土搅拌桩复合地基

(D)柱锤冲扩桩复合地基

57. 根据《建筑基坑支护技术规程》(JGJ 120—2012)有关规定,深基坑水平对称开挖,关于计算宽度内弹性支点的刚度系数,下列哪些选项是正确的? ( )

(A)与支撑的截面尺寸和支撑材料的弹性模量有关

(B)与支撑水平间距无关

(C)与支撑两边基坑土方开挖方式及开挖时间差异有关

(D)同样的条件下,预加轴向压力时钢支撑的刚度系数大于不预加轴向压力的刚度系数

58. 根据《建筑基坑支护技术规程》(JGJ 120—2012)有关规定,关于悬臂式支护桩

嵌固深度的计算和设计，下列哪些选项是正确的？（　　）

(A)应满足绕支护桩底部转动的力矩平衡
(B)应满足整体稳定性验算要求
(C)当支护桩桩端以下存在软弱土层时，必须穿过软弱土层
(D)必须进行隆起稳定性验算

59. 对穿越基本稳定的山体的铁路隧道，按照《铁路隧道设计规范》(TB 10003—2016)，在初步判定是否属于浅埋隧道时，应考虑下列哪些因素？（　　）

(A)覆盖层厚度　　(B)围岩等级
(C)地表是否平坦　　(D)地下水位埋深

60. 采用桩锚支护形式的建筑基坑，坑底隆起稳定性验算不满足要求时，可采取下列哪些措施？（　　）

(A)增加支护桩的桩径　　(B)增加支护桩的嵌固深度
(C)增加锚杆长度　　(D)加固坑底土体

61. 当采用平面杆系结构弹性支点法对基坑支护结构进行分析计算时，关于分布在支护桩上的土反力大小，下列哪些说法是正确的？（　　）

(A)与支护桩嵌固段水平位移值有关
(B)与基坑底部土性参数有关
(C)与基坑主动土压力系数大小无关
(D)计算土抗力最大值应不小于被动土压力

62. 某地区由于长期开采地下水，发生大面积地面沉降，根据工程地质和水文地质条件，下列哪些是可以采用的控制措施？（　　）

(A)限制地下水的开采量
(B)向含水层进行人工补给
(C)调整地下水开采层次，进行合理开采
(D)对地面沉降区土体进行注浆加固

63. 下列选项中哪些措施可以全部或部分消除地基液化？（　　）

(A)钻孔灌注桩　　(B)挤密碎石桩
(C)强夯　　(D)长螺旋施工水泥粉煤灰碎石桩

64. 按照《水电工程水工建筑物抗震设计规范》(NB 35047—2015)，进行水工建筑物抗震计算时，下列哪些选项的说法是正确的？（　　）

(A)采用地震作用与水库最高蓄水位的组合

(B)一般情况下采用上游水位作为正常蓄水位
(C)对土石坝上游坝坡采用最不利的常遇水位
(D)采用地震作用与水库的死水位的组合

65. 在抗震设防烈度为 8 度的地区，下列选项中哪些可不进行天然地基及基础的抗震承载力验算？（　　）

(A)一般的单层厂房
(B)规范规定可不进行上部结构抗震验算的建筑
(C)9 层的一般民用框架结构房屋
(D)地基为松散砂土层的 2 层框架结构民用房屋

66. 根据《水利水电工程地质勘察规范》(GB 50487—2008)，判别饱和砂黏性土液化时，可采用下列哪几项指标？（　　）

(A)剪切波速　　(B)标准贯入试验锤击数
(C)液性指数　　(D)颗粒粒径 d_{10}

67. 某高速公路桥梁地基内有液化土层，根据《公路工程抗震规范》(JTG B02—2013)，验算其承载力时，下列说法正确的是哪几项？（　　）

(A)采用桩基时，液化土层的桩侧摩阻力应折减
(B)采用桩基时，液化土层的内摩擦角不用折减
(C)采用天然地基时，计算液化土层以下的地基承载力应计入液化土层及以上土层的重力
(D)采用天然地基时，计算液化土层以上地基承载力应计入液化土层及以上土层的重度

68. 某平坦稳定的中硬场地，拟新建一般的居民小区，研究显示 50 年内场地的加速度和超越概率关系如下表所示，结合《建筑抗震设计规范》(GB 50011—2010)(2016 年版)，该场地的下列哪些说法是不正确的？（　　）

题 68 表

峰值加速度(g)	0.07	0.10	0.20	0.40
超越概率(%)	63	50	10	2

(A)该场地峰值加速度为 $0.07g$ 地震的理论重现期约为 475 年
(B)今后 50 年内，场地遭受峰值加速度为 $0.10g$ 地震的可能性为 50%
(C)可按照抗震设防烈度 8 度($0.20g$)的相关要求进行结构抗震分析
(D)遭遇峰值加速度为 $0.40g$ 地震时，抗震设防目标为损坏可修

69. 建筑基坑工程监测工作应符合下列哪些要求？（　　）

(A)应采用仪器监测与巡视检查相结合的方法

(B)监测点应均匀布置

(C)至少应有 3 个稳定、可靠的点作为变形监测网的基准点

(D)对同一监测项目宜采用相同的观测方法和观测线路

70. 下列关于高、低应变法测桩的叙述中，哪些是正确的？（　　）

(A)低应变法可以判断桩身结构的完整性

(B)低应变法动荷载能使土体产生塑形位移

(C)高应变法只能测定单桩承载力

(D)高应变法检测桩承载力时要求桩土间产生相对位移

2014 年专业知识试题答案(上午卷)

1.［答案］B

［依据］《水运工程岩土勘察规范》(JTS 133—2013)第 4.2.7 条，厚度比为 5/40=1/8，定名为夹层土。

2.［答案］B

［依据］《岩土工程勘察规范》(GB 50021—2001)(2009 年版)第 6.10.12 条。工程特性指标变化率$=\frac{12-9}{12}\times 100\%=25\%$，影响程度为中等。

3.［答案］C

［依据］《工程地质手册》(第五版)第 1273 页。粉细砂层适用于填砾过滤器或包网过滤器。

4.［答案］D

［依据］钻孔进尺是从海底作为零点算起。因钻进中受潮汐影响，涨潮时，机上余尺减少；退潮时，机上余尺增加，机上余尺为一个变量。涨潮时，机上余尺除了随着孔内进尺减少外，也随着水位上涨船体升高而减少。因此回次进尺数应再减去钻进过程中涨潮的潮差。退潮时，钻进回次进尺要加上退潮的潮差。

5.［答案］A

［依据］《工程岩体分级标准》(GB/T 50218—2014)第 3.3.2 条表 3.3.2，体积结构面数为单位体积内结构面条数，单位为：条/m^3。

6.［答案］B

［依据］《工程地质手册》(第五版)第 1230 页、《岩土工程勘察规范》(GB 50021—2001)(2009 年版)第 7.2.4 条。测定地下水流向采用几何法，量测点应不少于呈三角形分布的三个测孔，以其水位高程编绘等水位线图，垂直等水位线并指向水位降低的方向为地下水流向。

7.［答案］B

［依据］《地下水资源勘察规范》(SL 454—2010)附录 F1.3-4 条。距抽水孔最近的第一个观测孔，应避开三维流的影响，其距离不宜小于含水层的厚度。据《水利水电工程钻孔抽水试验规程》(SL 320—2005)3.2.4 条文说明，观测孔至抽水孔的距离主要是根据三个方面的影响因素确定的：①裘布依公式；②当含水层渗透性能良好，在进行强烈抽水时，抽水孔及其附近的一定范围内都会产生紊流，而裘布依公式没有考虑地下水产生紊流时造成的水头损失；③裘布依公式也没考虑钻孔附近的三维流场所造成的水头损失。

8.［答案］D

［依据］《城市轨道交通岩土工程勘察规范》(GB 50307—2012)第 4.2.3 条。

9.［答案］B

［依据］《城市轨道交通岩土工程勘察规范》(GB 50307—2012)第 7.3.3 条、第 7.3.4 条第 4 款、第 7.3.5 条第 3 款、第 7.3.6 条。

10.［答案］D

［依据］《公路工程地质勘察规范》(JTG C20—2011)第 5.2.2 条第 3 款。

11.［答案］C

［依据］《岩土工程勘察规范》(GB 50021—2001)(2009 年版)第 9.4.1-2 条条文说明。

12.［答案］A

［依据］《土工试验方法标准》(GB/T 50123—2019)第 5.2.2 条第 2 款。

13.［答案］A

［依据］《岩土工程勘察规范》(GB 50021—2001)(2009 年版)第 4.1.5 条。

14.［答案］D

［依据］《建筑地基基础设计规范》(GB 50007—2011)第 3.0.5 条第 3 款。

15.［答案］A

［依据］《建筑地基基础设计规范》(GB 50007—2011)第 3.0.5 条第 2 款。

16.［答案］C

［依据］《建筑地基基础设计规范》(GB 50007—2011)表 3.0.1，选项 A 为对原有工程影响较大的新建建筑物；选项 B 为复杂场地有二层以上地下室的基坑工程；选项 C 层数相差不超过 10 层，不是甲级；选项 D 为重要的工业与民用建筑。

17.［答案］B

［依据］$\frac{t_1}{(H/2)^2}=\frac{t_2}{H^2}t_1=\frac{t_2}{4}$

18.［答案］A

［依据］《建筑地基处理技术规范》(JGJ 79—2012)第 7.2.2 条条文说明。碎石桩的承载力和沉降量在很大程度上取决于周围软土对桩体的约束作用，碎(砂)石桩单桩承载力主要取决于桩周土的水平侧限压力。

19.［答案］D

［依据］《建筑地基处理技术规范》(JGJ 79—2012)第 5.2.29 条条文说明。真空预压是降低土体的孔隙水压力，不增加总应力的条件下增加土体的有效应力；堆载预压是增加土体的总应力和孔隙水压力，并随着孔隙水压力的消散而使有效应力增加。

20.[**答案**] B

[**依据**]《建筑地基处理技术规范》(JGJ 79—2012)第 4.2.4 条、第 4.4.1 条、第 4.4.2条、第 4.4.4 条。当采用重型击实试验时,灰土、粉煤灰压实系数为 0.94,相应的干密度比轻型击实试验小。

21.[**答案**] C

[**依据**]《建筑地基处理技术规范》(JGJ 79—2012)第 5.1.7 条、第 5.2.12 条、第 5.3.10条、第 5.3.12 条、第 5.3.11 条条文说明。真空管路上应设置回止阀和截门是为了避免膜内真空度在停泵后很快降低。

22.[**答案**] D

[**依据**] 主要处理土层为填土、淤泥,石灰桩污染较严重,挤密碎石桩适用对变形要求不严的地基,均不合适,A、C 错误;根据《建筑地基处理技术规范》(JGJ 79—2012)第 7.3.3 条第 2 款,水泥土搅拌桩的桩间土承载力发挥系数对淤泥质土取 0.1~0.4,桩端端阻力发挥系数取 0.4~0.6,单桩承载力发挥系数取 1.0;第 7.7.2 条第 6 款,CFG 桩的桩间土承载力发挥系数取 0.8~0.9,桩端端阻力发挥系数取 1.0,单桩承载力发挥系数取 0.8~0.9;第 7.4.3 条条文说明,旋喷桩的发挥系数可能有较大的变化幅度,成桩质量不稳定,在同等桩长的情况下,和旋喷桩相比,选择 CFG 桩,可以在复合地基承载力不变的情况下,减小置换率,从而增大桩的间距,B 错误,D 正确。但是对于淤泥来说,应根据地区经验或现场试验确定 CFG 桩的适用性。

23.[**答案**] D

[**依据**]《建筑地基处理技术规范》(JGJ 79—2012)第 3.0.4 条第 2 款、第 3.0.7 条、第 7.9.4 条,第 7.9.2 条条文说明。

24.[**答案**] B

[**依据**]《建筑地基处理技术规范》(JGJ 79—2012)附录 B。多桩复合地基静载荷试验的压板为方形或矩形,其尺寸按实际桩数所承担的处理面积确定。压板分解为 2 个三角形,底为 $2s_1$,高为 s_2,压板面积为 $2\times\frac{1}{2}\times 2s_1\times s_2 = 2s_1s_2$。

25.[**答案**] D

[**依据**]《公路隧道设计规范　第一册　土建工程》(JTG 3370.1—2018)第 10.2.2 条第 2 款,选项 A 正确;第 1 款,选项 B 正确;第 3 款,选项 C 正确;第 10.2.3 条,抗渗等级不低于 P8,选项 D 错误。

26.[**答案**] A

[**依据**]《铁路隧道设计规范》(TB 10003—2016)第 8.2.5 条第 1 款,超挖部分用同级混凝土回填,选项 A 错误;第 2 款,选项 C 正确;第 3 款,选项 D 正确。第 8.2.5 条条文说明,及时封闭仰拱或底板是保持洞室稳定的关键,选项 B 正确。

27.[**答案**] B

［依据］《铁路隧道设计规范》(TB 10003—2005)第 7.2.1 条第 2 条。

28.［答案］C

［依据］《建筑基坑支护技术规程》(JGJ 120—2012)第 4.8.4 条第 4 款。

29.［答案］C

［依据］《建筑基坑支护技术规程》(JGJ 120—2012)第 4.1.7 条。$b_0 = 0.9 \times (1.5d + 0.5) = 0.9 \times (1.5 \times 1 + 0.5) = 1.8\text{m}$，$b_0$ 大于排桩间距时，取排桩间距 1.2m。

30.［答案］D

［依据］基坑范围比较大，有软土和承压水，从安全和经济合理的原则来考虑，地下连续墙加支撑支护是最合理的，连续墙可以截水和作为挡土构件。

31.［答案］B

［依据］《公路隧道设计规范　第一册　土建工程》(JTG 3370.1—2018)第 11.2.1 条第 1 款，选项 A 正确；第 12.2.2 条第 1 款，选项 D 正确，第 3 款，选项 B 错误；第 11.2.2条条文说明第 2 款，选项 C 错误。

32.［答案］B

［依据］《建筑抗震设计规范》(GB 50011—2010)(2016 年版)第 4.3.3 条、第 4.3.4 条。

33.［答案］D

［依据］《建筑抗震设计规范》(GB 50011—2010)(2016 年版)第 2.1.6 条。

34.［答案］B

［依据］对于饱和疏松的粉细砂，当受到突发的动力荷载时，一方面由于动剪应力的作用有使体积减小的趋势，另一方面由于短时间来不及向外排水，因此就产生了很大的孔隙水压力，当孔隙水应力等于总应力时，土体内的有效应力为零，发生液化。

35.［答案］C

［依据］《中国地震动参数区划图》(GB 18306—2015)附录 A，区划图比例尺为 1∶400万，不应放大使用，选项 A、B 错误；第 6.1.2 条，选项 C 正确；总则 1，本标准适用于一般建设工程的抗震设防区划，选项 D 错误。

36.［答案］C

［依据］《水电工程水工建筑物抗震设计规范》(NB 35047—2015)第 4.1.2 条表 4.1.2，水工抗震规范和《建筑抗震设计规范》(GB 50011—2010)等效剪切波速的计算方法基本一致，水工抗震规范取建基面以下覆盖层各土层的等效剪切波速，用公式 $v_s = d_0 / \sum_{i=1}^{n} (d / v_{si})$ 计算，根据题目条件建基面为中砂层顶面，剪切波速实际上就等于中砂的剪切波速，根据表 4.1.2 判别场地土类别为中硬场地土。

37.［答案］C

［依据］《建筑抗震设计规范》(GB 50011—2010)(2016 年版)第 3.3.3 条。

38.［答案］A

［依据］《建筑基桩检测技术规范》(JGJ 106—2014)附录 F.0.2 条。传感器分为加速度传感器和应变式力传感器，加速度传感器量测桩身测点处的响应，应变式力传感器量测桩身测点处的应变。

39.［答案］B

［依据］《建筑基桩检测技术规范》(JGJ 106—2014)第 7.6.1 条。

40.［答案］D

［依据］《建筑基坑工程监测技术规范》(GB 50497—2009)第 5.2.1 条、第 5.2.4 条、第 5.2.5 条、第 5.2.11 条。

41.［答案］AD

［依据］《铁路工程地质勘察规范》(TB 10012—2019)第 8.2.3 条。

42.［答案］BD

［依据］土的前期固结压力是土层在地质历史上所曾经承受过的最大有效应力，回弹再压缩指数是 e-lg$p$ 曲线回弹圈两端点连线的斜率。

43.［答案］ABC

［依据］《岩土工程勘察规范》(GB 50021—2001)(2009 年版)第 10.2.1 条，《建筑地基基础设计规范》(GB 50007—2011)附录 C.0.7、C.0.3。最大加载量不应小于设计要求的 2 倍。

44.［答案］ABC

［依据］《岩土工程勘察规范》(GB 50021—2001)(2009 年版)第 10.2.1 条、第 10.2.3条，《建筑地基基础设计规范》(GB 50007—2011)表 5.2.4。

45.［答案］BC

［依据］《土工试验方法标准》(GB/T 50123—2019)第 7.1.1 条第一款，选项 A 错误；第二款，选项 B、C 正确；第 8.1.2 条，移液管法用于颗粒分析试验，选项 D 错误。

46.［答案］CD

［依据］《岩土工程勘察规范》(GB 50021—2001)(2009 年版)第 12.2.5 条。

47.［答案］BD

［依据］《建筑地基基础设计规范》(GB 50007—2011)第 3.0.5 条、第 3.0.7 条。挡土墙稳定计算和挡土墙的截面设计均采用承载能力极限状态下的基本组合，稳定计算的分项系数取 1.0，截面设计采用相应的分项系数。

48.［答案］ACD

［依据］《建筑地基基础设计规范》(GB 50007—2011)第 3.0.5 条，《建筑桩基技术规

范》(JGJ 94—2008)第 3.1.7 条、第 5.7.1 条。

49.**[答案]** AB

[依据]《建筑地基基础设计规范》(GB 50007—2011)第 3.0.5 条。地基稳定性和支挡结构的截面验算采用承载能力极限状态。

50.**[答案]** ABD

[依据] 强夯的动力密实作用使夯坑周围地面不同程度的隆起,存在动力挤密作用;柱锤冲扩桩和振冲法均为孔内填料通过挤密桩周土体达到地基处理的目的。

51.**[答案]** BD

[依据] 提高复合地基的整体滑动稳定性可通过提高桩体和桩间土的抗剪强度来实现,提高桩体的抗压、拉、弯、剪强度均能有效提高复合地基的稳定性。

52.**[答案]** ACD

[依据]《建筑地基处理技术规范》(JGJ 79—2012)第 3.0.2 条、第 3.0.5 条、第 7.1.3条。CFG 桩在刚性基础和柔性基础下的发挥机理不同,因此设计时需要考虑基础刚性的影响。

53.**[答案]** ACD

[依据]《建筑地基处理技术规范》(JGJ 79—2012)第 7.5.2 条第 6 款、第 7.5.2 条第 8 款、第 7.5.2 条第 9 款、第 7.5.3 条第 2 款。

54.**[答案]** AC

[依据]《建筑地基处理技术规范》(JGJ 79—2012)第 5.1.3 条、第 5.2.7 条,第 5.2.8条、第 5.2.12 条条文说明。排水板和砂井的井径比 n 相同时,d_e 和 d_w 可能不同,因此固结度也可能不相同,处理效果也就可能不同。超载预压后,土体的工后沉降由土体未完成的主固结沉降和次固结沉降两部分组成,超载预压卸载时,一般控制在土体平均固结度达到 85%,此时主固结已基本完成,工后沉降主要为次固结沉降。次固结系数一般按常数考虑。现行规范均规避了次固结系数,根据试验表明,次固结系数随时间和荷载水平而变,具体的规律没有很好的共识,Bjerrum 曾指出,土体在次固结的过程中次固结系数不断减小。

55.**[答案]** BD

[依据] 强夯不适用流塑黏性土;工程对变形要求比较严格,碎石桩不适用。

56.**[答案]** BD

[依据] 对液化地基,可先用碎石桩处理液化土层,再用有黏结强度的桩进行地基处理,旋喷桩不能消除液化,水泥土搅拌桩承载力较低,达不到 300kPa,柱锤冲扩桩通过对桩周土的挤密作用消除液化。

57.**[答案]** ACD

[依据]《建筑基坑支护技术规程》(JGJ 120—2012)第 4.1.10 条。

58.**[答案]** AB

[依据]《建筑基坑支护技术规程》(JGJ 120—2012)第 4.2.1 条、第 4.2.3 条、第 4.2.4条第 3 款。

59.**[答案]** ABC

[依据]《铁路隧道设计规范》(TB 10003—2016)第 5.1.6 条，当地表水平或接近水平，且隧道覆盖厚度满足 $H<2.5h_a$ 要求时，应按浅埋隧道设计，H 为隧道拱顶以上覆盖层厚度，h_a 为深埋隧道垂直荷载计算高度，根据附录 D，在计算 h_a 时，需要围岩级别参数，选项 A、B、C 是需要考虑的影响因素。地下水位埋深无影响，选项 D 错误。

60.**[答案]** BD

[依据]《建筑基坑支护技术规程》(JGJ 120—2012)第 4.2.4 条。增加支护桩嵌固深度和加固坑底土体可以提高抗隆起安全系数。

61.**[答案]** AB

[依据]《建筑基坑支护技术规程》(JGJ 120—2012)第 4.1.4 条。

62.**[答案]** ABC

[依据]《工程地质手册》(第五版)第 721 页。

63.**[答案]** BC

[依据]《建筑抗震设计规范》(GB 50011—2010)(2016 年版)第 4.3.7 条。消除地基液化可采用加密法、换填法，长螺旋施工水泥土粉煤灰碎石桩不具有挤密作用，无法消除液化。

64.**[答案]** BC

[依据]《水电工程水工建筑物抗震设计规范》(NB 35047—2015)第 5.4.1 条。一般情况下，水工建筑物做抗震计算时的上游水位可采用正常蓄水位，多年调节水库经论证后可采用低于正常蓄水位的上游水位，选项 A 错误，D 正确；第 5.4.2 条，土石坝的上游坝坡，应根据运用条件选用对坝坡抗震稳定最不利的常遇水位进行抗震设计，需要时应将地震作用和常遇的库水降落工况相组合，选项 B、C 正确。

65.**[答案]** BD

[依据]《建筑抗震设计规范》(GB 50011—2010)(2016 年版)第 4.2.1 条第 2 款，地基主要受力层范围内不存在软弱黏性土地层的一般单层厂房和不超过 8 层且高度在 24m 以下的一般民用框架结构可不进行抗震验算，A、C 需要验算；第 1 款，B 不需要验算；产生液化的条件是饱和砂土，D 是松散砂土，没有提及地下水位，又排除了 A、C，D 正确。

66.**[答案]** ABC

[依据]《水利水电工程地质勘察规范》(GB 50487—2008)附录 P。

67.**[答案]** AC

［依据］《公路工程抗震规范》(JTG B02—2013)第 4.2.4 条、第 4.4.2 条。

68.［答案］ABD

［依据］《建筑抗震设计规范》(GB 50011—2010)(2016 年版)第 1.0.1 条及条文说明、第 3.1.1 条条文说明，该场地众值烈度为 0.07g，基本烈度为 0.20g，罕遇烈度为 0.40g，0.07g超越概率为 63%，重现期为 50 年，A 错误；50 年内发生超越概率为 50%的地震重现周期为$T=-50/\ln(1-0.5)=72$ 年，即 75 年发生一次 0.1g 地震的可能性为 50%，B 错误；加速度 0.2g 对应的抗震设防烈度为 8 度，C 正确；罕遇地震设防目标是大震不倒，D 错误。

69.［答案］ACD

［依据］《建筑基坑工程监测技术规范》(GB 50497—2009)第 4.1.1 条、第 5.1.1 条、第 6.1.2 条、第 6.1.4 条。

70.［答案］AD

［依据］《建筑基桩检测技术规范》(JGJ 106—2014)第 8.1.1 条、第 9.1.1 条。低应变是在桩顶作用一脉冲力后，应力波沿桩身传播，遇到波阻抗变化处将产生反射和透射，根据应力波反射波形特征可以判断桩身介质波阻抗的变化情况。高应变是在桩顶作用一个高能量荷载，使桩和桩周土之间产生相对位移，从而激发出桩侧土的阻力，通过传感器，获得桩的动力响应曲线。

2014 年专业知识试题(下午卷)

一、单项选择题(共 40 题,每题 1 分。每题的备选项中只有一个最符合题意)

1. 均质地基,以下措施中既可以提高地基承载力又可以有效减小地基沉降的是哪个选项? ( )

(A)设置基础梁以增大基础刚度 (B)提高基础混凝土强度等级

(C)采用“宽基浅埋”减小基础埋深 (D)设置地下室增大基础埋深

2. 场地的天然地面标高为 5.4m,柱下独立基础设计基底埋深位于天然地面下 1.5m,在基础工程完工后一周内,室内地面填方至设计标高 5.90m,以下计算取值正确的是哪项? ( )

(A)按承载力理论公式计算持力层地基承载力时,基础埋深 $d=2.0$m

(B)承载力验算计算基底压力时,基础和填土重 $G_k=\gamma_G Ad$ 中的基础埋深 $d=2.0$m

(C)地基沉降计算中计算基地附加压力 $p=p_0-\gamma d$ 时,基础埋深 $d=2.0$m

(D)在以上的各项计算中,基础埋深均应取 $d=2.0$m

3. 某单层工业厂房,排架结构,跨度 2m,柱距 9m,单柱荷载 3000kN,基础持力层主要为密实的砂卵石,在选择柱下基础形式时,下列哪种基础形式最为合理? ( )

(A)筏形基础 (B)独立基础

(C)桩基础 (D)十字交叉梁基础

4. 三个不同地基上承受轴心荷载的墙下条形基础,基础底面荷载、尺寸相同,三个基础的地基反力的分布形式分别为:①马鞍形分布,②均匀分布,③倒钟形分布,问基础在墙与基础交接的弯矩设计值之间的关系是哪一个选项? ( )

(A)①<②<③ (B)①>②>③

(C)①<②>③ (D)①=②=③

5. 按照《建筑地基基础设计规范》(GB 50007—2011)的规定,在沉降计算的应力分析中,下列对于地基的假定哪个是错误的? ( )

(A)地基为弹塑性体 (B)地基为半无限体

(C)地基为线弹性体 (D)地基为均质各向同性体

6. 按照《建筑地基基础设计规范》(GB 50007—2011)的规定,关于柱下钢筋混凝土独立基础的设计,下列哪个选项是错误的? ( )

(A)对具备形成冲切锥条件的柱基，应验算基础受冲切承载力
(B)对不具备形成冲切锥条件的柱基，应验算柱根处基础受剪切承载力
(C)基础底板应验算受弯承载力
(D)当柱的混凝土强度等级大于基础混凝土强度等级时，可不验算基础顶面的受压承载力

7. 在《建筑桩基技术规范》(JGJ 94—2008)中，关于偏心竖向压力作用下，群桩基础中基桩桩顶作用效应的计算，以下叙述正确的是哪个选项？（　　）

(A)距离竖向力合力作用点最远的基桩，其桩顶竖向作用力计算值最小
(B)中间桩的桩顶作用力计算值最小
(C)计算假定承台下桩顶作用力为马鞍形分布
(D)计算假定承台为柔性板

8. 按照《建筑桩基技术规范》(JGJ 94—2008)，在确定基桩竖向承载力特征值时，下列哪种情况下的摩擦型桩基宜考虑承台效应？（　　）

(A)上部结构整体刚度较好，体型简单的建(构)筑物，承台底为液化土
(B)对差异沉降适应性较强的排架结构和柔性结构，承台底为新近填土
(C)软土地基减沉复合疏桩基础，承台底为正常固结黏性土
(D)按变刚度调平原则设计的桩基刚度相对弱化区，承台底为湿陷性土

9. 下列各项措施中，对提高单桩水平承载力作用最小的措施是哪一项？（　　）

(A)提高桩身混凝土强度等级　　(B)增大桩的直径或边长
(C)提高桩侧土的抗剪强度　　(D)提高桩端土的抗剪强度

10. 按照《建筑桩基技术规范》(JGJ 94—2008)，承载能力极限状态下，下列关于竖向受压桩基承载特性的描述哪项是最合理的？（　　）

(A)摩擦型群桩的承载力近似等于各单桩承载力之和
(B)端承型群桩的承载力近似等于各单桩承载力之和
(C)摩擦端承桩的桩顶荷载主要由桩侧摩阻力承担
(D)端承摩擦桩的桩顶荷载主要由桩端阻力承担

11. 下列哪一选项符合《公路桥涵地基与基础设计规范》(JTG 3363—2019)关于桩基础的构造要求？（　　）

(A)对于锤击或静压沉桩的摩擦桩，在桩顶处的中距不应小于桩径(或边长)的3倍
(B)桩顶直接埋入承台连接时，当桩径为1.5m时，埋入长度取1.2m
(C)当钻孔桩按内力计算不需要配筋时，应在桩顶3.0～5.0m内配置构造钢筋
(D)直径为1.2m的边桩，其外侧与承台边缘的距离可取360mm

12. 某铁路桥梁钻孔灌注摩擦桩，成孔直径为 1.0m，按照《铁路桥涵地基和基础设计规范》(TB 10093—2017)，其最小中心距应为下列何值？（　　）

(A)1.5m　　(B)2.0m

(C)2.5m　　(D)3.0m

13. 对于设计使用年限不少于 50 年，非腐蚀环境中的建筑桩基，下列哪一选项不符合《建筑地基基础设计规范》(GB 50007—2011)的要求？（　　）

(A)预制桩的混凝土强度等级不应低于 C30

(B)预应力桩的混凝土强度等级不应低于 C35

(C)灌注桩的混凝土强度等级不应低于 C25

(D)预应力混凝土管桩用作抗拔时，应按桩身裂缝控制等级为二级的要求进行桩身混凝土抗裂验算

14. 根据《建筑桩基技术规范》(JGJ 94—2008)的规定，采用静压法沉桩时，预制桩的最小配筋率不宜小于下列何值？（　　）

(A)0.4%　　(B)0.6%

(C)0.8%　　(D)1.0%

15. 某锚杆不同状态下的主筋应力及锚固段摩擦应力的分布曲线如下图所示，问哪根曲线表示锚杆处于工作状态时，锚固段摩擦应力的分布？（　　）

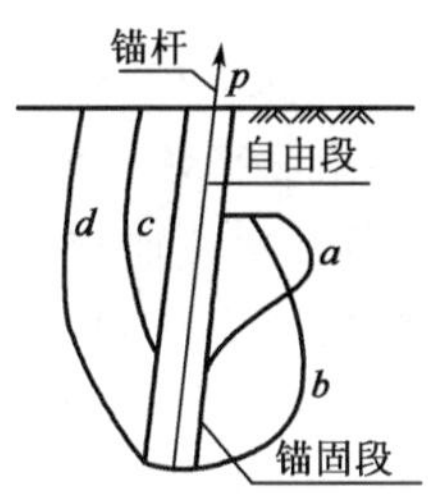

题 15 图

(A)a　　(B)b

(C)c　　(D)d

16. 关于计算挡土墙所受的土压力的论述，下列哪个选项是错误的？（　　）

(A)采用朗肯土压力理论可以计算墙背上各点的土压力强度，但算得的主动土压力偏大

(B)采用库仑土压力理论求得的是墙背上的总土压力，但算得的被动土压力偏小

(C)朗肯土压力理论假设墙背与填土间的摩擦角 δ 应小于填土层的内摩擦角 φ，墙背倾角 ε 不大于 $45° - \frac{\varphi}{2}$

(D)库仑土压力理论假设填土为无黏性土，如果倾斜式挡墙的墙背倾角过大，可能会产生第二滑裂面

17. 根据《建筑边坡工程技术规范》(GB 50330—2013)的相关要求，下列关于锚杆挡墙的适用性说法哪个选项是错误的？（　　）

(A)钢筋混凝土装配式锚杆挡土墙适用于填土边坡

(B)现浇钢筋混凝土板肋式锚杆挡土墙适用于挖方边坡

(C)钢筋混凝土格构式锚杆挡土墙适用稳定性差的土质边坡

(D)可能引发滑坡的边坡宜采用排桩式锚杆挡土墙支护

18. 铁路路基支挡结构采用抗滑桩，根据《铁路路基支挡结构设计规范》(TB 10025—2019)，关于作用在抗滑桩上滑坡推力的说法，下列哪个选项是错误的？（　　）

(A)滑坡推力计算时采用的滑带土的强度指标，可采用试验资料或反算值以及经验数据等综合分析确定

(B)在计算滑坡推力时，假定滑坡体沿滑面均匀下滑

(C)当滑体为砾石类土或块石类土时，下滑力计算时应采用梯形分布

(D)滑坡推力计算时，可通过加大自重产生的下滑力或折减滑面的抗剪强度提高安全度

19. 根据《铁路路基设计规范》(TB 10001—2016)，对沿河铁路冲刷防护工程设计，下列哪个选项是错误的？（　　）

(A)防护工程基底应埋设在冲刷深度以下不小于 1.0m 或嵌入基岩内

(B)冲刷防护工程应与上下游岸坡平顺连接，端部嵌入岸壁足够深度

(C)防护工程顶面高程，应为设计水位加壅水高再加 0.5m

(D)在流速为 4～8m/s 的河段，主流冲刷的路堤边坡，可采用 0.3～0.6m 的浆砌片石护坡

20. 关于土石坝反滤层的说法，下列哪个选项是错误的？（　　）

(A)反滤层的渗透性应大于被保护土，并能通畅地排出渗透水流

(B)下游坝壳与断裂带、破碎岩等接触部位，宜设置反滤层

(C)设置合理的下游反滤层可以使坝体防渗体裂缝自愈

(D)防渗体下游反滤层材料的级配、层数和厚度相对于上游反滤层可简化

21. 根据《公路路基设计规范》(JTG D30—2015)的相关要求，对边坡锚固进行计算有两种简化方法，第一种是锚固作用力简化为作用在坡面上的一个集中力，第二种是锚固作用力简化为作用在滑面上的一个集中力。这两种计算方法对边坡的安全系数计算结果的影响分析，下列哪个选项是不正确的？（　　）

(A)应取两种计算方法计算的锚固边坡稳定安全系数最小值作为锚固边坡的安

全系数

(B)当滑面为不规则面，滑面强度有差异时，两种计算方法计算结果不同

(C)当滑面为单一滑面(平面滑动面)、滑面强度相等时，两种方法的计算结果相同

(D)第一种方法计算的锚固边坡稳定安全系数比第二种的要大

22. 土石坝的坝基防渗稳定处理措施中，以下哪个选项是不合理的？（　　）

(A)灌浆帷幕　　(B)下游水平排水垫层

(C)上游砂石垫层　　(D)下游透水盖重

23. 某透水土质边坡，当高水位快速下降后，岸坡出现失稳，其主要原因最合理的是哪一项？（　　）

(A)土的抗剪强度下降　　(B)土的有效应力增加

(C)土的渗透力增加　　(D)土的潜蚀作用

24. 一般情况下，在滑坡形成过程中最早出现的是下列哪种变形裂缝？（　　）

(A)前缘的鼓胀裂缝　　(B)后缘的拉张裂缝

(C)两侧的剪切裂缝　　(D)中前部的扇形裂缝

25. 沉积岩岩质边坡，层面为结合差的软弱结构。按层面与边坡倾向的关系，下列极射赤平投影图示中，稳定性最差的边坡是哪个？（　　）

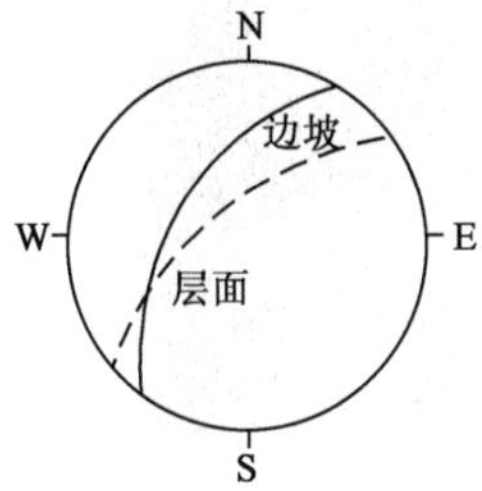

(A)

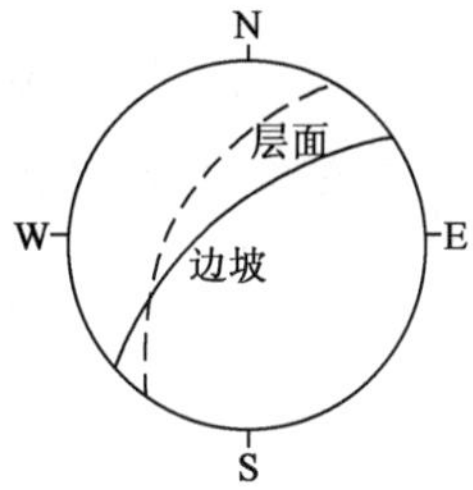

(B)

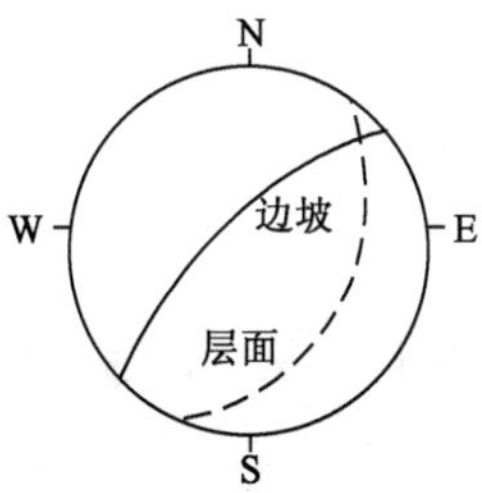

(C)

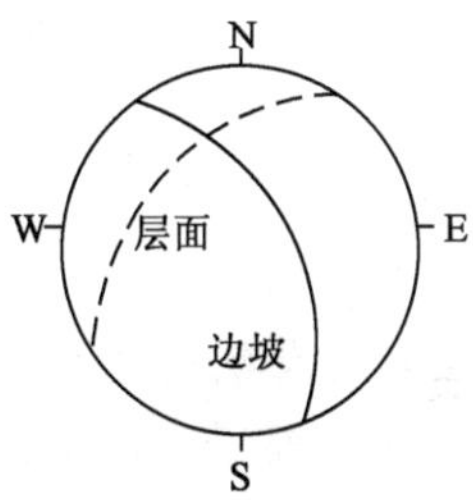

(D)

2014年专业知识试题(下午卷)

26. 下列哪种措施不适用于公路膨胀土路堤边坡防护？（　　）

(A)植被防护　　(B)骨架植物

(C)浆砌毛石护面　　(D)支撑渗沟加拱形骨架植物

27. 若地基土含水量降低，下列哪一类特殊性土将对建筑物产生明显危害？（　　）

(A)湿陷性黄土　　(B)花岗岩类残积土

(C)盐渍土　　(D)膨胀土

28. 根据《岩土工程勘察规范》(GB 50021—2001)(2009年版)，下列关于特殊土取样的要求中，哪个选项是不正确的？（　　）

(A)对于膨胀土，在大气影响深度范围内，取样间距可为2.0m

(B)对于湿陷性黄土，在探井中取样时，竖向间距宜为1.0m

(C)对于盐渍土，初勘时在0～5m范围内采取扰动样的间距宜为1.0m

(D)对于盐渍土，详勘时在0～5m范围内采取扰动样的间距宜为0.5m

29. 对盐渍土进行地基处理时，下列哪种处理方法不可行？（　　）

(A)对以盐胀性为主的盐渍土可采用浸水预溶法进行处理

(B)对硫酸盐渍土可采用渗入氯盐的方法进行处理

(C)对盐渍岩中的蜂窝状溶蚀洞穴可采用抗硫酸盐水泥灌浆处理

(D)不论是融陷性为主还是盐胀性为主的盐渍土均可采用换填土垫层处理

30. 根据《岩土工程勘察规范》(GB 50021—2001)(2009年版)，当标准贯入试验锤击数为45击时，花岗岩的风化程度应判定为下列哪一个选项？（　　）

(A)中风化　　(B)强风化

(C)全风化　　(D)残积土

31. 根据《膨胀土地区建筑技术规范》(GB 50112—2013)，需要对某膨胀土场地上住宅小区绿化，土的孔隙比为0.96，种植速生树种时，隔离沟与建筑物的最小距离不应小于下列哪个数值？（　　）

(A)1m　　(B)3m

(C)5m　　(D)7m

32. 在膨胀土地区建设城市轨道交通，采取土试样测得土的自由膨胀率为60%，蒙脱石的含量为10%，阴阳离子交换量为200mmol/kg，该土层的膨胀潜势分类为下列哪一选项？（　　）

(A)弱　　(B)中

(C)强　　　　　　　　　　　　　　(D)不能确定

33. 不宜设置垃圾填埋场的场地为下列哪个选项？（　　）

(A)岩溶发育场地
(B)夏季主导风向下风向场地
(C)库容仅能保证填埋场使用年限在 12 年左右的场地
(D)人口密度及征地费用较低的场地

34. 膨胀土遇水膨胀的主要原因为下列哪个选项？（　　）

(A)膨胀土的孔隙比小
(B)膨胀土的黏粒含量高
(C)水分子可进入膨胀土矿物晶格构造内部
(D)膨胀土土粒间的间距大

35. 生产经营单位的主要负责人未履行安全生产管理职责导致发生生产安全事故受刑事处罚的，自刑罚执行完毕之日起，至少几年不得担任任何生产单位主要负责人？（　　）

(A)3 年　　　　　　　　　　　　　(B)4 年
(C)5 年　　　　　　　　　　　　　(D)8 年

36. 生产经营单位发生生产安全事故后，事故现场有关人员应当立即报告，下列哪个选项是正确的？（　　）

(A)立即报告本单位负责人　　　　　(B)立即报告建设单位负责人
(C)立即报告监理单位负责人　　　　(D)立即报告安全生产监督管理部门

37. 下列哪项违反《地质灾害防治条例》规定的行为，处 5 万元以上 20 万元以下的罚款？（　　）

(A)未按照规定对地质灾害易发生区的建设工程进行地质灾害危险性评估
(B)配套的地质灾害治理工程未经验收或者经验收不合格，主体工程投入生产或使用的
(C)对工程建设等人为活动引发的地质灾害不予治理的
(D)在地质灾害危险区内爆破、削坡、进行工程建设以及从事其他可能引发地质灾害活动的

38. 下列关于招标投标代理机构的说法，哪个选项不符合《中华人民共和国招标投标法》的规定？（　　）

(A)从事工程建设项目招标代理业务资格由国务院或者省、自治区、直辖市人民政府的建设行政主管部门认定

(B)从事工程建设项目招标代理资格认定具体办法由国务院建设行政主管部门会同国务院有关部门制定

(C)从事其他招标代理业务的招标代理机构,其资格认定的主管部门由省、自治区、直辖市人民政府规定

(D)招标代理机构与行政机关和其他国家机关不得存在隶属关系或者其他利益关系

39.据《建设工程质量检测管理办法》的规定,下列哪个选项不在见证取样检测范围? ( )

(A)桩身完整性检测　　(B)简易土工试验

(C)混凝土、砂浆强度检验　　(D)预应力钢绞线、锚夹具检验

40.下列哪一个选项不属于工程建设强制性标准监督检查的内容? ( )

(A)有关工程技术人员是否熟悉、掌握强制性标准

(B)工程项目的规划、勘察、设计、施工、验收等是否符合强制性标准的规定

(C)工程项目的安全、质量是否符合强制性标准的规定

(D)工程技术人员是否参加过强制性标准的培训

二、多项选择题(共30题,每题2分。每题的备选项中有两个或三个符合题意,错选、少选、多选均不得分)

41.按照《建筑地基基础设计规范》(GB 50007—2011)中公式计算地基持力层的承载力特征值时,考虑的影响因素包括下列哪些选项? ( )

(A)建筑物结构形式及基础的刚度　　(B)持力层的物理力学性质

(C)地下水位埋深　　(D)软弱下卧层的物理力学性质

42.软弱地基上荷载、高度差异大的建筑,对减小其地基沉降或不均匀沉降危害有效的处理措施包括下列哪些选项? ( )

(A)先建荷载小、层数低的部分,再建荷载大、层数高的部分

(B)采用筏基、桩基增大基础的整体刚度

(C)在高度或荷载变化处设置沉降缝

(D)针对不同荷载与高度,选用不同的基础方案

43.高层建筑筏形基础的实际内力、挠度与下列哪些因素有关? ( )

(A)计算模型　　(B)上部结构刚度

(C)柱网间距　　(D)地基受力层的压缩模量

44.某建筑地基从自然地面算起,自上而下分别为:粉土,厚度5m,黏土,厚度2m,粉砂,厚度20m,各层土的天然重度均为$20kN/m^3$,基础埋深3m,勘察发现有一层地下

水，埋深 3m，含水层为粉土，黏土为隔水层。问下列用于地基沉降计算的自重应力选项，哪些是正确的？（　　）

(A)10m 深度处的自重应力为 200kPa
(B)7m 深度处的自重应力为 100kPa
(C)4m 深度处的自重应力为 70kPa
(D)3m 深度处的自重应力为 60kpa

45. 根据《建筑地基基础设计规范》(GB 50007—2011)，对于地基土的工程特性指标的代表值，下列哪些选项的取值是正确的？（　　）

(A)确定土的先期固结压力时，取特征值
(B)确定土的内摩擦角时，取标准值
(C)载荷试验确定承载力时，取特征值
(D)确定土的压缩模量时，取平均值

46. 根据《建筑桩基技术规范》(JGJ 94—2008)，当采用等效作用分层总和法计算桩基沉降时，下列哪些说法是正确的？（　　）

(A)等效作用面以下的应力分布按弹性半无限体内作用力的 Mindlin 解确定
(B)等效作用面的计算面积为桩群边桩外围所包围的面积
(C)等效作用附加应力近似取承台底平均附加应力
(D)计算的最终沉降量忽略了桩身压缩量

47. 根据《建筑桩基技术规范》(JGJ 94—2008)，进行钢筋混凝土桩正截面受压承载力验算时，下列哪些选项是正确的？（　　）

(A)预应力混凝土管桩因混凝土强度等级高和工厂预制生产、桩身质量可控性强，离散性小、成桩工艺系数不小于 1.0
(B)对于高承台桩基、桩身穿越可液化土，当为轴心受压时，应考虑压屈影响
(C)对于高承台桩基、桩身穿越可液化土，当为偏心受压时，应考虑弯矩作用平面内挠曲对轴向力偏心距的影响
(D)灌注桩桩径 0.8m，顶部 3m 范围内配置ϕ8@100 的螺旋式箍筋，计算正截面受压承载力时计入纵向主筋的受压承载力

48. 根据《建筑桩基技术规范》(JGJ 94—2008)，下列哪些做法与措施符合抗震设防区桩基的设计原则？（　　）

(A)桩应进入液化土层以下稳定土层一定深度
(B)承台和地下室侧墙周围应松散回填，以耗能减震
(C)当承台周围为可液化土时，将承台外每侧 1/2 承台边长范围内的土进行加固
(D)对于存在液化扩展地段，应验算桩基在土流动的侧向力作用下的稳定性

49. 根据《建筑桩基技术规范》(JGJ 94—2008)，桩身直径为1.0m的扩底灌注桩，当扩底部分土层为粉土，采用人工挖孔时，符合规范要求的扩底部分设计尺寸为下列哪几个选项？(D为扩底直径，h_c为扩底高度)　(　　)

(A)D=1.6m、h_c=0.8m　(B)D=2.0m、h_c=0.5m
(C)D=3.0m、h_c=3.0m　(D)D=3.2m、h_c=3.2m

50. 根据《公路桥涵地基与基础设计规范》(JTG 3363—2019)，下列哪些说法是正确的？　(　　)

(A)混凝土沉井刃脚不宜采用素混凝土结构
(B)表面倾斜较大的岩层上不适宜做桩基础，而适宜采用沉井基础
(C)排水下沉时，沉井重力须大于井壁与土体间的摩阻力标准值
(D)沉井井壁的厚度应根据结构强度、施工下沉需要的重力、便于取土和清基等因素而定

51. 下列哪些指标参数对泥浆护壁钻孔灌注桩后注浆效果有较大影响？　(　　)

(A)终止注浆量　(B)终止注浆压力
(C)注浆管直径　(D)桩身直径

52. 按照《建筑桩基技术规范》(JGJ 94—2008)，下列关于混凝土预制桩静力压桩施工的质量控制措施中哪些是正确的？　(　　)

(A)第一节桩下压时垂直度偏差不应大于0.5%
(B)最后一节有效桩长宜短不宜长
(C)抱压力可取桩身允许侧向压力的1.2倍
(D)对于大面积群桩，应控制日压桩量

53. Ⅲ类岩体边坡拟采用喷锚支护，根据《建筑边坡工程技术规范》(GB 50330—2013)中有关规定，以下哪些选项是正确的？　(　　)

(A)系统锚杆采用全长黏结锚杆　(B)系统锚杆间距为2.5m
(C)系统锚杆倾角为15°　(D)喷射混凝土面板厚度为100mm

54. 土石坝采用混凝土防渗墙进行坝基防渗处理，以下哪些选项可以延长防渗墙的使用年限？　(　　)

(A)减小防渗墙的渗透系数　(B)减小渗透坡降
(C)减小混凝土中水泥用量　(D)增加墙厚

55. 某路堤采用黏性土进行碾压填筑，当达到最优含水量时对压实黏性土相关参数的表述，下列哪些选项是正确的？　(　　)

(A)含水量最小　　　　　　　　　　(B)干密度最大
(C)孔隙比最小　　　　　　　　　　(D)重度最大

56.铁路路基边坡采用重力式挡土墙作为支挡结构时,下列哪些选项符合《铁路路基支挡结构设计规范》(TB 10025—2019)的要求? (　　)

(A)挡土墙墙身材料应用混凝土或片石混凝土
(B)浸水挡土墙墙背填料为砂性土时,应计算墙背动水压力
(C)挡土墙基底埋置深度一般不应小于1.0m
(D)墙背为折线形且可以简化为两直线段计算土压力时,下墙段的土压力可采用延长墙背法计算

57.在某一地区欲建一高100m的土石坝,下列哪些选项不宜直接作为该坝的防渗体材料? (　　)

(A)膨胀土
(B)压实困难的干硬性黏土
(C)塑性指数小于20和液限小于40%的冲积黏土
(D)红黏土

58.下列哪些措施能有效减小膨胀土地基对建筑物的破坏? (　　)

(A)增加散水宽度　　　　　　　　(B)减小建筑物层数
(C)采用灰土对地基进行换填　　　(D)设置沉降缝

59.某铁路岩质边坡,岩体较完整,但其上部局部悬空处发育有危石,防治时可选用下列哪些工程措施? (　　)

(A)浆砌片石支顶　　　　　　　　(B)钢筋混凝土立柱支顶
(C)预应力锚杆加固　　　　　　　(D)喷射混凝土防护

60.下列有关滑坡体受力分析的叙述中,哪些选项是错误的? (　　)

(A)滑坡滑动的原因一定是滑坡体上任何部位的滑动力都大于抗滑力
(B)地震力仅作为滑动力考虑
(C)对反翘的抗滑段,若地下水上升至滑面以上,滑面处的静水压力会全部转化为滑动力
(D)在主滑段进行削方减载,目的是在抗滑力不变的情况下,减小滑动力

61.下列关于盐渍土的论述中哪些选项是正确的? (　　)

(A)盐渍土的腐蚀性评价以Cl^-、SO_4^{2-}作为主要腐蚀性离子
(B)盐渍土的含水量较低且含盐量较高时其抗剪强度就较低
(C)盐渍土的起始冻结温度不仅与溶液的浓度有关而且与盐的类型有关

(D)盐渍土的盐胀性主要是由于硫酸钠结晶吸水后体积膨胀造成的

62. 关于黄土室内湿陷性试验，下列论述中哪些选项是正确的？（　　）

(A)压缩试验试样浸水前与浸水后的稳定标准是不同的
(B)单线法压缩试验不应少于 5 个环刀试样而双线法压缩试验只需 2 个
(C)计算上覆土的饱和自重压力时土的饱和度可取 85%
(D)测定湿陷系数的试验压力应为天然状态下的自重压力

63. 根据《湿陷性黄土地区建筑标准》(GB 50025—2018)，采用试坑浸水试验确定黄土的自重湿陷量的实测值，下列论述中哪些选项是正确的？（　　）

(A)观测自重湿陷的深标点应以试坑中心对称布置
(B)观测自重湿陷的浅标点应由试坑中心向坑边以不少于 3 个方向布置
(C)可停止浸水的湿陷稳定标准不仅与每天的平均湿陷量有关，也与浸水量有关
(D)停止浸水后观测到的下沉量不应计入自重湿陷量实测值

64. 公路通过泥石流地区时，可采取跨越、排导和拦截等措施，下列选项中哪些属于跨越措施？（　　）

(A)桥隧　　(B)过水路面
(C)渡槽　　(D)格栅坝

65. 根据《建设工程安全生产管理条例》，下列哪些选项是施工单位项目负责人的安全责任？（　　）

(A)制定本单位的安全生产责任制度
(B)对建设工程项目的安全施工负责
(C)确保安全生产费用的有效使用
(D)将保证安全施工的措施报送建设工程所在地建设行政主管部门

66. 下列费用哪些属于建筑安装工程费用组成中的间接费？（　　）

(A)施工机械使用费　　(B)养老保险费
(C)职工教育经费　　(D)工程排污费

67. 对经评估认为可能引发地质灾害或者可能遭受地质灾害危害的建设工程，下列哪些选项是正确的？（　　）

(A)应当配套建设地质灾害治理工程
(B)地质灾害治理工程的设计、施工和验收不应当与主体工程设计、施工、验收同时进行
(C)不能以建设工程勘察取代地质灾害评估

(D)配套的地质灾害治理工程未经验收或者验收不合格的，主体工程不得投入生产或者使用

68. 关于违约责任，下列哪些说法是正确的？（　　）

(A)当事人一方不履行合同义务或者履行合同义务不符合约定的，在履行义务或采取补救措施后，对方还有其他损失的，应当赔偿损失

(B)当事人一方不履行合同义务或者履行合同义务不符合约定，给对方造成损失，赔偿额应当相当于因违约所造成的损失，包括合同履行后可以获得的利益，但不得超过违反合同一方订立合同时预见或者应当预见到的因违反合同可能造成的损失

(C)当事人可以约定一方违约时应当根据违约情况向对方支付一定数额的违约金，也可以约定因违约产生的损失赔偿额的计算方法

(D)当事人就延迟履行约定违约金的，违约方支付违约金后，不再履行债务

69. 下列哪些说法符合《勘察设计注册工程师管理规定》？（　　）

(A)取得资格证书的人员，必须经过注册方能以注册工程师的名义执业

(B)注册土木工程师（岩土）的注册受理和审批，由省、自治区、直辖市人民政府建设主管部门负责

(C)注册证书和执业印章是注册工程师的执业凭证，由注册工程师本人保管、使用，注册证书和执业印章的有效期为2年

(D)不具有完全民事行为能力的，负责审批的部门应当办理注销手续，收回注册证书和执业印章或者公告其注册证书和执业印章作废

70. 下列哪些说法符合《注册土木工程师（岩土）执业及管理工作暂行规定》的要求？（　　）

(A)凡未经注册土木工程师（岩土）签章的技术文件，不得作为岩土工程项目实施的依据

(B)注册土木工程师（岩土）执业制度可实行代审、代签制度

(C)在规定的执业范围内，甲、乙级岩土工程的项目负责人须由本单位聘用的注册土木工程师（岩土）承担

(D)注册土木工程师（岩土）在执业过程中，有权拒绝在不合格或有弄虚作假内容的技术文件上签章。聘用单位不得强迫注册土木工程师（岩土）在工程技术文件上签章

2014年专业知识试题答案(下午卷)

1.[答案] D

[依据] 增大基础埋深提高承载力,设置地下室形成补偿基础,减小基底附加应力,减小沉降。

2.[答案] B

[依据]《建筑地基基础设计规范》(GB 50007—2011)第5.2.4条。填土在上部结构施工后完成时,承载力计算用的基础埋深从天然地面标高算起;计算基础和填土重时,从室内外平均设计地面算起;计算附加压力时,从天然地面算起。

3.[答案] B

[依据] 独立基础适用于土质均匀、地基承载力较高、竖向荷载较大的情况;地基软弱且在两个方向分布不均匀时,采用扩展基础可能产生较大的不均匀沉降时可采用十字交叉梁基础;筏形基础常用于高层建筑,适用地基承载力较低、不均匀沉降较大的地基;当天然地基不满足时可采用桩基础。

4.[答案] B

[依据] 三个基础由于基底压力相同,马鞍形分布是由于基底压力超过土的强度后,土体达到塑性状态,基底两端处地基土所承受的压力不会增加,多余的应力自行向中间调整,由于基础不是绝对刚性,反力分布两边大,中间小;倒钟形分布是由于基础两端地基土塑性区不断扩大,反力进一步从基础两端向中间转移,反力分布是两端小,中间大;矩形分布基底压力是均匀分布的,故墙与基础交接的弯矩设计值:马鞍形分布>均匀分布>倒钟形分布。

5.[答案] A

[依据]《建筑地基基础设计规范》(GB 50007—2011)第5.3.5条。计算地基变形时,地基内的应力分布可采用各向同性均质线性变形体理论。计算地基中的附加应力时,假定地基土是各向同性的、均质的、线性变形体,而且在深度和水平方向上是无限的。由于地表是临空的,这样就可以把地基土看成均质各向同性的线性变形半无限空间体,从而可以应用弹性力学中的弹性半无限空间理论解答。

6.[答案] D

[依据]《建筑地基基础设计规范》(GB 50007—2011)第8.2.7条。

7.[答案] A

[依据]《建筑桩基技术规范》(JGJ 94—2008)第5.1.1条及条文说明。桩顶竖向和水平力的计算对柱下独立桩基,按承台为刚性板和反力呈线性分布的假定。根据公式 $N_{ik}=\dfrac{F_k+G_k}{n}\pm\dfrac{M_{xk}y_i}{\sum y_j^2}\pm\dfrac{M_{yk}x_i}{\sum x_j^2}$,距离竖向力合力作用点最远的基桩,其桩顶竖向作用

力计算值最小，公式中取“—”号。

8.［答案］C

［依据］《建筑桩基技术规范》(JGJ 94—2008)第5.2.4条、第5.2.5条。

9.［答案］D

［依据］提高混凝土的强度，桩体刚度在开始段随着混凝土强度的增大而快速增加，而后增加速度越来越慢，通过提高混凝土强度等级对提高桩体刚度作用有限，提高水平承载力的作用有限；增大直径使桩体的截面模量增大，桩体抗弯刚度增大，是提高水平承载力最有效的措施；提高桩侧土的抗剪强度使桩侧土的水平抗力系数的比例系数m增大，桩的水平变形系数a增大，水平承载力增加；桩端土的抗剪强度和水平承载力无关。

10.［答案］B

［依据］《建筑桩基技术规范》(JGJ 94—2008)第3.3.1条。摩擦端承桩的桩顶荷载主要由桩端阻力承担，端承摩擦桩的桩顶荷载主要由桩侧阻力承担。端承型群桩，持力层刚性，桩端贯入变形小，由桩身压缩引起的桩顶沉降不大，承台底面土反力小，端承型群桩基础中基桩的工作性状近似接近单桩，端承型群桩的承载力近似等于各单桩之和；摩擦型群桩基础由于应力扩散和承台效应，承载力不等于单桩之和。

11.［答案］C

［依据］《公路桥涵地基与基础设计规范》(JTG 3363—2019)第6.2.6条第2款，选项A错误；第6.2.6条第5款，桩直径大于1m时，边桩外侧与承台边缘的距离不应小于0.3倍桩径(或边长)且应不小于500mm，即该距离应不小于500mm，选项D错误；第6.2.2条第3款，选项C正确；第6.2.8条第1款，选项B错误。

12.［答案］C

［依据］《铁路桥涵地基和基础设计规范》(TB 10093—2017)第6.3.2条第2款，钻孔灌注摩擦桩的中心距不应小于2.5倍设计桩径。

13.［答案］B

［依据］《建筑地基基础设计规范》(GB 50007—2011)第8.5.3条第5款、第8.5.12条。

14.［答案］B

［依据］《建筑桩基技术规范》(JGJ 94—2008)第4.1.6条。

15.［答案］A

［依据］《建筑边坡工程技术规范》(GB 50330—2013)第8.4.1条条文说明图4。

16.［答案］C

［依据］朗肯理论的基本假设是墙背竖直光滑，墙后土体水平，计算结果主动土压力偏大，被动土压力偏小，库仑理论的基本假设是假定滑动面为平面，滑动楔体为刚性体，计算结果主动土压力比较接近实际，而被动土压力误差较大，当墙背与竖直面的夹角大

于 $45° - \frac{\varphi}{2}$ 时，滑动块体不是沿着墙背面滑动，而是在填土中产生第二滑裂面。

17.[答案] C

[依据]《建筑边坡工程技术规范》(GB 50330—2013)第 9.1.1 条条文说明和第 9.1.2条。

18.[答案] C

[依据]《铁路路基支挡结构设计规范》(TB 10025—2019)第 13.2.2 条，选项 A 正确；第 13.2.7 条条文说明，选项 B 正确；当滑体为砾石类土或块石类土时，下滑力为三角形分布，选项 C 错误；第 13.2.3 条条文说明，选项 D 正确。

19.[答案] C

[依据]《铁路路基设计规范》(TB 10001—2016)第 12.4.5 条第 1 款，A 正确；从河流作用角度考虑，冲刷防护工程应与上下游岸坡平顺连接，以避免河流对防护工程的强烈冲刷作用，端部嵌入岸壁足够深度以保证冲刷防护工程的整体稳定性，选项 B 正确；冲刷防护工程的工程顶面高程的设计，应考虑到设计水位、波浪侵袭高及安全高度，选项 C 错误；第 12.4.2 条第 2 款，浆砌片石用于受主流冲刷，流速不大于 8m/s，波浪作用强烈的地段，第 12.4.4 条，浆砌片石护坡厚度不宜小于 0.3m，选项 D 正确。

20.[答案] D

[依据]《碾压式土石坝设计规范》(DL/T 5395—2007)第 7.6.2 条、第 7.6.4 条、第 7.6.5 条、第 7.6.6 条。

21.[答案] D

[依据] 此题为 2004 公路路基设计规范第 5.5.2 条内容，《公路路基设计规范》(JTG D30—2015)第 5.5.3 条修订为锚作用力可简化为作用于滑面上的一个集中力，取消了锚作用力简化为作用在坡面上的一个集中力。

22.[答案] C

[依据] 土石坝防渗稳定处理遵循“上挡下排”的原则，上游设置挡水体，下游设置排水体，对坝基可采用灌浆帷幕处理。

23.[答案] C

[依据] 高水位快速下降，迎水坡土体内部水向外渗流，渗透力增加滑动力矩，对边坡稳定不利。

24.[答案] B

[依据] 滑坡将要滑动的时候，由于拉力的作用，在滑坡体后缘产生张拉裂缝，张拉裂缝的出现是产生滑坡的前兆。

25.[答案] B

[依据] 根据极射赤平投影原理，A 层面与坡面倾向相近，倾角大于坡脚，此时为基

本稳定;B层面与坡面倾向相近,倾角小于坡脚,此时为不稳定;C层面与坡面倾向相反,此时为稳定;D层面与坡面倾向夹角大于45°,此时为稳定。

26.[答案] C

[依据]《公路路基设计规范》(JTG D30—2015)表7.9.6-2。

27.[答案] D

[依据] 湿陷性黄土含水量降低,湿陷性减小;花岗岩类残积土含水量对建筑物影响不大;盐渍土含水量降低,强度增加;膨胀土含水量降低,将产生收缩变形,导致建筑物产生裂缝。

28.[答案] A

[依据]《岩土工程勘察规范》(GB 50021—2001)(2009年版)第6.7.4条第3款、表6.8.4;《湿陷性黄土地区建筑规范》第4.1.7条。

29.[答案] A

[依据]《工程地质手册》(第五版)第600、601页。对以盐胀性为主的盐渍土可采用换填、设置地面隔热层、设变形缓冲层、化学处理方法进行处理。

30.[答案] C

[依据]《岩土工程勘察规范》(GB 50021—2001)(2009年版)附录A表A.0.3,$N\geqslant 50$为强风化,$50>N\geqslant 30$为全风化,$N<30$为残积土。

31.[答案] C

[依据]《膨胀土地区建筑技术规范》(GB 50112—2013)第5.3.5条第3款。

32.[答案] A

[依据]《城市轨道交通岩土工程勘察规范》(GB 50307—2012)第12.5.5条。自由膨胀率60%为中等,蒙脱石含量10%为弱,阴阳离子交换量200mmol/kg为弱,两项满足弱,膨胀潜势为弱。

33.[答案] A

[依据]《生活垃圾卫生填埋技术规范》(GB 50869—2013)第4.0.2条。

34.[答案] C

[依据] 膨胀土的微观结构为面—面连接的叠聚体,比团粒结构具有更大的吸水膨胀和失水收缩的能力。

35.[答案] C

[依据]《中华人民共和国安全生产法》第八十一条。

36.[答案] A

[依据]《中华人民共和国安全生产法》第七十条。

37.[答案] D

[依据]《地质灾害防治条例》第四十三条。

38.[答案] C

[依据]《中华人民共和国招标投标法》第十四条。

39.[答案] A

[依据]《建设工程质量检测管理办法》附件一。

40.[答案] D

[依据]《实施工程建设强制性标准监督规定》第十条。

41.[答案] BC

[依据]《建筑地基基础设计规范》(GB 50007—2011)第5.2.5条。

42.[答案] BCD

[依据]《建筑地基基础设计规范》(GB 50007—2011)第7.1.4条、第7.3.2条、第7.4.2条。

43.[答案] BCD

[依据]《建筑地基基础设计规范》(GB 50007—2011)第8.4.14条。

44.[答案] ACD

[依据] 根据土力学基本原理,自重应力从地面算起,3m处 $P_Z=3\times20=60\text{kPa}$;4m处 $P_Z=3\times20+1\times10=70\text{kPa}$;7m处 $P_Z=5\times20+2\times20=140\text{kPa}$;10m处 $P_Z=140+3\times20=200\text{kPa}$。

45.[答案] BCD

[依据]《建筑地基基础设计规范》(GB 50007—2011)第4.2.2条。

46.[答案] CD

[依据]《建筑桩基技术规范》(JGJ 94—2008)第5.5.6条。

47.[答案] BC

[依据]《建筑桩基技术规范》(JGJ 94—2008)第5.8.2条~第5.8.5条。

48.[答案] ACD

[依据]《建筑桩基技术规范》(JGJ 94—2008)第3.4.6条。

49.[答案] AC

[依据]《建筑桩基技术规范》(JGJ 94—2008)第4.1.3条。扩底桩直径与桩身直径之比 D/d 挖孔桩不应大于3,扩底端侧面的斜率 a/h_c 粉土可取1/2~1/3,即 $D\leqslant3d=$

3m，$h_c=(2\sim3)a=(2\sim3)\times\frac{D-d}{2}$，$D=1.6$m 时，$h_c=(2\sim3)\times\frac{1.6-1}{2}=0.6\sim0.9$m，$D=2.0$m 时，$h_c=(2\sim3)\times\frac{2-1}{2}=1\sim1.5$m，$D=3$m 时，$h_c=(2\sim3)\times\frac{3-1}{2}=2\sim3$m。

50.**[答案]** ACD

[依据]《公路桥涵地基与基础设计规范》(JTG 3363—2019)第 7.2.4 条，沉井刃脚不宜采用混凝土结构，选项 A 正确；第 7.1.1 条，表面倾斜较大的岩层上不宜采用沉井基础，选项 B 错误；第 7.3.2 条条文说明，选项 C 正确；第 7.2.3 条，选项 D 正确。

51.**[答案]** AB

[依据]《建筑桩基技术规范》(JGJ 94—2008)第 6.7.4 条、6.7.5 条条文说明。确保最佳注浆量是保证桩的承载力增幅达到要求的重要因素；第 6.7.6 条及条文说明规定，终止注浆的条件是为了确保后注浆的效果和避免无效过量注浆。

52.**[答案]** AD

[依据]《建筑桩基技术规范》(JGJ 94—2008)第 7.5.8 条。

53.**[答案]** AC

[依据]《建筑边坡工程技术规范》(GB 50330—2013)第 10.3.1 条、第 10.3.2 条。

54.**[答案]** ABD

[依据]《碾压式土石坝设计规范》(DL/T 5395—2007)第 8.3.8 条条文说明。延长年限就有必要降低渗透系数、渗透坡降和增大墙的厚度。

55.**[答案]** BC

[依据] 土的击实试验表明当含水量较小时，土的干密度随着含水量增加而增大，当达到某一定值时，随含水量增加土的干密度减小，此时的含水量为最优含水量，干密度为最大干密度，对应土中的孔隙体积最小，孔隙比最小。

56.**[答案]** ACD

[依据]《铁路路基支挡结构设计规范》(TB 10025—2019)第 6.1.3 条，选项 A 正确；根据工程经验，填料为砂性土，排水顺畅，不需考虑墙背动水压力，选项 B 错误；第 6.3.1 条第 2 款表 6.3.1-1，选项 C 正确；第 6.2.1 条第 2 款，选项 D 正确。

57.**[答案]** ABD

[依据]《碾压式土石坝设计规范》(DL/T 5395—2007)第 6.1.5 条、第 6.1.6 条。

58.**[答案]** ACD

[依据]《工程地质手册》(第五版)第 571～573 页。膨胀土地区可采用地基处理、宽散水、设置沉降缝等工程措施。

59.**[答案]** ABC

[依据]《公路路基设计规范》(JTG D30—2015)第 7.3.3 条，对路基有危害的危岩

体，应清除或采取支撑、预应力锚固等措施；选项A、B、C正确；喷射混凝土属于路基的坡面防护，不能处理危岩，选项D错误。

60.［答案］ACD

［依据］滑坡滑动的原因是滑坡体最后一个条块的剩余下滑力大于0，滑动力大于抗滑力，选项A错误；地震力一般作为不利情况考虑，选项B正确；反翘的抗滑段，地下水上升至滑面以上时，滑面处的静水压力一部分转化为滑动力，一部分转化为抗滑力，选项C错误；主滑段进行削方减载减小滑体自重，减小下滑力，同时由于削方，滑动面上由滑体自重引起的摩擦力减小，抗滑力也减小，选项D错误；并不是所有的滑坡都可以削方减载，比如牵引式滑坡或滑带土具有卸荷膨胀性的滑坡，不能削方减载。

61.［答案］ACD

［依据］《工程地质手册》(第五版)第593～595页。硫酸盐渍土有较强的腐蚀性，氯盐渍土具有一定的腐蚀性；盐渍土的含水量较低且含盐量较高时其抗剪强度就较高；盐渍土的起始冻结温度随溶液的浓度增大而降低，且与盐的类型有关；盐渍土的盐胀性主要是由于硫酸盐渍土中的无水芒硝吸水变成芒硝，体积增大。

62.［答案］BC

［依据］《湿陷性黄土地区建筑标准》(GB 50025—2018)第4.3.1条第5款，浸水前后的稳定标准是相同的，选项A错误；第4.3.4条第5、6款，选项B正确；第4.3.3条第2款，选项C正确；第4.3.2条第4款，应根据基底压力及土样深度选择试验压力，选项D错误。

63.［答案］AB

［依据］《湿陷性黄土地区建筑标准》(GB 50025—2018)第4.3.7条第2款，选项A、B正确；第3款，稳定标准以最后5天的平均湿陷量小于1mm/天为准，与浸水量无关，选项C错误；第6款，停止浸水后观测到的沉降应计入自重湿陷量实测值，选项D错误。

64.［答案］AB

［依据］《公路路基设计规范》(JTG D30—2015)第7.5.2条，渡槽属排导措施，格栅坝属拦截措施。

65.［答案］BC

［依据］《建设工程安全生产管理条例》第二十一条。

66.［答案］BCD

［依据］施工机械使用费属直接费，工程排污费属间接费中的规费，养老保险费属规费中的社会保障费，职工教育经费属间接费中的企业管理费。

67.［答案］ACD

［依据］《地质灾害防治条例》第二十四条。

68.［答案］ABC

［依据］《中华人民共和国民法典》第五百八十三条，A正确；第五百八十四条，B正确；第五百八十五条，C正确，D错误。

69.［**答案**］AD

［**依据**］《勘察设计注册工程师管理规定》第六条、第七条、第十条、第十五条。

70.［**答案**］ACD

［**依据**］《注册土木工程师(岩土)执业及管理工作暂行规定》第3.3条、第3.4条、第3.7条。

2016年专业知识试题(上午卷)

一、单项选择题(共40题,每题1分。每题的备选项中只有一个最符合题意)

1. 某建筑工程岩土工程勘察,采取薄壁自由活塞式取土器,在可塑状黏性土层中采取土试样,取样回收率为0.96,下列关于本次取得的土试样质量评价哪个选项是正确的? (　　)

(A)土样有隆起,符合Ⅰ级土试样　　(B)土样有隆起,符合Ⅱ级土试样

(C)土样受挤压,符合Ⅰ级土试样　　(D)土样受挤压,符合Ⅱ级土试样

2. 采用压缩模量进行沉降验算时,其室内固结试验最大压力的取值应不小于下列哪一选项? (　　)

(A)高压固结试验的最高压力为32MPa

(B)土的有效自重压力和附加压力之和

(C)土的有效自重压力和附加压力二者之大值

(D)设计有效荷载所对应的压力值

3. 岩土工程勘察中评价土对混凝土结构腐蚀性时,指标Mg^{2+}的单位是下列哪一选项? (　　)

(A)mg/L　　(B)mg/kg

(C)mmol/L　　(D)%

4. 某土样现场鉴定描述如下:刀切有光滑面,手摸有黏滞感和少量细粒,稍有光泽,能搓成1～2mm的土条,其最有可能是下列哪类土? (　　)

(A)黏土　　(B)粉质黏土

(C)粉土　　(D)粉砂

5. 在节理玫瑰图中,自半圆中心沿着半径方向引射的直线段长度的含义是指下列哪一项? (　　)

(A)节理倾向　　(B)节理倾角

(C)节理走向　　(D)节理条数

6. 某拟建铁路线路通过软硬岩层相间、地形坡度约60°的边坡坡脚,坡体中竖向裂隙发育,有倾向临空面的结构面,预测坡体发生崩塌破坏时,最可能是下列哪种形式? (　　)

(A)拉裂式　　　　　　　　　　　　　　　(B)错断式

(C)滑移式　　　　　　　　　　　　　　　(D)鼓胀式

7.水利水电工程中,下列关于岩爆的说法哪个是错误的?　　　　　　　　　　（　　）

(A)岩体具备高地应力、岩质硬脆、完整性好、无地下水涌段易产生岩爆

(B)岩石强度应力比越小,岩爆强度越大

(C)深埋隧道比浅埋隧道易产生岩爆

(D)最大主应力与岩体主节理面夹角大小和岩爆强度正相关

8.土层的渗透系数不受下列哪个因素影响?　　　　　　　　　　（　　）

(A)黏粒含量　　　　　　　　　　　　　　(B)渗透水的温度

(C)土的孔隙率　　　　　　　　　　　　　(D)压力水头

9.某土层的天然重度为 18.5kN/m^3,饱和重度为 19kN/m^3,问该土层的流土临界水力比降为下列何值?(水的重度按 10kN/m^3 考虑)　　　　　　　　　　（　　）

(A)0.85　　　　　　　　　　　　　　　　(B)0.90

(C)1.02　　　　　　　　　　　　　　　　(D)1.42

10.下列关于不同地层岩芯采取率要求由高到低的排序,哪个选项符合《建筑工程地质勘探与取样技术规程》(JGJ/T 87—2012)的规定?　　　　　　　　　　（　　）

(A)黏土层、地下水位以下粉土层、完整岩层

(B)黏土层、完整岩层、地下水位以下粉土层

(C)完整岩层、黏土层、地下水位以下粉土层

(D)地下水位以下粉土层、黏土层、完整岩层

11.在某地层进行标准贯入试验,锤击数达到 50 时,贯入深度为 20cm,问该标准贯入试验锤击数为下列哪个选项?　　　　　　　　　　（　　）

(A)50　　　　　　　　　　　　　　　　　(B)75

(C)100　　　　　　　　　　　　　　　　 (D)贯入深度未达到要求,无法确定

12.某场地地层剖面为三层结构,地层由上至下的电阻率关系为 $\rho_1>\rho_2$、$\rho_2<\rho_3$,问本场地的电测深曲线类型为下列哪个选项?　　　　　　　　　　（　　）

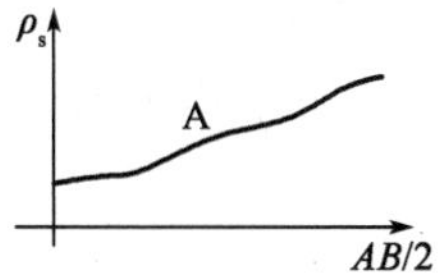

(A)

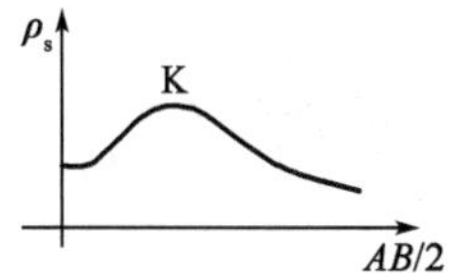

(B)

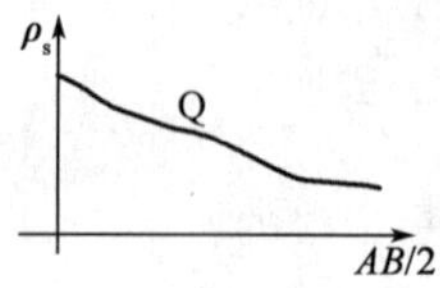

(C)

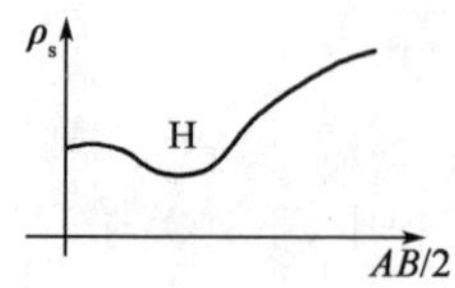

(D)

13. 某水电工程土石坝初步设计阶段勘察，拟建坝高 45m，下伏基岩埋深 40m，根据《水利水电工程地质勘察规范》(GB 50487—2008)，坝基勘察孔进入基岩的最小深度是下列哪个选项？（　　）

(A)5m　　(B)10m

(C)20m　　(D)30m

14. 根据《建筑地基基础设计规范》(GB 50007—2011)规定，在计算地基变形时，其作用效应组合的计算方法，下列哪个选项是正确的？（　　）

(A)由永久作用标准值、可变作用标准值乘以相应的组合值系数组合计算

(B)由永久作用标准值计算，不计风荷载、地震作用和可变作用

(C)由永久作用标准值、可变作用标准值乘以相应准永久值系数组合计算，不计风荷载和地震作用

(D)由永久作用标准值及可变作用标准值乘以相应分项系数组合计算，不计风荷载和地震作用

15. 根据《工程结构可靠性设计统一标准》(GB 50153—2008)的规定，对于不同的工程结构设计状况，应进行相应的极限状态设计，关于设计状况对应的极限状态设计要求，下列叙述错误的是哪个选项？（　　）

(A)持久设计状况，应同时进行正常使用极限状态和承载能力极限状态设计

(B)短暂设计状况，应进行正常使用极限状态设计，根据需要进行承载能力极限状态设计

(C)地震设计状况，应进行承载能力极限状态设计，根据需要进行正常使用极限状态设计

(D)偶然设计状况，应进行承载能力极限状态设计，可不进行正常使用极限状态设计

16. 某软土地区小区拟建 7 层住宅 1 栋，12 层住宅 2 栋，33 层高层住宅 10 栋，绿地地段拟建 2 层地下车库，持力层地基承载力特征值均为 100kPa，按照《建筑地基基础设计规范》(GB 50007—2011)确定地基基础设计等级，问下列哪个选项不符合规范规定？（　　）

(A)地下车库基坑工程为乙级　　(B)高层住宅为甲级

(C)12 层住宅为乙级　　(D)7 层住宅为乙级

17. 某新近回填的杂填土场地，填土成分含建筑垃圾，填土厚约 8m，下卧土层为坚硬的黏性土，地下水位在地表下 12m 处，现对拟建的 3 层建筑地基进行地基处理，处理深度要求达到填土底，下列哪种处理方法最合理、有效？（　　）

(A)搅拌桩法　　(B)1000kN · m 能级强夯法

(C)柱锤扩桩法　　(D)长螺旋 CFG 桩法

18. 某 12 层住宅楼采用筏板基础，基础下土层为：①粉质黏土，厚约 2.0m；②淤泥质土，厚约 8.0m；③可塑～硬塑状粉质黏土，厚约 5.0m。该工程采用了水泥土搅拌桩复合地基，结构封顶后，发现建筑物由于地基原因发生了整体倾斜，且在持续发展。现拟对该建筑物进行阻倾加固处理，问下列哪个选项最合理？（　　）

(A)锤击管桩法　　(B)锚杆静压桩法

(C)沉管灌注桩法　　(D)长螺旋 CFG 桩法

19. 某独立基础，埋深 1.0m，若采用 C20 素混凝土桩复合地基，桩间土承载力特征值为 80kPa，按照《建筑地基处理技术规范》(JGJ 79—2012)，桩土应力比的最大值接近下列哪个数值？（单桩承载力发挥系数、桩间土承载力发挥系数均为 1.0）（　　）

(A)30　　(B)60

(C)80　　(D)125

20. 关于注浆加固的表述，下列哪个选项是错误的？（　　）

(A)隧道堵漏时，宜采用水泥和水玻璃的双液注浆

(B)碱液注浆适用于处理地下水位以上渗透系数为(0.1～2.0)m/d 的湿陷性黄土

(C)硅化注浆用于自重湿陷性黄土地基上既有建筑地基加固时应沿基础侧向先内排、后外排施工

(D)岩溶发育地段需要注浆时，宜采用水泥砂浆

21. 根据《建筑地基处理技术规范》(JGJ 79—2012)，下列真空预压处理的剖面图中最合理的选项是哪一个？（　　）

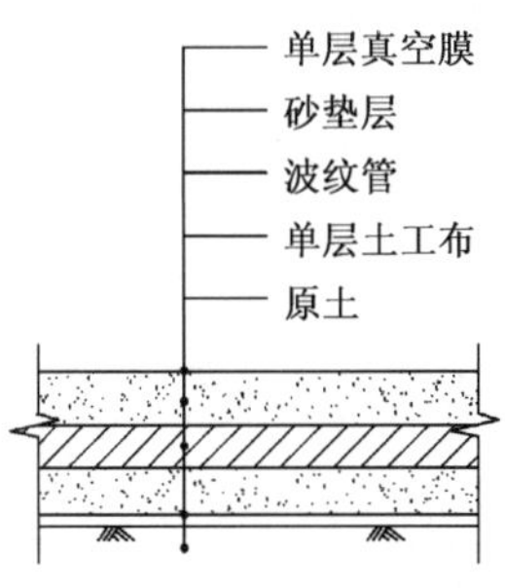

(A)

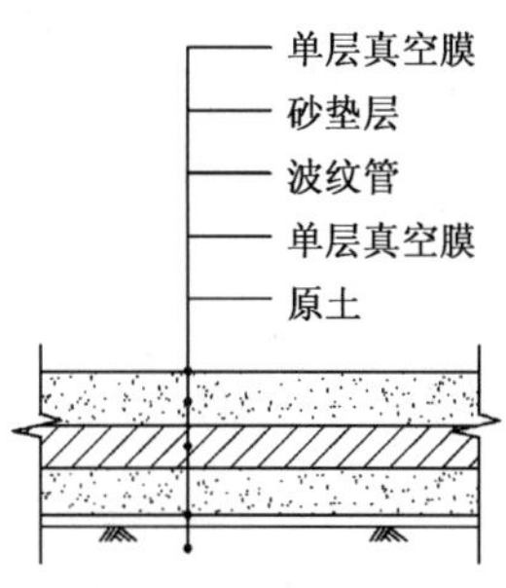

(B)

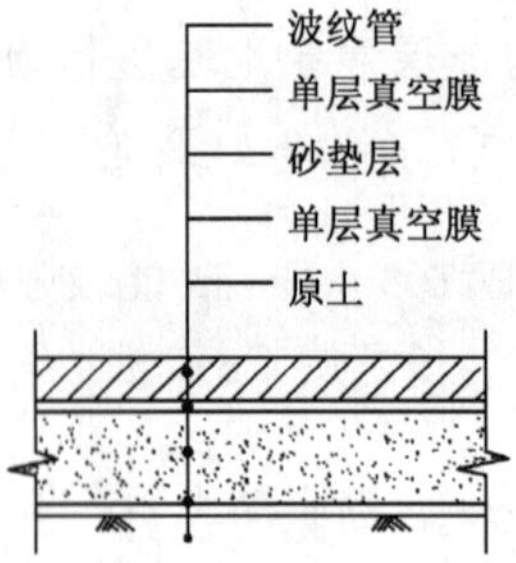

(C)

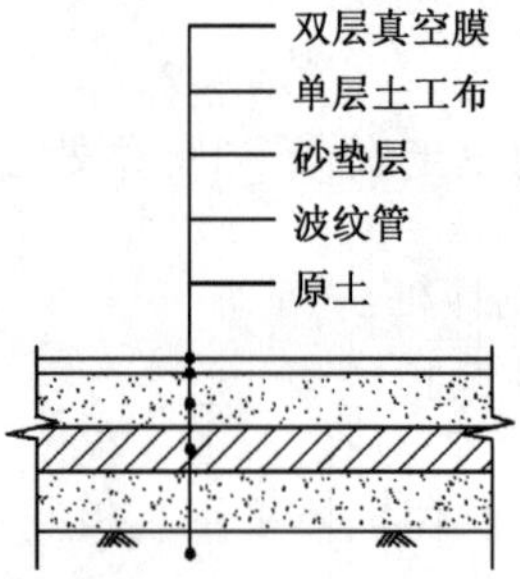

(D)

22. 下列关于注浆法地基处理的表述，哪个选项是正确的？（　　）

(A)化学注浆，如聚氨酯等，一般用于止水、防渗、堵漏、不能用于加固地基
(B)海岸边大体积素混凝土平台基底注浆加固可采用海水制浆
(C)低渗透性土层中注浆，为减缓凝固时间，可增加水玻璃，并以低压、低速注入
(D)注浆加固体均会产生收缩，降低注浆效果，可通过添加适量膨胀剂解决

23. 采用水泥搅拌桩加固淤泥时，以下哪个选项对水泥土强度影响最大？（　　）

(A)淤泥的含水量　　(B)水泥掺入量
(C)灰浆泵的注浆压力　　(D)水泥浆的水灰比

24. 针对某围海造地工程，采用预压法加固淤泥层时，以下哪个因素对淤泥的固结度影响最小？（　　）

(A)淤泥的液性指数　　(B)淤泥的厚度
(C)预压荷载　　(D)淤泥的渗透系数

25. 朗肯土压力的前提条件之一是假设挡土墙墙背光滑，按此理论计算作用在基坑支护结构上的主动土压力理论值与挡土墙墙背有摩擦力的实际值相比，下列哪个说法是正确的？（　　）

(A)偏大　　(B)偏小
(C)相等　　(D)不能确定大小关系

26. 某基坑开挖深度为8m，支护桩长度为15m，桩顶位于地表，采用落底式侧向止水帷幕，支护结构长度范围内地层主要为粗砂，墙后地下水埋深为地表下5m。请问支护桩主动侧所受到的静水压力的合力大小与下列哪个选项中的数值最接近？(单位：kN/m)（　　）

(A)1000　　(B)750
(C)500　　(D)400

27. 对于深埋单线公路隧道，关于该隧道垂直均匀分布的松散围岩压力 q 值的大小，下列哪种说法是正确的？（　　）

(A)隧道埋深越深,q 值越大　　(B)隧道围岩强度越高,q 值越大
(C)隧道开挖宽度越大,q 值越大　　(D)隧道开挖高度越大,q 值越大

28.关于地铁施工中常用的盾构法,下列哪种说法是错误的?　　(　　)

(A)盾构法施工是一种暗挖施工工法
(B)盾构法包括泥水平衡式盾构法和土压平衡式盾构法
(C)盾构施工过程中必要时可以采用人工开挖方法开挖土体
(D)盾构机由切口环和支撑环两部分组成

29.关于双排桩的设计计算,下列哪种说法不符合《建筑基坑支护技术规程》(JGJ 120—2012)的规定?　　(　　)

(A)作用在后排桩上的土压力计算模式与单排桩相同
(B)双排桩应按偏心受压、偏压受拉进行截面承载力验算
(C)作用在前排桩嵌固段上的土反力计算模式与单排桩不相同
(D)前后排桩的差异沉降对双排桩结构的内力、变形影响较大

30.瓦斯地层的铁路隧道衬砌设计时,应采取防瓦斯措施,下列措施中哪个选项不满足规范要求?　　(　　)

(A)不宜采用有仰拱的封闭式衬砌
(B)应采用复合式衬砌,初期支护的喷射混凝土厚度不应小于15cm,二次衬砌模筑混凝土厚度不应小于40cm
(C)衬砌施工缝隙应严密封填
(D)向衬砌背后压注水泥砂浆,加强封闭

31.在含水砂层中采用暗挖法开挖公路隧道,下列哪项施工措施是不合适的?(　　)

(A)从地表沿隧道周边向围岩中注浆加固
(B)设置排水坑道或排水钻孔
(C)设置深井降低地下水位
(D)采用模筑混凝土作为初期支护

32.下列哪种说法不符合《建筑抗震设计规范》(GB 50011—2010)(2016年版)的规定?　　(　　)

(A)同一结构单元的基础不宜设置在性质截然不同的地基上
(B)同一结构单元不允许部分采用天然地基部分采用桩基
(C)处于液化土中的桩基承台周围,宜用密实干土填筑夯实
(D)天然地基基础抗震验算时,应采用地震作用效应标准组合

33.按《公路工程抗震规范》(JTG B02—2013)进一步进行液化判别时,采用的标贯击数是下列哪一选项?　　(　　)

(A)实测值 (B)经杆长修正后的值

(C)经上覆土层总压力影响修正后的值 (D)经杆长和地下水影响修正后的值

34. 根据《建筑抗震设计规范》(GB 50011—2010)(2016 年版)的规定,结构的水平地震作用标准值按下式确定:$F_{EK}=\alpha_1 G_{eq}$,下列哪个选项对式中 α_1 的解释是正确的? ( )

(A)地震动峰值加速度

(B)设计基本地震加速度

(C)相应于结构基本自振周期的水平地震影响系数

(D)水平地震影响系数最大值乘以阻尼调整系数

35. 地震产生的横波、纵波和面波,若将其传播速度分别表示为 v_s、v_p 和 v_R,下列哪个选项表示的大小关系是正确的? ( )

(A)$v_p>v_s>v_R$ (B)$v_p>v_R>v_s$

(C)$v_R>v_p>v_s$ (D)$v_R>v_s>v_p$

36. 某地区场地土的类型包括岩石、中硬土和软弱土三类。根据地震记录得到不同场地条件的地震反应谱曲线如图所示(结构阻尼平均为 0.05,震级和震中距大致相同),试问图中曲线①、②、③分别对应于下列哪个选项场地土条件的反应谱? ( )

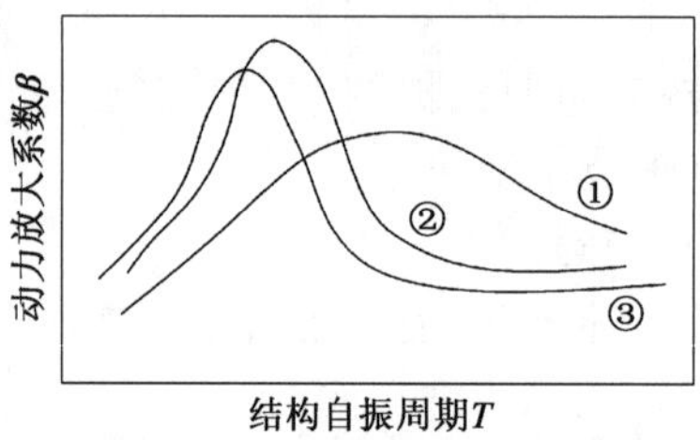

题 36 图

(A)岩石、中硬土、软弱土 (B)岩石、软弱土、中硬土

(C)中硬土、软弱土、岩石 (D)软弱土、中硬土、岩石

37. 抗震设防烈度是指 50 年内超越概率为下列哪一项时的地震烈度? ( )

(A)2% (B)3%

(C)10% (D)63%

38. 某工程采用钻孔灌注桩基础,桩基设计等级为乙级。该工程总桩数为 100 根,桩下承台矩形布桩,每个承台下设置 4 根桩。按《建筑基桩检测技术规范》(JGJ 106—2014)制定检测方案时,桩身完整性检测的数量应不少于几根? ( )

(A)10 根 (B)20 根

(C)25 根 (D)30 根

39. 对水泥粉煤灰碎石桩复合地基进行验收检测时，按照《建筑地基处理技术规范》(JGJ 79—2012)，下述检测要求中哪项不正确？ (　　)

(A)应分别进行复合地基静载试验和单桩静载试验

(B)复合地基静载试验数量每个单体工程不应少于 3 点

(C)承载力检测数量为总桩数的 0.5%～1.0%

(D)桩身完整性检测数量不少于总桩数的 10%

40. 某水井采用固定式振弦式孔隙水压力计观测水位，压力计初始频率为 $f_0=3000\text{Hz}$，当日实测频率为 $f_1=3050\text{Hz}$，已知其压力计的标定系数为 $k=5.25\times10^{-5}\ \text{kPa/Hz}^2$，若不考虑温度变化影响，则当日测得水位累计变化值为下列哪个选项？ (　　)

(A)水位下降 1.6m　　(B)水位上升 1.6m

(C)水位下降 1.3m　　(D)水位上升 1.3m

二、多项选择题(共 30 题，每题 2 分。每题的备选项中有两个或三个符合题意，错选、少选、多选均不得分)

41. 根据《建筑工程地质勘探与取样技术规程》(JGJ/T 87—2012)，下列关于钻探技术的要求哪些是正确的？ (　　)

(A)在中等风化的石灰岩中抽水试验孔的孔径不小于 75mm

(B)采用套管护壁时宜先将套管打入土中

(C)在粉质黏土中的回次进尺不宜超过 2.0m

(D)要求采取岩芯的钻孔，应采用回转钻进

42. 根据《公路工程地质勘察规范》(JTG C20—2011)，遇下列哪些情况时应对隧道围岩岩体基本质量指标 BQ 进行修正？ (　　)

(A)围岩稳定性受软弱结构面影响，且有一组起控制作用

(B)微风化片麻岩，开挖过程中有岩爆发生岩块弹出，洞壁岩体发生剥离

(C)微风化泥炭岩，开挖过程中侧壁岩体位移显著，持续时间长，成洞性差

(D)环境干燥，泥炭含水量极低，无地下水

43. 详细勘察阶段，下列有关量测偏(误)差的说法哪些符合《建筑工程地质勘探与取样技术规程》(JGJ/T 87—2012)的规定？ (　　)

(A)水域中勘探点平面位置允许偏差为±50cm

(B)水域中孔口高程允许偏差为±10cm

(C)水域钻进中分层深度允许误差为±20cm

(D)水位量测读数精度不得低于±3cm

44. 下列关于工程地质钻探中钻孔冲洗液选用的说法，哪些是正确的？ (　　)

(A)用作水文地质试验的孔段，不得选用泥浆作冲洗液

(B)钻进可溶性盐类地层时，不得采用与该地层可溶性盐类相应的饱和盐水泥浆作冲洗液

(C)钻进遇水膨胀地层时，可采用植物胶泥浆作冲洗液

(D)钻进胶结较差地层时，可采用植物胶泥浆作冲洗液

45. 在港口工程地质勘察中，需对水土进行腐蚀性评价，下列有关取样的说法哪些不符合《水运工程岩土勘察规范》(JTS 133—2013)的规定？ ( )

(A)每个工程场地均应取水试样或土试样进行腐蚀性指标的测试

(B)试样应在混凝土结构和钢结构所处位置采取，每个场地不少于 2 件

(C)当土中盐类成分和含量分布不均时，要分层取样，每层不少于 2 件

(D)地下水位以下为渗透系数小于 1.1×10^{-6} cm/s 的黏性土时应加取土试样

46. 对于特殊工程隧道穿越单煤层时的绝对瓦斯涌出量，下列哪些说法是正确的？ ( )

(A)与煤层厚度是正相关关系

(B)与隧道穿越煤层的长度、宽度相关

(C)与煤层的水分、灰分含量呈负相关关系

(D)与隧道温度无关

47. 根据《建筑桩基技术规范》(JGJ 94—2008)的规定，以下采用的作用效应组合，正确的是哪些选项？ ( )

(A)计算荷载作用下的桩基沉降时，采用作用效应标准组合

(B)计算风荷载作用下的桩基水平位移时，采用风荷载的标准组合

(C)进行桩基承台裂缝控制验算时，采用作用效应标准组合

(D)确定桩数时，采用作用效应标准组合

48. 根据《工程结构可靠性设计统一标准》(GB 50153—2008)的规定，以下对工程结构设计基准期和使用年限采用正确的是哪些选项？ ( )

(A)房屋建筑结构的设计基准期为 50 年

(B)标志性建筑和特别重要的建筑结构，其设计使用年限为 50 年

(C)铁路桥涵结构的设计基准期为 50 年

(D)公路特大桥和大桥结构的设计使用年限为 100 年

49. 按照《建筑地基基础设计规范》(GB 50007—2011)规定，在以下地基基础的设计计算中，属于按承载能力极限状态设计计算的是哪些选项？ ( )

(A)桩基承台高度计算

(B)砌体承重墙下条形基础高度计算

(C)主体结构与裙房地基基础沉降量计算

(D)位于坡地的桩基整体稳定性验算

50. 真空预压法处理软弱地基，若要显著提高地基固结速度，以下哪些选项的措施是合理的？（　　）

(A)膜下真空度从 50kPa 增大到 80kPa
(B)当软土层下有厚层透水层时，排水竖井穿透软土层进入透水层
(C)排水竖井的间距从 1.5m 减小到 1.0m
(D)排水砂垫层由中砂改为粗砂

51. 复合地基的增强体穿越了粉质黏土、淤泥质土、粉砂三层土，当水泥掺量不变时，下列哪些桩型桩身强度沿桩长变化不大？（　　）

(A)搅拌桩　　(B)注浆钢管桩
(C)旋喷桩　　(D)夯实水泥土桩

52. 按照《建筑地基处理技术规范》(JGJ 79—2012)，关于地基处理效果的检验，下列哪些说法是正确的？（　　）

(A)堆载预压后的地基，可进行十字板剪切试验或静力触探试验
(B)压实地基，静载试验荷载板面积为 $0.5m^2$
(C)水泥粉煤灰碎石桩复合地基，应进行单桩静载荷试验，加载量不小于承载力特征值的 2 倍
(D)对换填垫层地基，应检测压实系数

53. 均质土层中，在其他条件相同情况下，下述关于旋喷桩成桩直径的表述，哪些选项是正确的？（　　）

(A)喷头提升速度越快，直径越小
(B)入土深度越大，直径越小
(C)土体越软弱，直径越小
(D)水灰比越大，直径越小

54. 下列哪些地基处理方法的处理效果可采用静力触探检验？（　　）

(A)旋喷桩桩身强度　　(B)灰土换填
(C)填石强夯置换　　(D)堆载预压

55. 关于水泥粉煤灰碎石桩复合地基的论述，下列哪些说法是错误的？（　　）

(A)水泥粉煤灰碎石桩可仅在基础范围内布桩
(B)当采用长螺旋压灌法施工时，桩身混合料强度不应超过 C30
(C)水泥粉煤灰碎石桩不适用于处理液化地基
(D)对噪声或泥浆污染要求严格的场地可优先选用长螺旋中心压灌成桩工艺

56. 根据《建筑地基处理技术规范》(JGJ 79—2012)，下面关于复合地基处理的说法，哪些是正确的？　(　　)

(A)搅拌桩的桩端阻力发挥系数，可取0.4～0.6，桩长越长，单桩承载力发挥系数越大

(B)计算复合地基承载力时，若增强体单桩承载力发挥系数取低值，桩间土承载力发挥系数可取高值

(C)采用旋喷桩复合地基时，桩间土越软弱，桩间土承载力发挥系数越大

(D)挤土成桩工艺复合地基，其桩间土承载力发挥系数一般大于等于非挤土成桩工艺

57. 关于散体围岩压力的普氏计算方法，其理论假设包括下列哪些内容？　(　　)

(A)岩体由于节理的切割，开挖后形成松散岩体，但仍具有一定的黏结力

(B)硐室开挖后，硐顶岩体将形成一自然平衡拱，作用在硐顶的围岩压力仅是自然平衡拱内的岩体自重

(C)形成的硐顶岩体既能承受压应力又能承受拉应力

(D)表征岩体强度的坚固系数应结合现场地下水的渗漏情况，岩体的完整性等进行修正

58. 影响地下硐室支护结构刚度的因素有下列哪些选项？　(　　)

(A)支护体所使用的材料　(B)硐室的截面尺寸

(C)支护结构形式　(D)硐室的埋置深度

59. 根据《铁路隧道设计规范》(TB 10003—2016)，下列哪些情形下的铁路隧道，经初步判断可不按浅埋隧道设计？　(　　)

(A)围岩为中风化泥岩，节理发育，覆盖层厚度为9m的单线隧道

(B)围岩为微风化片麻岩，节理不发育，覆盖层厚度为9m的双线隧道

(C)围岩为离石黄土，覆盖层厚度为16m的单线隧道

(D)围岩为一般黏性土，覆盖层厚度为16m的双线隧道

60. 关于锚杆设计与施工，下列哪些说法符合《建筑基坑支护技术规程》(JGJ 120—2012)的规定？　(　　)

(A)土层中锚杆长度不宜小于11m

(B)土层中锚杆自由段长度不应小于5m

(C)锚杆注浆固结体强度不宜低于15MPa

(D)预应力锚杆的张拉锁定应在锚杆固结体强度达到设计强度的70%后进行

61. 根据《建筑基坑支护技术规程》(JGJ 120—2012)，土钉墙设计应验算下列哪些内容？　(　　)

(A)整体滑动稳定性验算
(B)坑底隆起稳定性验算
(C)水平滑移稳定性验算
(D)倾覆稳定性验算

62. 下列地貌特征中，初步判断哪些属于稳定的滑坡地貌特征？（ ）

(A)坡体后壁较高，长满草木
(B)坡体前缘较陡，受河水侧蚀常有坍塌发生
(C)坡体平台面积不大，有后倾现象
(D)坡体前缘较缓，两侧河谷下切到基岩

63. 下列哪些选项可以表征建筑所在地区遭受的地震影响？（ ）

(A)设计基本地震加速度 (B)特征周期
(C)地震影响系数 (D)场地类别

64. 按《建筑抗震设计规范》(GB 50011—2010)(2016 年版)，当结构自振周期不可能小于 T_g(T_g 为特征周期)，也不可能大于 $5T_g$ 时，增大建筑结构的下列哪些选项可减小地震作用？（ ）

(A)阻尼比 (B)自振周期
(C)刚度 (D)自重

65. 按《建筑抗震设计规范》(GB 50011—2010)(2016 年版)，影响液化判别标准贯入锤击数临界值的因素有下列哪些选项？（ ）

(A)设计地震分组 (B)可液化土层厚度
(C)标贯试验深度 (D)场地地下水位

66. 按《公路工程地质勘察规范》(JTG C20—2011)采用标准贯入试验进行饱和砂土液化判别时，需要下列哪些参数？（ ）

(A)砂土的黏粒含量 (B)抗剪强度指标
(C)抗震设防烈度 (D)地下水位深度

67. 根据《建筑抗震设计规范》(GB 50011—2010)(2016 年版)，关于建筑结构的地震影响系数，下列哪些说法正确？（ ）

(A)与地震烈度有关
(B)与震中距无关
(C)与拟建场地所处的抗震地段类别有关
(D)与建筑所在地的场地类别无关

68. 下列关于地震影响系数的说法正确的是哪些选项？（　　）

(A)抗震设防烈度越大，地震影响系数越大
(B)自振周期为特征周期时，地震影响系数取最大值
(C)竖向地震影响系数一般比水平地震影响系数大
(D)地震影响系数曲线是一条有两个下降段和一个水平段的曲线

69. 某根桩，检测时判断其桩身完整性类别为Ⅰ类，则下列说法中正确的是哪些选项？（　　）

(A)若对该桩进行抗压静载试验，肯定不会出现桩身结构破坏
(B)无须进行静载试验，该桩的单桩承载力一定满足设计要求
(C)该桩桩身不存在不利缺陷，结构完整
(D)该桩桩身结构能够保证上部结构荷载沿桩身正常向下传递

70. 采用声波透射法检测桩身完整性时，降低超声波的频率会导致下列哪些结果？（　　）

(A)增大超声波的传播距离
(B)降低超声波的传播距离
(C)提高对缺陷的分辨能力
(D)降低对缺陷的分辨能力

2016年专业知识试题答案(上午卷)

1.[答案] C

[依据]《岩土工程勘察规范》(GB 50021—2001)(2009年版)第9.4.2条表9.4.2。从表可以看出,薄壁自由活塞式取土器可以取得Ⅰ、Ⅱ级土试样。第9.4.1条条文说明第2款,回收率是土样长度与取土器贯入孔底以下的深度之比,根据回收率的定义,回收率大于1.0,土样长度大于取土长度,表明土样膨胀隆起;回收率小于1.0,土样长度小于取土长度,表明土样受挤压。一般认为不扰动土样的回收率介于0.95~1.0,题目中回收率为0.96,可认为是不扰动的Ⅰ级土试样,C正确。

2.[答案] B

[依据]《岩土工程勘察规范》(GB 50021—2001)(2009年版)第11.3.1条。当采用压缩模量进行沉降计算时,固结试验最大压力应大于土的有效自重压力与附加压力之和,B正确。

3.[答案] B

[依据]《岩土工程勘察规范》(GB 50021—2001)(2009年版)第12.2.1条表12.2.1注3。表中数值适用于水的腐蚀性评价,对土的腐蚀性评价,应乘以1.5的系数;单位以mg/kg表示。

4.[答案] B

[依据]《建筑工程地质勘探与取样技术规程》(JGJ/T 87—2012)附录G表G.0.1。根据表可以判定为粉质黏土。

5.[答案] D

[依据] 玫瑰图是自圆心沿半径引射线,射线上线段的长度代表每组节理的条数,射线的方向代表每组节理的走向,然后用折线把射线上线段的端点连接起来,即为节理玫瑰图,D正确。

6.[答案] C

[依据]《铁路工程不良地质勘察规程》(TB 10027—2012)附录B表B.0.2,滑移式崩塌岩性多为软硬相间的岩层,地形陡坡通常大于55°,有倾向临空面的结构面,C正确。

7.[答案] D

[依据]《水利水电工程地质勘察规范》(GB 50487—2008)附录Q.0.1条,A正确;表Q.0.2,岩石强度应力比 R_b/σ_m 越小,岩爆分级越高,岩爆强度越大,B正确;附录Q.0.1条文说明,根据有关研究结果,最大主应力、岩体节理的夹角与岩爆有密切关系,在其他条件相同的情况下,夹角越小,岩爆越强烈,可见夹角与岩爆强度负相关,D错误;深埋隧道的初始地应力较高,在相同的条件下,埋深越大,越容易发生岩爆,C正确。

8.[答案] D

[依据]《土力学》(李广信等,第2版,清华大学出版社)第56、58页。土的性质对渗透系数的影响主要有粒径大小与级配、孔隙比、矿物成分、结构、饱和度5个方面的因素,A、C正确;水的性质对渗透系数的影响主要是由于黏滞性不同引起的,温度升高,水的黏滞性下降,渗透系数变大,温度降低,水的黏滞性升高,渗透系数减小,B正确;压力水头与土层渗透系数的大小无关,D错误。

9.[答案] B

[依据]《土力学》(李广信等,第2版,清华大学出版社)第72页。临界比降 $i_{cr}=\gamma'/\gamma_w=(19-10)/10=0.9$。

10.[答案] B

[依据]《建筑工程地质勘探与取样技术规程》(JGJ/T 87—2012)第5.5.1条表5.5.1。黏土层采取率≥90%,完整岩层采取率≥80%,地下水位以下的粉土层采取率≥70%,B正确。

11.[答案] B

[依据]《岩土工程勘察规范》(GB 50021—2001)(2009年版)第10.5.3条第3款。当锤击数已达50,而贯入深度未达30cm时,$N=30\times50/\Delta S=1500/20=75$,B正确。

12.[答案] D

[依据]《工程地质手册》(第五版)第83页表2-5-4。$\rho_1>\rho_2<\rho_3$,由表可以判断曲线类型为H型,D正确。

13.[答案] B

[依据]《水利水电工程地质勘察规范》(GB 50487—2008)第6.3.2条第3款第4项,当下伏基岩埋深小于坝高时,钻孔进入基岩深度不宜小于10m,B正确。

14.[答案] C

[依据]《建筑地基基础设计规范》(GB 50007—2011)第3.0.5条,变形计算采用正常使用极限状态下的准永久组合,不计入风荷载和地震作用。《建筑结构荷载规范》(GB 50009—2012)第3.1.2条第1款,对永久荷载采用标准值作为代表值;第3.1.6条,正常使用极限状态按准永久组合设计时,采用可变荷载的准永久值作为代表值,可变荷载的准永久值应为可变荷载标准值乘以准永久值系数,C正确。

15.[答案] B

[依据]《工程结构可靠性设计统一标准》(GB 50153—2008)第4.3.1条。对短暂设计状况和地震设计状况,可根据需要进行正常使用极限状态设计,B错误。

16.[答案] A

[依据]《建筑地基基础设计规范》(GB 50007—2011)第3.0.1条。软土地区建筑,7层、12层住宅为乙级,高层住宅为甲级,地下车库基坑为甲级,A错误。

17.[答案] C

[依据]《建筑地基处理技术规范》(JGJ 79—2012)第 7.3.1 条。搅拌桩不适合含大孤石或障碍物较多且不易清除的杂填土,A 错误;第 6.3.3 条表 6.3.3-1,单击夯击能1000kN·m 的有效加固深度约为 4.0m,达不到题目要求,B 错误;第 7.8.1 条,柱锤扩桩法适用于处理杂填土、粉土、黏性土、素填土地基,有效加固深度达 10m,满足要求,C 正确;第 7.7.1 条,CFG 桩不适合杂填土地基,D 错误。

18.[答案] B

[依据] 由于结构已经封顶,A、C、D 三种方法没有足够的施工空间,无法在封顶后进行施工;锚杆静压桩法是加固这类地基的常用方法,通常先在基础上开孔,然后在需要加固的一侧压入预制桩,提高置换率,提高承载力,减小沉降等,B 正确。

19.[答案] D

[依据] C20 混凝土立方体抗压强度标准值为 20MPa,桩间土承载力发挥系数 β 和单桩承载力发挥系数 λ 均取 1.0,桩身强度折减系数 η 可取 0.5,根据复合地基桩土应力比的定义,$n=\frac{\lambda f_{pk}}{\beta f_{sk}}=\frac{R_a}{A_p f_{sk}}=\frac{\eta f_{cu}}{f_{sk}}=\frac{0.5\times 20000}{80}=125$ 。

20.[答案] C

[依据]《建筑地基处理技术规范》(JGJ 79—2012)第 8.2.3 条第 1 款,B 正确;第 8.3.2条第 1 款,硅化浆液注浆施工加固既有建筑物地基时,应采用沿基础侧向先外排、后内排的施工顺序,C 错误;第 8.2.1 条条文说明,地层中有较大裂隙、溶洞,耗浆量很大或有地下水活动时,宜采用水泥砂浆,D 正确;水泥水玻璃浆广泛用于地基、大坝、隧道、桥墩、矿井等建筑工程,适用于隧道涌水、突泥封堵,在地下水流速较大的地层中采用可达到快速堵漏的目的,也可以用于防渗和加固灌浆,是隧道施工常用的注浆方法,A 正确。

21.[答案] D

[依据] 真空预压法是在需要加固的软土地基表面先铺设砂垫层,然后埋设垂直排水管道,再用不透气的封闭膜使其与大气隔绝,薄膜四周埋入土中,通过砂垫层内埋设的吸水管道,用真空装置进行抽气,使其形成真空,增加地基的有效应力。《建筑地基处理技术规范》(JGJ 79—2012)第 5.3.11 条,滤水管(波纹管)应埋设在砂垫层中,可同时起到传递真空压力和集水的作用;第 5.3.12 条及条文说明,密封膜宜铺设三层,最下一层和砂垫层相接触,膜容易刺破,最上一层膜和空气接触,易受到环境影响,如老化、刺破等,而中间一层膜是最安全最起作用的一层膜。综合上述,D 正确。

22.[答案] D

[依据]《地基处理手册》(第三版)第 370 页。聚氨酯是采用多异氰酸酯和聚醚树脂等作为主要原料,再掺入各种外加剂配置而成,在灌入地层后,遇水即反应生成聚氨酯泡沫,起加固地基和防渗堵漏等作用,A 错误;第 375 页表 9-11,水玻璃(含水硅酸钠)常作为速凝剂,对浆液起到加速凝结的作用,当需要减缓凝结时间时需要加入缓凝剂,C 错误;注浆用水应是可饮用的井水、河水等清洁水,含有油脂、糖类、酸性大的沼泽水、海

水和工业生活废水不应采用，B 错误；由于浆液的析水作用，注浆加固体会产生收缩，可加入适量膨胀剂，D 正确。

23.**[答案]** B

[依据]《建筑地基处理技术规范》(JGJ 79—2012)第 7.3.1 条条文说明。水泥土的抗压强度随水泥掺入比增加而增大，B 正确。

24.**[答案]** C

[依据]《土力学与基础工程》(高大钊，中国建筑工业出版社)第 98 页。固结度是时间因数的函数，从时间因数的各个因素可以分析出固结度与以下因素有关：①渗透系数 k 越大，越容易固结；②土的压缩性越小，越密实，越容易固结(土骨架发生较小的变形能分担较大的外荷载，因此孔隙体积无须变化太大，不需要排较多的水)；③时间 t 越长，固结越充分；④渗流路径 H 越大，孔隙水越难排出土层。液性指数与土的含水量有关，含水量越大液性指数越大，土越软，在固结时需要排出的水越多，影响固结，A 正确；淤泥的厚度影响渗流路径，B 正确；淤泥的渗透系数影响时间因数，D 正确；固结度与预压荷载无关，C 错误。

25.**[答案]** A

[依据]《土力学》(李广信等，第 2 版，清华大学出版社)第 240 页。对于朗肯理论，假定墙背光滑竖直，计算的主动土压力系数偏大，相应的主动土压力也偏大。

26.**[答案]** C

[依据] $E_w = \frac{1}{2}\gamma_w H^2 = 0.5 \times 10 \times 10^2 = 500\text{kN/m}$ 。

27.**[答案]** C

[依据]《公路隧道设计规范　第一册　土建工程》(JTG 3370.1—2018)第 6.2.2 条第 1 款公式，垂直均布压力与围岩重度、围岩级别、隧道宽度有关，隧道开挖宽度越大，q 越大，选项 C 正确。

28.**[答案]** D

[依据] 盾构法是以盾构机为施工机械在地面以下暗挖修筑隧道的一种施工方法，A 正确，盾构机械根据前端的构造形式和开挖方式的不同可分为全面开放型、部分开放型、密闭型和混合型。全面开放型盾构包括人工开挖式、半机械开挖式和机械开挖式，密闭型包括泥水平衡盾构和土压平衡盾构，B、C 正确。盾构机的组成包括三部分，前部的切口环，中部的支撑环以及后部的盾尾，D 错误。

29.**[答案]** C

[依据]《建筑基坑支护技术规程》(JGJ 120—2012)第 4.12.2 条。作用在后排桩上的主动土压力和前排桩嵌固段上的土反力计算与单排桩一致，A 正确，C 错误；第 4.12.8 条，B 正确，第 4.12.7 条条文说明，双排桩刚架结构前、后排桩沉降差对结构的内力、变形影响很大，D 正确。

30.**[答案]** A

[依据]《铁路隧道设计规范》(TB 10003—2016)第 12.3.7 条条文说明,含瓦斯地层的隧道,一般采用有仰拱的封闭式衬砌或复合衬砌,以混凝土整体模筑,选项 A 错误;第 12.3.7 条第 2 款,二次衬砌厚度不应小于 40 cm,并根据瓦斯赋存(排放)条件、围岩注浆、初期支护封闭瓦斯效果,还可选择设置瓦斯隔离层、衬砌背后注浆、二次衬砌抗渗混凝土等瓦斯防治措施,但 2016 版规范并未规定初期支护的混凝土厚度,选项 B、D 正确;第 3 款,选项 C 正确。

31.**[答案]** D

[依据]《公路隧道设计规范　第一册　土建工程》(JTG 3370.1—2018)第 13.1.1 条及条文说明,当隧道通过涌水地段时,应采取辅助措施,涌水处理措施主要有注浆止水、超前钻孔排水、超前导洞排水、井点降水、深井降水等,选项 A、B、C 正确;第 8.4.1 条,当采用复合式衬砌时,初期支护宜采用喷射混凝土、锚杆、钢筋网和钢架等支护措施,二次衬砌宜采用模筑混凝土或模筑钢筋混凝土,可在初期支护与二次衬砌之间设置防水层,选项 D 错误。

32.**[答案]** B

[依据]《建筑抗震设计规范》(GB 50011—2010)(2016 年版)第 3.3.4 条第 1 款,A 正确;第 2 款,B 错误;第 4.4.4 条,C 正确;第 4.2.2 条,D 正确。

33.**[答案]** A

[依据]《公路工程抗震规范》(JTG B02—2013)第 4.3.3 条。用未经杆长修正的实测锤击数与标准贯入锤击数临界值比较,判别液化,A 正确。

34.**[答案]** C

[依据]《建筑抗震设计规范》(GB 50011—2010)(2016 年版)第 5.2.1 条。α_1 为相应于结构基本自振周期的水平地震影响系数,C 正确。

35.**[答案]** A

[依据] 纵波又称为 P 波,质点振动方向与震波前进方向一致,靠介质的扩张与收缩传递,在地壳内一般以 5～6km/s 的速度传播,能引起地面上下颠簸(竖向振动);横波又称为 S 波,质点振动方向垂直于波的传播方向,为各质点间发生的周期性剪切振动,传播速度为 3～4km/s。与纵波相比,横波的周期长、振幅大、波速慢,引起地面发生左右晃动;面波又称 L 波,在地面或地壳表层各不同地质层界面处传播的波称为面波。它是纵波和横波在地表相遇产生的混合波。波速:纵波＞横波＞面波。A 正确。

36.**[答案]** D

[依据]《建筑结构抗震设计》(李国强,第 2 版,中国建筑工业出版社)第 37 页。不同场地类别的情况下,场地越软,地震动主要频率和成分越小(主要周期成分越长),因而地震反应谱的"峰"对应的周期越长,软弱土场地反应谱峰值＞中硬土场地反应谱峰值＞岩石场地反应谱峰值,D 正确。

37.[答案] C

[依据]《建筑抗震设计规范》(GB 50011—2010)(2016 年版)第 1.0.1 条条文说明。

38.[答案] C

[依据]《建筑基桩检测技术规范》(JGJ 106—2014)第 3.3.3 条第 1 款,对混凝土桩桩身进行完整性检测时,其他桩基工程,检测数量不应小于总桩数的 20%,且不应小于 10 根,检测数量为 20 根;第 2 款,每个柱下承台检测桩数不应小于 1 根,100/4=25 个承台,检测数量为 25 根,总的检测数量不应少于 25 根,C 正确。

39.[答案] C

[依据]《建筑地基处理技术规范》(JGJ 79—2012)第 7.7.4 条第 3 款,复合地基静载荷试验和单桩静载荷试验的数量不应小于总桩数的 1%,且每个单体工程的复合地基静载荷试验的试验数量不应小于 3 点,A、B 正确,C 错误;第 4 款,D 正确。

40.[答案] B

[依据]《工程地质手册》(第五版)第 1202 页。

$u = K(f_0^2 - f^2) = 5.25 \times 10^{-5} \times (3000^2 - 3050^2) = -16\text{kPa}$,为负值,说明水位上升 1.6m。

41.[答案] CD

[依据]《建筑工程地质勘探与取样技术规程》(JGJ/T 87—2012)第 5.2.2 条表 5.2.2,中等风化的石灰岩属于硬质岩石,钻孔口径应大于 59mm,A 错误;第 5.4.4 条,B 错误;第 5.5.3 条第 2 款,C 正确;第 5.3.2 条,D 正确。

本题纠结于中等风化的石灰岩属于硬质岩还是软质岩,未风化的石灰岩为硬质岩,根据《工程地质手册》(第五版)第 19 页表 1-3-5,中等风化~强风化的坚硬岩或较硬岩定性分类为软质岩。由于中等风化石灰岩的强度差异较大,根据实际工程经验,中风化的石灰岩抗压强度大于 30MPa,应属于硬质岩,这就出现了教材和实践不一致的情况,导致了 A 选项不明确,有争议。

42.[答案] ABC

[依据]《公路工程地质勘察规范》(JTG C20—2011),第 5.13.8 条第 2 款,A 正确;根据附录 D,B 选项为硬质岩极高初始地应力,C 选项为软质岩高初始地应力,再根据 5.13.8 条第 3 款判断,B、C 正确;D 选项不需要修正。

43.[答案] BC

[依据]《建筑工程地质勘探与取样技术规程》(JGJ/T 87—2012)第 4.0.1 条第 2 款,A 错误,B 正确;第 5.2.3 条,C 正确;第 10.0.3 条,D 错误。

44.[答案] CD

[依据]《建筑工程地质勘探与取样技术规程》(JGJ/T 87—2012)第 5.4.2 条第 2 款,A 错误;第 5 款,B 错误;第 4 款,C 正确;第 3 款,D 正确。

45.**[答案]** ABC

[依据]《水运工程岩土勘察规范》(JTS 133—2013)第11.0.3.1条第1款,地下水试样在混凝土结构和钢结构所在位置采取,每个场地不少于3件,B错误;当土中盐类成分和含量分布不均匀时分层取样,每层不少于3件,C错误;《岩土工程勘察规范》(GB 50021—2001)(2009年版)第12.1.1条,当有足够经验或充分资料,认定工程场地及其附近的土或水对建筑材料为微腐蚀时,可不取样试验进行腐蚀性评价,可见并不是每个场地都应取水试样进行腐蚀性判别,A错误;D选项为《港口岩土工程勘察规范》(JTS 133-1—2010)第11.4.1.2条第1款内容,该规范已被《水运工程岩土勘察规范》(JTS 133—2013)代替。故这是一个失败的题目。

46.**[答案]** ABD

[依据]《铁路工程不良地质勘察规程》(TB 10027—2012)附录F.0.2,单位时间涌出的瓦斯量叫绝对瓦斯涌出量,煤层的瓦斯含量是影响瓦斯涌出量的决定因素,根据绝对瓦斯涌出量计算公式可以看出,煤层的厚度越大,绝对瓦斯涌出量越大,A正确。隧道穿越煤层的长度、宽度越大,隧道在煤层中的断面越大,绝对瓦斯涌出量越大,B正确。煤层中的水分含量越低,对瓦斯的吸附能力越强,煤的灰分含量越低,含杂质越少,对瓦斯的吸附能力越大,由公式也可以看出,水分、灰分含量越小,残余瓦斯含量W_c越大,相应的绝对瓦斯涌出量越小;水分、灰分含量越大,残余瓦斯含量W_c越小,相应的绝对瓦斯涌出量越大,呈正相关关系,C错误;由公式可以看出,绝对瓦斯涌出量与温度无关,D正确。

47.**[答案]** BCD

[依据]《建筑桩基技术规范》(JGJ 94—2008)第3.1.7条第2款,A错误,B正确;第4款,C正确;第1款,D正确。

48.**[答案]** AD

[依据]《工程结构可靠性设计统一标准》(GB 50153—2008)附录A.1.2条,A正确;A.1.3条,B错误;A.2.1条,C错误;A.3.3条,D正确。

49.**[答案]** ABD

[依据]《建筑地基基础设计规范》(GB 50007—2011)第3.0.5条第4款,A、B正确;第2款,C错误;第3款,D正确。

50.**[答案]** AC

[依据]《建筑地基处理技术规范》(JGJ 79—2012)第5.2.20条,真空预压竖向排水通道宜穿透软土层,但不应进入下卧透水层,B错误。减小砂井间距或增大砂井直径,相当于增大了排水面积,有利于提高固结速率,C正确。排水砂垫层由中砂改为粗砂作用不明显,砂垫层主要是汇水和导水的作用,D错误。根据土力学知识,当地基以固结度控制时,固结度只与时间有关,与荷载无关;当以变形量控制时,根据《建筑地基处理技术规范》(JGJ 79—2012)第5.1.9条条文说明,超载预压可减少处理工期,减少工后沉降量,当加大预压荷载时,可使地基提前达到预定的变形量,可以缩短预压工期,提高地基固结速度,A正确。

51.[答案] BD

[依据]《建筑地基处理技术规范》(JGJ 79—2012)第7.3.1条条文说明,水泥土搅拌桩是用水泥作为固化剂通过搅拌设备,就地将原土和固化剂强制搅拌,使水泥与土发生一系列物理化学反应硬结成具有整体性、水稳定性和一定强度的水泥加固土;第7.4.1条条文说明,旋喷桩是以水泥为主固化剂的浆液从注浆管边的喷嘴中高速喷射出来,直接切割破坏土体,喷射过程中,钻杆边旋转边提升,使浆液与土体充分搅拌混合,在土中形成一定直径的柱状固结体。旋喷桩和搅拌桩都是以水泥作为主固化剂与原土搅拌混合形成固结体,地基土地层情况影响固结体的强度,A、C错误。第7.6.3条,夯实水泥土桩是利用人工或机械成孔,选用相对单一的土质材料,与水泥按一定比例在孔外充分搅拌,分层向孔内回填并强力夯实,形成均匀的水泥土桩,由于是非挤土成桩,其桩体强度受地层情况影响不大,D正确;注浆钢管桩是通过钻孔,放置钢管桩,然后在钢管桩底部进行灌注水泥浆,使水泥浆充盈于桩孔内,其桩身强度不受原地层影响,B正确。

52.[答案] ACD

[依据]《建筑地基处理技术规范》(JGJ 79—2012)第5.4.3条,A正确;附录A.0.2条,压实地基平板载荷试验采用的压板面积不应小于1.0m^2,B错误;附录B.0.6条,C正确;第4.4.2条,D正确。

53.[答案] AB

[依据] 旋喷桩是利用钻机将旋喷注浆管及喷头钻置于设计高程,将预先配制好的浆液从注浆管边的喷嘴中高速喷射出来,直接破坏土体,喷射过程中,钻杆边旋转边提升,使浆液与土体充分搅拌混合,在土中形成一定直径的柱状固结体。喷头提升速度快,喷射半径小,成桩直径小,A正确;均质土层密实度由上到下逐渐变大,入土深度越深,喷射切割土体的半径越小,形成上粗下细的桩形,B正确;土体软弱程度对成桩直径无影响,C错误;水灰比影响旋喷桩桩体强度,水灰比越小,处理后的地基承载力越高,水灰比和成桩直径无关,D错误。

54.[答案] BD

[依据]《建筑地基处理技术规范》(JGJ 79—2012)第7.4.9条,旋喷桩可采用开挖检查、钻孔取芯、标准贯入试验、动力触探和静载荷试验等方法检测,A错误;第6.2.4条第2款,压实填土可采用动力触探、静力触探、标准贯入试验等方法检验,B正确;第6.3.13条,强夯置换应采用动力触探查明置换墩着底情况及密度随深度的变化情况,C错误;第5.4.3条,预压地基可采用十字板试验或静力触探,D正确。

55.[答案] BC

[依据]《建筑地基处理技术规范》(JGJ 79—2012)第7.7.2条第5款,A正确;第7.7.3条条文说明,若地基土是松散的饱和粉土、粉细砂,以消除液化和提高地基承载力为目的,应选择振动沉管桩机施工,振动沉管属于挤土成桩工艺,对桩间土具有挤密作用,可处理液化地基,C错误;第7.7.3条第2款,D正确;第7.7.2条条文说明第6款,桩身强度应符合规范7.1.6条的规定,规范没有要求混合料强度不超过C30,B错误。

56.［答案］BD

［依据］《建筑地基处理技术规范》(JGJ 79—2012)第7.1.5条条文说明，桩端端阻力发挥系数与增强体的荷载传递性质、增强体长度以及桩土相对刚度密切相关。桩长过长影响桩端承载力发挥时应取较低值，水泥土搅拌桩其荷载传递受搅拌土的性质影响应取0.4～0.6，A错误；第7.1.5条条文说明，增强体单桩承载力发挥系数取高值时桩间土承载力发挥系数取低值，反之，增强体单桩承载力发挥系数取低值时桩间土承载力发挥系数应取高值，B正确；第7.4.3条，对于承载力较低时，桩间土承载力发挥系数β取低值，是出于减小变形的考虑，可见桩间土越软弱，桩间土发挥系数越小，C错误；挤土成桩工艺在施工过程对桩间土挤密、振密，可以减小桩间土孔隙比，提高桩间土的承载力，相应的桩间土承载力发挥系数要大于非挤土成桩工艺成桩，D正确。

57.［答案］ABD

［依据］根据岩石力学教材，普氏拱理论在自然平衡拱理论的基础上做了如下假设：①岩体由于节理的切割，经开挖后形成松散岩体，但仍具有一定的黏结力；②洞室开挖后，洞顶岩体将形成一自然平衡拱。在洞室的侧壁处，沿与侧壁夹角为$45°-\varphi/2$的方向产生两个滑动面，作用在洞顶的围岩压力仅是自然平衡拱内的岩体自重；③采用坚固系数f来表征岩体的强度(不是岩体实际的强度，其物理意义为增大的内摩擦力，在实际应用中，还需要考虑岩体的完整性和地下水的影响，采用工程类比法或经验确定)；④形成的自然平衡拱的洞顶岩体只能承受压力不能承受拉力，A、B、D正确。

58.［答案］ABC

［依据］刚度是指材料或结构在受力时抵抗弹性变形的能力，是材料或结构弹性变形难易程度的表征。刚度与物体的材料性质、几何形状、边界支持情况以及外力作用形式有关。由此可见影响地下洞室支护结构刚度的因素有结构材料、形式和洞室的界面尺寸，与洞室的埋置深度无关，A、B、C正确。

59.［答案］无

［依据］《铁路隧道设计规范》(TB 10003—2016)第5.1.6条条文说明。2016版规范按隧道的跨度和围岩等级确定浅埋隧道的覆盖层厚度，2005版规范按单、双线隧道来确定，由于规范的变更，导致本题无法作答。

60.［答案］AB

［依据］《建筑基坑支护技术规程》(JGJ 120—2012)第4.7.9条第2、3款，A、B正确；第9款，注浆固结体强度不宜低于20MPa，C错误；第4.8.7条第1款，当锚杆固结体的强度达到15MPa或设计强度的75%后，方可进行张拉锁定，D错误。

61.［答案］AB

［依据］《建筑基坑支护技术规程》(JGJ 120—2012)第5.1.1条，应进行整体滑动稳定性验算，A正确；第5.1.2条，坑底有软土层时，应进行坑底抗隆起稳定性验算，B正确。

62.［答案］AD

[依据]《岩土工程师手册》(钱七虎,人民交通出版社)第1332页。

滑坡的稳定性评价 题62解表

识别特征	稳定性评价	
	相对稳定	不稳定
地面坡度及坡面情况	斜坡坡面坡度较缓,坡面较平缓	坡度较陡,坡面高低不平,有陷落现象
滑坡后壁	后壁虽较高,但长满草木,难于找到擦痕	后壁高而陡,有坍塌,可见擦痕、渗水、湿地、草木覆盖少
滑坡台阶	平台较宽大,且已夷平,陡坎消失	平台向下缓倾,陡坎明显,呈台阶状
滑坡前缘	前缘斜坡较缓,岩(土)体压实,长有草木,残留滑舌部,地表有地表水冲刷痕迹,有时舌部外已有局部的漫滩台地	前缘岩(土)体松散、破碎,有小坍塌现象,无草木生长,无较大直立树木,舌部还处在地表水冲刷条件下,常有季节性泉水出露
两侧沟谷	切割较深,往往已达稳定基岩,沟谷侧壁有草木丛生	常见为尚在发展的新生沟谷,沟底常为坍塌堆积物覆盖,沟谷中很少见有草木生长

63.[答案] AB

[依据]《建筑抗震设计规范》(GB 50011—2010)(2016年版)第3.2.1条。建筑所在地区遭受的地震影响,应采用相应于抗震设防烈度的设计基本地震加速度和特征周期表征,A、B正确。

64.[答案] AB

[依据]《建筑抗震设计规范》(GB 50011—2010)(2016年版)第5.1.5条。按题目条件地震影响系数曲线处于曲线下降段,要减小地震作用,就需要减小地震影响系数,阻尼比反映结构消耗和吸收地震作用的大小,根据公式 $\alpha=\left(\frac{T_g}{T}\right)^{\gamma}\eta_2\alpha_{max}$,阻尼比越大,地震影响系数越小,A正确;由图5.1.5可以看出,结构自振周期在 $T_g\sim5T_g$ 范围内,地震影响系数处于曲线下降段,随自振周期增大而减小,B正确;刚度与自振周期成反比,结构自身刚度大,则自振周期小,增大刚度不能减小地震作用,C错误;第5.2.1条公式 $F_{Ek}=\alpha_1G_{eq}$,增大结构自重会增大结构总水平地震作用标准值,D错误。

65.[答案] ACD

[依据]《建筑抗震设计规范》(GB 50011—2010)(2016年版)第4.3.4条。锤击数临界值与地震分组、地下水水位、标准贯入试验深度有关,A、C、D正确。

66.[答案] ACD

[依据]《公路工程地质勘察规范》(JTG C20—2011)第7.11.8条。进行液化判别时需要黏粒含量、抗震设防烈度、地下水位深度等参数,A、C、D正确。

本题是一个有争议的命题,公路液化判别应按《公路工程抗震规范》(JTG B02—2013)执行,《公路工程地质勘察规范》(JTG C20—2011)的液化判别内容比较老,以新规范命题较为合适。

67.**[答案]** AC

[依据]《建筑抗震设计规范》(GB 50011—2010)(2016 年版)第 5.1.4 条,建筑结构的地震影响系数应根据烈度、场地类别、设计地震分组和结构自振周期以及阻尼比确定,A 正确,D 错误;设计地震分组可更好地体现震级和震中距的影响,同样烈度、同样场地条件的反应谱形状随着震源机制、震级大小、震中距远近等变化,可见地震影响系数与震中距有关,B 错误;第 4.1.8 条,当需要在条状突出的山嘴、高耸孤立的山丘、非岩石和强风化岩石的陡坡、河岸及边坡边缘等不利地段建造丙类及丙类以上建筑时,除保证其在地震作用下的稳定性外,尚应估计不利地段对设计地震动参数可能产生的放大作用,其水平地震影响系数最大值应乘以增大系数,C 正确。

68.**[答案]** AB

[依据]《建筑抗震设计规范》(GB 50011—2010)(2016 年版)第 5.1.4 条,抗震设防烈度越大,水平地震影响系数最大值越大,地震影响系数越大,A 正确;第 5.1.5 条,当结构自振周期等于场地特征周期时,地震影响系数曲线取水平段,地震影响系数取最大值,B 正确(B 选项的说法也有问题,根据 5.1.5 条第 1 款,只有当建筑结构阻尼比取 0.5 时,阻尼调整系数 η_2 取 1.0,地震影响系数取最大值 a_{max});地震影响系数曲线由直线上升段、水平段和曲线下降段和直线下降段组成,D 错误;第 5.3.1 条,竖向地震影响系数的最大值可取水平地震影响系数最大值的 65%,C 错误。

69.**[答案]** CD

[依据]《建筑基桩检测技术规范》(JGJ 106—2014)第 3.5.1 条。完整性为Ⅰ类的桩桩身完整,不存在缺陷,C 正确;由于桩身完整,不存在桩身缺陷,上部荷载能沿桩身正常向下传递,D 正确;基桩的承载力和完整性是基桩检测的主控内容,桩身的完整性检测方法有低应变法、高应变法、声波透射法和钻芯法,承载力的检测方法主要依靠静载试验,承载力是否满足要求需要通过单桩静载试验表现,B 错误;桩的承载力包括两层含义,即桩身结构承载力和支撑桩结构的地基土承载力,当混凝土强度过低,即使桩身完整性好,也会出现桩身结构破坏的情况,A 错误。

70.**[答案]** AD

[依据]《建筑基桩检测技术规范》(JGJ 106—2014)第 10.2.1 条条文说明。声波换能器的谐振频率越高,对缺陷的分辨率越高,但高频声波在介质中衰减快,有效测距变小,降低超声波的频率会降低对缺陷的分辨能力和增大超声波的传播距离,A、D 正确。

2016年专业知识试题(下午卷)

一、单项选择题(共40题,每题1分。每题的备选项中只有一个最符合题意)

1.按《建筑地基基础设计规范》(GB 50007—2011),采用室内单轴饱和抗压强度确定岩石承载力特征值时,岩石的试样尺寸一般为下列哪一项? ( )

(A)5cm立方体 (B)8cm立方体

(C)100mm×100mm圆柱体 (D)50mm×100mm圆柱体

2.某大桥墩位于河床之上,河床土质为碎石类土,河床自然演变冲刷深度1.0m,一般冲刷深度1.2m,局部冲刷深度0.8m,根据《公路桥涵地基与基础设计规范》(JTG 3363—2019),墩台基础基底埋深安全值最小选择下列何值? ( )

(A)1.2m (B)1.8m (C)2.6m (D)3.0m

3.冻土地基土为粉黏粒含量16%的中砂,冻前地下水位距离地表1.4m,天然含水量17%,平均冻胀率3.6%,根据《公路桥涵地基与基础设计规范》(JTG 3363—2019),该地基的季节性冻胀性属于下列哪个选项? ( )

(A)不冻胀 (B)弱冻胀 (C)冻胀 (D)强冻胀

4.某场地地层分布均匀,地下水位埋深2m,该场地上有一栋2层砌体结构房屋,采用浅基础,基础埋深1.5m,在工程降水过程中,该两层房屋墙体出现了裂缝,下列哪个选项的裂缝形态最有可能是由于工程降水造成的? ( )

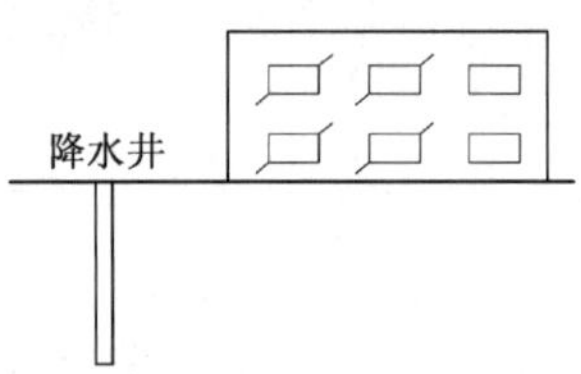

(A)

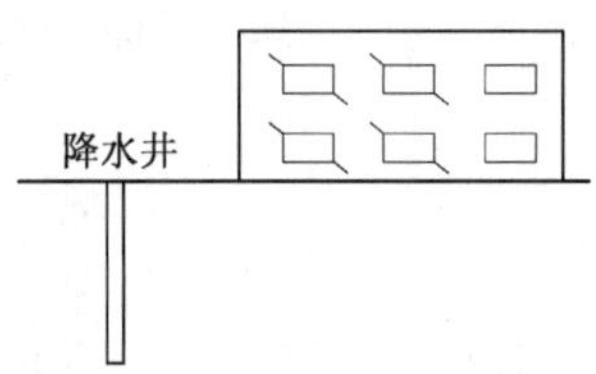

(B)

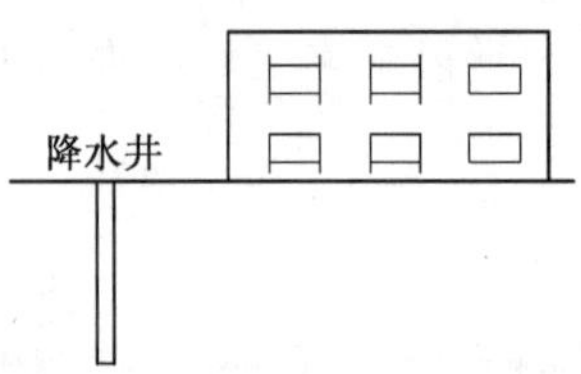

(C)

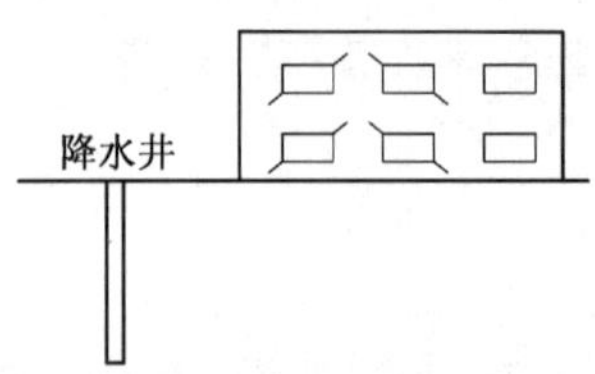

(D)

5.在设计满足要求并且经济合理的情况下,下列哪种基础的挠曲变形最小? ( )

(A)十字交叉梁基础 (B)箱形基础

(C)筏板基础　　　　　　　　　　　　　　　(D)无筋扩展基础

6. 地基上的条形基础(宽度为 b)和正方形基础(宽度为 b),基础荷载均为 p(kPa),其他条件相同,二者基础中心点下的地基附加应力均为 $0.1p$ 时的深度之比最接近下列哪个选项?　　(　　)

(A)2　　(B)3　　(C)4　　(D)5

7. 某竖向承载的端承型灌注桩,桩径 0.8m,桩长 18m,按照《建筑桩基技术规范》(JGJ 94—2008)的规定,该灌注桩钢筋笼的最小长度为下列何值?(不计插入承台钢筋长度)　　(　　)

(A)6m　　(B)9m　　(C)12m　　(D)18m

8. 按照《建筑桩基技术规范》(JGJ 94—2008)规定,对桩中心距不大于 6 倍桩径的桩基进行最终沉降量计算时,下列说法哪项是正确的?　　(　　)

(A)桩基最终沉降量包含桩身压缩量及桩端平面以下土层压缩量
(B)桩端平面等效作用附加压力取承台底平均附加应力
(C)桩基沉降计算深度与桩侧土层厚度无关
(D)桩基沉降计算结果与桩的数量及布置无关

9. 按照《建筑桩基技术规范》(JGJ 94—2008)规定,下列抗压灌注桩与承台连接图中,正确的选项是哪一个?(图中尺寸单位:mm)　　(　　)

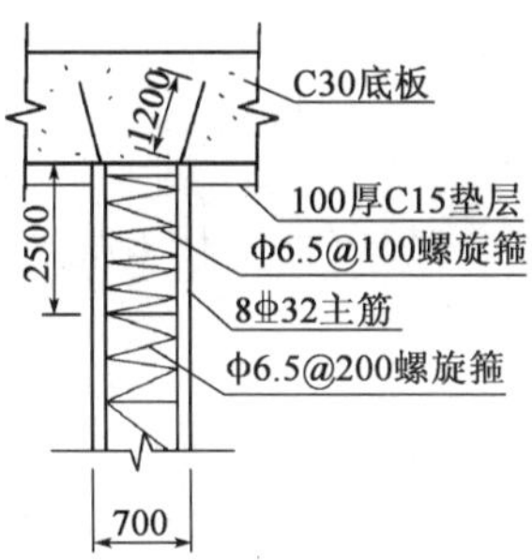

(A)

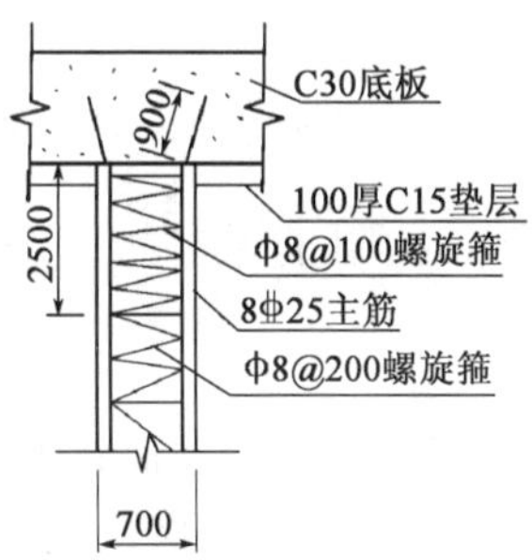

(B)

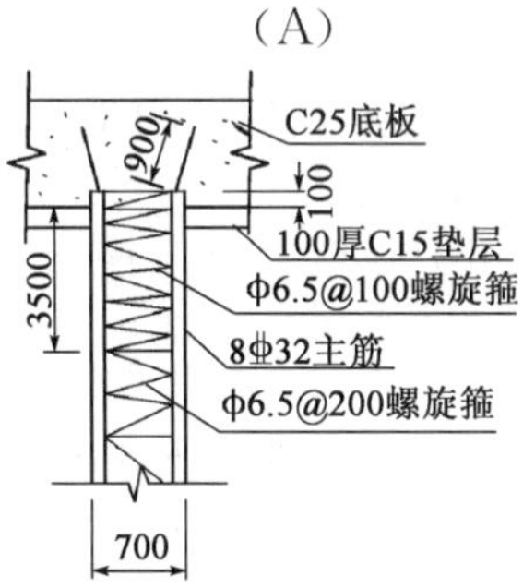

(C)

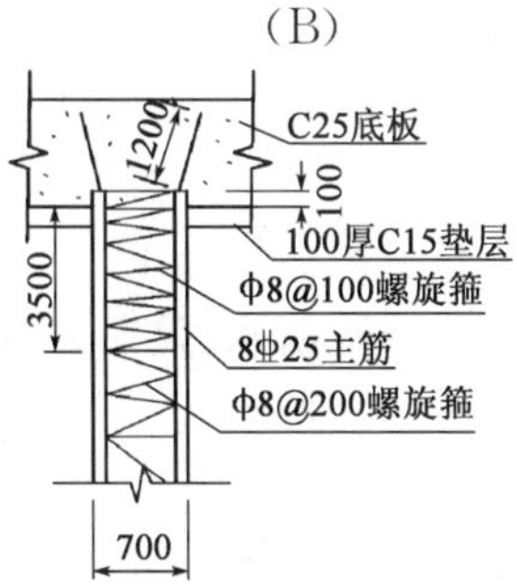

(D)

10. 某扩底灌注桩基础,设计桩身直径为 1.0m,扩底直径为 2.2m,独立 4 桩承台。根据《建筑地基基础设计规范》(GB 50007—2011),该扩底桩的最小中心距不宜小于下

列何值？（　　）

(A)3.0m　(B)3.2m
(C)3.3m　(D)3.7m

11. 某钻孔灌注桩基础，根据单桩静载试验结果取地面处水平位移为10mm，所确定的水平承载力特征值为300kN，根据《建筑桩基技术规范》(JGJ 94—2008)，验算地震作用下的桩基水平承载力时，单桩水平承载力特征值应为下列哪个选项？（　　）

(A)240kN　(B)300kN
(C)360kN　(D)375kN

12. 某铁路工程，采用嵌入完整的坚硬基岩的钻孔灌注桩，设计桩径为0.8m，根据《铁路桥涵地基和基础设计规范》(TB 10093—2017)，计算嵌入深度为0.4m，其实际嵌入基岩的最小深度应为下列哪个选项？（　　）

(A)0.4m　(B)0.5m
(C)0.8m　(D)1.2m

13. 对于泥浆护壁成孔灌注桩施工，下列哪些做法不符合《建筑桩基技术规范》(JGJ 94—2008)的要求？（　　）

(A)除能自行造浆的黏性土层外，均应制备泥浆
(B)在清孔过程中，应保证孔内泥浆不被置换，直至灌注水下混凝土
(C)排渣可采用泥浆循环或抽渣筒方法
(D)开始灌注混凝土时，导管底部至孔底的距离宜为300～500mm

14. 下列关于沉管灌注桩施工的做法哪一项不符合《建筑桩基技术规范》(JGJ 94—2008)的要求？（　　）

(A)锤击沉管灌注桩群桩施工时，应根据土质、布桩情况，采取消减负面挤土效应的技术措施，确保成桩质量
(B)灌注混凝土的充盈系数不得小于1.0
(C)振动冲击沉管灌注桩单打法、反插法施工时，桩管内灌满混凝土后，应先拔管再振动
(D)内夯沉管灌注桩施工时，外管封底可采用干硬性混凝土、无水混凝土配料，经夯击形成阻水、阻泥管塞

15. 根据《建筑边坡工程技术规范》(GB 50330—2013)，以下边坡工程的设计中哪些不需要进行专门论证？（　　）

(A)坡高10m且有外倾软弱结构面的岩质边坡
(B)坡高30m稳定性差的土质边坡
(C)采用新技术、新结构的一级边坡工程

(D)边坡潜在滑动面内有重要建筑物的边坡工程

16. 根据《建筑边坡工程技术规范》(GB 50330—2013)，采用扶壁式挡土墙加固边坡时，以下关于挡墙配筋的说法哪个是不合理的？（　　）

(A)立板和扶壁可根据内力大小分段分级配筋
(B)扶壁按悬臂板配筋
(C)墙趾按悬臂板配筋
(D)立板和扶壁、底板和扶壁之间应根据传力要求设置连接钢筋

17. 图示的墙背为折线形 ABC 的重力式挡土墙，根据《铁路路基支挡结构设计规范》(TB 10025—2019)，可简化为上墙 AB 段和下墙 BC 段两直线段计算土压力，试问下墙 BC 段的土压力计算宜采用下列哪个选项？（　　）

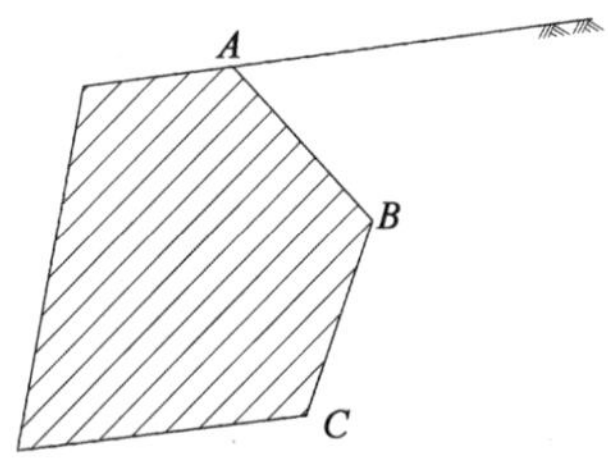

题 17 图

(A)力多边形　　(B)第二破裂面法
(C)延长墙背法　　(D)校正墙背法

18. 根据《铁路路基支挡结构设计规范》(TB 10025—2019)，在浸水重力式挡土墙设计时，下列哪种情况下可不计墙背动水压力？（　　）

(A)墙背填料为碎石土时　　(B)墙背填料为细砂土时
(C)墙背填料为粉砂土时　　(D)墙背填料为细粒土时

19. 下图所示的某开挖土质边坡，边坡中夹有一块孤石(ABC)，土层的内摩擦角 $\varphi=20°$，该开挖边坡沿孤石的底面 AB 产生滑移，按朗肯土压力理论，当该土质边坡从 A 点向上产生破裂面 AD 时，其与水平面的夹角 β 最接近于下列哪个选项？（　　）

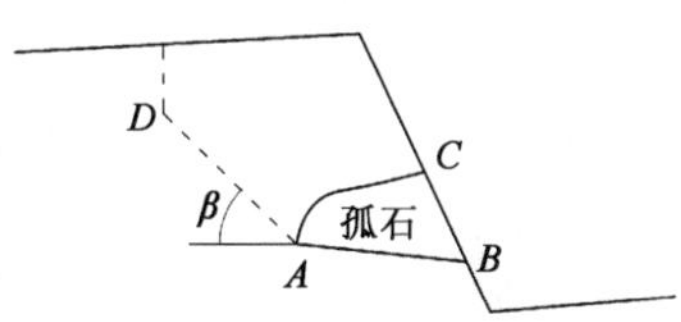

题 19 图

(A)35°　　(B)45°
(C)55°　　(D)65°

20. 采用抗滑桩治理铁路滑坡时，以下哪个选项不符合《铁路路基支挡结构设计规范》(TB 10025—2019)相关要求？ (　　)

(A)作用于抗滑桩的外力包括滑坡推力、桩前滑体抗力和锚固段地层的抗力
(B)滑动面以上的桩身内力应根据滑坡推力和桩前滑体抗力计算
(C)抗滑桩桩底支撑可采用固定端
(D)抗滑桩锚固深度的计算，应根据地基的横向容许承载力确定

21. 某10m高的铁路路堑岩质边坡，拟采用现浇无肋柱锚杆挡墙，其墙面板的内力宜按下列哪个选项计算？ (　　)

(A)单向板　　(B)简支板
(C)连续梁　　(D)简支梁

22. 图示的挡土墙墙背直立、光滑，墙后砂土处于主动极限状态时，滑裂面与水平面的夹角为 θ，砂土的内摩擦角 $\varphi=28°$，滑体的自重为 G，试问主动土压力的值最接近下列哪个选项？ (　　)

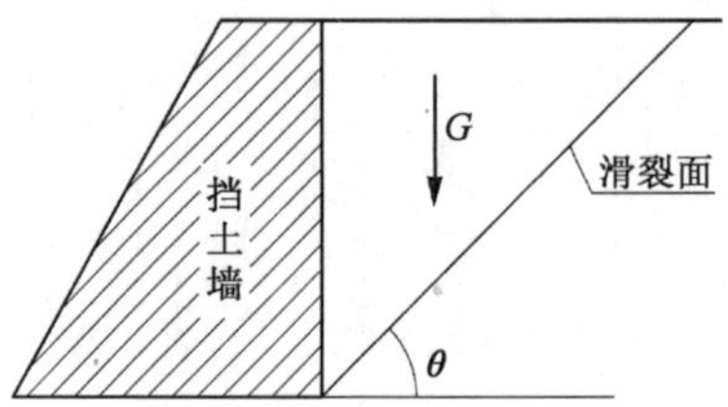

题22图

(A)1.7G　　(B)1.3G
(C)0.6G　　(D)0.2G

23. 关于特殊土的有关特性表述，下列哪个选项是错误的？ (　　)

(A)膨胀土地区墙体破坏常见“倒八字”形裂缝
(B)红黏土的特征多表现为上软下硬，裂缝发育
(C)冻土在冻结状态时承载力较高，融化后承载力会降低
(D)人工填土若含有对基础有腐蚀性的工业废料时，不宜作为天然地基

24. 根据《岩土工程勘察规范》(GB 50021—2001)(2009年版)计算花岗岩残积土中细粒土的天然含水量时，土中粒径大于0.5mm颗粒吸着水可取下列哪个选项的值？ (　　)

(A)0　　(B)3%
(C)5%　　(D)7%

25. 采空区顶部岩层由于变形程度不同，在垂直方向上通常会形成三个不同分带，

下列有关三个分带自上而下的次序哪一个选项是正确的？（　）

(A)冒落带、弯曲带、裂隙带　　(B)弯曲带、裂隙带、冒落带
(C)裂隙带、弯曲带、冒落带　　(D)冒落带、裂隙带、弯曲带

26. 在高陡的岩石边坡上，下列条件中哪个选项容易形成崩塌？（　）

(A)硬质岩石，软弱结构面外倾　　(B)软质岩石，软弱结构面外倾
(C)软质岩石，软弱结构面内倾　　(D)硬质岩石，软弱结构面内倾

27. 在自重湿陷性黄土场地施工时，下列哪个临时设施距建筑物外墙的距离不满足《湿陷性黄土地区建筑标准》(GB 50025—2018)的要求？（　）

(A)搅拌站，10m　　(B)给、排水管道，12m
(C)淋灰池，15m　　(D)水池，25m

28. 下面对特殊性土的论述中，哪个选项是不正确的？（　）

(A)硫酸盐渍土的盐胀性主要是由土中含有 Na_2SO_4 引起的
(B)土体中若不含水就不可能发生冻胀
(C)膨胀土之所以具有膨胀性是因为土中含有大量亲水性矿物
(D)风成黄土中粉粒含量高是其具有湿陷性的主要原因

29. 关于滑坡治理设计，下面哪种说法是错误的？（　）

(A)当滑体有多层潜在滑动面时应取最深层滑动面确定滑坡推力
(B)可根据不同验算断面的滑坡推力设计相应的抗滑结构
(C)滑坡推力作用点可取在滑体厚度的二分之一处
(D)锚索抗滑桩的主筋不应采用单面配筋

30. 增大抗滑桩的嵌固深度，主要是为了满足下列哪一项要求？（　）

(A)抗弯曲　　(B)抗剪切
(C)抗倾覆　　(D)抗拉拔

31. 岩体结构面的抗剪强度与下列哪种因素无关？（　）

(A)倾角　　(B)起伏粗糙程度
(C)充填状况　　(D)张开度

32. 对近期发生的滑坡进行稳定性验算时，滑面的抗剪强度宜采用下列哪一种直剪试验方法取得的值？（　）

(A)慢剪　　(B)快剪
(C)固结快剪　　(D)多次重复剪

33. 下列矿物中哪一种对膨胀土的胀缩性影响最大？ （　　）

(A)蒙脱石钙　　(B)蒙脱石钠
(C)伊利石　　(D)高岭石

34. 滑坡稳定性计算时，下列哪一种滑带土的抗剪强度适用于采取综合黏聚力法？
（　　）

(A)易碎石土为主　　(B)以较均匀的饱和黏性土为主
(C)以砂类土为主　　(D)以黏性土和碎石土组成的混合土

35. 根据《建设工程勘察设计资质管理规定》，下列哪项规定是不正确的？ （　　）

(A)企业首次申请、增项申请工程勘察、工程设计资质，其申请资质等级最高不超过乙级，且不考核企业工程勘察、工程设计业绩
(B)企业改制的，改制后不再符合资质标准的，应按其实际达到的资质标准及本规定重新核定
(C)已具备施工资质的企业首次申请同类别或相近类别的工程勘察、工程设计资质的，不得将工程总承包业绩作为工程业绩予以申报
(D)企业在领取新的工程勘察、工程设计资质证书的同时，应当将原资质证书交回原发证机关予以注销

36. 公开招标是指下列哪个选项？ （　　）

(A)招标人以招标公告的方式邀请特定的法人或其他组织投标
(B)招标人以招标公告的方式邀请不特定的法人或其他组织投标
(C)招标人以投标邀请书的方式邀请特定的法人或其他组织投标
(D)招标人以投标邀请书的方式邀请不特定的法人或其他组织投标

37. 建筑安装工程费用项目组成中，企业管理费是指建筑安装企业组织施工生产和经营管理所需的费用，下列费用哪项不属于企业管理费？ （　　）

(A)固定资产使用费　　(B)差旅交通费
(C)职工教育经费　　(D)社会保障费

38. 建设工程合同中，下列哪个说法是不正确的？ （　　）

(A)发包人可以与总承包人订立建设工程合同，也可以分别与勘察人、设计人、施工人订立勘察、设计、施工承包合同
(B)总承包或者勘察、设计、施工承包人经发包人同意，可以将自己承包的部分工作交由第三人完成
(C)建设工程合同应当采用书面形式
(D)分包单位将其承包的工程可再分包给具有同等资质的单位

39. 根据《中华人民共和国招标投标法》，关于联合体投标，下列哪个选项是错误的？（　　）

(A)由同一专业的单位组成的联合体，按照资质等级较低的单位确定资质等级
(B)联合体各方应当签订共同投标协议，明确约定各方拟承担的工作和责任
(C)联合体中标的，联合体各方应分别与招标人签订合同
(D)招标人不得强制投标人组成联合体共同投标，不得限制投标人之间的竞争

40. 根据《建筑工程五方责任主体项目负责人质量终身责任追究暂行办法》，由于勘察原因导致工程质量事故的，对勘察单位项目负责人进行责任追究，下列哪个选项是错误的？（　　）

(A)项目负责人为勘察设计注册工程师的，责令停止执业1年，造成重大质量事故的，吊销执业资格证书，5年以内不予注册；情节特别恶劣的，终身不予注册
(B)构成犯罪的，移送司法机关依法追究刑事责任
(C)处个人罚款数额5%以上10%以下的罚款
(D)向社会公布曝光

二、多项选择题（共30题，每题2分。每题的备选项中有两个或三个符合题意，错选、少选、多选均不得分）

41. 当采用筏形基础的高层建筑和裙房相连时，为控制其沉降及差异沉降，下列哪些选项符合《建筑地基基础设计规范》(GB 50007—2011)的规定？（　　）

(A)当高层建筑与相连的裙房之间不设沉降缝时，可在裙房一侧设置后浇带
(B)当高层建筑封顶后可浇筑后浇带
(C)后浇带设置在相邻裙房第一跨时比设置在第二跨时更有利于减小高层建筑的沉降量
(D)当高层建筑与裙房之间不设沉降缝和后浇带时，裙房筏板厚度宜从裙房第二跨跨中开始逐渐变化

42. 根据《建筑地基基础设计规范》(GB 50007—2011)，在进行地基变形验算时，除控制建筑物的平均沉降量外，尚需控制其他指标，下列说法正确的是哪些选项？（　　）

(A)条形基础的框架结构建筑，主要控制基础局部倾斜
(B)剪力墙结构高层建筑，主要控制基础整体倾斜
(C)独立基础的单层排架结构厂房，主要控制柱基的沉降量
(D)框架筒体结构高层建筑，主要控制筒体与框架柱之间的沉降差

43. 当地基持力层下存在较厚的软弱下卧层时，设计中可以考虑减小基础埋置深度，其主要目的包含下列哪些选项？（　　）

(A)减小地基附加压力　　(B)减小基础计算沉降量

(C)减小软弱下卧层顶面附加压力　　　　(D)增大地基压力扩散角

44. 按照《建筑地基基础设计规范》(GB 50007—2011)，地基持力层承载力特征值由经验值确定时，下列哪些情况，不应对地基承载力特征值进行深宽修正？　(　　)

(A)淤泥地基　　　　(B)复合地基
(C)中风化岩石地基　　　　(D)微风化岩石地基

45. 根据《铁路路基设计规范》(TB 10001—2016)，关于软土地基上路基的设计，下列哪些说法不符合该规范的要求？　(　　)

(A)泥炭土地基的总沉降量等于瞬时沉降和主固结沉降之和
(B)路基工后沉降控制标准，路桥过渡段与路基普通段相同
(C)地基沉降计算时，压缩层厚度按附加应力等于 0.1 倍自重应力确定
(D)任意时刻的沉降量计算值等于平均固结度与总沉降计算值的乘积

46. 根据《建筑桩基技术规范》(JGJ 94—2008)计算基桩竖向承载力时，下列哪些情况下宜考虑承台效应？　(　　)

(A)桩数为 3 根的摩擦型柱下独立桩基
(B)桩身穿越粉土层进入密实砂土层、桩间距大于 6 倍桩径的桩基
(C)承台底面存在湿陷性黄土的桩基
(D)软土地基的减沉疏桩基础

47. 竖向抗压摩擦型桩基，桩端持力层为黏土，桩侧存在负摩阻力，以下叙述正确的是哪几项？　(　　)

(A)桩顶截面处桩身轴力最大
(B)在中性点位置，桩侧土沉降为零
(C)在中性点以上桩周土层产生的沉降超过基桩沉降
(D)在计算基桩承载力时应计入桩侧负摩阻力

48. 下列哪些选项符合桩基变刚度调平设计理念？　(　　)

(A)对局部荷载较大区域采用桩基，其他区域采用天然地基
(B)裙房与主楼基础不断开时，裙房采用小直径预制桩，主楼采用大直径灌注桩
(C)对于框架—核心筒结构高层建筑桩基，核心筒区域桩间距采用 $3d$，核心筒外围区域采用 $5d$
(D)对于大体量筒仓，考虑边桩效应，适当增加边桩、角桩数量，减少中心桩数量

49. 下列哪些选项可能会影响钻孔灌注桩孔壁的稳定？　(　　)

(A)正循环冲孔时泥浆上返的速度
(B)提升或下放钻具的速度

(C)钻孔的直径和深度

(D)桩长范围内有充填密实的溶洞

50. 下列关于沉井基础刃脚设计的要求，哪些符合《公路桥涵地基与基础设计规范》(JTG 3363—2019)的规定？ ( )

(A)沉入坚硬土层的沉井应采用带有踏面的刃脚，并适当加大刃脚底面宽度

(B)刃脚斜面与水平面交角为50°

(C)软土地基上沉井刃脚底面宽度200mm

(D)刃脚部分的混凝土强度等级为C20

51. 施打大面积预制桩时，下列哪些措施符合《建筑桩基技术规范》(JGJ 94—2008)的要求？ ( )

(A)对预钻孔沉桩，预钻孔孔径宜比桩径大50～100mm

(B)对饱和黏性土地基，应设置袋装砂井或塑料排水板

(C)应控制打桩速率

(D)沉桩结束后，宜普遍实施一次复打

52. 下列哪些人工挖孔灌注桩施工的做法符合《建筑桩基技术规范》(JGJ 94—2008)的要求？ ( )

(A)人工挖孔桩的桩径(不含护壁)不得小于0.8m，孔深不宜大于30m

(B)人工挖孔桩混凝土护壁的厚度不应小于100mm，混凝土强度等级不应低于桩身混凝土强度等级

(C)每日开工前必须探测井下的有毒、有害气体；孔口四周必须设置护栏

(D)挖出的土石方应及时运离孔口，临时堆放时，可堆放在孔口四周1m范围内

53. 根据《碾压式土石坝设计规范》(DL/T 5395—2007)进行坝坡和坝基稳定性计算时，以下哪些选项是正确的？ ( )

(A)均质坝的稳定安全系数等值线的轨迹会出现若干区域，每个区域都有一个低值

(B)厚心墙坝宜采用条分法，计算条块间作用力

(C)对于有软弱夹层、薄心墙坝坡稳定分析可采用满足力和力矩平衡的摩根斯顿—普莱斯等方法

(D)对层状土的坝基稳定安全系数计算时，在不同的圆弧滑动面上计算，即可找到最小稳定安全系数

54. 根据《建筑边坡工程技术规范》(GB 50330—2013)，以下关于建筑边坡工程设计所采用的荷载效应最不利组合选项，哪些是正确的？ ( )

(A)计算支护结构稳定时。应采用荷载效应的基本组合，其分项系数可取1.0

(B)计算支护桩配筋时，应采用承载能力极限状态的标准组合，支护结构的重要性系数 γ_0 对一级边坡取 1.1

(C)复核重力式挡墙地基承载力时，应采用正常使用极限状态的基本组合，相应的抗力应采用地基承载力标准值

(D)计算支护结构水平位移时，应采用荷载效应的准永久组合，不计入风荷载和地震作用

55. 土工织物作路堤坡面反滤材料时，下列哪些选项是正确的？　　(　　)

(A)土工织物在坡顶和底部应锚固

(B)土工织物应进行堵淤试验

(C)当坡体为细粒土时，可采用土工膜作为反滤材料

(D)当坡体为细粒土时，可采用土工格栅作为反滤材料

56. 根据《铁路路基设计规范》(TB 10001—2016)，下列哪些选项符合铁路路基基床填料的选用要求？　　(　　)

(A)Ⅰ级铁路的基床底层填料应选用 A、B 组填料，否则应采取土质改良或加固措施

(B)Ⅱ级铁路的基床底层填料应选用 A、B 组填料，若选用 C 组填料时，其塑性指数不得大于 12，液限不得大于 31%，否则应采取土质改良或加固措施

(C)基床表层选用砾石类土作为填料时，应采用孔隙率和地基系数作为压实控制指标

(D)基床表层选用改良土作为填料时，应采用压实系数和地基系数作为压实控制指标

57. 根据《建筑边坡工程技术规范》(GB 50330—2013)，边坡支护结构设计时，下列哪些选项是必须进行的计算或验算？　　(　　)

(A)支护桩的抗弯承载力计算

(B)重力式挡墙的地基承载力计算

(C)边坡变形验算

(D)支护结构的稳定验算

58. 下列有关红黏土的描述中哪些选项是正确的？　　(　　)

(A)水平方向的厚度变化不大，勘探点可按常规间距布置

(B)垂直方向状态变化大，上硬下软，地基计算时要进行软弱下卧层验算

(C)常有地裂现象，勘察时应查明其发育特征、成因等

(D)含水比是红黏土的重要土性指标

59. 对于湿陷性黄土地基上的多层丙类建筑，消除地基部分湿陷量的最小处理厚度，下列哪些说法是正确的？　　(　　)

(A)当地基湿陷等级为Ⅰ级时，地基处理厚度不应小于1m，且下部未处理湿陷性黄土层的湿陷起始压力值不宜小于100kPa

(B)当非自重湿陷性黄土场地为Ⅱ级时，地基处理厚度不宜小于2m，且下部未处理湿陷性黄土层的湿陷起始压力值不宜小于100kPa

(C)当非自重湿陷性黄土场地为Ⅲ级时，地基处理厚度不宜小于3m，且下部未处理湿陷性黄土层的剩余湿陷量不应大于200mm

(D)当非自重湿陷性黄土场地为Ⅳ级时，地基处理厚度不宜小于4m，且下部未处理湿陷性黄土层的剩余湿陷量不应大于300mm

60. 对膨胀土地区的建筑进行地基基础设计时，下列哪些说法是正确的？（　　）

(A)地表有覆盖且无蒸发，可按膨胀变形量计算

(B)当地表下1m处地基土的含水量接近液限时，可按胀缩变形量计算

(C)收缩变形量计算深度取大气影响深度和浸水影响深度中的大值

(D)膨胀变形量可通过现场浸水载荷试验确定

61. 根据《铁路工程不良地质勘察规程》(TB 10027—2012)，稀性泥石流具备下列哪些特征？（　　）

(A)呈紊流状态

(B)漂石、块石呈悬浮状

(C)流体物质流动过程具有垂直交换特征

(D)阵性流不明显，偶有股流或散流

62. 下列哪些土层的定名是正确的？（　　）

(A)颜色为棕红或褐黄，覆盖于碳酸岩系之上，其液限大于或等于50%的高塑性黏土称为原生红黏土

(B)天然孔隙比大于或等于1.0，且天然含水量小于液限的细粒土称为软土

(C)易溶盐含量大于0.3%，且具有溶陷、盐胀、腐蚀等特性的土称为盐渍土

(D)由细粒土和粗粒土混杂且缺乏中间粒径的土称为混合土

63. 下列有关盐渍土性质的描述哪些选项是正确的？（　　）

(A)硫酸盐渍土的强度随着总含盐量的增加而减小

(B)氯盐渍土的强度随着总含盐量的增加而增大

(C)氯盐渍土的可塑性随着氯含量的增加而提高

(D)硫酸盐渍土的盐胀作用是由温度变化引起的

64. 根据《铁路工程特殊岩土勘察规程》(TB 10038—2012)，下列哪些属于黄土堆积地貌？（　　）

(A)黄土梁　　(B)黄土平原

(C)黄土河谷　　　　　　　　　　(D)黄土冲沟

65. 根据《建筑工程五方责任主体项目负责人质量终身责任追究暂行办法》,下列哪些选项是正确的?　　　　(　　)

(A)建筑工程五方责任主体项目负责人是指承担建筑工程项目建设的建设单位项目负责人、勘察项目负责人、设计单位项目负责人、施工单位项目负责人、施工图审查单位项目负责人

(B)建筑工程五方责任主体项目负责人质量终身责任,是指参与新建、扩建、改建的建筑工程项目负责人按照国家法律规定和有关规定,在工程设计使用年限内对工程质量承担相应责任

(C)勘察、设计单位项目负责人应当保证勘察设计文件符合法律法规和工程建设强制性标准的要求,对因勘察、设计导致的工程质量事故或质量问题承担责任

(D)施工单位项目经理应当按照经审查合格的施工图设计文件和施工技术标准进行施工,对因施工导致的工程质量事故或质量问题承担责任

66. 根据《安全生产许可证条例》,下列哪些选项是正确的?　　　　(　　)

(A)国务院建设主管部门负责中央管理的建筑施工企业安全生产许可证的颁发和管理

(B)安全生产许可证由国务院安全生产监督管理部门规定统一的式样

(C)安全生产许可证颁发管理机关应当自收到申请之日起 45 日内审查完毕,经审查符合本条例规定的安全生产条件的,颁发安全生产许可证

(D)安全生产许可证的有效期为 3 年。安全生产许可证有效期需要延期的,企业应当于期满前 1 个月向原安全生产许可证颁发管理机关办理延期手续

67.《工程勘察资质标准》规定的甲级、乙级岩土工程项目,下列哪些文件的责任页应由注册土木工程师(岩土)签字并加盖执业印章?　　　　(　　)

(A)岩土工程勘察成果报告

(B)岩土工程勘察补充成果报告

(C)施工图审查合格书

(D)土工试验报告

68. 根据《中华人民共和国安全生产法》,生产经营单位有下列哪些行为逾期未改正的,责令停产停业整顿,并处五万元以上十万元以下罚款?　　　　(　　)

(A)未按规定设置安全生产管理机构或配备安全生产管理人员的

(B)特种作业人员未按规定经专门的安全作业培训并取得相应资格,上岗作业的

(C)未为从业人员提供符合要求的劳动防护用品的

(D)未对安全设备进行定期检测的

69. 根据《建设工程安全生产管理条例》，下列选项哪些是勘察单位的安全责任？（　　）

(A)提供施工现场及毗邻区域的供水、供电等地下管线资料，并保证资料真实、准确、完整

(B)严格执行操作规程，采取措施保证各类管线安全

(C)严格执行工程建设强制性标准

(D)提供的勘察文件真实、准确

70. 根据《中华人民共和国民法典》，下列哪些情形之一，合同无效？（　　）

(A)恶意串通，损害第三人利益

(B)损害社会公共利益

(C)当事人依法委托代理人订立的合同

(D)口头合同

2016年专业知识试题答案(下午卷)

1.[答案] D

[依据]《建筑地基基础设计规范》(GB 50007—2011)第5.2.6条条文说明。岩样试验,尺寸效应是一个不可忽视的因素,规范规定试件尺寸为50mm ×100mm。

2.[答案] B

[依据]《公路桥涵地基与基础设计规范》(JTG 3363—2019)第5.1.1条第1款表5.1.1。总冲刷深度为自河床面算起的河床自然演变冲刷、一般冲刷与局部冲刷深度之和,总冲刷深度为3.0m,查表,基底埋深安全值在1.5～2.0m之间,无须内插,直接选B。

3.[答案] C

[依据]《公路桥涵地基与基础设计规范》(JTG D63—2007)附录H.0.2条。冻前天然含水量为17%,位于12%～18%之间。冻前地下水位距离地表1.4m<1.5m,平均冻胀率为3.6%,位于3.5%～6%之间,查表判定冻胀等级为Ⅲ级,冻胀类别为冻胀,C正确。

4.[答案] B

[依据] 降水会造成地基的不均匀沉降,越靠近降水井,沉降越大,沉降大的裂缝位置高,会出现B选项的裂缝形态。

5.[答案] D

[依据] 基础的挠曲变形和抗弯刚度有关,柔性基础的变形能完全适应地基的变形,刚性基础不会出现挠曲变形,在筏板基础和无筋扩展基础都满足的情况下,无筋扩展基础经济合理,几乎不会出现挠曲变形,D正确。

6.[答案] B

[依据] 采用角点法计算地基中的附加应力时,基础中心点下的附加应力是将基础分为4块叠加,$\sigma = 4ap = 0.1p$,得出基础中心点的附加应力系数为0.025,查《建筑地基基础设计规范》(GB 50007—2011)附录K,条形基础对应的$z/b \approx 13$,方形基础对应的$z/b = 4.2$;二者对应的深度比值约为3,B正确。

7.[答案] D

[依据]《建筑桩基技术规范》(JGJ 94—2008)第4.1.1条。端承型桩和位于坡地岸边的基桩应沿桩身等截面或变截面通长配筋,桩长18m,配筋长度也为18m,D正确。

8.[答案] C

[依据]《建筑桩基技术规范》(JGJ 94—2008)第5.5.6条。对于桩中心距不大于6

倍桩径的桩基，其最终沉降量只考虑了桩端平面以下土层的压缩沉降，并未考虑桩身的压缩，A错误；对于桩中心距不大于6倍桩径的桩基，其最终沉降量计算可采用等效作用分层总和法，等效作用面位于桩端平面，等效作用面积为桩承台投影面积，等效作用附加压力近似取承台底平均附加压力，B错误；第5.5.8条，桩基沉降计算深度按应力比法确定，即计算深度处的附加应力≤计算深度处土的自重应力的0.2倍，可见沉降计算深度与桩侧土层厚度无关，C正确；第5.5.9条，由等效沉降系数计算公式可以看出，等效沉降系数与群桩的布置、距径比、长径比、桩数、承台尺寸有关，D错误。

9.**[答案]** D

[依据]《建筑桩基技术规范》(JGJ 94—2008)第4.1.1条第3款，对抗压桩主筋不应少于6ϕ10；第4款，箍筋应采用螺旋式，直径不应小于6mm，间距宜为200～300mm，受水平荷载较大的桩基、承受水平地震作用的桩基以及考虑主筋作用计算桩身受压承载力时，桩顶以下$5d$范围内箍筋应加密，间距不应大于100mm；第4.2.4条，桩嵌入承台内的长度对中等直径桩，不宜小于50mm，A、B选项桩身均未嵌入承台，A、B错误；混凝土桩的桩顶纵向主筋应锚入承台内，其锚入长度不宜小于35倍纵向主筋直径，C选项，32×35=1120>900，不满足，C错误；D选项，25×35=875<1200，满足，D正确。

10.**[答案]** C

[依据]《建筑桩基技术规范》(JGJ 94—2008)第3.3.3条。独立4桩承台为表中的其他情况，当扩底直径D大于2.0m时，基桩最小中心距为$1.5D=1.5\times2.2=3.3$m。

11.**[答案]** D

[依据]《建筑桩基技术规范》(JGJ 94—2008)第5.7.2条第7款。验算地震作用桩基的水平承载力时，将单桩静载荷试验确定的单桩水平承载力特征值乘以调整系数1.25，300×1.25=375kN。

12.**[答案]** B

[依据]《铁路桥涵地基和基础设计规范》(TB 10093—2017)第6.3.9条，嵌入新鲜岩面以下的钻(挖)孔灌注桩，其嵌入深度应根据计算确定，但不得小于0.5m，选项B正确。

13.**[答案]** B

[依据]《建筑桩基技术规范》(JGJ 94—2008)第6.3.1条，A正确；第6.3.2条第2款，在清孔过程中，应不断置换泥浆，直至灌注水下混凝土，B错误；第6.3.14条，C正确；第6.3.30条第1款，D正确。

14.**[答案]** C

[依据]《建筑桩基技术规范》(JGJ 94—2008)第6.5.2条第1款，A正确；第6.5.4条，B正确；第6.5.9条第1款，桩管灌满混凝土后，应先振动再拔管，C错误；第6.5.12条，D正确。

15.**[答案]** A

[依据]《建筑边坡工程技术规范》(GB 50330—2013)第1.0.2条，本规范适用于岩

质边坡高度为30m以下(含30m)、土质边坡高度为15m以下(含15m)的建筑边坡工程以及岩石基坑边坡工程。第3.1.2条第1款,B需要论证;第4款,C需要论证;第3款,D需要论证;A选项高度为10m,不超过第1.0.2条的规定,不需要论证。

16.**[答案]** B

[依据]《建筑边坡工程技术规范》(GB 50330—2013)第12.3.4条条文说明,立板和墙踵板按板配筋,墙趾板按悬臂板配筋,C正确;扶壁按倒T形悬臂深梁进行配筋,B错误;立板扶壁、底板与扶壁之间根据传力要求设计连接钢筋,D正确;宜根据立板、墙踵板及扶壁的内力大小分段分级配筋,A正确。

17.**[答案]** AC

[依据]《铁路路基支挡结构设计规范》(TB 10025—2019)第6.2.1条第3款。规范更新后有两个答案。

18.**[答案]** A

[依据]《铁路路基支挡结构设计规范》(TB 10025—2019)第4.2.4条。浸水挡墙墙背填料为渗水土且墙身有泄水孔时,可不计墙身两侧静水压力,4个选项中碎石土的透水性最好,排泄顺畅,不易积水,可不计墙背动水压力。

19.**[答案]** C

[依据] 根据朗肯土压力理论,当土体达到主动极限平衡状态时,破坏面与水平面的夹角为$45°+\varphi/2$,则$\beta=45°+20°/2=55°$。

20.**[答案]** C

[依据]《铁路路基支挡结构设计规范》(TB 10025—2019)第13.2.1条,A正确;第13.2.7、13.2.1条,B正确;第13.2.8条第5款,抗滑桩桩底支承可采用自由端或铰支端,C错误;第13.2.9条,D正确。

21.**[答案]** C

[依据]《铁路路基支挡结构设计规范》(TB 10025—2019)第11.2.3条,无肋柱式锚杆挡墙相当于板壁式锚杆挡土墙,由墙面板和锚杆组成,墙面板直接与锚杆连接,并以锚杆为支撑,土压力通过墙面板传递给锚杆,其墙面板的内力可按以锚杆为支点的连续梁计算,C正确。

22.**[答案]** C

[依据] 根据朗肯土压力理论,当土体达到主动极限平衡状态时,破坏面与水平面的夹角为$45°+\varphi/2$,则$\theta=45°+28°/2=59°$。对滑体进行静力平衡分析,滑体自重G、破坏面上的反力、墙背对滑动土体的反力E(大小等于土压力)形成一个直角三角形,主动土压力可根据力的合成求得,$E_a=\tan(\theta-\varphi)G=\tan(59°-28°)G=0.6G$。

23.**[答案]** B

[依据]《工程地质手册》(第五版)第558页,膨胀土地区建筑物山墙上形成对称或不对称的倒八字形裂缝,上宽下窄,A正确;第526页,红黏土具有上硬下软、表面收缩、

裂隙发育、垂直方向状态变化大、水平方向厚度变化大的特点，B 错误；第 590 页，冻土地基承载力设计值应区别保持冻结地基和容许融化地基，由 587 页表可以看出，温度越低，冻土地基承载力越高，C 正确；第 550 页，由有机质含量较多的生活垃圾和对基础有腐蚀性的工业废料组成的杂填土，不宜作为天然地基，D 正确。

24.**[答案]** C

[依据]《岩土工程勘察规范》(GB 50021—2001)(2009 年版)第 6.9.4 条条文说明。计算公式中的 w_A 为粒径大于 0.5mm 颗粒吸着水含水量，可取 5%。

25.**[答案]** B

[依据] 采空区自上而下可分为弯曲带、裂隙带、冒落带。裂隙带上部的岩层在重力作用下，所受应力尚未超过岩层本身的强度，产生微小变形，但整体性未遭破坏，也没产生断裂，仅出现连续平缓的弯曲变形带；冒落带上部的岩层在重力作用下，所受应力超过本身的强度时，产生裂隙、离层及断裂，但未坍塌；直接位于采空区上方的顶板岩层，在自重应力作用下，所受应力超过本身强度时，产生断裂、破碎、塌落。

26.**[答案]** D

[依据]《工程地质手册》(第五版)第 676 页，坚硬岩层组成的高陡山坡在节理裂隙发育，岩体破碎的情况下易发生崩塌；当岩层倾向山坡，倾角大于 45°而小于自然边坡时，容易发生崩塌。外倾结构面系指倾向和坡向的夹角小于 30°的结构面，即结构面倾向和山坡倾向相近，容易发生滑坡；内倾结构面即倾向山坡，容易发生崩塌。

27.**[答案]** C

[依据]《湿陷性黄土地区建筑标准》(GB 50025—2018)第 7.1.5 条表 7.1.5，临时的防洪沟、水池、洗料场和淋灰池等距建筑物外墙的距离在自重湿陷性黄土场地不应小于 25m，选项 C 错误，选项 D 正确；临时搅拌站距建筑物外墙的距离不宜小于 10m，选项 A 正确；临时给、排水管道距建筑物外墙的距离在自重湿陷性黄土场地不应小于 10m，选项 B 正确。

28.**[答案]** D

[依据]《工程地质手册》(第五版)第 593 页，硫酸盐渍土中的无水芒硝(Na_2SO_4)含量较多，在温差作用下失水、吸水造成硫酸盐渍土膨胀，A 正确；第 554 页，膨胀土的矿物成分主要是次生黏土矿物——蒙脱石和伊利石，具有较高的亲水性，失水收缩，遇水膨胀，C 正确；土中含水才会产生冻胀，不含水的土不会冻胀。土冻胀的原因是水冻成冰使体积膨胀，其膨胀率约为 9%，同时土在冻结过程中，非冻结区的水分会向冻结区迁移，使冻结土层的含水量显著增加，这就造成某些土层在冻结后常产生很大的冻胀量，B 正确；《基础工程》(周景星，第 2 版，清华大学出版社)第 308 页，黄土湿陷是由于黄土所具有的特殊结构体系造成的，D 错误。

29.**[答案]** A

[依据]《建筑地基基础设计规范》(GB 50007—2011)第 6.4.3 条第 1 款，当滑体有多层潜在滑动面时应取推力最大的滑动面确定滑坡推力，A 错误；第 2 款，B 正确；第 4

款,C 正确。《陕甘地区公路黄土高边坡防护技术研究》第 4.1.2 节,锚索抗滑桩的计算包括普通抗滑桩设计和预应力锚索设计两方面的内容。锚索抗滑桩按一般抗滑桩进行设计计算时,应考虑两种极限状态:①计算的抗滑力完全作用于桩身,此时锚固力、滑坡推力均当做已知外力,计算桩身自由段和嵌固段内力;②计算的下滑力完全未作用,而以锚固力、自由段桩后被动土压力作为已知外力进行计算。因为滑坡推力计算,是对于坡体稳定状况许多未知因素采用安全系数法来综合考虑的,而计算所得推力是在最不利条件下形成的,而在设桩期间也存在滑坡稳定较高、该下滑力完全不存在的可能。由于下滑力的不确定性,桩身设计应满足两种极限状态受力条件,因此锚索抗滑桩不同于一般抗滑桩的单面配筋,而采用双面配筋,D 正确。

30.**[答案]** C

[依据] 作为抗滑建筑物,抗滑桩设计必须满足以下几点:①桩间土体在下滑力作用下,不能从桩间挤出,通过控制桩间距来控制;②桩后土体在下滑力作用下不能产生新滑面自桩顶越出,要进行越顶验算,通过桩高来控制;③桩身要有足够的稳定度,在下滑力的作用下不会倾覆,通过锚固桩深度来控制;④桩身要有足够的强度,在下滑力的作用下不会破坏,对桩进行配筋来满足,C 正确。

31.**[答案]** A

[依据] 结构面的起伏和粗糙程度影响其抗剪强度,结构面越粗糙,其摩擦系数越大,抗剪强度越高,B 正确;结构面的张开度越大,其抗剪强度越小,D 正确;张开的结构面,其抗剪强度主要取决于填充物的成分和厚度,C 正确;结构面的倾角和抗剪强度无关,A 错误。

32.**[答案]** D

[依据]《岩土工程勘察规范》(GB 50021—2001)(2009 年版)第 5.2.7 条。滑坡勘察时,土的强度试验采用室内、野外滑面重合剪,滑带宜做重塑土或原状土多次剪试验,并求出多次剪和残余剪的抗剪强度。

33.**[答案]** B

[依据]《膨胀土地区建筑技术规范》(GB 50112—2013)第 3.0.1 条条文说明。蒙脱石的含量决定着黏土膨胀潜势的强弱,黏土的膨胀不仅与蒙脱石的含量关系密切,而且与其表面吸附的可交换阳离子种类有关,钠蒙脱石比钙蒙脱石具有更大的膨胀潜势就是一个例证。

34.**[答案]** B

[依据]《工程地质手册》(第五版)第 669 页。综合单位黏聚力法适用于土质均一、滑动带饱水且难以排出(特别是黏性土为主所组成的滑动带)的情况,B 选项可采用。

35.**[答案]** C

[依据]《建设工程勘察设计资质管理规定》第十七条,A 正确,C 错误;第十八条,B 正确;第二十条,D 正确。

36.［答案］B

［依据］《中华人民共和国招标投标法》第十条。

37.［答案］D

［依据］企业管理费属于建设安装工程费中的间接费，包括管理人员工资、办公费、差旅交通费、固定资产使用费、工具用具使用费、劳动保险费、工会经费、职工教育经费、财产保险费、财务费、税金(房产税、土地使用税等)等；社会保障费属于间接费中的规费。

38.［答案］D

［依据］《中华人民共和国民法典》第七百九十一条，A、B 正确，D 错误；第七百八十九条，C 正确。

39.［答案］C

［依据］《中华人民共和国招标投标法》第三十一条，A、B、D 正确；联合体各方应共同与招标人签订合同，C 错误。

40.［答案］C

［依据］《建筑工程五方责任主体项目负责人质量终身责任追究暂行办法》第十二条第 1 款，A 正确；第 2 款，B 正确；第 3 款，处单位罚款数额 5%以上 10%以下的罚款，C 错误；第 4 款，D 正确。

41.［答案］AD

［依据］《建筑地基基础设计规范》(GB 50007—2011)第 8.4.20 条第 2 款，当高层建筑与相连的裙房之间不设沉降缝时，可在裙房一侧设置用于控制沉降差的后浇带，A 正确；当沉降差实测值和计算确定的后期沉降差满足设计要求后，方可浇筑后浇带，B 错误；当需要满足高层建筑地基承载力、降低高层建筑沉降、减小高层建筑与裙房间的沉降差而增大高层建筑基础面积时，后浇带可设在边柱的第二跨内，C 错误；第 3 款，D 正确。

42.［答案］BCD

［依据］《建筑地基基础设计规范》(GB 50007—2011)第 5.3.3 条第 1 款，框架结构和单层排架结构应由相邻柱基的沉降差控制，A、C 错误，D 正确；对于多层或高层建筑和高耸结构应由倾斜值控制，B 正确。

43.［答案］CD

［依据］《建筑地基基础设计规范》(GB 50007—2011)第 5.2.7 条。减小基础埋深，使基础底面至软弱下卧层顶面的距离 Z 增大，随着 Z 的增大，地基压力扩散角增大，上部荷载扩散到软弱下卧层顶面的附加应力减小，C、D 正确。

44.［答案］CD

［依据］《建筑地基基础设计规范》(GB 50007—2011)第 5.2.4 条表 5.2.4。岩石地基除强风化和全风化外，都不进行承载力的深宽修正，其他非岩石地基均应进行承载力

的深宽修正，C、D正确。

45.［答案］ABD

［依据］根据土力学理论，总沉降量由瞬时沉降、主固结沉降和次固结沉降组成，对含有机质较多的泥炭土，次固结的沉降不可忽略，选项A不符合；《铁路路基设计规范》(TB 10001—2016)第3.3.6条条文说明，桥台和路基的工后沉降量不同，对台后过渡段的路基，允许工后沉降量比一般地段小，选项B不符合；第3.3.9条第1款，高速铁路和无砟轨道按0.1倍自重应力确定，对其他轨道按0.2倍自重应力确定，选项C不符合；只有主固结沉降阶段的沉降量计算值，才等于平均固结度与主固结沉降计算值的乘积，选项D错误。

46.［答案］BD

［依据］《建筑桩基技术规范》(JGJ 94—2008)第5.2.3条、第5.2.4条，A为桩数少于4根的摩擦型柱下独立桩基，不考虑承台效应；C承台底为湿陷性黄土，不考虑承台效应；B、D需要考虑承台效应。

47.［答案］CD

［依据］中性点以上桩身轴力随深度递增，中性点处桩身轴力最大，中性点以下桩身轴力随深度递减，A错误；中性点以上，土的沉降大于桩的沉降，中性点以下，土的沉降小于桩的沉降，中性点处没有桩土相对位移，而不是桩侧土沉降为零，C正确，B错误；《建筑桩基技术规范》(JGJ 94—2008)第5.4.2条，当桩周土层产生的沉降超过基桩的沉降时，在计算基桩承载力时应计入桩侧负摩阻力，D正确。

48.［答案］ABC

［依据］《建筑桩基技术规范》(JGJ 94—2008)第3.1.8条条文说明第5款。在天然地基承载力满足要求的情况下，可对荷载集度高的区域实施局部增强处理，包括采用局部桩基与局部刚性桩复合地基，A正确；对于主裙楼连体建筑基础，应增强主体，弱化裙房，裙房采用小直径预制桩，主楼采用大直径灌注桩是可行的，B正确；对于大体量筒仓、储罐的摩擦型桩基，宜按内强外弱原则布桩，即增加中心桩数量，减少角桩、边桩数量，D错误；第3.3.3条条文说明第4款，框架—核心筒结构应强化内部核心筒和剪力墙区，弱化外围框架区，对强化区，采取增加桩长、增大桩径、减小桩距的措施，对弱化区，除调整桩的几何尺寸外，宜按复合桩基设计，C正确。

49.［答案］ABC

［依据］正循环泥浆循环方向为泥浆池—泥浆泵—钻杆，由钻头进入孔内，在完成护壁功能的同时将钻渣悬浮带出地面，再靠重力作用流回泥浆池，泥浆上返的过程即从钻头进入孔内后沿钻孔上流到泥浆池的过程，上返速度慢，携带钻渣能力差，影响成桩效果，上返速度过快，排渣能力强，但对孔壁冲刷大，影响孔壁稳定，A正确；当提升钻具速度过快，冲洗液不能及时充满钻具腾出的空间时，钻头下部将产生负压力，对孔壁产生抽吸作用，强烈的抽吸作用会引起孔壁坍塌，当钻具下放速度过快时，冲洗液上流不畅，钻具下降对冲洗液有动压作用，速度越快钻孔越深，产生的动压力越大，对孔壁稳定性影响越大，B正确；孔径和孔深越大，孔壁塑性区域半径比越大，孔壁稳定性降低，C正

确;D 选项与孔壁稳定无关。

50.**[答案]** BC

[依据]《公路桥涵地基与基础设计规范》(JTG 3363—2019)第 7.2.4 条第 1 款,沉入坚硬土层的沉井,其刃脚面应以型钢加强或底节外壳采用钢结构,A 错误;第 3 款,刃脚斜面与水平面交角不宜小于 45°,B 正确;第 2 款,刃脚底面宽度可为 0.1~0.2m,对软土地基可适当放宽,即软土地基中刃脚底面宽度至少应大于 100mm,C 正确;第 7.2.6 条第 1 款,刃脚混凝土强度不应低于 C30,D 错误。

51.**[答案]** BCD

[依据]《建筑桩基技术规范》(JGJ 94—2008)第 7.4.9 条第 1 款,预钻孔直径比桩直径小 50~100m,A 错误;第 2 款,B 正确;第 5 款,C 正确;第 6 款,D 正确。

52.**[答案]** ABC

[依据]《建筑桩基技术规范》(JGJ 94—2008)第 6.6.5 条,A 正确;第 6.6.6 条,B 正确;第 6.6.7 条第 2 款,C 正确;第 4 款,D 错误。

53.**[答案]** BC

[依据]《碾压式土石坝设计规范》(DL/T 5395—2007)第 10.3.10 条,B、C 正确;第 10.3.10 条条文说明,对于比较均质的简单边坡,安全系数等值线的轨迹常为简单的封闭曲线形,而且只有一个极值点;对于成层土的复杂边坡,安全系数等值线的轨迹会出现若干区域,每个区域都有一个低值,A 错误;在进行非均质土石坝抗滑稳定性计算时,首先要根据坝体的不均质情况,将多极值化为单极值,在进行最优化计算,如在进行圆弧滑动计算时,要先固定滑出点,再按土层逐层进行分析,寻找每一土层的极值,其中最小者,即为这一滑出点的最小极值,然后交换滑出点,直到寻找到各可能滑出点的所有极值,其中最小的,即为该土石坝圆弧滑动的抗滑最小稳定安全系数,可见对非均质坝,采用确定整体极值的随机搜索方法,即把随机搜索方法和确定性方法结合起来,D 错误。

54.**[答案]** AD

[依据]《建筑边坡工程技术规范》(GB 50330—2013)第 3.3.2 条第 2 款,A 正确;第 4 款,计算支护结构配筋时,应采用荷载效应基本组合,B 错误;第 1 款,复核地基承载力时,应采用荷载效应标准组合,C 错误;第 5 款,D 正确。

55.**[答案]** AB

[依据]《土工合成材料应用技术规范》(GB/T 50290—2014)第 4.3.2 条第 3 款,坡面上铺设土工织物宜自下而上进行,在顶部和底部应予以固定,A 正确。第 4.2.4 条第 3 款,对大中型工程及被保护土的渗透系数较小的工程,应对土工织物和现场土料进行室内的长期淤堵试验,B 正确。第 2.1.14 条,反滤是土工织物在让液体通过的同时保持受渗透力作用的土骨架颗粒不流失,说明土工织物应具有保土性、透水性和防堵性;第 2.1.5 条,土工膜是相对不透水膜,不能用作反滤材料,C 错误。第 2.1.7 条,土工格栅是网格形式的土工合成材料,不具备反滤材料的保土性,D 错误。

56.【答案】无

【依据】《铁路路基设计规范》(TB 10001—2016)的相关规定变动较大。2016版规范不再按等级划分铁路,而是按客货共线、城际铁路、高速铁路和重载铁路来划分等级,也就导致本题无法作答。

57.【答案】ABD

【依据】《建筑边坡工程技术规范》(GB 50330—2013)第3.3.6条第1款,A、B正确;第3款,D正确。

58.【答案】BCD

【依据】《工程地质手册》(第五版)第529页,由于红黏土具有水平方向厚度变化大、垂直方向状态变化大的特点,故勘探点应采用较小的间距,A错误;第526页,红黏土作为建筑物天然地基时,基底附加应力随深度减小的幅度往往快于土随深度变软或承载力随深度变小的幅度,因此在大多数情况下,当持力层承载力满足时,下卧层承载力验算也能满足,B正确;第529页,红黏土的工程地质测绘和调查应重点查明地裂分布、发育特征及其成因,C正确;第527页,红黏土的状态分类可用含水比来划分,D正确。也可以参阅《岩土工程勘察规范》(GB 50021—2001)(2009年版)第6.2节。

59.【答案】ABC

【依据】《湿陷性黄土地区建筑标准》(GB 50025—2018)第6.1.5条第1款,A正确;第2款,B正确;第3款,下部未经处理湿陷性黄土层的剩余湿陷量Ⅲ、Ⅳ级均不应大于200mm,C正确,D错误。

60.【答案】AD

【依据】《膨胀土地区建筑技术规范》(GB 50112—2013)第5.2.7条第1款,A正确;第2款,当地表下1m处地基土的含水量接近液限时,可按收缩变形量计算,B错误;第5.2.9条收缩变形计算深度应根据大气影响深度确定,在计算深度内有稳定地下水时,可计算至水位以上3m,C错误;附录C.0.1条,D正确。

61.【答案】ACD

【依据】《铁路工程不良地质勘察规程》(TB 10027—2012)附录C表C.0.1-5。稀性泥石流的流态特征呈紊流状,漂块石流速慢于浆体流速,呈滚动或跃移前进。具有垂直交换。阵性流不明显,偶有股流或散流,A、C、D正确,B错误。

62.【答案】ACD

【依据】《岩土工程勘察规范》(GB 50021—2001)(2009年版)第6.2.1条,A正确;第6.3.1条,天然孔隙比大于或等于1.0,且天然含水量小于液限的细粒土称为软土,B错误;第6.8.1条,C正确;第6.4.1条,D正确。

63.【答案】ABD

【依据】《工程地质手册》(第五版)第595页,氯盐渍土的力学强度与总含盐量有关,总的趋势是总含盐量增大,强度随之增大,B正确;硫酸盐渍土的总含盐量对强度的影响与氯盐渍土相反，即强度随总含盐量增加而减小，A 正确；氯盐渍土的含氯量越高，液限、塑限和塑性指数越低，可塑性越低，C 错误；第 594 页，硫酸盐渍土的盐胀作用是盐渍土中的无水芒硝在温度变化下引起的失水收缩吸水膨胀引起的，D 正确。

64.［答案］AB

［依据］《铁路工程特殊岩土勘察规程》(TB 10038—2012）附录 A 表 A.0.1，堆积地貌包括黄土塬、黄土梁、黄土峁、黄土平原、黄土阶地，A、B 正确；黄土河谷、黄土冲沟为侵蚀地貌，C、D 错误。

65.［答案］BCD

［依据］《建筑工程五方责任主体项目负责人质量终身责任追究暂行办法》第二条，A 错误；第三条，B 正确；第五条，C、D 正确。

66.［答案］BC

［依据］《安全生产许可证条例》第四条，A 错误；第八条，B 正确；第七条，C 正确；第九条，D 错误。

67.［答案］AB

［依据］《注册土木工程师(岩土)执业及管理工作暂行规定》附件 1，A、B 正确。

68.［答案］AB

［依据］《中华人民共和国安全生产法》(2014 年修订）第九十四条，第一款，A 正确；第二款，B 正确。

69.［答案］BCD

［依据］《建设工程安全生产管理条例》第十二条，B、C、D 正确；A 为建设单位责任。

70.［答案］AB

［依据］《中华人民共和国民法典》第一百五十四条，A、B 有效；第四百六十九条，D 有效，题目选项为《合同法》内容，《民法典》删除了部分内容，根据常识也可作答。

2017 年专业知识试题(上午卷)

一、单项选择题(共 40 题,每题 1 分。每题的备选项中只有一个最符合题意)

1.对轨道交通地下区间详细勘察时勘探点布置最合适的是下列哪一项? ( )

(A)沿隧道结构轮廓线布置

(B)沿隧道结构外侧一定范围内布置

(C)沿隧道结构内侧一定范围内布置

(D)沿隧道中心线布置

2.现场描述某层土由黏性土和砂混合组成,室内土工试验测得其中黏性土含量(质量)为 35%,根据《水运工程岩土勘察规范》(JTS 133—2013),该层土的定名应为下列哪个选项? ( )

(A)砂夹黏性土 (B)砂混黏性土

(C)砂间黏性土 (D)砂和黏性土互层

3.某全新活动断裂在全新世有过微弱活动,测得其平均活动速率 $v=0.05$mm/a,该断裂所处区域历史地震震级为 5 级,根据《岩土工程勘察规范》(GB 50021—2001)(2009 年版),该活动断裂的分级应为下列哪个选项? ( )

(A)Ⅰ级 (B)Ⅱ级 (C)Ⅲ级 (D)Ⅳ级

4.下列关于重型圆锥动力触探和标准贯入试验不同之处的描述中,哪个选项是正确的? ( )

(A)落锤的质量不同 (B)落锤的落距不同

(C)所用钻杆的直径不同 (D)确定指标的贯入深度不同

5.下列关于土的标准固结试验的说法,哪个选项是不正确的? ( )

(A)第一级压力的大小应视土的软硬程度而定

(B)压力等级宜按等差级数递增

(C)只需测定压缩系数时,最大压力不小于 400kPa

(D)需测定先期固结压力时,施加的压力应使测得的 e-lg$p$ 曲线下段出现直线段

6.根据《岩土工程勘察规范》(GB 50021—2001)(2009 年版),下列关于桩基勘探孔孔深的确定与测试中,哪个选项是不正确的? ( )

(A)对需验算沉降的桩基,控制性勘探孔深度应超过地基变形计算深度

(B)嵌岩桩的勘探孔钻至预计嵌岩面

(C)在预计勘探孔深度遇到稳定坚实岩土时,孔深可适当减少

(D)有多种桩长方案对比时,应能满足最长桩方案

7. 下列对断层的定名中,那个选项是正确的? ( )

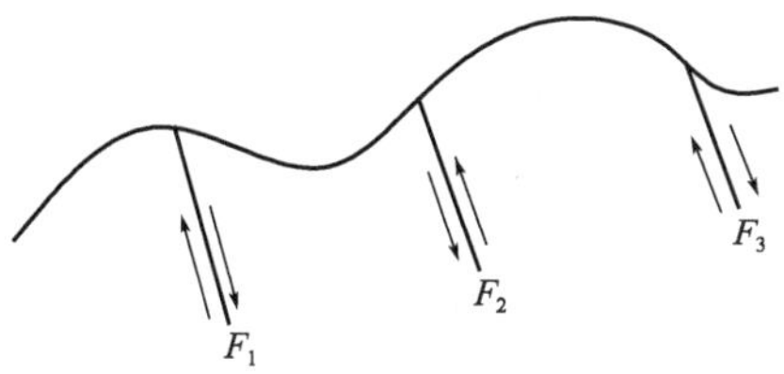

题 7 图

(A)F_1、F_2、F_3 均为正断层　　(B)F_1、F_2、F_3 均为逆断层

(C)F_1、F_3 为正断层,F_2 为逆断层　　(D)F_1、F_3 为逆断层,F_2 为正断层

8. 需测定软黏土中的孔隙水压力时,不宜采用下列哪种测压计? ( )

(A)气动测压计　　(B)立管式测压计

(C)水压式测压计　　(D)电测式测压计

9. 水利水电工程中,下列关于水库浸没的说法哪个是错误的? ( )

(A)浸没评价按初判、复判两阶段进行

(B)渠道周围地下水位高于渠道设计水位的地段,可初判为不可能浸没地段

(C)初判时,浸没地下水埋深临界值是土的毛管水上升高度与安全超高值之和

(D)预测蓄水后地下水埋深值大于浸没地下水埋深临界值时,应判定为浸没区

10. 关于岩石膨胀性试验,下列哪个说法是错误的? ( )

(A)遇水易崩解的岩石不应采用岩石自由膨胀率试验

(B)遇水不易崩解的岩石不宜采用岩石体积不变条件下的膨胀压力试验

(C)各类岩石均可采用岩石侧向约束膨胀率试验

(D)自由膨胀率试验采用圆柱体试件时,圆柱体高度宜等于直径

11. 根据《城市轨道交通岩土工程勘察规范》(GB 50307—2012),下列关于岩石风化的描述中哪项是错误的? ( )

(A)岩体压缩波波速相同时,硬质岩岩体比软质岩岩体风化程度高

(B)泥岩和半成岩,可不进行风化程度划分

(C)岩石风化程度除可根据波速比、风化系数指标划分外,也可根据经验划分

(D)强风化岩石无法获取风化系数

12. 黄土室内湿陷试验的变形稳定指标为下列哪个选项? ( )

(A)每小时变形不大于 0.005mm (B)每小时变形不大于 0.01mm
(C)每小时变形不大于 0.02mm (D)每小时变形不大于 0.05mm

13.下列关于工程地质测绘和调查的说法中,那个选项是不正确的? ( )

(A)测绘和调查范围与工程场地大小相等
(B)地质界线和地质观测点的测绘精度在图上不应低于 3mm
(C)地质观测点的布置尽量利用天然和已有的人工露头
(D)每个地质单元都应有地质观测点

14.按照《工程结构可靠性设计统一标准》(GB 50153—2008)规定,关于设计使用年限的叙述中,以下选项中正确的是哪个选项? ( )

(A)设计规定的结构或结构构件无须维修即可使用的年限
(B)设计规定的结构或结构构件经过大修可使用的年限
(C)设计规定的结构或结构构件不需进行大修即可按预定目的使用的年限
(D)设计规定的结构或结构构件经过大修可按预定目的使用的年限

15.按照《建筑地基基础设计规范》(GB 50007—2011)规定,在进行基坑围护结构配筋设计时,作用在围护结构上的土压力计算所采取的作用效应组合为以下哪个选项? ( )

(A)正常使用极限状态下作用的标准组合
(B)正常使用极限状态下作用的准永久组合
(C)承载能力极限状态下作用的基本组合,采用相应的分项系数
(D)承载能力极限状态下作用的基本组合,其分项系数均为 1.0

16.根据《建筑地基基础设计规范》(GB 50007—2011)规定,扩展基础受冲切承载力计算公式($p_j A_l \leqslant 0.7\beta_{hp} f_t a_m h_0$)中 p_j 为下列选项中的哪一项? ( )

(A)相应于作用的标准组合时的地基土单位面积总反力
(B)相应于作用的基本组合时的地基土单位面积净反力
(C)相应于作用的标准组合时的地基土单位面积净反力
(D)相应于作用的基本组合时的地基土单位面积总反力

17.树根桩主要施工工序有:①成孔;②下放钢筋笼;③投入碎石和砂石料;④注浆;⑤埋设注浆管。正确的施工顺序是下列哪一选项? ( )

(A)①→⑤→④→②→③ (B)①→②→⑤→③→④
(C)①→⑤→②→④→③ (D)①→③→⑤→④→②

18.塑料排水带作为堆载预压地基处理竖向排水措施时,其井径比是指下列哪个选项? ( )

(A)有效排水直径与排水带当量换算直径的比值
(B)排水带宽度与有效排水直径的比值
(C)排水带宽度与排水带间距的比值
(D)排水带间距与排水带厚度的比值

19. 下列关于既有建筑物地基基础加固措施的叙述中,错误的是哪一选项?( )

(A)采用锚杆静压桩进行基础托换时,桩型可采用预制方桩、钢管桩、预制管桩
(B)锚杆静压桩桩尖达到设计深度后,终止压桩力应取设计单桩承载力特征值的1.0倍,且持续时间不少于3min
(C)某建筑物出现轻微损坏,经查其地基膨胀等级为Ⅰ级,可采用加宽散水及在周围种植草皮等措施进行保护
(D)基础加深时,宜在加固过程中和使用期间对被加固的建筑物进行监测,直到变形稳定

20. 某CFG桩单桩复合地基静载试验,试验方法及场地土层条件如图所示。在加载达到复合地基极限承载力时,CFG桩桩身轴力图分布形状最接近于下列哪个选项?( )

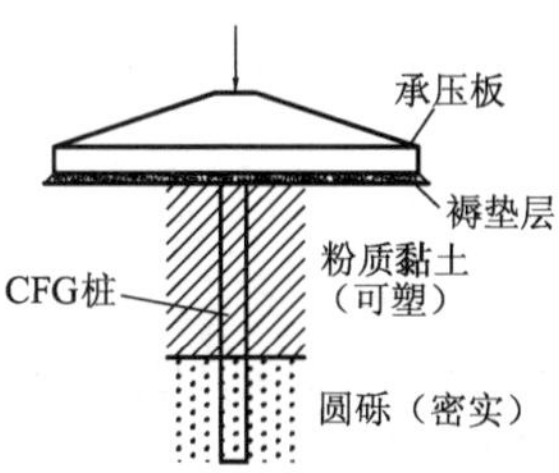

题20图

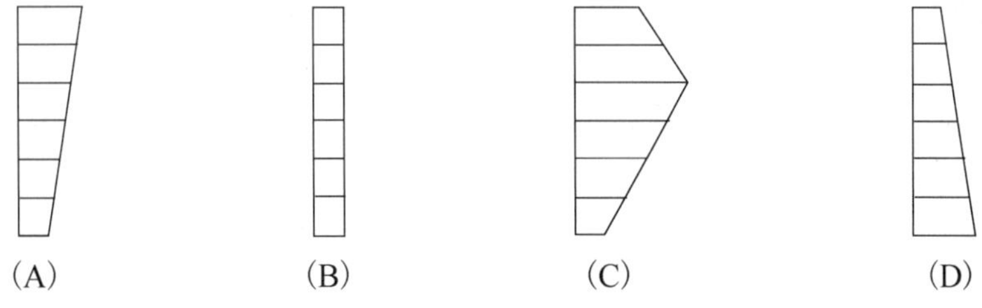

21. 某构筑物采用筏板基础,基础尺寸20m×20m,地基土为深厚黏土,要求处理后地基承载力特征值不小于200kPa,沉降不大于100mm。某设计方案采用搅拌桩复合地基,桩长10m,计算结果为:复合地基承载力特征值为210kPa,沉降为180mm,为满足要求,问下列何种修改方案最为有效?( )

(A)搅拌桩全部改为CFG桩,置换率,桩长不变
(B)置换率、桩长不变,增加搅拌桩桩径
(C)总桩数不变,部分搅拌桩加长
(D)增加搅拌桩的水泥掺量提高桩身强度

22. 某填土工程拟采用粉土作填料，粉土土粒相对密度为 2.70，最优含水量为 17%，现无击实试验资料，试计算该粉土的最大干密度最接近下列何值？（　　）

(A)1.6t/m³　　(B)1.7t/m³　　(C)1.8t/m³　　(D)1.9t/m³

23. 预压法处理软弱地基，下列哪个说法是错误的？（　　）

(A)真空预压法加固区地表中心点的侧向位移小于该点的沉降

(B)真空预压法控制真空度的主要目的是防止地基发生失稳破坏

(C)真空预压过程中地基土孔隙水压力会减小

(D)超载预压可减小地基的次固结变形

24. 根据《建筑地基处理技术规范》(JGJ 79—2012)，以下关于复合地基的叙述哪一项是正确的？（　　）

(A)相同地质条件下，桩土应力比 n 的取值碎石桩大于 CFG 桩

(B)计算单桩承载力时，桩端阻力发挥系数 α_p 的取值搅拌桩大于 CFG 桩

(C)无地区经验时，桩间土承载力发挥系数 β 取值，水泥土搅拌桩小于 CFG 桩

(D)无地区经验时，单桩承载力发挥系数 λ 的取值，搅拌桩小于 CFG 桩

25. 某铁路隧道围岩内地下水发育，下列防排水措施中哪一项不满足规范要求？（　　）

(A)隧道二次衬砌采用厚度为 30cm 的防水抗渗混凝土

(B)在复合衬砌初期支护与二次衬砌之间铺设防水板，并设系统盲管

(C)在隧道内紧靠两侧边墙设置与线路坡度一致的纵向排水沟

(D)水沟靠道床侧墙体预留孔径为 8cm 的泄水孔，间距 500cm

26. 某均质土基坑工程，采用单层支撑板式支护结构(如下图所示)。当开挖至坑底并达到稳定状态后，下列支护结构弯矩图中哪个选项是合理的？（　　）

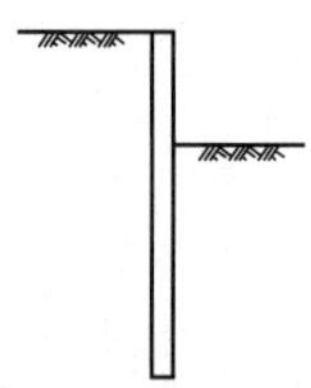

题26图

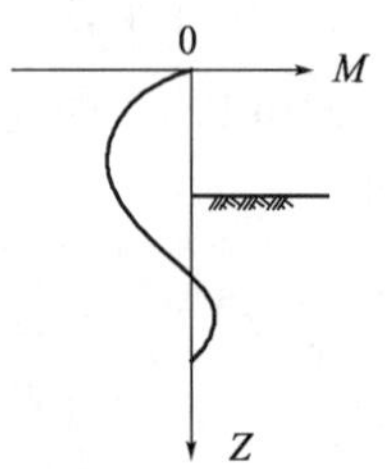

(A)

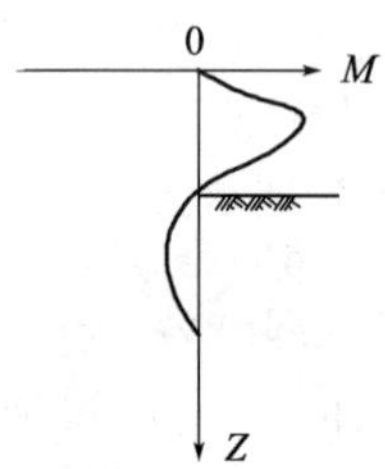

(B)

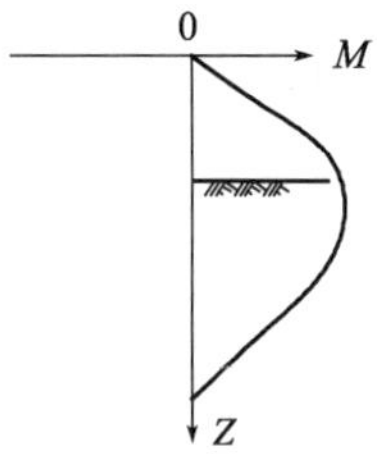

(C)

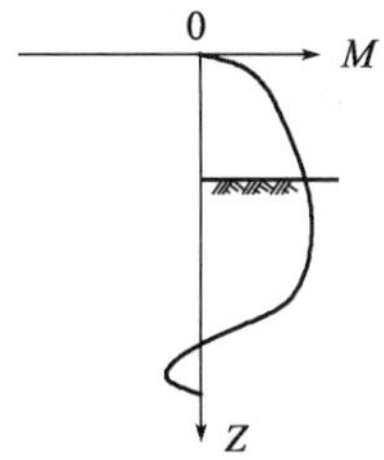

(D)

27. 基坑工程中，下列有关预应力锚杆受力的指标，从大到小顺序应为哪个选项？①极限抗拔承载力标准值；②轴向拉力标准值；③锁定值；④预张拉值。（　　）

(A)①>②>③>④　　(B)①>④>②>③
(C)①>③>②>④　　(D)①>②>④>③

28. 基坑支护施工中，关于土钉墙的施工工序，正确的顺序是下列哪个选项？①喷射第一层混凝土面层；②开挖工作面；③土钉施工；④喷射第二层混凝土面层；⑤捆扎钢筋网。（　　）

(A)②③①④⑤　　(B)②①③④⑤
(C)③②⑤①④　　(D)②①③⑤④

29. 在Ⅳ级围岩中修建两车道的一级公路隧道时，对于隧道永久性支护衬砌设计，提出如下的4个必选方案，其中哪个方案满足规范要求？（　　）

(A)采用喷锚衬砌，喷射混凝土厚度50mm
(B)采用等截面的整体式衬砌，并设置与拱圈厚度相同的仰拱，以便封闭围岩
(C)采用复合式衬砌，初期支护的拱部和边墙喷10cm厚的混凝土，锚杆长度2.5m
(D)采用复合式衬砌，二次衬砌采用35cm厚的模筑混凝土，仰拱与拱墙厚度相同

30. 基坑工程中锚杆腰梁截面设计时，作用在腰梁的锚杆轴向力荷载应取下列哪个选项？（　　）

(A)锚杆轴力设计值　　(B)锚杆轴力标准值
(C)锚杆极限抗拔承载力标准值　　(D)锚杆锁定值

31. 根据《建筑基坑支护技术规程》(JGJ 120—2012)的规定，对桩—锚支护结构中的锚杆长度设计和锚杆杆件截面设计，分别采用下列哪个选项中的系数？（　　）

(A)安全系数、安全系数　　(B)分项系数、安全系数
(C)安全系数、分项系数　　(D)分项系数、分项系数

32. 设计特征周期应根据建筑所在地的设计地震分组和场地类别确定。对Ⅱ类场地，下列哪个选项的数值组合分别对应了设计地震分组第一组、第二组和第三组的设计特征周期？（　　）

(A)0.15，0.20，0.25　　(B)0.25，0.30，0.35

(C)0.35，0.40，0.45　　(D)0.40，0.45，0.50

33. 场地具有下列哪个选项的地质、地形、地貌条件时，应划分为对建筑抗震的危险地段？（　　）

(A)突出的山嘴和高耸孤立的山丘

(B)非岩质的陡坡和河岸的边缘

(C)有液化土的故河道

(D)发震断裂带上可能发生地表位错的部位

34. 根据《建筑抗震设计规范》(GB 50011—2010)(2016 年版)的规定，结构的水平地震作用标准值按下式确定：$F_{EK}=\alpha_1 G_{eq}$，下列哪个选项对式中 α_1 的解释是正确的？（　　）

(A)地震动峰值加速度

(B)设计基本地震加速度

(C)相应于结构基本自振周期的水平地震影响系数

(D)水平地震影响系数最大值乘以阻尼调整系数

35. 位于抗震设防烈度为 8 度区，抗震设防类别为丙类的建筑物，其拟建场地内存在一条最晚活动时间为 Q_3 的活动断裂，该建筑物应采取下列哪种应对措施？（　　）

(A)可忽略断裂错动的影响

(B)拟建建筑物避让该断裂的距离不小于 100m

(C)拟建建筑物避让该断裂的距离不小于 100m

(D)提高一度采取抗震措施

36. 建筑设计中，抗震措施不包括下列哪项内容？（　　）

(A)加设基础圈梁　　(B)内力调整措施

(C)地震作用计算　　(D)增强上部结构刚度

37. 某土层实测剪切波速为 550m/s，其土的类型属于下列哪一项？（　　）

(A)坚硬土　　(B)中硬土　　(C)中软土　　(D)软弱土

38. 根据《建筑地基基础设计规范》(GB 50007—2011)的规定，拟用浅层平板载荷试验确定某建筑地基浅部软土的地基承载力，试验中采用的承压板直径最小不应小于下列哪一选项？（　　）

(A)0.5m　(B)0.8m　(C)1.0m　(D)1.2m

39.根据《岩土工程勘察规范》(GB 50021—2001)(2009 年版)的规定,为保证静力触探数据的可靠性与准确性,静力触探探头应匀速压入土中,其贯入速率为下列哪一选项?　(　　)

(A)0.2m/min　(B)0.6m/min
(C)1.2m/min　(D)2.0m/min

40.下列关于建筑沉降观测说法,正确的是哪一选项?　(　　)

(A)观测点测站高差中误差不应大于±0.15mm
(B)观测应在建筑施工至±0.00 后开始
(C)建筑物倾斜度为观测到的基础最大沉降差异值与建筑物高度的比值
(D)当最后 100d 的沉降速率小于 0.01～0.04m/d 时可认为已进入稳定阶段

二、多项选择题(共 30 题,每题 2 分。每题的备选项中有两个或三个符合题意,错选、少选、多选均不得分)

41.下列关于管涌和流土的论述,哪些是正确的?　(　　)

(A)管涌是一种渐进性质的破坏
(B)管涌只发生在渗流溢出处,不会出现在土体内部
(C)流土是一种突变性质的破坏
(D)向上的渗流可能会产生流土破坏

42.围压和偏应力共同作用产生的孔隙水压力可表示为 $\Delta u = B[\Delta\sigma_3 + A(\Delta\sigma_2 - \Delta\sigma_3)]$,下列关于孔隙水压力系数 A、B 的说法,哪些是正确的?　(　　)

(A)孔隙水压力系数 A 反映土的剪胀(剪缩)性
(B)剪缩时 A 值为负,剪胀时 A 值为正
(C)孔隙水压力系数 B 反映了土体的饱和程度
(D)对于完全饱和的土,$B=1$,对干土,$B=0$

43.下列哪些取土器的选用是合适的?　(　　)

(A)用单动三重管回转取土器采取细砂Ⅱ级土样
(B)用双动三重管回转取土器采取中砂Ⅱ级土样
(C)用标准贯入器采取Ⅲ级砂土样
(D)用厚壁敞口取土器采取砾砂Ⅱ级土样

44.关于标准贯入试验锤击数数据,下列说法正确的是哪几项?　(　　)

(A)勘察报告应提供不做修正的实测数据
(B)用现行各类规范判别液化时,均不做修正

(C)确定砂土密实度时,应做杆长修正

(D)估算地基承载力时,如何修正应按相应的规范确定

45. 通过岩体原位应力测试能够获取的参数包括下列哪几项? ( )

(A)空间应力 (B)弹性模量

(C)抗剪强度 (D)泊松比

46. 对黏性土填料进行击实试验,下列哪些说法是正确的? ( )

(A)重型击实仪试验比轻型击实仪试验得到的土料最优含水量要小

(B)一定的击实功能作用下,土料达到某个干密度所对应含水量是唯一值

(C)一定的击实功能作用下,土料达到最大干密度时对应最优含水量

(D)击实完成时,超出击实筒顶的试样高度应小于 6mm

47. 下列选项中哪些是永久荷载? ( )

(A)土压力 (B)屋面积灰荷载

(C)书库楼面荷载 (D)预应力

48. 根据《建筑地基基础设计规范》(GB 50007—2011)的规定,在以下设计计算中,基底压力计算正确的是哪些选项? ( )

(A)地基承载力验算时,基底压力按计入基础自重及其上土重后相应于作用的标准组合时的地基土单位面积压力计算

(B)确定基础底面尺寸时,基底压力按扣除基础自重及其上土重后相应于作用的标准组合时的地基土单位面积压力计算

(C)基础底板配筋时,基底压力按扣除基础自重及其上土重后相应于作用的基本组合时的地基土单位面积压力计算

(D)计算地基沉降时,基底压力按扣除基础自重及其上土重后相应于作用的准永久组合时的地基土单位面积压力计算

49.《建筑地基基础设计规范》(GB 50007—2011)关于"建筑物的地基变形计算值不应大于地基变形允许值"的规定,符合《工程结构可靠性设计统一标准》(GB 50153—2008)的下列哪些基本概念或规定? ( )

(A)地基变形计算值对应作用效应项

(B)地基变形计算所用的荷载不包括可变荷载

(C)地基变形验算是一种正常使用极限状态的验算

(D)地基变形允许值对应抗力项

50. 下列关于换填土质量要求的说法正确的是哪些选项? ( )

(A)采用灰土换填时,用作灰土的生石灰应过筛,不得夹有熟石灰块,也不得含

有过多水分

(B)采用二灰土(石灰、粉煤灰)换填时,由于其干土重度较灰土大,因此碾压时最优含水量较灰土小

(C)采用素土换填时,压实时应使重度接近最大重度

(D)采用砂土换填时,含泥量不应过大,也不应含过多有机杂物

51.其他条件相同时,关于强夯法地基处理,下列说法哪些是错误的? ( )

(A)强夯有效加固深度,砂土场地大于黏性土场地

(B)两遍夯击之间的时间间隔,砂土场地大于黏性土场地

(C)强夯处理深度相同时,要求强夯超出建筑物基础外缘的宽度,砂土场地大于黏性土场地

(D)强夯地基承载力检测与强夯施工结束的时间间隔,砂土场地大于黏性土场地

52.按照《建筑地基处理技术规范》(JGJ 79—2012),为控制垫层的施工质量,下列地基处理方法中涉及的垫层材料质量检验,应做干密度试验的是哪些选项? ( )

(A)湿陷性黄土上柱锤冲扩桩桩顶的褥垫层

(B)灰土挤密桩桩顶的褥垫层

(C)夯实水泥土桩桩顶的褥垫层

(D)换填垫层

53.按照《建筑地基处理技术规范》(JGJ 79—2012),采用以下方法进行地基处理时,哪些可以只在基础范围内布桩? ( )

(A)沉管砂石桩 (B)灰土挤密桩

(C)夯实水泥土桩 (D)混凝土预制桩

54.按照《建筑地基处理技术规范》(JGJ 79—2012),关于处理后地基静载试验,下列哪些说法是错误的? ( )

(A)单桩复合地基静载试验可测定承压板下应力主要影响范围内复合土层的承载力和压缩模量

(B)黏土地基上的刚性桩复合地基,极限荷载为 Q_u,压力沉降曲线呈缓变形。静载试验承压板边长 2.5m,沉降 25mm 对应的压力 Q_s 小于 $0.5Q_u$,则承载力特征值取 Q_s

(C)极限荷载为 Q_u,比例界限对应的荷载值 Q_b 等于 $0.6Q_u$,则承载力特征值取 Q_b

(D)通过静载试验可确定强夯处理后地基承压板应力主要影响范围内土层的承载力和变形模量

55.城市道路某段路基为沟谷回填形成,回填厚度为 6.0~10.0m,填土为花岗岩残

积砾质黏性土,较松散,被雨水浸泡后含水量较高。设计采用强夯法进行加固,以下哪些措施能合理有效改善强夯加固的效果? ( )

(A)增加夯击能和夯击点数 (B)设置降水井,强制抽排水
(C)在路基表面填垫碎石层 (D)打设砂石桩

56. 某地基硬壳层厚约 5m,下有 10m 左右淤泥质土层,再下是较好的黏土层。采用振动沉管法施工的水泥粉煤灰碎石桩加固,以下部黏土层为桩端持力层,下列哪些选项是错误的? ( )

(A)满堂布桩时,施工顺序应从四周向内推进施工
(B)置换率较高时,应放慢施工速度
(C)遇到淤泥质土时,拔管速度应当加快
(D)振动沉管法的混合料坍落度一般较长螺旋钻中心压灌成桩法的小

57. 根据《建筑基坑支护技术规程》(JGJ 120—2012)锚杆试验的有关规定,下列哪些选项的说法是正确的? ( )

(A)锚杆基本试验应采用循环加卸荷载法,每级加卸载稳定后测读锚头位移不应少于 3 次
(B)锚杆的弹性变形应控制小于自由段长度变形计算值的 80%
(C)锚杆验收试验中的最大试验荷载应取轴向受拉承载力设计值的 1.3 倍
(D)如果某级荷载作用下锚头位移不收敛,可认为锚杆已经破坏

58. 对于基坑工程中采用深井回灌方法减少降水引起的周边环境影响,下列哪些选项是正确的? ( )

(A)回灌井应布置在降水井外围,回灌井与降水井距离不应超过 6m
(B)回灌井应进入稳定含水层中,宜在含水层中全长设置滤管
(C)回灌应采用清水,水质满足环境保护要求
(D)回灌率应根据保护要求,且不应低于 90%

59. 下列哪些选项属于地下连续墙的柔性槽段接头? ( )

(A)圆形锁口管接头 (B)工字型钢结构
(C)楔形接头 (D)十字形穿孔钢板结构

60. 根据《建筑基坑工程监测技术规范》(GB 50497—2009)的规定,关于建筑基坑监测报警值的设定,下列哪些选项是正确的? ( )

(A)按基坑开挖影响范围内建筑物的正常使用要求确定
(B)涉及燃气管线的,按压力管线变形要求或燃气主管部门要求确定
(C)由基坑支护设计单位在基坑设计文件中给定
(D)由基坑监测单位确定

61. 在岩层中开挖铁路隧道，下列说法中哪些选项是正确的？（　　）

(A)围岩压力是隧道开挖后，因围岩松动而作用于支护结构上的压力
(B)围岩压力是隧道开挖后，因围岩变形而作用于衬砌结构上的压力
(C)围岩压力是围岩岩体中的地应力
(D)在Ⅳ级围岩中其他条件相同的情况下，支护结构的刚度越大，其上的围岩压力越大

62. 关于膨胀土地基变形量取值的叙述，下列哪些选项是正确的？（　　）

(A)膨胀变形量应取基础的最大膨胀上升量
(B)收缩变形量应取基础的最小收缩下沉量
(C)胀缩变形量应取基础的最大胀缩变形量
(D)变形差应取相邻两基础的变形量之差

63. 对饱和砂土和饱和粉土进行液化判别时，在同一标准贯入试验深度和地下水位的条件下，如果砂土和粉土的实测标准贯入锤击数相同，下列哪些选项的说法是正确的？（　　）

(A)粉细砂比粉土更容易液化
(B)黏粒含量较多的砂土较容易液化
(C)平均粒径 d_{50} 为 0.10～0.20mm 的砂土不易液化
(D)粉土中黏粒含量越多越不容易液化

64. 为全部消除地基液化沉陷，采取下列哪些选项的措施符合《建筑抗震设计规范》(GB 50011—2010)(2016 年版)的要求？（　　）

(A)采用桩基时，桩端深入液化深度以下的土层中的长度不应小于 0.5m
(B)采用深基础时，基础底面应埋入液化深度以下的稳定土层中，其深度不应小于 0.5m
(C)采用加密法或换填法处理时，处理宽度应超出基础边缘以外 1.0m
(D)采用强夯加固时，应处理至液化深度下界

65. 根据《水利水电工程地质勘察规范》(GB 50487—2008)，当采用标准贯入锤击数法进行土的地震液化复判时，下列哪些选项的说法是正确的？（　　）

(A)实测标准贯入锤击数应先进行钻杆长度修正
(B)实测标准贯入锤击数应按工程正常运行时的贯入点深度和地下水位深度进行校正
(C)液化判别标准贯入锤击数临界值与标准贯入试验时的贯入点深度和地下水位深度无直接关系
(D)标准贯入锤击数法可以适用于标准贯入点在地面以下 20m 内的深度

66. 下列哪些方法可以消除地基液化？（　　）

(A)挤密碎石桩
(B)强夯
(C)原地面以上增加大面积人工填土
(D)长螺旋施工的 CFG 桩复合地基

67. 对于抗震设防类别为丙类的建筑物，当拟建场地条件符合下列哪些选项时，其水平地震影响系数应适当增大？（　　）

(A)位于河岸边缘
(B)位于边坡坡顶边缘
(C)地基液化等级为中等
(D)地基土为软弱土

68. 下列关于局部地形条件对地震反应影响的描述中，正确的是哪几项？（　　）

(A)高突地形高度越大，影响越大
(B)场地离高突地形边缘距离越大，影响越大
(C)边坡越陡，影响越大
(D)局部突出台地边缘的侧向平均坡降越大，影响越大

69. 需要检测混凝土灌注桩桩身缺陷及其位置，下列哪些方法可以达到此目的？（　　）

(A)单桩水平静载试验
(B)低应变法
(C)高应变法
(D)声波透射法

70. 某建筑桩基进行单桩竖向抗压静载试验，试桩为扩底灌注桩，桩径为 1000mm，扩底直径 2200mm，锚桩采用 4 根 900mm 直径灌注桩，则下列关于试桩与锚桩、基准桩之间中心距设计正确的是哪些选项？（　　）

(A)试桩与锚桩中心距为 4m
(B)试桩与基准桩中心距为 4.2m
(C)基桩与锚桩中心距为 4m
(D)试桩与锚桩、基准桩中心距均为 4.2m

2017 年专业知识试题答案(上午卷)

1.［答案］B

［依据］《城市轨道交通岩土工程勘察规范》(GB 50307—2012)第 7.3.4 条第 4 款。

2.［答案］B

［依据］《水运工程岩土勘察规范》(JTS 133—2013)第 4.2.6.2 条第 2 款。

3.［答案］C

［依据］《岩土工程勘察规范》(GB 50021—2001)(2009 年版)第 5.8.3 条表 5.8.3。

4.［答案］D

［依据］《岩土工程勘察规范》(GB 50021—2001)(2009 年版)表 10.4.1、表 10.5.2、第 10.5.3 条第 3 款。二者锤重均为 63.5kg,落距均为 76cm,钻杆直径均为 42mm,选项 A、B、C 错误;贯入深度,标准贯入试验是 30cm,重型圆锥动力触探是 10cm,选项 D 正确。

5.［答案］B

［依据］《土工试验方法标准》(GB/T 50123—2019)第 17.2.2 条第 6、7 款,选项 A、C、D 正确,各级压力是按照等比级数递增的,选项 B 错误。

6.［答案］B

［依据］《岩土工程勘察规范》(GB 50021—2001)(2009 年版)第 4.9.4 条。

7.［答案］C

［依据］位于断层线上方的为上盘。正断层,上盘下,下盘上;逆断层,上盘上,下盘下。故选项 C 正确。

8.［答案］B

［依据］《岩土工程勘察规范》(GB 50021—2001)(2009 年版)附录 E.0.2。立管式测压计适用于渗透性较大的土层。

9.［答案］D

［依据］《水利水电工程地质勘察规范》(GB 50487—2008)附录 D。

10.［答案］B

［依据］《工程岩体试验方法标准》(GB/T 50266—2013)第 2.5.1 条、第 2.5.3 条。

11.［答案］D

［依据］《城市轨道交通岩土工程勘察规范》(GB 50307—2012)附录 B。

12.【答案】B

【依据】《湿陷性黄土地区建筑标准》(GB 50025—2018)第4.3.1条第5款。

13.【答案】A

【依据】《岩土工程勘察规范》(GB 50021—2001)(2009年版)第8.0.3条、第8.0.4条。

14.【答案】C

【依据】《工程结构可靠性设计统一标准》(GB 50153—2008)第2.1.5条。

15.【答案】C

【依据】《建筑地基基础设计规范》(GB 50007—2011)第3.0.5条第4款。

16.【答案】B

【依据】《建筑地基基础设计规范》(GB 50007—2011)第8.2.8条。

17.【答案】B

【依据】《既有建筑地基基础加固技术规范》(JGJ 123—2012)第11.5.3条。树根桩施工顺序:钻孔,下钢筋笼,插注浆管,填料,注浆。

18.【答案】A

【依据】《建筑地基处理技术规范》(JGJ 79—2012)第5.2.3条～第5.2.5条。

19.【答案】B

【依据】《建筑地基处理技术规范》(JGJ 79—2012)第9.3节条文说明,选项A正确;《既有建筑地基基础加固技术规范》(JGJ 123—2012)第11.4.2条第4款,选项A正确;第11.4.3条第2款,选项B错误;第10.2.4条第1款,选项C正确;选项D为基本常识,正确。

20.【答案】C

【依据】CFG桩施工在复合地基中铺设了一定厚度的褥垫层,桩端无论落在软弱土层还是硬土层,从加载开始就存在一个负摩阻区,也就是在初始加载时即有负摩阻力产生,其作用由于桩间土参与承担上部荷载,负摩阻力的存在可以提高土的承载力,对整个地基承载力的提高是有利的。一般情况下,CFG桩上部2～3m的范围内通常为负摩阻区。对一般长20m内的桩,尤其是长10m左右的桩,其负摩阻区是不能忽视的。施工中在荷载作用下,桩体可向垫层内刺入,垫层材料不断调整、补充到桩间土上,以保证在任意荷载下桩和桩间土始终参与工作。在任意荷载下,CFG桩的桩顶、桩间土表面及基础的沉降都不相同。由于桩体有一定刺入量,土体可始终与垫层保持挤密接触。由此可见,CFG桩的桩身轴力和有负摩阻的桩基桩身轴力一致,桩身轴力先增大后减小,C正确。

21.［答案］C

［依据］承载力满足，沉降不满足，减小沉降的有效措施是增加桩长，C正确。

22.［答案］C

［依据］《建筑地基基础设计规范》(GB 50007—2011)第6.3.8条公式(6.3.8)：

$$\rho_{\mathrm{dmax}}=\eta\frac{\rho_{\mathrm{w}}d_{\mathrm{s}}}{1+0.01w_{\mathrm{op}}d_{\mathrm{s}}}=0.97\times\frac{1\times2.7}{1+0.17\times2.7}=1.8\mathrm{t/m^3}$$

23.［答案］B

［依据］《建筑地基处理技术规范》(JGJ 79—2012)第5.2.22条条文说明。保持真空度的目的是为了保证处理效果，B错误。

24.［答案］C

［依据］《建筑地基处理技术规范》(JGJ 79—2012)第7.1.5条条文说明，选项B错误。第7.3.3条第2款，水泥土搅拌桩的桩间土承载力发挥系数对淤泥质土取0.1～0.4，桩端端阻力发挥系数取0.4～0.6，单桩承载力发挥系数取1.0；第7.7.2条第6款，CFG桩的桩间土承载力发挥系数取0.8～0.9，桩端端阻力发挥系数取1.0，单桩承载力发挥系数取0.8～0.9，选项C正确，选项D错误。

25.［答案］D

［依据］《铁路隧道设计规范》(TB 10003—2016)综合第8.1.2条第4款与第10.2.2条第1款，选项A满足规范要求；综合第10.2.4条及第10.3.2条，可认为选项B满足规范要求；第10.3.4条第1款，可认为选项C正确；选项D为2005版规范第13.3.3条第3款，泄水孔孔径为4～10cm，间距为100～300cm，选项D错误。

26.［答案］D

［依据］剪力零点对应弯矩最大点，即主动土压力合力等于被动土压力合力的点，位于基坑底面以下，排除选项A、B；弯矩零点是主动土压力强度等于被动土压力强度的点，是等值梁法中的反弯点，位于基坑底面以下，排除选项C。正确的分布图为选项D。

27.［答案］B

［依据］《建筑基坑支护技术规程》(JGJ 120—2012)第4.7.2条～第4.7.4条，极限抗拔承载力标准值/轴向拉力标准值不小于：一级1.8，二级1.6，三级1.4，①＞②；第4.7.7条，锁定值为轴向拉力标准值的0.75～0.9，②＞③；第4.8.7条第3款，锚杆锁定前，应按锚杆的抗拔承载力检测值进行锚杆预张拉，抗拔承载力检测值/轴向拉力标准值不小于：一级1.4，二级1.3，三级1.2，①＞④＞②。指标排序为：①＞④＞②＞③。

28.［答案］D

［依据］土钉墙正常施工顺序是：开挖工作面→喷第一层混凝土→土钉施工→绑扎钢筋→喷射第二层混凝土。对于稳定性好的边坡，施工时可省略喷射第一层混凝土面

层。施工顺序如图所示。

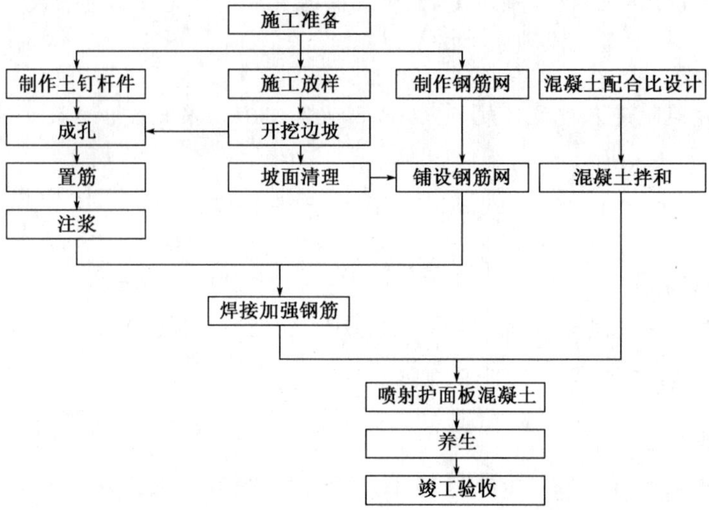

题 28 解图

29.[**答案**] D

[**依据**]《公路隧道设计规范　第一册　土建工程》(JTG 3370.1—2018)第 8.1.1 条,高速公路、一级公路、二级公路的隧道应采用复合式衬砌,不应采用喷锚衬砌和整体式衬砌,选项 A、B 错误;附录表 P.0.1,Ⅳ级围岩,喷射混凝土在拱部和边墙部位厚度为 12～20cm,锚杆长度为 2.5～3.0m,选项 C 错误,二次衬砌在仰拱与拱墙部位厚度均为 35～40cm,选项 D 符合要求。

30.[**答案**] A

[**依据**]《建筑基坑支护技术规程》(JGJ 120—2012)第 4.7.11 条。

31.[**答案**] C

[**依据**]《建筑基坑支护技术规程》(JGJ 120—2012)第 4.7.2 条条文说明。锚杆长度采用传统的安全系数法,锚杆杆体截面设计仍采用分项系数法。

32.[**答案**] C

[**依据**]《建筑抗震设计规范》(GB 50011—2010)(2016 年版)表 5.1.4-2。

33.[**答案**] D

[**依据**]《建筑抗震设计规范》(GB 50011—2010)(2016 年版)表 4.1.1。

34.[**答案**] C

[**依据**]《建筑抗震设计规范》(GB 50011—2010)(2016 年版)第 5.2.1 条。α_1 为相应于结构基本自振周期的水平地震影响系数,选项 C 正确。

注:此题系 2016 年原题,且题号完全一样。

35.[**答案**] A

[**依据**]《建筑抗震设计规范》(GB 50011—2010)(2016 年版)第 4.1.7 条。断裂最

晚活动时间 Q_3 为更新世，非全新世 Q_4，可忽略断裂错动的影响。

36.【答案】C

【依据】《建筑抗震设计规范》(GB 50011—2010)(2016 年版)第 4.3.9 条第 3 款，选项 A 正确；第 4 款，选项 B、D 正确；不包括地震作用计算，选项 C 错误。

37.【答案】A

【依据】《建筑抗震设计规范》(GB 50011—2010)(2016 年版)表 4.1.3。

38.【答案】B

【依据】《建筑地基基础设计规范》(GB 50007—2011)附录 C。对于软土，要求载荷试验承压板面积不小于 $0.5m^2$，即承压板直径为 0.8m。

39.【答案】C

【依据】《岩土工程勘察规范》(GB 50021—2001)(2009 年版)第 10.3.2 条第 2 款。

40.【答案】D

【依据】《建筑变形测量规范》(JGJ 8—2016)表 3.2.2，观测点测站高差中误差与变形测量等级有关，一等为±0.15mm，选项 A 错误。第 7.1.5 条第 1 款，普通建筑物可在基础完工后或地下室砌完后开始观测，选项 B 错误；第 4 款，选项 D 正确。《建筑地基基础设计规范》(GB 50007—2011)第 5.3.4 条表 5.3.4 下注 4，倾斜度是指基础倾斜方向两端点的沉降差与其距离的比值，选项 C 错误。

41.【答案】ACD

【依据】渗流作用下，土中细颗粒在粗颗粒形成的孔隙通道中移动并被带出的现象叫管涌，可发生在土体内部和渗流逸出处，选项 A 正确，选项 B 错误。渗流作用下，局部土体表面隆起，或土颗粒同时悬浮、移动的现象叫流土，只发生在地基、土坝下游渗流逸出处；任何土类，只要满足渗透梯度大于临界水力梯度，均会发生流土；当土体中向上的渗流力克服了向下的重力时，土体就会浮起或者受到破坏，选项 C、D 正确。

42.【答案】ACD

【依据】《工程地质手册》(第五版)第 170、171 页，或土力学教材相关章节。孔隙水压力系数 A 是在偏差应力条件下的孔隙应力系数，其数值与土的种类、应力历史等有关。孔压系数 A 反映土体剪切过程中的剪胀(剪缩)性，当出现剪胀时，引起负孔隙水压力，孔压系数 A 为负值；当出现剪缩时，引起孔隙水压力增加，孔压系数 A 为正值，选项 A 正确，选项 B 错误。孔隙水压力系数 B 是在各向施加相等压力条件下的孔隙应力系数，它是反映土体在各向相等压力作用下，孔隙应力变化情况的指标。也是反映土体饱和程度的指标。饱和土的不固结不排水试验中，试样在周围压力增量下将不发生竖向和侧向变形，这时周围压力增量完全由孔隙水承担，$B=1$；当土完全干燥时，孔隙气体的可压缩性要比骨架的高得多，这时周围压力完全由土骨架承担，$B=0$，选项 C、D 正确。

43.[答案] ABC

[依据]《建筑工程地质勘探与取样技术规程》(JGJ/T 87—2012)附录C,选项A、B、C正确;砾砂Ⅱ级土样应用双动三重管回转取土器采取,选项D错误。

44.[答案] AD

[依据]《岩土工程勘察规范》(GB 50021—2001)(2009年版),第10.5.5条条文说明,勘察报告提供的击数为实测值,在使用时根据不同的需要决定是否进行修正,选项A正确;液化判别用不修正的实测值,《工程地质手册》(第五版)第209页,水利水电勘察规范的液化判别是对实测贯入击数的校正,校正后的锤击数和实测锤击数均不进行杆长修正,公路工程地质勘察规范的液化判别用的是经过杆长修正后的击数,选项B错误;判断砂土密实度用平均值,不进行杆长修正,选项C错误;确定承载力时,根据经验关系确定如何进行修正,选项D正确。

45.[答案] ABD

[依据]《工程地质手册》(第五版)第322页,选项A、B、D正确。

46.[答案] ACD

[依据]重型击实比轻型击实的击实功大,击实功越大,最大干密度对应的最优含水量越小,选项A正确;由击实曲线可以看出,当击实功和击实方法不变时,土的干密度随含水量增加而增大,当干密度达到最大值后,土的干密度随含水量增加而减小,可见同一干密度可能对应两个不同的含水量,选项B错误;最大干密度对应的含水量为最优含水量,选项C正确;《土工试验方法标准》(GB/T 50123—2019)第13.3.2条第2款,选项D正确。

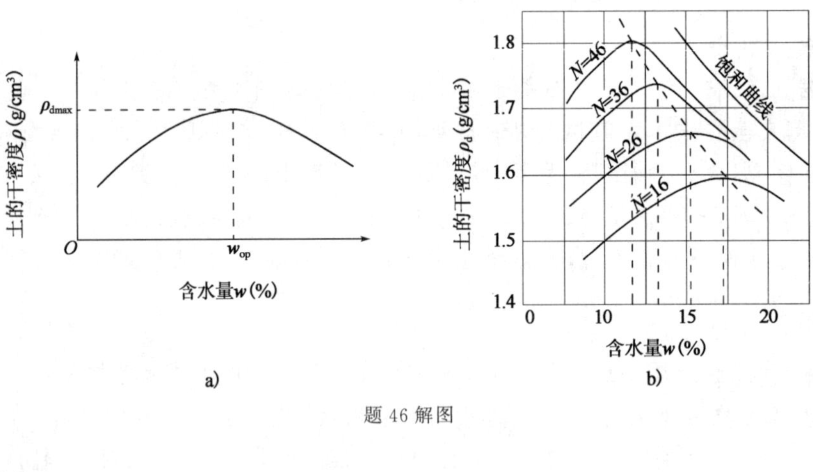

题46解图

47.[答案] AD

[依据]《建筑结构荷载规范》(GB 50009—2012)第3.1.1条,选项A、D正确;选项B、C为可变荷载。

48.[答案] AC

[依据]《建筑地基基础设计规范》(GB 50007—2011)第3.0.5条、第5.2.2条,承载力验算、基础底面尺寸计算、地基沉降计算时,基底压力均应计入基础自重及其上土重,

承载力验算、基础底面尺寸计算用荷载效应标准组合，地基沉降计算用荷载效应准永久组合，选项A正确，选项B、D错误；第8.2.8条，计算配筋时，基底压力为扣除基础自重及其上土重后相应于荷载效应基本组合时的地基土单位面积净反力，选项C正确。

49.**[答案]** AC

[依据]《建筑地基基础设计规范》(GB 50007—2011)第3.0.5条第2款，计算地基变形时，传至基础底面上的作用效应应按正常使用极限状态下作用的准永久组合，不应计入风荷载和地震作用；《工程结构可靠性设计统一标准》(GB 50153—2008)第3.1.6条，准永久组合包括永久荷载标准值和可变荷载的准永久值，选项B错误，选项C正确。《工程结构可靠性设计统一标准》(GB 50153—2008)第8.2.2条第3款，承载能力极限状态时，$\gamma_0 S_d \leqslant R_d$，$S_d$为作用效应的设计值，$R_d$为抗力设计值；第8.3.1条第1款，$S_d \leqslant C$，$C$为设计对变形、裂缝等规定的相应限值，可近似理解为变形计算值对应于作用效应，选项A正确，选项D错误。

50.**[答案]** CD

[依据]《建筑地基处理技术规范》(JGJ 79—2012)第4.2.1条第3款，灰土中用的石灰应该是消石灰(熟石灰)，选项A错误；第1款及条文说明，砂垫层用料虽然不是很严格，但含泥量不应超过5%，对排水具有要求的砂垫层宜控制含泥量不大于3%，不含有植物残体、垃圾等杂质，选项D正确；第4.2.4条，压实系数越高，压实效果越好，选项C正确；《地基处理手册》(第三版)第55页，二灰垫层和灰土垫层相似，但强度较灰土垫层高，最优含水量较灰土大，干土重较灰土小，选项B错误。

51.**[答案]** BCD

[依据]《建筑地基处理技术规范》(JGJ 79—2012)第6.3.3条表6.3.3，相同单击夯击能情况下，砂土的有效加固深度大于粉土、黏性土，选项A正确；第4款，两遍夯击之间的时间间隔，砂土场地小于黏性土场地，选项B错误；第6款，规范并没有规定强夯加固地基时，超出建筑物基础外缘的宽度砂土场地须大于黏性土场地，选项C错误；第6.3.14条第2款，强夯处理后的地基承载力检验，砂土场地为7～14d，黏性土场地为14～25d，选项D错误。

52.**[答案]** ABD

[依据]《建筑地基处理技术规范》(JGJ 79—2012)第4.2.4条，选项D正确；第7.5.2条第8款，灰土挤密桩的桩顶褥垫层由压实系数控制，需要做干密度试验，选项B正确；第7.8.4条第5款，对湿陷性黄土，垫层材料应采用灰土，满足压实系数大于0.95的要求，选项A正确；第7.6.2条第6款，夯实水泥土桩桩顶也要设置褥垫层，垫层是以夯填度来控制的，夯填度是夯实后的褥垫层厚度与虚铺厚度的比值，不需要做干密度试验，选项C错误。

53.**[答案]** CD

[依据] 有黏结强度的增强体均可只在基础范围内布桩，包括水泥土搅拌桩、旋喷桩、夯实水泥土桩、水泥粉煤灰碎石桩，混凝土预制桩也可只在基础范围内布桩。

54.【答案】ABC

【依据】《建筑地基处理技术规范》(JGJ 79—2012)附录A.0.1条，处理后地基静载荷试验可以测定承压板应力主要影响范围内土层的承载力和变形模量，平板载荷试验测定的是变形模量，压缩模量是完全侧限条件下的变形参数，选项A错误，选项D正确；A.0.7条第3款，缓变形曲线取 $s/b=0.01$ 所对应的荷载，$b>2\text{m}$ 时取2m，应取沉降20mm对应的压力，选项B错误；A.0.7条第2款，极限荷载小于对应比例界限荷载的2倍时，取极限荷载的一半，$Q_u<2Q_b=1.2Q_u$，承载力特征值取 $0.5Q_u$，选项C错误。

55.【答案】BCD

【依据】《建筑地基处理技术规范》(JGJ 79—2012)第6.3.3条及条文说明。增大夯击能可以提高强夯的有效加固深度，提高强夯加固效果。夯击点数是每个夯点的夯击次数，由于填土松散，被雨水浸泡后含水量较高，夯击点数过大一方面可能会因为夯坑过深而发生起锤困难的情况，另一方面由于黏性土含水量高，渗透性差，夯击点数增大会引起较高的孔隙水压力，引起夯坑周围地面产生较大的隆起，夯击点数应根据现场试夯确定，选项A错误；强夯排水十分重要，直接影响地基处理的效果，在强夯过程中主要考虑排除雨水、地下水和强夯过程中消散的孔隙水，应设置排水明沟作为强夯排水系统，并用集水井进行场内集中强制排水的措施，选项B正确；在路基表面填垫碎石层，一方面可以在地表形成硬层，确保机械设备通行和施工，另一方面可以加大地下水位和地表面之间的距离，防止夯击时夯坑积水，选项C正确；设置砂石桩可以起到排水的作用，加快超静孔隙水压力的消散速度，选项D正确。

56.【答案】AC

【依据】《建筑地基处理技术规范》(JGJ 79—2012)第7.7.3条及条文说明，振动沉管法属挤土工艺，不应从四周向内推进，应和预制桩一样从中间向四周施工，选项A错误；置换率较高时，应放慢施工速度，使软土排水固结，提高地基承载力，如施工过快，将造成较大的孔隙水压力，选项B正确；拔管速度过快，容易造成桩径偏小或缩颈断桩等工程事故，选项C错误；长螺旋钻中心压灌成桩坍落度宜为160～200mm，振动沉管灌注成桩的坍落度宜为30～50mm，选项D正确。

57.【答案】AD

【依据】《建筑基坑支护技术规程》(JGJ 120—2012)附录A.2.3条、A.2.5条第2款，锚杆极限抗拔承载力试验宜采用多循环加载法，每级加、卸载稳定后，在观测时间内测读锚头位移不应少于3次，选项A正确；A.4.6条，在抗拔承载力检测值下测得的弹性位移量应大于杆体自由段长度理论弹性伸长量的80%，选项B错误；A.4.1条，验收试验时，最大试验荷载应不小于锚杆的抗拔承载力检测值，抗拔承载力检测值应按支护结构的安全等级取系数，只有在二级才是1.3倍关系，选项C错误；A.2.6条，锚头位移不收敛时，可终止试验，近似认为杆体已破坏，选项D正确。

58.【答案】BC

【依据】《建筑基坑支护技术规程》(JGJ 120—2012)第7.3.25条第1款，选项A错误；第2款，选项B正确；第4款，选项C正确；第3款，回灌水量应根据水位观测孔中的水位变化进行控制和调节，回灌后的地下水位不应高于降水前的水位，未对回灌率提出要求，选项 D 错误。

59.【答案】ABC

【依据】《建筑基坑支护技术规程》(JGJ 120—2012)第 4.5.9 条第 1 款，选项 A、B、C 正确。

60.【答案】ABC

【依据】《建筑基坑工程监测技术规范》(GB 50497—2009)第 8.0.3 条第 3 款，选项 A 正确；第 8.0.5 条，选项 B 正确；第 8.0.1 条，选项 C 正确。

61.【答案】ABD

【依据】围岩压力是指地下洞室开挖后，围岩在应力重分布作用下，产生的变形或松动破坏，进而引起施加于支护结构上的压力，按作用力发生形态，围岩压力可分为松动压力、变形压力、膨胀压力、冲击压力等，选项 A、B 正确；狭义上，围岩压力是指围岩作用在支护结构上的压力，地应力是存在于岩体中未受扰动的自然应力，主要由构造应力场和自重应力场组成，围岩压力不是地应力，选项 C 错误；刚度是材料抵抗变形的能力，刚度越大，支护结构上的围岩压力越大，柔性支护可使围岩产生一定位移而使形变压力减小，选项 D 正确。

62.【答案】ACD

【依据】《膨胀土地区建筑技术规范》(GB 50112—2013)第 5.2.15 条，选项 B 为最大收缩下沉量。

63.【答案】AD

【依据】《建筑抗震设计规范》(GB 50011—2010)(2016 年版)第 4.3.4 条，选项 A 正确；砂土的抗液化性能与平均粒径 d_{50} 的关系密切，容易液化的砂土平均粒径 d_{50} 在 0.02～1.00mm 之间，d_{50} 在 0.07mm 附近时最容易液化，砂土中黏粒含量超过 16% 时就很难液化，选项 B、C 错误；粉土中的黏粒含量是影响粉土液化的重要因素，粉土中黏粒含量越高，黏粒的作用由于润滑作用变为密实、镶嵌作用，粉土的黏粒含量越高越不容易液化，选项 D 正确。

64.【答案】BD

【依据】《建筑抗震设计规范》(GB 50011—2010)(2016 年版)第 4.3.7 条，第 1 款，选项 A 错误；第 2 款，选项 B 正确；第 5 款，选项 C 错误；第 3 款，选项 D 正确。

65.【答案】BC

【依据】《水利水电工程地质勘察规范》(GB 50487—2008)附录 P.0.4 条，实测标准贯入锤击数不进行杆长修正，若试验时贯入点深度、地下水位和工程正常运行时不同，实测击数进行校正，选项 A 错误；第 1 款第 2)项，工程正常运行时，应对实测标准贯入锤击数进行校正，选项 B 正确；第 1 款第 3)项，由液化判别标准贯入锤击数临界值计算公式可知，应采用标准贯入点在工程正常运行时地面以下的深度和地下水位，选项 C 正确；第 1 款第 5)项，临界值计算公式只适用于标准贯入点在地面以下 15m 范围内的深度，选项 D 错误。

66.【答案】ABC

【依据】《建筑抗震设计规范》(GB 50011—2010)(2016 年版)第 4.3.7 条。全部消除液化可采用桩基础、深基础、挤密法进行地基处理(振冲、振动加密、挤密碎石桩、强夯)，用非液化土层替换全部液化土层或增加上覆非液化土层的厚度，选项 A、B、C 正确；长螺旋施工的 CFG 桩对桩间土不具有挤密效果，不能消除液化，选项 D 错误。

67.【答案】AB

【依据】《建筑抗震设计规范》(GB 50011—2010)(2016 年版)第 4.1.8 条。当需要在条状突出的山嘴、高耸孤立的山丘、非岩石和强风化岩石的陡坡、河岸和边坡边缘等不利地段建造丙类及丙类以上建筑时，应考虑不利地段对地震动参数可能产生的放大作用，水平地震影响系数应乘以增大系数，选项 A、B 正确。

68.【答案】ACD

【依据】《建筑抗震设计规范》(GB 50011—2010)(2016 年版)第 4.1.8 条条文说明，高突地形距离基准面的高度越大，高出的反应越强烈，选项 A 正确；场地与高突地形边缘的距离越大，影响越小，选项 B 错误；边坡越陡，顶部的放大效应相对越大，选项 C 正确；由 4.1.8 条条文说明中的表 2 可以看出，局部突出台地边缘的侧向平均坡降越大，局部突出台地越陡，影响越大，选项 D 正确。

69.【答案】BCD

【依据】《建筑基桩检测技术规范》(JGJ 106—2014)第 3.1.1 条表 3.1.1，单桩水平静载试验主要用来检测单桩水平临界荷载和极限承载力，选项 A 错误；低应变法、高应变法、声波透射法均可以检测桩身缺陷及其位置，判定桩身完整性，选项 B、C、D 正确。

70.【答案】BC

【依据】《建筑基桩检测技术规范》(JGJ 106—2014)第 4.2.6 条及表 4.2.6，当试桩或锚桩为扩底桩或多支盘桩时，试桩与锚桩的中心距不应小于 2 倍扩大端直径，试桩与锚桩中心距≥4.4m，选项 A 错误；按表 4.2.6，试桩与基准桩、基准桩与锚桩中心距≥4m，选项 B、C 正确。

2017年专业知识试题(下午卷)

一、单项选择题(共40题,每题1分。每题的备选项中只有一个最符合题意)

1. 对于地基土的冻胀性及防治措施,下列哪个选项是错误的?（　　）

(A)对在地下水位以上的基础,基础侧面应回填非冻胀性的中砂或粗砂
(B)建筑物按采暖设计,当冬季不能正常采暖时,应对地基采取保温措施
(C)基础下软弱黏性土层换填卵石层后,设计冻深会减小
(D)冻胀性随冻前天然含水量增加而增大

2. 根据《建筑地基基础设计规范》(GB 50007—2011),关于地基承载力特征值 f_{ak} 的表述,下列哪个选项是正确的?（　　）

(A)地基承载力特性值指的就是临塑荷载 p_{cr}
(B)地基承载力特征值小于或等于载荷试验比例界限值
(C)极限承载力的1/3就是地基承载力特征值
(D)土的物理性质指标相同,其承载力特征值就一定相同

3. 根据《建筑地基基础设计规范》(GB 50007—2011),采用地基承载力理论公式确定地基承载力特征值时,以下设计验算正确的选项是哪一个?（　　）

(A)理论公式适用于轴心受压和偏心距大于 $b/6$ 的受压基础的地基承载力计算
(B)按理论公式计算并进行地基承载力验算后,无须进行地基变形验算
(C)按理论公式计算地基承载力特征值时,对于黏性土地基,基础底面宽度 $b<3m$ 时按3m取值
(D)按理论公式计算的地基承载力特征值,不再根据基础埋深和宽度进行修正

4. 基底下地质条件完全相同的两个条形基础,按《建筑地基基础设计规范》(GB 50007—2011)规定进行地基沉降计算时,以下描述正确的选项是哪一个?（　　）

(A)基础的基底附加压力相同,基础宽度相同,则地基沉降量相同
(B)基础的基底附加压力相同,基础高度相同,则地基沉降量相同
(C)基础的基底压力相同,基础宽度相同,则地基沉降量相同
(D)基础的基底附加压力相同,基础材料强度相同,则地基沉降量相同

5. 某墙下条形基础,相应于作用的标准组合时基底平均压力为90kPa。按《建筑地基基础设计规范》(GB 50007—2011)规定方法进行基础高度设计,当采用砖基础时,恰好满足设计要求的基础高度为0.9m。若改为C15素混凝土基础,基础宽度不变,则基础高度不应小于以下何值?（　　）

(A)0.45m　(B)0.6m　(C)0.9m　(D)1.35m

6. 某柱下钢筋混凝土条形基础，柱、基础的混凝土强度等级均为C30，在进行基础梁的承载力设计时，对基础梁可以不计算下列哪个选项的内容？（　）

(A)柱底边缘截面的受弯承载力
(B)柱底边缘截面的受剪切承载力
(C)柱底部位的局部受压承载力
(D)跨中截面的受弯承载力

7. 根据《建筑桩基技术规范》(JGJ 94—2008)，验算桩身正截面受拉承载力应采用下列哪一种荷载效应组合？（　）

(A)标准组合　(B)基本组合
(C)永久组合　(D)准永久组合

8. 某建筑物对水平位移敏感，拟采用钻孔灌注桩基础，设计桩径800mm，桩身配筋率0.7%，入土15m。根据水平静载实验，其临界水平荷载为220kN，地面处桩顶水平位移为10mm时对应的载荷为320kN，地面处桩顶水平位移为6mm时对应的载荷为260kN。根据《建筑桩基技术规范》(JGJ 94—2008)，该建筑单桩水平承载力特征值可取下列哪一个值？（　）

(A)240kN　(B)220kN
(C)195kN　(D)165kN

9. 对于桩径1.5m、桩长60m的泥浆护壁钻孔灌注桩，通常情况下，下列何种工艺所用泥浆量最少？（　）

(A)正循环钻进成孔　(B)气举反循环钻进成孔
(C)旋挖钻机成孔　(D)冲击反循环钻进成孔

10. 某公路桥梁拟采用摩擦型钻孔灌注桩，地层为稍密至中密碎石土。静载试验确定的单桩竖向容许承载力为3000kN，按照《公路工程抗震规范》(JTG B02—2013)进行抗震验算时的单桩竖向容许承载力可采用下列哪个值？（　）

(A)3000kN　(B)3750kN
(C)3900kN　(D)4500kN

11. 某方形截面高承台基桩，边长0.5m，桩身压屈计算长度10m，按照《建筑桩基技术规范》(JGJ 94—2008)规定进行正截面受压承载力验算，其稳定系数φ的取值最接近哪一个选项？（　）

(A)0.5　(B)0.75　(C)0.98　(D)1.0

12. 根据《建筑桩基技术规范》(JGJ 94—2008)，下列关于长螺旋钻孔压灌桩工法的叙述，哪个选项是正确的？（　　）

(A)长螺旋钻孔压灌桩属于挤土桩

(B)长螺旋钻孔压灌桩主要适用于碎石土层和穿越砾石夹层

(C)长螺旋钻孔压灌桩不需泥浆护壁

(D)长螺旋钻孔压灌桩的混凝土坍落度通常小于160mm

13. 下列关于后注浆灌注桩承载力特点的叙述哪个选项是正确的？（　　）

(A)摩擦灌注桩，桩端后注浆后可转为端承桩

(B)端承灌注桩，桩侧后注浆后可转为摩擦桩

(C)后注浆可改变灌注桩侧阻与端阻的发挥顺序

(D)后注浆可提高灌注桩承载力的幅度主要取决于注浆土层的性质与注浆参数

14. 某群桩基础，桩径800mm，下列关于桩基承台设计的哪个选项符合《建筑桩基技术规范》(JGJ 94—2008)的要求？（　　）

(A)高层建筑平板式和梁板式筏形承台的最小厚度不应小于200mm

(B)柱下独立桩基承台的最小宽度不应小于200mm

(C)对于墙下条形承台梁，承台的最小厚度不应小于200mm

(D)墙下布桩的剪力墙结构筏形承台的最小厚度不应小于200mm

15. 某铁路路堑边坡修建于大型块石土堆积体，采用如图所示的抗滑桩支护。桩的悬臂段长8m，试问作用在桩上的滑坡推力的分布形式宜选用下列哪个图形？（　　）

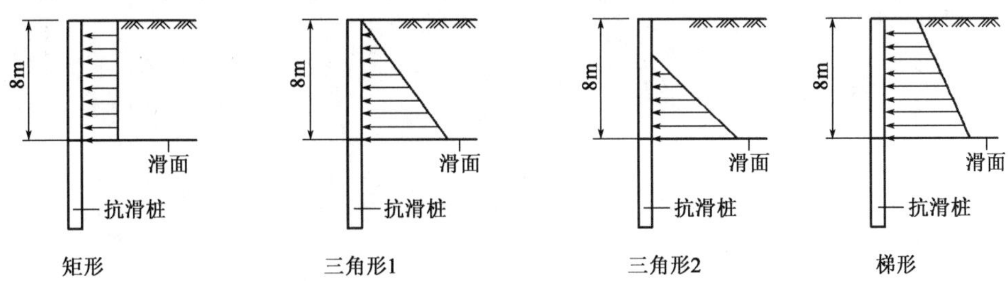

题15图

(A)矩形　　(B)三角形1

(C)三角形2　　(D)梯形

16. 作用于沿河公路路基挡土墙上的载荷，下列哪个选项中的载荷不是偶然载荷？（　　）

(A)地震作用力　　(B)泥石流作用力

(C)流水压力　　(D)墙顶护栏上的车辆撞击力

17. 下图为一粉质黏土均质土坝的下游棱体排水，其反滤层的材料从左向右1→2→3依次应符合下面哪个选项？（　　）

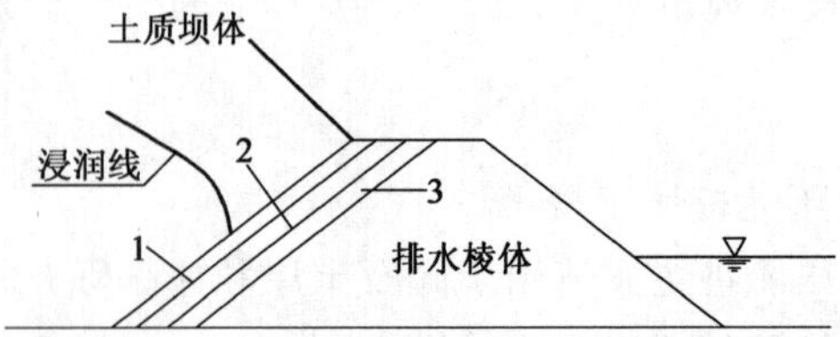

题 17 图

(A)砂→砾→碎石　　(B)碎石→砾→砂

(C)砾→砂→碎石　　(D)碎石→砂→砾

18. 一个粉质黏土的压实填方路堤建于硬塑状黏性土①地基上，其下为淤泥质土薄夹层②，再下层为深厚中密细砂层③，如图所示，判断下面哪个选项的滑裂面是最可能滑裂面？（　　）

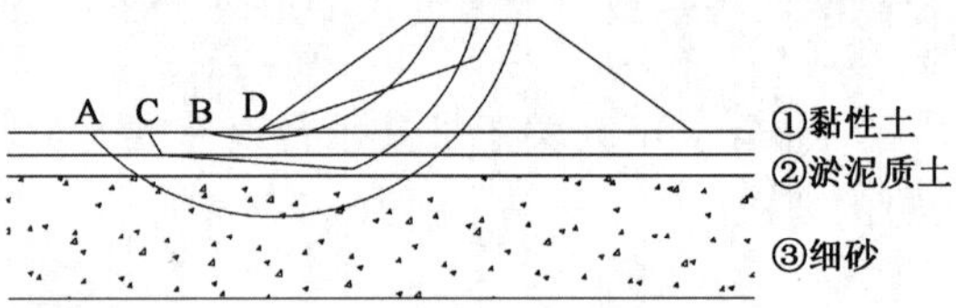

题 18 图

(A)下部达到细砂层③的圆弧滑裂面

(B)只通过黏性土①的圆弧滑裂面

(C)通过淤泥质土薄夹层②的折线滑裂面

(D)只通过路堤的折线滑裂面

19. 下图为一个均质土坝的坝体浸润线，它是下列哪个选项中的排水形式引起的？（　　）

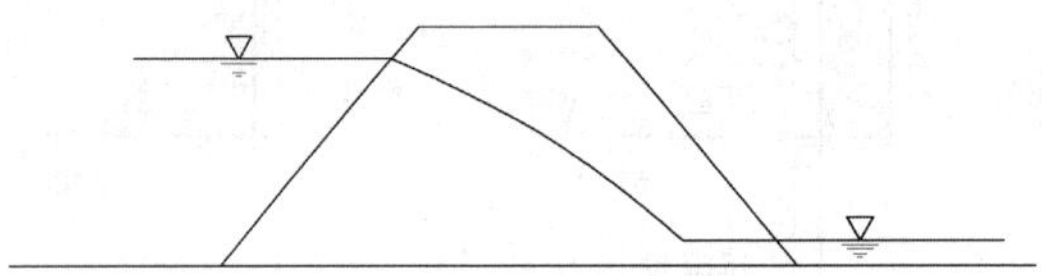

题 19 图

(A)棱体排水　　(B)褥垫排水　　(C)直立排水　　(D)贴坡排水

20. 对铁路路基有危害的地面水，应采取措施拦截引排至路基范围以外，下面哪项措施不符合规范要求？（　　）

(A)在路堤天然护道外，设置单侧或双侧排水沟

(B)对于路堑，应于路肩两侧设置侧沟

(C)天沟直接向路堑侧沟排水时，应设置急流槽连接天沟和侧沟，并在急流槽出口处设置消能池

(D)路堑地段侧沟的纵坡不应小于2%，沟底宽不小于0.8m

21. 根据《铁路路基支挡结构设计规范》(TB 10025—2019)，下列哪个选项中的地段

最适合采用土钉墙？（　　）

(A)中等腐蚀性土层地段　(B)硬塑状残积黏性土地段
(C)膨胀土地段　(D)松散的砂土地段

22. 某小型土坝下游面棱体式排水采用土工织物反滤材料，根据《土工合成材料应用技术规范》(GB/T 50290—2014)，下列哪个选项的做法是正确的？(其中 O_{95} 为土工织物的等效孔径，d_{85} 为被保护土的特征粒径)（　　）

(A)采用的土工织物渗透系数和被保护土的渗透系数相接近
(B)淤堵试验的梯度比控制在 GR≤5
(C)O_{95}/d_{85} 的比值采用 5 以上
(D)铺设土工织物时，在顶部和底部应予固定，坡面上应设防滑钉

23. 关于黄土湿陷试验的变形稳定标准，下列论述中哪个选项是不正确的？（　　）

(A)现场静载试验为连续 2h 内每小时的下沉量小于 0.1mm
(B)现场试坑浸水试验停止浸水为最后 5d 的平均湿陷量小于每天 1mm
(C)现场试坑浸水试验终止试验为停止浸水后继续观测不少于 10d，且连续 5d 的平均下沉量不大于每天 1mm
(D)室内试验为连续 2h 内每小时变形不大于 0.1mm

24. 滑坡的发展过程通常可分为蠕滑、滑动、剧滑和稳定四个阶段。但由于条件不同，有些滑坡发展阶段不明显，问下列滑坡中，哪个选项的滑坡最不易出现明显的剧滑？（　　）

(A)滑体沿圆弧形滑面滑移的土质滑坡
(B)滑动面为平面，无明显抗滑段的岩质顺层滑坡
(C)滑动面总体倾角平缓，且抗滑段较长的堆积层滑坡
(D)楔形体滑坡

25. 盐渍土中各种盐类，按其在下列哪个温度水中的溶解度分为易溶盐、中溶盐和难溶盐？（　　）

(A)0℃　(B)20℃　(C)35℃　(D)60℃

26. 下列哪个选项的盐渍土对普通混凝土的腐蚀性最强？（　　）

(A)氯盐渍土　(B)亚氯盐渍土
(C)碱性盐渍土　(D)硫酸盐渍土

27. 黄土地基湿陷量的计算值最大不超过下列哪一选项时，各类建筑物的地基均可按一般地区的规定设计？（　　）

(A)300mm　(B)70mm　(C)50mm　(D)15mm

28. 红黏土地基满足下列哪个选项时，土体易出现大量裂缝？（　）

(A)天然含水量高于液限
(B)天然含水量介于液限和塑限区间
(C)天然含水量介于液限和缩限区间
(D)天然含水量低于缩限

29. 某细粒土，天然重度 γ 为 13.6kN/m^3，天然含水量 w 为 58%，液限 w_L 为 47%，塑限 w_p 为 29%，孔隙比 e 为 1.58，有机质含量 w_u 为 9%，根据《岩土工程勘察规范》(GB 50021—2001)(2009 年版)相关要求，该土的类型为下列哪个选项？（　）

(A)淤泥质土　(B)淤泥　(C)泥炭质土　(D)泥炭

30. 土洞形成的过程中，水起的主要作用为下列哪个选项？（　）

(A)水的渗透作用　(B)水的冲刷作用
(C)水的潜蚀作用　(D)水的软化作用

31. 湿陷性黄土浸水湿陷的主要原因为下列哪个选项？（　）

(A)土颗粒间的固化联结键浸水破坏　(B)土颗粒浸水软化
(C)土体浸水收缩　(D)浸水使土体孔隙中气体扩散

32. 关于土对钢结构的腐蚀性评价中，下列哪个说法是错误的？（　）

(A)pH 值大小与腐蚀性强弱呈反比
(B)氧化还原电位大小与腐蚀性强弱呈反比
(C)视电阻率大小与腐蚀性强弱呈正比
(D)极化电流密度大小与腐蚀性强弱呈正比

33. 下列哪一选项是推移式滑坡的主要诱发因素？（　）

(A)坡体上方卸载　(B)坡脚下方河流冲刷坡脚
(C)坡脚地表积水下渗　(D)坡体上方堆载

34. 处理湿陷性黄土地基，下列哪个方法是不适用的？（　）

(A)强夯法　(B)灰土垫层法
(C)振冲碎石桩法　(D)预浸水法

35. 安全施工所需费用属于下列建筑安装工程费用项目构成中的哪一项？（　）

(A)直接工程费　(B)措施费
(C)规费　(D)企业管理费

36. 工程监理人员发现工程设计不符合工程质量标准或合同约定的质量要求时，应按下列哪个选项处理？（　）

(A)要求设计单位改正
(B)报告建设主管部门要求设计单位改正
(C)报告建设单位要求设计单位改正
(D)与设计单位协商进行改正

37. 勘察设计单位违反工程建设强制性标准造成工程质量事故的，按下列哪个选项处理是正确的？（　）

(A)按照《中华人民共和国建筑法》有关规定，对事故责任单位和责任人进行处罚
(B)按照《中华人民共和国合同法》有关规定，对事故责任单位和责任人进行处罚
(C)按照《建设工程质量管理条例》有关规定，对事故责任单位和责任人进行处罚
(D)按照《中华人民共和国招标投标法》有关规定，对事故责任单位和责任人进行处罚

38. 根据《建设工程质量管理条例》，以下关于建设单位的质量责任和义务的条款中，哪个选项是错误的？（　）

(A)建设工程发包单位不得迫使承包方以低于成本的价格竞标，不得任意压缩合理工期
(B)建设单位不得明示或者暗示设计单位或者施工单位违反工程建设强制性标准
(C)涉及建筑主体和承重结构变动的装修工程，建设单位应当要求装修单位提出加固方案，没有加固方案的，不得施工
(D)建设单位应当将施工图提交相关部门审查，施工图设计文件未经审查批准的，不得使用

39. 根据《建筑工程五方责任主体项目负责人质量终身责任追究暂行办法》，下列哪项内容不属于项目负责人质量终身责任信息档案内容？（　）

(A)项目负责人姓名、身份证号码、执业资格、所在单位、变更情况等
(B)项目负责人签署的工程质量终身责任承诺书
(C)法定代表人授权书
(D)项目负责人不良质量行为记录

40. 根据《房屋建筑和市政基础设施施工图设计文件审查管理办法》规定，关于一类审查机构应具备的条件，下列哪个选项是错误的？（　）

(A)审查人员应当有良好的职业道德,有12年以上所需专业勘察、设计工作经历

(B)在本审查机构专职工作的审查人员数量:专门从事勘察文件审查的,勘察专业审查人员不少于7人

(C)60岁以上审查人员不超过该专业审查人员规定数的1/2

(D)有健全的技术管理和质量保证体系

二、多项选择题(共30题,每题2分。每题的备选项中有两个或三个符合题意,错选、少选、多选均不得分)

41. 某主裙连体建筑物,如采用整体筏板基础,差异沉降计算值不能满足规范要求,针对这一情况,可采用下列哪些方案解决? ( )

(A)在与主楼相邻的裙房的第一跨,设置沉降后浇带

(B)对裙房部位进行地基处理,降低其地基承载力及刚度

(C)增加筏板基础的配筋量

(D)裙房由筏板基础改为独立基础

42. 下列选项中哪些假定不符合太沙基极限承载力理论假定? ( )

(A)平面应变 (B)平面应力

(C)基底粗糙 (D)基底下的土为无质量介质

43. 根据《建筑地基基础设计规范》(GB 50007—2011),在下列关于软弱下卧层验算方法的叙述中,哪些选项是正确的? ( )

(A)基础底面的附加压力通过一定厚度的持力层扩散为软弱下卧层顶面的附加压力

(B)在其他条件相同的情况下,持力层越厚,软弱下卧层顶面的附加压力越小

(C)在其他条件相同的情况下,持力层的压缩模量越高,扩散到软弱下卧层顶面的附加压力越大

(D)软弱下卧层的承载力特征值需要经过宽度修正

44. 根据《建筑地基基础设计规范》(GB 50007—2011),在下列关于持力层地基承载力宽度修正方法的论述中,哪些选项是正确的? ( )

(A)深度修正系数是按基础埋置深度范围内土的类型查表选用的

(B)宽度修正系数是按持力层土的类型查表选用的

(C)对于软土地基采用换填法加固持力层,宽度修正系数按换填后的土选用

(D)深度修正时采用的土的重度为基底以上的加权平均重度

45. 根据《建筑地基基础设计规范》(GB 50007—2011),采用地基承载力理论公式计算快速加荷情况下饱和软黏土地基承载力时,以下各因素中对计算值结果不产生影响的是哪些选项? ( )

(A)基础宽度 (B)荷载大小
(C)基底以上土的重度 (D)基础埋深

46.某高层建筑群桩基础采用设计桩径为800mm的钻孔灌注桩,承台下布置了9根桩,桩顶设计标高位于施工现场地面下10m,下列关于该桩基础施工质量的要求,哪些选项符合《建筑桩基技术规范》(JGJ 94—2008)规定? ( )

(A)成孔垂直度的允许偏差不大于1.0%
(B)承台下中间桩的桩位允许偏差不大于150mm
(C)承台下边桩的桩位允许偏差不大于110mm
(D)个别断面桩径允许小于设计值50mm

47.钻孔灌注桩施工时,下列哪些选项对防止孔壁坍塌是有利的? ( )

(A)选用合适的制备泥浆
(B)以砂土为主的地层,钻孔过程中利用原地层自行造浆
(C)提升钻具时,及时向孔内补充泥浆
(D)在受水位涨落影响时,泥浆面应低于最高水位1.5m以上

48.对于钻孔灌注桩成孔深度的控制要求,下列哪些选项符合《建筑桩基技术规范》(JGJ 94—2008)要求? ( )

(A)摩擦桩应以设计桩长控制为主
(B)端承桩应以桩端进入持力层的设计深度控制为主
(C)摩擦端承桩应以桩端进入持力层的设计深度控制为辅,以设计桩长控制为主
(D)端承摩擦桩应以桩端进入持力层的设计深度控制为主,以设计桩长控制为辅

49.按照《建筑桩基技术规范》(JGJ 94—2008)规定,下列关于干作业成孔扩底灌注桩的施工要求,错误的选项有哪些? ( )

(A)人工挖孔桩混凝土护壁可以不配置构造钢筋
(B)当渗水量过大时,人工挖孔桩可在桩孔中边抽水边开挖
(C)浇筑桩顶以下5m范围内的混凝土时,应随浇筑随振捣,每次浇筑高度不得大于1.5m
(D)扩底桩灌注混凝土时,当第一次灌注超过扩底部位的顶面时,可不必振捣,然后继续灌注

50.下列关于混凝土预制桩现场的制作要求,哪些符合《建筑桩基技术规范》(JGJ 94—2008)的规定? ( )

(A)桩身混凝土强度等级不应低于C20

(B)混凝土宜用机械搅拌，机械振捣

(C)浇筑时宜从桩尖开始灌注

(D)一次浇筑完成，严禁中断

51. 根据《建筑桩基技术规范》(JGJ 94—2008)，下列关于减沉复合疏桩基础的论述中，哪些是正确的？（　　）

(A)减沉复合疏桩基础是在地基承载力基本满足要求情况下的疏布摩擦型桩基础

(B)减沉复合疏桩基础中，桩距应不大于5倍桩径

(C)减沉复合疏桩基础的沉降等于桩长范围内桩间土的压缩量

(D)减沉复合疏桩基础中，上部结构荷载主要由桩和桩间土共同分担

52. 某高层建筑采用钻孔灌注桩基础，桩径800mm，桩长15m，单桩承担竖向受压荷载2000kN，桩端持力层为中风化花岗岩，设计采取的下列哪些构造措施符合《建筑桩基技术规范》(JGJ 94—2008)的要求？（　　）

(A)纵向主筋配8ϕ20

(B)桩身通长配筋

(C)桩身混凝土强度等级为C20

(D)主筋的混凝土保护层厚度不小于50mm

53. 在软黏土地基上修建填方路堤，用聚丙烯双向土工格栅加固地基。实测的格栅的拉力随时间变化的情况如下图所示。其施工期以后格栅的拉力减少，可能是下面哪些选项的原因？（　　）

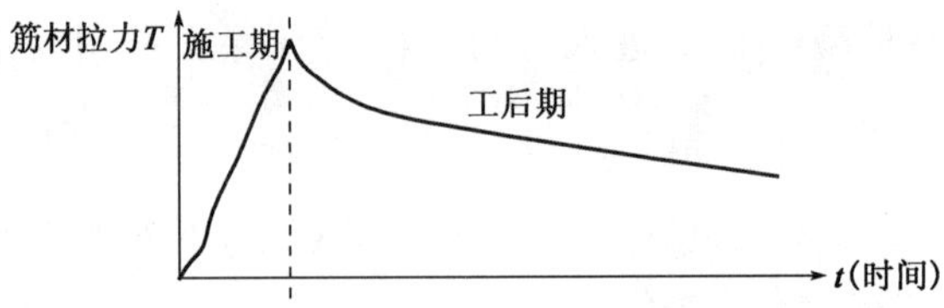

题53图

(A)筋材的蠕变大于土的蠕变

(B)土工格栅上覆填土发生了差异沉降

(C)软黏土地基随时间的固结

(D)路堤上车辆的反复荷载

54. 根据《建筑边坡工程技术规范》(GB 50330—2013)，选择边坡岩土体的力学参数时，下列叙述中哪些选项是正确的？（　　）

(A)计算粉质黏土边坡土压力时，宜选择直剪固结快剪或三轴固结不排水剪切试验指标

(B)计算土质边坡整体稳定性时，对饱和软黏土宜选择直剪快剪、三轴固结不排

水剪切试验指标

(C)计算土质边坡局部稳定性时，对砂土宜选择有效应力抗剪强度指标

(D)按水土合算计算土质边坡稳定性时，地下水位以下宜选择土的饱和自重固结不排水抗剪强度指标

55. 根据《碾压式土石坝设计规范》(DL/T 5395—2007)相关要求，下列关于坝体排水的设计中，哪些表述是正确的？ (　　)

(A)土石坝的排水设置应能保护坝坡土，防止其冻胀破坏

(B)对于均质坝，不可以将竖向排水做成向上游或下游倾斜的形式

(C)设置竖式排水的目的是使透过坝体的水通过它排至下游，防止渗透水在坝坡溢出

(D)设置贴坡排水体的目的是防止坝坡土发生渗透破坏，并有效地降低浸润线

56. 土石坝对渗流计算时，以下哪些选项是正确的？ (　　)

(A)应确定坝体浸润线的位置，绘制坝体内等势线分布图

(B)应确定坝基与坝体的渗流量

(C)计算坝体渗透流量时宜采用土层渗透系数的小值平均值

(D)对于双层结构地基，如果下卧土层厚度大于 8.0m，且其渗透系数小于上覆土层渗透系数的 2.0 倍时，该层可视为相对不透水层

57. 某公路路基的下边坡处于沿河地段，河水最大流速为 5.2m/s，为防止河流冲刷路基边坡，提出了如下的防护方案，下列哪些方案是可以采用的？ (　　)

(A)植被护坡　　(B)浆砌片石护坡

(C)土工模袋护坡　　(D)浸水挡土墙防护

58. 季节性冻土地区，黏性土的冻胀性分类与下列选项中土的哪些因素有关？ (　　)

(A)颗粒组成　　(B)矿物成分

(C)塑限含水量　　(D)冻前天然含水量

59. 下列哪些方法或工程措施可用于小型危岩的防治？ (　　)

(A)拦石网　　(B)锚固

(C)支撑　　(D)裂隙面压力注浆

60. 下列影响采空区地表变形诸多因素中，哪些选项是促进地表变形值增大的因素？ (　　)

(A)矿层厚度大　　(B)矿层倾角大

(C)矿层埋深大　　(D)矿层上覆岩层厚度大

61. 下列哪些选项可以作为已经发生过泥石流的识别特征依据？（　　）

(A)冲沟中游沟身常不对称，凹岸与凸岸相差较大
(B)沟槽经常被大量松散物质堵塞，形成跌水
(C)堆积扇上地层具有明显的分选层次
(D)堆积的石块棱角明显，粒径悬殊

62. 下列关于膨胀土的论述中，哪些是正确的？（　　）

(A)初始含水量与膨胀后含水量差值越大，土的膨胀量越小
(B)土粒的硅铝分子比的比值越大，胀缩量越大
(C)孔隙比越大，浸水膨胀越小
(D)蒙脱石和伊利石含量越高，胀缩量越大

63. 下列哪些因素是影响无黏性土坡稳定性的主要因素？（　　）

(A)坡高　　(B)坡角
(C)坡面是否有地下水溢出　　(D)坡面长度

64. 在公路特殊性岩土场地详勘时，对取样勘探点在地表附近的取样间距要求不大于0.5m的为下列哪几项？（　　）

(A)湿陷性黄土　　(B)季节性冻土　　(C)膨胀性岩土　　(D)盐渍土

65. 为了在招标投标活动中遵循公开、公平、公正和诚实信用的原则，规定下列哪些做法是不正确的？（　　）

(A)招标时，招标人设有标底的，标底应公开
(B)开标应公开进行，由工作人员当众拆封所有投标文件，并宣读投标人名称、投标价格等
(C)开标时，招标人应公开评标委员会成员名单
(D)评标委员会应公开评审意见与推荐情况

66. 当勘察文件需要修改时，下列哪些单位有权可以进行修改？（　　）

(A)本项目的勘察单位
(B)本项目的设计单位
(C)本项目的施工图审查单位
(D)经本项目原勘察单位书面同意，由建设单位委托其他具有相应资质的勘察单位

67. 勘察设计人员以欺骗、贿赂等不正当手段取得注册证书的，可能承担的责任和受到的处罚包括下列哪几项？（　　）

(A)被撤销注册

(B)5 年内不可再次申请注册

(C)被县级以上人民政府建设主管部门或者有关部门处以罚款

(D)构成犯罪的,被依法追究刑事责任

68. 根据《中华人民共和国民法典》"建设工程合同"的规定,以下哪些说法是正确的? ( )

(A)隐蔽工程在隐蔽以前,承包人应当通知发包人检查

(B)发包人未按规定的时间和要求提供原材料、场地、资金等,承包人有权要求赔偿损失但工期不能顺延

(C)因发包人的原因导致工程中途停建的,发包人应赔偿承包人的相应损失和实际费用

(D)发包人未按照约定支付工程款,承包人有权将工程折价卖出以抵扣工程款

69. 县级以上人民政府负有建设工程安全生产监督管理职责的部门履行安全监督检查时,有权采取下列哪些措施? ( )

(A)进入被检查单位施工现场进行检查

(B)重大安全事故隐患排除前或排除过程中无法保证安全的,责令从危险区域内撤出作业人员或者暂时停止施工

(C)按规定收取监督检查费用

(D)纠正施工中违反安全生产要求的行为

70. 投标人有下列哪些违法行为,中标无效,可处中标项目金额千分之十以下的罚款? ( )

(A)投标人未按照招标文件要求编制投标文件

(B)投标人相互串通投标报价

(C)投标人向招标人行贿谋取中标

(D)投标人以他人名义投标

2017年专业知识试题答案(下午卷)

1.［答案］C

［依据］《建筑地基基础设计规范》(GB 50007—2011)第5.1.9条第1款,选项A正确;第5.1.9条第7款,选项B正确;表5.1.7-1,卵石土对冻结深度的影响系数大于软弱黏性土,设计冻深会增大,选项C错误;附录G表G.0.1,对于相同类型的土,冻前天然含水量越大,冻胀等级越高,冻胀性越大,选项D错误。

2.［答案］B

［依据］《建筑地基基础设计规范》(GB 50007—2011)第2.1.3条,地基承载力特征值是由载荷试验测定的地基土压力变形曲线线性变形段内规定的变形所对应的压力值,其最大值为比例界限值,选项A错误,选项B正确;对于土基载荷试验,地基承载力特征值取极限承载力的1/2与比例界限值的小值,对于岩基载荷试验,地基承载力特征值取极限承载力的1/3与比例界限值的小值,选项C错误;第5.2.4条,地基承载力特征值不仅与土的物理性质指标及强度力学指标有关外,尚与基础埋深、基础宽度、基底以上及以下土的性质有关,选项D错误。

3.［答案］D

［依据］《建筑地基基础设计规范》(GB 50007—2011)第5.2.5条,选项A、B、C错误;按照理论公式,代入计算的基础埋深与基础宽度均为实际值,而非人为假定的$b=3$m、$d=0.5$m的情形,计算出来的指标即为f_a,无须进行重复修正。

4.［答案］A

［依据］由土力学原理,地基沉降是由基础底面的附加压力引起的,对于条形基础而言,基础宽度决定了基底以下的应力场分布特性,当基底下地质条件完全相同时,基底附加压力相同,基础宽度相同,则地基沉降量相同。

5.［答案］B

［依据］《建筑地基基础设计规范》(GB 50007—2011)第8.1.1条及表8.1.1。砖基础,台阶宽高比为1∶1.5,$H_0 \geqslant \frac{b-b_0}{2\tan\alpha}$,即$0.9=\frac{b-b_0}{2\times 1/1.5}$,$b-b_0=1.2$m,采用素混凝土基础时,台阶宽高比为1∶1,$H_0 \geqslant \frac{1.2}{2\times 1/1}=0.6$m,选项B正确。

6.［答案］C

［依据］《建筑地基基础设计规范》(GB 50007—2011)第8.3.2条第6款。当条形基础的混凝土强度等级小于柱的混凝土强度等级时,应验算柱下条形基础梁顶面的局部受压承载力。题目中柱、基础混凝土强度等级一样,可不验算,选项C正确。

7.［答案］B

［依据］《建筑桩基技术规范》(JGJ 94—2008)第5.8.7条。采用荷载效应基本组合，选项B正确。

8.［答案］C

［依据］《建筑桩基技术规范》(JGJ 94—2008)第5.7.2条第2款。灌注桩，配筋率0.7%>0.65%，对位移敏感，取地面处水平位移6mm所对应的荷载的75%作为单桩水平承载力特征值，0.75×260=195kN，选项C正确。

9.［答案］C

［依据］泥浆护壁正、反循环钻，需要设置泥浆池，泥浆用量大；旋挖成孔无泥浆循环，泥浆用量少，选项C正确。

10.［答案］D

［依据］《公路工程抗震规范》(JTG B02—2013)第4.4.1条。采用荷载试验确定单桩承载力时，提高系数为1.5，$R_{aE}=KR_a=1.5\times3000=4500$kN。

11.［答案］B

［依据］《建筑桩基技术规范》(JGJ 94—2008)第5.8.4条。$l_c/b=10/0.5=20$，查表得稳定系数$\varphi=0.75$。

12.［答案］C

［依据］《建筑桩基技术规范》(JGJ 94—2008)第6.4.1条～第6.4.13条条文说明，长螺旋钻孔压灌桩成桩属于非挤土成桩工艺，适用于地下水位以上的黏性土、粉土、素填土、中等密实以上的砂土，选项A、B错误；附录A表A.0.1，长螺旋钻孔灌注桩属于干作业成桩的一种工艺，无须泥浆护壁，选项C正确；第6.4.4条，混凝土坍落度为180～220mm，选项D错误。

13.［答案］D

［依据］《建筑桩基技术规范》(JGJ 94—2008)第5.3.10条条文说明。桩端、桩侧后注浆是增强端阻和侧阻的一种手段，浆液在不同桩端和桩侧土层中的扩散和加固机理不尽相同，总的变化和土类有关，粗粒土的增幅高于细粒土的增幅，选项D正确；后注浆并不能改变桩的承载特性，摩擦灌注桩桩端后注浆后还是摩擦灌注桩，端承灌注桩桩侧后注浆后还是端承桩，选项A、B错误；无论是否后注浆，灌注桩侧阻力都先于端阻力发挥，选项C错误。

14.［答案］D

［依据］《建筑桩基技术规范》(JGJ 94—2008)第4.2.1条第2款，高层建筑平板式和梁板式筏形承台的最小厚度不应小于400mm，墙下布桩的剪力墙结构筏形承台的最小厚度不应小于200mm，选项A错误，选项D正确；第4.2.1条第1款，柱下独立桩基承台的最小宽度不应小于500mm，对于墙下条形承台梁，承台的最小厚度不应小于300mm，选项B、C错误。

15.［答案］B

【依据】《铁路路基支挡结构设计规范》(TB 10025—2019)第13.2.7条及条文说明，滑体为砾石类土或块石类土时，下滑力采用三角形分布；滑体为黏性土时，采用矩形分布；介于二者之间采用梯形分布。故选项B正确。

16.【答案】C

【依据】《公路路基设计规范》(JTG D30—2015)附录H表H.0.1-2。偶然荷载包括地震作用力，滑坡、泥石流作用力和作用于墙顶护栏上的车辆碰撞力，选项C不是偶然荷载。

17.【答案】A

【依据】反滤层可起到滤土、排水的作用，反滤层是由2～4层颗粒大小不同的砂、碎石或卵石等材料做成的，顺渗流的方向颗粒由细到粗逐渐增大，图中渗流方向为从左到右，则填筑粒径依次为砂→砾→碎石，选项A正确。

18.【答案】C

【依据】路堤自身已经压实，一般不会发生滑动；细砂层若发生滑动，一般为直线形滑动，不会是圆弧滑动面；由于②层淤泥质土较软弱，在路堤自重作用下容易发生剪切破坏，较①黏性土更容易发生滑动。

19.【答案】B

【依据】贴坡排水，其浸润线应与坡面相交，棱体排水，其浸润线下段不应该是直线，直立排水，其浸润线应在排水体处急剧下降，从图中浸润线看，最有可能的是褥垫排水，属于坝内排水的水平排水，褥垫排水层深入坝体内部，降低坝体的浸润线。

20.【答案】D

【依据】《铁路路基设计规范》(TB 10001—2016)第13.2.9条第2款，选项A符合；第13.2.10条第1款，选项B符合；第7款，选项C符合；第13.2.5条第2款，沟底纵坡不宜小于2‰，对沟底宽度没有要求，选项D不符合。

21.【答案】B

【依据】《铁路路基支挡结构设计规范》(TB 10025—2019)第10.1.1条，选项A、C、D错误，选项B正确。

22.【答案】D

【依据】《土工合成材料应用技术规范》(GB/T 50290—2014)第4.2.3条，土工织物的渗透系数与被保护土的渗透系数比值应大于10，选项A错误；第4.2.4条第2款，GR≤3，选项B错误；第4.2.2条，比值应为1或1.8，选项C错误；第4.3.2条第3款，选项D正确。

23.【答案】D

【依据】《湿陷性黄土地区建筑标准》(GB 50025—2018)第4.3.6条第3款，选项A正确；第4.3.7条第3款，选项B正确；第6款，选项C正确；第4.31条第5款，稳定标准为每小时的下沉量不大于0.01mm，选项D错误。

24.【答案】C

［**依据**］选项A，这种情形是最典型的滑坡，往往会经历蠕滑、滑动、剧滑和稳定四个阶段；选项B，一般出现在路基边坡施工中，坡脚抗滑部分一旦被开挖，立即发生顺层破坏，即剧滑；选项C，这种堆积层滑坡，且其滑面倾角平缓，其变形以蠕变为主，变形较为缓慢，选项C正确；选项D，楔形体滑坡是岩质边坡破坏的最常见类型，是有两个或两个以上的结构面与临空面切割岩体形成的多面状块体，规模一般较小，不容易发生剧滑。

25.［**答案**］B

［**依据**］《盐渍土地区建筑技术规范》(GB/T 50942—2014)第2.1.11条～第2.1.13条，温度应为20℃，选项B正确。

26.［**答案**］D

［**依据**］《盐渍土地区建筑技术规范》(GB/T 50942—2014)第4.4.2条条文说明第3款。

27.［**答案**］C

［**依据**］《湿陷性黄土地区建筑标准》(GB 50025—2018)第5.1.2条第3款。

28.［**答案**］D

［**依据**］《工程地质手册》(第五版)第526页第6条。

29.［**答案**］B

［**依据**］《岩土工程勘察规范》(GB 50021—2001)(2009年版)第6.3.1条及附录A。该土可以初步定为软土，有机质含量8%，为有机质土，含水量大于液限，孔隙比大于1.5，为淤泥，选项B正确。

30.［**答案**］C

［**依据**］《工程地质手册》(第五版)第647页。根据"土洞的成因分类"中的分析，可知选项C正确。

31.［**答案**］A

［**依据**］在干燥少雨的条件下，由于蒸发量大，水分不断减少，盐类析出，胶体凝结，产生了加固黏聚力，盐类逐渐浓缩沉淀形成胶结物，随着含水量的逐渐减少土颗粒间的分子引力以及结合水和毛细水的联结力逐渐增大，形成了以粗粉粒为主体的多孔隙及大孔隙结构。当黄土浸水时，结合水膜增厚楔入颗粒之间，结合水联结消失，盐类溶于水中，骨架强度降低，在上覆土自重压力或自重压力与附加压力作用下，其结构迅速破坏，导致湿陷下沉。

32.［**答案**］C

［**依据**］《岩土工程勘察规范》(GB 50021—2001)(2009年版)第12.2.5条，选项A、B、C成反比关系，选项D成正比关系，故选项C错误。

33.［**答案**］D

［**依据**］推移式滑坡是上部先滑动，挤压下部引起变形和蠕动，推移式滑坡的主要诱

发因素有多种,如坡体上方堆载、坡体后缘因暴雨充水,自重增大,下滑力增大,选项 D 正确;而选项 B、C 均为牵引式滑坡的诱发因素。

34.**[答案]** C

[依据]《湿陷性黄土地区建筑标准》(GB 50025—2018)表 6.1.11,选项 A、B、D 均为湿陷性黄土地基处理的常用方法。

35.**[答案]** B

[依据]《建筑安装工程费用项目组成》(建标〔2013〕44 号),安全施工所需费用包含在措施项目费中。

36.**[答案]** C

[依据]《中华人民共和国建筑法》第三十二条。

37.**[答案]** C

[依据]《建设工程质量管理条例》第六十三条。

38.**[答案]** C

[依据]《建设工程质量管理条例》第十条,选项 A、B 正确;第十五条,选项 C 错误。《房屋建筑和市政基础设施工程施工图设计文件审查管理办法》第九条,选项 D 正确。

39.**[答案]** D

[依据]《建筑工程五方责任主体项目负责人质量终身责任追究暂行办法》第十条,选项 A、B、C 正确;选项 D 错误。

40.**[答案]** A

[依据]《房屋建筑和市政基础设施工程施工图设计文件审查管理办法》第七条,审查人员应有 15 年以上所需专业勘察、设计工作经历。

41.**[答案]** BCD

[依据] 主裙楼减小差异沉降的措施是减小高层沉降或增大低层沉降。《建筑地基基础设计规范》(GB 50007—2011)第 8.4.20 条第 2 款,当高层建筑基础面积满足地基承载力和变形要求时,后浇带宜设置在与高层建筑相邻裙房的第一跨内。当需要满足高层建筑地基承载力、降低高层建筑沉降量、减小高层建筑与裙房的沉降差而增大高层建筑基础面积时,后浇带可设置在距主楼边柱的第二跨内,选项 A 错误;采用独立基础可以增大裙房沉降量,减小差异沉降,选项 D 正确;第 8.4.21 条,增加筏板配筋和厚度能够增大刚度,改善基础的差异沉降和内力分布,有利于控制基础差异沉降,但容易增加筏板的局部内力,选项 C 正确;人为合理地调整地基土的刚度使其在平面内变化,降低地基承载力和刚度可以增大裙房沉降,减小差异沉降,相当于桩基中的变刚度调平设计,选项 B 正确。

注:实际工程中,没有人会把地基承载力降低,此题似乎是为了出题而出题。

42.【答案】BD

【依据】根据土力学内容，太沙基极限承载力理论假定：①均质地基、条形基础作用均布压力，地基破坏形式为整体剪切破坏；②基础底面粗糙，即基础底面与土之间有摩擦力；③当基础有埋深时，基底面以上两侧土体用均布超载来代替。条形基础均布压力属于平面应变问题，选项A、C符合，选项B不符合；普朗特极限承载力公式假定基底下的土为无重量介质，选项D不符合。

43.【答案】AB

【依据】《建筑地基基础设计规范》(GB 50007—2011)第5.2.7条。规范根据大量的试验研究并参照双层地基中附加应力分布的理论解答，提出了扩散角原理的简化计算方法，即当持力土层与软弱下卧层土的压缩模量比值 $E_{s1}/E_{s2} \geqslant 3$ 时，假定基底处的附加应力按某一角度向下扩散，并均匀分布在较大面积的软弱下卧土层上。由基底附加压力与软弱下卧层顶面处扩散面积上的附加应力相等的条件，得到了规范的计算公式，选项A、B正确；持力层压缩模量越高，压力扩散角越大，应力扩散得越快，扩散到软弱下卧层顶面的附加应力越小，选项C错误；软弱下卧层承载力特征值只进行深度修正，不进行宽度修正，选项D错误。

44.【答案】BD

【依据】《建筑地基基础设计规范》(GB 50007—2011)第5.2.4条，深宽修正系数是按基础底面以下土的类别查表选用的，选项A错误，选项B正确；表5.2.4，换填法地基处理不进行宽度修正，只进行深度修正，选项C错误；深度修正时采用的土的重度为基底以上的加权平均重度，选项D正确。

45.【答案】AB

【依据】《建筑地基基础设计规范》(GB 50007—2011)第5.2.5条及土力学知识。饱和软黏土在快速加载情况下其摩擦角为零，查表5.2.5，$M_b=0$，因此与基础宽度无关，选项A不产生影响。根据理论公式可知基底以上土的重度、基础埋深均对地基承载力有影响，而承载力为土体固有的性质，与荷载的大小无关。

46.【答案】ABD

【依据】《建筑桩基技术规范》(JGJ 94—2008)表6.2.4。群桩基础中的边桩，桩位允许偏差为 $d/6$ 且不大于100mm，选项C错误。

47.【答案】AC

【依据】《建筑桩基技术规范》(JGJ 94—2008)第6.3.1条，泥浆主要的作用为护壁，通过侧向泥浆压力达到护壁的作用，选项A正确；以砂土为主的地层无法自行造浆，选项B错误；第6.3.2条第1款，选项D错误；提升钻具时，会带出一部分泥浆，因此每次提升钻头时，应及时向孔内补充泥浆，以保证孔内泥浆高度，选项C正确。

48.【答案】AB

【依据】《建筑桩基技术规范》(JGJ 94—2008)第6.2.3条第1款，选项A正确；第2款，选项B正确。端承摩擦桩、摩擦端承桩必须保证设计桩长及桩端进入持力层深度，选项 C、D 错误。

49.［答案］ABD

［依据］《建筑桩基技术规范》(JGJ 94—2008)第 6.6.6 条，人工挖孔桩混凝土护壁应配置直径不小于 8mm 的构造钢筋，选项 A 错误；第 6.6.14 条，当渗水量过大时，严禁在桩孔中边抽水边开挖，选项 B 错误；第 6.6.4 条，扩底桩灌注混凝土时，第一次应灌注到扩底部位的顶面，随即振捣密实，选项 D 错误；浇筑桩顶以下 5m 范围内混凝土时，应随浇筑随振捣，每次浇筑高度不得大于 1.5m，选项 C 正确。

50.［答案］BD

［依据］《建筑桩基技术规范》(JGJ 94—2008)第 4.1.5 条，预制桩混凝土强度不低于 C30，选项 A 错误；第 7.1.6 条，浇筑时从桩顶开始灌注，选项 C 错误；选项 B、D 正确，为常识。

51.［答案］AD

［依据］《建筑桩基技术规范》(JGJ 94—2008)第 2.1.5 条，选项 A 正确；第 5.5.14 条，桩距大于 6 倍桩径，选项 B 错误；第 5.6.2 条，减沉复合疏桩基础的沉降等于承台底地基土在附加压力作用下产生的沉降与桩土相互作用产生的沉降之和，选项 C 错误；第 5.6.1 条，选项 D 正确。

52.［答案］ABD

［依据］《建筑桩基技术规范》(JGJ 94—2008)第 4.1.1 条第 1、3 款，抗压桩和抗拔桩，纵向主筋不少于 6 和 10，配筋率为 0.2%～0.65%，小直径取高值，大直径取低值，800mm 为大直径桩，配 8 根 20mm 钢筋，配筋率为 $8\times3.14\times10^2/(3.14\times400^2)=0.5\%$，满足要求，选项 A 正确；第 2 款，桩端为中风化花岗岩，近似认为端承桩，通长配筋，选项 B 正确；第 4.1.2 条第 1 款，桩身混凝土强度等级不低于 C25，选项 C 错误；第 2 款，混凝土主筋的保护层厚度不小于 35mm，水下灌注桩保护层厚度不小于 50mm，选项 D 正确。

53.［答案］BC

［依据］土工格栅加固地基主要是依靠土工格栅与土之间的摩擦与侧向约束、格栅网眼对土的锁定作用和土对格栅肋条的被动阻抗作用实现的，土工格栅的拉力在施工期近似线性增长，与堆载有关，而施工期结束后，拉力不断减小，则说明该填方路堤并未因发生滑动破坏致使筋材发生破坏，此时筋材的蠕变不会大于土的蠕变，选项 A 错误；就软土路基来说，由于软土地基固结的作用，一般中心沉降大，而使得中部上覆填土发生差异变形，而使得筋材受力松弛，筋材拉力减小，选项 B、C 正确；路堤上车辆的反复荷载，对筋材的拉力的作用影响一般不大，选项 D 错误。

54.［答案］ACD

［依据］《建筑边坡工程技术规范》(GB 50330—2013)第 4.3.5 条，选项 D 正确；第 4.3.7 条第 2、3 款，饱和软黏土为三轴不固结不排水试验指标，选项 B 错误，选项 A、C 正确。

55.［答案］AC

［依据］《碾压式土石坝设计规范》(DL/T 5395—2007)第7.7.1条第3款，选项A正确；第7.7.5条条文说明，设置竖向排水的目的是使透过坝体的水通过它排至下游，保持坝体干燥，有效降低坝体浸润线，防止渗透水在坝坡溢出，选项C正确；竖向排水做成向上游或下游倾斜的形式，选项B错误；第7.7.8条条文说明，贴坡排水不能降低浸润线。

56.［答案］AB

［依据］《碾压式土石坝设计规范》(DL/T 5395—2007)第10.1.1条，选项A、B正确；第10.1.3条，宜采用渗透系数大值的平均值，选项C错误；第10.1.7条第2款，如下卧土层较厚，且其渗透系数小于上覆土渗透系数的1/100时，该层可视为相对不透水层，选项D错误。

57.［答案］BD

［依据］《公路路基设计规范》(JTG D30—2015)第5.3.1条表5.3.1，选项B、D正确；植被防护允许流速为1.2～1.8m/s，土工模袋允许流速为2～3m/s，选项A、C错误。

58.［答案］CD

［依据］《建筑地基基础设计规范》(GB 50007—2011)附录G表G.0.1，黏性土的冻胀性与冻前天然含水量和塑性含水量有关，选项C、D正确。

59.［答案］ABC

［依据］《公路路基设计规范》(JTG D30—2015)第7.3.3条，规模较小的危岩崩塌体，可采取清除、支挡、挂网锚喷等处理措施，也可采用柔性防护系统或设置拦石墙、落石槽等构造物；《工程地质手册》(第五版)第681页，危岩可采用挡石墙、拦石网等被动防护措施和支撑、锚固等主动防护措施，选项A、B、C正确。裂隙面压力注浆也可以处理危岩，是一种辅助工法，需要和其他加固措施一起使用。

60.［答案］AB

［依据］《工程地质手册》(第五版)第698页，选项A、B正确；矿层埋深大，地表变形小，选项C错误；矿层上覆岩层厚度大，地表变形小，选项D错误。

61.［答案］ABD

［依据］《工程地质手册》(第五版)第693页，选项A、B、D正确；泥石流堆积物无分选或分选差，颗粒大小悬殊，堆积物无层次，可见泥包砾和泥球，选项C错误。

62.［答案］BCD

［依据］《工程地质手册》(第五版)第555页，选项B、C、D正确；初始含水量与膨胀后含水量差值越大，土的膨胀量越大，选项A错误。

63.［答案］BC

［依据］根据土力学知识，砂土土坡稳定性系数$K=\tan\varphi/\tan\beta$，因此稳定系数与砂土的内摩擦角和坡角有关，选项B正确；当坡面有地下水逸出时，坡内会因此产生动水压

力，其方向指向滑动方向，对稳定不利，选项 C 正确。

64.[**答案**] BD

[**依据**]《公路工程地质勘察规范》(JTG C20—2011)第 8.1.6 条第 2 款，湿陷性黄土钻孔中竖向间距为 1.0m，选项 A 错误；第 8.2.10 条第 3 款，季节性冻土中的取样间距宜为 0.5m，选项 B 正确；第 8.3.9 条第 2 款，膨胀土在大气影响层深度范围内，取样间距为 1.0m，选项 C 错误；第 8.4.7 条第 3 款，盐渍土取样应自地表往下逐段连续采集，深度分别为 0～0.05m，0.05～0.25m，0.25～0.5m，0.5～0.75m，0.75～1.0m，选项 D 正确。

65.[**答案**] ACD

[**依据**]《中华人民共和国招标投标法》第二十二条，选项 A 错误；第三十六条，选项 B 正确；第三十七条，选项 C 错误；第四十四条，选项 D 错误。

66.[**答案**] AD

[**依据**]《建设工程勘察设计管理条例》第二十八条。

67.[**答案**] ACD

[**依据**]《勘察设计注册工程师管理规定》第二十九条。

68.[**答案**] AC

[**依据**]《中华人民共和国民法典》第七百九十八条，选项 A 正确；第八百零三条，选项 B 错误；第八百零四条，选项 C 正确；第八百零七条，选项 D 错误。

69.[**答案**] ABD

[**依据**]《建设工程安全生产管理条例》第四十三条。

70.[**答案**] BCD

[**依据**]《中华人民共和国招标投标法》第五十三条，选项 B、C 正确；第五十四条，选项 D 正确。

2018年专业知识试题(上午卷)

一、单项选择题(共40题，每题1分。每题的备选项中只有一个最符合题意)

1.某土样三次密度试验值分别为1.70g/cm³、1.72g/cm³、1.77g/cm³，按《土工试验方法标准》(GB/T 50123—2019)，其试验成果应取下列哪一项？（　　）

(A)1.70g/cm³　　(B)1.71g/cm³

(C)1.72g/cm³　　(D)1.73g/cm³

2.在岩层中布置跨孔法测定波速时，其测试孔与振源孔间距取值最合适的是下列哪一项？（　　）

(A)1～2m　　(B)2～5m

(C)5～8m　　(D)8～15m

3.下列几种布置方法中，测定地下水流速最合理的是哪一项？（　　）

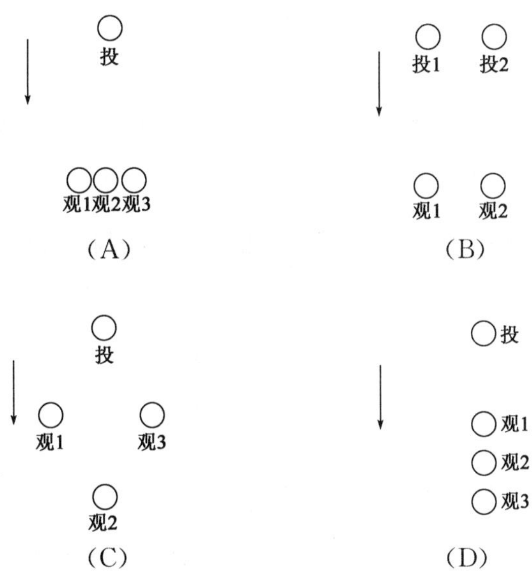

注：○投-投剂孔　○观-观测孔　→ 地下水流向

4.关于中等风化岩石的地基承载力深度修正，按《建筑地基基础设计规范》(GB 50007—2011)的规定，下列哪个选项的说法是正确的？（　　）

(A)埋深从室外地面标高算起　　(B)埋深从室内地面标高算起

(C)埋深从天然地面标高算起　　(D)不修正

5. 某沿海地区一多层安置房工程详细勘察，共布置了60个钻孔，20个静探孔，问取土孔的数量最少不小于下列哪个选项？（　　）

(A)20个　　(B)27个
(C)34个　　(D)40个

6. 某土样进行固结快剪试验，其内聚力 $c=17\text{kPa}$，内摩擦角 $\varphi=29.6°$，以下最有可能错误的选项是哪一项？（　　）

(A)该土样是软土层样
(B)该土样塑性指数小于10
(C)该土样压缩模量 E_{s1-2} 大于5.0MPa
(D)可用厚壁敞口取土器取得该土样的Ⅱ级样品

7. 采用现场直接剪切试验测定某场地内强风化砂泥岩层的抗剪强度指标，按《岩土工程勘察规范》(GB 50021—2001)(2009年版)要求，每组岩体不宜少于多少个？

（　　）

(A)3　　(B)4　　(C)5　　(D)6

8. 某城市地铁勘察时，要求在饱和软黏土层取Ⅰ级土样，采用下列哪一种取土器最为合适？（　　）

(A)回转取土器　　(B)固定活塞薄壁取土器
(C)厚壁敞口取土器　　(D)自由活塞薄壁取土器

9. 下列关于土的变形模量和压缩模量的试验条件的描述，哪个选项是正确的？

（　　）

(A)变形模量是在侧向无限变形条件下试验得出的
(B)压缩模量是在单向应力条件下试验得出的
(C)变形模量是在单向应变条件下试验得出的
(D)压缩模量是在侧向变形等于零的条件下试验得出的

10. 下列哪个选项的地球物理勘探方法适用于测定地下水流速和流向？（　　）

(A)自然电场法　　(B)探地雷达法
(C)电视测井法　　(D)波速测试法

11. 工程中要采Ⅰ级土样，若在套管钻孔中取样，按《建筑工程地质勘探与取样技术规程》(JTJ/T 87—2012)的要求，其位置应取下列哪个选项？（　　）

(A)在套管底部
(B)大于套管底端以下1倍管径的距离

(C)大于套管底端以下 2 倍管径的距离

(D)大于套管底端以下 3 倍管径的距离

12. 关于波速测试，下列说法正确的是哪个选项？（　　）

(A)压缩波的波速比剪切波慢，剪切波为初至波

(B)压缩波传播能量衰减化剪切波慢

(C)正反向锤击木板两端得到的剪切波波形相位差 180°，而压缩波不变

(D)在波形上，以剪切波为主的幅度小，频率高

13. 在峡谷河流坝址实施可行性勘察，覆盖层厚度为 45m，拟建水库坝高 90m，下列勘探深度最合适的是哪个选项？（　　）

(A)65m　　(B)80m　　(C)90m　　(D)100m

14. 据《建筑结构荷载规范》(GB 50009—2012)规定，进行工程结构设计时，可变荷载标准值由设计基准期内最大荷载统计分布的特征值确定，此设计基准期为以下哪个选项？（　　）

(A)30 年　　(B)50 年

(C)70 年　　(D)100 年

15. 根据《建筑桩基技术规范》(JTJ 94—2008)规定，进行抗拔桩的裂缝宽度计算时，对于上拔荷载效应组合，以下哪个选项是正确的？（　　）

(A)承载能力极限状态下荷载效应的基本组合

(B)正常使用极限状态下荷载效应的准永久组合，不计风荷载和地震荷载作用

(C)正常使用极限状态下荷载效应的频遇组合

(D)正常使用极限状态下荷载效应的标准组合

16. 据《建筑结构荷载规范》(GB 50009—2012)，下列关于荷载的论述中，哪个选项是错误的？（　　）

(A)一般构件的单位自重可取其平均值

(B)自重变异较大的构件，当自重对结构不利时，自重标准值取其下限值

(C)固定隔墙的自重可按永久荷载考虑

(D)位置可灵活布置的隔墙自重应按可变荷载考虑

17. 某饱和软土地基采用预压法处理。若在某一时刻，该软土层的有效应力图形面积是孔隙水压力图形面积的 3 倍，则此时该软土层的平均固结度最接近下列何值？（　　）

(A)50%　　(B)67%　　(C)75%　　(D)100%

18. 某黏性土场地，地基强度较低，采用振冲法处理，面积置换率为 35%，处理前黏性土的压缩模量为 6MPa，按《建筑地基处理技术规范》(JTG 79—2012)处理后复合土层的压缩模量最接近下列哪个选项？(假设桩土应力比取 4，处理前后桩间土天然地基承载力不变)　(　　)

(A)8.1　(B)10.2　(C)12.3　(D)14.4

19. 饱和软黏土地基，采用预压法进行地基处理时，确定砂井深度可不考虑的因素是下列哪个选项？　(　　)

(A)地基土最危险滑移面(对抗滑稳定性控制的工程)
(B)建筑物对沉降的要求
(C)预压荷载的大小
(D)压缩土层的厚度

20. 已知某大面积堆载预压工程地基竖向排水平均固结度为 20%，径向排水平均固结度为 40%，则该地基总的平均固结度为下列哪个选项？　(　　)

(A)45%　(B)52%　(C)60%　(D)80%

21. 下列关于高压喷射注浆论述中，正确的是哪个选项？　(　　)

(A)双管法是使用双通道注浆管，喷出 20MPa 的高压空气和 0.7MPa 的水泥浆液形成加固体
(B)多管法是使用多通道注浆管，先喷出 0.7MPa 空气，再喷出 40MPa 高压水泥浆液和水，并抽出泥浆，形成加固体
(C)单管法是使用 20MPa 高压水喷射切削后，将浆液从管中抽出，再同步喷射水泥浆液，形成加固体
(D)三管法是使用水、气、浆三通道注浆管，先喷出 0.7MPa 空气和 20MPa 的水，再喷出 2～5MPa 水泥浆液，形成加固体

22. 某非饱和砂性土地基，土的孔隙比为 1，现拟采用注浆法加固地基，要求浆液充填率达到 50%，则平均每立方米土体的浆液注入量最接近哪个选项？　(　　)

(A)0.1m^3　(B)0.25m^3　(C)0.4m^3　(D)0.5m^3

23. 根据《土工合成材料应用技术规范》(GB/T 50290—2014)，土工织物用作反滤和排水时，下列说法正确的是哪个？　(　　)

(A)用作反滤作用的无纺土工织物单位面积质量不应小于 300g/m^2
(B)土工织物应符合防堵性、防渗性和耐久性设计要求
(C)土工织物的保土性与土的不均匀系数无关
(D)土工织物的导水率与法向应力下土工织物的厚度无关

24. 关于软土地基进行预压法加固处理的说法,以下正确的选项是哪个? ( )

(A)采用超载预压时,应设置排水竖井
(B)堆载预压多级加载时,各级加载量的大小应相等
(C)当预压地基的固结度、工后沉降量符合设计要求时,可以卸载
(D)地基处理效果的检验可采用重型圆锥动力触探试验

25. 下列关于地连墙与主体结构外墙结合,正确的说法是哪个选项? ( )

(A)当采用叠合墙形式时,地连墙不承受主体结构自重
(B)当采用复合墙形式时,衬墙不承受永久使用阶段水平荷载作用
(C)当采用单一墙形式时,衬墙不承受永久使用阶段地下水压力
(D)以上说法都不对

26. 某基坑桩-混凝土支撑支护结构,支撑的另一侧固定在可以假定为不动的主体结构上,支撑上出现如图所示单侧斜向贯通裂缝,下列原因分析中哪个选项是合理的?
( )

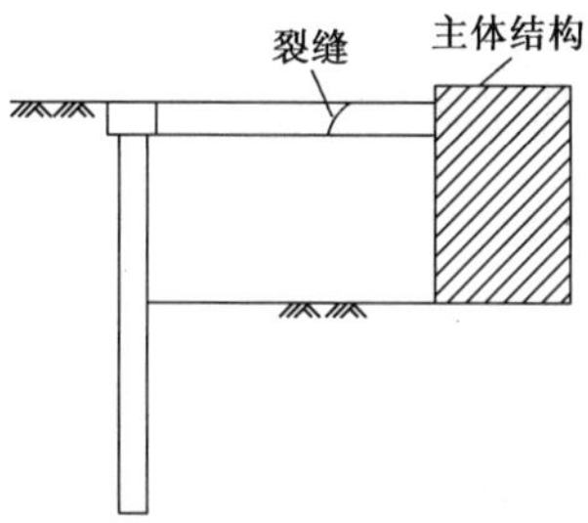

题 26 图

(A)支护结构沉降过大 (B)支撑轴力过大
(C)坑底土体隆起,支护桩上抬过大 (D)支护结构向坑外侧移过大

27. 在均质、一般黏性土深基坑支护工程中采用预应力锚杆,下列关于锚杆非锚固段说法正确的选项是哪个? ( )

(A)预应力锚杆非锚固段长度与围护桩直径无关
(B)土性越差,非锚固段长度越小
(C)锚杆倾角越大,非锚固段长度越大
(D)同一断面上排锚杆非锚固段长度不小于下排锚杆非锚固段长度

28. 修建于Ⅴ级围岩中的深埋公路隧道,下列哪个选项是长期作用于隧道上的主要荷载? ( )

(A)围岩产生的形变压力 (B)围岩产生的松散压力
(C)支护结构的自重力 (D)混凝土收缩和徐变产生的压力

29. 某铁路一段棚式明洞采用T形截面盖板以防落石，内边墙采用钢筋混凝土墙式构件，外侧支撑采用柱式结构。下列哪个选项不满足《铁路隧道设计规范》(TB 10003—2016)的要求？ ( )

(A)外侧基础深度在路基面以下3.0m，设置横向拉杆、纵撑与横撑

(B)内边墙衬砌设计考虑了围岩的弹性反力作用时，其背部超挖部位用砂石回填

(C)当有落石危害需检算冲击力时，对于明洞顶回填土压力计算，可只计洞顶设计填土重力(不包括坍方堆积土石重力)和落石冲击力的影响

(D)明洞顶部回填土的厚度2.0m，坡率1∶1.5

30. 建筑基坑工程中，关于预应力锚杆锁定时的拉力值，下列选项中哪个正确？ ( )

(A)锚杆的拉力值宜小于锁定值的0.9倍

(B)锚杆的拉力值宜为锁定值的1.0倍

(C)锚杆的拉力值宜为锁定值的1.1倍

(D)锚杆的拉力值宜为锁定值的1.5倍

31. 某公路隧道采用钻爆法施工，施工期遭遇Ⅲ级岩爆，下列哪项施工措施不能有效防治岩爆？ ( )

(A)减缓施工进度，采用短进尺掘进

(B)采用分部或超前导洞开挖，扩大开挖规模

(C)采用钻孔应力解除法，提前释放局部应力

(D)洞室开挖后及时进行挂网喷锚支护

32. 根据《公路工程抗震规范》(JTG B02—2013)的有关规定，下列阐述错误的是哪个选项？ ( )

(A)当路线难以避开不稳定的悬崖峭壁地段时，宜采用隧道方案

(B)当路线必须平行于发震断裂带布设时，宜布设在断裂带的上盘

(C)当路线必须穿过发震断裂带时，宜布设在破碎带较窄的部位

(D)不宜在地形陡峭、岩体风化、裂缝发育的山体修建大跨度傍山隧道

33. 下列关于地震波的描述，哪个选项是错误的？ ( )

(A)纵波传播速度最快，能在固体、液体或气体中传播，但对地面破坏性相对较弱

(B)横波传播速度仅次于纵波，只能在固体中传递，对地面产生的破坏性最强

(C)面波是纵波与横波在地表相遇后激发产生的混合波，既能沿地球表面传播，也能穿越岩层介质在地球内部传播

(D)面波是弹性波，只能沿地球表面传播，振幅随深度增加而逐渐减小至零

34.某建筑场地地震基本烈度为7度，则其第三水准烈度为下列哪一项？（　　）

(A)7度弱　　(B)7度强

(C)8度弱　　(D)8度强

35.在非液化土中低承台桩基单桩水平向抗震承载力验算时，其特征值取下列哪一项？（　　）

(A)非抗震设计时的值

(B)非抗震设计时提高25%的值

(C)非抗震设计时降低25%的值

(D)依据抗震设防烈度及建筑物重要性取用不同的值

36.某建筑工程采用天然地基，地基土为稍密的细砂，经深宽修正后其地基承载力特征值为180kPa，则在地震作用效应标准组合情况下，基础边缘最大压力允许值为下列哪个选项？（　　）

(A)180kPa　　(B)198kPa

(C)238kPa　　(D)270kPa

37.某公路路堤，高度10m，在进行抗震稳定性验算时，下列说法中哪个选项是正确的？（　　）

(A)应考虑垂直路线走向的水平地震作用和竖向地震作用

(B)应考虑平行路线走向的水平地震作用和竖向地震作用

(C)只考虑垂直路线走向的水平地震作用

(D)只考虑竖向地震作用

38.对某40m长灌注桩在30m深度进行自平衡法检测单桩竖向抗压承载力，下列桩身轴力沿深度变化曲线合理的是哪个选项？（　　）

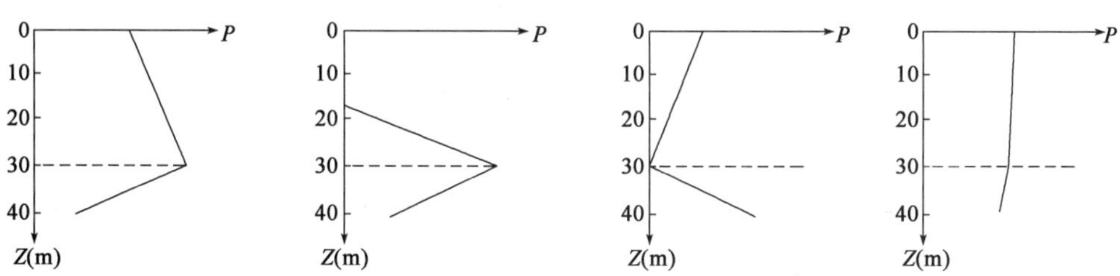

(A)　　(B)　　(C)　　(D)

39.某一级建筑基坑采用截面尺寸800mm×700mm的钢筋混凝土内支撑，混凝土强度等级为C30，不考虑钢筋抗压作用，内支撑稳定系数按1.0考虑，则该内支撑轴力监测报警值设置合理的是下列哪个选项？（　　）

(A)5000kN　　(B)6000kN

(C)8000kN　　(D)10000kN

40. 当采用钻孔取芯法对桩身质量进行检测时，下列说法正确的是哪个选项？（　　）

(A)混凝土芯样破坏荷载与其面积比为该样混凝土立方体抗压强度值

(B)桩底岩芯破坏荷载与其面积比为岩石抗压强度标准值

(C)桩底岩石芯样高径比为2.0时不能用于单轴抗压强度试验

(D)芯样端面硫黄胶泥补平厚度不宜超过1.5mm

二、多项选择题(共30题，每题2分。每题的备选项中有两个或三个符合题意，错选、少选、多选均不得分)

41. 某混合土勘察时，下列哪几项做法是符合规范要求的？（　　）

(A)除采用钻孔外，还布置了部分探井

(B)布置了现场静载试验，其承压板采用边长为1.0m的方形板

(C)采用动力触探试验并用探井验证

(D)布置了一定量的颗粒分析试验并要求每个样品数量不少于500g

42. 图示为不同土类的无侧限抗压强度试验曲线，哪几个点所对应的值为土的无侧限抗压强度？（　　）

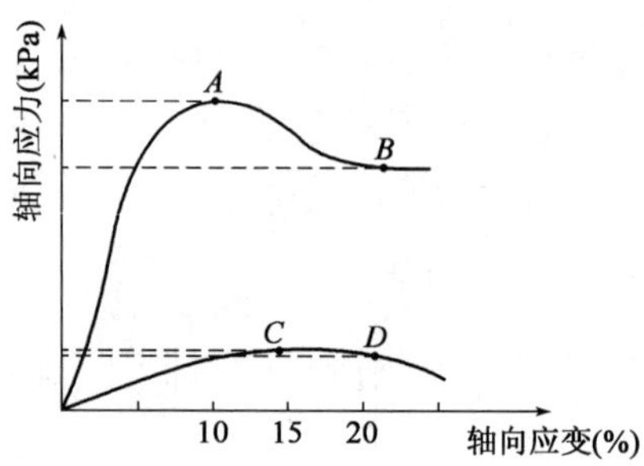

题42图

(A)A　　(B)B

(C)C　　(D)D

43. 按《盐渍土地区建筑技术规范》(GB/T 50942—2014)要求进行某工程详细勘察时，下列哪些选项是正确的？（　　）

(A)每幢独立建(构)筑物的勘探点不应少于3个

(B)取不扰动土试样时，应从地表开始，10m深度内取样间距为2.0m，10m以下为3.0m

(C)盐渍土物理性质试验时，应分别测定天然状态和洗除易溶盐后的物理性指标

(D)勘察深度范围内有地下水时，应取地下水试样进行室内试验，取样数量每一建筑场地不少于2件

44. 按现行《岩土工程勘察规范》(GB 50021—2001)(2009年版)，下列哪几项岩土工程勘察等级为乙级？ ( )

(A)36层住宅，二级场地，二级地基
(B)17层住宅，二级场地，三级地基
(C)55层住宅，三级场地，三级岩质地基
(D)18层住宅，一级场地，三级岩质地基

45. 关于地下水运动，下列说法正确的是哪些选项？ ( )

(A)渗流场中水头值相等的点构成的面为等水头面
(B)等水头面是平面，不可以是曲面
(C)流线与迹线不同，是表示同一时刻不同液流质点的连线，且各质点的渗透速度矢量均和该线垂直
(D)在均质各向同性含水层中，等水头线与流线正交

46. 在岩土工程勘察外业过程中，应特别注意钻探安全，下列哪些操作符合相关规定？ ( )

(A)海上能见度小于100m时，交通船不得靠近钻探船只
(B)浪高大于2.0m时，勘探作业船舶和水上勘探平台等漂浮钻场可进行勘探作业
(C)在溪沟边钻探，接到上游洪峰警报后，立即停止作业，并撤离现场
(D)5级以上大风时，严禁勘察作业，6级以上大风或接到台风预警信号时，应立即撤船返港

47. 根据《工程结构可靠性设计统一标准》(GB 50153—2008)和《建筑地基基础设计规范》(GB 50007—2011)规定，以下关于设计使用年限描述正确的是哪些选项？ ( )

(A)设计使用年限是指设计规定的结构经大修后可按预定目的使用的年限
(B)地基基础的设计使用年限不应小于建筑结构的设计使用年限
(C)同一建筑中不同用途结构或构件可以有不同的设计使用年限
(D)结构构件的设计使用年限与建筑结构的使用寿命一致

48. 根据《建筑结构荷载规范》(GB 50009—2012)规定，以下作用效应组合中，可用于正常使用极限状态设计计算的是哪些选项？ ( )

(A)标准组合 (B)基本组合
(C)准永久组合 (D)偶然组合

49. 根据《建筑基坑支护技术规程》(JGJ 120—2012)，下列哪些选项应采用设计值进行验算？（　　）

(A)验算锚杆钢筋截面面积时的锚杆轴向拉力

(B)验算锚杆的极限抗拔承载力

(C)验算围护结构配筋时的土压力

(D)验算坑底突涌时的承压水头

50. 根据《建筑地基处理技术规范》(JGJ 79—2012)，以下关于注浆钢管桩的规定，哪些是正确的？（　　）

(A)注浆钢管桩既适用于既有建筑地基的加固补强，也适用于新建工程的地基处理

(B)注浆钢管桩可以用打入或压入法施工，也可以采用机械成孔后植入的方法施工

(C)注浆钢管桩既可以通过底部一次灌浆，也可采用花管多次灌浆

(D)注浆钢管桩可以垂直设置，但不可以像树根桩一样斜桩网状布置

51. 下列地基处理方法中，同时具有提高原地基土密实程度和置换作用的有哪些？（　　）

(A)打设塑料排水带堆载预压法处理深厚软土地基

(B)柱锤冲扩桩法处理杂填土地基

(C)沉管成桩工艺的 CFG 桩处理粉土地基

(D)泥浆护壁成孔砂桩处理黏性土地基

52. 在其他条件不变的情况下，下列关于软土地基固结系数的说法中正确的是哪些选项？（　　）

(A)地基土的灵敏度越大，固结系数越大

(B)地基土的压缩模量越大，固结系数越大

(C)地基土的孔隙比越小，固结系数越大

(D)地基土的渗透系数越大，固结系数越大

53. 换填法中用土工合成材料作为加筋垫层时，下列关于加筋垫层的工作机理的说法中，正确的选项是哪些？（　　）

(A)增大地基土的稳定性

(B)调整垫层渗透性

(C)扩散应力

(D)调整不均匀沉降

54. 采用换填垫层法处理的地基，下列关于其地基承载力的确定或修正的说法中，正确的选项有哪些？（　　）

(A)按地基承载力确定基础底面尺寸时，其基础宽度的地基承载力修正系数取零

(B)垫层的地基承载力宜通过现场静载荷试验确定

(C)处理后的垫层承载力不应大于处理前地基承载力的 1.5 倍

(D)某基槽式换填垫层，采用干密度大于 2100kg/m^3 的级配砂石换填，其基础埋深的修正系数可取 2.0

55. 下列关于注浆地基处理效果的论述，正确的是哪些选项？（　　）

(A)双液注浆与单液注浆相比，可以加快浆液凝结时间，提高注浆效果

(B)影响注浆结石体强度的最主要因素是水泥浆浓度（水灰比）、龄期

(C)劈裂注浆适用于密实砂层，压密注浆适用于松散砂层或黏性土层

(D)渗入灌浆适用于封堵混凝土裂隙，不适用于卵砾石防渗

56. 根据《建筑地基处理技术规范》(JGJ 79—2012)，下列关于堆载预压和真空预压的说法正确的是哪些？（　　）

(A)当建筑物的荷载超过真空预压的压力，或建筑物对地基变形有严格要求时，可采用真空和堆载联合预压，其总压力宜超过建筑物的竖向荷载

(B)堆载预压的加载速率由地基土体的平均变形速率决定

(C)真空预压时，应该根据地基土的强度确定真空压力，不能采取一次连续抽真空至最大压力的加载方式

(D)软土层中含有较多薄粉砂夹层，当固结速率满足工期要求时，可以不设置排水竖井

57. 下列关于含水层影响半径说法，正确的是哪些选项？（　　）

(A)含水层渗透系数越大，影响半径越大

(B)含水层压缩模量越大，影响半径越大

(C)降深越大，影响半径越大

(D)含水层导水系数越大，影响半径越大

58. 根据《建筑基坑支护技术规程》(JGJ 120—2012)，下列哪些选项的内容在基坑设计文件中必须明确给定？（　　）

(A)支护结构的使用年限　　(B)支护结构的水平位移控制值

(C)基坑周边荷载的限值和范围　　(D)内支撑结构拆除的方式

59. 某高速铁路上拟修建一座 3.6km 长的隧道，围岩地下水发育，下列有关隧道防排水设计，哪些选项不符合《铁路隧道设计规范》(TB 10003—2016)的要求？（　　）

(A)隧道内的纵坡设计为单面坡，坡度千分之三

(B)隧道拱墙为一级防水，隧底结构为二级防水

(C)隧道衬砌采用防渗混凝土,抗渗等级 P8

(D)隧道衬砌施工缝、变形缝应采用相应防水措施

60. 关于穿越膨胀性岩土的铁路和公路隧道设计,下列哪些选项符合相关规范要求? ( )

(A)可根据围岩等级分别采用复合式衬砌、喷锚衬砌和整体衬砌结构形式

(B)可采用加密、加长锚杆支护措施,以抵御膨胀压力

(C)隧道支护衬砌应设置仰拱

(D)断面宜采用圆形或接近圆形

61. 已知某围护结构采用 C30 钢筋混凝土支撑,其中某受压支撑截面配筋如图所示,针对图示配筋存在的与相关规范不相符合的地方,下列哪些选项是正确的? ( )

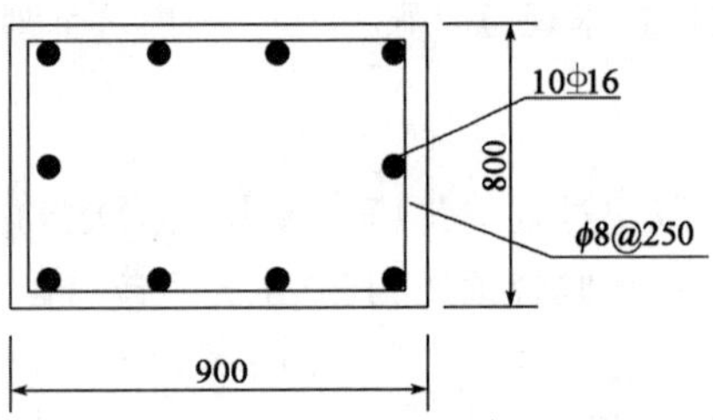

题 61 图

(A)箍筋直径不符合要求

(B)纵筋间距不符合要求

(C)未设置复合箍筋

(D)最小配筋率不符合要求

62. 在某膨胀土场地建设校区,该地区土的湿度系数为 0.7,设计时下列哪些措施符合《膨胀土地区建筑技术规范》(GB 50112—2013)的相关要求? ( )

(A)教学楼外墙基础边缘 5m 范围内不得积水

(B)种植桉树应设置隔离沟,沟与教学楼的距离不应小于 4m

(C)管道距教学楼外墙基础边缘的净距不应小于 3m

(D)种植低矮、蒸腾量小的树木时,应距教学楼外墙基础边缘不小于 2m

63. 下列哪些选项为全部消除建筑物地基液化沉陷的措施? ( )

(A)采用桩基时,桩端深入液化深度以下稳定土层中的长度应按计算确定,且对碎石土,砾、粗、中砂,坚硬黏性土和密实粉土尚不应小于 0.5m,对其他非岩石土尚不应小于 1.5m

(B)采用深基础时,基础底面应埋入液化深度以下的稳定土层中,其深度不应小于 0.5m

(C)采用加密法和换土法处理时,在基础边缘以外的处理宽度不应小于 0.5m

(D)用非液化土替换全部液化土层

64. 下列关于建筑场地地震效应及抗震设计的描述，正确的是哪几项？（　　）

(A)饱和砂土和粉土，当实测标贯击数小于液化判别标贯击数临界值时，应判定为液化土
(B)对于饱和的中、粗砂和砾砂土，可不进行液化判别
(C)非液化土中低承台桩基抗震验算时，其单桩竖向和水平向抗震承载力特征值可比非抗震设计值提高25%
(D)地基液化等级为中等的丁类设防建筑，可不采取抗液化措施

65. 在其他条件相同的情况下，根据标准贯入试验击数进行液化判定，下列哪些选项的表述是正确的？（　　）

(A)地下水埋深越小，液化指数越高
(B)粉土比砂土液化严重
(C)上覆非液化土层越厚，液化程度越轻
(D)粉土黏粒含量越高，液化程度越严重

66. 关于土石坝抗震稳定计算，下列哪些选项的做法符合《水电工程水工建筑物抗震设计规范》(NB 35047—2015)？（　　）

(A)设计烈度为Ⅶ度，坝高160m，同时采用拟静力法和有限元法进行综合分析
(B)覆盖层厚度为50m，同时采用拟静力法和有限元法进行综合分析
(C)采用圆弧法进行拟静力法抗震稳定计算时，不考虑条间作用力的影响
(D)采用有限元法进行土石坝抗震计算时，宜按照材料的非线性动应力－动应变关系，进行动力分析

67. 验算建筑物天然地基的抗震承载力时，正确的做法是下列哪几项？（　　）

(A)地基主要受力层范围内不存在软弱土层的8层且不超过24m的框架住宅可不验算
(B)采用地震作用效应标准组合
(C)地基抗震承载力可取大于深宽修正后的地基承载力特征值
(D)地震作用标准组合的基础边缘最大压力可控制在1.5倍基础地面平均压力内

68. 按照《水电工程水工建筑物抗震设计规范》(NB 35047—2015)进行土石坝抗震设计时，下列抗震措施正确的是哪些选项？（　　）

(A)强震区土石坝采用直线形坝轴线
(B)可选用均匀的中砂作为强震区筑坝材料
(C)设计烈度为Ⅷ度时，堆石坝防渗体可采用刚性心墙的形式
(D)设计烈度为Ⅷ度时，坡脚可采取铺盖或压重措施

69. 超声波在传播过程中遇到桩身混凝土内部缺陷时，超声波仪上会出现哪些现象？ (　　)

(A)波形畸变　　(B)声速提高

(C)声时增加　　(D)振幅增加

70. 钻芯法检测桩身质量时，当锯切后的芯样试件存在轻微不能满足平整度或垂直度要求时，可采用下列哪些材料补平处理？ (　　)

(A)水泥砂浆　　(B)水泥净浆

(C)硫黄　　(D)聚氯乙烯

2018年专业知识试题答案(上午卷)

1.［答案］B

［依据］《土工试验方法标准》(GB/T 50123—2019)第6.2.4条，密度试验应进行两次平行测定，其最大允许平行差值应为±0.03g/cm^3，取两次测值的算术平均值。

2.［答案］D

［依据］《岩土工程勘察规范》(GB 50021—2001)(2009年版)第10.10.3条第2款。

3.［答案］A

［依据］《工程地质手册》(第五版)第1230页，图9-3-2。

4.［答案］D

［依据］《建筑地基基础设计规范》(GB 50007—2011)第5.2.4条表5.2.4。强风化和全风化的岩石，深度修正按风化形成的相应土类取值，其他状态下的岩石不修正。

5.［答案］B

［依据］《岩土工程勘察规范》(GB 50021—2001)(2009年版)第4.1.20条第1款。总勘探孔数量80个，取土试样钻孔不少于勘探孔总数的1/3，即80/3≈27。

6.［答案］A

［依据］根据经验，题目中土样可判定为砂加黏土，而软土层在不排水条件下的抗剪强度较低，最不符合题意。

7.［答案］C

［依据］《岩土工程勘察规范》(GB 50021—2001)(2009年版)第10.9.3条。现场直剪试验每组岩体不宜少于5个，每组土体不宜少于3个。

8.［答案］B

［依据］《岩土工程勘察规范》(GB 50021—2001)(2009年版)第9.4.2条条文说明。固定活塞薄壁取土器取土质量最高。

9.［答案］D

［依据］压缩模量是在无侧向变形条件下得出的(试样横截面积不变)，即三向应力，单向应变；变形模量是侧向自由变形时，土的竖向应力与应变之比，是在单向应力，三向应变条件下得出的。

10.［答案］A

［依据］《工程地质手册》(第五版)第77、78页。选项A可测定地下水活动情况，选项B可探测地下洞穴、构造破裂带、滑坡体，划分地层结构，管线探测等；选项C可确定

钻孔中岩层节理、裂隙、断层、破碎带和软弱夹层的位置及结构面的产状，了解岩溶洞穴情况，检查灌浆质量和混凝土浇筑质量；选项D可测定波速，确定岩体的动弹性参数。

11.【答案】D

【依据】《建筑工程地质勘探与取样技术规程》(JTJ/T 87—2012)第6.1.3条。套管的下设深度与取样位置之间应预留三倍管径以上的距离。

12.【答案】C

【依据】《工程地质手册》(第五版)第306页。压缩波的波速比剪切波快，压缩波为初至波；压缩波传播能量衰减比波剪切波快；在波形上，压缩波幅度小，频率高，剪切波幅度大，频率低。

13.【答案】D

【依据】《水利水电工程地质勘察规范》(GB 50487—2008)第5.4.2条表5.4.2。覆盖层45m，坝高90m，钻孔进入基岩深度大于50m，勘探深度大于45+50=95m。

14.【答案】B

【依据】《建筑结构荷载规范》(GB 50009—2012)第3.1.3条。

15.【答案】D

【依据】《建筑桩基技术规范》(JTJ 94—2008)第3.1.1条、第3.1.7条第4款、第5.8.8条。裂缝宽度验算属于正常使用极限状态下的验算，一、三级裂缝采用标准组合验算，二级裂缝采用标准组合和准永久组合分别验算。

16.【答案】B

【依据】《建筑结构荷载规范》(GB 50009—2012)第4.0.3条、第4.0.4条。不利时，取上限值。

17.【答案】C

【依据】$U_t = \dfrac{\text{有效应力面积}}{\text{起始超静孔隙水压力面积}} = \dfrac{3}{3+1} = 0.75$

18.【答案】C

【依据】《建筑地基处理技术规范》(JTJ 79—2012)第7.1.5条、第7.1.7条

$$f_{spk} = [1 + m(n-1)]f_{sk} = [1 + 0.35 \times (4-1)]f_{sk} = 2.05f_{sk} = 2.05f_{ak}$$

$$E_s\xi = 6 \times 2.05f_{ak}/f_{ak} = 12.3\text{MPa}$$

19.【答案】C

【依据】《建筑地基处理技术规范》(JTJ 79—2012)第5.2.6条。砂井深度与预压荷载无关。

20.【答案】B

［依据］《工程地质手册》(第五版)第1138页。

$$\overline{U}_{rz}=1-(1-\overline{U}_z)(1-\overline{U}_r)=1-(1-0.2)\times(1-0.4)=0.52$$

21.［答案］D

［依据］《地基处理手册》(第三版)第412～415页、《岩土工程师手册》(钱七虎等)第500～504页。

单管法是利用高压泥浆泵以20MPa左右的压力，把浆液从喷嘴中喷射出去，以冲击破坏土体，同时借助于注浆管的旋转和提升，使浆液与土体搅拌混合形成加固体。选项C错误。

双管法是利用双通道的注浆管，通过在底部侧面的同轴双重喷嘴，同时喷射出高压浆液和压缩空气，使两种介质射流冲击破坏土体，浆液压力一般为15～50MPa，空气压力一般为0.5～0.7MPa，两种介质共同作用下，切削土体形成加固体。选项A错误。

三管法是使用分别输送水、气、浆液三种介质的三管注浆管，喷射压力20～40MPa的高压清水和压力0.5～0.7MPa的空气，利用水、气同轴喷射切削土体，再由泥浆泵注入压力1～5MPa的浆液进行填充，形成加固体。选项D正确。

多管法(SSS－MAN工法)须先在地面钻设一个导孔，然后置入多重管，用超高压水射流逐渐向下切削土体，经超高压水切削下来的土体，伴随着泥浆用真空泵立即从多重管中抽出，如此反复地抽，可在地层中形成一个较大的空间，然后根据需要选用浆液、砂浆、砾石等材料填充，全部置换土体，在地层中形成较大直径的加固体。选项B错误。

22.［答案］B

［依据］根据定义，$\frac{V_v}{V_s}=1$，$V_s+V_v=V$，即$1m^3$土体中孔隙体积为$0.5m^3$，浆液充填$0.5m^3$，孔隙的充填率为50%，$1m^3$土体浆液注入量为$0.25m^3$。

23.［答案］A

［依据］《土工合成材料应用技术规范》(GB/T 50290—2014)第4.1.5条，选项A正确。第4.2.1条，用作反滤和排水的土工织物应满足保土性、透水性、防堵性的要求；保土性：织物孔径应与被保护土粒径相匹配，防止骨架颗粒流失引起渗透变形。选项B、C错误。第4.2.7条第2款，根据计算公式可知，与法向应力下土工织物的厚度有关，选项D错误。

24.［答案］A

［依据］《建筑地基处理技术规范》(JTJ 79—2012)第5.2.1条，深厚软黏土应设置排水竖井，选项A正确；第5.1.6条，对以变形控制的建筑物，当地基土经预压所完成的变形量和平均固结度满足要求时，方可卸载，即要求工后沉降量和固结度满足要求，选项C错误；第5.4.3条，可采用十字板剪切试验或静力触探检验，选项D错误；规范并没有要求预压荷载各级加载量相同，选项B错误。

25.［答案］C

［依据］《建筑基坑支护技术规程》(JGJ 120—2012)第4.11.3条、《岩土工程师手

册》(钱七虎等)第949页。

单一墙即将地下连续墙直接用作主体结构地下室外边墙,在地下连续墙内侧做一道建筑内墙叫衬墙,两墙之间设置排水沟,以解决渗漏问题,地下连续墙承担全部外墙荷载,内衬墙不承受水压力,选项C正确。

叠合墙是把主体结构的外墙重合在地下连续墙的内侧,在两者之间填充隔绝材料,使之成为仅传递水平力不传递剪力的结构形式,这种形式的地下连续墙与主体结构地下水外墙所产生的垂直方向变形不互相影响,但水平方向的变形则相同。叠合墙内侧应设置混凝土衬墙,永久使用阶段,地下连续墙与衬墙按整体考虑;分离墙的地下连续墙只起到挡土和防渗的作用,不承担主体结构竖向荷载,综合可知选项A错误。

复合墙是将地下连续墙与主体结构地下室外墙作为一个整体,即通过地下连续墙内侧凿毛或用剪力块将地下连续墙与主体结构外墙连接起来,使之在结合部位能传递剪力,永久使用阶段水平荷载作用下的墙体内力宜按地下连续墙与衬墙的刚度比例分配,可见衬墙承受永久使用阶段的水平荷载,选项B错误。

26.**[答案]** C

[依据] 一端沉降大,一端沉降小引起斜裂缝,裂缝位置高的一端沉降大。坑底土体隆起,支护桩上抬,靠近支护桩一侧沉降大。

27.**[答案]** D

[依据]《建筑基坑支护技术规程》(JGJ 120—2012)第4.7.5条公式:

$$l_f \geqslant \frac{(a_1+a_2-d\tan\alpha)\sin\left(45°-\dfrac{\varphi_m}{2}\right)}{\sin\left(45°+\dfrac{\varphi_m}{2}+\alpha\right)}+\frac{d}{\cos\alpha}+1.5$$

非锚固段长度与支护桩直径d有关,选项A错误;土性越差,等效内摩擦角越小,理论滑动面与支护桩夹角越大,非锚固段长度越大,选项B错误;锚杆与理论滑动面垂直时的倾角为α,此时非锚固段长度最小,则有倾角大于α和小于α时,非锚固段长度相同,选项C错误;由图可知,对于同一断面,上排锚杆非锚固段长度大于下排锚杆非锚固段长度,选项D正确。

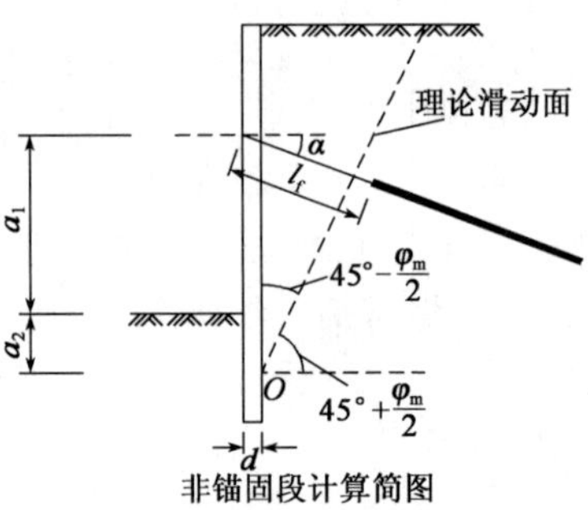

题27解图

28.**[答案]** B

[依据]《公路隧道设计规范　第一册　土建工程》(JTG 3370.1—2018)第6.1.1条表6.1.1,选项B、C、D三项均为永久荷载,最主要的是围岩的松散压力。

29.**[答案]** B

[依据]《铁路隧道设计规范》(TB 10003—2016)第8.4.3条第2款,选项A正确;第8.4.5条第1款,选项B错误;第5.1.5条第1款,选项C正确;第8.4.4条,选项D

正确。

30.[答案] C

[依据]《建筑基坑支护技术规程》(JGJ 120—2012)第4.8.7条第4款。锁定时的锚杆拉力值可取锁定值的1.1～1.15倍。

31.[答案] B

[依据]《公路隧道设计规范　第一册　土建工程》(JTG 3370.1—2018)第14.8.3条条文说明,采用分部或超前导洞开挖,限制开挖规模,减缓施工进度,采用短进尺,选项A正确、B错误;可采取超前钻应力解除、松动爆破或震动爆破等方法,必要时可以向掌子面内岩体注入高压水,以降低岩体强度,选项C正确;岩爆地段开挖后,应及时进行挂网喷锚支护,选项D正确。

32.[答案] B

[依据]《公路工程抗震规范》(JTG B02—2013)第3.3.7条,选项A正确;第3.6.2条,选项B错误,选项C正确;第3.6.6条,选项D正确。

33.[答案] C

[依据] 纵波称为P波,质点振动方向与震波前进方向一致,靠介质的扩张与收缩传递,其传播速度为5～6km/s。纵波的周期短、振幅小、波长短、波速快,能引起地面上下颠簸(竖向振动),可以在固体、液体和气体中传播。

横波称为S波,质点振动方向垂直于波的传播方向,为各质点间发生的周期性剪切振动,传播速度3～4km/s。与纵波相比,横波的周期长、振幅大、波速慢,引起地面发生左右晃动,对地面产生的破坏最强。

面波是纵波和横波在地表相遇产生的混合波,在地面或地壳表层各不同地质层界面处传播。面波振幅大、周期长,只在地表附近传播,振幅随深度的增加迅速减小,传播速度最小,速度约为横波的90%,面波比体波衰减慢,能传播到很远的地方。

34.[答案] D

[依据]《建筑抗震设计规范》(GB 50011—2010)(2016年版)第1.0.1条条文说明。

35.[答案] B

[依据]《建筑抗震设计规范》(GB 50011—2010)(2016年版)第4.4.2条第1款。

36.[答案] C

[依据]《建筑抗震设计规范》(GB 50011—2010)(2016年版)第4.2.3条、第4.2.4条。

查规范表4.2.3,$\xi=1.1$,$f_{aE}=\xi f_a=1.1\times180=198\text{kPa}$

$p_{max}\leqslant f_{aE}=198\text{kPa}$,$p_{max}\leqslant1.2f_{aE}=1.2\times198=237.6\text{kPa}$,取$p_{max}\leqslant238\text{kPa}$

37.[答案] C

[依据]《公路工程抗震规范》(JTG B02—2013)第8.2.3条。

38.【答案】B

【依据】《建筑基桩自平衡静载试验技术规程》(JGJ 403—2017),自平衡法是将荷载箱置于桩身平衡点处,通过试验数据绘制上、下桩的荷载一位移曲线,从而得到测桩的极限承载力。平衡点:基桩桩身某一位置,其上段桩桩身自重及桩侧极限摩阻力之和等于下段桩桩侧极限摩阻力及极限桩端阻力之和基本相等的点。根据附录E.0.2条图,选项B正确。

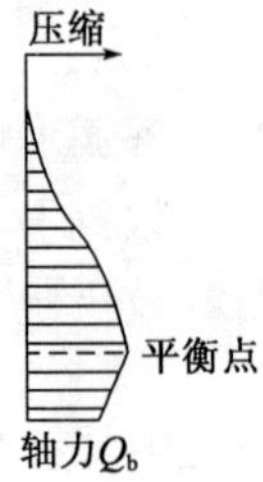

题38解图

39.【答案】A

【依据】C30混凝土抗压强度设计值为14.3N/mm^2,支撑的轴向压力设计值$N \leqslant f_c A = 14.3 \times 10^3 \times 0.8 \times 0.7 = 8008$kN,《建筑基坑工程监测技术规程》(GB 50497—2009)第8.0.4条表8.0.4,一级基坑轴力报警值为60%~70%构件承载能力设计值,即报警值为$(0.6 \sim 0.7) \times 8008 = (4804.8 \sim 5605.6)$kN。

40.【答案】D

【依据】《建筑基桩检测技术规范》(JGJ 106—2014)第7.5.3条,混凝土芯样破坏荷载与其面积比为该混凝土芯样试件抗压强度值,而非立方体抗压强度(钻芯法取得的试样为圆柱形),选项A错误;附录E.0.5条第3款,岩石芯样高度小于2.0d或大于2.5d时,不得用作单轴抗压强度试验,即高径比$h/d < 2.0$或$h/d > 2.5$时,不能用作试验,选项C错误;附录E.0.2条第2款,硫黄胶泥或硫黄的补平厚度不宜大于1.5mm,选项D正确;《建筑地基基础设计规范》(GB 50007—2011)附录J.0.4条,岩石抗压强度标准值为平均值乘以统计修正系数才能得到,选项B错误。

41.【答案】ABC

【依据】《岩土工程勘察规范》(GB 50021—2001)(2009年版)第6.4.2条第3、4款,应布置钻孔和探井,并采取大体积土试样进行颗粒分析试验,选项A正确,选项D错误;第5款,对粗粒混合土,宜采用动力触探试验,并布置一定数量的钻孔或探井检验,选项C正确;第6款,压板面积应大于试验土层最大粒径的5倍,且不应小于0.5m^2,选项B正确。

42.【答案】AC

【依据】据土力学或《土工试验方法标准》(GB/T 50123—2019)第20.4.4条,在曲线上取最大轴向应力作为无侧限抗压强度,当曲线上峰值不明显时,取轴向应变15%对应的轴向应力作为无侧限抗压强度。

43.【答案】AC

【依据】《盐渍土地区建筑技术规范》(GB/T 50942—2014)第4.1.3条第1款,选项A正确;第4.1.4条第2款,详细勘察时,10m深度内取样间距为1.0m,10m以下为2.0m,选项B错误;第4.1.5条,选项C正确;第4.1.7条,不少于2件,选项D错误。

44.【答案】BC

［依据］《岩土工程勘察规范》(GB 50021—2001)(2009 年版)第 3.1.4 条，选项 A 工程重要性为甲级，勘察等级为甲级；选项 B 工程重要性为乙级，勘察等级为乙级；选项 C 工程重要性为甲级，建筑在岩质地基上，场地复杂程度和地基复杂程度均为三级，勘察等级为乙级；选项 D 工程重要性为乙级，场地等级为甲级，勘察等级为甲级。

45.［答案］AD

［依据］据土力学知识，等水头面是渗流场中水头值相等的点所构成的面，可以是平面也可以是曲面，选项 A 正确，选项 B 错误；流线是同一时刻不同液流质点的连线，且各质点的渗透速度矢量均和流线相切(流线间互不相交)，迹线是同一质点运动的运动轨迹，稳定渗流时流线和迹线重合，选项 C 错误；各向同性渗流场中，由等水头线和流线所构成的正交网格叫流网，选项 D 正确。

46.［答案］ACD

［依据］《岩土工程勘察安全规范》(GB 50585—2010)第 6.3.2 条第 1 款，选项 A 正确；第 2 款，浪高大于 2.0m 时，勘探作业船舶和水上勘探平台等漂浮钻场严禁勘探作业，选项 B 错误；第 3 款，选项 D 正确，第 4 款，选项 C 正确。

47.［答案］BC

［依据］《工程结构可靠性设计统一标准》(GB 50153—2008)第 2.1.5 条，设计使用年限是指设计规定的结构或构件不需进行大修即可按预定目的使用的年限，选项 A 错误；由设计使用年限的定义可知，建筑结构的使用寿命与使用设计年限不同，选项 D 错误；附录 A.1.9 表 A.1.9，由表可知，不同结构或构件有不同的设计使用年限，选项 C 正确；《建筑地基基础设计规范》(GB 50007—2011)第 3.0.7 条，选项 B 正确。

48.［答案］AC

［依据］《建筑结构荷载规范》(GB 50009—2012)第 2.1.15～2.1.17 条。频遇组合、准永久组合、标准组合都可拥有正常使用极限状态，基本组合、偶然组合用于承载能力极限状态。

49.［答案］AC

［依据］《建筑基坑支护技术规程》(JGJ 120—2012)第 4.7.6 条，选项 A 正确；第 4.7.2条，极限抗拔承载力为标准组合，选项 B 错误；附录 C.01，验算突涌的水压力用标准值，选项 D 错误。

50.［答案］AC

［依据］《建筑地基处理技术规范》(JTJ 79—2012)第 9.4.1 条条文说明，注浆钢管桩既可用于新建工程也可用于既有地基的加固补强，选项 A 正确；第 9.4.3 条及条文说明，注浆钢管桩可采用静压或植入等方法施工，不能采用打入方法施工，选项 B 错误；第 9.4.5 条第 4 款，选项 C 正确；第 9.1.1 条条文说明，微型桩可以是竖直或倾斜，或排或交叉网状布置，交叉网状布置的微型桩由于其桩群形如树根，也称为树根桩，由此可见，注浆钢管桩也可以网状布置，选项 D 错误。

51.［答案］BC

［依据］《建筑地基处理技术规范》(JTJ 79—2012)第7.8.5条，柱锤冲扩桩施工时采用冲击法成孔，然后填料夯实成桩，具有置换挤密的作用，选项B正确；采用沉管成桩工艺的CFG桩，沉管属于挤土工艺，对原地基土有挤密作用，选项C正确；塑料排水带主要作用是排水，不具有挤密和置换的作用，选项A错误；泥浆护壁成孔属于非挤土工艺，对原土没有挤密作用，选项D错误。

52.［答案］BD

［依据］固结系数的理论表达式为 $C_v = \dfrac{k(1+e)}{\alpha_v \gamma_w}$，由公式可知，固结系数与灵敏度无关，选项A错误；压缩模量 $E_s = \dfrac{1+e}{a_v}$，固结系数可表示为 $C_v = \dfrac{kE_s}{\gamma_w}$，压缩模量越大，固结系数越大，选项B正确；孔隙比越小，固结系数越小，选项C错误；渗透系数越大，固结系数越大，选项D正确。

53.［答案］ACD

［依据］《建筑地基处理技术规范》(JTJ 79—2012)第4.2.1条条文说明。加筋垫层的主要作用是增大了压力扩散角，降低了下卧土层的压力，约束了地基侧向变形，调整了不均匀变形，增大地基的稳定性并提高地基承载力。

54.［答案］AB

［依据］《建筑地基处理技术规范》(JTG 79—2012)第3.0.4条，宽度修正系数取零，选项A正确；对大面积压实填土，采用干密度大于2.1t/m^{3}的级配砂石时，深度修正系数可取2.0，基槽不属于大面积压实填土，选项D错误；第4.2.5条，选项B正确；规范并没对换填垫层法处理前后的承载力做要求，选项C错误。

55.［答案］BC

［依据］影响结石强度的主要因素包括浆液的水灰比、结石的孔隙率、水泥的品种及掺合料、龄期等，其中以浓度和龄期最为重要，选项B正确。劈裂灌浆是在较高灌浆压力下，引起岩土体中结构破坏，使地层中原有的裂隙或空隙张开，把浆液注入渗透性小的地层中，可用于基岩、砂土和黏性土地基，压密注浆通过钻孔向土层中压入浓浆，在注浆点使土体压密而形成浆泡，压密灌浆的主要特点之一是它在较软弱的土体中具有较好的效果，此法常用于中砂地基，黏性土有适宜的排水条件时，可采用低速注浆，选项C正确；渗入注浆是在灌浆压力下，浆液克服各种阻力渗入孔隙和裂隙中，注浆的主要目的就是防渗、堵漏、加固和纠偏，选项D错误。

56.［答案］AD

［依据］《建筑地基处理技术规范》(JGJ 79—2012)第5.1.7条，选项A正确；第5.2.1条，选项D正确；真空预压总应力不变，有效应力增量各向相等，土体中剪应力不增加，不会引起土体剪切破坏，故不需要控制加载速率，可连续抽真空至最大真空度，选项C错误；对堆载预压，加载速率是由竖向变形、边桩水平位移和孔隙水压力控制的，选项B错误。

57.【答案】AC

【依据】《建筑基坑支护技术规程》(JGJ 120—2012)第 7.3.11 条，根据公式 $R=2s_{w}\sqrt{kH}$ 可知，含水层渗透系数越大，影响半径越大，选项 A 正确；降深 s_{w} 越大，影响半径越大，选项 C 正确；压缩模量越大，含水层越密实，渗透系数越小，影响半径越小，选项 B 错误；导水系数是含水层渗透系数与含水层厚度的乘积，其理论意义为水力梯度为 1 时，通过含水层的单宽流量，只适用于平面二维渗流和一维渗流，在三维渗流中无意义，导水系数与影响半径无直接关系，选项 D 错误。

58.【答案】ABC

【依据】《建筑基坑支护技术规程》(JGJ 120—2012)第 3.1.1 条，选项 A 正确；第 5.1.8条第 1 款，选项 B 正确；第 3.1.9 条，选项 C 正确。

59.【答案】AC

【依据】《铁路隧道设计规范》(TB 10003—2016)第 3.3.2 条，地下水发育的 3000m 以上隧道采用人字坡，选项 A 不符合；第 10.1.2、10.1.3 条条文说明，拱墙衬砌采用一级防水标准，隧底结构采用二级防水标准，选项 B 符合；第 10.2.2 条第 1 款，地下水发育地段的隧道防渗混凝土抗渗等级为 P10，选项 C 不符合；第 3 款，选项 D 符合。

60.【答案】BCD

【依据】《公路隧道设计规范　第一册　土建工程》(JTG 3370.1—2018)第 14.2.5 条，膨胀性围岩应采用复合式衬砌，选项 A 错误。第 14.2.3 条，在膨胀变形相对较大的地段，可在初期支护内采用可缩式钢架，锚杆宜加长、加密，长短结合；《铁路隧道设计规范》(TB 10003—2016)第 12.2.3 条，初期支护可采用可伸缩式钢架、长锚杆、预应力锚杆、钢纤维喷射混凝土等措施以适应围岩的变形，选项 B 正确。《公路隧道设计规范　第一册　土建工程》(JTG 3370.1—2018)第 14.2.5 条，膨胀性围岩隧道二次衬砌均应设置仰拱；《铁路隧道设计规范》(TB 10003—2016)第 12.2.2 条第 3 款，二次衬砌采用曲墙带仰拱结构，选项 C 正确。《公路隧道设计规范　第一册　土建工程》(JTG 3370.1—2018)第 14.2.1 条、《铁路隧道设计规范》(TB 10003—2016)第 12.2.2 条第 1 款，膨胀性围岩隧道支护衬砌形状宜采用圆形或接近圆形的断面，选项 D 正确。

61.【答案】BCD

【依据】《建筑基坑支护技术规程》(JGJ 120—2012)第 4.9.13 条第 3 款，支撑构件的纵向钢筋直径不宜小于 16mm，沿截面周边的间距不宜大于 200mm，图中纵筋间距大于 200mm，选项 B 不符合规范要求；箍筋直径不宜小于 8mm，间距不宜大于 250mm，选项 A 符合规范要求；配筋率 $\rho=\dfrac{10\times3.14\times8^{2}}{900\times800}=0.3\%$，《混凝土结构设计规范》(GB 50010—2010)第 8.5.1 条表 8.5.1，全部纵向钢筋最小配筋率为 0.5%，选项 D 不符合规范要求；第 9.3.2 条第 4 款，当柱截面短边尺寸大于 400mm 且各边纵向钢筋多于 3 根时，应设置复合箍筋，选项 C 不符合规范要求。

62.【答案】AC

【依据】《膨胀土地区建筑技术规范》(GB 50112—2013)第 5.3.2 条第 6 款，选项 A

正确。第 5.3.5 条第 3 款，隔离沟距建筑物不应小于 5m，选项 B 错误；第 2 款，蒸腾量小的树木，应距离建筑物外墙基础不小于 4m，选项 D 错误；第 5.3.4 条，选项 C 正确。

63.【答案】BD

【依据】《建筑抗震设计规范》(GB 50011—2010)(2016 年版)第 4.3.7 条第 1 款，选项 A 错误；第 2 款，选项 B 正确；第 5 款，选项 C 错误；第 4 款，选项 D 正确。

64.【答案】ACD

【依据】《建筑抗震设计规范》(GB 50011—2010)(2016 年版)第 4.3.4 条，选项 A 正确，选项 B 错误；第 4.4.2 条第 1 款，选项 C 正确；第 4.3.6 条表 4.3.6，选项 D 正确。

65.【答案】AC

【依据】《建筑抗震设计规范》(GB 50011—2010)(2016 年版)第 4.3.4 条、第 4.3.5 条。根据临界锤击数和液化指数计算公式，地下水位埋深越小，临界值越大，相应液化指数越高，A 正确；粉土中黏粒含量比砂土高，相同情况下，液化程度比砂土轻，选项 B、D 错误；上覆非液化土层越厚，侧压力越大，越不容易液化，液化程度越轻，选项 C 正确。

66.【答案】ABD

【依据】《水电工程水工建筑物抗震设计规范》(NB 35047—2015)第 6.1.2 条，选项 A、B 正确；第 6.1.3 条，应计及条间力，选项 C 错误；第 6.1.6 条第 3 款，选项 D 正确。

67.【答案】ABC

【依据】《建筑抗震设计规范》(GB 50011—2010)(2016 年版)第 4.2.1 条第 2 款，选项 A 正确；第 4.2.2 条，选项 B 正确；第 4.2.3 条，调整后的抗震承载力为经深宽修正后的地基承载力乘以大于等于 1 的调整系数，选项 C 正确；第 4.2.4 条，最大边缘压力控制在 1.2 倍平均压力内，选项 D 错误。

68.【答案】AD

【依据】《水电工程水工建筑物抗震设计规范》(NB 35047—2015)第 6.2.1 条，选项 A 正确；第 6.2.6 条，选项 B 错误；第 6.2.2 条，选项 C 错误；第 6.2.4 条，选项 D 正确。

69.【答案】AC

【依据】超声波传播过程中遇到混凝土缺陷时，由于声波的反射与透射，经过缺陷反射或绕过缺陷传播的脉冲信号与直达波信号之间存在声程和相位差，叠加后互相干扰，致使接收信号的波形畸变，选项 A 正确；根据介质中声波传播速度公式，混凝土越密实，声速越高，当遇到缺陷时，产生绕射，超声波在混凝土中的传播时间加长，计算出的声速降低，选项 B 错误，选项 C 正确；超声波在缺陷界面产生反射、散射，能量衰减，波幅降低，选项 D 错误。总结起来就是：声时延长，声速下降，波幅下降，主频降低，波形畸变。此题与 2013 年上午第 70 题相同。

70.【答案】ABC

【依据】《建筑基桩检测技术规范》(JGJ 106—2014)附录 E.0.2 条第 2 款。可采用水泥砂浆、水泥净浆、硫黄胶泥、硫黄等材料补平。

2018 年专业知识试题(下午卷)

一、单项选择题(共 40 题,每题 1 分。每题的备选项中只有一个最符合题意)

1. 某建筑场地,原始地貌地表标高为 24m,建筑物建成后,室外地坪标高为 22m,室内地面标高为 23m,基础底面标高为 20m,计算该建筑基础沉降时,基底附加压力公式 $p_0 = p - \gamma d$ 中,d 应取下列何值? ( )

(A)2m　　(B)2.5m　　(C)3m　　(D)4m

2. 由于地基变形,砌体结构建筑物的外纵墙上出现如图所示的裂缝,则该建筑物的地基变形特征是下列哪个选项? ( )

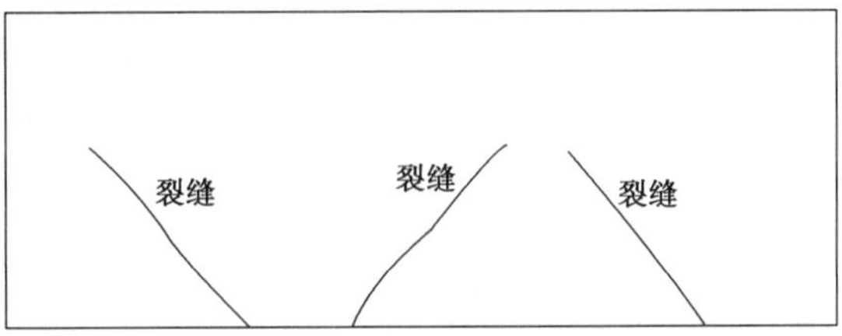

题2图

(A)

(B)

(C)

(D)

3. 直径为 d 的圆形基础,假设基底压力线性分布,若要求基底边缘压力不小于 0,则基底压力合力的偏心距的最大值为下列何值? ( )

(A)$d/4$　　(B)$d/6$　　(C)$d/8$　　(D)$d/12$

4. 关于《建筑地基基础设计规范》(GB 50007—2011)地基承载力理论公式,以下描述正确的选项为哪个? ( )

(A)其承载力系数与临界荷载 $p_{1/4}$ 公式的承载力系数完全一致
(B)满足了地基的强度条件和变形条件
(C)适用于偏心距 $e \leqslant b/6$ 的荷载情况

(D)地基土假设为均匀土层条件

5.根据《建筑地基基础设计规范》(GB 50007—2011)规定,对扩展基础内力计算时采用的地基净反力,以下描述正确的选项为哪项? ( )

(A)地基净反力为基底反力减去基底以上土的自重应力
(B)地基净反力不包括基础及其上覆土的自重作用
(C)地基净反力不包括上部结构的自重作用
(D)地基净反力为基础顶面处的压应力

6.一矩形基础,其底面尺寸为4.0m×6.0m,短边方向无偏心,作用在长边方向的偏心荷载为$F+G=1200$kN,问当偏心距最大为多少时,基底刚好不会出现拉应力? ( )

(A)0.67m (B)0.75m (C)1.0m (D)1.5m

7.按照《建筑桩基技术规范》(JGJ 94—2008)规定,采用等效作用分层总和法进行桩基沉降计算时,以下计算取值正确的选项是哪个? ( )

(A)等效作用面位于桩基承台底平面
(B)等效作用面积取桩群包围的桩土投影面积
(C)等效作用附加压力近似取承台底平均附加压力
(D)等效作用面以下的应力分布按弹性半空间内部集中力作用下的Mindlin解确定

8.下列对于《建筑桩基技术规范》(JGJ 94—2008)中有关软土地基的桩基设计原则的理解,哪项是正确的? ( )

(A)为改善软土中桩基的承载性状,桩宜穿过中、低压缩性砂层,选择与上部土层相似的软土层作为持力层
(B)挤土桩产生的挤土效应有助于减小桩基沉降量
(C)为保证灌注桩桩身质量,宜采用挤土沉管灌注桩
(D)为减小基坑开挖对桩基质量的影响,宜先开挖后打桩

9.在含有大量漂石的地层中,灌注桩施工采用下列哪种工艺合适? ( )

(A)长螺旋钻孔压灌混凝土,后插钢筋笼
(B)泥浆护壁正循环成孔,下钢筋笼,灌注混凝土
(C)泥浆护壁反循环成孔,下钢筋笼,灌注混凝土
(D)全套管跟进冲抓成孔,下钢筋笼,灌注混凝土

10.对于泥浆护壁钻孔灌注桩,在水下混凝土灌注施工过程中,当混凝土面高出孔底4m时,不慎将导管拔出混凝土灌注面,下列哪种应对措施是合理的? ( )

(A)将导管重新插入混凝土灌注面下 3m,继续灌注
(B)将导管底部放至距混凝土灌注面之上 300～500mm 处,继续灌注
(C)拔出导管和钢筋笼,将已灌注的混凝土清除干净后,下钢筋笼,重新灌注
(D)立即抽出桩孔内的泥浆,清理混凝土灌注面上的浮浆后,继续灌注

11. 关于桩基设计计算,下列哪种说法符合《建筑桩基技术规范》(JGJ 94—2008)的规定? ( )

(A)确定桩身配筋时,应采用荷载效应标准组合
(B)确定桩数时,应采用荷载效应标准组合
(C)计算桩基沉降时,应采用荷载效应基本组合
(D)计算水平地震作用、风载作用下的桩基水平位移时,应采用水平地震作用、风载效应频遇组合

12. 某干作业钻孔扩底桩,扩底设计直径 3.0m,根据《建筑桩基技术规范》(JGJ 94—2008),其上部桩身的最小直径应为下列哪个选项? ( )

(A)0.8m (B)1.0m (C)1.2m (D)1.5m

13. 某高层建筑采用钻孔灌注桩基础,设计桩长 30.0m,基坑开挖深度 15.0m,在基坑开挖前进行桩基施工,根据《建筑地基基础设计规范》(GB 50007—2011),桩身纵向钢筋配筋长度最短宜为下列哪个选项? ( )

(A)30.0m (B)25.0m (C)20.0m (D)15.0m

14. 某公路桥梁桩基础,桩长 30.0m,承台底面位于地下水位以下,采用桩端后压浆工艺,根据《公路桥涵地基与基础设计规范》(JTG 3363—2019),在进行单桩承载力计算时,桩端以上桩侧阻力增强段最大范围可取下列哪个值? ( )

(A)12.0m (B)8.0m (C)6.0m (D)4.0m

15. 某铁路土质路堤边坡坡高 6m,拟采用浆砌片石骨架护坡。以下拟定的几项护坡设计内容,哪个选项不满足规范要求? ( )

(A)设单级边坡,坡率 1∶0.75
(B)采用浆砌片石砌筑方格型骨架,骨架间距 3m
(C)骨架内种植草灌防护其坡面
(D)骨架嵌入边坡的深度为 0.5m

16. 某土质边坡高 12.0m,采用坡面直立的桩板式挡墙支护,坡顶有重要的浅基础多层建筑物,其基础外缘与坡面的水平距离为 10.0m,根据《建筑边坡工程技术规范》(GB 50330—2013),如果已知桩板上的主动土压力合力为 592kN/m,静止土压力合力为 648kN/m,问桩板上的侧向土压力取值为下列哪个选项? ( )

(A)592kN/m　　(B)620kN/m

(C)648kN/m　　(D)944kN/m

17. 根据《公路路基设计规范》(JTG D30—2015)，当公路路基经过特殊土地段时，以下哪个选项是错误的？　　(　　)

(A)公路经过红黏土地层时，路堑边坡设计应遵循“缓坡率、固坡脚”的原则，同时加强排水措施

(B)公路通过膨胀土地段时，路基设计应以防水、控湿、防风化为主，应对路堑路床 0.8m 范围内的膨胀土进行超挖，换填级配良好的砂砾石

(C)公路通过不稳定多年冻土区时，路堤填料的取土坑应选择饱冰、富冰的冻土地段

(D)滨海软土区路基外海侧坡面应采用块石护坡，坡底部应设置抛石棱体

18. 拟采用抗滑桩治理某铁路滑坡时，下列哪个选项对抗滑桩设计可不考虑？　　(　　)

(A)桩身内力　　(B)抗滑桩桩端的极限端阻力

(C)滑坡推力　　(D)抗滑桩的嵌固深度

19. 根据《碾压式土石坝设计规范》(DL/T 5395—2007)，不同土体作为坝体防渗体填筑料，描述不正确的是下列哪个选项？　　(　　)

(A)人工掺和砾石土，最大粒径不宜大于 150mm

(B)膨胀土作为土石坝防渗料时，无须控制其填筑含水量

(C)含有可压碎的风化岩石的砾石土可以作为防渗体填料

(D)湿陷性黄土作为防渗体时，应具有适当的填筑含水量与压实密度，同时做好反滤

20. 根据《建筑边坡工程技术规范》(GB 50330—2013)，下列哪个选项对边坡支护结构的施工技术要求是错误的？　　(　　)

(A)施工期间可能失稳的板肋式锚杆挡土墙，应采用逆作法进行施工

(B)当地层受扰动导致水土流失危及邻近建筑物时，锚杆成孔可采用泥浆护壁钻孔

(C)当采用锚喷支护Ⅱ类岩质边坡时，可部分采用逆作法进行施工

(D)当填方挡墙墙后地面的横坡坡度大于 1：6 时，应进行地面粗糙处理后再填土

21. 土石坝渗流计算时，按《碾压式土石坝设计规范》(DL/T 5395—2007)相关要求，对水位组合情况描述不正确的是下列哪个选项？　　(　　)

(A)上游正常蓄水位与下游相应的最低水位

(B)上游设计洪水位与下游相应的水位

(C)上游校核洪水位与下游的最低水位

(D)库水位降落时对上游坝坡稳定最不利的情况

22. 在建筑边坡稳定性分析中,下列哪个选项的叙述不成立? ( )

(A)纯净的砂土填筑路堤,无地下水作用时路堤的稳定性可采用 $K=\tan\varphi/\tan\alpha$ 进行分析(K 为稳定性系数;φ 为土体的内摩擦角;α 为路堤坡面与水平面夹角)

(B)任意情况下,无黏性土坡的滑动面均可假定为直线滑动面

(C)有结构面的岩质边坡,可能形成沿结构面的直线或折线滑动面

(D)在有软弱夹层的情况下,土质边坡可能形成沿结构面的直线、折线滑动面或其他任意形状的滑动面

23. 关于滑坡的描述,下列哪个选项是错误的? ( )

(A)滑坡体厚度为 10m 时可判定为中层滑坡

(B)通常滑坡的鼓胀裂缝出现于滑坡体下部,且平行于滑动方向

(C)滑体具有多层滑动面时,应分别计算各滑动面的滑坡推力,并取最大的推力作为设计控制值

(D)采用传递系数法计算滑坡推力,若出现某条块的剩余下滑力为负值时,则说明这条块的滑体是基本稳定的

24. 某场地局部区域土体受到工业废水、废渣的污染,此污染土的重度为 18.0kN/m^3,压缩模量为 6.0MPa;周围未污染区土体的重度为 19.5kN/m^3,压缩模量为9.0MPa。则此污染对土的工程特性的影响程度判定为下列哪个选项? ( )

(A)无影响　　(B)影响轻微

(C)影响中等　　(D)影响大

25. 某多年冻土,融沉前的孔隙比为 0.87,融沉后的孔隙比为 0.72,其平均融化下沉系数接近于下列哪个选项? ( )

(A)6%　　(B)7%　　(C)8%　　(D)9%

26. 在盐分含量相同的条件下,下列哪个选项的盐渍土的吸湿性最大? ( )

(A)亚硫酸盐渍土　　(B)硫酸盐渍土

(C)碱性盐渍土　　(D)氯盐渍土

27. 某位于湿陷性黄土地基上大面积筏板基础的基底压力为 320kPa,土的饱和重度为 18kN/m^3,当测定其基底下 15m 处黄土的湿陷系数时,其浸水压力宜采用下列哪一选项的数值? ( )

(A)200kPa (B)270kPa (C)320kPa (D)590kPa

28. 某泥石流暴发周期5年以内，泥石流堆积新鲜，泥石流严重程度为严重，流域面积 $6km^2$，固体物质一次冲出量 $8\times10^4m^3$，堆积区面积大于 $1km^2$，请判断该泥石流的类别为下列哪个选项？ ( )

(A) I_1 (B) I_2 (C) II_1 (D) II_2

29. 我国滨海盐渍土的盐类成分主要为下列哪个选项？ ( )

(A)硫酸盐类 (B)氯盐类
(C)碱性盐类 (D)亚硫酸盐类

30. 下列哪个选项不符合膨胀土变形特性？ ( )

(A)黏粒含量愈高，比表面积大，胀缩变形就愈小
(B)黏土粒的硅铝分子比 $SiO_2/(Al_2O_3+Fe_2O_3)$ 的比值愈小，其胀缩量就愈小
(C)当土的初始含水量与胀后含水量越接近，土的膨胀就小，收缩的可能性和收缩值就大
(D)土的密度大，孔隙比就小，浸水膨胀性强，失水收缩小

31. 港口工程勘察中，测得软土的灵敏度 S_t 为17，该土的灵敏性分类属于下列哪个选项？ ( )

(A)中灵敏性 (B)高灵敏性
(C)极灵敏性 (D)流性

32. 下列哪个选项不是影响混合土物理力学性质的主要因素？ ( )

(A)粗粒的矿物成分 (B)粗、细颗粒含量的比例
(C)粗粒粒径大小及其相互接触关系 (D)细粒土的状态

33. 一直立开挖Ⅲ类、坡顶无建筑荷载的永久岩质边坡，自坡顶至坡脚有一倾角为65°的外倾硬性结构面通过，岩体内摩擦角为30°，以外倾硬性结构面计算的侧向岩石压力为500kN/m，以岩体等效内摩擦角计算的侧向土压力为650kN/m。试问，按《建筑边坡工程技术规范》(GB 50330—2013)的规定，边坡支护设计时，侧向岩石压力和破裂角应取下列哪个选项？ ( )

(A)500kN/m，65° (B)500kN/m，60°
(C)650kN/m，65° (D)650kN/m，60°

34. 某土质滑坡后缘地表拉张裂缝多而宽且贯通，滑坡两侧刚出现少量雁行羽状剪切裂缝。问该滑坡处于下列选项的哪一阶段？ ( )

(A)弱变形阶段 (B)强变形阶段

(C)滑动阶段　　　　　　　　　　　　(D)稳定阶段

35. 根据《中华人民共和国安全生产法》规定，关于生产经营单位使用的涉及生命安全、危险性较大的特种设备的说法，下列哪个选项是错误的？　（　）

(A)生产经营单位使用的涉及生命安全、危险性较大的特种设备，以及危险物品的容器、运输工具，必须按照国家有关规定，由专业生产单位生产

(B)特种设备须经取得专业资质的检测、检验机构检测、检验合格，取得安全使用证或者安全标志，方可投入使用

(C)涉及生命安全、危险性较大的特种设备的目录由省级安全监督管理的部门制定，报国务院批准后执行

(D)检测、检验机构对特种设备检测、检验结果负责

36. 根据《建设工程勘察设计管理条例》的有关规定，承包方下列哪个行为不属于转包？　（　）

(A)承包方将承包的全部建设工程勘察、设计再转给其他具有相应资质等级的建设工程勘察、设计单位

(B)承包方将承包的建设工程主体部分的勘察、设计转给其他具有相应资质等级的建设工程勘察、设计单位

(C)承包方将承包的全部建设工程勘察、设计肢解以后以分包的名义分别转给其他具有相应资质等级的建设工程勘察、设计单位

(D)承包方经发包方书面同意后，将建设工程主体部分勘察、设计以外的其他部分转给其他具有相应资质等级的建设工程勘察、设计单位

37. 根据《建设工程质量管理条例》有关规定，下列哪个说法是错误的？　（　）

(A)建设工程质量监督管理，可以由建设行政主管部门或者其他有关部门委托的建设工程质量监督机构具体实施

(B)从事房屋建筑工程和市政基础设施工程质量监督的机构，必须按照国家有关规定经国务院建设行政主管部门或者省、自治区、直辖市人民政府建设行政主管部门考核

(C)从事专业建设工程质量监督的机构，必须按照国家有关规定经县级以上地方人民政府建设行政主管部门考核

(D)建设工程质量监督机构经考核合格后，方可实施质量监督

38. 根据《中华人民共和国建筑法》有关规定，下列说法哪个是错误的？　（　）

(A)施工现场安全由建筑施工企业负责。实行施工总承包的，由总承包单位负责。分包单位向总承包单位负责，服从总承包单位对施工现场的安全生产管理

(B)建筑施工企业和作业人员在施工过程中，应当遵守有关安全生产的法律、法规和建筑行业安全规章、规程，不得违章指挥或者违章作业，作业人员有权

对影响人身健康的作业程序和作业条件提出改进意见，有权获得安全生产所需的防护用品。作业人员对危及生命安全和人身健康的行为有权提出批评、检举和控告

(C)涉及建筑主体和承重结构变动的装修工程，施工单位应当在施工前委托原设计单位或者具有相应资质条件的设计单位提出设计方案；没有设计方案的，不得施工

(D)房屋拆除应当由具备保证安全条件的建筑施工单位承担，由建筑施工单位负责人对安全负责

39. 根据《中华人民共和国招标投标法》的有关规定，下面关于开标的说法哪个是错误的？ (　　)

(A)开标时，由投标人或者其推选的代表检查投标文件的密封情况，也可以由招标人委托的公证机构检查并公证；在投标截止日期后，按规定时间、地点，由招标人主持开标会议

(B)经确认无误后，由工作人员当众拆封，宣读投标人名称、投标价格和投标文件的其他主要内容

(C)招标人在招标文件要求提交投标文件的截止时间前收到的所有投标文件，所有受邀投标人到场后方可开标，开标时都应当当众予以拆封、宣读

(D)开标过程应当记录，并存档备查

40. 根据《中华人民共和国民法典》中有关要约失效的规定，下列哪个选项是错误的？ (　　)

(A)拒绝要约的通知达到要约人

(B)要约人依法撤销要约

(C)承诺期限届满，受要约人未作出承诺

(D)受要约人对要约的内容未作出实质性变更

二、多项选择题(共30题，每题2分。每题的备选项中有两个或三个符合题意，错选、少选、多选均不得分)

41. 根据《建筑地基基础设计规范》(GB 50007—2011)的规定，对于岩石地基承载力特征值的确定方法，以下哪些选项是正确的？ (　　)

(A)对破碎的岩石地基，采用平板载荷试验确定

(B)对较破碎的岩石地基，采用岩石室内饱和单轴抗压强度标准值乘以折减系数确定

(C)对较完整的岩石地基，采用平板载荷试验确定

(D)对完整的岩石地基，采用岩石地基载荷试验确定

42. 按《建筑地基基础设计规范》(GB 50007—2011)规定进行地基最终沉降量计算时，以下场地土和基础条件中，影响地基沉降计算值的选项是哪些？ (　　)

(A)基础的埋置深度 (B)基础底面以上土的重度

(C)土层的渗透系数 (D)基础底面的形状

43.在确定柱下条形基础梁的顶部宽度时,按《建筑地基基础设计规范》(GB 50007—2011)规定,需要考虑的设计条件中包括以下哪些选项的内容? ( )

(A)持力层地基承载力 (B)软弱下卧层地基承载力

(C)基础梁的受剪承载力 (D)柱荷载大小

44.柱下钢筋混凝土条形基础,当按弹性地基梁计算基础的内力、变形时,可采用的计算分析方法有哪些? ( )

(A)等值梁 (B)有限差分法

(C)有限单元法 (D)倒梁法

45.当基础宽度大于3m时,用载荷试验或其他原位测试、经验值等方法确定的地基承载力特征值,经进行修正,按《建筑地基基础设计规范》(GB 50007—2011)相关要求,在下列哪些选项的情况下可以不进行宽度修正? ( )

(A)大面积压实的粉土,压实系数为0.95且黏粒含量$\rho_c=10\%$

(B)压实系数小于0.95的人工填土

(C)含水比$a_w=0.8$的红黏土

(D)孔隙比$e=0.85$的黏性土

46.下列对《建筑桩基技术规范》(JGJ 94—2008)中基桩布置原则的理解,哪些是正确的? ( )

(A)基桩最小中心距主要考虑有效发挥桩的承载力和成桩工艺

(B)布桩时须考虑桩身材料特性

(C)考虑上部结构与桩基础受力体系的最优平衡状态布桩

(D)布桩时须考虑改善承台的受力状态

47.根据《建筑桩基技术规范》(JGJ 94—2008),下列哪些条件下,宜考虑承台效应? ( )

(A)柱下独立承台,3桩基础

(B)新近填土地基,摩擦型单排桩条形基础

(C)软土地基的减沉复合疏桩基础

(D)按变刚度调平原则设计的核心筒外围框架柱桩基

48.下列选项中,哪些是建筑桩基础变刚度调平设计的主要目的? ( )

(A)减小建筑物的沉降 (B)增加基桩的承载力

(C)减小建筑物的差异沉降 (D)减小承台内力

49. 关于灌注桩后注浆施工，下列哪些说法是正确的？（　　）

（A）土的饱和度越高，浆液水灰比应越大
（B）土的渗透性越大，浆液水灰比应越小
（C）饱和黏性土中注浆顺序宜先桩端后桩侧
（D）终止注浆标准应进行注浆总量和注浆压力双控

50. 某仓储工程位于沿海吹填土场地，勘察报告显示，地面以下 25m 范围内为淤泥，地基土及地下水对混凝土中的钢筋具有中等腐蚀性。在桩基设计时，应考虑下列哪些因素？（　　）

（A）负摩阻力对桩承载力的影响
（B）地下水和地基土对桩身内钢筋的腐蚀性影响
（C）地下水和地基土对桩基施工设备的腐蚀性影响
（D）当采用 PHC 管桩时应对桩身防腐处理

51. 根据《建筑地基基础设计规范》（GB 50007—2011），下列关于柱下桩基础独立承台，柱对承台的冲切计算时，哪些说法是正确的？（　　）

（A）冲切力的设计值为柱根部轴力设计值减去承台下各桩净反力设计值之和
（B）柱根部轴力设计值取相应于作用的基本组合
（C）冲切力设计值应取相应于作用的标准组合扣除承台及其上填土自重
（D）柱对承台冲切破坏锥体与承台底面的夹角不小于 45°

52. 根据《公路桥涵地基与基础设计规范》（JTG 3363—2019），关于地下连续墙基础设计描述正确的是哪些选项？（　　）

（A）墙端应进入良好持力层
（B）墙体进入持力层的埋设深度应大于墙体厚度
（C）持力层为岩石地基时，应优先考虑增加墙体的埋置深度以提高竖向承载力
（D）宜使地下连续墙基础的形心与作用基本组合的合力作用点一致

53. 根据《建筑边坡工程技术规范》（GB 50330—2013），以下关于边坡截排水的规定，哪些选项是正确的？（　　）

（A）坡顶截水沟的断面应根据边坡汇水面积、降雨强度等经计算分析后确定
（B）坡体排水可采用仰斜式排水孔，排水孔间距宜为 2～3m，长度应伸至地下水富集部位或穿过潜在滑动面
（C）对于地下水埋藏较浅、渗流量较大的土质边坡，可设置填石盲沟排水，填石盲沟的最小纵坡宜小于 0.5%
（D）截水沟的底宽不宜小于 500mm，沟底纵坡宜大于 0.3%，可采用浆砌块石或现浇混凝土护壁和防渗

54. 某重力式挡土墙，按照朗肯土压力理论计算墙后主动土压力，其主动土压力分布如下图所示，则下列哪些选项的情况可能存在？　（　　）

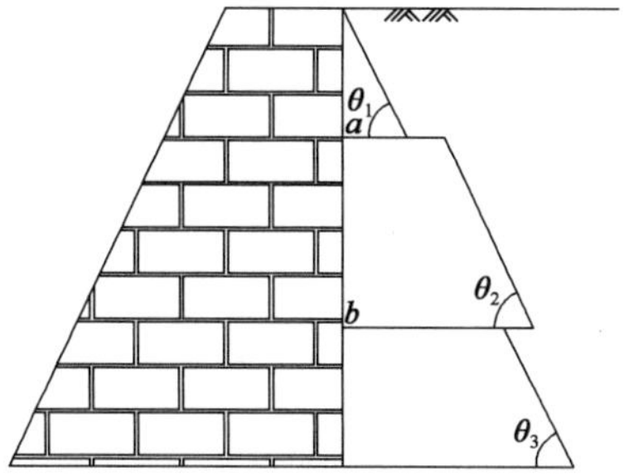

题 54 图

(A)当 $\theta_1=\theta_2\neq\theta_3$ 时，墙后土体存在内摩擦角不等的三层土，土层分界点为 a 点和 b 点

(B)当 $\theta_1=\theta_2=\theta_3$ 时，墙后填土可能为均质土，墙后地面距挡墙一定距离处存在均匀的条形堆载

(C)当 $\theta_1\neq\theta_2\neq\theta_3$ 时，墙后土体存在三层土，土层分界点为 a 点和 b 点

(D)当 $\theta_1\neq\theta_2=\theta_3$ 时，墙后填土为均质土，墙后地面有均布堆载

55. 重力式挡墙高度均为 5m，在挡土墙设计中，下列哪些选项的结构选型和位置设置合理？　（　　）

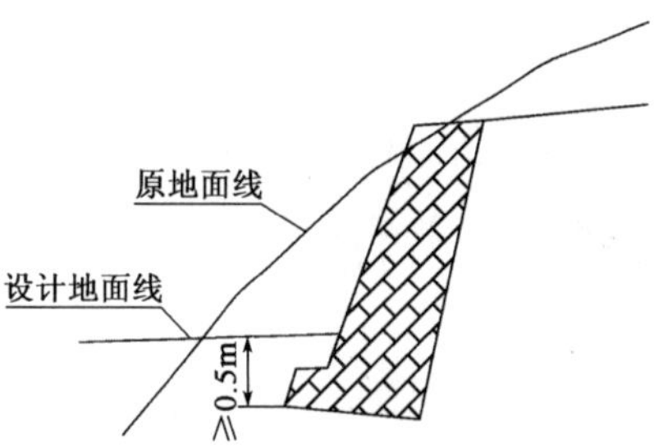

(A)

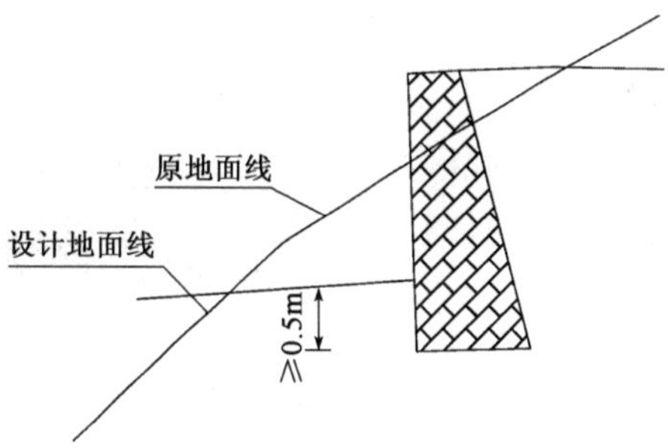

(B)

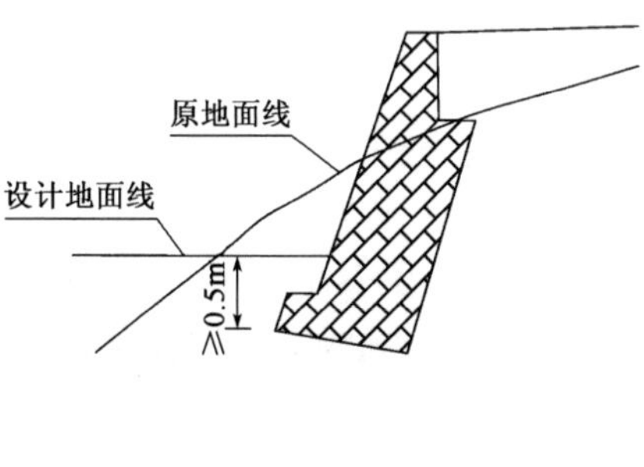

(C)

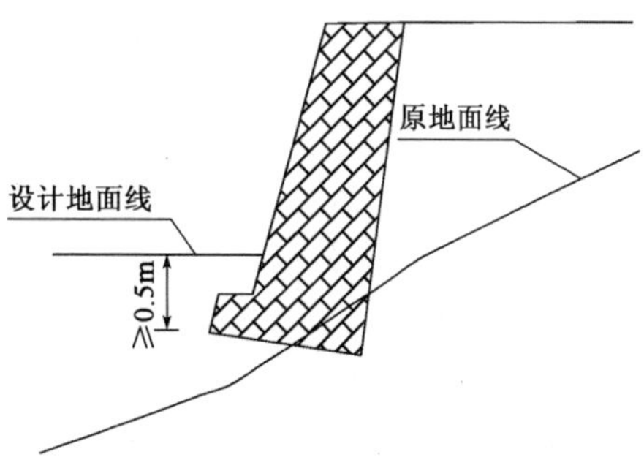

(D)

56. 对于建筑边坡的扶壁式挡墙,下列哪些选项的构件可根据其受力特点简化为一端固定的悬臂结构? ( )

(A)立板 (B)墙踵板
(C)墙趾底板 (D)扶壁

57. 根据《公路路基设计规范》(JTG D30—2015),公路边坡的坡面采用工程防护时,以下哪些选项是不对的? ( )

(A)边坡坡率为1∶1.5的土质边坡采用干砌片石护坡
(B)边坡坡率为1∶0.5的土质边坡采用喷混植生护坡
(C)边坡坡率为1∶0.5的易风化剥落的岩石边坡采用护面墙护坡
(D)边坡坡率为1∶0.5的高速公路岩石边坡采用喷射混凝土护坡

58. 下列有关特殊性岩土的表述中,哪些选项是正确的? ( )

(A)膨胀土地基和季节性冻土地基上建筑物开裂情况比较类似
(B)红黏土的变形以膨胀为主
(C)不论是室内压缩试验还是现场静载荷试验,测定湿陷性黄土的湿陷起始压力均可采用单线法或双线法
(D)当利用填土作为地基时,宜采取一定的建筑和结构措施,以改善填土地基不均匀沉降的适应能力

59. 对于滑坡防治,下列哪些选项是正确的? ( )

(A)滑坡地段应设置排水系统
(B)根据滑坡推力的大小、方向及作用点选择抗滑结构
(C)在保证卸荷区上方及两侧岩土稳定的情况下,可在滑体被动区取土
(D)可在滑体的阻滑区段增加竖向荷载

60. 下列哪些选项的岩溶场地条件需要考虑岩溶对建筑地基稳定性的影响? ( )

(A)洞体岩体的基本质量等级为Ⅳ级,基础底面尺寸大于溶洞的平面尺寸,并具有足够的支承长度
(B)洞体岩体的基本质量等级为Ⅰ级,溶洞的顶板岩石厚度与洞跨之比为0.9
(C)地基基础设计等级为乙级且荷载较小的建筑,尽管岩溶强发育,但基础底面以下的土层厚度大于独立基础宽度的3倍,且不具备形成土洞的条件
(D)地基基础设计等级为丙级且荷载较小的建筑,基础底面与洞体顶板间土层厚度小于独立基础宽度的3倍,洞隙或岩溶漏斗被沉积物填满,其承载力特征值为160kPa,且无被水冲蚀的可能

61. 某公路穿越多年冻土区,下列哪些选项的设计符合要求? ( )

(A)路基填料宜采用塑性指数大于 12,液限大于 32 的细粒土
(B)多冰冻土地段的路基可按一般路基设计
(C)不稳定多年冻土地段高含冰量冻土路基,宜采用设置工业隔热材料、热棒等措施进行温度控制
(D)采用控制融化速率和允许融化的设计原则时,路堤高度不宜小于 1.5m,但也不宜过高

62. 红黏土复浸水特性为Ⅱ类者,复浸水后一般具有下列哪些特性? ( )

(A)膨胀循环呈缩势,缩量逐次积累,但缩后土样高度大于原始高度
(B)土的含水量增量微小
(C)土的外形完好
(D)风干复浸水,干缩后形成的团粒不完全分离,土的 I_r 值降低

63. 下列关于岩溶的论述中,哪些选项是正确的? ( )

(A)水平岩层较倾斜岩层发育
(B)土洞不一定能发展成地表塌陷
(C)土洞发育区下伏岩层中不一定有水的通道
(D)地下水是岩溶发育的必要条件

64. 对于特殊性场地上的桩基础,下列哪些选项是正确的? ( )

(A)软土场地的桩基宜选择中、低压缩性土层作为桩端持力层
(B)湿陷性黄土地基中,设计等级为甲、乙级建筑桩基的单桩极限承载力,宜以天然状态下载荷试验为主要依据
(C)为减小和消除冻胀或膨胀对建筑物桩基的作用,宜采用钻(挖)孔灌注桩
(D)对于填土建筑场地,宜先成桩后再填土并保证填土的密实性

65. 根据《建设工程安全生产管理条例》,施工单位的哪些人员应当经建设行政主管部门或者其他有关部门考核合格后方可任职? ( )

(A)现场作业人员　　(B)专职安全生产管理人员
(C)项目负责人　　(D)单位主要负责人

66. 下列关于工程总承包的说法中,哪些是正确的? ( )

(A)工程总承包是指从事工程总承包的企业按照与建设单位签订的合同,对工程项目的设计、采购、施工等实行全过程的承包,并对工程的质量、安全、工期和造价等全面负责的承包方式
(B)工程总承包企业应当具有与工程规模相适应的工程设计资质或施工资质,相应的财务、风险承担能力,同时具有相应的组织机构、项目管理体系、项目管理专业人员和工程业绩

(C)工程总承包项目经理应当取得工程建设类注册执业资格或者高级专业技术职称，担任过工程总承包项目经理、设计项目负责人或者施工项目经理，熟悉工程建设相关法律和标准，同时具有相应工程业绩

(D)工程总承包企业应当加强对分包的管理，不得将工程总承包项目转包，也不得将工程总承包项目中设计和施工业务一并或者分别分包给其他单位。工程总承包企业自行实施设计的，不得将工程总承包项目工程设计业务分包给其他单位

67.根据《注册土木工程师(岩土)执业及管理工作暂行规定》，下列哪些说法是正确的？ ( )

(A)注册土木工程师(岩土)必须受聘并注册于一个建设工程勘察、设计、检测、施工、监理、施工图审查、招标代理、造价咨询等单位方能执业

(B)注册土木工程师(岩土)可在规定的执业范围内，以注册土木工程师(岩土)的名义只能在注册单位所在地从事相关执业活动

(C)注册土木工程师(岩土)执业制度不实行代审、代签制度。在规定执业范围内，甲、乙级岩土工程的项目负责人须由本单位聘用的注册土木工程师(岩土)承担

(D)注册土木工程师(岩土)应在规定的技术文件上签字并加盖执业印章。凡未经注册土木工程师(岩土)签章的技术文件，不得作为岩土工程项目实施的依据

68.根据《建设工程质量检测管理办法》(建设部令第141号)，建设主管部门实施监督检查时，有权采取下列哪几项措施？ ( )

(A)要求检测机构或者委托方提供相关的文件和资料

(B)进入检测机构的工作场地(包括施工现场)进行抽查

(C)组织进行比对试验以验证检测机构的检测能力

(D)发现有不符合国家有关法律、法规和工程建设标准要求的检测行为时，责令改正，并处1万元以上3万元以下的罚款

69.根据《建设工程安全生产管理条例》(国务院令第393条)的规定，下列哪几项属于建设单位的安全责任？ ( )

(A)建设单位应当协助施工单位向有关部门查询施工现场及毗邻区域内供水、排水、供电、供气、供热、通信、广播电视等地下管线资料，气象和水文观测资料，相邻建筑物和构筑物、地下工程的有关资料

(B)建设单位不得对勘察、设计、施工、工程监理等单位提出不符合建设工程安全生产法律、法规和强制性标准规定的要求，不得压缩合同约定的工期

(C)建设单位在编制工程概算时，应当确定建设工程安全作业环境及安全施工措施所需费用

(D)建设单位不得明示或者暗示施工单位购买、租赁、使用不符合安全施工要求

的安全防护用具、机械设备、施工机具及配件、消防设施和器材

70. 根据《地质灾害防治条例》(国务院令第 394 条)的规定,下列关于地质灾害的治理的说法中哪些是正确的? ( )

(A)因自然因素造成的特大型地质灾害,确需治理的,由国务院国土资源主管部门会同灾害发生地的省、自治区、直辖市人民政府组织治理

(B)因自然因素造成的跨行政区域的地质灾害,确需治理的,由所跨行政区域的地方人民政府国土资源主管部门共同组织治理

(C)因工程建设等人为活动引发的地质灾害,由灾害发生地的省、自治区、直辖市人民政府组织治理

(D)地质灾害治理工程的确定,应当与地质灾害形成的原因、规模以及对人民生命和财产安全的危害程度相适应

2018 年专业知识试题答案(下午卷)

1.［答案］D

［依据］《实用土力学——岩土工程疑难问题答疑笔记整理之三》(高大钊,人民交通出版社)第 248 页。计算基底附加应力时,土的自重应力称为常驻应力,是地面下某深度处土原有的天然自重应力,无论何种情况,均从天然地面算起,本题基底标高 20m,自然地面标高 24m,即 $d=24-20=4\text{m}$。

2.［答案］A

［依据］左侧为倒八字形裂缝,表明该处中间沉降小,两侧沉降大,右侧为正八字形裂缝,表明该处中间沉降大,两侧小,则该砌体结构地基变形特征勾画出来的图形与选项 A 最为接近。

3.［答案］C

［依据］圆形基础的抵抗矩为:

$$W=\frac{\pi d^2}{32};$$

基底边缘最小压力为:

$$P_{\text{kmin}}=\frac{F_k+G_k}{A}-\frac{M_k}{W}=\frac{F_k+G_k}{\pi \text{d}^2/4}-\frac{M_k}{\pi \text{d}^3/32};$$

令 $P_{\text{kmin}}=0$,有:

$$(F_k+G_k)\cdot\frac{d}{8}=M_k;$$

则:$e=\dfrac{M_k}{F_k+G_k}=\dfrac{d}{8}$。

4.［答案］B

［依据］《土力学》(李广信等,第 2 版,清华大学出版社)第 307～308 页:$p_{1/4}$代表基础下极限平衡区发展的最大深度等于基础宽度 b 的 1/4 时相应的荷载,规范将本公式作为承载力特征值的推荐公式,亦即 $p_{1/4}$ 公式较好地兼顾了强度条件和变形条件,选项 B 正确;苏联规范把临界荷载 $p_{1/4}$ 公式作为计算基底标准压力的公式,根据我国实践经验,认为用临界荷载 $p_{1/4}$ 计算的砂土地基承载力偏小,经过理论和实践对比分析,对理论公式中内摩擦角大于 24°的承载力系数 M_b 进行修正,规范公式可以称为经过经验修正的临界荷载公式,选项 A 错误;《建筑地基基础设计规范》(GB 50007—2011)第 5.2.5 条,偏心距 e 应满足小于或等于 0.033 倍基础宽度的条件,选项 C 错误;c_k、φ_k 为基底下一倍短边宽度的深度范围内土的黏聚力、内摩擦角的标准值,亦即考虑了土的分层性,选项 D 错误。

5.［答案］B

［依据］《建筑地基基础设计规范》(GB 50007—2011)第 8.2.8 条。

6.［答案］C

［依据］基底刚好不出现拉应力，亦即偏心距 $e=b/6=6.0/6=1.0\text{m}$。应注意此时的 b 应为偏心荷载作用方向上的基础尺寸，不一定就是长边尺寸，也可能为短边尺寸。

7.［答案］C

［依据］据《建筑桩基技术规范》(JGJ 94—2008)第5.5.6条，选项A、B、D错误，选项C正确。

8.［答案］D

［依据］《建筑桩基技术规范》(JGJ 94—2008)第3.4.1条及条文说明，选项A错误；成桩过程的挤土效应在饱和黏性土中是负面的，会引发灌注桩断桩、缩颈等质量事故，在软土地基中挤土预制混凝土桩和钢桩会导致桩体上浮，降低承载力，增大沉降量，选项B错误；由于沉管灌注桩应用不当的普遍性及其严重后果，在软土地区仅限于多层住宅单排桩条基使用，使用受到较为严格的限制，故选项C错误；软土地基考虑到基桩施工有利的作业条件，往往先成桩后开挖，但这样必须严格执行均衡开挖，高差超过1m，以保证基桩不发生水平位移和折断，选项D可以减小基坑开挖对桩的影响，故正确。但一般工程上都是先成桩后开挖。

9.［答案］D

［依据］长螺旋钻为干作业，适用于在水位以上的黏性土、粉土、砂土、中密以上卵石中成孔成桩；大粒径漂石层，成孔困难，选项A不合适；泥浆护壁正反循环钻可穿透硬夹层进入各种坚硬持力层，桩径、桩长可变范围大，但漂石层漏浆严重，选项B、C不合适；全套管跟进冲抓成孔在漂石地层中破碎效果好，成孔效率高，选项D合适。

10.［答案］C

［依据］《建筑桩基技术规范》(JGJ 94—2008)第6.3.30条第4款。灌注水下混凝土必须连续施工；只有选项C满足规范要求。

11.［答案］B

［依据］《建筑桩基技术规范》(JGJ 94—2008)第3.1.7条第4款，选项A错误；第1款，选项B正确；第2款，选项C、D错误。

12.［答案］C

［依据］《建筑桩基技术规范》(JGJ 94—2008)第4.1.3条第1款。钻孔扩底桩 $D/d\leqslant 2.5$，即 $d\geqslant 1.2\text{m}$。

13.［答案］B

［依据］《建筑地基基础设计规范》(GB 50007—2011)第8.5.3条第8款第4项。钻孔灌注桩构造钢筋长度不宜小于桩长的2/3，即不宜小于20.0m；桩基在基坑开挖前完成时，其钢筋长度不宜小于基坑深度的1.5倍，即不应小于22.5m；综上，选项B正确。

14.［答案］A

［依据］《公路桥涵地基与基础设计规范》(JTG 3363—2019)第6.3.4条。在饱和土

层中桩端压浆，可对桩端以上10～12.0m范围内的桩侧阻力进行增强；在非饱和土层中桩端压浆，可对桩端以上5.0～6.0m的桩侧阻力进行增强；本题承台底面位于地下水位以下，为饱和土层，正确答案为选项A。

15.**[答案]** A

[依据]《铁路路基设计规范》(TB 10001—2016)第12.3.4条，选项A错误；第12.3.3条，选项B、D正确；第12.3.5条，选项C正确。

16.**[答案]** B

[依据]《建筑边坡工程技术规范》(GB 50330—2013)第7.2.3条表7.2.3。边坡$H=12.0$m，多层建筑物的基础外缘距离到坡脚线的水平距离$a=10.0$m，满足$0.5H\leqslant a\leqslant 1.0H$，侧向土压力$E'_a$取静止土压力合力与主动岩土压力合力之和的一半，即$E'_a=620$kN/m。

17.**[答案]** C

[依据]《公路路基设计规范》(JTG D30—2015)第7.8.5条第2、3款，选项A正确；第7.9.6条第1～3款并结合第3.2节，选项B正确；第7.12.8条第3款，选项C错误；第7.17.5条第1、3款，选项D正确。

18.**[答案]** B

[依据]《铁路路基支挡结构设计规范》(TB 10025—2019)第13.2.7条第2款、第13.2.8条，选项A应考虑；第13.2.1条，抗滑桩的锚固段以上的外力包括桩后滑坡推力、土压力、桩前滑体抗力及水平地震力等，选项C需要考虑；桩侧摩阻力、黏聚力以及桩身重力、桩底反力(即桩端阻力)可不计算，选项B在设计时可不考虑；第13.2.9条，选项D需要考虑。

19.**[答案]** B

[依据]《碾压式土石坝设计规范》(DL/T 5395—2007)第6.1.8条，选项A正确；第6.1.10条，选项B错误；第6.1.9条，选项C正确；第6.1.7条，选项D正确。

20.**[答案]** B

[依据]《建筑边坡工程技术规范》(GB 50330—2013)第9.4.1条，选项A正确；第8.5.3条，选项B错误；第10.4.3条，选项C正确；第11.4.4条，选项D正确。

21.**[答案]** C

[依据]《碾压式土石坝设计规范》(DL/T 5395—2007)第10.1.2条。

22.**[答案]** B

[依据]《土力学》(李广信等，第2版，清华大学出版社)第257～259页，选项A正确；部分浸水坡，可能形成折线滑动面，选项B错误；有结构面的岩质边坡，可沿结构面滑动，滑动面根据结构面形状确定，可为直线或折线，选项C正确；有软弱夹层时，土质边坡沿着软弱夹层滑动，滑动面形状可以为直线、折线或圆弧等形状，选项D正确。

23.【答案】B

【依据】《工程地质手册》(第五版)第652页,选项A正确;第655页,鼓胀裂缝位于滑坡体下部,方向垂直于滑动方向,选项B错误;第672页,选项C正确;第673页,选项D正确。

24.【答案】D

【依据】《岩土工程勘察规范》(GB 50021—2001)(2009年版)第6.10.2条。重度的工程特性指标变化率为(19.5−18.0)/19.5=7.7%,压缩模量的工程特性指标变化率为(9.0−6.0)/9.0=33.3%,查表6.10.2,影响程度为大,选项D正确。

25.【答案】C

【依据】《岩土工程勘察规范》(GB 50021—2001)(2009年版)第6.6.2条。该冻土的平均融化下沉系数$\delta_0=\frac{e_1-e_2}{1+e_1}=\frac{0.87-0.72}{1+0.87}=0.08=8.0\%$,选项C正确。

26.【答案】D

【依据】《工程地质手册》(第五版)第594页,选项D正确。

27.【答案】D

【依据】《湿陷性黄土地区建筑标准》(GB 50025—2018)第4.3.2条及条文说明,基底压力为320kPa,用基底下15m处的实际压力作为浸水压力。基底标高未知,可取地面下1.5m,则基底以下15m处的上覆土层饱和自重压力为18×(1.5+15)=297kPa,附加压力为320−1.5×18=293kPa,取浸水压力为297+293=590kPa。

28.【答案】A

【依据】《岩土工程勘察规范》(GB 50021—2001)(2009年版)附录C。泥石流爆发周期在5年以内,属于高频率泥石流沟谷,再结合流域面积和固体物质一次冲出量、堆积区面积,可确定为I_1型泥石流。请注意表下注2,定量指标满足其中一项即可,执行就高不就低的原则。

29.【答案】B

【依据】《工程地质手册》(第五版)第591页,选项B正确。

30.【答案】A

【依据】《工程地质手册》(第五版)第555页,选项A错误,选项B、C、D正确。

31.【答案】D

【依据】《工程地质手册》(第五版)第537页表5-3-2,选项D正确。

32.【答案】A

【依据】《工程地质手册》(第五版)第603页,混合土因其成分复杂多变,各种成分粒径相差悬殊,故其性质变化很大。混合土的性质主要决定于土中的粗、细颗粒含量的比例,粗粒的大小及其相互接触关系和细粒土的状态。与粗粒的矿物成分无关。

33.**[答案]** D

[依据]《建筑边坡工程技术规范》(GB 50330—2013)第6.3.3条第2款。当有外倾硬性结构面时,应分别以外倾硬性结构面的抗剪强度参数按本规范第6.3.1条的方法和以岩体等效内摩擦角按侧向土压力方法分别计算,取两种结果的较大值,即侧向岩石压力取650kN/m;破裂角按第6.3.3条第1款确定为$45°+\varphi/2=60°$,外倾结构面倾角为65°,破裂角应取二者中的较小值,即破裂角取60°。

34.**[答案]** B

[依据] 根据工程地质学教材,滑坡发育过程划分为三个阶段:蠕动变形、滑动破坏和渐趋稳定阶段。蠕动变形阶段滑坡后壁先出现张拉裂缝,这个阶段称为弱变形阶段。随着渗水作用加强,变形进一步发展,滑坡后缘张拉,裂缝加宽,滑坡体两侧开始出现羽毛状剪切裂缝,随着变形进一步发展后缘裂缝不断扩大,两侧羽毛状剪切裂缝贯通并撕开,滑坡前缘的岩土体被挤紧并鼓出,形成鼓胀裂缝,这时滑动面已经完全形成,滑坡体开始向下滑动。这个阶段称为强变形阶段。

35.**[答案]** C

[依据]《中华人民共和国安全生产法》第三十四条,选项A、B、D正确;第三十五条,选项C错误。

36.**[答案]** D

[依据]《建设工程勘察设计管理条例》第十九条。只有选项D不属于转包,其他均属于转包,不被许可。

37.**[答案]** C

[依据]《建设工程质量管理条例》第四十六条,选项A、B、D正确,选项C错误。

38.**[答案]** C

[依据]《中华人民共和国建筑法》第四十五条,选项A正确;第四十七条,选项B正确;第四十九条,选项C错误,不是施工单位,而是建设单位;第五十条,选项D正确。

39.**[答案]** C

[依据]《中华人民共和国招标投标法》第三十五、三十六条,选项A、B、D正确,选项C错误。

40.**[答案]** D

[依据]《中华人民共和国民法典》第四百七十八条,选项A、B、C正确,选项D错误。

41.**[答案]** ABD

[依据]《建筑地基基础设计规范》(GB 50007—2011)第5.2.6条,选项A、B、D正确,选项C错误。

42.**[答案]** ABD

［依据］《建筑地基基础设计规范》(GB 50007—2011)第5.3.5条。选项A、B均是通过影响基础底面处的自重压力而影响附加压力，从而间接影响地基沉降量；基础底面的形状对基础底面处各土层的平均附加应力系数有影响，从而影响附加应力，影响地基沉降量；土层的渗透系数对地基沉降量无影响。

43.［答案］ABD

［依据］《建筑地基基础设计规范》(GB 50007—2011)第8.3.2条第1款。设计需要考虑的因素有两个方面，一方面为地基基础及其持力层的性质，另一方面为上部荷载的大小与分布特征，故选项A、B、D正确，选项C错误。

44.［答案］BCD

［依据］《基础工程》(周景星等，第3版，清华大学出版社)第108～113页。柱下条形基础的分析方法大致可分为三个发展阶段，形成相应的三种类型的方法，分别为：①不考虑共同作用分析法：常见方法有静定分析法(静定梁法)、倒梁法(用连续梁求解内力的方法)、倒楼盖法。②考虑基础-地基共同作用的弹性地基梁法：主要由半无限弹性体法(弹性半空间地基模型)和基床系数法(温克尔地基模型)，后者较为典型和应用广泛，具体解法有解析法、数值法等，有限单元法和有限差分法属于数值法中的两种。③考虑上部结构地基一基础共同作用的分析方法，目前还未成熟，使用较为有限。综上所述，选项B、C、D正确。等值梁法是用来分析支护结构的入土深度和最大弯矩的方法，选项A错误。

45.［答案］BD

［依据］《建筑地基基础设计规范》(GB 50007—2011)第5.2.4条，选项B、D正确，选项A、C不正确。特别注意大面积压实填土中对于粉土，须同时满足压实系数和黏粒含量的要求方可不进行宽度修正。

46.［答案］ACD

［依据］《建筑桩基技术规范》(JGJ 94—2008)第3.3.3条条文说明第1款，选项A正确；第2款，选项C正确；第3款，选项D正确。

47.［答案］CD

［依据］《建筑桩基技术规范》(JGJ 94—2008)第5.2.4条，选项C、D正确；第5.2.3条，选项A承台下桩数少于4根，不考虑承台效应；选项B新近填土地基可能因发生自重固结作用，而使得承台与承台底土脱开，不能发挥承台效应。

48.［答案］CD

［依据］《建筑桩基技术规范》(JGJ 94—2008)第3.1.8条条文说明。

49.［答案］BD

［依据］《建筑桩基技术规范》(JGJ 94—2008)第6.7.4条第1款，选项A错误；第6.7.5条第3款，选项C错误；第6.7.6条，选项D正确。

50.［答案］ABD

【依据】地面以下25m范围内为淤泥土，在上覆荷载作用下会产生地面沉降量大于桩基沉降量，即产生负摩阻力，应考虑负摩阻力对桩基承载力的影响，选项A正确；地基土及地下水对混凝土中的钢筋具有中等腐蚀性，应考虑地下水和地基土对桩身内钢筋的腐蚀性影响，选项B正确；PHC管桩（预应力高强度混凝土桩）应对桩身进行防腐处理，选项D正确；桩基施工设备自身就有防腐蚀措施，不需要额外考虑地下水和地基土的腐蚀性影响，选项C错误。

51.【答案】BD

【依据】《建筑地基基础设计规范》（GB 50007—2011）第8.5.19条，选项A、C错误，选项B、D正确。

52.【答案】ABD

【依据】《公路桥涵地基与基础设计规范》（JTG 3363—2019）第8.3.2条，选项A、B正确，选项C错误；第8.3.3条，选项D正确。

53.【答案】ABD

【依据】《建筑边坡工程技术规范》（GB 50330—2013）第16.2.2条，选项A正确；第16.3.4条第1、3款，选项B正确；第16.3.3条条文说明，选项C错误；第16.2.3条第3、4款及第16.4条第1款，选项D正确。

54.【答案】BC

【依据】选项A，$\theta_1=\theta_2\neq\theta_3$时，即上面一段的主动土压力强度的斜率与$ab$段斜率相同，则上面两层土的内摩擦应是相同的，选项A错误；类似的选项B是正确的；该条形堆载只影响ab段填土的主动土压力，参见《建筑边坡工程技术规范》（GB 50330—2013）附录B中图B.0.2；选项C正确，显而易见；选项D是错误的，斜率不同，意味着重度与主动土压力系数的乘积是不同的，而均质土不存在这种现象。

55.【答案】AD

【依据】选项A、D为仰斜式挡墙，选项B为俯斜式挡墙，选项C为衡重式挡墙。仰斜墙适用于路堑墙、墙趾处地面平缓的路肩墙或路堤墙，选项A为路堑墙，选项D为路堤墙且墙趾处地面较为平缓，可以采用仰斜式挡墙，选项A、D正确；俯斜式挡墙通常在地面横坡陡峻时采用，选项B中墙后原始地面不算陡峻，不合适；衡重式挡墙主要用于地面横坡较陡的路肩墙和路堤墙，本题中挡墙高度5m，一般不考虑衡重式挡墙，选项C错误。

56.【答案】CD

【依据】《建筑边坡工程技术规范》（GB 50330—2013）第12.2.6条。

57.【答案】BD

【依据】《公路路基设计规范》（JTG D30—2015）第5.2.1条表5.2.1，选项A、C正确，选项B、D错误。

58.【答案】ACD

【依据】冻胀土和膨胀土地基均为膨胀、收缩周期往复，造成建筑物开裂，选项A正确;《岩土工程勘察规范》(GB 50021—2001)(2009 年版)第 6.2.6 条条文说明,红黏土变形以收缩为主,选项 B 错误;《湿陷性黄土地区建筑规范》(GB 50025—2004)第 4.3.5 条、第 4.3.6 条,选项 C 正确。

59.【答案】ABD

【依据】《工程地质手册》(第五版)第 673 页,选项 A、B、D 正确,选项 C 错误。

60.【答案】ABC

【依据】《岩土工程勘察规范》(GB 50021—2001)(2009 年版)第 5.1.9 条和第 5.1.10 条和《工程地质手册》(第五版)第 642 页:选项 A 不满足完整、较完整的坚硬岩、较硬岩地基的条件,应考虑岩溶对地基稳定性的影响,正确;选项 B 不满足顶板岩石厚度大于或等于洞的跨度,正确;地基基础设计等级为丙级且荷载较小的建筑物,当基础底面以下的土层厚度大于独立基础宽度的 3 倍或条形基础宽度的 6 倍,且不具备形成土洞或其他地面变形的条件时可以不考虑岩溶对地基稳定性的影响,选项 C 为乙级,仍需考虑,正确;基础底面与洞体顶板间土层厚度虽小于独立基础宽度的 3 倍或条形基础宽度的 6 倍,洞隙或岩溶漏斗被沉积物填满,其承载力特征值超过 150kPa,且无被水冲蚀的可能性时可不考虑岩溶对地基稳定性的影响,选项 D 错误。

61.【答案】BCD

【依据】《公路路基设计规范》(JTG D30—2015)第 7.12.1 条第 3 款,选项 A 错误;第 5 款,选项 B 正确;第 7.12.2 条第 10 款,选项 C 正确;第 2 款,选项 D 正确。

62.【答案】BCD

【依据】《工程地质手册》(第五版)第 528 页:选项 A 错误,选项 B、C、D 正确。

63.【答案】BD

【依据】《工程地质手册》(第五版)第 636 页:选项 A 错误;第 646、647 页,选项 B、D 正确,选项 C 错误。

64.【答案】AC

【依据】《建筑桩基技术规范》(JGJ 94—2008)第 3.4.1 条,选项 A 正确;第 3.4.2 条,选项 B 错误;第 3.4.3 条,选项 C 正确;第 3.4.7 条,选项 D 错误。

65.【答案】BCD

【依据】《建设工程安全生产管理条例》第三十六条。

66.【答案】ABC

【依据】《住房和城乡建设部关于进一步推进工程总承包发展的若干意见》第一部分第二条,选项 A 正确;第二部分第七条,选项 B 正确;第二部分第八条,选项 C 正确;第二部分第十条,选项 D 错误。

67.【答案】AC

【依据】《注册土木工程师(岩土)执业及管理工作暂行规定》第三部分,选项 A、C 正确，选项 B、D 错误。

68.［答案］ABC

［依据］《建设工程质量检测管理办法》第二十二条，选项 A、B、C 正确，选项 D 错误。

69.［答案］BCD

［依据］《建设工程安全生产管理条例》第六条，选项 A 错误；第七条，选项 B 正确；第八条，选项 C 正确；第九条，选项 D 正确。

70.［答案］ABD

［依据］《地质灾害防治条例》第三十四条，选项 A、B 正确；第三十五条，选项 C 错误；第三十六条，选项 D 正确。

2019年专业知识试题(上午卷)

一、单项选择题(共40题,每题1分。每题的备选项中只有一个最符合题意)

1. 岩层中采用回转钻进方法钻探,某一钻孔直径90mm,回次进尺1m,获取的岩芯段长度为2cm、4cm、3cm、5cm、10cm、14cm、12cm、15cm、13cm、12cm,则该地段岩体质量属于哪个等级? (　　)

(A)好　　(B)较好

(C)较差　　(D)无法判断

2. 某公路工程,其地表下20m范围内土层的液化指数为16,根据《公路工程地质勘察规范》(JTG C20—2011),该地基的液化等级为下列哪个选项? (　　)

(A)轻微　　(B)中等

(C)严重　　(D)不液化

3. 按《水利水电工程地质勘察规范》(GB 50487—2008),当采用总应力进行稳定性分析时,地基土抗剪强度的标准值取值应为下列哪个选项? (　　)

(A)对排水条件差的黏性土地基,宜采用慢剪强度

(B)对软土可采用原位十字板剪切强度

(C)对采取了排水措施的薄层黏性土地基宜采用三轴压缩试验不固结不排水剪切强度

(D)对透水性良好、能自由排水的地基土层,宜采用固结快剪强度

4. 某重要工程地基为膨胀土,根据《岩土工程勘察规范》(GB 50021—2001)(2009年版),应采用下列哪个选项确定地基承载力? (　　)

(A)不浸水载荷试验　　(B)浸水载荷试验

(C)饱和状态下的UU试验　　(D)饱和状态下的CU试验

5. 根据《岩土工程勘察规范》(GB 50021—2001)(2009年版),标贯试验中钻杆直径使用正确的是下列哪个选项? (　　)

(A)42mm　　(B)50mm

(C)42mm或50mm　　(D)50mm或60mm

6. 某场地四个现场平板载荷试验的岩石地基承载力特征值分别为540kPa、450kPa、560kPa、570kPa,该场地基岩地基承载力特征值应为下列哪个选项? (　　)

(A)556kPa (B)540kPa

(C)530kPa (D)450kPa

7. 如下图,泉水出露处的地下水属于下列哪一类? ( )

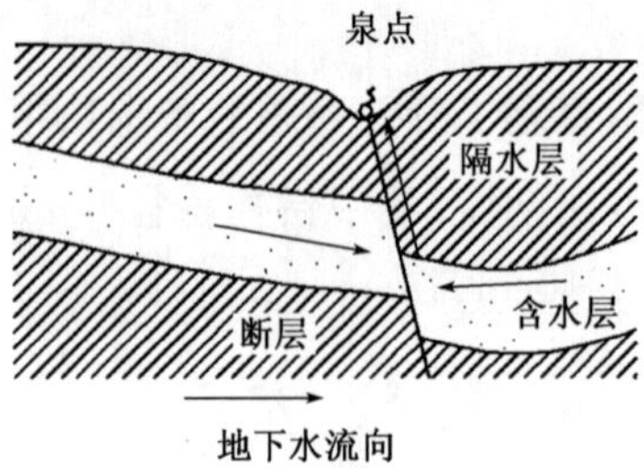

题 7 图

(A)上层滞水 (B)包气带水

(C)潜水 (D)承压水

8. 用双桥静力触探估算单桩承载力,q_c取值最合理的是下列哪个选项?(注:d 为桩的直径或边长) ( )

(A)桩端平面处的值

(B)桩端平面以下 1d 范围内的平均值

(C)桩端平面以上 4d 范围内的加权平均值

(D)选项(B)和(C)的平均值

9. 场地为灰岩,单层厚 0.8m,其饱和单轴抗压强度 45MPa,工程地质岩组命名最合适的是下列哪个选项? ( )

(A)硬岩岩组 (B)坚硬层状沉积岩岩组

(C)较坚硬块状灰岩岩组 (D)较坚硬厚层状灰岩岩组

10. 采用电阻率法判断三个地层情况时,绘制 ρ_s-$AB/2$ 的关系曲线如下图所示,根据曲线形状判断电阻率关系为哪个选项?(ρ_1、ρ_2、ρ_3 为地表下第一层、第二层、第三层的电阻率) ( )

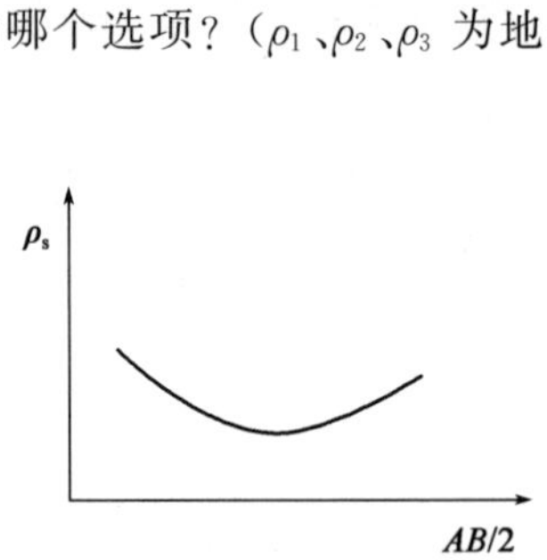

题 10 图

(A)$\rho_1<\rho_2<\rho_3$ (B)$\rho_1<\rho_2>\rho_3$

(C)$\rho_1>\rho_2<\rho_3$ (D)$\rho_1>\rho_2>\rho_3$

11.“超前滞后”现象,上为软土层下为硬土层,为下列哪个选项? ( )

(A)超前量 0.8m,滞后量 0.2m (B)超前量 0.2m,滞后量 0.8m
(C)超前量 0.4m,滞后量 0.1m (D)超前量 0.1m,滞后量 0.4m

12.某盐渍土地段地下水位埋深 1.6m,大于该地段毛细水强烈上升高度与蒸发强烈影响深度之和。在一次开挖深 1.8m 基槽的当时和暴晒多天后,分别沿槽壁分层取样,测定其含水量随深度变化如下表。该地段毛细水强烈上升高度最接近下列哪个数值? ( )

题 12 表

取样深度(m)	天然含水量(%)	暴晒后含水量(%)
0.0	7	1
0.2	10	3
0.4	18	8
0.6	23	21
0.8	25	25
1.0	27	26
1.2	29	27
1.4	30	25
1.6	30	25
1.8	30	25

(A)1.4m (B)1.1m (C)0.8m (D)0.5m

13.关于高分辨率遥感影像的说法,下列表述正确的是哪一项? ( )

(A)高分辨率遥感影像解译可以代替工程地质测绘
(B)目前高分辨率遥感影像解译可以实现全自动化
(C)高分辨率遥感影像解译在工程地质测绘之前进行,解译成果现场复核点数不少于 30%
(D)从某一期高分辨率遥感影像上可以获取地质体三维信息

14.荷载标准值可以由下列哪种荷载统计分布的某个分位值确定? ( )

(A)设计基准期内的最大荷载 (B)设计基准期内的平均荷载
(C)结构使用年限内的最大荷载 (D)结构使用年限内的平均荷载

15.以下对工程结构设计使用年限确定正确的是哪个选项? ( )

(A)公路涵洞为 50 年 (B)普通房屋为 70 年
(C)标志性建筑为 100 年 (D)铁路桥涵结构为 50 年

16. 以下荷载组合中，用于计算滑坡稳定性的作用效应组合是哪个选项？（　　）

(A)包括永久作用和可变作用的标准组合，采用相应的可变作用组合值系数

(B)包括永久作用和可变作用的准永久组合，采用相应的可变作用准永久值系数，不计风荷载和地震作用

(C)包括永久作用和可变作用的基本组合，采用相应的可变作用组合值系数，分项系数取 1.35

(D)包括永久作用和可变作用的基本组合，采用相应的可变作用组合值系数，分项系数取 1.0

17. 某大厚度大面积粉土填方整平场地，拟建建筑物筏板基础尺寸为 12m×28m，基础埋深 2.5m，无地下水。经检测，填土重度为 $20kN/m^3$，黏粒含量 10%，平均压实系数为 0.94，地基承载力特征值为 180kPa，问修正后填土地基承载力特征值正确选项是哪一个？（　　）

(A)180kPa　　(B)220kPa　　(C)240kPa　　(D)255kPa

18. 采用堆载预压法加固地基，按双面排水计算固结时间为 t，则按单面排水达到相同固结度需要的时间是哪一个？（　　）

(A)$4t$　　(B)$2t$　　(C)$t/2$　　(D)$t/4$

19. 某湿陷性黄土地基拟采用灰土挤密法处理地基，等边三角形布桩，在满足设计要求情况下比较以下两种方案：方案一，桩径 d 为 0.45m，桩间距 s 为 0.9m；方案二，桩径为 0.50m，面积置换率同方案一，则方案二桩间距 s 最接近下列哪个选项？（　　）

(A)1.15m　　(B)1.05m

(C)1.00m　　(D)0.95m

20. 根据《建筑地基处理技术规范》(JGJ 79—2012)，振冲碎石桩处理关于桩位布置的做法，错误的是哪个选项？（　　）

(A)布桩范围在基础外缘扩大 1 排桩

(B)处理液化地基时，桩位布置超出基础外缘的宽度为基底下液化土层厚度 1/3

(C)对独立基础，采用矩形布桩

(D)对条形基础，沿基础轴线单排布桩

21. 复合地基桩土应力比的论述，正确的是哪个选项？（　　）

(A)荷载越大，桩土应力比越大

(B)桩土模量比越大，桩土应力比越大

(C)置换率越大，桩土应力比越大

(D)桩间土承载力越大，桩土应力比越大

22. 某砂土地基采用1m直径振冲碎石桩处理，已知砂土初始孔隙比 $e_0=1.0$，最大孔隙比 $e_{max}=1.1$，最小孔隙比 $e_{min}=0.7$，挤密后砂土的相对密实度达到0.83，则采用正方形布桩时合理桩间距最接近下列哪个选项？(不考虑振动下沉挤密作用)　(　)

(A)1.8m　(B)2.2m　(C)2.6m　(D)3.0m

23. 某水泥搅拌桩复合地基，桩径400mm，桩距1.20m，正三角形布桩。三桩复合地基载荷试验的圆形承压板直径应取下列哪个选项？　(　)

(A)2.0m　(B)2.2m　(C)2.4m　(D)2.6m

24. 某填土拟采强夯处理，修正系数取0.5，若选用单击夯击能2700kN·m，强夯影响深度最接近下列哪个选项？　(　)

(A)6m　(B)7m　(C)8m　(D)10m

25. 某基坑场地潜水含水层的渗透系数 $k=10\text{m/d}$，潜水含水层厚度为10m，井水位降深为8m，含水层的影响半径最接近以下哪个数值？　(　)

(A)220m　(B)200m

(C)180m　(D)160m

26. 某基坑采用悬臂桩支护，桩身承受的弯矩最大的部位是下列哪个选项？　(　)

(A)坑底处　(B)坑底以上某部位

(C)坑底下某部位　(D)不确定，需看土质

27. 下列关于咬合排桩施工顺序正确的选项是哪个？　(　)

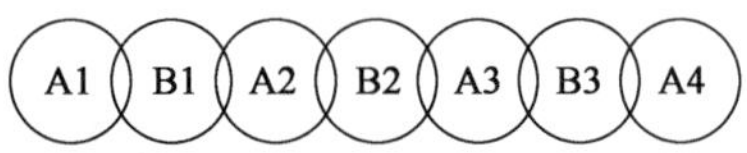

题27图

(A)B1→B2→B3→A1→A2→A3→A4

(B)A1→B1→A2→B2→A3→B3→A4

(C)A1→A2→B1→B2→A3→A4→B3

(D)A1→A2→B1→A3→B2→A4→B3

28. 关于建筑基坑内支撑结构设计，下列哪个说法是错误的？　(　)

(A)水平对撑应按中心受压构件进行计算

(B)竖向斜撑应按偏心受压杆件进行计算

(C)腰梁应按以支撑为支座的多跨连续梁计算

(D)水平斜撑应按偏心受压构件进行计算

29. 某场地地势低洼，铺设钢筋混凝土排水管道后将地面填筑到设计高程。如只考虑填土自重，管道在投入使用后其所受土的竖向压力与上覆土自重相比，以下哪种说法是正确的？（　　）

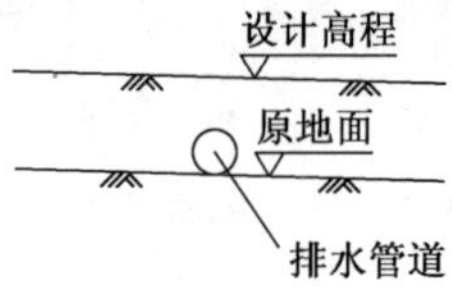

题 29 图

(A)大于上覆土重　　(B)小于上覆土重

(C)等于上覆土重　　(D)不确定，需看填土厚度

30. 下列关于锚喷衬砌中锚杆对隧道围岩稳定性作用错误的选项是哪个？（　　）

(A)悬吊作用　　(B)组合拱作用

(C)挤压加固作用　　(D)注浆加固作用

31. 对与竖向斜撑结合的支护排桩（如图所示，不考虑桩身自重），还应需要按下列哪种受力类型构件考虑？（　　）

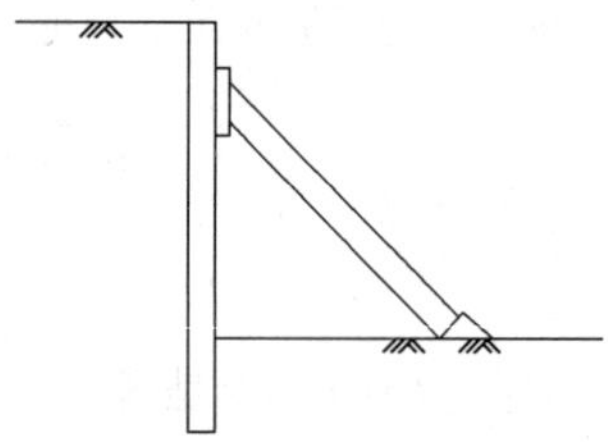

题 31 图

(A)纯弯　　(B)偏压

(C)弯剪　　(D)偏拉

32. 关于地震反应谱曲线说法正确的是哪个选项？（　　）

(A)它表示场地上不同自振周期的结构对特定地震的反应

(B)它表示不同场地上特定自振周期的结构对特定地震的反应

(C)它表示场地上特定自振周期的结构对不同地震的反应

(D)它表示场地上特定自振周期的结构对特定地震的反应

33. 地基土抗震容许承载力调整系数 K 与下列哪项因素无关？（　　）

(A)岩土性状　　(B)岩土类别

(C)场地类别　　(D)地基承载力基本容许值

34. 建筑结构的地震影响系数应根据下列哪项因素确定？ (　　)

(A)抗震设防烈度、场地类别、设计地震分组、结构自振周期、高宽比、地震动峰值加速度

(B)抗震设防烈度、场地类别、设计地震分组、结构自振周期、阻尼比、地震动峰值加速度

(C)抗震设防烈度、地段类别、设计地震分组、结构自振周期、阻尼比、地震动峰值加速度

(D)抗震设防烈度、地段类别、设计地震分组、结构自振周期、高宽比、地震动峰值加速度

35. 下列关于地震工程的基本概念说法正确的选项是哪个？ (　　)

(A)建筑的抗震设防标准不能根据甲方要求提高

(B)抗震设防烈度是一个地区的设防依据，可根据工程需要予以提高

(C)设计基本地震加速度是指 50 年设计基准期超越概率 63%的地震加速度的设计值

(D)抗震设防分类中的丙类是标准设防类的简称

36. 按静力法计算公路挡土墙的水平地震作用时，下列哪个选项是错误的？ (　　)

(A)综合影响系数取值与挡土墙的结构形式相关

(B)抗震重要性修正系数与公路等级和构筑物重要程度相关

(C)水平向设计基本地震动峰值加速度与地震基本烈度相关

(D)计算挡土墙底面地震荷载作用时，水平地震作用分布系数取 1.8

37. 某 3 层建筑，验算天然地基地震作用下的竖向承载力时，下列哪个说法是正确的？ (　　)

(A)按地震作用效应标准组合的基础底面平均压力可适当大于地基抗震承载力

(B)按地震作用效应标准组合的基础边缘最大压力不应大于 1.25 倍地基抗震承载力

(C)在地震作用下基础底面不宜出现零压力区

(D)在地震作用下基础底面与地基土之间零应力区面积不应超过基础底面面积的 15%

38. 某建筑工程场地基桩为单排扩底灌注桩，桩身直径为 1.2m，扩底直径为 2.5m，工程检测时采用锚桩反力梁法进行单桩竖向抗压承载力检测，符合规定的试桩与锚桩之间的中心距离最小不应小于下列哪个选项？ (　　)

(A)3.6m　　(B)4.8m

(C)5.0m　　(D)7.5m

39. 下列关于建筑基坑监测的叙述中，哪个选项是错误的？（ ）

(A)基坑顶部水平位移监测点各边不应少于3个
(B)位移观测基准点的数量不应少于1点且应设在变形影响范围以外
(C)安全等级为一级的支护结构，应测项目包括支护结构深部水平位移及基坑周边环境的沉降
(D)安全等级为一级、二级的支护结构，在基坑开挖过程中与支护结构使用期内，必须进行支护结构的水平位移监测和基坑开挖影响范围以内建(构)筑物、地面的沉降监测

40. 某建筑边坡支护体系中的锚杆，主筋采用3根直径22mm的HRB400钢筋，钢筋的屈服强度标准值为400N/mm²，进行锚杆基本试验时，可施加的最大试验荷载最接近下列哪个选项？（ ）

(A)388kN　(B)410kN　(C)456kN　(D)585kN

二、多项选择题(共30题，每题2分。每题的备选项中有两个或三个符合题意，错选、少选、多选均不得分)

41. 下列关于岩石坚硬程度及完整程度描述，错误的是哪几项？（ ）

(A)波速比为0.9的花岗岩，锤击声不清脆，无回弹
(B)结构面发育无序，结合很差的岩体，可不进行坚硬程度分类
(C)较破碎岩体的裂隙为2组，平均间距1.0m，结合程度差
(D)标准贯入实测击数为50击，花岗岩浸水后可捏成团

42. 某高密度电法曲线，其低阻段可能的地质解译是下列哪几项？（ ）

(A)含水层　(B)完整岩体
(C)岩石含较多铁质　(D)岩溶中的干洞

43. 下列哪几项指标可直接用于判断岩体完整性？（ ）

(A)岩体体积节理数　(B)岩体基本质量等级
(C)RQD　(D)节理平均间距

44. 下列哪些选项是山区场地工程地质图上应表示的内容？（ ）

(A)河流阶地　(B)滑坡
(C)调查路线　(D)地层界线

45. 下列关于工程勘察的勘探方法，说法正确的是哪些选项？（ ）

(A)井探时，矩形探井的宽度不应小于0.8m
(B)洞探时，平洞的高度应大于1.5m

(C)人工开挖槽探时，槽壁高度不宜大于3.0m
(D)探井深度大于8.0m时，应采用井内送风措施

46. 关于深层载荷试验，下列说法正确的是哪些选项？（　　）

(A)试验试井尺寸可等于承压板直径
(B)土体无明显破坏时，总沉降量与承压板直径之比大于0.06时即可终止试验
(C)试验得到的地基承载力不应作深度修正
(D)确定土的变形模量时，试验的假设条件是荷载作用在弹性半无限空间的表面

47. 基础形状为条形以外的不规则形状，通常需要将基础形状等效为矩形，等效原则为下列哪些选项？（　　）

(A)面积相等
(B)长宽比相近
(C)主轴方向相近
(D)基础底面重心位置相同

48. 关于动力基础设计参数，下列哪些选项的表述是正确的？（　　）

(A)天然地基的抗压刚度系数 C_z 的计量单位为 kN/m^3
(B)天然地基的抗剪刚度 K_x 的计量单位为 kN/m
(C)地基土的阻尼比 ζ 的计量单位为 s
(D)场地卓越周期 T_p 的计量单位为 s

49. 在以下地基基础的设计计算中，按正常使用极限状态设计计算的是下列哪些选项？（　　）

(A)柱下条形基础的宽度计算
(B)墙式支护结构的抗倾覆验算
(C)抗拔桩的裂缝计算
(D)地下车库的抗浮稳定性验算

50. 一般黏性土地基中，在其他条件相同情况下，关于水泥土搅拌桩强度影响因素的描述，下列正确的是哪些选项？（　　）

(A)水泥掺量越大，搅拌桩强度越高
(B)水泥强度越高，搅拌桩强度越高
(C)土体含水量越高，搅拌桩强度越高
(D)养护湿度越大，搅拌桩强度越高

51. 关于锚杆静压桩加固既有建筑的描述，下列正确的是哪些选项？（　　）

(A)基础托换时，桩位应布置在柱或墙正下方
(B)按桩身强度确定设计承载力时，锚杆静压桩可不考虑长细比对强度折减
(C)锚杆静压桩单根桩接头数量不应超过3个
(D)锚杆数量与单根锚杆抗拔力乘积不应小于预估压桩力

52.关于加筋垫层作用机理正确的是哪些选项？ (　　)

(A)提高地基稳定性 (B)加快地基土固结
(C)增大地基应力扩散角 (D)调整不均匀沉降

53.软弱地基采用真空预压法处理，以下哪些措施对加速地基固结的效果不显著？ (　　)

(A)排水砂垫层的材料由中砂改为粗砂
(B)排水砂垫层的厚度由 50cm 改为 60cm
(C)排水竖井的间距减小 20%
(D)膜下真空度从 60kPa 增大到 85kPa

54.下列关于荷载作用下不同刚度基础的说法，正确的是哪些选项？ (　　)

(A)刚性基础下桩间土比竖向增强体先达到极限状态
(B)柔性基础下竖向增强体比桩间土先达到极限状态
(C)同样荷载、同样地基处理方法下，刚性基础下竖向增强体的发挥度大于柔性基础下竖向增强体的发挥度
(D)同样荷载、同样地基处理方法下，刚性基础下地基的沉降量小于柔性基础下地基的沉降量

55.强夯处理地基时，单点夯击沉降量过大，处理办法正确的是下列哪些选项？ (　　)

(A)少击多遍 (B)加填砂石
(C)减少夯点间距 (D)增加落距

56.下列关于砂石桩特性说法错误的是哪些选项？ (　　)

(A)饱和软土中置换砂石桩单桩承载力大小主要取决于桩周土的侧限力
(B)砂石桩在饱和软土中容易发生膨胀破坏
(C)均匀地层中桩间土抵抗桩体膨胀能力随深度降低
(D)砂石桩易在地基深部局部软土处发生剪切破坏

57.寒冷地区采用桩锚支护体系的基坑工程，下列哪些措施可以减少冻胀对基坑工程稳定性的影响？ (　　)

(A)降低地下水位 (B)增加锚杆自由段长度
(C)增大桩间距 (D)提高预应力锚杆的锁定值

58.关于作用在公路隧道支护结构上的围岩压力，下列哪些说法是正确的？ (　　)

(A)围岩压力包括松散荷载、形变压力、膨胀压力、冲击压力、构造应力等

(B)浅埋隧道围岩压力受隧道埋深、地形条件及地表环境影响
(C)深埋隧道开挖宽度越大,围岩压力值越大
(D)用普氏理论计算围岩压力的前提条件是围岩接近松散体,洞室开挖后,洞顶岩体能够形成一自然平衡拱

59. 下列哪些选项会造成预应力锚杆张拉锁定后的预应力损失? ( )

(A)土体蠕变 (B)钢绞线多余部分采用热切割方法
(C)相邻锚杆施工影响 (D)围护结构向坑内水平位移

60. 盾构机推进过程中可能会引起地表产生较大的变形,其原因是下列哪些选项? ( )

(A)盾构机开挖面出土量过大,出现超挖
(B)管片脱出盾尾时,衬砌背后未能适时同步注浆
(C)盾构机发生前端栽头、低头
(D)盾构工作井位移过大

61. 关于铁路和公路隧道的衬砌设计,下列哪些选项是不符合规定的? ( )

(A)衬砌结构的型式,可通过工程类比和结构计算确定
(B)Ⅱ级围岩中的公路隧道可采用钢筋混凝土结构
(C)有明显偏压的地段,抗偏压衬砌可采用钢筋混凝土结构
(D)Ⅱ级围岩铁路隧道,在确定开挖断面时,可不考虑预留围岩变形量

62. 下列哪些选项可作为直接划分次生红黏土与原生红黏土的因素? ( )

(A)成因 (B)矿物成分
(C)土中裂隙 (D)液限值

63. 采用拟静力法对土石坝进行抗震稳定计算时应符合下列哪些选项的要求? ( )

(A)Ⅰ级土石坝宜采用动力试验测定土体的动态抗剪强度
(B)对于薄心墙坝应采用简化毕肖普法计算
(C)瑞典圆弧法不宜用于计算均质坝
(D)对于设计烈度为Ⅷ度,高度 80m 的土石坝除采用拟静力法进行计算外,应同时对坝体和坝基进行动力分析,综合判定抗震安全性

64. 下列关于局部突出地形对地震动参数放大作用的说法,哪些选项是正确的? ( )

(A)高突地形距离基准面的高度越大,高处的反应越强烈
(B)高突地形顶面越开阔,中心部位的反应是明显增大的
(C)建筑物离陡坎和边坡顶部边缘的距离越大,反应相对减小
(D)边坡越陡,其顶部的放大效应相应加大

65. 影响饱和粉土地震液化的主要因素有下列哪些选项？ (　　)

(A)土的灵敏度
(B)地震烈度的大小
(C)土的黏粒含量
(D)土的承载力

66. 某一级公路桥梁地基内存在液化土层，下列哪些参数在使用时应进行折减？ (　　)

(A)桩侧摩阻力　　(B)孔隙比
(C)地基系数　　(D)黏聚力

67. 根据《建筑抗震设计规范》(GB 50011—2010)(2016年版)，对存在液化土层的低承台桩基进行抗震验算时，下列哪些说法是正确的？ (　　)

(A)承台埋深较浅时，不宜计入承台周围土的抗力或刚性地坪对水平地震作用的分担作用
(B)根据地震反应分析与振动台试验，地面加速度最大时刻，液化土层尚未充分液化，土刚度比未液化时下降，需进行折减
(C)当挤土桩的平均桩距及桩数满足一定要求时，可计入打桩对土的加密作用及桩身对液化土变形限制的有利影响
(D)当进行挤土桩处理后，单承载力可不折减，但对桩尖持力层做强度校核时，桩群外侧的应力扩散角应取零

68. 采用标准贯入试验进行砂土液化复判时，下列说法中正确的选项有哪些？ (　　)

(A)按照《建筑抗震设计规范》(GB50011—2010)(2016年版)进行液化复判时，必须对饱和土的实测标准贯入锤击数进行杆长修正
(B)按照《水利水电工程地质勘察规范》(GB 50487—2008)进行液化复判时，对标准贯入点的深度有一定要求
(C)按照《公路工程抗震规范》(JTG B02—2013)进行液化复判时，标准贯入锤击数临界值与场地设计基本地震动峰值加速度无关
(D)按照以上三类规范进行液化复判时，均涉及黏粒含量

69. 下列关于建筑地基承载力检测的说法，哪些选项是正确的？ (　　)

(A)换填垫层和压实地基的静载荷试验的压板面积不应小于0.5m^2
(B)强夯地基静载荷试验的压板面积不宜小于2.0m^2
(C)单桩复合地基静载荷试验的承压板可用方形，面积为一根桩承担的处理面积
(D)多桩复合地基静载荷试验的承压板可采用矩形，其尺寸按实际桩数承担的处理面积确定

70.关于土钉墙支护的质量检测，下列哪些选项是正确的？（ ）

(A)采用抗拔试验检测承载力的数量不宜少于土钉总数的0.5%

(B)喷射混凝土面层最小厚度不应小于厚度设计值的80%

(C)土钉位置的允许偏差为孔距的±5%

(D)土钉抗拔承载力检测试验可采用单循环加载法

2019年专业知识试题答案(上午卷)

1.[答案] D

[依据]《岩土工程勘察规范》(GB 50021—2001)(2009年版)第9.2.4条第5款,确定岩石质量指标*RQD*时应采用75mm口径双层岩芯管和金刚石钻头,本题中钻孔口径大于75mm,不符合规范要求,故而无法判断岩体质量指标。

2.[答案] B

[依据]《公路工程地质勘察规范》(JTG C20—2011)第7.11.9条表7.11.9,液化等级为中等。

3.[答案] B

[依据]《水利水电工程地质勘察规范》(GB 50487—2008)附录E.0.2条第9款,对于选项A,应采用饱和快剪强度或三轴不固结不排水剪切强度,故选项A错误;对于选项C,应采用饱和固结快剪或三轴固结不排水剪切强度,故选项C错误;对于选项D,应采用慢剪强度或三轴固结排水剪切强度,故选项D错误。

4.[答案] B

[依据]《岩土工程勘察规范》(GB 50021—2001)(2009年版)第6.7.8条第2款,重要工程属一级工程(第3.1.1条第1款规定),应采用浸水载荷试验确定地基承载力。

5.[答案] A

[依据]《岩土工程勘察规范》(GB 50021—2001)(2009年版)第10.5.2条表10.5.2,钻杆直径为42mm。

6.[答案] D

[依据]《建筑地基基础设计规范》(GB 50007—2011)附录H.0.10,岩石地基载荷试验每个场地的数量不应少于3个,取最小值作为岩石地基承载力特征值。

7.[答案] D

[依据]《工程地质手册》(第五版)第1212页,题图所示为上升泉中的断层泉,其地质成因是承压含水层被断层所切,地下水沿断层破碎带上升涌出地表而形成,多沿着断层带呈线状分布。

8.[答案] D

[依据]《建筑桩基技术规范》(JGJ 94—2008)第5.3.4条公式的说明,q取桩端平面以上$4d$范围内按土层厚度的探头阻力加权平均值,然后再和桩端平面以下$1d$范围内的探头阻力进行平均。

9.[答案] D

[依据]《岩土工程勘察规范》(GB 50021—2001)(2009 年版)表 3.2.2-1,该灰岩坚硬程度为较硬岩;据表 3.2.6,该灰岩呈厚层状;另据地质学知识,灰岩属于碳酸盐岩,为三大类岩石中的沉积岩。综上,该灰岩应定名为较坚硬厚层状灰岩岩组,选项 D 正确。

10.[答案] C

[依据]《工程地质手册》(第五版)第 83 页表 2-5-4 中图 H,结合题图可判断选项 C 正确。

11.[答案] D

[依据]《岩土工程勘察规范》(GB 50021—2001)(2009 年版)第 10.4.3 条条文说明,上为软土层,下为硬土层,超前约为 0.1～0.2m,滞后约为 0.3～0.5m。“超前滞后”其实很好理解:当触探头尚未达到下卧土层时,在一定深度以上,对下卧土层的影响已经“超前”反映出来,称为“超前反映”。当探头已经穿透上覆土层进入下卧土层时,在一定深度以内,上覆土层的影响仍会有一定反映,这称为“滞后反映”。

12.[答案] C

[依据]《铁路工程地质勘察规范》(TB 10012—2019)第 6.4.3 条条文说明,两条含水量曲线交点处为 0.8m,则毛细水强烈上升高度为:1.6−0.8=0.8m。

13.[答案] C

[依据]《岩土工程勘察规范》(GB 50021—2001)(2009 年版)第 8.0.7 条,选项 C 正确;《工程地质手册》(第五版)第 54～57 页,工程地质遥感工作一般分为:准备工作、初步解译、外业验证调查与复核解译、最终解译和资料编制等内容,可见遥感影像解译工作不能代替工程地质测绘,也不能实现全自动化,需要外业验证调查结束后,才能作出遥感影像的最终解译,选项 A、B 错误;从遥感影像上可以直接获取地质体的形状、大小等几何特征和阴影,但不能直接获得地质体三维信息,选项 D 错误。

14.[答案] A

[依据]《建筑结构荷载设计规范》(GB 50009—2012)第 2.1.6 条。

15.[答案] C

[依据]《工程结构可靠性设计统一标准》(GB 50153—2008)附录表 A.3.3,对于工程结构的设计使用年限,公路涵洞为 30 年,选项 A 错误;表 A.1.3,标志性建筑物为 100 年,普通房屋为 50 年,选项 B 错误、C 正确;第 A.2.3 条,铁路桥涵结构为 100 年,选项 D 错误。

16.[答案] D

[依据]《建筑地基基础设计规范》(GB 50007—2011)第 3.0.5 条第 3 款,滑坡稳定性计算时的作用效应应按承载能力极限状态下的基本组合,但分项系数取 1.0;《建筑结构荷载规范》(GB 50009—2012)第 2.1.13 条,基本组合是指在承载能力极限状态计算时,永久荷载和可变荷载的组合。

17.[答案] B

[依据]《建筑地基基础设计规范》(GB 50007—2011)第 5.2.4 条,填土压实系数

0.94，不满足规范表5.2.4中大面积压实填土的要求，应按人工填土查取承载力修正系数，即

$$\eta_b=0,\eta_d=1.0,f_a=f_{ak}+\eta_d\gamma(b-3)+\eta_d\gamma_m(d-0.5)=180+1.0\times20\times(2.5-0.5)=220\text{kPa}$$

18.［答案］A

［依据］根据一维固结理论，固结度是时间的函数，相同的条件下，$\frac{t_1}{H_1^2}=\frac{t_2}{H_2^2}$，$t_2=\frac{t(H)^2}{(H/2)^2}=4t$，双面排水时所用时间为单面排水的1/4。

19.［答案］C

［依据］《建筑地基处理技术规范》(JGJ 79—2012)第7.1.5条。

$$m=\frac{d_1^2}{d_{e1}^2}=\frac{0.45^2}{(1.05\times0.9)^2}=0.227,s_2=\frac{d_2}{1.05\sqrt{m}}=\frac{0.5}{1.05\times\sqrt{0.227}}=1.0\text{m}$$

20.［答案］B

［依据］《建筑地基处理技术规范》(JGJ 79—2012)第7.2.2条第1款，地基处理范围宜在基础外缘扩大1～3排桩，选项A正确；对液化地基，在基础外缘扩大宽度不应小于基底下可液化土层厚度的1/2，且不应小于5m，选项B错误；第2款，对独立基础可采用三角形、正方形、矩形布桩，对条形基础可沿基础轴线采用单排布桩或对称轴线多排布桩，选项C、D正确。

21.［答案］B

［依据］对于复合地基，其本质与核心是变形协调，在基础荷载作用下，为保持变形协调，不可避免地会产生应力集中现象，桩体承受的应力σ_p大于桩周围土所承受的应力σ_s，比值σ_p/σ_s称为桩土应力比，用n表示。n值大小与桩体材料、地基土性、桩位布置和间距、施工质量等因素有关。桩间土的地基承载力越大，桩体分担的荷载越小，桩土应力比越小，选项D错误；荷载越大，初期桩土应力比随荷载增大而增大，随着荷载的进一步增大，n减小直至到某一定值，选项A错误；桩土模量比越大，即桩体模量越大，桩体分担的荷载越大，桩土应力比越大，选项B正确；置换率受桩径和桩间距影响，相同情况下，桩间距越大，置换率越小，桩体承担的荷载越大，桩土应力比越大，选项C错误。

22.［答案］C

［依据］《建筑地基处理技术规范》(JGJ 79—2012)第7.2.2条第4款。

$$e_1=e_{max}-D_{r1}(e_{max}-e_{min})=1.1-0.83\times(1.1-0.7)=0.768$$

$$s=0.89\xi d\sqrt{\frac{1+e_0}{e_0-e_1}}=0.89\times1\times1\times\sqrt{\frac{1+1.0}{1.0-0.768}}=2.68\text{m}$$

23.［答案］B

［依据］《建筑地基处理技术规范》(JGJ 79—2012)附录B.0.2条，多桩复合地基静载荷试验承压板可用方形或矩形，其尺寸按实际桩数所承担的处理面积确定：单根桩承

担处理面积为 $A_e=\frac{\pi d_e^2}{4}=\frac{\pi\times(1.05\times1.2)^2}{4}=1.246\text{m}^2$，三根桩承担处理面积为 $1.246\times3=3.738\text{m}^2$，采用圆形压板时的直径为 $\sqrt{\frac{4\times3.738}{\pi}}=2.18\text{m}$。

24.**[答案]** C

[依据]《建筑地基处理技术规范》(JGJ 79—2012)第6.3.3条条文说明，单击夯击能＝锤重×落距，重力加速度 g 取 9.8m/s^2，$H=k\sqrt{Mh}=0.5\times\sqrt{\frac{2700}{9.8}}=8.3\text{m}$。

25.**[答案]** B

[依据]《建筑基坑支护技术规程》(JGJ 120—2012)第7.3.11条，井水位降深小于10m，取 $s_w=10\text{m}$，则 $R=2s_w\sqrt{kH}=2\times10\times\sqrt{10\times10}=200\text{m}$。

26.**[答案]** C

[依据] 悬臂式支挡结构的内力分析可采用等值梁法，桩身最大弯矩出现在剪力为零处，即主动土压力合力＝被动土压力合力的点处，按土力学的基本概念，该点必然在坑底下某位置。

27.**[答案]** D

[依据] 通常咬合桩是采用素混凝土桩(A桩)与钢筋混凝土桩(B桩)相互搭接，由配有钢筋的桩承受土压力荷载，素混凝土桩只起截水作用的一种基坑围护组合结构，兼具有挡土和止水作用的连续桩墙。根据《咬合式排桩技术标准》(JGJ/T 396—2018)第5.3.5条(如图所示)，正确的施工顺序为A1→A2→B1→A3→B2→A4→B3。

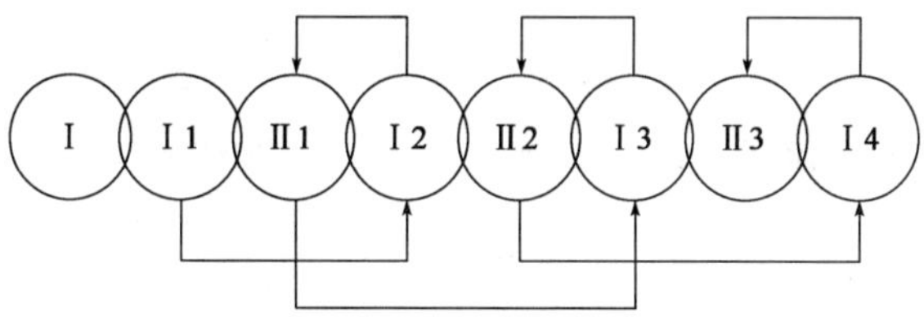

题27解图

28.**[答案]** A

[依据]《建筑基坑支护技术规程》(JGJ 120—2012)第4.9.5条第1款，水平对撑和水平斜撑应按偏心受压构件计算，选项A错误，选项D正确；腰梁或冠梁应按以支撑为支座的多跨连续梁计算，选项C正确；第5款，竖向斜撑应按偏心受压杆件进行计算，选项B正确。

29.**[答案]** A

[依据]《土力学》(李广信等，第2版，清华大学出版社)第349页。

30.**[答案]** D

[依据]《公路隧道设计规范　第一册　土建工程》(JTG 3370.1—2018)第8.2条条

文说明，锚杆支护是锚喷支护的组成部分，是锚固在岩体内部的杆状体，通过锚入岩体内部的钢筋与岩体融为一体，达到改善围岩力学性能、调整围岩的受力状态、抑制围岩变形、实现加固围岩、维护围岩稳定的目的。利用锚杆的悬吊作用、组合拱作用、减跨作用、挤压加固作用，将围岩中的节理、裂隙串成一体提高围岩的整体性。

31.[答案] B

[依据]《建筑基坑支护技术规程》(JGJ 120—2012)第 4.9.5 条第 5 款，竖向斜撑应按偏心受压杆件进行计算。

32.[答案] A

[依据] 由于地震作用，建筑物会产生位移、速度和加速度。《地震工程学》(李宏男，机械工业出版社)第 170 页：反应谱的物理意义为，在给定地震动作用下，不同(自振)周期的结构地震反应的最大值，要获得反应谱，需要完成一系列具有不同自振周期结构的地震反应计算，而后将不同周期下建筑物在给定地面运动下的反应值(位移、速度和加速度)的大小绘制成曲线，这些曲线就被称为反应谱。

33.[答案] C

[依据]《公路工程抗震规范》(JTG B02—2013)第 4.2.2 条表 4.2.2。由表可以看出调整系数 K 可以根据岩土名称、性状、承载力基本容许值查取，与选项 C 无关。

34.[答案] B

[依据]《建筑抗震设计规范》(GB 50011—2010)(2016 年版)第 5.1.4 条，建筑结构的地震影响系数应根据抗震设防烈度、场地类别、设计地震分组和结构自振周期以及阻尼比确定；地震动峰值加速度则影响地震影响系数的最大值。

35.[答案] D

[依据]《建筑抗震设计规范》(GB 50011—2010)(2016 年版)条文说明“2 术语和符号”，抗震设防烈度是一个地区的设防依据，不能随意提高或降低，设防标准是最低要求，具体工程的设防标准可以按业主要求提高，选项 A、B 错误；第 1.0.1 条条文说明，设计基本地震加速度对应的是 50 年内超越概率 10% 的地震加速度，选项 C 错误；第 3.1.1 条条文说明，抗震设防分类中的丙类是标准设防类的简称，选项 D 正确。

36.[答案] D

[依据]《公路工程抗震规范》(JTG B02—2013)第 7.2.3 条公式，选项 A、B、C 正确，计算挡土墙底面地震荷载作用时，分布系数计算公式中的 h_i 是墙趾至计算截面的高度，计算截面为墙底时，$h_i=0$，水平地震作用分布系数取 1.0，选项 D 错误。

37.[答案] D

[依据]《建筑抗震设计规范》(GB 50011—2010)(2016 年版)第 4.2.4 条，基础底面平均压力应小于等于地基抗震承载力，选项 A 错误；基础边缘最大压力不应大于 1.2 倍地基抗震承载力，选项 B 错误；高宽比大于 4 的高层建筑，在地震作用下基础底面不宜出现零应力区，其他建筑零应力区面积不宜超过基础底面积的 15%，3 层建筑不属于高

层建筑，按其他建筑确定，选项C错误、D正确。

38.［答案］C

［依据］《建筑基桩检测技术规范》(JGJ 106—2014)第4.2.6条，当试桩或锚桩为扩底桩或多支盘桩时，试桩和锚桩的中心距不应小于2倍扩大端直径，$2\times2.5=5.0m$；另据表4.2.6，试桩中心与锚桩中心的间距应大于等于$4D$且应大于2.0m，本题桩径$D=1.2m$，即试桩中心与锚桩中心的间距应大于等于4.8m。综上，试桩和锚桩的中心距不应小于5.0m。

39.［答案］B

［依据］《建筑基坑支护技术规程》(JGJ 120—2012)第8.2.1、8.2.2条，选项C、D正确；8.2.3条，选项A正确；第8.2.16条，各类水平位移观测、沉降观测的基准点应设置在变形影响范围外，且基准点数量不应少于两个，选项B错误。

40.［答案］B

［依据］《建筑边坡工程技术规范》(GB 50330—2013)附录C.2.2条，锚杆基本试验时最大的试验荷载不应超过杆体抗拉强度标准值的0.85倍，普通钢筋不应超过其屈服值的0.90倍。本题中的HRB400钢筋属于普通钢筋，故有$3\times\frac{\pi\times22^2}{4}\times400\times10^{-3}\times0.9=410.34kN$。

41.［答案］AD

［依据］《岩土工程勘察规范》(GB 50021—2001)(2009年版)附录A.0.1、A.0.3，花岗岩波速比0.9，为未风化岩，属于坚硬岩，锤击声清脆，有回弹，选项A错误；花岗岩类岩石标准贯入击数50击时，风化程度为强风化，而浸水后可捏成团是残积土的特征，选项D错误；A.0.2条，较破碎岩体的裂隙为2组，平均间距1.0m，主要结构面的结合程度差，选项C正确；结构面发育无序，结合很差的岩体结构类型为散体状结构，完整程度为极破碎，据第3.2.2条表3.2.2-1注2，岩体完整程度为极破碎时，可不进行坚硬程度分类，选项B正确。

42.［答案］AC

［依据］《工程地质手册》(第五版)第84页，高密度电阻率法(也称为高密度电法)的基本工作原理与常规电阻率法大体相同。它是以岩土体的电性差异为基础的一种物探方法，通过接地电极将直流电供入地下，在岩土体中建立稳定的人工电场，在地表采用探测仪器测量人工电场作用下、一定深度范围内岩土体电阻率的分布特征，推断地下具有不同电阻率的地质体的赋存情况。高阻区：导电性差，岩体干燥、致密、稳定性好；低阻区：导电性好，岩体破碎，含水量大，与断裂带、含水带、溶洞充填有关。当具有含水体、岩石中含有较多铁质时，导电性能较好，为低阻区，选项A、C正确；完整岩体和干溶洞的导电性能差，为高阻区，选项B、D错误。

43.［答案］AD

［依据］《工程岩体分级标准》(GB/T 50218—2014)表 3.2.3，可根据节理平均间距定性判断岩体的完整程度，选项 D 正确；第 3.3.2 条，可根据岩体的体积节理数 J_v 确定相应的完整性指数 K_v 的范围，然后结合表 3.3.4 确定岩体的完整程度，选项 A 正确；据表 4.1.1，岩体基本质量等级对应着不同坚硬程度岩体的不同完整程度，选项 B 错误；由于 *RQD* 指标未反映出节理的方位、充填物的影响等，具有很强的偶然性，目前尚无 *RQD* 指标与岩体完整性指数之间的定量关系，选项 C 错误。

44.［答案］ABD

［依据］《岩土工程勘察规范》(GB 50021—2001)(2009 年版)第 8.0.5 条第 1 款，河流阶地属于地貌特征，地层界线属于地层信息的一部分，均应在工程地质图上加以表示，选项 A、D 正确；第 6 款，选项 B 正确；调查路线在部分专门性地质工作的成果地质图中有所要求，但一般工程地质图件对此无要求，选项 C 错误。

45.［答案］AC

［依据］《岩土工程勘察安全标准》(GB 50585—2019)第 5.3.5 条第 3 款，选项 A 正确；第 5.4.3 条第 1 款，平洞高度不应小于 1.8m，选项 B 错误；第 5.3.3 条，人工掘进的探槽最高一侧不得超过 3.0m，选项 C 正确；《岩土工程勘察安全标准》(GB/T 50585—2010)第 5.3.7 条，探井掘进深度大于 7m 时，应采用压入式机械通风方式，选项 D 错误；《岩土工程勘察安全标准》(GB/T 50585—2019)第 5.3.8 条，当探井深度大于 7m 时，探井的机械通风时间大于 15min，选项 D 同样错误。由于本题是按照 2010 年版规范命题的，故与 2019 年版规范内容存在一定程度的冲突，复习应按新版规范进行。

46.［答案］AC

［依据］《岩土工程勘察规范》(GB 50021—2001)(2009 年版)第 10.2.3 条第 1 款，选项 A 正确；第 10.2.3 条第 7 款第 4 项，总沉降量与承压板直径(或宽度)之比超过 0.06，可终止加载，但该规范并未明确该条是同时适用于深层载荷试验和浅层平板载荷试验，还是只适用于浅层平板载荷试验，因此尚需参考《建筑地基基础设计规范》(GB 50007—2011)附录 D.0.5 条，未见该内容，故可认为“总沉降量与承压板直径(或宽度)之比超过 0.06，可终止加载”这一条仅适用于浅层平板载荷试验，选项 B 错误；第 10.2.5 条条文说明，深层平板载荷试验中荷载是作用在半无限体内部的，选项 D 错误；《建筑地基基础设计规范》(GB 50007—2011)表 5.2.4 注 2，可知深层平板载荷试验确定地基承载力不需要进行深度修正，选项 C 正确。

47.［答案］ABD

［依据］《水运工程地基设计规范》(JTS 147—2017)第 5.1.3 条，等效原则为基础底面重心不变、两个主轴的方向不变、面积相等和长宽比接近。

48.［答案］ABD

［依据］《地基动力特性测试规范》(GB/T 50269—2015)第 4.5.5 条，选项 A 正确；第 4.5.9 条，选项 B 正确；第 4.5.3、4.5.11 条，阻尼比是无量纲的物理量，选项 C 错误；第 6.4.3 条，选项 D 正确。

49.**[答案]** AC

[依据]《建筑地基基础设计规范》(GB 50007—2011)第 3.0.5 条第 1 款,选项 A 正确;第 3 款,抗倾覆和抗浮稳定性验算应按承载能力极限状态设计,选项 B、D 错误;第 4 款,选项 C 正确。

50.**[答案]** AB

[依据]《建筑地基处理技术规范》(JGJ 79—2012)第 7.3.1 条条文说明,采用水泥作为固化剂材料,在其他条件相同时,在同一土层中水泥掺入比不同时,水泥土强度也不同,水泥掺入量越大,水泥土强度越高,选项 A 正确;水泥强度等级直接影响水泥土的强度,水泥强度等级每提高 10MPa,水泥土强度 f_{cu} 约增大 20%～30%,选项 B 正确;《地基处理手册》(第三版)第 470 页,当土体含水量在 50%～85%范围内变化时,含水量每降低 10%,水泥土强度可提高 30%,选项 C 错误;养护方法对水泥土的强度影响主要表现在养护环境的湿度和温度。国内外养护试验资料都表明:养护方法对短龄期水泥土强度的影响很大,随着时间的增长,不同养护方法下的水泥土无侧限抗压强度趋于一致,养护方法对水泥土后期强度的影响较小,选项 D 错误。

51.**[答案]** BD

[依据] 锚杆静压桩法是利用既有建(构)筑物的自重作为压载,先在基础上开凿出压桩孔和锚杆孔,借助锚杆反力,通过反力架,用千斤顶将桩段从基础压桩孔内逐段压入土中,然后将桩与基础连接在一起,从而达到提高既有建筑物地基承载力和控制沉降的双重目的。《既有建筑物地基基础加固技术规范》(JGJ 123—2012)第 11.4.2 条第 2 款,压桩孔应布置在墙体的内外两侧或柱子四周,选项 A 错误;由于锚杆静压桩可直接测得压桩力(利用千斤顶获得),故按桩身强度确定设计承载力时可不考虑多节桩的接头强度的折减,也不必考虑长细比对桩设计承载力的影响,选项 B 正确;第 4 款,每段桩节长度宜为 1～3m,据已有建筑物加固实例可知静压桩桩长可达 30m 以上,可见单根桩接头数量并没有 3 个的限制,选项 C 错误;第 6 款,锚杆数量应根据压桩力大小通过计算确定,由于静压桩施工过程中要通过锚杆提供反力,因此要求锚杆所能提供的抗拔力(锚杆数量与单根锚杆抗拔力的乘积)大于等于预估的最大压桩力,选项 D 正确。

52.**[答案]** ACD

[依据]《建筑地基处理技术规范》(JGJ 79—2012)第 4.2.1 条条文说明,加筋垫层的刚度较大,增大了压力扩散角,有利于上部荷载的扩散,降低垫层底面压力,进而降低了软弱下卧层顶面处的附加压力,也约束了地基侧向变形,调整了地基不均匀变形,增大地基的稳定性并提高地基的承载力,选项 A、C、D 正确;加筋垫层不能改变地基土的固结速度,选项 B 错误。

53.**[答案]** AB

[依据] 增大砂井直径和减小砂井间距,相当于增大了排水面积,有利于提高固结速率,选项 C 措施效果显著;真空度从 60kPa 增大到 85kPa,相当于增大了预压荷载,根据土力学知识,当地基以固结度控制时,固结只与时间有关,与荷载大小无关,当以变形量控制时,根据《建筑地基处理技术规范》(JGJ 79—2012)第 5.1.9 条条文说明,超载预压

可减少处理工期，减少工后沉降量，加大预压荷载可使地基提前达到预定的变形量，可缩短预压工期，选项 D 措施效果显著；加厚排水砂垫层和更换垫层材料的作用不明显，是因为垫层的主要作用是汇水和导水，另据第 5.2.13 条第 1 款，砂垫层厚度≥500mm 即可满足要求，再增加厚度其效果已不明显，选项 B 措施效果不显著；第 2 款，砂垫层材料采用中粗砂均可，只要满足相应的干密度要求和渗透系数要求即可，选项 A 措施效果不显著；由于题目未交代以什么条件（是固结度还是工后沉降量）控制，因此选项 D 是有争议的。

54.**[答案]** CD

[依据]《地基处理手册》（第三版）第 40 页，当荷载不断增大时，柔性基础下桩土复合地基中土体先产生破坏，然后产生复合地基破坏，而刚性基础下桩土复合地基与之相反。原因分析如下：构成复合地基的前提条件是桩土共同承担荷载，变形协调；由于桩的刚度大于桩间土的刚度，因此为使桩和桩间土沉降变形一致，故而桩要承受较大的荷载，桩土荷载分担比较大，且随着荷载增大而逐渐增大，因此刚性基础下，随着总荷载增加，桩首先进入极限状态，进而导致复合地基的破坏（桩土分担比大，桩效果充分发挥），选项 A 错误；柔性基础下桩和桩间土沉降可自由发展，桩不仅产生沉降，而且相对土体桩顶端向上刺入土层，因此柔性基础下桩土荷载分担比较小，柔性基础下，土首先进入极限状态，进而导致复合地基破坏，选项 B 错误；柔性基础下，复合地基沉降量比刚性基础下复合地基沉降量大，而且柔性基础下复合地基极限承载力比刚性基础下复合地基极限承载力小（桩土分担比小，桩效果不明显），选项 D 正确；刚性基础下桩土分担比大，增强体发挥程度大于柔性基础下的增强体，选项 C 正确。

55.**[答案]** AB

[依据] 单点夯击沉降量过大，说明单点夯击能量过大，说明被处理地基较为松软，可采取以下几方面的措施：第一，减少每遍夯击次数，增加夯击遍数，选项 A 正确；第二，增加砂石料，提高地基排水性能，加快地基土的固结，并提高待处理地基的强度，选项 B 正确；减少夯击点间距，会相应增大每遍夯击次数，夯击沉降量更大，选项 C 不合适；增加落距，会增大夯击能量，夯击沉降量更大，选项 D 不合适。

56.**[答案]** CD

[依据]《建筑地基处理技术规范》（JGJ 79—2012）第 7.2.1 条条文说明，碎石桩桩体材料为散体，没有固结强度，依靠桩周土的约束作用形成桩体，桩体传递竖向荷载的能力与桩周土约束能力密切相关，围压越大，桩体传递竖向荷载的能力越强，因此砂石桩单桩承载力主要取决于桩周土的水平侧限压力，选项 A 正确；当桩周土不能向桩体提供足够的围压而导致桩体产生较大的侧向变形，即桩体鼓胀，而导致复合地基破坏，选项 B 正确，选项 D 错误；根据土力学知识，地基土的水平侧压力 $\sigma_h = K_0 \gamma z$，可见水平侧压力是随深度增大的，因此桩间土抵抗桩体膨胀能力是随深度增强的，选项 C 错误。

57.**[答案]** ABD

[依据]《建筑地基基础设计规范》（GB 50007—2011）附录 G，地基土的含水量越高，土体的冻胀作用就越强，相应的冻胀破坏就越严重，降低地下水位可以减轻地基土的冻

胀作用，选项 A 正确；基坑的桩锚支护结构中，预应力锚杆失效是导致基坑事故的一个重要因素，地基土冻胀作用会引起预应力锚杆的预应力损失，降低支护体系对土体的变形约束能力，因此减小预应力锚杆的预应力损失可以降低冻胀对基坑的稳定性的影响。根据《建筑基坑支护技术规程》(JGJ 120—2012)第 4.7.5 条条文说明，锚杆自由段长度越长，预应力损失越小，锚杆拉力越稳定，选项 B 正确；第 4.8.7 条条文说明，提高预应力锚杆的锁定值，可以减小锁定后锚杆的预应力损失，选项 D 正确；增大桩间距，降低整个支护体系的刚度，对基坑工程的稳定性是不利的，选项 C 错误。

58.［答案］BCD

［依据］围岩压力是指地下洞室开挖后，围岩在应力重分布作用下，产生的变形或松动破坏，进而引起施加于支护或衬砌结构上的压力，按作用力发生形态，围岩压力可分为松动压力、变形压力、膨胀压力、冲击压力等，构造应力是由于地质构造作用引起的应力，按其成因，构造应力可分为惯性应力、重应力、热应力、湿应力四类，属于原岩应力，选项 A 错误；根据《公路隧道设计规范 第一册 土建工程》(JTG 3370.1—2018)附录 D 及第 6.2.4 条，浅埋隧道围岩压力受隧道埋深、地形条件及地表环境影响，选项 B 正确；普氏理论的适用条件是洞室顶部的围岩能形成自然平衡拱。普氏理论在自然平衡拱理论的基础上认为围岩是经过节理裂隙的切割后仍具有一定的黏聚力的松散体；洞室开挖后洞顶塌落，松散围岩的塌落是有限度的，到一定程度后，洞顶岩体将形成一自然平衡拱。自然平衡拱以上岩体重量通过拱传递到洞室的两侧，对拱圈范围内岩体无影响，作用在洞顶的围岩压力仅是自然平衡拱内的岩体自重。自然拱的大小取决于隧道的形状和尺寸、隧道埋深和施工因素，隧道拱圈越平坦，跨度越大，则自然拱越高，围岩松散压力也越大，选项 C、D 正确。

59.［答案］ABC

［依据］《建筑基坑支护技术规程》(JGJ 120—2012)第 4.8.7 条条文说明，工程实测表明，锚杆张拉锁定后一般预应力损失较大，造成预应力损失的主要因素有土体蠕变、锚头及连接变形、相邻锚杆影响等，选项 A、C 正确；钢绞线多余部分宜采用冷切割方法切除，采用热切割时，钢绞线过热会使锚具夹片表面硬度降低，造成钢绞线滑动，降低锚杆预应力，选项 B 正确。

60.［答案］ABC

［依据］盾构推进引起的地面沉降包括五个阶段，见下表。

题 60 解表

沉降类型	主要原因
初始沉降	地下水位降低，土体受挤压密
开挖面前方隆陷	隆起：盾构机推力过大
	沉降：盾构机推力过小
盾构通过时地面沉降	施工震动扰动，剪切错动
盾尾沉降	土体失去盾构支撑，管片壁后注浆不及时
固结沉降	土体后续时效变形

土体超挖和土体扰动是引起地面沉降的主要原因。在盾构掘进时，严格控制开挖面的出土量，防止超挖，只要严格控制其出土量，地表变形仍然是有可控的，选项A正确；注浆主要用来平衡上覆土体自重引起的沉降，当未能同步注浆时，地表变形较大，选项B正确；盾构掘进中遇底部软弱土层时，由于前盾重量大，会出现栽头现象，当盾构机发生前端栽头、低头时需对盾构姿态进行调整，对盾构进行纠偏，造成地层扰动影响较大，同时引起开挖面局部超挖，引起地面沉降，选项C正确。

61.**[答案]** BC

[依据]《公路隧道设计规范　第一册　土建工程》(JTG 3370.1—2018)第8.1.1、8.3.2条，选项B不符合规定；《铁路隧道设计规范》(TB 10003—2016)第8.1.2条第2款，因地形或地质构造等引起有明显偏压的地段，应采用偏压衬砌，Ⅳ、Ⅴ级围岩的偏压衬砌应采用钢筋混凝土结构，选项C不符合规定；第8.2.3条条文说明，隧道开挖后，周边变形量是随围岩条件、隧道宽度、埋置深度、施工方法和支护(一般指初支)刚度等影响而不同，一般Ⅰ～Ⅱ级围岩变形量小，并且多有超挖，所以不预留变形量，Ⅲ～Ⅳ级围岩则有不同程度的变形量，要确定标准预留变形量是困难的，因此规定采用工程类比法确定，无类比资料时按规范表8.2.3先设定预留变形量，再在施工中修正，选项D正确；《铁路隧道设计规范》(TB 10003—2016)第8.1.1条、《公路隧道设计规范 第一册 土建工程》(JTG 3370.1—2018)第8.1.3条，选项A正确。

62.**[答案]** AD

[依据]《岩土工程勘察规范》(GB 50021—2001)(2009年版)第6.2.1条，颜色为棕红或褐黄，覆盖于碳酸盐岩系之上，其液限大于或等于50%的高塑性黏土，应判定为原生红黏土。原生红黏土经搬运、沉积后仍保留其基本特征，且其液限大于45%的黏土可判定为次生红黏土，故只有选项A、D是可直接划分次生红黏土与原生红黏土的因素。

63.**[答案]** AD

[依据]《水电工程水工建筑物抗震设计规范》(NB 35047—2015)第6.1.3条，土石坝进行抗震验算时宜采用基于考虑条块间作用力的滑弧法(简化毕肖普法)，对于有薄软黏土夹层的地基，以及薄斜墙坝和薄心墙坝，可采用滑楔法计算，根据附录A，土石坝拟静力法抗震稳定验算可采用简化毕肖普法和瑞典圆弧法，选项B、C错误；第6.1.5条，土石坝采用拟静力法计算地震作用效应并进行抗震稳定计算时，1、2级土石坝，宜通过动力试验测定土体的动态抗剪强度，选项A正确；第6.1.2条，对土石坝的抗震稳定计算，一般采用拟静力法计算地震作用效应，对于设计烈度Ⅷ、Ⅸ度且坝高70m以上的应同时采用有限元法对坝体和坝基的地震作用效应进行动力分析后，综合判定其抗震稳定性，选项D正确。

64.**[答案]** ACD

[依据]《建筑抗震设计规范》(GB 50011—2010)(2016年版)第4.1.8条条文说明，高突地形距离基准面的高度越大，高处的反应越强烈，地震动参数的放大效应越大，选项A正确；离陡坎和边坡顶部边缘的距离越大，反应相对减小，选项C正确；高突地形顶面越开阔，远离边缘的中心部位的反应是明显减小的，选项B错误；边坡越陡，其顶部的

放大效应相应加大,选项 D 正确。

65.**[答案]** BC

[依据] 黏粒含量越高,越不容易液化,地震烈度越大,液化可能性越大。承载力和灵敏度与液化无关。

66.**[答案]** ACD

[依据]《公路工程抗震规范》(JTG B02—2013)第 4.4.2 条,地基内有液化土层时,液化土层承载力(包括侧摩阻力)、土抗力(地基系数)、内摩擦角和黏聚力都需要折减。

67.**[答案]** ABC

[依据]《建筑抗震设计规范》(GB 50011—2010)(2016 年版)第 4.4.3 条第 1 款,选项 A 正确;第 3 款,选项 C 正确;当打桩后桩间土的标准贯入锤击数值达到不液化的要求时,单桩承载力可不折减,但对桩尖持力层做强度校核时,桩群外侧的应力扩散角应取零,选项 D 错误;第 4.4.3 条条文说明第 2 款,选项 B 正确。

68.**[答案]** BD

[依据]《建筑抗震设计规范》(GB 50011—2010)(2016 年版)第 4.3.4 条,液化复判时的标准贯入锤击数未经杆长修正,选项 A 错误;《水利水电工程地质勘察规范》(GB 50487—2008)附录 P.0.4,当标准贯入试验点贯入点深度和地下水位在试验地面以下的深度,不同于工程正常运行时,应进行校正,选项 B 正确;《公路工程抗震规范》(JTG B02—2013)第 4.3.3 条,进行复判时,需要根据场地设计基本地震动峰值加速度确定标准贯入锤击数基准值,选项 C 错误;三类规范进行液化复判时,均涉及黏粒含量,选项 D 正确。

69.**[答案]** BCD

[依据]《建筑地基处理技术规范》(JGJ 79—2012)附录 A.0.2,平板载荷试验采用的压板面积应按需检验土层的厚度确定,且不应小于 1.0m^2,对夯实地基,不宜小于 2.0m^2,选项 A 错误、B 正确;附录 B.0.2,选项 C、D 正确。

70.**[答案]** BD

[依据]《建筑基坑支护技术规程》(JGJ 120—2012)第 5.4.10 条第 1 款,土钉检测数量不宜少于土钉总数的 1%,选项 A 错误;第 3 款,选项 B 正确;第 5.4.8 条第 1 款,土钉位置的允许偏差应为 100mm,选项 C 错误;附录 D.0.11,选项 D 正确。

2019年专业知识试题(下午卷)

一、单项选择题(共40题,每题1分。每题的备选项中只有一个最符合题意)

1.丙级建筑应依据地基主要受力层情况判断是否需要作变形验算,对于单一土层上的三层砖混结构条形基础,基础宽度为1.5m时,其地基主要受力层厚度可按下列哪一选项考虑? ( )

(A)1.5m (B)3.0m (C)4.5m (D)5.0m

2.某单体建筑物主体结构的平面投影面积为$700m^2$,荷载标准组合下建筑物竖向荷载为1.5×10^5kN,基础埋深约3m。持力层土质为中低压缩性黏性土,地基承载力特征值为150kPa。采用天然地基方案时,下列哪种基础形式最合理? ( )

(A)毛石混凝土扩展基础 (B)钢筋混凝土筏形基础
(C)钢筋混凝土十字交叉条形基础 (D)钢筋混凝土条形基础

3.建筑物柱基平面尺寸3m×3m,埋深2m,内部发育有一溶洞,其与基础的相对关系如图所示,当溶洞的跨度L最大值接近下列何值时,可不考虑岩溶对地基稳定性的影响? ( )

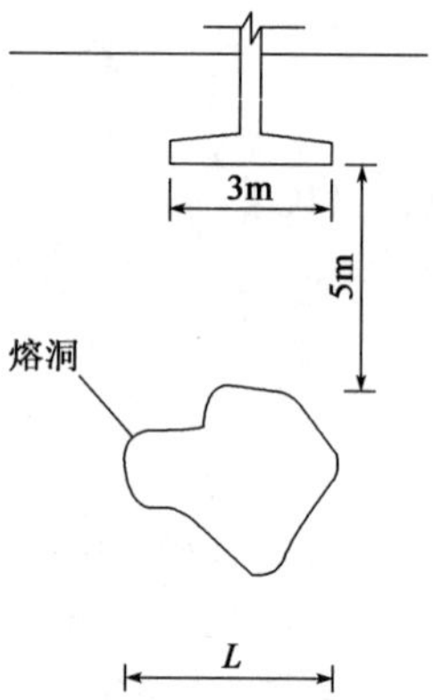

题3图

(A)2.0m (B)3.0m (C)4.0m (D)5.0m

4.确定基础埋置深度时,可不考虑下列哪个因素? ( )

(A)基础的类型 (B)扩展基础的配筋量
(C)场地的冻结深度 (D)建筑物的抗震要求

5. 某均匀地基上的高层建筑，采用直径 60m 的圆形筏基，在作用效应的准永久组合下，结构竖向荷载中心的偏心距不宜大于下列哪个选项？（　）

(A)0.18m　(B)0.30m　(C)0.36m　(D)0.75m

6. 据《建筑地基基础设计规范》(GB 50007—2011)，下列关于地基变形控制的说法，错误的是哪个选项？（　）

(A)独立基础的单层排架结构厂房，应控制柱基的沉降量
(B)剪力墙结构高层建筑，应控制基础整体倾斜
(C)条形基础的框架结构建筑，应控制基础局部倾斜
(D)框架筒体结构高层建筑，应控制筒体与框架柱之间的沉降差

7. 某工程采用钻孔灌注桩，桩身混凝土强度等级为 C30，在验算柱的正截面受压承载力时，f_c应选用下列哪个强度值？（　）

(A)30MPa　(B)20.1MPa
(C)14.3MPa　(D)1.43MPa

8. 某建筑工程，基坑深度 20.0m，采用钻孔灌注桩基础，设计桩长 36.0m。先施工桩基，后开挖基坑，则基桩纵向构造配筋的合理长度不宜小于下列哪个选项的数值？（　）

(A)36.0m　(B)30.0m
(C)26.0m　(D)24.0m

9. 某铁路桥梁，采用钻孔灌注桩群桩基础，设计桩径为 1.2m。最外一排桩的中心至承台边缘的最小距离应为下列哪个选项？（　）

(A)0.36m　(B)0.50m
(C)0.96m　(D)1.10m

10. 下列选项中哪个说法符合预制桩锤击沉桩的施工原则？（　）

(A)重锤多击　(B)重锤轻击
(C)轻锤多击　(D)轻锤重击

11. 在灌注桩施工遇有施工深度内存在较高水头的承压水时，不宜选取下列哪种施工工艺？（　）

(A)正循环回转钻进成孔灌注桩施工工艺
(B)反循环回转钻进成孔灌注桩施工工艺
(C)长螺旋钻孔压灌桩施工工艺
(D)泥浆护壁旋挖钻机成孔灌注桩施工工艺

12. 下列哪种桩型的挤土效应最小? ( )

(A)实芯预制方桩　　(B)敞口预制管桩

(C)闭口钢管桩　　(D)沉管灌注桩

13. 对于二类和三类环境中,设计使用年限为50年的桩基础,下列关于其耐久性设计控制要求中,哪个选项符合《建筑桩基技术规范》(JGJ 94—2008)的规定? ( )

(A)位于2a类环境中的预应力混凝土管桩,其水泥用量不低于250kg/m³

(B)位于2b类环境中的钢筋混凝土桩基,其混凝土最大水灰比不得超过0.6

(C)位于三类环境中的钢筋混凝土桩基,使用碱活性骨料时,混凝土的最大碱含量不得超过3.0kg/m³

(D)位于三类环境中的预应力混凝土管桩,其最大裂缝宽度限值为0.2mm

14. 下列关于桩基抗拔承载力的描述,哪个选项是正确的? ( )

(A)桩的抗拔承载力计算值与桩身配筋量有关

(B)桩的抗拔承载力计算值与桩周土体强度无关

(C)桩基的抗拔承载力计算值与地下水位无关

(D)轴心抗拔桩的正截面受拉承载力计算值与桩身混凝土抗拉强度无关

15. 挡土墙甲、乙的墙背分别为俯斜和仰斜,在墙高相同和墙后岩土体相同的情况下,关于挡土墙所受主动土压力的大小,下列哪个选项的说法是正确的? ( )

(A)挡土墙甲所受主动土压力大于挡土墙乙的

(B)挡土墙乙所受主动土压力大于挡土墙甲的

(C)不确定,需看土的强度参数

(D)如俯斜、仰斜角度的数值大小相同,则两墙所受主动土压力相等

16. 甲、乙两相同性质的砂土斜坡几何尺寸相同,甲在干燥环境中,乙完全处于静水中,关于其稳定性系数的大小,下列哪个选项的说法是正确的? ( )

(A)甲斜坡的稳定性系数大于乙斜坡的

(B)两者的稳定性系数相等

(C)乙斜坡的稳定性系数大于甲斜坡的

(D)不确定,需看坡高

17. 根据《公路路基设计规范》(JTG D30—2015),关于路基排水,下列哪个选项的说法是正确的? ( )

(A)边沟沟底纵坡应大于路线纵坡,困难情况下可适当增加纵坡

(B)路堑边坡截水沟应设置在坡口5m以外,沿坡面顺接至路堑边沟

(C)暗沟沟底纵坡不宜小于0.5%,出水口应与地表水排水沟顺接

(D)仰斜式排水孔的仰角不宜小于6°,水流宜引入路堑边沟

18. 安全等级为二级的边坡加固工程中，下列哪个选项的监测项目属于选测项？（　　）

(A)坡顶水平位移与垂直位移　　(B)坡顶建筑物、地下管线变形
(C)锚杆拉力　　(D)地下水、渗水与降雨关系

19. 某透水路堤土质边坡，当临水面高水位快速下降后，则下列哪个选项是正确的？（　　）

(A)临水面边坡渗透力减小　　(B)临水面边坡抗滑力不变
(C)背水面边坡滑动力减小　　(D)背水面边坡抗滑力减小

20. 砌筑材料相同的两个挡土墙高度分别是 6m 和 4m，无地下水，墙背直立光滑，墙后水平回填相同的砂土，则对墙底的倾覆力矩 M_1 和 M_2 的比值最接近下列哪个选项？（　　）

(A)1.50　　(B)2.25　　(C)3.37　　(D)5.06

21. 下列关于重力式挡土墙土压力的说法中，哪个选项是正确的？（　　）

(A)当墙背与土体的摩擦角增加时，主动土压力下降，被动土压力也下降
(B)当土的重度增加时，主动土压力增加，被动土压力下降
(C)当内摩擦角增加时，主动土压力增加，被动土压力减小
(D)当黏聚力增加时，主动土压力减小，被动土压力增加

22. 按照《建筑边坡工程技术规范》(GB 50330—2013)，下列关于扶壁式挡土墙构造设计，哪个选项的说法是错误的？（　　）

(A)扶壁式挡土墙的沉降缝不宜设置在不同结构单元交接处
(B)当挡土墙纵向坡度较大时，在保证地基承载力的前提下可设计成台阶形
(C)当挡土墙基础稳定受滑动控制时，宜在墙底下设防滑键
(D)当地基为软土时，可采用复合地基处理措施

23. 下列哪个选项不属于红黏土的主要矿物成分？（　　）

(A)高岭石　　(B)伊利石　　(C)蒙脱石　　(D)绿泥石

24. 下列关于我国盐渍土的说法中，哪个选项是错误的？（　　）

(A)盐渍土中各种盐类，按其在 20℃水中的溶解度分为易、中、难溶盐三类
(B)盐渍土测定天然状态下的比重时，用中性液体的比重瓶法
(C)当盐胀系数和硫酸钠含量两个指标判断的盐胀性不一致时，应以硫酸钠含量为主
(D)盐渍土的强度指标与含盐量无关

25. 膨胀土地区某挡土墙高度为2.8m，挡墙设计时，破裂面上的抗剪强度指标应采用下列哪个选项的强度指标？ ( )

(A)固结快剪　　(B)饱和状态下的快剪
(C)直剪慢剪　　(D)反复直剪

26. 某不稳定斜坡中发育一层倾向与斜坡倾向一致，且倾角小于斜坡坡角的软弱夹层，拟对此夹层进行现场直剪试验，试问，试体上推力方向为下列哪个选项？ ( )

(A)与软弱夹层走向一致　　(B)与软弱夹层倾斜方向一致
(C)与斜坡倾向相反　　(D)与斜坡走向一致

27. 某总含水量34%的多年冻土为粉土，该冻土的类型为下列哪个选项？ ( )

(A)饱冰冻土　　(B)富冰冻土
(C)多冰冻土　　(D)少冰冻土

28. 采用传递系数法计算滑坡推力时，下列哪个选项的说法是错误的？ ( )

(A)应选择平行于滑动方向、具有代表性的断面计算，一般不少于2～3个断面，且应有一个主断面
(B)滑坡推力作用点可取在滑体厚度的二分之一处
(C)当滑坡具有多层滑动面(带)时，应取最深的滑动面(带)的抗剪强度
(D)应采用试验和反算，并结合当地经验，合理地确定滑动面(带)的抗剪强度

29. 关于采空区地表移动盆地的特征，下列哪个说法是错误的？ ( )

(A)地表移动盆地的范围均比采空区面积大得多
(B)地表移动盆地的形状总是与采空区对称
(C)移动盆地中间区地表下沉最大
(D)移动盆地内边缘区产生压缩变形，外边缘区产生拉伸变形

30. 某地覆盖于灰岩之上的厚层红黏土，裂隙每米1～2条，天然含水量30%，液限51%，塑限25%，则该场地红黏土可定性为下列哪个选项？ ( )

(A)坚硬、碎块状　　(B)硬塑、巨块状
(C)坚硬、巨块状　　(D)硬塑、碎块状

31. 某岩溶场地面积约$2km^2$，地表调查发现5处直径0.5～0.9m的塌陷坑。场地内钻孔30个，总进尺1000m，钻孔抽水试验测得单位涌水量0.3～0.6L/(m·s)，则场地岩溶发育等级为下列哪个选项？ ( )

(A)强烈发育　　(B)中等发育
(C)弱发育　　(D)不发育

32. 对于某膨胀土场地的挡土结构，下列有关设计和构造措施的说法，哪个选项是正确的？（　　）

(A)挡土结构基础埋深应经稳定性验算确定，基础埋深应在滑动面以下且不应小于 1.0m
(B)墙背滤水层的宽度不应小于 300mm
(C)高度不大于 3m 的挡土墙，在采取规定的防排水和构造措施情况下，土压力计算时可不计水平膨胀力的作用
(D)挡土墙每隔 12～15m 应设置变形缝

33. 某盐渍土建筑场地，室内试验测得盐渍土的膨胀系数为 0.030，硫酸钠含量为 1.0%，该盐渍土的盐胀性分类正确选项是哪一个？（　　）

(A)非盐胀性　　(B)弱盐胀性
(C)中盐胀性　　(D)强盐胀性

34. 下列关于膨胀土性质和成因表述正确的是哪个选项？（　　）

(A)黏性土的蒙脱石含量和阳离子交换量越大，自由膨胀率越大
(B)钙蒙脱石和钠蒙脱石含量相同的两种膨胀土，前者比后者具有更大的膨胀潜势
(C)膨胀土由坡积、残积形成，没有冲积成因的膨胀土
(D)膨胀土初始含水量与胀后含水量差值越小，膨胀量越大

35. 根据《住房和城乡建设部办公厅关于实施<危险性较大的分部分项工程安全管理规定>有关问题的通知》(建办质〔2018〕31 号)的规定，下列哪一选项不属于超过一定规模的危险性较大的分部分项工程范围？（　　）

(A)开挖深度超过 5m(含 5m)的基坑
(B)开挖深度 15m 及以上的人工挖孔桩工程
(C)搭设高度 50m 及以上的落地式钢管脚手架工程
(D)搭设高度 8m 及以上的混凝土模板支撑工程

36. 下列哪个选项不符合《建设工程安全生产管理条例》的规定？（　　）

(A)建设单位应当向施工单位提供供水、排水、供电、供气、通信、广播电视等地下管线资料，气象和水文观测资料，相邻建筑物和构筑物、地下工程的有关资料，并保证资料的真实、准确、完整
(B)勘察单位在勘察作业时，应当严格执行操作规程，采取措施保证各类管线、设施和周边建筑物、构筑物的安全
(C)施工单位应当设立安全生产管理机构，配备专职安全生产管理人员，施工单位的项目负责人负责对安全生产进行现场监督检查
(D)施工单位项目负责人应当由取得相应职业资格的人员担任，对建设工程项目的安全施工负责

37. 根据《中华人民共和国安全生产法》的规定，下列说法中错误的是哪个选项？（　　）

(A)生产经营单位必须遵守有关安全生产的法律、法规，建立健全安全生产责任制和安全生产规章制度，改善安全生产条件，确保生产安全

(B)生产经营单位的主要负责人对本单位的安全生产工作全面负责

(C)生产经营单位与从业人员订立协议，可免除或减轻其对从业人员因生产安全事故伤亡依法应承担的责任

(D)生产经营单位的从业人员有依法获得安全生产保障的权利，并应当依法履行安全生产方面的义务

38. 两个以上生产经营单位在同一作业区域内进行生产经营活动，可能危及对方生产安全的，下列说法哪个选项是错误的？（　　）

(A)双方应当签订安全生产管理协议

(B)明确各自的安全生产管理职责和应当采取的安全措施

(C)指定专职安全生产管理人员进行安全检查与协调

(D)一方人员发现另外一方作业区域内有安全生产事故隐患或者其他不安全因素，无需向现场安全生产管理人员或者本单位负责人报告

39. 根据《建设工程安全生产管理条例》，关于施工单位现场安全措施，下列说法哪个选项是错误的？（　　）

(A)施工单位应当将施工现场的办公、生活区与作业区分开设置，并保持安全距离

(B)办公、生活区的选址应当符合安全性要求

(C)职工的膳食、饮水、休息场所等应当符合卫生标准

(D)施工单位在保证安全情况下，可在未竣工的建筑物内设置员工集体宿舍

40. 违反《建设工程安全生产管理条例》的规定，建设单位有下列行为之一的，责令限期改正，处20万元以上50万元以下的罚款，下列选项中哪个行为不适用该处罚规定？（　　）

(A)未按照法律、法规和工程建设强制性标准进行勘察、设计

(B)对勘察、设计、施工、工程监理等单位提出不符合安全生产法律、法规和强制性标准规定的要求的

(C)要求施工单位压缩合同约定的工期的

(D)将拆除工程发包给不具有相应资质登记的施工单位的

二、多项选择题(共30题，每题2分。每题的备选项中有两个或三个符合题意，错选、少选、多选均不得分)

41. 理论上关于土的压缩模量与变形模量，下列说法正确的是哪些选项？（　　）

(A)压缩模量为完全侧限模量　　(B)变形模量为无侧限模量

(C)压缩模量大于变形模量　　(D)压缩模量小于变形模量

42.按照《建筑地基基础设计规范》(GB 50007—2011),下列关于软弱下卧层承载力验算的说法,正确的是哪些选项?　　(　　)

(A)用荷载准永久组合计算基础底面处的附加压力
(B)用荷载标准组合计算软弱下卧层顶面处的附加压力
(C)压力扩散角是压力扩散线与水平线的夹角
(D)软弱下卧层顶面处的地基承载力特征值需要进行深度修正

43.基于地基—基础共同作用原理,计算基础内力和变形时,必须满足下列哪些条件?　　(　　)

(A)静力平衡条件　　(B)土体破裂准则
(C)变形协调作用　　(D)极限平衡条件

44.计算建筑物地基变形时,不能忽略下列哪些荷载?　　(　　)

(A)家具荷载　　(B)风荷载
(C)地震荷载　　(D)装修荷载

45.按照《建筑地基基础设计规范》(GB 50007—2011),下列四种建筑工程设计条件中,哪些选项的建筑需要进行变形验算?　　(　　)

(A)7层住宅楼,体型简单,荷载分布均匀,地基承载力特征值210kPa,土层坡度12%
(B)防疫站化验楼,砌体结构,5层,地基承载力特征值150ka,土层坡度3%
(C)5层框架办公楼,地基承载力特征值100kPa,土层坡度7%
(D)单层排架厂房,地基承载力特征值160kPa,土体坡度12%,跨度28m,吊车25t

46.某钻孔灌注桩采用泵吸反循环成孔,为提高钻进效率,采取下列哪些措施是有效的?　　(　　)

(A)控制上返冲洗液中合适的钻屑含量
(B)选用合理的钻杆内径
(C)控制钻杆在孔内的沉落速度
(D)控制上返冲洗液中钻屑最大粒径

47.采用反循环回转钻成孔工艺,遇坚硬基岩时,采取下列哪些钻进措施是合理的?
(　　)

(A)高钻压钻进　　(B)高转速钻进
(C)调大泥浆比重　　(D)改换球形刃碎岩钻头

48. 近年来，铁路建设中采用挖井基础形式，下列关于铁路挖井基础和沉井基础特点的说法，哪些是正确的？（　　）

(A)沉井基础和挖井基础施工过程中都需要利用井身混凝土自重作用克服井壁与土的摩阻力和刃脚底面上的阻力
(B)沉井基础施工是垂直下沉，不需要放坡，挖井基础可根据场地条件放坡施工
(C)沉井基础适用于水下或地下水丰富的场地和地层条件，挖井基础适用于无地下水的场地和地层条件
(D)沉井基础和挖井基础设计时，井壁与土体之间的摩阻力都可根据沉井和挖井地点土层已有测试资料和参考以往类似沉井和挖井设计中的侧摩阻力

49. 某抗拔预应力管桩位于中腐蚀性场地，环境类别为二(a)，根据《建筑桩基技术规范》(JTG 94—2008)，下列说法正确的是哪些选项？（　　）

(A)桩身裂缝控制等级为一级
(B)桩身裂缝控制等级为二级
(C)在荷载效应标准组合下，桩身最大裂缝宽度为0
(D)在荷载效应准永久组合下，桩身最大裂缝宽度为0

50. 泥浆护壁钻孔灌注桩施工时，关于护筒主要作用的说法哪些是正确的？（　　）

(A)减少泥浆比重
(B)防止孔口塌孔
(C)提高桩头承载力
(D)控制桩位施工误差

51. 一柱一桩条件下，关于事故桩的处理方法，下列哪些选项是合理的？（　　）

(A)破除重打
(B)在事故桩两侧各补打一根
(C)在事故桩一侧补打一根
(D)降低承载力使用

52. 根据《建筑桩基技术规范》(JTG 94—2008)，后注浆改善灌注桩承载特性的机理包括以下哪些选项？（　　）

(A)桩身结构强度增大
(B)桩端沉渣加固强化
(C)桩侧泥皮加固强化
(D)桩端平面附加应力减小

53. 根据《碾压式土石坝设计规范》(DL/T 5395—2007)，以下关于坝内水平排水设计的做法，哪些选项是正确的？（　　）

(A)排水层中每层料的最小厚度应满足反滤层最小厚度要求
(B)网状排水带中的横向排水带宽度不应小于0.5m，坡度不宜超过1.0%
(C)采用排水管对渗流量较大的坝体排水时，管径不得小于0.2m，坡度不大于5%
(D)对于黏性土或者砂性土均质坝，坝内水平排水设施伸进坝体的极限尺寸，为坝底宽的1/3

54.根据《建筑边坡工程技术规范》(GB 50330—2013),边坡支护结构设计时,下列哪些选项是必须进行的计算或验算? ( )

(A)支护桩的抗弯承载力计算 (B)重力式挡土墙的地基承载力计算
(C)边坡变形验算 (D)支护结构的稳定性验算

55.关于土坡稳定性的论述中,下列哪些选项是正确的? ( )

(A)无黏性土坡的稳定性与坡高无关
(B)黏性土坡稳定性与坡高有关
(C)所有土坡均可按圆弧滑面整体稳定性分析方法计算
(D)简单条分法假定不考虑土条件间的作用力

56.工程滑坡防治应针对性地选择一种或多种有效措施,制定合理的方案。下列哪些措施是正确的? ( )

(A)采取有效的地表截排水和地下排水措施
(B)结合滑坡的特性,采取合理的支挡结构
(C)在滑坡的抗滑段采取刷方减载
(D)采用加筋土反压及加强反压区地下水引排

57.土质边坡在暴雨期间或过后易发生滑坡,下列哪些选项的因素与暴雨诱发滑坡有关? ( )

(A)土体基质吸力增加 (B)坡体内渗透力增大
(C)土体孔隙水压力升高 (D)土体抗剪强度降低

58.下列哪些选项是岩溶强发育的岩溶场地条件? ( )

(A)地表较多塌陷、漏斗 (B)溶槽、石芽密布
(C)地下有暗河 (D)钻孔见洞隙率为24%

59.关于湿陷性黄土地区的地基处理措施,下列哪些选项不符合《湿陷性黄土地区建筑标准》(GB 50025—2018)的规定? ( )

(A)甲、乙类建筑应消除地基的部分湿陷量
(B)在自重湿陷黄土场地局部处理地基时,其处理范围每边应超出基础底面宽度的1/4
(C)自重湿陷性黄土场地的乙类建筑,其处理厚度不应小于地基压缩深度的2/3,且下部未处理湿陷性黄土层的湿陷起始压力值不应小于100kPa
(D)非自重湿陷性黄土场地上的丙类多层建筑,地基湿陷等级为Ⅱ级,处理厚度不宜小于2m,且下部未处理湿陷性黄土层的湿陷起始压力值不宜小于100kPa

60. 在多年冻土地区进行勘察时，下列哪些选项的说法是错误的？（　　）

(A)宜采用小口径高速钻机
(B)确定多年冻土上限深度的勘察时间为九月和十月
(C)勘探孔的深度宜超过多年冻土上限深度的 1 倍
(D)对于保持冻结状态设计的地基，勘探孔深度不应小于基底以下 2 倍的基础宽度

61. 关于高频泥石流流域和发育特征表述错误的是下列哪些选项？（　　）

(A)固体物质主要来源于沟谷的滑坡和崩塌
(B)不良地质发育严重的沟谷多发生稀性泥石流
(C)流域岸边岩层破碎，风化强烈，山体稳定性差
(D)黏性泥石流沟中下游沟床坡度不大于 4%

62. 关于膨胀土的性质，下列哪些选项是错误？（　　）

(A)当含水量一定时，上覆压力大时膨胀量大，上覆压力小时膨胀量小
(B)当上覆压力一定时，含水量高的膨胀量大，含水量小的膨胀量小
(C)当上覆压力超过膨胀力时不会产生膨胀，只会出现压缩
(D)常年地下水位以下的膨胀土的膨胀量为零

63. 下列不属于地质灾害危险性评估分级划分指标的是哪些选项？（　　）

(A)地质灾害险情　　(B)地质灾害灾情
(C)建设项目重要性　　(D)地质环境条件复杂程度

64. 下列关于测定黄土湿陷起始压力表述，正确的是哪些选项？（　　）

(A)测定黄土湿陷起始压力的方法只能采取原状土样进行室内压缩试验
(B)室内试验测定黄土湿陷起始压力的环刀内径不应小于 79.8mm
(C)单线法压缩试验环刀试样不应少于 3 个，双线法环刀试样不应少于 2 个
(D)室内试验测定黄土湿陷起始压力，试样稳定标准为每小时变形量不大于 0.01mm

65. 下列关于地质灾害治理的说法中，哪些是正确的？（　　）

(A)因自然因素造成的特大型地质灾害，确需治理的，由国务院国土资源主管部门会同灾害发生地的省、自治区、直辖市人民政府组织治理
(B)因自然因素造成的跨行政区域的地质灾害，确需治理的，由所跨行政区域的地方人民政府国土资源主管部门共同组织治理
(C)因工程建设等人为活动引发的地质灾害，由灾害发生地的省、自治区、直辖市人民政府组织治理
(D)地质灾害治理工程的确定，应当与地质灾害形成的成因、规模以及对人民生命和财产安全的危害程度相适应

66. 招标人有下列哪些行为并影响中标结果的，应判为中标无效？（　）

(A)排斥潜在投标人
(B)向他人透露已获取招标文件的潜在投标人的名称、数量
(C)强制要求投标人组成的联合共同投标的
(D)在确定中标人前，招标人与投标人就投标价格进行谈判

67. 根据《中华人民共和国建筑法》，关于工程监理单位、监理人员，下列哪些说法是正确的？（　）

(A)工程监理单位与被监理工程的承包单位以及建筑材料、建筑构配件和设备供应单位不得有隶属关系或者其他利害关系
(B)工程监理单位与承包单位串通，为承包单位谋取非法利益，给建设单位造成损失的，应当与承包单位承担连带赔偿责任
(C)工程监理人员认为工程施工不符合工程设计要求、施工技术标准和合同约定的，有权要求建筑施工企业改正
(D)工程监理人员发现工程设计不符合建筑工程质量标准或者合同约定的质量要求的，有权要求设计单位改正

68. 关于要约生效、要约撤回、要约撤销的说法，下列哪些表述是正确的？（　）

(A)采用数据电文形式订立合同，收件人指定特定系统接收数据电文的，该数据电文进入该特定系统的时间，视为到达时间，要约生效
(B)未指定特定系统的，该数据电文进入收件人的任何系统，收件人访问时间视为到达时间，要约生效
(C)撤回要约的通知应当在要约到达受要约人之前或者与要约同时到达受要约人
(D)撤销要约的通知应当在受要约人发出承诺通知之后到达受要约人

69. 根据《住房和城乡建设部办公厅关于实施＜危险性较大的分部分项工程安全管理规定＞有关问题的通知》(建办质〔2018〕31号)的规定，下列危大工程专项施工方案的评审专家基本条件哪些是正确的？（　）

(A)诚实守信、作风正派、学术严谨
(B)具有注册土木工程师(岩土)或注册结构工程师资格
(C)从事相关专业工作15年以上或具有丰富的专业经验
(D)具有高级专业技术职称

70. 根据《注册土木工程师(岩土)执业及管理工作暂行规定》(建设部建市〔2009〕105号)，下列哪些选项不符合《注册土木工程师(岩土)执业管理规定》的要求？（　）

(A)注册土木工程师(岩土)必须受聘并注册于一个建设工程勘察、设计、检测、施工、监理、施工图审查、招标代理、造价咨询等单位方能执业

(B)注册土木工程师(岩土)可以注册土木工程师(岩土)的名义在全国范围内从事相关专业活动,其执业范围不受其聘用单位的业务范围限制

(C)注册土木工程师(岩土)在执业过程中,应及时、独立地在规定的岩土工程技术文件上签章,聘用单位不得强迫注册土木工程师(岩土)在工程技术文件中签章

(D)注册土木工程师(岩土)注册年龄不允许超过70岁

2019 年专业知识试题答案(下午卷)

1.［答案］D

［依据］《建筑地基基础设计规范》(GB 50007—2011)第 3.0.3 条表 3.0.3 注 1,地基主要受力层系指条形基础底面下深度为 $3b$、独立基础下为 $1.5b$,且厚度均不小于 5m 的范围,$3\times1.5=4.5\text{m}<5\text{m}$,主要受力层厚度取 5.0m。

2.［答案］B

［依据］《建筑地基基础设计规范》(GB 50007—2011)第 5.2.2 条,先假设为满铺基础,可估算基底压力,有 $p_{\text{k}}=\dfrac{F_{\text{k}}+G_{\text{k}}}{A}=\dfrac{1.5\times10^5}{700}+20\times3=274.3\text{kPa}$;基础埋深 3m,考虑到深宽修正,按照最有利情形取 $\eta_{\text{b}}=0.3$,$\eta_{\text{d}}=1.6$,基础宽度取 $b=6\text{m}$,不考虑地下水,γ 和 γ_{m} 均取 19kN/m^3,则地基承载力修正值上限为 $f_{\text{a}}=f_{\text{ak}}+\eta_{\text{b}}\gamma(b-3)+\eta_{\text{d}}\gamma_{\text{m}}(d-0.5)=243.1\text{kPa}$。按照基础满铺时,仍然不能满足承载力验算要求,故只能采用钢筋混凝土筏形基础,荷载通过柱基传递给地基,由筏板和地基土共同承担荷载。

3.［答案］D

［依据］《建筑地基基础设计规范》(GB 50007—2011)第 6.6.5 条,对完整、较完整的坚硬岩、较硬岩地基,当符合下列条件之一时,可不考虑岩溶对地基稳定性的影响:第一,洞体较小,基础底面尺寸大于洞的平面尺寸,并有足够的支撑长度;第二,顶板岩石厚度大于或等于洞的跨度,故溶洞跨度小于等于 5.0m 时,可不考虑岩溶对地基稳定性影响。

4.［答案］B

［依据］《建筑地基基础设计规范》(GB 50007—2011)第 5.1.1 条第 1 款,选项 A 需要考虑;第 5 款,选项 C 需要考虑;第 5.1.4 条,选项 D 需要考虑。

5.［答案］D

［依据］《建筑地基基础设计规范》(GB 50007—2011)第 8.4.2 条,$e\leqslant0.1W/A$,圆形基础抵抗矩为 $W=\dfrac{\pi d^3}{32}$,面积为 $A=\dfrac{\pi d^2}{4}$,则 $e\leqslant\dfrac{0.1\times60}{8}=0.75\text{m}$。

6.［答案］C

［依据］《建筑地基基础设计规范》(GB 50007—2011)第 5.3.3 条,对于框架结构和单层排架结构,地基变形由相邻柱基的沉降差控制,选项 A、D 正确,C 错误;对多层或高层建筑和高耸结构应由倾斜值控制,选项 B 正确。

7.［答案］C

［依据］《混凝土结构设计规范》(GB 50010—2010)(2015 年版)第 4.1.4 条表 4.1.4-1,C30 混凝土轴心抗压强度设计值为 14.3N/mm^2,即 14.3MPa。

8.［答案］B

［依据］《建筑地基基础设计规范》(GB 50007—2011)第8.5.3条第8款第4项，先施工桩基，后开挖基坑，基桩纵向构造配筋长度不宜小于基坑深度的1.5倍，即20×1.5=30m，且不宜小于桩长的2/3，即不小于24m。综上，基桩纵向构造配筋长度不宜小于30m。

9.［答案］D

［依据］《铁路桥涵地基和基础设计规范》(TB 10093—2017)第6.3.2条第4款，当桩径大于1m时，最外一排桩与承台边缘的净距不应小于0.3d（即0.3×1.2=0.36m)，且不应小于0.5m，取最小净距0.5m，则最外一排桩中心至承台边缘的最小距离为：0.5d+0.5=0.5×1.2+0.5=1.10m，选项D正确。

10.［答案］B

［依据］锤重一般应大于预制桩的自重，落锤施工中锤重以相当于桩重的1.5～2.5倍为佳，落锤高度通常为1～3m，以重锤低落距打桩为好。如采用轻锤，即使落距再大，常难以奏效，且易击碎桩头。并因回弹损失较多的能量而削弱打入效果。故宜在保证桩锤落距在3m以内能将桩打入的情况下，来选定桩锤的重量，与选项B最为接近。

11.［答案］C

［依据］在天然状态下垂直向下挖掘处于稳定状态的地基土，会破坏土体的原有的平衡状态，孔壁往往有发生坍塌的危险，而泥浆有防止发生坍塌的作用，其作用机理是利用泥浆的静侧压力来平衡作用在孔壁上的土压力和水压力，并形成不透水的泥皮，并防止地下水的渗入；当施工深度内存在较高水头的承压水时，泥浆护壁的作用更加重要，而长螺旋钻孔压灌桩施工工艺中没有泥浆护壁，不能防止承压水对孔壁稳定性的破坏，选项C不合适。

12.［答案］B

［依据］《建筑桩基技术规范》(JGJ 94—2008)附录A表A.0.1，实芯预制方桩、闭口钢管桩为挤土成桩，敞口预制管桩为部分挤土成桩；沉管灌注桩的施工工艺为挤土成桩。

13.［答案］C

［依据］《建筑桩基技术规范》(JGJ 94—2008)第3.5.2条中表3.5.2，选项B错误、C正确；据表3.5.2的注2，预应力混凝土构件最小水泥用量为300kg/m^3，选项A错误；第3.5.3条的表3.5.3，选项D错误。

14.［答案］D

［依据］《建筑桩基技术规范》(JGJ 94—2008)第5.4.5条中公式(5.4.5-1)和(5.4.5-2)，桩基抗拔承载力与桩侧土的摩擦阻力和桩身自重有关，对于群桩基础整体破坏模式，尚应计及部分桩周土的自重，而桩周土的摩擦阻力与桩周土体强度密切相关，选项B错误；桩身自重(整体破坏模式时应计及部分桩周土自重)，与地下水位密切相关，选项C错误；抗拔桩的破坏以桩体从岩土体中被拔出为主，很少会发生桩身被拉

断现象，选项 A 错误、D 正确。

15.**[答案]** A

[依据] 在墙高相同和墙后岩土体相同的情况下，墙后岩土体仰斜式挡土墙主动土压力最小，直墙背的重力挡土墙土压力其次，俯斜式挡土墙主动土压力最大，选项 A 正确。

16.**[答案]** B

[依据] 据《土力学》(李广信等，第 2 版，清华大学出版社)第 258 页，无黏性土的稳定系数可定义为：$F_s=\dfrac{\tan\varphi}{\tan\alpha}$，在不考虑砂土干燥状态和静水中的内摩擦角差异的情况下，斜坡几何尺寸相同，即其坡角 α 相同，显然甲斜坡稳定系数等于乙斜坡。

17.**[答案]** D

[依据] 《公路路基设计规范》(JTG D30—2015)第 4.2.4 条第 2 款，选项 A 错误；第 1 款，挖方路基(即路堑边坡)的堑顶截水沟应设置在坡口 5m 以外，选项 B 错误；第 4.3.4 条第 2 款，选项 C 错误；第 4.3.6 条，选项 D 正确。

18.**[答案]** D

[依据] 《建筑边坡工程鉴定与加固技术规范》(GB 50843—2013)第 9.2.3 条表 9.2.3，选项 D 为选测项目，选项 A、B、C 为应测项目。

19.**[答案]** C

[依据] 临水面水位快速下降时：临水坡水向外渗流，渗透力的存在使得临水面一侧的滑动力增大，抗滑力减小，安全系数降低，而背水面一侧，浸润线降低，渗透力减小，与高水位时相比，抗滑力是增大的，滑动力是减小的，安全系数提高，选项 C 正确，选项 B、D 错误；两侧水位在水位快速降低前后的相对水头差，无法确定临水面边坡的渗透力数值上是增大还是减小，选项 A 错误。

20.**[答案]** C

[依据] 题目条件满足朗肯条件，则有 $E_a=\dfrac{1}{2}\gamma H^2K_a$，作用点距墙底的距离为 $H/3$，

则有 $\dfrac{M_1}{M_2}=\dfrac{\dfrac{1}{2}\gamma H_1^2K_a\times\dfrac{1}{3}H_1}{\dfrac{1}{2}\gamma H_2^2K_a\times\dfrac{1}{3}H_2}=\dfrac{H_1^3}{H_2^3}=\dfrac{6^3}{4^3}=\dfrac{216}{64}=3.38$，选项 C 正确。

注：本题题目中并未提及具体规范，因此可不考虑挡土墙高度>5m 时的土压力增大系数。

21.**[答案]** D

[依据] 墙背与土体内摩擦角 δ 增大，K_a 减小，K_p 增加，主动土压力下降，被动土压力上升，这也就是为什么朗肯土压力理论忽略墙背与土体内摩擦角计算出来的主动土压

力偏大，被动土压力偏小，选项A错误；填土重度增加时，主动和被动土压力均增大，选项B正确；内摩擦角φ增加时，K_a减小，K_p增加，主动土压力减小，被动土压力增大，选项C错误；黏性土的土压力强度由两部分组成，一部分为由土的自重引起的土压力γHK_a，随深度呈三角形变化；另一部分为由黏聚力引起的土压力$2c\sqrt{Ka}$，为一负值，不随深度变化，根据朗肯土压力计算公式，$E_a=\frac{1}{2}\gamma H^2K_a-2cH\sqrt{K_a}+\frac{2c^2}{\gamma}$，$E_p=\frac{1}{2}\gamma H^2K_p+2cH\sqrt{K_p}$，黏聚力增大，主动土压力减小，被动土压力增加，选项D正确。

22.【答案】A

【依据】《建筑边坡工程技术规范》(GB 50330—2013)第12.39条，选项A错误；第12.3.6条，选项B正确；第12.3.5条，选项C正确；第12.3.7条，选项D正确。

23.【答案】C

【依据】《工程地质手册》(第五版)第525页，红黏土的矿物成分主要为高岭石、伊利石和绿泥石，蒙脱石是膨胀土的主要成分。

24.【答案】D

【依据】《盐渍土地区建筑技术规范》(GB/T 50942—2014)第2.1.11～2.1.13条，选项A正确；第4.3.4条表4.3.4下的注，选项C正确；附录A.0.2，选项B正确；第4.1.1条条文说明第10项，选项D错误。

25.【答案】B

【依据】《膨胀土区建筑技术规范》(GB 50112—2013)第5.4.4条，选项B正确。

26.【答案】B

【依据】该夹层的存在可能使得岩质边坡发生顺层滑动(该软弱夹层为滑动面)，满足《工程地质手册》(第五版)第265页的楔形体法的适用条件，此时外加荷载(即法向荷载P)为水平方向，试体上推力(即剪切荷载)为竖向，即与该软弱夹层的倾斜方向一致，选项B正确。

27.【答案】A

【依据】《工程地质手册》(第五版)第584、585页表5-6-12，该冻土为饱冰冻土，选项A正确。

28.【答案】C

【依据】《建筑地基基础设计规范》(GB 50007—2011)第6.4.3条第2款，选项A基本正确；第4款，选项B正确；第1款，选项C错误；第6款，选项D正确。

29.【答案】B

【依据】《工程地质手册》(第五版)第695、696页，地表移动盆地的范围比采空区面积大得多，其位置和形状与矿层倾角大小有关，选项A正确、B错误；移动盆地中间区地表下沉值最大，选项C正确；移动盆地内边缘区产生压缩变形，外边缘区产生拉伸变形，选项 D 正确。

30.［答案］B

［依据］《岩土工程勘察规范》(GB 50021—2001)(2009 年版)表 6.2.2-1，含水比 $\alpha_w = \frac{w}{w_L}$ = 30/51 = 0.59，介于 0.55 和 0.70 之间，呈硬塑状，裂隙每米 1～2 条，据表 6.2.2-2，该黏土呈巨块状，选项 B 正确。

31.［答案］B

［依据］《工程地质手册》(第五版)第 637、638 页表 6-2-2，地表岩溶发育密度为 $\frac{5}{2}$ = 2.5 个/km^2，结合钻孔单位涌水量，岩溶发育程度为中等发育，选项 B 正确。

32.［答案］C

［依据］《膨胀土区建筑技术规范》(GB 50112—2013)第 5.4.2 条第 2 款，选项 A 错误；第 5.4.3 条第 1 款，选项 B 错误；第 3 款，选项 D 错误。

33.［答案］B

［依据］《盐渍土地区建筑技术规范》(GB/T 50942—2014)表 4.3.4，按盐胀系数应为中盐胀性，按硫酸钠含量应为弱盐胀性；据该表下注：盐胀系数和硫酸钠含量两个指标判断的盐胀性不一致时，以硫酸钠含量为主，故该盐渍土为弱盐胀性，选项 B 正确。

34.［答案］A

［依据］《工程地质手册》(第五版)第 555 页的表 5-5-2 和第 3 条，选项 A 正确；表 5-5-2，蒙脱石钠的活动性大于蒙脱石钙，即钙蒙脱石和钠蒙脱石含量相同的两种膨胀土，后者比前者具有更大的膨胀潜势，选项 B 错误；第 6 条，选项 D 错误；第 556 页的表 5-5-4 中Ⅰ类(湖相)、Ⅱ类(河相)、Ⅲ类(滨海相)膨胀土的形成都有河流作用的参与，而河流作用形成的膨胀土即为冲积成因，选项 C 错误。

35.［答案］B

［依据］《住房和城乡建设部办公厅关于实施<危险性较大的分部分项工程安全管理规定>有关问题的通知》附录一，选项 A、C、D 属于，选项 B 不属于。

36.［答案］C

［依据］《建设工程安全生产管理条例》第六条，选项 A 正确；第十二条，选项 B 正确；第二十一条，选项 D 正确；第二十三条，选项 C 错误。

37.［答案］C

［依据］《中华人民共和国安全生产法》(2014 年修订)第四条，选项 A 正确；第五条，选项 B 正确；第六条，选项 D 正确；第四十九条，选项 C 错误。

38.［答案］D

［依据］《中华人民共和国安全生产法》(2014 年修订)第四十五条，选项 A、B、C 正确；第五十六条，选项 D 错误。

39.［答案］D

［依据］《建设工程安全生产管理条例》第二十九条，选项 A、B、C 正确，选项 D 错误。

40.［答案］A

［依据］《建设工程安全生产管理条例》第五十五条，选项 B、C、D 适用，选项 A 不适用。

41.［答案］ABC

［依据］压缩模量是在无侧向变形条件下得出的(试样横截面积不变)，即三向应力、单向应变，选项 A 正确；变形模量是在侧向自由变形时，土的竖向应力与应变之比，是在单向应力、三向应变条件下得出的，选项 B 正确；据《土力学》(李广信等，第 2 版，清华大学出版社)第 133 页，土的压缩模量 E_s 和变形模量 E 之间存在如下理论关系：$E=\beta E_s=\left(1-\frac{2\mu^2}{1-\mu}\right)E_s$，显然压缩模量大于变形模量，选项 C 正确、D 错误。

42.［答案］BD

［依据］《建筑地基基础设计规范》(GB 50007—2011)第 5.2.7 条第 1 款的公式符号说明，选项 A 错误，选项 B、D 正确；第 2 款公式的符号说明，选项 C 错误。

43.［答案］AC

［依据］《基础工程》(周景星等，第 3 版，清华大学出版社)第 92 页，对于柱下条形基础、筏形基础与箱形基础等基础的结构设计，上部结构、基础与地基三者之间不但要满足静力平衡条件，还要满足变形协调条件，选项 A、C 正确。

44.［答案］AD

［依据］《建筑地基基础设计规范》(GB 50007—2011)第 3.0.5 条第 2 款，计算地基变形，传至基础底面上的作用效应按正常使用极限状态下作用的准永久组合，不应计入风荷载和地震荷载，选项 B、C 不符合；据《建筑结构荷载规范》(GB 50009—2012)第 3.1.1条第 2 款，家具荷载、装修荷载均为可变荷载，在地基变形计算时，不可忽略，选项 A、D 符合。

45.［答案］ABD

［依据］《建筑地基基础设计规范》(GB 50007—2011)第 3.0.3 条表 3.0.3，选项 A 土层坡度 12%，大于 10%的限值，需要进行变形验算；同理，选项 D 需要进行变形验算；第 3.0.1 条表 3.0.1，防疫站化验楼中有较多对地基变形非常敏感的重要仪器，地基基础设计等级应定为甲级，必须进行地基变形验算，选项 B 可选；据表 3.0.3，5 层框架办公楼，地基承载力 100kPa，土层坡度 7%＜10%，满足规范要求，可不进行地基变形验算，选项 C 不选。

46.［答案］BCD

［依据］在目前的钻孔灌注桩施工中，泵吸反循环钻进是一种比正循环钻进成桩效

率高，桩身质量好的先进技术，但采用泵吸反循环钻进施工钻孔灌注桩时经常出现循环中断(俗称不来水)，处理起来时间长，施工效率低。影响泵吸反循环钻孔灌注桩钻进成孔效率的因素有如下几类：第一，设备安装不满足泵吸反循环钻进的条件；第二，泥浆管理不善，泥浆性能差；第三，钻头结构不合理，造成循环中断；第四，钻进技术参数不合理；第五，管路系统漏气。因此提高钻进效率可从以上五个方面入手。在钻进过程中，被破碎的岩土体，其钻屑含量及分布特征是很难被人为控制的，而只能根据地层结构来预估钻进过程中产生的钻屑组成，预估最大钻屑粒径，并采用合适钻杆内径，以保证钻屑能够通过钻杆流入到泥浆池中，选项 A 错误、B 正确；钻杆在孔内的沉落速度与钻头钻进速度是匹配的，而钻头钻进速度与形成的钻渣量是成正比的，在钻杆直径和孔内流体速度一定的情况下，能够排出的钻渣量是一定的，钻进速度太快，钻渣不能及时排出，也会大大影响钻进效率，选项 C 正确；上返冲洗液中钻屑的最大粒径与孔内泥浆上返速度是有关系的，流速越大，可携带的钻渣最大粒径也越大，钻渣粒径越大，泥浆排渣效率也越高，相应的钻进效率与能耗也越高，选项 D 正确。

47.**[答案]** AD

[依据] 增大钻压是有利于增强破岩效果的，选项 A 正确；钻压不足以切入岩石时，提高转速并不能提高破岩效果，选项 B 错误；泥浆比重增大，不利于增强破岩效果，选项 C 错误；对于坚硬基岩，球形刃破岩钻头的破岩效果更好，选项 D 正确。

48.**[答案]** CD

[依据] 沉井基础是从井内挖土、依靠自身重力克服井壁摩阻力后下沉到设计标高，然后采用混凝土封底并填塞井孔，使其成为桥梁墩台或其他结构物的基础；挖井基础指用人工或机械按照设计文件开挖基坑(井)后再浇筑的基础，是明挖基础的延伸，选项 A 错误；《铁路桥涵地基和基础设计规范》(TB 10093—2017)第 8.1.4 条，挖井基础不应放坡开挖，选项 B 错误；第 7.1.1 条，未提及沉井基础对地下水丰富场地的限制使用条件，即沉井基础适用于水下或地下水丰富的场地和地层条件；第 8.1.1 条，挖井基础适用于无地下水的场地和地层条件，选项 C 正确；第 7.1.2、8.2.3 条，选项 D 正确。

49.**[答案]** AD

[依据]《建筑桩基技术规范》(JGJ 94—2008)第 3.5.3 条表 3.5.3 的注 1，水、土为强、中腐蚀性时，抗拔桩裂缝控制等级应提高一级，本题为中腐蚀性场地，预应力混凝土管桩的裂缝控制等级应提高一级，为一级，最大裂缝宽度为 0，选项 A 正确；第 3.1.7 条第 4 款，进行桩身裂缝控制验算时，应采用荷载效应准永久组合，选项 D 正确。

50.**[答案]** BD

[依据] 泥浆护壁成孔时，宜采用孔口护筒，其作用是：第一，保证钻机沿着桩位垂直方向顺利工作；第二，贮存泥浆，使泥浆水位高出地下水位，保持孔内水压力，防止塌孔和防止地表水流入孔内；第三，保护桩孔顶部土层不致因钻杆反复上下升降、机身振动而导致塌孔、缩颈的作用，故选项 B、D 正确。泥浆比重是由泥浆需要携带的钻渣的粒径大小确定的，护筒对泥浆比重的选择没有影响，选项 A 错误；桩头承载力大小与护筒无关，选项 C 错误。

51.[**答案**] AB

[**依据**] 一柱一桩是指每根框架柱下靠一根大直径灌注桩来承担上部结构传递下来的荷载,按成孔工艺不同,可细分为机械成孔灌注桩和人工挖孔灌注桩两类。此时桩需要承担很大的上部荷载,对施工质量的要求非常高,不允许出现施工缺陷。一旦出现施工缺陷,成为事故桩,必须采取合适的处理措施,常见处理措施有两大类:其一,破除重打,以桥梁工程为例,在原桩位前面或后面重新施工灌注桩;其二,废弃原桩位,在其两侧各施工一根桩,将原来的一柱一桩变成两桩承台桩基,这样可以有效避免原工程的移位问题,又能保证荷载均衡分配到两根桩上,从而实现上部结构的功能,故选项A、B正确,C错误。成为事故桩后,其承载性能是可疑的,不能满足一柱一桩对桩的要求,选项D错误。

52.[**答案**] BC

[**依据**]《建筑桩基技术规范》(JGJ 94—2008)第5.3.10条条文说明,选项B、C正确,与选项A、D无关。

53.[**答案**] ABC

[**依据**]《碾压式土石坝设计规范》(DL/T 5395—2007)第7.7.9条第1款,选项A正确;第2款,选项B正确;第3款,选项C正确;第4款,选项D错误。

54.[**答案**] ABD

[**依据**]《建筑边坡工程技术规范》(GB 50330—2013)第13.2.5条,选项A正确;第11.2.6条,选项B正确;第11.2.2～11.2.5、12.2.9、13.2.4条,选项D正确;由于现行边坡规范中各种支挡结构计算方法尚未考虑岩土体材料的本构关系(即应力—应变关系),且岩土体参数目前的置信度不足,尚不足以用来精确计算边坡的变形量,选项C错误。

55.[**答案**] ABD

[**依据**]《土力学》(李广信等,第2版,清华大学出版社)第258页,砂土边坡的稳定系数$F_s=\frac{\text{抗滑力}}{\text{滑动力}}=\frac{\tan\varphi}{\tan\alpha}$,与边坡高度无关,选项A正确;第264页,黏性土边坡的稳定系数:$F_s=\frac{\sum(c_i l_i+W_i\cos\theta_i\tan\varphi_i)}{\sum W_i\sin\theta_i}$,显然与边坡高度有关,因为公式中的$l_i$与边坡高度有关,选项B正确;土质边坡应根据其破坏模式选择合适的计算公式,选项C错误;第265页,由于瑞典圆弧条分法忽略了土条之间的相互作用力对稳定性的影响,是条分法中最简单的一种方法,因此也被称为简单条分法,选项D正确。

56.[**答案**] ABD

[**依据**]《工程地质手册》(第五版)第673～676页,选项A、B、D正确;严禁在滑坡的抗滑段刷方减载,选项C错误。

57.[**答案**] BCD

[**依据**]《高等土力学》(李广信,清华大学出版社)第187、188页,基质吸力主要是指

土中毛细作用；另据书中图 4-7 可知，土体中含水量越高，基质吸力越小，在暴雨期间，土体含水量迅速增加，乃至达到饱和状态，基质吸力也相应地迅速降低直至减小到零（饱和时基质吸力为零），选项 A 错误；在暴雨期间，坡体中地下水位会相应升高，与坡脚间的水头差增大，相应的水力坡度 i 也会增大，因此渗流作用产生的渗透力也会增大，而渗透力是影响土坡稳定性的不利因素，是诱发滑坡的因素之一，选项 B 正确；坡体中地下水位的升高，土体内孔隙水压力也相应增大，孔隙水压力增大，相应的作用在滑面上的法向有效应力 σ' 减小，根据库仑抗剪强度理论，土的抗剪强度（即抗力）也是降低的，与此同时，由于滑体含水量增大，土体重度增大，荷载是增大的，根据边坡稳定系数的定义 F_s＝抗力/荷载，边坡稳定性是降低的，选项 C 正确。雨水的渗入，除了增大土体重力外，还软化和降低了滑带土的抗剪强度指标，选项 D 正确。

58.**［答案］** ABC

［依据］《建筑地基基础设计规范》(GB 50007—2011)第 6.6.2 条表 6.6.2，选项 A、B、C 正确，选项 D 错误。另外，《工程地质手册》（第五版）第 637 页表 6-2-1 与《建筑地基基础设计规范》(GB 50007—2011)内容一致。

59.**［答案］** ABC

［依据］《湿陷性黄土地区建筑标准》(GB 50025—2018)第 6.1.1 条，甲类建筑应消除地基的全部湿陷量；第 6.1.2 条，大厚度湿陷性黄土地基上的甲类建筑，也应消除地基的全部湿陷量，但地基处理厚度大于 25m 时，处理厚度也不应小于 25m，表达的都是消除地基的全部湿陷量的理念；第 6.1.3 条，乙类应消除地基的部分湿陷量，综上所述，选项 A 错误。第 6.1.6 条第 1 款，自重湿陷性黄土场地应采用整片处理，选项 B 错误。第 6.1.4 条第 2 款，选项 C 错误。第 6.1.5 条表 6.1.5，选项 D 正确。

60.**［答案］** AC

［依据］《岩土工程勘察规范》(GB 50021—2001)（2009 年版）第 6.6.5 条第 1 款，多年冻土区钻探宜缩短施工时间，采用大口径低速钻进，孔径不低于 108mm，选项 A 错误；6.6.5 条第 7 款，选项 B 正确；6.6.4 条第 3 款，无论何种设计原则，勘探孔深度均宜超过多年冻土上限深度的 1.5 倍，选项 C 错误；6.6.4 条第 1 款，选项 D 正确。

61.**［答案］** BD

［依据］《工程地质手册》（第五版）第 685 页表 6-4-6，选项 A、C 正确，不选；选项 D 错误，可选；第 682 页中地质构造的内容：不良地质发育严重的沟谷，往往表层岩土破碎，为泥石流的形成提供了丰富的固体物质来源，此类沟谷多发生黏性泥石流，选项 B 错误，可选。

62.**［答案］** AB

［依据］《膨胀土地区建筑技术规范》(GB 50112—2013)附录 F 中图 F.0.4-2，上覆压力越大，膨胀率越小，相应的膨胀量也越小，选项 A 错误；膨胀率—压力曲线与水平线的压力即为膨胀力，可知，上覆压力大于膨胀力时，膨胀率小于零，即会产生收缩，选项 C 正确；《工程地质手册》（第五版）第 555 页第 6 条，在上覆压力一定时，初始含水量越高，与胀后含水量就越接近，土的膨胀量就越小，初始含水量越低，与胀后含水量的差值就

越大，土的膨胀量就越大，选项B错误；常年地下水位以下的膨胀土的含水量与胀后含水量是相同的，故其膨胀量为零，选项D正确。

63.**[答案]** AB

[依据]《地质灾害危险性评估规范》(DZ/T 0286—2015)第4.3.8条表1，选项A、B不属于地质灾害危险性评估分级的划分指标，选项C、D是地质灾害危险性评估分级的划分指标。

64.**[答案]** BD

[依据]《湿陷性黄土地区建筑标准》(GB 50025—2018)第4.3.1、4.3.5条，选项A错误；第4.3.5条第2款，环刀内径$d\geqslant\sqrt{\frac{4\times5000}{3.14}}=79.8\text{mm}$，选项B正确；第4.3.4条第6款，选项C错误；第4.3.1条第5款，选项D正确。

65.**[答案]** ABD

[依据]《地质灾害防治条例》第三十四条，选项A、B正确；第五十二条，选项B正确；第三十五条，选项C错误；第三十六条，选项D正确。

66.**[答案]** BD

[依据]《中华人民共和国招标投标法》第五十一条，选项A错误；第五十二条，选项B正确；第五十三条，选项C错误；第五十五条，选项D正确。

67.**[答案]** ABC

[依据]《中华人民共和国建筑法》第三十四条，选项A正确；第三十五条，选项B正确；第三十二条，选项C正确、D错误。

68.**[答案]** AC

[依据]《中华人民共和国民法典》第一百三十七条，选项A正确、B错误；第四百七十五条，选项C正确；第四百七十七条，选项D错误。

69.**[答案]** ACD

[依据]《住房城乡建设部办公厅关于实施<危险性较大的分部分项工程安全管理规定>有关问题的通知》(建办质〔2018〕31号)第八章，选项A、C、D正确。

70.**[答案]** BD

[依据]《注册土木工程师(岩土)执业及管理工作暂行规定》第三章第(一)条，选项A正确，不选；第(二)条，选项B错误，可选；第(七)条，选项C正确，不选；第(十一)条，选项D错误，可选。

2020年专业知识试题(上午卷)

一、单项选择题(共40题,每题1分。每题的备选项中只有一个最符合题意)

1.某高层建筑位于抗震设防烈度7度区,初步勘察测得覆盖层厚度为50.0m,根据《岩土工程勘察规范》(GB 50021—2001)(2009年版)要求,详勘时为划分场地类别布置的勘探孔深,下列哪个选项最为合适? ( )

(A)20.0m (B)50.0m

(C)55.0m (D)80.0m

2.铁路路基位于多年冻土区,冻土天然上限为5.0m,按《铁路工程特殊岩土勘察规程》(TB 10038—2012),定测时布置在挡土墙基础处的勘探孔深度应不小于下列哪个选项? ( )

(A)5.0m (B)8.0m

(C)10.0m (D)12.0m

3.根据《盐渍土地区建筑技术规范》(GB/T 50942—2014)及《土工试验方法标准》(GB/T 50123—2019),土工试验时有关温度的说法,下列哪个选项是错误的? ( )

(A)测定盐渍土各种盐类溶解度的水温为20℃

(B)测定易溶盐含量时,浸出液烘干温度为105℃

(C)测定有机质土含水量的试验温度为100℃

(D)测定土的渗透系数室内试验标准水温为20℃

4.某土样,粒径大于20mm的颗粒含量为65%,粒径小于0.075mm的颗粒含量为30%,按《岩土工程勘察规范》(GB 50021—2001)(2009年版)的要求,该土定名为下列哪个选项? ( )

(A)卵石(碎石) (B)圆砾(角砾)

(C)黏性土 (D)混合土

5.铁路工程地质勘察工作中,当地表存在高电阻率屏蔽地段时,采用下列哪种物探方法最适合? ( )

(A)电剖面法 (B)高密度电阻率法

(C)交流电磁法 (D)电测深法

6.现场直剪试验可以获得岩体的抗剪断强度、摩擦强度和抗切强度,对同一处岩体,三类强度关系正确的是哪个选项? ( )

(A)抗剪断强度＞摩擦强度＞抗切强度
(B)摩擦强度＞抗剪断强度＞抗切强度
(C)抗切强度＞抗剪断强度＞摩擦强度
(D)摩擦强度＞抗切强度＞抗剪断强度

7. 粗粒土的孔隙度、孔隙比和给水度之间，关系正确的是哪个选项？ （　）

(A)孔隙比＞孔隙度＞给水度　　(B)孔隙度＞给水度＞孔隙比
(C)孔隙度＞孔隙比＞给水度　　(D)给水度＞孔隙比＞孔隙度

8. 松散层中施工供水井，井中滤水管外须回填砾石层，填砾石层渗透系数 $K_{填}$ 与含水层渗透系数 $K_{含}$ 关系正确的是下列哪个选项？ （　）

(A)$K_{填}>K_{含}$
(B)$K_{填}<K_{含}$
(C)潜水含水层井中 $K_{填}>K_{含}$，承压含水层井中 $K_{填}<K_{含}$
(D)潜水含水层井中 $K_{填}<K_{含}$，承压含水层井中 $K_{填}>K_{含}$

9. 某场地级配连续砂砾石层的不均匀系数大于 10，细颗粒含量小于 35%，根据《岩土工程勘察规范》(GB 50021—2001)(2009 年版)，在渗流作用下，该土层最有可能发生的渗透变形类型是下列哪个选项？ （　）

(A)潜蚀　　(B)流砂　　(C)管涌　　(D)流土

10. 下列对岩溶钻孔见洞隙率表述最确切的是哪个选项？ （　）

(A)分子为见洞隙钻孔数量，分母为全部钻孔总数
(B)分子为见洞隙钻孔数量，分母为见可溶岩钻孔总数
(C)分子为见洞隙钻孔进尺之和，分母为全部钻孔进尺之和
(D)分子为见洞隙钻孔进尺之和，分母为可溶岩钻孔进尺之和

11. 对承压水头含义表述正确的是下列哪个选项？ （　）

(A)承压含水层顶面至潜水水位面的垂直距离
(B)承压含水层顶面至测压管稳定水位面的垂直距离
(C)承压含水层底面与隔水层顶面的垂直距离
(D)承压含水层底面至承压静止水位面的垂直距离

12. 断层两盘对应地层间发生的相对位移为下列哪个选项？ （　）

(A)断层总断距　　(B)地层断距　　(C)走向断距　　(D)倾向断距

13. 某场地岩土工程勘察时，地下 5m 处的卵石层(最大粒径大于 100mm)中超重型动力触探试验 N_{120} 的实测数为 13 击，地面以上动力触探杆长为 1.0m，根据《岩土工程

勘察规范》(GB 50021—2001)(2009 年版),该卵石层的密实度为哪个选项? ( )

(A)松散　(B)稍密　(C)中密　(D)密实

14. 按照《建筑结构荷载规范》(GB 50009—2012)的规定,下列荷载中,属于可变荷载的是哪个选项? ( )

(A)土压力　(B)水压力

(C)围护结构重力　(D)屋面积灰荷载

15. 根据《铁路隧道设计规范》(TB 10003—2016),全长 5km 的铁路隧道属于下列哪种类型的隧道? ( )

(A)特长隧道　(B)长隧道

(C)中长隧道　(D)短隧道

16. 根据《建筑结构荷载规范》(GB 50009—2012),对于民用住宅的楼面均布活荷载,下列哪个选项的数值最小? ( )

(A)标准值　(B)组合值

(C)频遇值　(D)准永久值

17. 复合地基承载力验算时,不需要进行桩身强度验算的是下列哪个选项? ( )

(A)水泥土搅拌桩　(B)旋喷桩

(C)水泥粉煤灰碎石桩　(D)夯实水泥土桩

18. 某灰土挤密桩单桩复合地基试验中,测试了桩顶反力和桩间土反力,复合地基载荷试验承压板直径为 1.25m,载荷试验的压力(反力)—沉降曲线见下图。根据试验结果确定的桩土应力比为下列哪个选项? ( )

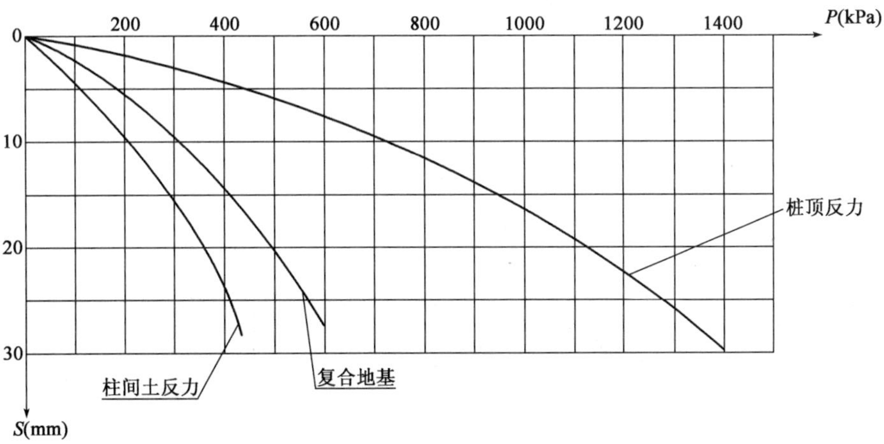

题 18 图

(A)3.0　　(B)3.5　　(C)4.0　　(D)4.5

19. 某场地地层主要为松散的砂土，采用沉管砂石桩进行地基处理，正三角形布桩，桩径为 0.8m，不考虑振动下沉密实作用，地基处理前砂土的孔隙比为 0.85，要求地基处理后的孔隙比为 0.50，计算砂石桩的桩距最接近下列哪个选项？（　　）

(A)1.75m　　(B)1.85m　　(C)1.95m　　(D)2.05m

20. 根据《湿陷性黄土地区建筑标准》(GB 50025—2018)，下列关于湿陷性黄土地基处理的说法，错误的是哪个选项？（　　）

(A)选择垫层法处理湿陷性黄土地基，不得使用砂、石材料作为填料

(B)厚度大于 3m 的灰土垫层，3m 以下的压实系数 λ_c 不应小于 0.97

(C)采用强夯法处理湿陷性黄土地基，土的天然含水量可低于塑限含水量 1%～3%

(D)预浸水法可用于处理自重湿陷性黄土层厚度大于 10m、自重湿陷量的计算值不小于 500mm 的场地

21. 某工程采用砂石料回填，根据《建筑地基处理技术规范》(JGJ 79—2012)，以蛙式打夯机压实处理时，为确保碾压压实度，砂石料含水量应控制在下列哪个选项？（　　）

(A)5%　　(B)10%　　(C)15%　　(D)20%

22. 塑料阀管注浆加固施工过程包括：①插入塑料单向阀管，②注浆，③插入双向密封注浆芯管，④灌入封闭泥浆，⑤钻孔。下列施工顺序正确的是哪个选项？（　　）

(A)⑤④①③②　　(B)⑤④③①②

(C)⑤②①④③　　(D)⑤③④①②

23. 某强夯工程单击夯击能 3000kN·m，试夯结果见下图，则满足《建筑地基处理技术规范》(JGJ 79—2012)要求的单点夯击数最小值的是下列哪个选项？（　　）

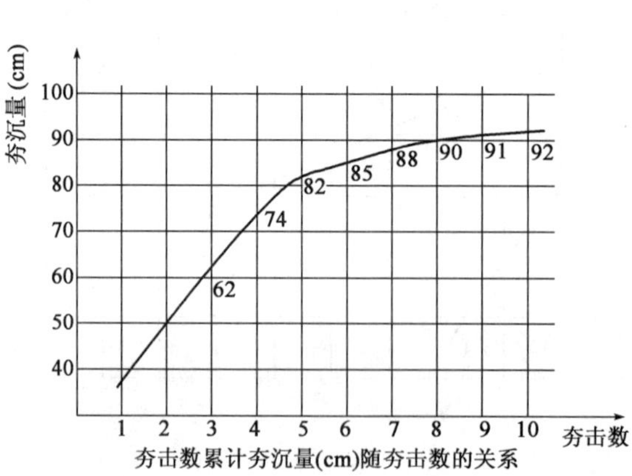

题 23 图

(A)5　　(B)6
(C)7　　(D)8

24. 某软基采用真空和堆载联合预压处理，处理前重度 $15kN/m^3$，含水量 80%，孔隙比 2.2，已知处理后重度 $16.0kN/m^3$，含水量 50%，则估计处理后孔隙比合理的是下列哪个选项？（　　）

(A)0.8　　(B)1.2
(C)1.5　　(D)1.8

25. 某一级基坑工程锚索试验确定的极限抗拔承载力标准值为 600kN，则根据《建筑基坑支护技术规程》(JGJ 120—2012)，该锚索锁定时的锚杆拉力可取下列哪个选项？（　　）

(A)100kN　　(B)200kN
(C)300kN　　(D)400kN

26. 根据《建筑基坑支护技术规程》(JGJ 120—2012)，对一幅 6m 宽、1m 厚地连墙进行水下混凝土浇筑时，每根导管最小初灌量宜为下列哪个选项？（　　）

(A)$3m^3$　　(B)$6m^3$
(C)$9m^3$　　(D)$12m^3$

27. 某基坑在长边中段支护桩内设测斜孔监测坑壁水平位移，桩长 15m。某次监测时，以孔底位移为零，得到自桩顶往下 0m、5m、10m、15m 处的位移测试值分别为 3.1mm、4.2mm、3.2mm、0.0mm(以向坑内为正)，随后又通过其他手段测得桩顶的实际水平位移为 5.1mm，试问深 15m 处的实际位移应为下列哪个值？（　　）

(A)−2.0mm　　(B)0.0mm
(C)2.0mm　　(D)8.0mm

28. 基坑支护设计中，挡土构件所受土压力一般按朗肯理论计算，不考虑挡土构件与土之间的摩擦。如果考虑两者间的摩擦，挡土构件后的主动土压力与其前的被动土压力均将与朗肯理论计算的值有所不同，关于它们的变化，下列说法正确的是哪个选项？（　　）

(A)墙后主动土压力和墙前被动土压力都增大
(B)墙后主动土压力和墙前被动土压力都减小
(C)墙后主动土压力减小，墙前被动土压力增大
(D)墙后主动土压力增大，墙前被动土压力减小

29. 主体结构外墙与地下连续墙结合时，下列哪个选项是错误的？（　　）

(A)地下连续墙应进行裂缝宽度验算

(B)对于叠合墙，地下连续墙与衬墙之间结合面应进行抗剪验算

(C)地下连续墙作为主要竖向承重构件时，应按正常使用极限状态验算地下连续墙的竖向承载力

(D)地下连续墙承受竖向荷载时，应按偏心受压构件计算正截面承载力

30. 某基坑坑壁主要有三种不同的砂土，根据朗肯理论计算的支护结构上的主动土压力分布形式如下图所示，关于土层参数 φ_1 和 φ_2 的关系，下列哪个选项是正确的？（　　）

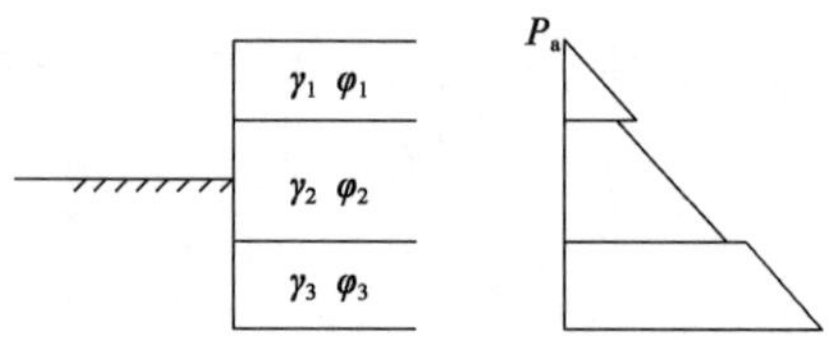

题 30 图

(A)$\varphi_1=\varphi_2$　　(B)$\varphi_1>\varphi_2$

(C)$\varphi_1<\varphi_2$　　(D)不确定

31. 在土压平衡盾构的掘进过程中，土舱压力的设置一般可不考虑下列哪个因素？（　　）

(A)隧道埋深　　(B)地层及地下水状况

(C)同步注浆压力　　(D)地表环境状况

32. 根据《水利水电工程地质勘察规范》(GB 50487—2008)，当采用标准贯入锤击数法进行土的地震液化复判时，下列哪个选项是正确的？（　　）

(A)取实测标准贯入锤击数与标准贯入锤击数临界值比较判别是否为液化土

(B)标准贯入锤击数临界值公式中地下水位为标准贯入试验时的地下水位

(C)标准贯入锤击数临界值公式适用于标准贯入点在地面以下 20m 以内的深度

(D)实测标准贯入锤击数不应进行杆长修正

33. 根据《建筑抗震设计规范》(GB 50011—2010)(2016 年版)，当符合下列哪个选项的情况时，可忽略发震断裂错动对地面建筑的影响？（　　）

(A)设计地震分组为第一组

(B)抗震设防烈度为 8 度，隐伏断裂的土层覆盖厚度为 50m

(C)更新统 Q_3 活动断裂

(D)丙类建筑

34. 某建筑场地设计基本地震加速度为 0.30g，根据历年地震中的破坏实例分析，该

场地软土震陷是造成震害的重要原因，试按照《建筑抗震设计规范》(GB 50011—2010)(2016 年版)判断，当饱和粉质黏土($I_p=14$)的天然含水量 w 为 35%时，满足下列哪个选项时可判别为震陷性软土？（ ）

(A)$w_L=42\%$，$I_L=0.85$
(B)$w_L=35\%$，$I_L=0.85$
(C)$w_L=35\%$，$I_L=0.70$
(D)$w_L=42\%$，$I_L=0.70$

35. 某场地类别为Ⅳ类，查《中国地震动参数区划图》(GB 18306—2015)，在Ⅱ类场地条件下的基本地震加速度反应谱特征周期分区值为 0.40s，问该场地在罕遇地震时加速度反应谱特征周期最接近下列哪个选项？（ ）

(A)0.45s
(B)0.55s
(C)0.75s
(D)0.80s

36. 某非液化土低承台桩基，由静载荷试验确定的单桩竖向极限承载力为 4800kN，根据《建筑抗震设计规范》(GB 50011—2010)(2016 年版)进行桩基抗震承载力验算时，其竖向抗震承载力特征值为下列哪个选项？（ ）

(A)2400kN
(B)3000kN
(C)4800kN
(D)6000kN

37. 根据《水电工程水工建筑物抗震设计规范》(NB 35047—2015)，对于地基中的软弱黏性土层，可根据建筑物的类型和具体情况，采用以下抗震措施，其中错误的是下列哪个选项？（ ）

(A)砂井排水
(B)振冲碎石桩
(C)预压加固
(D)修建挡土墙

38. 某建筑基坑，支护结构安全等级为一级，采用锚拉式排桩进行支护，若锚杆轴向拉力标准值为 400kN，进行锚杆抗拔承载力检测时的最大试验荷载不应小于下列哪个选项？（ ）

(A)400kN
(B)480kN
(C)520kN
(D)560kN

39. 某地铁车站工程，采用内支撑支护，基坑深度 19m，地质条件复杂程度中等，主要影响区内存在重要地下管线，制定该车站基坑监测方案时，应测项目不包含下列哪个选项？（ ）

(A)支护桩体水平位移
(B)支护桩顶竖向位移
(C)立柱结构竖向位移
(D)立柱结构水平位移

40. 某工程采用桩基础，每个柱下承台布置 1～3 根桩，承载力检测时进行了 3 根单桩抗压静载试验，三根试验桩的单桩竖向抗压极限承载力分别可取 1500kN、1650kN 和

1560kN，试按照《建筑基桩检测技术规范》(JGJ 106—2014)确定该工程的单桩竖向抗压承载力特征值最接近下列哪个选项？（　　）

(A)750kN　　(B)785kN

(C)1500kN　　(D)1570kN

二、多项选择题(共 30 题，每题 2 分。每题的备选项中有两个或三个符合题意，错选、少选、多选均不得分)

41. 在覆盖型岩溶发育区，易发生地面塌陷的是下列哪些地带？（　　）

(A)断裂交叉地带

(B)第四系及岩溶地下水水位变化较大的地带

(C)溶洞埋藏浅，顶板基岩较完整的地带

(D)地下水流速最大地带

42. 下列哪些选项符合黏土性质？（　　）

(A)能搓成 0.5mm 的土条，长度同手掌宽度

(B)用土刀切开，土面粗糙

(C)手捏似橡皮，有柔性

(D)土中富含石英、氧化铁浸染

43. 下图为某拟建铁路路基段，岩层产状倾向 130°，倾角 55°，层间结合差，发育两组构造裂隙，裂隙 J1 倾向 125°，倾角 40°，结合差；裂隙 J2 倾向 210°，倾角 60°，结合较差。已知路面设计高程 210m，请问对该段路堑边坡稳定性评价中正确的有哪几项？（　　）

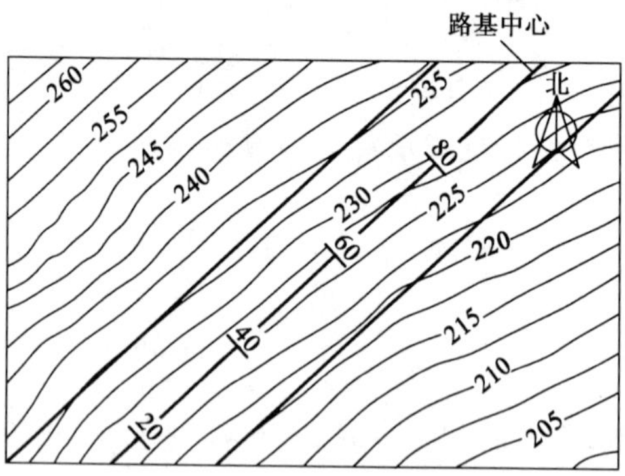

题 43 图

(A)左侧边坡稳定性主要受裂隙 J1 控制

(B)左侧边坡稳定性主要受裂隙 J2 控制

(C)右侧边坡稳定性主要受裂隙 J2 控制

(D)右侧边坡稳定性主要由岩层层面控制

44. 下列关于标准贯入试验表述，哪些选项是正确的？（　　）

(A)标准贯入试验孔采用回转钻进时，应保持孔内水位略高于地下水位
(B)根据标准贯入锤击数判定砂土液化时，标准贯入锤击数 N 应取实测值
(C)判定砂土液化时，标准贯入试验一般每隔 2m 进行一次
(D)根据标准贯入试验锤击数划分花岗岩类岩石的风化程度时，标准贯入锤击数 N 应进行杆长修正

45. 潜水位等值线图上，等水位线由密变疏可能的原因是下列哪些选项？（　　）

(A)含水层颗粒由细变粗
(B)地下水渗流方向有地表河水补给
(C)含水层下部有天窗，潜水补给承压水
(D)含水层厚度增大

46. 根据《岩土工程勘察规范》(GB 50021—2001)(2009 年版)，场地复杂程度可分为三个等级，下列哪些选项符合复杂场地的分类？（　　）

(A)高耸孤立的山丘及陡坡地段
(B)场地不良地质作用强烈发育
(C)工程建设对地质环境破坏强烈
(D)岩土种类多且性质变化大，要专门处理

47. 根据《工程结构可靠性设计统一标准》(GB 50153—2008)及《建筑地基基础设计规范》(GB 50007—2011)，在以下地基基础的受力变形状态中，哪些属于承载能力极限状态？（　　）

(A)载荷板沉降量与承压板宽度或直径之比 s/b 大于 0.06
(B)软土地基墙下条形基础相距 6m 两处的沉降差 18mm
(C)受水平荷载作用桩基倾斜折断
(D)基坑开挖降水导致临近 18m 高的多层建筑整体倾斜达到 0.003

48. 根据《工程结构可靠性设计统一标准》(GB 50153—2008)的规定，对应不同的极限状态可采用相应的作用组合进行设计，关于极限状态设计可采用的作用组合，下列叙述哪些选项是正确的？（　　）

(A)用于短期设计状况的承载能力极限状态设计，应采用作用的标准组合
(B)用于持久设计状况的承载能力极限状态设计，应采用作用的基本组合
(C)不可逆正常使用极限状态设计，宜采用作用的基本组合
(D)长期效应是决定性因素的正常使用极限状态设计，宜采用作用的准永久组合

49. 根据《铁路路基支挡结构设计规范》(TB 10025—2019)进行铁路挡土墙设计时，下列哪些选项中的力为特殊力？（　　）

(A)波浪力
(B)冰压力
(C)地震力
(D)施工荷载

50. 根据《建筑地基处理技术规范》(JGJ 79—2012),采用水泥土搅拌桩处理地基时,下列哪些选项的情况应通过试验确定处理方法的适用性? ( )

(A)正常固结的淤泥或淤泥质土地基　　(B)泥炭质土地基
(C)塑性指数为 20 的黏土地基　　(D)腐蚀性为中等的地基

51. 某永久填方边坡工程采用复合土工排水体在坡体深部形成排水盲沟,根据《土工合成材料应用技术规范》(GB 50290—2014),下列关于该土工材料性能的说法,哪些是错误的? ( )

(A)排水体的孔径应小于被保护土最小颗粒的粒径
(B)排水体的透水性应能保证渗透水通畅流过
(C)排水体仅考虑排水作用,不应考虑边坡抗滑稳定性作用
(D)排水体在上覆填料荷载作用下不应有变形

52. 根据《建筑地基处理技术规范》(JGJ 79—2012),关于复合地基桩身试块强度取值,下列表述哪些是错误的? ( )

(A)对水泥土搅拌桩,取与桩身水泥土配比相同的边长 150mm 立方体试块,在标准养护条件下 28d 龄期的抗压强度平均值
(B)对夯实水泥土桩,取与桩身水泥土配比相同的边长 70.7mm 立方体试块,在标准养护条件下 90d 龄期的抗压强度平均值
(C)对旋喷桩,取桩体边长 150mm 立方体试块,在标准养护条件下 90d 龄期的抗压强度平均值
(D)对水泥粉煤灰碎石桩,取桩体边长 150mm 立方体试块,在标准养护条件下 28d 龄期的抗压强度平均值

53. 关于堆载预压排水固结法处理地基,下列说法哪些是错误的? ( )

(A)地层相同,砂井材料相同,竖向砂井直径越大,砂井纵向涌水量越大
(B)砂井砂料相同,砂井直径相同,地层渗透性越强,砂井纵向涌水量越大
(C)竖向砂井穿透受压土层时,计算点深度越大,土层径向固结度越大
(D)竖向砂井穿透受压土层时,砂井间距越小,竖向平均固结度与径向平均固结度比值越小

54. 根据《建筑地基处理技术规范》(JGJ 79—2012)的规定,关于垫层法处理后的质量检验,下列哪些选项是正确的? ( )

(A)采用重型击实试验指标时,粉质黏土、灰土换填垫层的压实系数应不小于 0.94
(B)采用轻型击实试验确定压实系数时,粉质黏土、灰土、粉煤灰等材料要求的最大干密度比重型击实试验的小
(C)垫层法的施工质量检验应分层进行,对碎石垫层的施工质量可采用重型动力

触探试验进行检验

(D)竣工验收应采用静载荷试验检验垫层承载力

55. 根据《生活垃圾卫生填埋处理技术规范》(GB 50869—2013),下列关于生活垃圾填埋场库区地基处理的说法,哪些选项是正确的? ( )

(A)地基应满足地基承载力要求

(B)地基变形应满足防渗膜拉伸变形要求

(C)地基承载力应满足每层垃圾摊铺厚度要求

(D)地基变形应满足渗滤液收集管变形要求

56. 根据《公路路基设计规范》(JTG D30—2015),某二级公路地基上对原有路基拓宽时,措施合适的是下列哪些选项? ( )

(A)当相邻原软土地基采用排水固结法处理且沉降已稳定时,拓宽路基采用与原地基相同地基处理方法和施工参数

(B)当采用排水固结法处理时,拓宽路基先降低地下水位排水清淤

(C)当路基填筑高度不满足规范要求时,应增设排水垫层

(D)对拓宽路基增强补压

57. 根据《建筑基坑支护技术规程》(JGJ 120—2012),下列情况中哪些需要进行坑底抗隆起稳定性验算? ( )

(A)基坑采用悬臂桩支护 (B)基坑采用地连墙加多排内支撑支护

(C)基坑采用支护桩加多排锚杆支护 (D)坑底有软土层时的土钉墙支护

58. 根据《建筑基坑支护技术规程》(JGJ 120—2012),下列关于双排桩支护结构说法,哪些是正确的? ( )

(A)桩间土作用在前后排桩上的力相等

(B)前后排桩应按偏压、偏拉构件设计

(C)双排桩刚架梁应按深受弯构件设计

(D)桩顶与刚架梁连接节点应按刚接设计

59. 根据《铁路隧道设计规范》(TB 10003—2016),下列选项中哪些是二级防水适用范围的? ( )

(A)隧底结构 (B)电气化变压器室

(C)逃逸通道 (D)电力变电所洞室

60. 下列选项中,哪些是盾构法隧道衬砌计算变形和内力时应考虑的水平向压力? ( )

(A)土层主动土压力 (B)地下水压力

(C)土体弹性抗力　　(D)地面超载引起的附加水平侧压力

61. 山岭围岩硐室开凿过程中，下列现象相互对比，哪些可以初步判断硐室处于高应力地区？　　(　　)

(A)围岩产生岩爆、剥离　　(B)隧道收敛变形大
(C)围岩渗水　　(D)节理面内有夹泥现象

62. 根据《岩土工程勘察规范》(GB 50021—2001)(2009 年版)，多年冻土地区的建筑工程，关于其钻探要求，下列哪些选项是错误的？　　(　　)

(A)松散冻土层中，宜采用快速干钻方法
(B)高含冰黏土层中，应采用慢速干钻方法
(C)护孔管下端应至冻土上限以下 0.5～1.0m
(D)从岩芯管内取芯时，可采用快速泵压法退芯

63. 已知某建筑结构的自振周期大于场地特征周期，在确定地震影响系数时，假设其他条件相同，下列哪些说法是正确的？　　(　　)

(A)结构自振周期越大，地震影响系数越小
(B)位于Ⅱ类场地时的地震影响系数比位于Ⅲ类场地时的地震影响系数大
(C)罕遇地震作用的水平影响系数比多遇地震作用的水平影响系数大
(D)阻尼比越大，地震影响系数曲线下降段的衰减指数就越大

64. 为了部分消除地基液化沉陷，下列哪些选项的措施不符合《建筑抗震设计规范》(GB 50011—2010)(2016 年版)的要求？　　(　　)

(A)处理深度应使处理后的地基液化指数减小，其值不应大于 6
(B)采用振冲或挤密碎石桩加固后，桩间土的标准贯入锤击数不宜小于液化判别标准贯入锤击数临界值
(C)采用加密法处理时，基础边缘以外的处理宽度，应超过基础底面下处理深度的 1/2，且不小于基础宽度的 1/5
(D)减小原地面上大面积覆土厚度

65. 按照《公路工程抗震规范》(JTG B02—2013)的规定，在发震断层及其临近地段进行布设路线和选择隧址时，下列哪些做法是正确的？　　(　　)

(A)路线宜布置在破碎带较窄的部位
(B)路线宜布设在断层的上盘上
(C)路线设计宜采用低填浅挖方案
(D)在液化土地区，路线宜选择在上覆层较厚处通过，并宜设置高路堤

66. 可液化地基的震陷量与下列哪些因素有关？　　(　　)

(A)液化土的密度　　(B)场地覆盖层厚度
(C)建筑物上部结构形式　　(D)基底压力

67. 一般情况下，水工建筑物在进行抗震计算时应考虑下列哪些地震作用？（　　）

(A)地震动土压力
(B)地震动水压力
(C)地震动渗透压力
(D)建筑物自重和其上荷重所产生的地震惯性力

68. 根据《水电工程水工建筑物抗震设计规范》(NB 35047—2015)关于土石坝抗震设计，下列说法哪些是正确的？（　　）

(A)对于需要测定土体动态抗剪强度的土石坝，当动力试验给出的动剪强度大于相应的静态强度时，采用拟静力法计算地震作用时，应取动剪强度值
(B)土石坝采用拟静力法进行抗震稳定计算时，对于1、2级土石坝，宜通过动力试验确定土体的动态抗剪强度
(C)材料的动力试验用料应有代表性
(D)对于黏性土和紧密砂砾石等非液化土在无动力试验资料时，可采用静态有效抗剪强度指标

69. 某嵌岩桩采用低应变检测时，发现桩底时域反射信号为单一反射波且与锤击脉冲信号同向，判断桩底可能存在下列哪些情况？（　　）

(A)沉渣　　(B)溶洞
(C)软弱夹层　　(D)桩端扩径

70. 根据《建筑基桩检测技术规范》(JGJ 106—2014)，采用声波透射法进行基桩检测时，下列说法哪些是正确的？（　　）

(A)声波透射法可用于混凝土灌注桩的桩身完整性检测，判定桩身缺陷的位置、范围及推定桩身混凝土强度
(B)选配换能器时，在保证有一定的接收灵敏度的前提下，原则上应尽可能选择较高频率的换能器
(C)对于只预埋两根声测管的基桩，仅有一个检测剖面，该检测剖面可代表基桩的全部横截面
(D)声测管管材可选用钢管、镀锌管及PVC管等

2020年专业知识试题答案(上午卷)

1.[答案] A

[依据]《岩土工程勘察规范》(GB 50021—2001)(2009年版)第5.7.4条,为划分场地类别布置的勘探孔,当缺乏资料时,其深度应大于覆盖层厚度。本题通过初步勘察已知覆盖层厚度为50.0m,不属于缺乏资料的情形,则详勘时为划分场地类别布置的勘探孔深应满足等效剪切波速计算的要求,取20m和覆盖层厚度的小值,选项A最为合适。

2.[答案] D

[依据]《铁路工程特殊岩土勘察规程》(TB 10038—2012)第8.8.2条第6款,挡土墙基础的勘探孔深度应不小于2倍天然上限,且不得小于12m,本题冻土天然上限为5.0m,综上,勘探孔深应不小于12.0m。

3.[答案] C

[依据]《盐渍土地区建筑技术规范》(GB/T 50942—2014)第2.1.11~2.1.13条,选项A正确;《土工试验方法标准》(GB/T 50123—2019)第53.3.3条第2、3款,选项B正确;第5.2.2条第2款,对于有机质含量为5%~10%的土,应将烘干温度控制在65~70℃的恒温下烘至恒量,选项C错误;第16.1.4条,选项D正确。

4.[答案] D

[依据]《岩土工程勘察规范》(GB 50021—2001)(2009年版)第3.3.2条表3.3.2,该土样可定名为卵石或碎石;第6.4.1条,小于0.075mm的颗粒含量为30%,大于25%,可定名为粗粒混合土。

5.[答案] C

[依据]《铁路工程地质勘察规范》(TB 10012—2019)附录B表B.0.1,表中的电磁波法又名为交流电法,而其中的瞬变电磁法,也常被称为交流电磁法。

6.[答案] A

[依据]《工程地质手册》(第五版)第264页,现场直剪试验可分为岩土体在法向应力作用下的沿剪切面剪切破坏的抗剪断试验、岩土体剪断后沿剪切面继续剪切的抗剪试验(摩擦试验)、法向应力为零时岩体剪切的抗切试验。对于抗剪断强度,由黏聚力强度与摩擦强度两部分组成;抗剪试验测定的强度,由衰减后的黏聚力强度和摩擦强度两部分组成,且以摩擦强度为主;抗切强度则全部为黏聚力强度,显然可知抗剪断强度最大,摩擦强度次之,抗切强度最小。

7.[答案] A

[依据]《土力学》(李广信等,第2版,清华大学出版社)第19、20页,孔隙比与孔隙度的关系为:$n=e/(1+e)$,显然孔隙比e大于孔隙度n;《水文地质学基础》(张人权等,第6

版，地质出版社）第21页，给水度又称为重力疏干给水度，是指地下水位下降单位体积时，释出水的体积与疏干体积的比值，这部分水量只是原先饱水带岩土空隙中的一部分，尚有部分水以结合水、孔角毛细水、悬挂毛细水的形式滞留于非饱和带中，即孔隙度大于给水度。

8.［答案］A

［依据］滤水管外回填砾石层的目的是增大过滤器及其周围有效孔隙率，减小地下水流入过滤器的阻力，增大水井出水量，防止涌砂等作用，显然填料层的渗透系数应大于含水层的渗透系数时才能起这样的作用。

9.［答案］C

［依据］《岩土工程勘察规范》（GB 50021—2001）（2009年版）第7.3.2条条文说明，正常级配的砂砾石（即级配连续），其不均匀系数大于10，细颗粒含量小于35%时，其渗流作用的表现形式为管涌。此外尚应对其他渗流作用形式的级配结构特征有所了解，应用到工程实践中去。

10.［答案］A

［依据］参见《工程地质手册》（第五版）第637页表6-2-1下的注释，也可参见《建筑地基基础设计规范》（GB 50007—2011）第6.6.2条的条文说明。

11.［答案］B

［依据］《水文地质学基础》（张人权等，第6版，地质出版社）第29页，井孔揭穿含水层隔水顶板的底面后，孔内水位上升到顶板底面以上一定高度稳定后，此时的水位称为稳定水位，稳定水位与隔水层顶板高程之间的差值，称为承压高度，也叫承压水头。

12.［答案］A

［依据］《工程地质手册》（第五版）第14页的图1-2-1b），断层两盘对应地层间发生的相对位移指的就是图中的AB，称为断层总断距。

13.［答案］C

［依据］《岩土工程勘察规范》（GB 50021—2001）（2009年版）第3.3.8条、附录B.0.2，修正系数：$\alpha_2=\frac{1}{2}\times\left[0.77+\frac{0.76-0.77}{15-10}\times(13-10)+0.72+\frac{0.71-0.72}{15-10}\times(13-10)\right]=0.739$。

修正后的超重型圆锥动力触探锤击数为：$N_{120}=\alpha_2\cdot N'_{120}=0.739\times13=9.61$击。根据表3.3.8-2，该卵石层的密实程度为中密。

14.［答案］D

［依据］《建筑结构荷载规范》（GB 50009—2012）第3.1.1条第2款。

15.［答案］B

［依据］《铁路隧道设计规范》（TB 10003—2016）第1.0.5条，全长5km的铁路隧道属于长隧道。

16.［答案］D

［依据］《建筑结构荷载规范》(GB 50009—2012)第5.1.1条表5.1.1，可知标准值＞组合值≥频遇值＞准永久值。

17.［答案］D

［依据］《建筑地基处理技术规范》(JGJ 79—2012)第7.3.3条中的公式(7.3.3)，水泥土搅拌桩需要进行桩身强度验算；第7.4.3条，旋喷桩需要进行桩身强度验算；第7.6.2条第8款，夯实水泥土桩不用进行桩身强度验算，其原因在于夯实过程中，已经改变了水泥土的原有强度，结果是其变形模量远大于土的变形模量，在承载力允许范围内夯实水泥土桩不会先于桩间土发生破坏，故而无需通过桩身强度验算来控制桩身承担的荷载，选项D不需要考虑；第7.7.2条第6款，桩身强度应满足规范第7.1.6条的规定，选项C需要考虑。

18.［答案］B

［依据］《建筑地基处理技术规范》(JGJ 79—2012)附录B.0.8条，复合地基沉降曲线呈缓变型，最大沉降小于30mm，终止试验的累计沉降量界限值为$0.06d=75$mm，不满足该条终止试验的要求，因此无法确定极限荷载，只能按照B.0.10条第2款确定，$s/b=0.008$，$s=0.008b=0.008\times1250=10$mm，相应于10mm的压力$P=300$kPa，此时桩间土反力为200kPa，桩顶反力为700kPa，则桩土应力比：700/200＝3.5。

19.［答案］A

［依据］《建筑地基处理技术规范》(JGJ 79—2012)第7.2.2条第4款：

$$s=0.95\xi d\sqrt{\frac{1+e_0}{e_0-e_1}}=0.95\times1.0\times0.8\times\sqrt{\frac{1+0.85}{0.85-0.50}}=1.75\text{m}。$$

20.［答案］B

［依据］《湿陷性黄土地区建筑标准》(GB 50025—2018)第6.2.1条，选项A正确；第6.2.3条第2款，选项B错误；第6.3.1条，选项C正确；第6.5.1条，选项D正确。

21.［答案］B

［依据］《建筑地基处理技术规范》(JGJ 79—2012)第4.3.3条条文说明，对于砂石料可根据施工方法不同按经验控制适宜的施工含水量，当用平板式振动器时可取15%～20%；当用平碾或蛙式夯时可取8%～12%；当用插入式振动器时宜为饱和。

22.［答案］A

［依据］《既有建筑地基基础加固技术规范》(JGJ 123—2012)第11.7.4条第5款，塑料阀管注浆施工，可按下列步骤进行：①钻机与灌浆设备就位；②钻孔；③当钻孔到设计深度后，从钻杆内灌入封闭泥浆，或直接采用封闭泥浆钻孔；④插入塑料单向阀管到设计深度，当注浆孔较深时，阀管中应加入水，以减小阀管插入土层时的弯曲；⑤待封闭泥浆凝固后，在塑料阀管中插入双向密封注浆芯管，再进行注浆，注浆时应在设计注浆深度范围内自下而上(或自上而下)移动注浆芯管；⑥当使用同一塑料阀管进行反复注浆时，每次注浆完毕后，应用清水冲洗塑料阀管中的残留浆液。对于不宜采用清水冲洗的

场地，宜用陶土浆灌满阀管内。显然选项 A 正确。

23.【答案】C

【依据】《建筑地基处理技术规范》(JGJ 79—2012)第 6.3.3 条表 6.3.3-2，单击夯击能 3000kN·m，要求最后两击平均夯沉量不大于 50mm。观察题图，5 击时夯沉量为 82－74＝8cm＞5cm，6 击时夯沉量为 85－82＝3cm＜5cm，7 击时夯沉量为 88－85＝3cm＜5cm，则单点夯击数最小值为 7 击。

24.【答案】C

【依据】根据土的三相图，处理前：$\gamma_1=\frac{G_s\gamma_w(1+w_1)}{1+e_1}=\frac{G_s\times10\times(1+80\%)}{1+2.2}=15.0$，$G_s=2.67$；处理后的孔隙比：$e_2=\frac{G_s\gamma_w(1+w_2)}{\gamma_2}-1=\frac{2.67\times10\times(1+50\%)}{16.0}-1=1.50$。

25.【答案】C

【依据】《建筑基坑支护技术规程》(JGJ 120—2012)第 4.7.2 条，一级基坑，锚杆的极限抗拔承载力满足 $R_k/N_k\geqslant K_t=1.8$，有锚杆轴向拉力标准值 $N_k\leqslant333.3$kN。第4.7.7 条，锚杆锁定值宜取锚杆轴向拉力标准值的(0.75～0.9)倍，则该锁定值的上限为 300kN，下限值为 250kN；第 4.8.7 条第 4 款，锁定时的锚杆拉力应考虑锁定过程的预应力损失量；预应力损失量宜通过对锁定前、后锚杆拉力的测试确定；缺少测试数据时，锁定时的锚杆拉力可取锁定值的(1.1～1.15)倍；即锚索锁定时的锚杆拉力的范围值为(250×1.1～300×1.15)kN，所以只有选项 C 是合适的。

26.【答案】A

【依据】《建筑基坑支护技术规程》(JGJ 120—2012)第 4.6.13 条，槽段长度不大于 6m 时，混凝土宜采用两根导管同时浇筑。每根导管分担的浇筑面积应基本相等。地下连续墙厚 1m、幅宽 6m，两根导管同时浇筑混凝土，则每根导管最小初灌量宜为 $6\times1\times1/2=3m^3$。

27.【答案】C

【依据】桩顶位移值为 3.1mm，是基于测斜孔底位移为零的假设，而桩顶实际水平位移为 5.1mm，比测斜孔测试结果大 2.0mm，位移方向指向坑内，说明该支护桩连同周围土体整体向基坑内发生了 2.0mm 的位移量。

28.【答案】C

【依据】从不考虑到考虑挡土构件与土之间的摩擦，相当于摩擦角 δ 是增大的，根据主动土压力系数的公式，墙后主动土压力是减小的；与之相应的是墙前被动土压力是增大的。

29.【答案】C

【依据】《建筑基坑支护技术规程》(JGJ 120—2012)第 4.11.4 条第 2 款，选项 A 正确；第 3 款，选项 C 错误；第 4 款，选项 D 正确；第 4.11.3 条第 3 款，选项 B 正确。

30.［答案］C

［依据］第一层土底面上下土压力发生突变，即 $\gamma_1 h_1 K_{a1} > \gamma_2 h_2 K_{a2}$，按朗肯理论有 $\varphi_1 < \varphi_2$。

31.［答案］D

［依据］所谓土压平衡，就是盾构密封舱内始终充满了用刀盘切削下来的土，并保持一定压力平衡开挖面上的土压力和地下水压，即地下水压力＋土压力＝土舱压力。土压力与隧道埋深有关，也与掘进过程中的注浆压力有关，地下水压力与地层及地下水状况有关。

32.［答案］D

［依据］《水利水电工程地质勘察规范》(GB 50487—2008)附录 P.0.4 条第 1 款第 2、3 项，当标准贯入试验贯入点深度和地下水位在试验地面以下的深度，不同于工程正常运用时，实测标准贯入锤击数应按式(P.0.4-2)进行校正，并应以校正后的标准贯入锤击数 N 作为复判依据，选项 A 错误；标准贯入锤击数临界值公式中地下水位为工程正常运用时在当时地面以下的深度，当地面淹没于水面以下时取 0，选项 B 错误；公式(P.0.4-3)只适用于标准贯入点地面以下 15m 以内的深度，选项 C 错误；规范未提及实测标准贯入锤击数的杆长修正，选项 D 正确。

33.［答案］C

［依据］《建筑抗震设计规范》(GB 50011—2010)(2016 年版)第 4.1.7 条，全新世活动断裂即 Q_4 活动断裂，存在更新统 Q_3 活动断裂时可不考虑发震断裂错动对地面建筑的影响。

34.［答案］B

［依据］《建筑抗震设计规范》(GB 50011—2010)(2016 年版)第 4.3.11 条，对照选项，只有选项 B 满足要求。

35.［答案］D

［依据］《中国地震动参数区划图》(GB 18306—2015)第 8.2 条，该场地基本地震加速度反应谱特征周期调整为 0.75s，罕遇地震时特征周期增加 0.05s。

36.［答案］B

［依据］《建筑抗震设计规范》(GB 50011—2010)(2016 年版)第 4.4.2 条第 1 款，单桩的竖向和水平向抗震承载力特征值，均比非抗震设计时提高 25%，本题桩基的竖向抗震承载力特征值为 $R_{aE} = 1.25R = 1.25 \times \frac{4800}{2} = 3000\text{kN}$。

37.［答案］D

［依据］《水电工程水工建筑物抗震设计规范》(NB 35047—2015)，综合各章节的抗震措施，可知选项 D 对抗震无效果。

38.［答案］D

［依据］《建筑基坑支护技术规程》(JGJ 120—2012)第 4.8.8 条表 4.8.8 条，抗拔承载力检测值应大于等于锚杆轴向拉力标准值的 1.4 倍，即进行锚杆抗拔承载力检测时的最大试验荷载应大于等于 1.4×400＝560kN。

39.［答案］D

［依据］《建筑基坑支护技术规程》(JGJ 120—2012)第 3.1.3 条及条文说明，该地铁车站工程基坑，其支护结构的安全等级应为一级；《建筑基坑工程监测技术标准》(GB 50497—2019)第 4.2.1 条表 4.2.1，选项 A、B、C 应测，选项 D 不属于应测项目。

40.［答案］A

［依据］《建筑基桩检测技术规范》(JGJ 106—2014)第 4.4.3 条第 2 款，试验桩数量小于 3 根或桩基承台下的桩数不大于 3 根时，应取低值，即该工程的单桩竖向抗压承载力特征值为 1500kN/2＝750kN。

41.［答案］ABD

［依据］《工程地质手册》(第五版)第 646、647 页，覆盖型岩溶地区地表塌陷主要是由土洞引起的，当上覆有适宜被冲蚀的土体、其下有排泄、储存冲蚀物的通道和空间，地表水向下渗透或地下水在岩土交界面处附近频繁升降运动时，由于水对土层的潜蚀作用，宜发生土洞，土洞继续发展形成地表塌陷，因此选项 B、D 正确；选项 A 断裂带是岩溶显著发育地段，不一定形成土洞。选项 C 溶洞顶板为较完整基岩，地下水没有排泄空间，不会发生塌陷。

42.［答案］AC

［依据］《建筑工程地质勘探与取样技术规程》(JGJ/T 87—2012)附录表 G.0.1，能搓成小于 0.5mm 的土条，长度不短于手掌，选项 A 正确；切面光滑，选项 B 错误；表 G.0.2，选项 C 正确；砂土富含石英，黏土经常含有铁锰质浸染，也就是野外在黏性土样中常常可以看到的褐红色、灰黑色的团块物，选项 D 错误。

43.［答案］AD

［依据］由题图可知，铁路走向为西南—北东，北东向指向大里程方向，对于左侧边坡(即左上角的路堑边坡)，题图虽然没有给出铁路走向方位角，目估其方位角大约为 40°，岩层产状为 130°∠55°，接近于垂直线路，节理 J1 的倾向为 125°，与岩层倾向夹角为 5°＜30°，为顺向坡，且其倾角小于岩层倾角，此时容易沿着 J1 发生顺层滑动，即左侧边坡稳定性主要受裂隙 J1 控制，选项 A 正确。节理 J2 的倾向为 210°，与岩层倾向夹角为 80°＞30°，为切向坡，且其倾角大于岩层倾角，左侧边坡稳定性不受 J2 的影响，选项 B 错误。对于右侧边坡，则为逆向坡，J2 与之大角度斜交且其倾角大于层面倾角，不影响其稳定性，即右侧边坡稳定性主要由岩体自身强度控制，对于层状岩体(主要为沉积岩)来说，层面就是典型的弱面，即右侧边坡稳定性主要由岩层层面控制。

44.［答案］AB

［依据］《岩土工程勘察规范》(GB 50021—2001)(2009 年版)第 10.5.3 条第 1 款，选

项A正确；第10.5.5条条文说明，液化判别时，N用实测值，选项B正确；贯入击数用作评价指标时，一般采用实测值，不进行杆长修正，选项D错误；标准贯入试验判定液化时，一般每隔1m进行一次，选项C错误。

45.**[答案]** AD

[依据] 潜水垂直于等水位线从高处流向低处，沿着流向方向任取两点，两点之间的水位差除以两点的距离为两点的水力梯度，等水位线由密变疏，水头差不变，渗流路径变大，水力梯度由大变小，可以表明含水层透水性由小变大，也可表明含水层厚度增加，选项A、D正确；根据《水文地质学基础》(张人权等，第6版，地质出版社)第9章内容(特别是图9.7)，补给区和集中排泄区的等水位线都相对地下水流场中其他部位更为密集，即地下水渗流方向有地表河水补给时，从地表水补给位置向其他部位，等水位线是由密到疏的，选项B正确；含水层下部有天窗，潜水补给承压水时，在补给位置，等水位线是更加密集的，对于潜水来说，从其他部位到该部位是由疏到密的，选项C错误。

46.**[答案]** BC

[依据]《岩土工程勘察规范》(GB 50021—2001)(2009年版)第3.1.2条第1款，选项B、C正确；《建筑抗震设计规范》(GB 50011—2010)(2016年版)第4.1.1条，选项A、D属于抗震不利地段，属于中等复杂场地。

47.**[答案]** AC

[依据]《建筑地基基础设计规范》(GB 50007—2011)第5.3.4条，选项B局部倾斜值18/6000=0.003，刚好满足规范要求，为正常使用极限状态。选项D高度小于24m，整体倾斜允许值为0.004，题中整体倾斜值满足规范要求，尚未达到正常使用极限状态，选项B、D错误；选项C属承载能力极限状态，正确；对于载荷试验，第1个终止条件是土体发生强度破坏极限状态，第2、3个终止条件是变形破坏极限状态，第4个终止条件过大的沉降属于超过限值变形的正常使用极限状态，根据《工程结构可靠性设计统一标准》(GB 50153—2008)第4.1.1条第1款第1项，过度变形不适用于继续承载，选项A属承载能力极限状态，正确。

48.**[答案]** BD

[依据]《工程结构可靠性设计统一标准》(GB 50153—2008)第4.3.2条，持久设计状况和短期设计状况采用基本组合，选项A错误，选项B正确；第4.3.3条，不可逆正常使用极限状态设计，采用标准组合，选项C错误；长期效应是决定性因素的正常使用极限状态设计，宜采用作用的准永久组合，选项D正确。

49.**[答案]** CD

[依据]《铁路路基支挡结构设计规范》(TB 10025—2019)第4.1.1条，选项C、D正确。

50.**[答案]** BD

[依据]《建筑地基处理技术规范》(JGJ 79—2012)第7.3.2条，选项B、D正确。

51.［答案］ACD

［依据］《土工合成材料应用技术规范》(GB 50290—2014)第4.1.3条，排水盲沟是以无纺土工织物包裹碎石形成的。第4.1.5条条文说明，无纺土工织物无论用于单纯反滤或排水，首先要满足反滤准则，同时要求一定的厚度，保证其能长期安全工作，虽然它们的主要功能是反滤和排水，但要求最低的强度是其发挥作用的前提。反滤准则是一切排水材料应满足的条件，它保证材料在允许顺畅排水的同时，土体中的骨架颗粒不随水流流失，又能在长期工作中不因土粒堵塞而失效，从而确保有水流通过土体保持渗流稳定。选项A最小颗粒粒径说法不正确；填方边坡有可能发生深层滑动，应考虑排水体的抗滑稳定性，选项C错误；无纺土工织物是柔性的，在上覆荷载作用下是会发生变形的，选项D错误。

52.［答案］ABC

［依据］《建筑地基处理技术规范》(JGJ 79—2012)第7.3.3条第3款，水泥土搅拌桩取边长70.7mm的立方体，养护90d，选项A错误；第7.1.6条，夯实水泥土、旋喷桩、水泥粉煤灰碎石桩，取边长150mm立方体，养护28d，选项B、C错误，选项D说法正确。

53.［答案］CD

［依据］《建筑地基处理技术规范》(JGJ 79—2012)第5.2.8条条文说明，纵向涌水量计算公式 $q_w = k_w \cdot A_w = k_w \cdot \pi d_w^2/4$，$d_w$ 越大，纵向涌水量越大，选项A正确；第5.2.8条条文说明表13，砂井砂料、直径相同，地层渗透性越大，纵向涌水量越大，选项B正确。

54.［答案］ACD

［依据］《建筑地基处理技术规范》(JGJ 79—2012)表4.2.4注2，选项A正确；轻型击实试验确定压实系数时，粉质黏土、灰土、粉煤灰等材料要求的压实系数比重型击实试验的更大，但重型击实试验确定的最大干密度大于轻型击实试验，而现场要求的最大干密度由 $\rho_d = \rho_{dmax}\eta_c$ 确定，不能简单判断两者谁大谁小，选项B错误；第4.4.1条，选项C正确；第4.4.4条，选项D正确。

55.［答案］ABD

［依据］《生活垃圾卫生填埋处理技术规范》(GB 50869—2013)第6.1.1条条文说明，库区地基应进行承载力计算、变形计算和稳定性计算，选项A正确；第6.1.4条条文说明，是通过计算确定地基极限承载力，而后除以相应的填埋场安全系数 K 值，来确定场地最大堆填高度，而非满足每层垃圾摊铺厚度要求，选项C错误；第6.1.5条，地基变形应满足防渗衬里材料、渗滤液收集管的拉伸破坏，选项B、D正确。

56.［答案］CD

［依据］《公路路基设计规范》(JTG D30—2015)第6.3.3条，拓宽路基的地基处理、应满足改建后相应等级公路的技术要求，不一定要和原地基采用相同的地基处理方法和施工参数，二级公路改建时，可根据需要进行增强补压，选项A错误，选项D正确；第6.3.2条，选项C正确；拓宽路基不宜采用排水固结法，原因在于排水固结法处理不可避免会产生横向位移变形，波及既有路基，影响现有路基的正常使用功能，选项B错误。

57.[答案] BCD

[依据]《建筑基坑支护技术规程》(JGJ 120—2012)第 4.2.4 条第 1 款,锚拉式和支撑式应进行抗隆起验算,选项 B、C 正确;第 3 款,悬臂式不进行隆起验算,原因在于当满足嵌固稳定性的要求时,抗隆起稳定性是自然满足的,故而无需重复验算,选项 A 错误;第 5.1.2 条,选项 D 正确。

58.[答案] ABD

[依据]《建筑基坑支护技术规程》(JGJ 120—2012)第 4.12.2 条公式说明,前、后排桩间土对桩侧的压力,可按作用在前、后排桩上的压力相等考虑,这种考虑是基于桩间土的密实状态没有发生改变的假设,即孔隙比 e 不变,选项 A 正确;第 4.12.8 条,选项 B 正确;刚架梁应根据跨高比按普通受弯构件或深受弯构件进行截面承载力计算,选项 C 错误;第 4.12.9 条条文说明,选项 D 正确。

59.[答案] AB

[依据]《铁路隧道设计规范》(TB 10003—2016)第 10.1.3 条及条文说明,选项 A、B 正确,逃逸通道在运营期间也作为防灾救援通道,故为三级防水,电力变电所洞室属于如果存在少量湿渍就会影响设备正常运转、危及运营安全的设备洞室,为一级防水。

60.[答案] BCD

[依据]《铁路隧道设计规范》(TB10003 —2016)附录 J.0.3,盾构法必须考虑的荷载是土压力、水压力、静荷载(管片自重)、超载、地基反作用力。水平向土压力宜按静止土压力计算,选项 A 错误;水压力可按静止水压力计算,选项 B 正确;计算衬砌的内力时,必须考虑地基反力(即土体弹性抗力)的作用范围、大小及方向,选项 C 正确;使用盾构法施工的地下隧道多为浅埋隧道,而对于浅埋隧道,荷载计算应计及地面超载及破坏棱体范围内的建筑物引起的附加水平侧压力,选项 D 正确。

61.[答案] AB

[依据]《公路工程地质勘察规范》(JTG C20—2011)附录 D,高地应力地区软岩在隧道开挖后,发生应力释放和卸荷回弹,进而导致结构面张开或滑移,岩体发生剪胀扩容,使隧道有效断面减小,收敛变形大。

62.[答案] ABD

[依据]《建筑工程地质勘探与取样技术规程》(JGJ/T 87—2012)第 9.4.1 条第 1 款,选项 A 错误;第 2 款,选项 B 错误;第 5 款,选项 C 正确;第 9.4.2 条第 3 款,选项 D 错误。

63.[答案] AC

[依据]《建筑抗震设计规范》(GB 50011—2010)(2016 年版)第 5.1.5 条,自振周期大于场地特征周期,影响系数位于曲线下降段,T 越大,α 越小,选项 A 正确;Ⅲ类场地 T_g 大于Ⅱ类场地 T_g,Ⅲ类场地 α 大于Ⅱ类场地,选项 B 错误;罕遇地震时,特征周期加 0.05s,水平地震影响系数比多遇地震大,也可参考表 5.1.4-1,选项 C 正确;阻尼比越大,曲线下降段衰减指数越小,选项 D 错误。

64.【答案】AD

【依据】《建筑抗震设计规范》(GB 50011—2010)(2016 年版)第 4.3.8 条第 1 款,处理后液化指数不宜大于 5,选项 A 错误;第 2 款,选项 B 正确;第 4.3.7 条第 5 款,选项 C 正确;第 4 款,选项 D 错误。

65.【答案】AC

【依据】《公路工程抗震规范》(JTG B02—2013)第 3.6.2 条,路线布置在破碎带较窄的部位,选项 A 正确;路线平行发震断裂布置时,宜布设在断裂带的下盘,选项 B 错误;第 3.6.4 条,路线设计应尽量减小对自然条件的破坏,避免造成较多的高陡临空面,不宜采用高挡土墙、深路堑方案,也就是避免深挖高填,尽量采用浅挖低填,选项 C 正确;第 3.6.10 条,宜设置低路堤,高大路堤会放大发震断裂可能引起的地震破坏作用的效果,可类比条状突出的山嘴,对抗震是不利的,选项 D 错误。

66.【答案】AD

【依据】《建筑抗震设计规范》(GB 50011—2010)(2016 年版)第 4.3.6 条条文说明,震陷量取决于液化土的密度(或承载力)、基底压力、基底宽度、液化层底面和顶面的位置和地震震级等因素,选项 A、D 正确,选项 B、C 错误。

67.【答案】ABD

【依据】《水电工程水工建筑物抗震设计规范》(NB 35047—2015)第 5.2.1 条,选项 A、C、D 正确;第 5.2.3 条,地震对渗透压力、浮托力的影响可以不计,即不考虑由于地震作用而引起的渗透压力、浮托力的变化量(专业表述为增量),此外尚应引起注意的是渗透压力(非地震工况下)和浮托力(非地震工况下)本身不可忽略,忽略的是地震引起的增量,选项 C 错误。需要说明的是,选项 C 表述不够清晰,略有瑕疵。

68.【答案】BCD

【依据】《水电工程水工建筑物抗震设计规范》(NB 35047—2015)第 6.1.5 条,动剪强度大于相应的静态强度时,应取静态强度值,选项 A 错误,选项 B、D 正确;第 6.1.7 条,选项 C 正确。

69.【答案】ABC

【依据】对于嵌岩桩,当桩长大于桩径时,可假设桩为一维线弹性杆,应力波在桩内的传播满足一维波动理论,锤击后,应力波自桩顶向下传播,遇到波阻抗 Z 发生变化的界面时产生反射波和入射波,波阻抗 $Z=\rho cA$,当 $Z_1>Z_2$ 时,反射波与入射波同相位。例如桩身存在离析($\rho\downarrow$、$c\downarrow$)、缩颈($A\downarrow$)、夹泥缺陷($\rho\downarrow$)、嵌岩桩桩底沉渣过厚($A\downarrow$),以及摩擦桩桩底反射都会出现反射波与入射波同相位的情况,当 $Z_1<Z_2$ 时,反射波和入射波反相位。例如扩径($A\uparrow$)、端承桩桩底反射波都属于此类型。当嵌岩桩桩底反射波和入射波同相位时,可以认为桩底可能存在沉渣过厚、持力层破碎或存在溶洞及软弱夹泥之类的情况,具体是哪种情形,尚需结合其他测试手段、施工资料进行综合判断,选项 A、B、C 正确,选项 D 对应的测试信号特征为反射波和入射波反相位。

70.【答案】BC

[**依据**]《建筑基桩检测技术规范》(JGJ 106—2014)第 10.0.1 条,不能推定桩身混凝土强度,选项 A 错误;第 10.2.1 条条文说明,选项 B 正确;第 10.5.11 条条文说明,对于预埋两根声测管的基桩,仅有一个检测剖面,只能认为该检测剖面代表基桩全部横剖面,选项 C 正确;第 10.3.1 条条文说明,声测管可以采用钢管、镀锌管,不宜采用 PVC 管,选项 D 错误。

2020年专业知识试题(下午卷)

一、单项选择题(共40题,每题1分。每题的备选项中只有一个最符合题意)

1. 钢筋混凝土基础受弯承载力、受冲切承载力计算时,关于截面有效高度 h_0 的计算,下列哪个选项是正确的? ( )

(A)筏板受弯承载力计算时,h_0 等于筏板厚度减去纵向受拉钢筋合力点至截面受压边缘的距离

(B)独立基础受冲切承载力计算时,h_0 等于冲切截面处基础厚度减去基础底面受力主筋的保护层厚度

(C)独立基础受弯承载力计算时,h_0 等于冲切截面处基础厚度减去50mm

(D)筏板基础受冲切承载力计算时,h_0 等于冲切截面处基础厚度减去上、下受力主筋保护层厚度之和

2. 关于独立基础下地基净反力的说法,下列哪个选项是正确的? ( )

(A)地基净反力是指基底附加压力扣除基础及其上土重后的基底压力

(B)地基净反力可用于荷载基本组合下基础结构的承载能力极限状态计算

(C)基础沉降计算采用地基净反力

(D)地基净反力在数值上等于地基基床系数乘以地基变形值

3. 均质厚层砂土地基的载荷试验结果见下表,压板尺寸为1m×1m。利用载荷试验资料,对边长为2.5m的正方形柱基础,估算其在100kPa基底附加压力作用下,柱基础的最终沉降量接近于下列何值? ( )

题3表

P(kPa)	25	50	75	100	125	150	175	200	250	300
s(mm)	3.1	6.0	9.2	12.3	15.1	20.1	25.0	30.1	45.2	71.3

(A)30mm　　(B)35mm　　(C)40mm　　(D)45mm

4. 若假设路堤基础为完全柔性基础,则在路堤荷载作用下,关于基底压力分布和沉降情况描述正确的是哪个选项? ( )

(A)基底压力分布均匀,基底沉降中间大、边缘小

(B)基底压力分布与上部荷载分布相同,基底沉降中间大、边缘小

(C)基底压力分布与上部荷载分布相反,基底沉降中间大、边缘小

(D)基底压力分布与上部荷载分布相同,基底沉降均匀

5. 矩形基础底面宽度 2.4m，受基底偏心力作用，宽度方向偏心距 $e=0.6$m，其基底边缘最小压力为下列哪个选项？ （　　）

(A)零　　(B)正值
(C)负值　　(D)不能确定

6. 按照《建筑地基基础设计规范》(GB 50007—2011)规定，下列哪个措施可以有效减小软弱下卧层顶面处附加压力？ （　　）

(A)减小荷载偏心距　　(B)增加基础埋置深度
(C)提高持力层土的模量　　(D)提高软弱下卧层地基土强度

7. 某既有建筑基础采用静压桩加固，根据《既有建筑地基基础加固技术规范》(JGJ 123—2012)，以下关于静压桩设计与施工的要求，正确的是哪个选项？ （　　）

(A)压桩孔宜布置在墙体的外侧或柱子的一侧
(B)压桩力不得大于该加固部分的结构自重荷载
(C)桩身不宜选用预应力混凝土管桩
(D)桩不宜一次连续压到设计标高，每节桩压入后的停压时间不得少于 2h

8. 根据《建筑桩基技术规范》(JGJ 94—2008)，离心成型的先张法预应力高强度混凝土管桩有四种型号，分别为 A 型、B 型、C 型和 AB 型，按有效预压应力值的大小进行排序，应为下列哪个选项？ （　　）

(A)A 型<AB 型<B 型<C 型　　(B)A 型<B 型<AB 型<C 型
(C)C 型<B 型<A 型<AB 型　　(D)AB 型<C 型<B 型<A 型

9. 下列关于框筒结构超高层建筑桩筏基础沉降分布特点的描述，哪一项符合一般分布规律？ （　　）

(A)马鞍形分布　　(B)碟形分布
(C)抛物线形分布　　(D)均匀分布

10. 下列哪种工艺不适合进入微风化岩嵌岩桩的施工？ （　　）

(A)长螺旋钻进　　(B)冲击钻进
(C)全套管回转钻进　　(D)旋挖钻进

11. 采用泥浆护壁钻进工艺进行桩基成孔时，下列哪种地层条件下泥浆损耗最大？ （　　）

(A)地下水位以上的粉土地层　　(B)地下水位以下的黏性土地层
(C)地下水位以下的中粗砂地层　　(D)地下水位以上的砂卵石地层

12. 高承台桩基，桩径 0.6m，桩长 21m，桩入土长度 15m，桩顶铰接，桩底嵌岩，桩的

水平变形系数 $\alpha = 0.5\text{m}^{-1}$，按照《建筑桩基技术规范》(JGJ 94—2008)规定计算，其桩身压屈计算长度，取值最接近哪个选项？（ ）

(A)7.0m (B)9.8m
(C)14.7m (D)21.0m

13. 某静压桩工程，采用压桩机接地压强为 80kPa，根据《建筑桩基技术规范》(JGJ 94—2008)，施工场地最小地基承载力应满足下列哪个选项？（ ）

(A)80kPa (B)100kPa
(C)120kPa (D)160kPa

14. 下列哪种桩基施工工艺不需要埋设护筒？（ ）

(A)正循环钻进工艺 (B)反循环钻进工艺
(C)旋挖钻进工艺 (D)长螺旋钻进压灌工艺

15. 设一挡土墙体其土压力符合按朗肯理论计算的条件，如被动土压力系数为 4.0，那么主动土压力系数最接近下列哪个选项？（ ）

(A)0.40 (B)0.30
(C)0.25 (D)0.20

16. 设挡土墙本身不进水，墙后填土为无黏性土，因持续降雨墙后土中水位与填土表面平齐，如墙后填土中的水有向下的渗流，那么与无渗流状况墙背所受土水压力的变化，最符合下列哪个选项的表述？（ ）

(A)有效土压力减小，总压力增大 (B)有效土压力减小，总压力减小
(C)有效土压力增大，总压力增大 (D)有效土压力增大，总压力减小

17. 某土质边坡坡高 7m，坡顶水平、坡面与水平面夹角为 50°，土体的内摩擦角为 30°，根据《建筑边坡工程技术规范》(GB 50330—2013)估算边坡坡顶塌滑边缘至坡顶边缘的距离最接近下列哪个选项？（ ）

(A)2.5m (B)4.0m
(C)6.0m (D)8.0m

18. 某高速公路工程的一个陡坡路堤段工点，拟采用桩板式挡土墙支护方案，平面简图见下图。其中，桩为 2m×3m 的矩形截面桩，水平方向桩中心距为 6m，桩间预制混凝土挡土板厚度为 0.5m，试问按照支承在桩上的简支板计算桩间预制混凝土挡土板时，根据《公路路基设计规范》(JTG D30—2015)，挡土板计算跨径 L 应采用下列哪个选项的数值？（ ）

(A)4.5m (B)4.75m (C)5.25m (D)6.0m

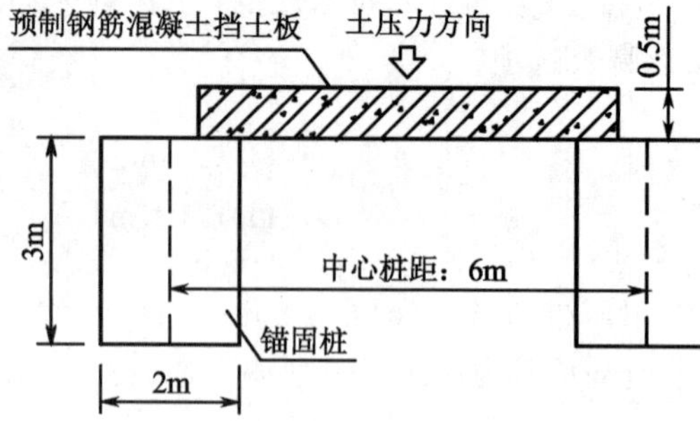

题 18 图

19. 某边坡工程，暴雨过程中，坡体重度增加，假定潜在滑裂面浸水后强度不变，但未出现滑动，坡脚雨水汇集，淹没部分边坡。暴雨前到暴雨过程中(坡脚未被淹没)到坡脚汇水淹没，边坡安全系数的变化为下列哪个选项？（　　）

(A)先变大后变小　　(B)先变小后变大

(C)一直在变小　　(D)先变小然后不变

20. 关于铁路路基支挡结构，说法错误的是哪个选项？（　　）

(A)路肩挡土墙墙顶高出地面 2m 且连续长度大于 10m 时应设置防护栏杆

(B)挡土墙应采用总安全系数法进行抗滑动稳定性检算

(C)地震区铁路路堑支挡结构宜采用重力式挡土墙、桩板式挡土墙等结构形式

(D)钢筋混凝土构件应按容许应力法进行偏心验算

21. 根据《建筑边坡工程技术规范》(GB 50330—2013)，下列对边坡稳定性分析说法错误的是哪个选项？（　　）

(A)规模较大的碎裂结构岩质边坡宜采用圆弧滑动法计算

(B)对规模较小、结构面组合关系较复杂的块体滑动破坏，宜采用实体比例投影法

(C)对于规模较大、地质结构复杂的边坡，宜采用圆弧滑动面进行计算

(D)对可能产生平面滑动的边坡，宜采用平面滑动法计算

22. 根据《建筑边坡工程技术规范》(GB 50330—2013)，下列关于边坡支护形式论述错误的是哪个选项？（　　）

(A)在无成熟经验且新填方的边坡中不适宜使用锚杆挡墙

(B)具有腐蚀性的边坡不应采用锚喷支护

(C)重力式挡墙后面的填土采用黏性土做填料时，不宜掺入砂砾和碎石

(D)扶壁式挡墙在填方高度 10m 以下是较为经济合理的

23. 某公路工程对湿陷性黄土地基采用强夯法处理。拟采用圆底夯锤，质量 10t，落

距 10m。已知梅纳公式的修正系数为 0.5,估算此强夯处理有效加固深度最接近下列哪个选项? (　　)

(A)3m　　(B)4m

(C)5m　　(D)6m

24. 某工程建设在多年冻土区,测得粉质黏土冻土的塑限含水量 28%,总含水量 41%,按《岩土工程勘察规范》(GB 50021—2001)(2009 年版)判别其融沉类别是下列哪个选项? (　　)

(A)不融沉　　(B)弱融沉

(C)融沉　　(D)强融沉

25. 根据《膨胀土地区建筑技术规范》(GB 50112—2013),在膨胀土地区建设某工程,土的孔隙比为 0.91,种植速生树种时,隔离沟与建筑物距离不应小于多少米? (　　)

(A)3m　　(B)4m

(C)5m　　(D)6m

26. 下列关于污染土地基处理说法错误的是哪个选项? (　　)

(A)在酸或硫酸盐介质作用下不应采用灰土垫层、石灰桩和灰土桩

(B)污染土或地下水对混凝土的腐蚀性等级为强腐蚀、中等腐蚀时,不宜采用以水泥作为固化剂的深层搅拌桩

(C)地下水 pH 值小于 4.5 或地面上有大量酸性介质作用时,宜采用灰岩碎石桩加固

(D)污染土或地下水的 pH 值大于 9 时,不宜采用硅化加固法

27. 下列关于膨胀土性质的表述,错误的是哪个选项? (　　)

(A)蒙脱石含量越高,膨胀性越强

(B)硅铝分子比 $SiO_2/(Al_2O_3+Fe_2O_3)$ 越大,膨胀性越强

(C)黏粒含量越高,胀缩变形越大

(D)密度越大,失水收缩越强

28. 根据《铁路工程特殊岩土勘察规程》(TB 10038—2012),下列哪个选项膨胀岩的膨胀性不是由所含亲水矿物吸水膨胀引起的? (　　)

(A)沉积型泥质膨胀岩　　(B)蒙脱石化凝灰岩类膨胀岩

(C)断层泥类膨胀岩　　(D)含硬石膏和无水芒硝类膨胀岩

29. 由地下水作用形成的土洞大部分分布在下列哪个位置? (　　)

(A)高水位以上　　　　(B)高水位与平水位之间

(C)低水位附近　　　　(D)低水位以下

30.某山区三个岩质边坡 A、B、C,坡体物质、坡向及平均坡度(约 40°)大致相同,坡内均发育一组倾向坡外的结构面,倾角分别为 10°、20°、30°,结构面力学性质基本相同,试判断三个边坡的稳定程度为下列哪个选项?　　(　　)

(A)A＞B＞C　　　　(B)A＞B＜C

(C)A＜B＞C　　　　(D)A＜B＜C

31.在膨胀土地区建设城市轨道交通工程,测定土的自由膨胀率为 60%,阳离子交换量 210mmol/kg,蒙脱石含量 16%,该土层膨胀潜势等级是下列哪个选项?　　(　　)

(A)弱　　　　(B)中

(C)强　　　　(D)不能确定

32.对红黏土性质表述错误的是哪个选项?　　(　　)

(A)具有浸水膨胀、失水收缩的性质

(B)收缩后复浸水膨胀,能否恢复到原位与液限、塑限含水量有关

(C)胀缩性主要表现为失水收缩

(D)复浸水膨胀循环后,缩后土样高度均小于原始高度

33.某岩质边坡中发育 J1、J2、J3 三组裂隙和岩层面 J4 共四组结构面,拟直立切坡,边坡走向 116°,且向西南临空。边坡的极射赤平投影如下图所示(上半球投影),各结构面产状见下表。问哪组结构面是该边坡的控滑结构面?　　(　　)

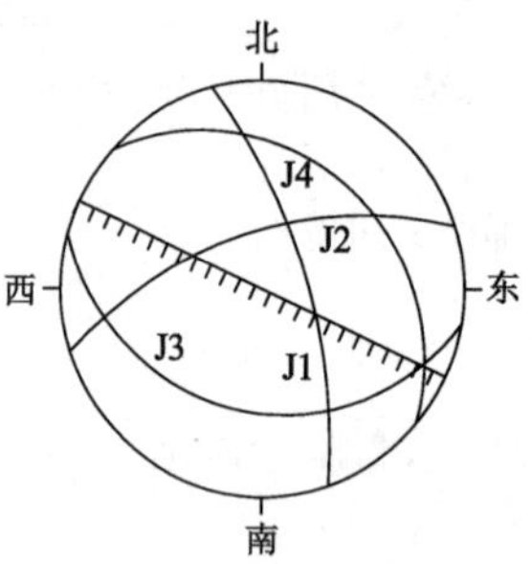

题 33 图

题33表

结构面	
名称	产状
J1	260°∠80°
J2	160°∠75°
J3	20°∠50°
J4	225°∠45°

(A)J1　　　　(B)J2

(C)J3　　　　(D)J4

34.南方某地白云岩分布区发育一系列不对称向斜。向斜核部(Ⅰ)与向斜较陡一翼(Ⅱ)和很缓一翼(Ⅲ)中,仅考虑褶皱因素,岩溶发育相对强烈程度的顺序是下列哪个选项?　　(　　)

(A) Ⅰ > Ⅱ > Ⅲ　　(B) Ⅰ > Ⅲ > Ⅱ

(C) Ⅲ > Ⅱ > Ⅰ　　(D) Ⅲ > Ⅰ > Ⅱ

35. 根据《房屋建筑和市政基础设施项目工程总承包管理办法》(建市规〔2019〕12号),下列哪个选项不符合有关工程总承包单位的规定?（　　）

(A)工程总承包单位应当同时具有与工程规模相适应的工程设计资质和施工资质

(B)工程总承包单位可以由具有相应资质的设计单位和施工单位组成联合体

(C)联合体双方应当承担同等的责任和权利

(D)联合体各方应当共同与建设单位签订工程总承包合同,就工程总承包项目承担连带责任

36. 根据《关于推进全过程工程咨询服务发展的指导意见》(发改投资规〔2019〕515号),下列哪个选项不符合关于工程建设全过程咨询服务人员要求?（　　）

(A)项目负责人应当取得工程建设类注册执业资格,未实施注册执业资格的,取得高级专业技术职称

(B)承担工程勘察、设计、监理或造价咨询业务的负责人,应具有法律法规规定的相应执业资格

(C)全过程咨询服务单位应根据项目管理需要配备具有相应执业能力的专业技术人员和管理人员

(D)设计单位在民用建筑中实施全过程咨询的,要充分发挥建筑师的主导作用

37. 下列处罚中哪个选项不符合国务院《建设工程勘察设计管理条例》(国务院令第662号)的规定?（　　）

(A)未经注册,擅自以注册建设工程勘察、设计人员的名义从事建设工程勘察、设计活动的,责令停止违法行为,没收违法所得,处违法所得2倍以上5倍以下罚款:给他人造成损失的,依法承担赔偿责任

(B)建设工程勘察、设计注册执业人员和其他专业技术人员未受聘于一个建设工程勘察、设计单位或者同时受聘于两个以上建设工程勘察、设计单位,从事建设工程勘察、设计活动的,责令停止违法行为,没收违法所得,处违法所得2倍以上5倍以下的罚款

(C)发包方将建设工程勘察、设计业务发包给不具有相应资质等级的建设工程勘察、设计单位的,责令改正,处50万元以上100万元以下的罚款

(D)勘察、设计单位未依据项目批准文件,城乡规划及专业规划,国家规定的建设工程勘察、设计深度要求编制建设工程勘察、设计文件的,责令限期改正;逾期不改正的,处10万元以上20万元以下的罚款

38. 根据《中华人民共和国建筑法》有关规定,下列哪个说法是错误的?（　　）

(A)按照国务院规定的权限和程序批准开工报告的建筑工程,不再领取施工许

可证

(B)建设行政主管部门应当自收到申请之日起十五日内，对符合条件的申请颁发施工许可证

(C)建设单位应当自领取施工许可证之日起三个月内开工

(D)既不开工又不申请延期或者超过延期时限的，施工许可证自行废止

39. 根据《中华人民共和国安全生产法》有关定，下列哪个说法是错误的？（ ）

(A)依法设立的为安全生产提供技术、管理服务的机构，依照法律、行政法规和执业准则，接受生产经营单位的委托为其安全生产工作提供技术、管理服务

(B)生产经营单位委托前款规定的机构提供安全生产技术、管理服务的，保证安全生产的责任由该机构负责

(C)生产经营单位的工会依法组织职工参加本单位安全生产工作的民主管理和民主监督，维护职工在安全生产方面的合法权益

(D)有关协会组织依照法律、行政法规和章程，为生产经营单位提供安全生产方面的信息、培训等服务，发挥自律作用，促进生产经营单位加强安全生产管理

40. 根据《中华人民共和国民法典》有关规定，下列哪个说法是错误的？（ ）

(A)采用合同书形式订立合同，在签字或者盖章之前，当事人一方已经履行主要义务，对方接受的，该合同成立

(B)采用格式条款订立合同的，提供格式条款的一方应当遵循公平原则确定当事人之间的权利和义务，并采取合理的方式提请对方注意免除或者限制其责任的条款，按照对方的要求，对该条款予以说明

(C)对格式条款的理解发生争议的，应当按照通常理解予以解释。对格式条款有两种以上解释的，应当作出有利于提供格式条款一方的解释

(D)格式条款和非格式条款不一致的，应当采用非格式条款

二、多项选择题(共 30 题，每题 2 分。每题的备选项中有两个或三个符合题意，错选、少选、多选均不得分)

41. 根据《建筑地基基础设计规范》(GB 50007—2011)，下列哪些问题可能是引起柱下独立基础发生冲切破坏的原因？（ ）

(A)基础底板受力主筋配置少　　(B)基础混凝土强度不足

(C)基底面积偏小　　(D)基础高度不够

42. 根据《建筑地基基础设计规范》(GB 50007—2011)，对减少软弱地基上建筑物不均匀沉降有效的是下列哪些措施？（ ）

(A)设置沉降缝　　(B)设置后浇带

(C)增设地下室　　(D)增大基础厚度

43. 下列关于土体受压变形的说法错误的是哪些选项？（　　）

(A)地基土体受压时间越长，变形越大，孔隙水压力也越大
(B)土体在自重压力下不会产生地基沉降
(C)地基土体固结稳定后，说明土体内不再有水
(D)建在同样地基上的基底附加压力相同的两个建筑物，沉降量不一定相同

44. 用基床系数法对弹性地基梁分析的结果示意见下图。请指出下列四条曲线中哪些是正确的？（　　）

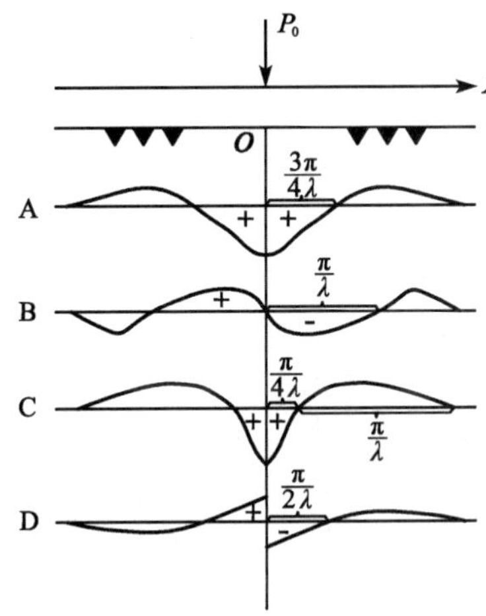

题 44 图

(A)挠度分布曲线　　(B)弯矩分布曲线
(C)转角分布曲线　　(D)剪力分布曲线

45. 关于土体固结沉降的说法，下列哪些选项是正确的？（　　）

(A)地基土沉降速率取决于孔隙水的排出速率
(B)土体的次固结沉降速率与孔隙水排出的速率无关
(C)瞬时沉降仅包括剪应变，无体积应变
(D)土体的瞬时沉降、固结沉降、次固结沉降是在不同时间内依次分开发生的

46. 下列哪些选项是桩基设计时需要考虑的因素？（　　）

(A)桩的施工工艺　　(B)桩间距
(C)成桩设备选型　　(D)桩的配筋率

47. 关于混凝土预制桩施工，下列哪些说法是正确的？（　　）

(A)锤击沉桩应用专用的送桩器
(B)静压沉桩可使工程桩送桩

(C)桩端持力层为砂土时，锤击沉柱终止条件应以控制贯入度为主，柱端标高为辅

(D)单节桩较长时，静压沉桩选用抱压式压桩机

48. 根据《建筑桩基技术规范》(JGJ 94—2008)，下列哪些情况下不宜考虑桩基承台效应确定复合基桩的竖向承载力？（ ）

(A)桩端进入中风化的嵌岩桩基

(B)3 桩独立承台摩擦型桩基

(C)墙下条形承台下设单排摩擦型桩基

(D)按变刚度调平设计的桩基刚度弱化区摩擦型桩基

49.《建筑桩基技术规范》(JGJ 94—2008)，下列关于桩侧土水平抗力系数的比例系数 m 的描述正确的是哪些？（ ）

(A)m 值随深度线性增大

(B)对于同一根桩，m 值是定值

(C)m 取值应与桩的位移相适应

(D)当桩受长期水平荷载作用时，m 值取值应降低

50. 存在液化土层时，下列哪些说法符合《建筑抗震设计规范》(GB 50011—2010)(2016 年版)有关桩基设计的规定？（ ）

(A)6 度～8 度设防时，一般的单层厂房可不进行桩基抗震承载力验算

(B)承台埋深较浅时，不宜计入刚性地坪对水平地震作用的分担作用

(C)打入式预制桩基础均可计入打桩对土的挤密作用及桩身对液化土变形限制的有利影响

(D)当打桩后桩间土的标准贯入锤击数值达到不液化的要求时，单桩承载力可不折减

51. 下列关于桩基础沉降计算的说法中哪些是正确的？（ ）

(A)桩基沉降不仅受地基土的性状影响，也受桩基与上部结构的共同作用的影响

(B)桩基沉降包括桩身压缩、桩端平面以下土层的压缩和塑性刺入产生的沉降三部分

(C)采用明德林(Mindlin)应力公式计算桩基沉降时，能反映不同成桩工艺带来的桩底沉渣、虚土等因素

(D)用实体深基础法(等代墩基法)计算沉降的精度高于采用明德林(Mindlin)应力公式计算的沉降

52. 下列关于桩基抗震设计的说法中，哪些符合《建筑抗震设计规范》(GB 50011—2010)(2016 年版)的规定？（ ）

(A)非液化土低桩承台条件下，单桩的竖向和水平向抗震承载力特征值，可均比非抗震设计时提高25%

(B)非液化土中低桩承台条件下，可由承台正面填土与桩基共同承担水平地震作用，并可计入承台底面与地基土间的摩擦力

(C)液化土和震陷软土中桩的配筋范围，应自桩顶至液化深度以下符合全部消除液化沉陷所要求的深度

(D)在液化侧向扩展的地段，应考虑土流动时的侧向作用力，且承受侧向推力的面积应按边桩外缘间的宽度计算

53. 针对某潜在工程滑坡进行治理时，下列哪些措施是合理的？ ( )

(A)在滑坡后缘外设置截水沟、滑坡体上设分级排水沟，并在坡体设置排水盲沟或排水孔

(B)设置穿过潜在滑带的抗滑桩，并在滑坡前缘采用碎石土反压

(C)在潜在滑动带下段采用高压旋喷注浆形成连续截水帷幕

(D)对坡面缝进行封堵，表层种植灌木

54. 某公路以挖方路基形式通过大型老滑坡前缘，路堑边坡高15m，坡率1∶0.75，开挖后在降雨影响下边坡顶部产生贯通圆弧张拉裂缝，以下哪些选项的处理措施是合理的？ ( )

(A)反压回填 (B)坡脚附近放缓坡率

(C)设置仰斜式排水孔 (D)加强支挡措施

55. 某建筑岩质边坡高20m，岩体类型为Ⅲ类，采用锚杆挡墙进行支护，如发生损坏可能造成人员伤亡，拟对其进行监测，根据《建筑边坡工程技术规范》(GB 50330—2013)，应测的项目包括以下哪些选项？ ( )

(A)坡顶水平位移和垂直位移 (B)降雨、洪水与时间关系

(C)锚杆拉力 (D)地下水位

56. 下列关于土压力的说法中，哪些是正确的？ ( )

(A)当内摩擦角减小时，主动土压力增大，被动土压力减小

(B)当土的重度减小时，主动土压力减小，被动土压力减小

(C)当黏聚力减小时，主动土压力减小，被动土压力减小

(D)当考虑挡土墙墙背与土体之间的摩擦时，主动土压力增大，

57. 关于土坡稳定性及其验算，下列说法哪些是正确的？ ( )

(A)一般黏性土土坡的失稳滑移，破坏滑移面必有一定深度

(B)无黏性土坡的稳定验算也常采用条分法

(C)黏性土坡高度小于一定值时，坡面可以是竖直的

(D)含水但非饱和砂土也可有一定的无支撑自立高度

58. 根据《建筑地基基础设计规范》(GB 50007—2011)，下列关于季节性冻土地基防冻害措施的说法，哪些选项是正确的？ ( )

(A)建筑基础位于冻胀土层中时，基础埋深宜大于场地冻结深度
(B)地下水位以上的基础，基础侧表面应回填厚度不小于100mm不冻胀的中、粗砂
(C)强冻胀性地基上应设置钢筋混凝土圈梁与基础梁
(D)当桩基础承台下存在冻土时，应在承台下预留相当于该土层冻胀量的空隙

59. 下列关于盐渍土的性质，哪些选项是正确的？ ( )

(A)氯盐渍土的塑性指数随着氯离子含量的升高而减小
(B)氯盐渍土的抗剪强度随着含盐量的增加而减小
(C)硫酸盐渍土的抗剪强度随着总含盐量的增加而减小
(D)硫酸盐渍土的孔隙比和密度与温度没有较大关系

60. 根据《湿陷性黄土地区建筑标准》(GB 50025—2018)，对湿陷性黄土建筑场地，下列关于地基处理范围的说法哪些是正确的？ ( )

(A)自重湿陷性黄土场地应整片处理，非自重湿陷性黄土场地可局部处理
(B)非自重湿陷性黄土场地，按处理土层厚度的1/2计算处理范围，超出基础边缘大于3m时，可采用3m
(C)自重湿陷性黄土场地，整片处理超出基础边缘不宜小于处理土层厚度1/2，且不应小于2.0m
(D)自重湿陷性黄土场地，基底下湿陷性黄土层厚度大于20.0m，当整片处理超出基础边缘外宽度大于6.0m时，可采用6.0m

61. 根据《建筑地基基础设计规范》(GB 50007—2011)，关于滑面为折线形的滑坡推力计算，下列表述正确的是哪些选项？ ( )

(A)不考虑相邻块体的相互挤压变形
(B)剩余下滑力作用方向水平
(C)滑坡推力作用点，可取在滑坡体厚度的1/2处
(D)当滑体有多层滑动面时，可取推力最大的滑动面确定滑坡推力

62. 下列对软土特性描述正确的是哪几项？ ( )

(A)天然含水量大于液限
(B)孔隙比大于1
(C)不均匀系数大于10
(D)仅在缓慢流动的海洋环境下沉积形成

63. 根据《湿陷性黄土地区建筑标准》(GB 50025—2018),湿陷量计算公式 $\Delta_s=\sum_{i=1}^{n}\alpha\beta\delta_{si}h_i$ 中,考虑基底下地基土受力状态及地区等因素的修正系数 β 取值,下列哪些选项的说法是错误的? ( )

(A)基底下 0～5m 深度取 1.5

(B)自重湿陷性黄土场地,基底下 5～10m 深度可取 1.0

(C)非自重湿陷性黄土场地,基底下 5～10m 深度可取工程所在地的 β_0 值且不小于 1.0

(D)非自重湿陷性黄土场地,基底 10m 以下至非湿陷性黄土层顶面范围,取工程所在地的 β_0 值

64. 某盐渍土场地,拟建建筑物地基基础设计等级为乙级,根据《盐渍土地区建筑技术规范》(GB/T 50942—2014)计算可知该地基变形量为 167mm,采用下列哪些措施进行处理是经济合理的? ( )

(A)防水措施+地基处理措施+基础措施

(B)防水措施+地基处理措施

(C)防水措施+基础措施

(D)防水措施

65. 根据《房屋建筑和市政基础设施项目工程总承包管理办法》(建市规〔2019〕12号)的规定,下列哪些选项符合工程总承包项目经理应当具备的条件? ( )

(A)取得相应工程建设类注册执业资格,未实施注册执业资格的,取得高级专业技术职称

(B)曾经担任过工程承包项目经理、设计项目负责人、施工项目负责人或者项目总监理工程师

(C)熟悉工程技术和工程总承包项目管理知识以及相关法律法规,标准规范

(D)具有较强的组织协调能力和良好的职业道德

66. 根据《关于推进全过程工程咨询服务发展的指导意见》(发改投资规〔2019〕515号),下列哪些选项符合关于全过程咨询单位的规定? ( )

(A)全过程咨询单位提供勘察、设计、监理或造价咨询服务时,应当具有与工程规模及委托内容相适应的资质条件

(B)全过程咨询服务单位可自行将自有资质证书许可范围外的咨询业务,依法依规择优委托给具有相应资质或能力的单位

(C)全过程咨询服务单位应对被委托单位的委托业务负总责

(D)建设单位选择具有相应工程勘察、设计、监理或造价咨询资质的单位开展全过程咨询服务的,除法律法规另有规定外,可不再另行委托勘察、设计、监理或造价咨询单位

67. 下列哪些选项符合《勘察设计注册工程师管理规定》(建设部令第 137 号)关于注册工程师应当履行的义务？ ( )

(A)接受继续教育,努力提高执业水准
(B)不得涂改、出租、出借或者以其他形式非法转让注册证书或者执业印章
(C)在本专业规定的执业范围和聘用单位业务范围内从事执业活动
(D)未经注册的建设工程勘察、设计人员,不得以注册执业人员的名义从事建设工程勘察、设计活动

68. 根据《建设工程安全生产管理条例》有关规定,下列哪些说法是错误的？ ( )

(A)注册执业人员未执行法律、法规和工程建设强制性标准的,责令停止执业 1 年以上 3 年以下
(B)情节严重的,吊销执业资格证书,6 年内不予注册
(C)造成重大安全事故的,终身不予注册
(D)构成犯罪的,依照刑法有关规定追究刑事责任

69. 根据《建筑工程五方责任主体项目负责人质量终身责任追究暂行办法》有关规定,对建设单位项目负责人进行责任追究,下列哪些说法是正确的？ ( )

(A)项目负责人为国家公职人员的,将其违法违规行为告知其上级主管部门及纪检监察部门,并建议对项目负责人给予相应的行政、纪律处分
(B)构成犯罪的,移送司法机关依法追究刑事责任
(C)处单位罚款数额 10%以上 20%以下的罚款
(D)向社会公布曝光

70. 根据《危险性较大的分部分项工程安全管理规定》的有关规定,下列哪些说法是正确的？ ( )

(A)实行施工总承包的,专项施工方案应当由施工总承包单位组织编制。危大工程实行分包的,专项施工方案可以由相关专业分包单位组织编制
(B)专项施工方案应当由施工单位技术负责人审核签字、加盖单位公章,并由总监理工程师审查签字、加盖执业印章后方可实施。危大工程实行分包并由分包单位编制专项施工方案的,专项施工方案应当由分包单位技术负责人审核签字并加盖单位公章
(C)专家应当从地方人民政府住房城乡建设主管部门建立的专家库中选取,符合专业要求且人数不得少于 5 名。与本工程有利害关系的人员不得以专家身份参加专家论证会
(D)专家论证会后,应当形成论证报告,对专项施工方案提出通过、修改后通过或者不通过的一致意见。专家对论证报告负责并签字确认

2020年专业知识试题答案(下午卷)

1.**[答案]** B

[依据]《建筑地基基础设计规范》(GB 50007—2011)第8.2.8条图8.2.8所示两种情形,h_0均为计算冲切截面处的基础厚度减去基础底面受力主筋的保护层厚度,即为基础冲切破坏锥体的有效高度,选项B正确;第8.2.11条图8.2.11,独立基础受弯承载力计算时,用的是基础冲切破坏锥体的全高,选项C错误;图8.4.12-1清楚地表明:筏板基础受冲切承载力计算时,h_0等于冲切截面处基础厚度减去底面受力主筋保护层厚度,选项D错误;《混凝土结构设计规范》(GB 50010—2010)(2015年版)第6.2.10条图6.2.10,h_0即为纵向受拉钢筋合力点至截面受压边缘的距离,也可用总厚度减去纵向钢筋合力点至截面受拉边缘的距离($h_0=h-a_s$),此外要注意的是结构专业和岩土专业对h_0的定义稍有区别,选项A错误。

2.**[答案]** B

[依据]《建筑地基基础设计规范》(GB 50007—2011)第8.2.8条,净反力P_j为扣除基础自重及其上土重后相应于作用的基本组合时的地基土单位面积净反力,选项B正确,选项A错误;沉降计算应采用附加压力,选项C错误;根据地基基床系数的定义,地基基床系数乘以地基变形值为基底反力,选项D错误。

3.**[答案]** A

[依据] 载荷试验测定地基土的变形模量,根据试验资料,25~125kPa为近似直线段,根据变形模量的计算公式$E_0=I_0(1-\mu^2)\dfrac{pd}{s}$,视方形基础为宽度2.5m的方形载荷板,压板均为方形,形状系数相同,砂土泊松比也不变,则有$\dfrac{100\times1}{12.3}=\dfrac{100\times2.5}{s}$,解得$s=30.75\text{mm}$。

4.**[答案]** B

[依据]《土力学》(李广信等,第2版,清华大学出版社)第94页,柔性基础基底压力分布与上部荷载相同,沉降中间大,两端小,选项B正确。

5.**[答案]** A

[依据] $e=0.6\text{m}>\dfrac{b}{6}=\dfrac{2.4}{6}=0.4\text{m}$,为大偏心,基础底面有零应力区,则$P_{\min}=0$。

6.**[答案]** C

[依据]《建筑地基基础设计规范》(GB 50007—2011)第5.2.7条,软弱下卧层顶面附加压力公式$p_z=\dfrac{p_0A}{A'}=\dfrac{bl(p_k-p_c)}{(b+2z\tan\theta)(l+2z\tan\theta)}$,提高持力层土的模量,使得压力扩散角$\theta$增大,从而使得$p_z$减小,选项C正确;提高软弱下卧层地基土强度,$E_{s1}/E_{s2}$减小,相

应的地基压力扩散角 θ 也减小，相应的 p_z 增大，选项 D 错误；增加基础埋深，p_k 变大，p_c 也变大，由于基础的重度一般都是大于土体的重度的，(p_k-p_c) 一般也是有所增大的，与此同时基础埋深的增大也导致基底到软弱下卧层顶面的距离 z 减小，从而减少了地基压力扩散角 θ，由此可知，增加基础埋置深度会增大软弱下卧层顶面处的附加压力，选项 B 错误；计算软弱下卧层时采用的是基底平均压力 p_k，一般不考虑荷载偏心对软弱下卧层的影响，选项 A 错误。

7.**[答案]** B

[依据]《既有建筑地基基础加固技术规范》(JGJ 123—2012) 第 11.4.2 条第 2 款，选项 A 错误，选项 B 正确；预应力管桩都是预制的，而预制管桩一般都是预应力的(非预应力管桩在施工过程中容易断裂)，即预应力混凝土管桩与预制管桩基本为同义词，据第 4 款，选项 C 错误；第 11.4.3 条第 2 款第 3 项，选项 D 错误。

8.**[答案]** A

[依据]《建筑桩基技术规范》(JGJ 94—2008) 附录 B 表 B.0.1。

9.**[答案]** B

[依据]《建筑桩基技术规范》(JGJ 94—2008) 第 3.1.8 条条文说明第 4 款，沉降变形特征为碟形沉降，反力呈马鞍形分布。

10.**[答案]** A

[依据]《建筑桩基技术规范》(JGJ 94—2008) 第 6.2.1 条第 4 款，长螺旋钻孔压灌桩后插钢筋笼宜用于黏性土、粉土、砂土、填土、非密实的碎石类土、强风化岩，不适用于中等～微风化岩体，原因在于长螺旋钻进是钻机带动钻杆转动，使钻头上的螺旋叶片旋转来切削土层，切削下来的岩土碎屑靠与孔壁的摩擦力沿叶片上升带出孔外，中等～微风化岩的强度很高，与钻头上的螺旋叶片强度相当或更高，显然螺旋叶片是无法切削岩体的。

11.**[答案]** D

[依据] 地层颗粒越大，渗透性越好，越容易漏浆，浆液损耗也越大。

12.**[答案]** B

[依据]《建筑桩基技术规范》(JGJ 94—2008) 第 5.8.4 条，$h=15\text{m}\geqslant\dfrac{4.0}{\alpha}=\dfrac{4.0}{0.5}=8\text{m}$，桩顶铰接，桩底嵌岩，$l_c=0.7\times\left(l_0+\dfrac{4.0}{\alpha}\right)=0.7\times(21-15+8)=9.8\text{m}$。

13.**[答案]** B

[依据]《建筑桩基技术规范》(JGJ 94—2008) 第 7.5.1 条，地基承载力不应小于压桩机接地压强的 1.2 倍，即不小于 $80\times1.2=96\text{kPa}$。

14.**[答案]** D

[依据]《建筑桩基技术规范》(JGJ 94—2008) 第 6.3.5 条，正反循环钻工艺需要设置

护筒;第6.3.22条,旋挖钻进应设置钢护筒。

15.[答案] C

[依据] 朗肯被动土压力系数与主动土压力系数互为倒数关系,$\tan^2(45°+\varphi/2)=4$,解得$\varphi=36.9°$,$\tan^2(45°-36.9°/2)=0.25$。

16.[答案] D

[依据] 向下渗流时,土的有效重度增加,有效土压力增大,水压力减小,有效土压力增量为$\frac{1}{2}jh^2K_a=\frac{1}{2}\gamma_w ih^2K_a$,水压力增量为$-\frac{1}{2}\gamma_w ih^2$,由于$K_a<1$,总水土压力是减小的。

17.[答案] A

[依据]《建筑边坡工程技术规范》(GB 50330—2013)第3.2.3条,破裂角$\theta=\frac{\beta+\varphi}{2}=\frac{50°+30°}{2}=40°$,塌滑区外缘至坡底外缘的水平投影距离$L=\frac{H}{\tan\theta}=\frac{7}{\tan40°}=8.34\text{m}$,塌滑边缘至坡顶边缘的距离为$8.34-\frac{7}{\tan50°}=2.5\text{m}$。

18.[答案] B

[依据]《公路路基设计规范》(JTG D30—2015)附录H.0.8条第6款,$L=L_0+1.5t=6-2+1.5\times0.5=4.75\text{m}$。

19.[答案] B

[依据] 坡脚未被淹没时,滑体自重增加,下滑力增加,安全系数减小;部分边坡被淹没时,由于土坡下部浸水,滑体有效自重减小,潜在滑动面抗剪强度指标(即c、φ)不变,对于某一条块i,有$\frac{G_i\cos\theta_i\tan\varphi_i+c_iL_i}{G_i\sin\theta_i}=\frac{\tan\varphi_i}{\tan\theta_i}+\frac{c_iL_i}{G_i\sin\theta_i}$,第一项不变,第二项分母减小,相应的该条块的安全系数是有所增加的,对于整个边坡亦然。

20.[答案] D

[依据]《铁路路基设计规范》(TB 10001—2016)第11.1.4条第1款,选项A正确;第11.2.2条,选项B正确;第11.3.4条,选项C正确;第11.2.4条第2款,钢筋混凝土构件宜按《混凝土结构设计规范》(GB 50010—2010)(2015年版)进行抗弯、抗剪、抗拉、抗压、抗扭、挠度和裂缝宽度等验算,选项D错误。

21.[答案] C

[依据]《建筑边坡工程技术规范》(GB 50330—2013)第5.2.3条,选项A、D正确;第5.2.2条条文说明,选项B正确;第5.2.3条条文说明,对于规模较大、地质结构复杂的情况,宜采用折线滑动面计算方法进行边坡稳定性分析,选项C错误。

22.[答案] C

[依据]《建筑边坡工程技术规范》(GB 50330—2013)第9.1.4条及条文说明,选项A正确;第10.1.2条,选项B正确;第11.3.8条,选项C错误;第12.1.2条条文说明,

选项 D 正确。

23.［答案］C

［依据］《公路路基设计规范》(JTG D30—2015）第 7.7.10 条，$d=\alpha\sqrt{mh}=0.5\times\sqrt{10\times10}=5m$。

24.［答案］C

［依据］《岩土工程勘察规范》(GB 50021—2001)(2009 年版）第 6.6.2 条表 6.6.2，$28+4=32<41<28+15=43$，可判定为融沉。

25.［答案］C

［依据］《膨胀土地区建筑技术规范》(GB 50112—2013）第 5.3.5 条。

26.［答案］C

［依据］《工程地质手册》(第五版）第 615 页，地下水 pH 值小于 4.5 或地面上有大量酸性介质作用时，不宜采用含碳酸盐的砂桩或碎石桩，灰岩主要成分为碳酸盐，选项 C 错误。

27.［答案］D

［依据］《工程地质手册》(第五版）第 554、555 页，土的密度越大，孔隙比就越小，浸水膨胀越强烈，失水收缩越小，选项 D 错误。

28.［答案］D

［依据］《铁路工程特殊岩土勘察规程》(TB 10038—2012）第 5.1.5 条条文说明，含硬石膏和无水芒硝类膨胀岩是水化作用产生的硬石膏→石膏、无水芒硝→芒硝的转化膨胀，不是所含的亲水矿物的吸水膨胀。

29.［答案］B

［依据］《工程地质手册》(第五版）第 647 页，由地下水形成的土洞大部分分布在高水位与平水位之间，即水位变动带。在高水位以上和低水位以下，土洞少见。

30.［答案］A

［依据］根据平面滑动安全系数计算公式 $F_s=\frac{\tan\varphi}{\tan\theta}+\frac{2c}{\gamma h\sin\theta}$，式中 θ 为结构面倾角，由公式可知，θ 越大，F_s 越小。

31.［答案］A

［依据］《城市轨道交通岩土工程勘察规范》(GB 50307—2012）第 12.5.5 条，由蒙脱石含量和阳离子交换量可判定为弱膨胀潜势。

32.［答案］D

［依据］《工程地质手册》(第五版）第 526、528 页，红黏土的胀缩性能以收缩为主，天然状态下膨胀量很小，收缩性很高，选项 A、D 正确；红黏土复浸水特征判定为两类，判定标准与液限、塑限含水量有关，选项 C 正确；Ⅰ类复浸水膨胀循环后，缩后土样高度大

于原始高度，Ⅱ类复浸水膨胀循环后，缩后土样高度小于原始高度，选项D错误。

33.［答案］D

［依据］据赤平投影知识，J3和坡面倾斜方向相反，最稳定；直立切坡，倾向方位角为206°，J4和坡面倾向相同，且两者夹角小于30°，倾角小于坡角，容易沿着结构面J4（即层面）产生顺层滑动，稳定性最差，为控滑结构面。

34.［答案］A

［依据］《工程地质手册》（第五版）第636页，褶皱轴部一般岩溶发育。在单斜地层中，岩溶一般顺层面发育，在不对称褶曲中，陡的一翼岩溶较缓的一翼更为发育。

35.［答案］C

［依据］《房屋建筑和市政基础设施项目工程总承包管理办法》第十条，联合体应确定牵头单位，并在联合体协议中明确联合体成员单位的责任和权利，选项C错误。本题不在指定法规目录内。

36.［答案］A

［依据］《关于推进全过程工程咨询服务发展的指导意见》第三条第四款，选项A错误，选项B、C、D正确。本题不在指定法规目录内。

37.［答案］D

［依据］《建设工程勘察设计管理条例》第三十六条，选项A正确；第三十七条，选项B正确；第三十八条，选项C正确；第四十条，选项D错误。

38.［答案］B

［依据］《中华人民共和国建筑法》第七条，选项A正确；第八条，选项B错误；第九条，选项C、D正确。

39.［答案］B

［依据］《中华人民共和国安全生产法》第十三条，选项A正确，选项B错误；第七条，选项C正确；第十二条，选项D正确。

40.［答案］C

［依据］《中华人民共和国民法典》第四百九十条，选项A正确；第四百九十六条，选项B正确；第四百九十八条，选项C错误，选项D正确。

41.［答案］BD

［依据］《建筑地基基础设计规范》（GB 50007—2011）第8.2.8条，$0.7\beta_{hp}f_t a_m h_0$为基础的抗冲切力。冲切是在集中荷载的作用下，在基础内产生正应力和剪应力，尤其在柱边四周产生较大的主拉应力（为正应力与剪应力的合力），当主拉应力超过混凝土抗拉强度时，沿柱边四周出现斜裂缝，在基础内形成锥体斜截面破坏，破坏形状像是从基础中冲切而成，故被称为冲切破坏，基础的抗冲切能力与基础的高度、混凝土强度等因素

有关。

42.［答案］ABC

［依据］《建筑地基基础设计规范》(GB 50007—2011)第 7.3.1 条，设置沉降缝属于建筑措施，选项 A 正确；第 8.4.20 条，高层建筑与相邻的裙房不设置沉降缝时，宜在裙房一侧设置用于控制沉降差的后浇带，待相邻建筑物沉降基本稳定后施作后浇带，起到连接相邻建筑形成整体结构的作用，故可减少建筑物的不均匀沉降，选项 B 正确；第 7.4.1条第 2 款，设置地下室，可减小基底附加压力，进而减小不均匀沉降，选项 C 正确；增大基础厚度增加了基底压力，对减小不均匀沉降是不利的，选项 D 错误。

43.［答案］ABC

［依据］《土力学》(李广信等，第 2 版，清华大学出版社)，地基土体在一定压力下，其最终变形是趋于稳定的，存在一个有限极值，对饱和土来说，变形本质上是土体孔隙被压缩引起的，压缩过程中孔隙中的水排出，孔隙水压力减小，选项 A 错误；对于欠固结的土，例如新填土，会在自重压力作用下产生变形，选项 B 错误；土体固结稳定后，说明土体中孔隙不会再被压缩，超静孔隙水压力已完全消散，土体中静止孔压仍然存在，地下水位以下土体孔隙中仍然充满了孔隙水，选项 C 错误；基础尺寸不同，附加压力的影响范围和深度也不同，沉降量也不一定相同，选项 D 正确。

44.［答案］AD

［依据］《基础工程》(周景星等，第 3 版，清华大学出版社)第 123 页图 3-24，选项 A 为挠度曲线，选项 B 为转角曲线，选项 C 为弯矩曲线，选项 D 为剪力曲线。

45.［答案］ABC

［依据］《土力学》(李广信等，第 2 版，清华大学出版社)第 141 页，地基最终沉降量由瞬时沉降、主固结沉降和次固结沉降三部分组成，瞬时沉降为在基底压力作用下，地基土在瞬时不排水和体积不变的情况下，立即产生剪切变形而造成的沉降；固结沉降则是饱和与接近饱和的黏性土在基础荷载作用下，随着超静孔隙水压力的消散，土骨架中孔隙水逐渐排出、土体压密所产生的沉降，固结沉降速率取决于孔隙水的排出速率；次固结沉降则是地基土在长期持续的荷载作用下，土粒骨架发生蠕变造成的沉降，这种变形的速率与孔隙水排出的速率无关。综上所述，选项 A、B、C 正确；实际上这三部分沉降并非是截然分开的，而是在沉降过程中同时存在，在不同阶段，各种沉降组分所占比例不同而已，选项 D 错误。

46.［答案］ABD

［依据］桩间距是必须考虑的，基桩的最小中心距基于两个因素确定，第一是能有效发挥桩的承载力，第二是成桩工艺，选项 A、B 需要考虑，不管是灌注桩还是预制桩，都有配筋率的要求，选项 D 也是需要考虑的因素。

47.［答案］ACD

［依据］《建筑桩基技术规范》(JGJ 94—2008)第 7.4.12 条，选项 A 正确；第 7.5.13 条第 2 款，静压沉桩应采用专用钢质送桩器，不得将工程桩用作送桩器，选项 B 错误；第

7.4.6条第2款，选项C正确；第7.5.2条，顶压式液压压桩机是从桩顶施压将预制桩压入地基中，存在压桩力较小、压入桩的垂直度保障能力差等问题。抱压式液压压桩机压桩过程是通过夹桩机构（即夹持液压缸）抱住桩身侧面，压桩液压缸伸程，把桩压入地层中。伸程完后，夹持液压缸松夹，压桩液压缸回程。重复上述动作，可实现连续压桩动作，由此可见，单节桩较长时，静压沉桩选用抱压式液压压桩机比较合理，选项D正确。

48.**［答案］** AB

［依据］《建筑桩基技术规范》(JGJ 94—2008)第5.2.3条，选项A为端承型桩基，不考虑；选项B桩数少于4根，不考虑；第5.2.5条表注3，选项C需要考虑；第5.2.4条，选项D需要考虑。

49.**［答案］** CD

［依据］《建筑桩基技术规范》(GB 50011—2010)附录C.0.1条，水平抗力系数随深度线性增大，m值不是随深度线性增大的，选项A错误；第5.7.5条条文说明，对同一根桩，m并非定值，与荷载呈非线性关系，选项B错误；表5.7.5注1，选项C正确，注2，选项D正确。

50.**［答案］** BD

［依据］《建筑抗震设计规范》(GB 50011—2010)(2016年版)第4.4.1条，在一定的前提条件下，选项A才可不进行抗震承载力验算，A错误；第4.4.3条第1款，选项B正确；第3款，选项C错误，选项D正确。

51.**［答案］** AB

［依据］《建筑桩基技术规范》(JGJ 94—2008)第3.1.8条条文说明第5款，由于桩、土相互作用导致地基或桩群支承刚度发生内弱外强变化，沉降出现内大外小的蝶形分布，由此可以看出选项A正确；第5.6.2条条文说明，选项B正确；附录F.0.1，明德林解是弹性半无限体内的应力解，考虑了桩径影响，但不能反映沉渣、虚土等因素的影响，选项C错误；第5.5.6条条文说明，实体深基础法的附加应力按布辛奈斯克解的计算偏大，精度低于明德林解，选项D错误。

52.**［答案］** ACD

［依据］《建筑抗震设计规范》(GB 50011—2010)(2016年版)第4.4.2条第1款，选项A正确；第2款，选项B错误；第4.4.5条，选项C正确；第4.4.6条，选项D正确。

53.**［答案］** ABD

［依据］《建筑边坡工程技术规范》(GB 50330—2013)第17.2.1条第1款，选项A正确；第2款，选项B正确；第5款，严禁注浆堵塞地下水排泄通道，选项C错误；第6款，选项D正确。

54.**［答案］** CD

［依据］ 设置仰斜式排水孔，疏排滑体及滑带水，选项C合理；可选用锚索抗滑桩对滑坡处理，选项D合理；选项A是治理滑坡的措施，对本题来说，减小了路基净宽，不合

理；在降雨影响下边坡顶部产生贯通圆弧张拉裂缝，这是由两方面因素引起的：一方面坡顶岩土体充水，滑体自重增加，下滑力增加；另一方面滑坡前缘开挖公路，抗滑段的抗滑阻力减小；如果此时在公路坡脚附近放缓坡率，将进一步减小抗滑段的抗滑阻力，对边坡稳定是不利的，选项 B 错误；此外尚应引起注意的是，若公路内侧路堑发生局部张拉裂缝，此时可采取放缓坡率，起到削方减载的作用，对边坡稳定性有利的。

55.**[答案]** AB

[依据]《建筑边坡工程技术规范》(GB 50330—2013)第 3.2.1 条表 3.2.1，判定边坡安全等级为二级。第 19.1.3 条表 19.1.3，选项 A、B 应测。

56.**[答案]** AB

[依据] φ 减小，K_a 增大，K_p 减小，则主动土压力增大，被动土压力减小，选项 A 正确；γ 减小时，主动土压力、被动土压力均减小，选项 B 正确；c 减小，主动土压力增大，被动土压力减小，选项 C 错误；考虑墙背与土体摩擦时，主动土压力减小，被动土压力增大，选项 D 错误。

57.**[答案]** ACD

[依据] 黏性土坡在失稳破坏时，其滑动面常常是一个空间曲面，具有一定深度，选项 A 正确；无黏性土坡用平面滑动法验算稳定性，选项 B 错误；《工程地质手册》(第五版)第 1097 页，黏性土坡由于黏聚力的存在，有一定自稳高度，选项 C 正确；含水但非饱和砂土具有一定的假黏聚力，也可有一定的无支撑自立高度，选项 D 正确。

58.**[答案]** ACD

[依据]《建筑地基基础设计规范》(GB 50007—2011)第 5.1.8 条，选项 A 正确；第 5.1.9 条第 1 款，回填厚度不小于 200mm，选项 B 错误；第 4 款，选项 C 正确；第 5 款，选项 D 正确。

59.**[答案]** AC

[依据]《工程地质手册》(第五版)第 595 页，氯盐渍土含氯量越高，塑性指数越低，选项 A 正确；氯盐渍土含盐量越大，抗剪强度越大，选项 B 错误；硫酸盐渍土含盐量越大，抗剪强度越小，选项 C 正确；硫酸盐渍土中的 Na_2SO_4 含量较多，32.4℃以上为无水芒硝，32.4℃以下吸水变成芒硝，经反复作用，使土体变松，孔隙比增大，密度减小，选项 D 错误。

60.**[答案]** ACD

[依据]《湿陷性黄土地区建筑标准》(GB 50025—2018)第 6.1.6 条第 1 款，选项 A 正确；第 3 款，选项 B 错误，选项 C 正确；湿陷性黄土层厚度大于 20.0m 为大厚度湿陷性黄土地基，大于 6m 时可采用 6m，选项 D 正确。

61.**[答案]** ACD

[依据]《建筑地基基础设计规范》(GB 50007—2011)第 6.4.3 条第 4 款，选项 C 正确。第 1 款，选项 D 正确。根据图 6.4.3，剩余下滑力方向平行滑动面，选项 B 错误。

地基规范滑坡推力计算为传递系数法，传递系数法假定：①滑坡体不可压缩并作整体下滑，不考虑条块间的挤压变形；②条块间只传递推力不传递拉力，不出现条块间拉裂；③条块间作用力以集中力表示，它的作用线平行于前一条块的滑面方向，作用在分界面的中点；④顺滑坡主轴取单位宽度的岩土体作为计算的基本断面，不考虑条块两侧的摩擦力。故选项A正确。

62.**[答案]** AB

[依据]《岩土工程勘察规范》(GB 50021—2001)(2009年版)第6.3.1条，选项A、B正确；不均匀系数是评价砂土颗粒级配的指标，选项C错误；《建筑地基基础设计规范》(GB 50007—2011)第4.1.12条，淤泥在静水或缓慢的流水环境中沉积形成，不是只能在缓慢流动的海洋环境下才能沉积形成，选项D错误。

63.**[答案]** BCD

[依据]《湿陷性黄土地区建筑标准》(GB 50025—2018)第4.4.4条表4.4.4-1，选项A正确，选项B、C、D错误。

64.**[答案]** BC

[依据]《盐渍土地区建筑技术规范》(GB/T 50942—2014)第5.1.6条条文说明表5，选项B、C正确。

65.**[答案]** ACD

[依据]《房屋建筑和市政基础设施项目工程总承包管理办法》第二十条第(一)款，选项A正确；第(二)款，选项B错误；第(三)款，选项C正确；第(四)款，选项D正确。

66.**[答案]** ACD

[依据]《关于推进全过程工程咨询服务发展的指导意见》第三条第(三)款，选项A、C、D正确，选项B错误。

67.**[答案]** ABC

[依据]《勘察设计注册工程师管理规定》第二十七条，选项A、B、C正确，选项D错误。

68.**[答案]** AB

[依据]《建设工程安全生产管理条例》第五十八条，选项A、B错误，选项C、D正确。

69.**[答案]** ABD

[依据]《建筑工程五方责任主体项目负责人质量终身责任追究暂行办法》第十一条：第(一)款，选项A正确；第(二)款，选项B正确；第(三)款，选项C错误；第(四)款，选项D正确。

70.**[答案]** ACD

[依据]《危险性较大的分部分项工程安全管理规定》第十条，选项A正确；第十一条，选项B错误；第十二条，选项C正确；第十三条，选项D正确。